LE
CANAL DE SUEZ

PAR

VOISIN BEY

INSPECTEUR GÉNÉRAL DES PONTS ET CHAUSSÉES EN RETRAITE
ANCIEN DIRECTEUR GÉNÉRAL DES TRAVAUX DE CONSTRUCTION DU CANAL

TOME SIXIÈME

I

II
DESCRIPTION
DES TRAVAUX DE PREMIER ÉTABLISSEMENT

DEUXIEME PARTIE

EXÉCUTION DES TRAVAUX

PARIS (VIe)
H. DUNOD ET E. PINAT, ÉDITEURS
SUCCESSEURS DE Vve CH. DUNOD
49, Quai des Grands-Augustins, 49

1906

LE

CANAL DE SUEZ

TOME SIXIÈME

1

LE CANAL DE SUEZ

PAR

VOISIN BEY

INSPECTEUR GÉNÉRAL DES PONTS ET CHAUSSÉES EN RETRAITE
ANCIEN DIRECTEUR GÉNÉRAL DES TRAVAUX DE CONSTRUCTION DU CANAL

TOME SIXIÈME

1

II

DESCRIPTION DES TRAVAUX DE PREMIER ÉTABLISSEMENT

DEUXIÈME PARTIE

EXÉCUTION DES TRAVAUX

PARIS (VIe)

H. DUNOD ET E. PINAT, ÉDITEURS

SUCCESSEURS DE Vve CH. DUNOD

49, Quai des Grands-Augustins, 49

1906

LE CANAL DE SUEZ

DESCRIPTION
DES TRAVAUX DE PREMIER ÉTABLISSEMENT

DEUXIÈME PARTIE
EXÉCUTION DES TRAVAUX

PÉRIODE D'ÉTUDES
AVANT LA CONSTITUTION DÉFINITIVE DE LA COMPAGNIE
(1854-1858)

La période d'études et de travaux préparatoires antérieure à la constitution définitive de la Compagnie a été de quatre années : elle a commencé à la fin de novembre 1854, date du premier acte de concession, et s'est terminée à la fin de l'année 1858, époque à laquelle la Société, définitivement constituée, s'est substituée au Vice-Roi et à son mandataire.

Le Vice-Roi, en même temps qu'il accordait la concession de l'entreprise du Canal maritime à une Compagnie Universelle, mit à la disposition du président fondateur ses propres ingénieurs, ainsi que toutes les ressources et les moyens nécessaires pour commencer et poursuivre avec activité les études des avant-projets, et faire sur le terrain les explorations scientifiques et toutes les opérations préparatoires. C'est ainsi que l'on put puiser dans les arsenaux du Caire et d'Alexandrie tout ce qui fut jugé utile pour les besoins des études et explorations ; que des transports par terre et par eau furent généreusement fournis par le

Gouvernement; qu'un matériel important fut commandé au nom du Vice-Roi et payé par lui.

Les ingénieurs chargés des études, MM. Linant Bey et Mougel Bey, purent remettre un avant-projet sommaire le 20 mars 1855[1].

Après avoir soumis cet avant-projet au Vice-Roi, M. de Lesseps adressa à Son Altesse, à la date du 30 avril, un rapport faisant connaître les divers actes préliminaires déjà accomplis par lui en vue d'arriver à la réussite de l'entreprise[2]. Nous rappellerons que, dans ce rapport, M. de Lesseps signalait comme suit les travaux préparatoires auxquels auraient à se livrer, sans délai, MM. Linant Bey et Mougel Bey, avant de présenter leur projet définitif :

1° Tracer sur le terrain la ligne du Canal maritime dans ses détails, avec tous ses angles et toutes ses courbes, et rapporter cette ligne ainsi tracée sur un plan ;

2° Faire le nivellement le long de cette ligne en le prolongeant dans les deux mers jusqu'aux profondeurs de 10 mètres ;

3° Lever des profils en travers partout où l'exigerait la forme du terrain ;

4° Procéder aux sondages le long de la ligne et pousser ces sondages jusqu'à 10 mètres au-dessous du niveau des basses mers de la Méditerranée ;

5° Recueillir des échantillons des diverses natures des terrains rencontrés ;

6° Fixer les prix élémentaires de la main-d'œuvre et de tous les matériaux qui seraient employés dans la construction du Canal ;

7° Établir les bases positives qui serviraient à évaluer la quantité d'ouvriers en tous genres nécessaires à l'exécution des travaux.

Plusieurs brigades d'ingénieurs furent alors installées et restèrent en permanence dans l'isthme où l'eau et les approvisionnements de toute nature devaient être transportés à dos de chameau. Le tracé des canaux fut piqueté sur le terrain avec levé des profils en long et en travers; des

---

1. Voir Tome I, p. 21.
2. Voir Tome I, p. 30.

sondages furent exécutés sur toute la ligne du canal maritime pour reconnaître la nature des terrains à traverser ; enfin, on entreprit le cadastre de tous les terrains irrigables dépendant de la concession.

Pendant que les études étaient ainsi activement poursuivies en Égypte, la Commission internationale d'ingénieurs instituée par le président fondateur conformément aux instructions du Vice-Roi[1] se réunissait à Paris le 30 octobre 1855 et déléguait une Sous-Commission pour se rendre sur les lieux, faire connaître son opinion sur l'avant-projet des ingénieurs du Vice-Roi et réunir les éléments d'un projet définitif. Les membres de cette Sous-Commission, à leur arrivée en Égypte, en novembre 1855, reçurent le meilleur accueil du Vice-Roi qui mit à leur disposition de la manière la plus libérale tous les moyens matériels propres à faciliter et assurer l'accomplissement de leur mission.

Le voyage d'exploration et d'études de la Sous-Commission dura environ deux mois. Dans ce voyage, les membres de la Sous-Commission purent suivre et étudier le tracé piqueté sur le terrain et vérifier les sondages exécutés par les ingénieurs du Vice-Roi. La question du port de Suez fut étudiée sur un plan d'ensemble de la baie levé par Moresby, publié à Londres en 1843, et qui fut complété au moyen de sondages détaillés faits par les membres mêmes de la Sous-Commission. Enfin, un plan hydrographique de la baie de Péluse, tout récemment dressé, conformément aux instructions de la Sous-Commission, par M. Larousse, sous-ingénieur hydrographe de la marine française[2], et complété par des renseignements nautiques contenus

---

1. Voir Tome I, p. 52.

2. M. Larousse avait été mis par le Ministre de la Marine à la disposiiton de M. Lieussou, ingénieur hydrographe, membre de la Commission, pour faire la reconnaissance de la baie de Péluse; et la Sous-Commission, dès sa première réunion, tenue à Alexandrie, lui avait donné ses instructions afin qu'il pût procéder sans le moindre délai au travail de reconnaissance en question.

dans un rapport de cet ingénieur, permit de déterminer et fixer en parfaite connaissance de cause le meilleur point de débouché du canal dans la Méditerranée.

La Commission internationale, — ainsi qu'il a été expliqué à l'*Historique administratif* — arrêta, après huit mois d'études, toutes les dispositions d'ensemble et de détails du projet définitif qu'elle proposait d'adopter; et la description de ce projet, avec toutes explications et plans à l'appui, fit l'objet d'un savant rapport de la Commission en date de décembre 1856 qui reçut dans toutes les contrées de l'Europe la plus grande publicité.

Dans l'une de ses séances tenues à Paris (séance du 24 juin 1856), la Commission avait exprimé le vœu qu'un bâtiment de la Marine égyptienne passât tout un hiver dans la rade de Péluse, afin d'y expérimenter la valeur du mouillage. Conformément à ce vœu, une corvette égyptienne, commandée par le capitaine français Philigret, stationna pendant l'hiver de 1856-1857 sur la rade foraine du futur port de Port-Saïd, où malgré un temps d'une inclémence exceptionnelle, le bâtiment put rester constamment mouillé sur une seule ancre sans chasser, ce qui donna la preuve indiscutable de la bonne tenue du mouillage et de l'excellente qualité du fond. Le capitaine Philigret reconnut d'ailleurs que la plage était facilement praticable. Enfin, il lui avait été possible de maintenir presque sans interruption les communications avec Damiette et le Nil par le boghaz de Gemileh et le lac Menzaleh.

Pendant que la Commission internationale s'occupait de la rédaction de son rapport, M. Mougel Bey soumit à son examen (séance d'août 1856) un programme des dispositions à prendre pour la mise en train immédiate et l'exécution aussi rapide que possible des travaux du Canal de communication, travaux dont, à l'origine, — ainsi qu'il a été expliqué précédemment[1], — le Gouvernement égyptien

1. Voir Tome IV, p. 80.

s'était chargé à forfait au prix fixé par le chiffre d'estimation de l'avant-projet.

Nous donnons ci-dessous, à titre de simple document historique des préliminaires des travaux, un résumé de ce programme d'exécution.

Il fallait tout d'abord, — disait M. Mougel Bey — profiter de la crue du Nil qui allait remplir les canaux et, en particulier, le Zaffranieh, pour transporter sur l'emplacement des écluses la pierre de taille, les moellons et la pierre à chaux ainsi que le combustible nécessaire pour la cuisson des briques et de la chaux. Si tous ces matériaux n'étaient pas transportés à leur destination avant le 1er décembre, l'exécution du canal serait forcément retardée d'une année.

Il fallait aussi assurer l'approvisionnement d'eau douce pour fournir à tous les besoins des travailleurs : et, sous ce rapport, il serait avantageux de diviser le travail en deux opérations successives : la première consistant à creuser le canal depuis le Nil jusque dans l'Ouadée, sur une longueur d'environ 110 kilomètres ; la seconde comprenant le reste du canal ainsi que la rigole alimentaire allant jusqu'à Suez.

Dans la première partie, on obtiendrait facilement l'eau douce en creusant des puits espacés de 5 kilomètres au plus. Ces puits seraient pourvus chacun d'une noria en fer mue par un bœuf : chaque noria, élevant l'eau à 8 mètres en moyenne, fournirait par journée de douze heures 180.000 litres d'eau, quantité suffisante pour alimenter 15.000 ouvriers à raison de 12 litres par ouvrier. Il faudrait en tout 22 puits ; mais, comme on trouverait certainement de l'eau dans les nombreux villages sis à proximité du tracé, on n'aurait, en réalité, que 6 à 8 nouveaux puits à creuser. Il importait de faire à ce point de vue une reconnaissance attentive des lieux ; et, dès que l'on aurait déterminé les points où devraient être creusés des puits, on y transporterait les matériaux nécessaires en même temps que l'on ferait la commande des norias à Marseille.

Pendant que l'on creuserait la première partie du Canal, on disposerait une conduite d'eau en tuyaux de poterie de grès, depuis l'Ouadée jusqu'à Suez, en s'arrangeant de manière que cette conduite fût prête à fonctionner dès l'achèvement des premiers travaux de creusement. La longueur totale de la conduite à établir devrait être, comme celle de la première partie du canal, d'environ 110 kilomètres. Avec une conduite continue, le calcul montrait que, pour fournir à Suez un volume d'eau de 200 mètres cubes en douze heures, il serait nécessaire d'élever l'eau à 20 mètres, au départ, et avoir des tuyaux de 25 centimètres de diamètre : et comme un volume de 200 mètres cubes ne pouvait guère alimenter que 16.000 hommes, il faudrait, en outre, augmenter le diamètre des tuyaux depuis l'extrémité jusqu'à l'origine de la conduite, afin de pouvoir fournir sur tout son parcours de l'eau aux travailleurs. Pour réduire autant que possible la dépense et faciliter tout à la fois l'établissement de la conduite et la surveillance des fuites, au lieu de faire une conduite continue, on diviserait la longueur totale de 110 kilomètres en sept parties, d'une longueur que la disposition des lieux obligerait à faire inégale, et qui formeraient autant de conduites successives indépendantes séparées par des bassins, à chacun desquels serait installée une machine élévatoire pour l'alimentation de la portion de conduite suivante. Sauf à l'origine de la conduite, où l'on adopterait une double locomobile avec turbine élévatoire, les autres machines élévatoires consisteraient en pompes mises en mouvement par des moulins à vent du système Amédée Durand. En adoptant la solution qui vient d'être indiquée, on pourrait se contenter de tuyaux d'un diamètre de 25 centimètres à l'origine de la conduite, et faire ensuite décroître progressivement ce diamètre, en passant d'une conduite à la suivante, jusqu'à 10 centimètres. Les tuyaux n'auraient d'ailleurs pas à supporter une pression de plus d'une atmosphère et demie correspondante à une charge d'eau maximum de 16 mètres. Enfin, le nombre des manchons devrait être de moitié en sus du nombre des tuyaux de chaque espèce. Il importait de faire le plus tôt possible la commande des tuyaux avec leurs manchons et celle des machines élévatoires. M. Mougel Bey faisait remarquer d'ailleurs que, lorsque la rigole alimentaire serait terminée jusqu'à Suez, il suffirait de démonter les conduites d'eau pour les rétablir sur la ligne du Canal maritime du lac Timsah à Port-Saïd, à moins toutefois qu'une étude comparative ne montrât qu'il y aurait avantage à recourir également de ce côté à une conduite entièrement neuve. Une fois la ligne du Canal maritime entièrement pourvue d'eau douce sur tout son parcours, on pourrait, quand on le voudrait, y entreprendre les travaux.

Il était également nécessaire d'établir immédiatement les chantiers pour la fabrication des briques, attendu que ces matériaux devaient entrer, non seulement dans la maçonnerie des écluses du canal d'eau douce, mais encore dans celles des ouvrages des ports. Si les dispositions prises pour cette fabrication étaient bien entendues, on pourrait obtenir, par l'emploi des briques, de grandes économies dans l'exécution des travaux. M. Mougel Bey estimait qu'il faudrait établir trois grandes briqueteries : la première dans les environs du Caire, la seconde un peu avant la tête de l'Ouadée, la troisième le plus près possible du lac Timsah. Le constructeur aurait à soumettre un plan détaillé à l'examen de la Compagnie, et, aussitôt l'approbation, on ferait la commande de tout le matériel.

Il fallait aussi des hangars pour magasins et pour logements d'ouvriers, attendu que l'argile manquant presque partout dans l'isthme à la surface du sol, on ne pourrait créer des villages le long de la ligne du Canal maritime, qu'après que l'on aurait commencé les excavations. On jugeait nécessaire de commander immédiatement 20 hangars en charpente très légère, recouverte en toile gommée, de la fabrique Gagin et ayant les dimensions suivantes : 20 mètres de longueur, 10 mètres de largeur et 3 mètres de hauteur. Cette commande paraissait pouvoir être confiée avantageusement, à M. Fréret, de Fécamp, qui aurait à soumettre au préalable ses plans et devis à l'approbation de la Compagnie et qui devrait ensuite exécuter la commande dans un délai d'un mois à six semaines.

On devait pourvoir, enfin, aux fournitures d'outils pour les travailleurs. Les outils en fer seraient commandés en France, et la commande à faire serait de 50.000 houes (fass arabes), 10.000 pioches et 30.000 pelles, tous ces outils emmanchés, avec un quart de manches de rechange. Quant aux couffes et aux nattes, qui se fabriquaient en Egypte, il était indispensable de hâter la commande pour ne pas éprouver de retards : il faudrait au moins 300.000 couffes pour les terrassements et 30.000 nattes pour couvrir les briques.

M. Mougel Bey, après avoir signalé, pour mémoire, la nécessité de faire étudier sur les lieux mêmes, par un homme très compétent, la question si importante de l'exploitation des carrières, terminait l'exposé de son programme d'exécution en proposant de demander au Vice-Roi l'autorisation de conclure les divers marchés relatifs aux fournitures mentionnées dans ledit programme ; et, aussitôt l'autorisation obtenue, de conclure ces marchés en accordant les termes les plus restreints de livraison.

Dès le mois d'octobre 1856, en exécution d'une partie des propositions contenues dans le programme de M. Mougel Bey, des commandes furent faites, pour le compte du Gouvernement égyptien : d'une part, de baraques et maisons mobiles ; d'autre part, de la totalité des tuyaux en poterie de grès jugés nécessaires pour l'établissement de la conduite d'eau depuis l'Ouady jusqu'à Suez[1].

La commande des tuyaux avec leurs manchons était répartie comme suit entre deux fournisseurs, savoir : à une maison anglaise, 38.000 mètres de tuyaux de 25 et 20 centimètres de diamètre ; à une maison de Marseille, 72.000 mètres de tuyaux de 16,5, 15, 12 et 10 centimètres de diamètre.

En même temps qu'étaient faites les commandes ci-dessus au compte du Gouvernement égyptien, le Vice-Roi prescrivait à ses ingénieurs de procéder promptement aux études définitives du canal d'eau douce, de faire piqueter le tracé sur le terrain, de dresser les plans cadastraux. M Linant Bey s'occupa avec activité de toutes les études préparatoires ; M. Conrad, membre de la Commission internationale, avait été chargé par Son Altesse, de fixer d'accord avec lui le tracé définitif du canal. On sait, qu'à la suite de

1. Par suite de la modification du programme d'exécution de M. Mougel Bey résultant tout à la fois, ainsi qu'il a déjà été expliqué précédemment et qu'il sera rappelé sommairement ci-après : d'une part, de ce que, par suite de l'accord intervenu, vers le milieu de l'année 1857, entre M. de Lesseps et le Vice-Roi, la construction du canal d'eau douce était maintenant réservée à la future Compagnie du Canal maritime et se trouvait ainsi forcément ajournée ; d'autre part, de ce que, plus tard, les travaux du Canal furent exécutés dans des conditions autres que celles primitivement prévues, les tuyaux en poterie de grès ne reçurent pas l'emploi auquel ils avaient été destinés. Ainsi qu'il sera expliqué, le moment venu, on chercha, dans les premiers mois de l'année 1861, à utiliser ces tuyaux pour l'établissement d'une conduite d'eau qui, partant d'un réservoir installé à Bir-Abou-Ballah, devait aller alimenter les chantiers de terrassements du Canal maritime à la traversée du seuil d'El Guisr ; mais cet essai d'utilisation fut malheureusement infructueux : la conduite devait fonctionner sous une pression assez forte, et les joints des tuyaux et des manchons, malgré tout le soin apporté à leur confection et à leur entretien, laissaient échapper l'eau en si grande abondance qu'il fallut renoncer à conserver la conduite.

leurs études, le tracé de l'avant-projet fut profondément modifié à partir de l'Ouady jusqu'à Ismaïlia. MM. Conrad et Linant Bey fixèrent également l'emplacement des écluses et des divers ouvrages d'art du canal.

On était prêt à mettre la main à l'œuvre dès le mois de février 1857. Les baraques et maisons mobiles qui avaient été commandées en France pour être installées le long du canal étaient d'ailleurs arrivées à Alexandrie et avaient été immédiatement réexpédiées sur les lieux ; le fournisseur et ses ouvriers se trouvaient sur place pour les monter.

Les premiers travaux entrepris consistèrent à creuser sur le terrain, avec quelques centaines d'hommes, des sillons indicatifs du tracé du canal.

Le Gouvernement se préparait à entreprendre les travaux mêmes de creusement du canal sur toute la première partie du tracé, du Caire à l'Ouady, lorsque, en juillet 1857, M. de Lesseps signala au Vice-Roi l'intérêt qu'il y avait à ce que ce fut la Compagnie qui exécutât elle-même les travaux, faisant ressortir qu'il serait prématuré d'exécuter un travail qui faisait partie intégrante du percement de l'isthme avant que l'accomplissement du travail fût complètement assuré. L'accord à ce sujet s'étant établi, les choses, en ce qui était de la partie du canal considérée, restèrent en l'état, c'est-à-dire que tous travaux y furent provisoirement ajournés[1].

---

1. Ce ne fut que beaucoup plus tard, après la Convention du 18 mars 1863, par laquelle le Gouvernement égyptien se chargeait définitivement d'établir lui-même la portion de canal du Caire à l'Ouady, que des premiers travaux furent exécutés en 1865 et 1866 sur cette portion de Canal. Par suite de craintes de réapparition du choléra qui avait sévi en 1865, ces travaux furent interrompus en avril 1866.

[Par la convention du 22 février de la même année 1866, rétrocession avait été faite par la Compagnie au Gouvernement égyptien de la seconde partie du canal d'eau douce, de l'Ouady à Ismaïlia et Suez. Le Gouvernement prit définitivement possession du canal le 12 juillet suivant. Le canal, dans son ensemble, du Caire à Ismaïlia et Suez, reçut alors le nom de Canal Ismaïlieh.]

Les travaux de creusement de la première partie du canal, du Caire à l'Ouady, avec la largeur de 13 mètres au plafond définitivement adoptée, ne

PÉRIODE DE PRÉPARATION A LA MISE EN TRAIN DES TRAVAUX

(PREMIERS MOIS DE L'ANNÉE 1859)

PROGRAMME D'EXÉCUTION DE LA PREMIÈRE PHASE DES TRAVAUX

Comme on l'a vu à l'*Historique administratif*[1], M. de Lesseps, à la date du 22 novembre 1858, c'est-à-dire un mois environ avant la constitution définitive de la Compagnie, avait institué un Conseil supérieur des travaux chargé d'examiner tous les projets de détail, les questions d'art et les marchés se rattachant à l'exécution des travaux du projet d'ensemble de la Commission internationale.

On a vu également, à la *Description des projets*[2] :

Que le Conseil supérieur des travaux, dans ses premières séances, tenues en novembre 1858, avait arrêté le programme ou la succession des phases d'exécution des travaux du projet de la Commission internationale;

Que, dans de nouvelles séances tenues en août 1859, le Conseil, « invité par le Président de la Compagnie à examiner si les dimensions du projet de la Commission internationale étaient réellement nécessaires pour remplir le but exclusivement commercial que la Compagnie devait se proposer, et si l'accomplissement de l'œuvre monumentale projetée par la Commission n'entraînerait pas à une dépense

---

furent repris, pour être alors menés à bonne fin, qu'en 1870. L'entreprise de ces travaux, qui comprenait en même temps l'élargissement de la partie de l'ancien canal de la Compagnie de l'Ouady à Gassassine, ouverte seulement avec une largeur de 10 mètres au plafond, fut terminée en 1874.

Une nouvelle entreprise fut chargée, en 1874, des travaux de prolongement du canal Ismaïlieh à grande largeur de Gassassine à Ismaïlia. L'inauguration du Canal entier eut lieu à Ismaïlia le 15 avril 1877.

1. Voir Tome I, p. 130

2. Voir Tome IV, p. 88.

hors de proportion avec ce qu'exigeaient les besoins d'alors du commerce et de la navigation, et avec l'intérêt bien entendu des actionnaires de la Compagnie », avait finalement adopté un projet réduit;

Enfin, que, d'après le programme d'exécution arrêté précédemment par le Conseil et qui restait applicable au projet réduit, la première phase d'exécution, comprenant une durée de deux années, devait comporter les travaux suivants :

Ouverture du canal d'eau douce à 10 mètres de largeur au plafond et 2^m,50 de tirant d'eau, du Caire au lac Timsah, et du Canal maritime à 12 mètres de largeur au plafond et tirant d'eau également de 2^m,50; construction d'un embarcadère (appontement), d'un port provisoire et d'un phare à Port-Saïd; construction de magasins, hôpitaux, ateliers, maisons d'habitation; achats de matériel de carrière;

Mais on a vu en même temps, d'autre part,

Que dans une dernière séance tenue le 10 mai 1860, le Conseil avait été saisi d'un rapport très circonstancié, du directeur général des travaux en date du 1er du dit mois, faisant connaître la situation des travaux entrepris jusqu'alors dans l'isthme.

Ce rapport rendait compte des circonstances qui avaient empêché, en ce qui était du canal d'eau douce, de suivre rigoureusement le programme d'exécution de 1858[1]; il y était expliqué que la Compagnie avait jugé devoir porter d'abord tous ses efforts sur la création du port de Port-Saïd, qui devait être le point principal de ravitaillement des chantiers de l'isthme, sur les premières installations dans

1. On a vu précédemment que, d'après les premières prévisions, — programme de 1856, — l'achèvement du canal d'eau douce, dont la construction avait été prise à forfait par le Gouvernement égyptien, avait été supposé devoir même précéder la constitution de la Compagnie, et que ce ne fut qu'en juillet 1857, avant que les travaux eussent reçu un véritable commencement d'exécution, qu'il fut décidé que la Compagnie resterait définitivement chargée desdits travaux.

l'isthme même, enfin, sur l'exécution d'une première rigole navigable entre Port-Saïd et le lac Timsah.

Nous mentionnerons, d'ailleurs, au sujet de ce nouveau programme de la première phase d'exécution, que le dit programme, à son tour, n'a pu être rigoureusement maintenu, la nécessité ayant été bientôt reconnue de poursuivre, parallèlement aux travaux ci-dessus décrits, la construction d'un canal provisoire d'eau douce de Zagazig à Ismaïlia, dans le double but de créer ainsi une voie de transport par eau entre le centre du Delta et les chantiers de l'intérieur de l'isthme et d'assurer l'alimentation en eau douce de ces chantiers.

TRAITES HARDON DES 14 FÉVRIER 1859 ET 29 FÉVRIER 1860 [1]

TRAITÉ PROVISOIRE DU 14 FÉVRIER 1859

A la date du 12 février 1859 le Conseil d'administration de la Compagnie approuva un projet de traité à passer avec M. Hardon, entrepreneur de travaux publics, pour l'exécution des travaux de la première phase tels qu'ils étaient décrits au programme arrêté par le Conseil supérieur des travaux.

Les principales conditions de ce traité étaient les suivantes :

M. Hardon s'engageait à exécuter les travaux du Canal maritime et des ports en dépendant ainsi que les travaux du Canal d'eau douce, aux conditions et aux prix de base du devis dressé en 1856 par la Commission internationale, mais dans l'ordre des phases d'exécution et sous réserve des modifications et réductions adoptées en novembre 1858 et février 1859 par le Conseil supérieur des travaux. L'engagement ne s'appliquait, d'ailleurs, qu'aux deux premières phases d'exécution.

La Compagnie acceptait cet engagement, mais en le limitant provisoirement à l'exécution des travaux préparatoires formant la première phase telle qu'elle avait été définie par le Conseil supérieur des travaux.

---

1. L'historique de ce traité provisoire, ainsi que le texte du traité définitif qui a suivi, en date du 29 février 1860, sont donnés plus loin (Voir p. 37).

Le cautionnement à fournir par l'entrepreneur était de 1.200.000 francs.

Il était stipulé au traité :

D'une part, que pour tous les travaux de terrassements, il y aurait partage entre la Compagnie et l'entrepreneur, respectivement dans la proportion de 60 et 40 0/0, des économies qui seraient réalisées par ce dernier sur les prix de base et les estimations primitives ; et que, pour les travaux d'enrochements et de maçonnerie des ports, la Compagnie se réservait le droit de faire exécuter ces travaux, soit avec partage des économies, comme pour les travaux de terrassements, soit au compte de l'entreprise, à prix ferme, avec rabais de 2 0/0 sur les prix de base du devis ;

D'autre part,

Que si, pendant le cours des six premiers mois qui suivraient le commencement des travaux par l'entrepreneur, la Compagnie croyait devoir renoncer au partage des économies sur les travaux de terrassements et préférait un marché ferme sur les prix de base établis, l'entrepreneur serait tenu de l'accepter pour toute la première phase, à défaut de quoi la Compagnie serait libre de résilier le traité sans payer aucune indemnité ; que, dans le cas où le traité resterait maintenu dans ses conditions premières, il aurait cours, ainsi qu'il était dit ci-dessus, jusqu'à la fin de la première phase d'exécution ; enfin, que dans le cas de continuation des travaux pour la période suivante, les prix de base stipulés seraient maintenus, avec garantie, sur le cautionnement de l'entrepreneur, que ces prix ne seraient pas dépassés.

Peu après la signature du traité dont on vient de rappeler les principales dispositions, l'entrepreneur partit pour l'Égypte avec le fondé de pouvoirs appelé à le remplacer pendant ses absences. Ils assistèrent, tous deux, ainsi qu'il a été déjà mentionné à l'*Historique administratif* et qu'il est de nouveau expliqué plus loin, à l'inauguration de l'ouverture des travaux par M. de Lesseps, le 25 avril 1859, à Port-Saïd. Ils se mirent ensuite immédiatement à l'œuvre.

TRAITÉ DÉFINITIF DU 29 FÉVRIER 1860

Après la première année de fonctionnement de l'entreprise dans les conditions indiquées ci-dessus, année employée tout entière à la reconnaissance des lieux et aux travaux préparatoires, un traité définitif fut passé à la date du 29 février 1860 avec M. Hardon pour l'exécution, en qualité d'entrepreneur général, de la totalité des travaux. Les principales conditions de ce nouveau traité étaient les suivantes :

M. Hardon s'engageait à ne pas dépasser les prix de base du projet de la Commission internationale, et, comme garantie de cet engagement, il s'obligeait à fournir un cautionnement de 1.200.000 francs.

Les travaux devaient être exécutés par l'entrepreneur pour compte de la Compagnie par voie de régie intéressée, 40 0/0 des économies qu'il parviendrait à réaliser lui seraient attribués.

Pour les travaux non compris au projet de la Commission internationale, l'entrepreneur recevrait une bonification de 5 0/0 sur le montant des dépenses justifiées.

Enfin, la Compagnie se réservait expressément le droit de faire cesser à un moment quelconque l'effet du nouveau traité moyennant l'allocation à l'entrepreneur d'une indemnité de 1.200.000 francs en outre des économies à lui acquises sur les travaux effectués.

Ainsi qu'il sera expliqué plus loin, le nouveau traité fut résilié d'un commun accord à la fin du mois de février 1863, c'est-à-dire après trois années de fonctionnement, moyennant l'allocation à l'entrepreneur de l'indemnité convenue de 1.200.000 francs, et sous réserve de la fixation ultérieure, après l'apuration des comptes de la régie, des sommes qui pourraient lui être dues pour sa part de 40 0/0 dans les économies réalisées sur les prix du devis et pour la bonification de 5 0/0 sur le montant des dépenses faites en dehors de la régie intéressée.

OUVERTURE DE CRÉDITS POUR LA CONTINUATION IMMÉDIATE DES TRAVAUX PRÉPARATOIRES

Dès le 10 janvier 1859, le Conseil d'administration de la Compagnie, pour assurer la continuation immédiate des études et travaux préparatoires du canal maritime exécutés jusque-là par les soins et aux frais du Vice-Roi et dont les dépenses devaient être remboursées à son Altesse par la Compagnie, conformément à l'article 5 des statuts, avait mis à la disposition de l'ingénieur en chef directeur général des travaux un premier crédit de 500.000 francs pour l'exécution des dits travaux préparatoires jusqu'au moment où l'entrepreneur (M. Hardon), avec lequel la Compagnie était en pourparlers pour la passation d'un marché, pourrait, avec l'autorisation du Vice-Roi, mettre la main à l'œuvre.

Un mois plus tard, par sa délibération du 12 février 1859, déjà mentionnée précédemment, le Conseil, en même temps qu'il approuvait le projet de traité à passer avec M. Hardon pour l'exécution des travaux préparatoires faisant l'objet de la première phase d'exécution, et vu l'opinion exprimée à ce sujet par le Conseil supérieur des travaux du 7 du même mois [1], ouvrit, sur la somme à prévoir pour l'exécution des travaux, un crédit de 5 millions de francs pour la continuation des travaux préparatoires en cours, le dit crédit comprenant celui de 500.000 francs déjà voté par le Conseil dans sa séance du 10 janvier précédent.

COMMISSION DÉLÉGUÉE PAR LE CONSEIL D'ADMINISTRATION DE LA COMPAGNIE POUR AIDER LE PRÉSIDENT A TOUT PRÉPARER DANS L'ISTHME EN VUE DE LA PREMIÈRE CAMPAGNE DES TRAVAUX.

Ainsi qu'il a déjà été mentionné à l'*Historique administratif* [2], le Conseil d'administration de la Compagnie, dans sa séance de février 1859, délégua une Commission composée de quatre de ses membres pour accompagner le Président en Égypte afin de reconnaître avec lui les localités, et de l'aider à tout préparer en vue de la première campagne des travaux.

Dès son arrivée en Égypte (7 mars 1859), la Commission fut présentée au Vice-Roi par M. de Lesseps qui remit en

---

1. Voir plus loin (p. 37), au chapitre donnant l'*Historique du traité Hardon du 14 février* 1859.

2. Voir Tome I, p. 140.

Nous rappellerons que les quatre administrateurs délégués étaient : M. de Chancel, membre du Comité de direction, délégué à la direction des services techniques et administratifs, et MM. Corbin de Mangoux, comte de Galbert et Rouffio.

même temps à Son Altesse une déclaration de la Commission confirmant la lettre que le Président lui avait écrite le 31 décembre précédent pour lui faire connaître que la Société était légalement constituée; informant, en outre, Son Altesse, que le Conseil d'administration avait décidé « de faire procéder immédiatement à la continuation des études et opérations préparatoires du canal maritime exécutées jusqu'alors par les soins et aux frais du Gouvernement égyptien et dont les dépenses devaient lui être remboursées par la Compagnie conformément à l'article 5 de ses statuts » et, qu'en conséquence, la Commission allait se rendre sur les lieux avec les ingénieurs de la Compagnie et l'entrepreneur chargé de l'exécution de cette phase préparatoire.

PREMIÈRES RÉSOLUTIONS DE LA COMMISSION

Le lendemain de son arrivée (8 mars), dans une réunion tenue à Alexandrie à laquelle assistaient le directeur général des travaux et l'entrepreneur, la Commission prit les résolutions suivantes[1] :

1° Le matériel fourni par le Gouvernement égyptien pour les études et travaux préparatoires de la Compagnie serait repris, suivant état *ad valorem* dressé sur estimation contradictoire faite par MM. Linant Bey, ingénieur en chef du Vice-Roi, de Bourville, agent de la Compagnie au Caire, et de Montaut, ingénieur de la Compagnie[2].

2° L'entrepreneur traiterait conditionnellement avec un fournisseur d'Alexandrie pour la livraison à la Compagnie de 10.000 mètres cubes d'enrochements destinés à l'appontement de Port-Saïd.

La Commission écrirait au Vice-Roi pour réserver à la Compagnie,

---

1. L'entrepreneur avait fait savoir à la Commission qu'il avait visité les carrières du Mex, près d'Alexandrie, et que les résultats de son exploration avaient été satisfaisants; qu'il espérait que lorsque les carrières seraient mises en état d'exploitation régulière, le mètre cube de moellons ou de blocs rendus sur place à Port-Saïd ne coûterait pas plus de 11 à 12 francs, au maximum 13 francs pour une fourniture de peu d'importance (par exemple 10.000 mètres cubes), ce qui réaliserait encore une économie sur le prix de 14 fr. 40 prévu au devis.

2. Ce matériel, qui était déposé dans les magasins du Vice-Roi, fut remis à la Compagnie dans la première quinzaine de juin.

conformément aux articles 10 et 13 de son cahier des charges, la libre disposition de la partie des carrières du Mex qui n'était louée à aucun particulier.

3° La Commission partirait le 10 pour le Caire; elle se rendrait directement à Suez et visiterait les carrières de l'Attaka où une mine d'essai serait préparée. Un poste serait laissé sur ce point pour prendre possession des carrières et préparer les chemins d'exploitation.

Le Vice-Roi serait informé des lieux d'extraction nécessaires à la Compagnie. La poudre d'essai, soit 500 kilogrammes, serait demandée au Gouvernement.

4° Des opérateurs seraient installés sur les tracés, tant du Canal maritime que du Canal d'eau douce; ils vérifieraient le relief du sol et repèreraient la direction des axes, de façon à délimiter exactement les terrains irrigables concédés à la Compagnie et à contrôler les plans cadastraux déjà dressés.

5° Pour l'établissement du petit phare à l'origine de l'appontement de Port-Saïd, dont M. Larousse déterminerait la position, la charpente serait construite à Alexandrie par le sieur Lucovitch.

L'agent supérieur de la Compagnie écrirait à Marseille pour demander l'envoi par le plus prochain paquebot de deux forges volantes de moyenne grandeur avec enclumes et outils.

Deux sonnettes à tiraudes seraient construites par l'entrepreneur. L'étude du meilleur système de radeau pour leur emploi était réservée.

INSTRUCTIONS DU PRÉSIDENT DE LA COMPAGNIE

A la date du 18 mars, quelques jours avant le départ de la Commission pour son exploration dans l'isthme, le Président de la Compagnie édicta les instructions suivantes[1] :

1° M. Larousse, ingénieur hydrographe de la marine française était chargé de faire les études hydrographiques dans la baie de Péluse, le lac Menzaleh et le port de Suez pour préparer les travaux du Canal maritime.

---

1. Le Président de la Compagnie, depuis l'arrivée de la Commission en Égypte, était resté à Alexandrie avec M. Laroche pour préparer tout ce qui était nécessaire à la mission importante qu'allait avoir à remplir M. Larousse dans la baie de Péluse et dans le lac Menzaleh. Le 14, M. de Lesseps rejoignit la Commission au Caire. M. de Montaut avait été envoyé à Suez avec l'entrepreneur pour installer le maître-carrier Brulé. A son retour au Caire, l'entrepreneur avait fait savoir qu'il avait été fort satisfait de son exploration; que la montagne de l'Attaka lui paraissait présenter toutes les facilités désirables d'extraction, de transport et d'embarquement des pierres; enfin, que dans la plaine qui avoisinait la montagne, sur le bord de la mer,

2° M. Daru, géomètre, était chargé de vérifier et de contrôler sur le terrain les études cadastrales exécutées jusqu'alors pour le compte de la Compagnie par les ingénieurs du Vice-Roi.

Ces nouvelles études comprenaient alors la ligne du Canal d'eau douce depuis le Caire et ses environs jusqu'au lac Timsah et elles comprendraient ensuite la ligne du Canal maritime depuis Port-Saïd jusqu'à Suez.

3° M. Brulé, maître carrier, était chargé d'explorer la montagne de l'Attaka, désignée par la Commission internationale comme étant un des lieux les plus favorables pour l'extraction des pierres nécessaires aux travaux du Canal maritime.

Il s'établirait sur tel point de l'Attaka qui serait jugé convenable ; dirigerait, de là, ses explorations ; ferait des essais de mines et autres opérations préparatoires.

Le voyage d'exploration de la Commission dans l'isthme dura cinq semaines, du 21 mars au 25 avril, et fit l'objet d'un procès-verbal dressé à cette dernière date et dont le texte se trouve ci-après. La Commission était accompagnée de l'ingénieur en chef directeur général des travaux, M. Mougel Bey, de l'entrepreneur général, M. Hardon, et d'un premier personnel d'ingénieurs et d'agents.

PROPOSITIONS DU DIRECTEUR GÉNÉRAL DES TRAVAUX

Au cours du voyage de la Commission, pendant un séjour au Caire, le directeur général des travaux, dans un rapport du 10 avril, avait formulé les propositions suivantes pour les études complémentaires du tracé et des installations préparatoires :

1° *Études sur le terrain.* — Le profil en long du Canal maritime serait vérifié depuis le premier sondage à Suez jusqu'à la hauteur de

---

il y avait au moins 100.000 mètres cubes de blocs qui pourraient, à peu de frais, être ramassés et transportés sur des radeaux.

Le 16, la Commission avait parcouru avec les ingénieurs, l'entrepreneur, et M. Daru, géomètre, le tracé du canal d'eau douce, en suivant l'ancien lit du canal Zaffranieh, depuis le point qui avait été primitivement indiqué, près du palais du Vice-Roi, à Kasr-el-Nil, pour servir d'origine au canal, jusqu'à Messeroud ; et elle avait reconnu, au dessous de Choubra, le second point qui, à défaut du premier, pourrait convenir pour la prise d'eau du canal au Nil.

Kantara-el-Khasné ; le point de départ serait rattaché au repère du quai de Suez ; on étudierait les nouvelles lignes tracées sur le plan d'assemblage joint au rapport ; on comparerait ces nouveaux tracés à la direction primitive au moyen de profils en travers assez étendus de chaque côté de l'axe de manière à y trouver la justification complète des propositions définitives.

On examinerait particulièrement de quel côté du Cheik Ennedeck il conviendrait de passer et quelle serait la meilleure issue du Canal maritime hors du lac Timsah.

Les opérations ci-dessus prescrites seraient rattachées de façon à donner une nouvelle vérification du niveau comparatif des deux mers.

On ne devrait pas s'attacher à obtenir de longs alignements droits. Les courbes de raccordement auraient, au minimum, 800 mètres de rayon.

2° *Recherches et approvisionnements d'eau potable le long du Canal maritime.* — On construirait et munirait d'appareils élévatoires les six puits suivants : Kantara-el-Khasné, Abou-Eurouq, Néfiche, Bir-abou-Ballah, Bir-Fawar, Saba-Biars.

On exécuterait des forages aux quatre points suivants pour y établir des puits également munis de leurs machines : El Ferdane, au sud des dunes ; environs du Sérapéum ; entre Gebel-Géneffé et les lacs Amers ; dans l'emplacement de l'ancien réservoir près des lacs Amers.

Des trois appareils distillatoires achetés par la Compagnie, l'un serait à Suez, un autre à Péluse, et le troisième sur le point où les forages ne donneraient pas d'eau potable. S'il était nécessaire d'avoir un quatrième appareil, on achèterait celui qui existait à Suez.

3° *Établissement des chalets et des maisons en bois.* — Les quatre chalets seraient montés aux stations principales suivantes : Suez, Bir-abou-Ballah, Kantara-el-Khasné, Port-Saïd.

Cinq maisons seraient réparties dans les intervalles, savoir : à la tête de l'ancien canal ; près des carrières de Géneffé ; entre la Chouna et Cheik-Ennedeck ; à El Ferdane ; entre Kantara-el-Khasné et Port-Saïd.

Les quatre autres maisons et les deux tentes Gagin resteraient à distribuer suivant les besoins du service.

Dans un nouveau rapport en date du 23 avril, pendant le séjour de la Commission sur l'emplacement que devait occuper le futur port de Port-Saïd, le directeur général des travaux, sur l'invitation que lui avait faite le Président de procéder dans le plus bref délai, en conformité des décisions de l'administration supérieure de la Compagnie, à l'établissement de l'appontement et à l'érection du phare dont les matériaux étaient déjà en partie approvisionnés sur place, avait dressé une nomenclature des opérations qu'il proposait de faire exécuter d'urgence par l'entrepreneur général.

MESURES ADOPTÉES PAR LA COMMISSION

La Commission, dans une réunion tenue le lendemain 24 avril, « après quatre jours de campement près du lieu désigné par la Commission internationale pour l'établissement de Port-Saïd au débouché du canal maritime dans la Méditerranée », adopta les propositions du directeur général des travaux et décida, en conséquence, qu'il y avait lieu de procéder le plus tôt possible à l'exécution des travaux suivants :

1° Achat des sabots, boulons et outils nécessaires à la construction de l'appontement et à l'érection de la charpente du phare.

2° Invitation à l'entrepreneur de faire commencer de suite, pour la continuer au fur et à mesure des besoins des travaux, la fourniture à Port-Saïd de 10.000 mètres cubes de pierres des carrières du Mex, près d'Alexandrie, pour laquelle il avait traité éventuellement avec le sieur Lucovitch au prix de 13 fr. 50 le mètre cube rendu sur place.

3° Approvisionnement des moellons, des briques et de la chaux nécessaires pour la fondation du massif de maçonnerie destiné à supporter la charpente du phare.

4° Commande de deux grues complètes, d'un pont à bascule et de six balances pour le pesage et la vérification des matériaux livrés à la Compagnie.

5° Approvisionnement des mêmes matériaux que ceux employés pour le phare et commande, à Damiette, d'une charpente pour l'installation de l'appareil distillatoire.

6° Procéder immédiatement au creusement dans le cordon littoral, sur le tracé du canal maritime, d'une tranchée destinée à mettre les établissements provisoires à proximité des eaux du lac Menzaleh, afin d'assurer par ce moyen, dans tous les temps, une communication intérieure, prompte, facile et économique entre les établissements provisoires, le cours du Nil et la ville de Damiette.

7° Construction de baraquements provisoires recouverts de nattes de joncs pour le logement et l'abri des 200 fellahs nécessaires à l'exécution de ce travail.

8° Achat d'un canot marin pour les opérations hydrographiques de

M. Larousse, de deux djermes ou barques du pays pour les transports et les mouvements sur rade, d'une barque plate pour la circulation sur le lac, de 12 chameaux, l'acquisition de ce matériel devant être beaucoup plus économique que la continuation des locations déjà nécessaires pour ces divers services.

9° Approvisionnement de 250 tonnes de charbon pour le chauffage de l'appareil distillatoire et des forges et ateliers.

10° Établissement d'un atelier de construction et de réparation pour le montage et l'entretien des dragues commandées et les besoins des travaux ultérieurs.

11° Établissement d'une scierie mécanique pour le débit et la préparation des bois de l'appontement et autres constructions.

Les dépenses successives résultant des achats et commandes seraient imputables sur le crédit voté par le Conseil d'administration en vue de l'exécution immédiate des travaux préparatoires devenus indispensables pour la bonne gestion des intérêts de la Compagnie.

Les dispositions et la construction des établissements provisoires de Port-Saïd, étudiées par l'ingénieur en chef directeur général des travaux, avaient été arrêtées par lui suivant des plans concertés avec l'entrepreneur.

Conformément aux décisions antérieures du Comité de direction, les travaux préparatoires seraient faits par M. Hardon pour rentrer dans les conditions générales de son traité, lorsqu'une décision du Conseil d'administration l'aurait rendu exécutoire. Dans le cas où le traité viendrait à ne pas avoir de suite, les travaux faits par M. Hardon seraient réglés dans les conditions des travaux faits en régie.

La Commission approuvait la proposition faite par le Président de nommer agents de la Compagnie : à Suez, M. Basili Costa, ancien vice-consul de France; à Damiette, M. Surur, vice-consul de France à cette résidence. La nomination d'agents sur les deux points indiqués était indispensable pour assurer les bonnes relations de la Compagnie avec le commerce et avec les autorités locales. Les deux titulaires remplissaient déjà les fonctions d'agents depuis deux mois.

PROCÈS-VERBAL DE LA DERNIÈRE SÉANCE DE LA COMMISSION TENUE A PORT-SAID LE 25 AVRIL. — RAPPORT DE LA COMMISSION SUR LES RÉSULTATS DE SON EXPLORATION DANS L'ISTHME ET SUR L'INAUGURATION DE L'OUVERTURE DES TRAVAUX A PORT-SAID.

Le 25 avril, à la fin de son séjour à Port-Saïd, la Commission tint une dernière réunion dont le compte rendu donna lieu à la rédaction du procès-verbal ci-dessous accompagné d'un rapport de la Commission faisant connaître les résultats de son exploration dans l'isthme et rendant compte de la cérémonie d'inauguration de l'ouverture des travaux à Port-Saïd.

Procès-verbal de la dernière séance de la Commission tenue à Port-Saïd le 25 avril 1859. — Au début de la séance, le Président exposa à la Commission que, d'après le plan général du golfe levé en 1855 par M. Larousse, ingénieur hydrographe de la Marine, sous la direction de M. Lieussou, la Commission internationale avait placé l'embouchure du canal maritime sur la saillie formée par la côte entre la baie de Péluse et la baie de Dibeh. Afin de fixer définitivement l'emplacement des jetées et de choisir un point convenable pour l'établissement de l'appontement et du phare dont le Conseil d'administration avait décidé la construction à Port-Saïd, M. Larousse, maintenant attaché au service de la Compagnie, avait été chargé de reprendre ses premiers travaux et d'opérer la reconnaissance détaillée de cette partie du littoral. Grâce à l'activité et au zèle de cet habile ingénieur, les sondages exécutés par ses soins pour cette vérification venaient d'être terminés. L'ingénieur en chef directeur général des travaux avait été invité à en constater les résultats et à faire jalonner de suite le tracé du Canal et la position du premier établissement de Port-Saïd.

Le travail avait été fait la veille de la séance de la Commission. Les ingénieurs étaient actuellement réunis sur le terrain et se tenaient à la disposition de la Commission pour donner le premier coup de pioche et inaugurer l'organisation des chantiers.

Le point fixé par le directeur général des travaux pour le débouché du canal, d'après les nouveaux sondages de M. Larousse, était à 12.000 mètres à l'Est de la tour de Gemileh. Ce point, situé à 700 mètres environ à l'Ouest de celui qui avait été indiqué sur la carte générale du golfe par la Commission internationale, offrait l'avantage de réduire de deux à trois cents mètres la longueur des jetées : Ainsi, la jetée de l'Ouest, qui, dans l'ancien emplacement, devait avoir une longueur de 3.500 mètres pour atteindre les fonds de 10 mètres, atteindrait les mêmes fonds à 3.200 mètres seulement du rivage; celle de l'Est, qui devait avoir 2.500 mètres pour atteindre la profondeur de 8 mètres, l'atteindrait à 2.300 mètres. Dans cette position, et sans rien changer aux excellentes conditions nautiques qui avaient motivé le choix fait par la Commission internationale, de l'embouchure du canal sur la saillie de la côte séparant la baie de Péluse de la baie de Dibeh, le directeur général des travaux déclarait que la Compagnie réaliserait pour la construction des jetées une réduction de 2 à 3 millions sur le chiffre des dépenses prévues. Il était à remarquer, en outre, qu'en cet endroit, le lido ou cordon littoral qui sépare le lac Menzaleh de la

Méditerranée se rétrécissait notablement. Lorsque les eaux du lac étaient hautes, elles étaient à 300 mètres au plus du rivage de la mer ; la tranchée destinée à amener ces eaux jusqu'aux établissements provisoires de Port-Saïd pour donner à ces établissements les précieuses ressources d'une communication intérieure avec le Nil et Damiette, en créant, par tous les temps, des moyens de transport faciles et économiques, serait donc creusée en quelques jours et sans nouveaux frais, cette tranchée formant l'amorce du Canal maritime lui-même.

Le Président demandait à la Commission de constater ces importants résultats qui, au moment où elle terminait son exploration, venaient compléter d'une manière si heureuse les observations qu'elle avait déjà faites depuis le commencement de son voyage sur les avantages de la concession et les facilités que les dispositions naturelles des lieux assuraient à l'exécution de l'entreprise.

La Commission remercia le Président de son intéressante communication et estima qu'il y avait lieu, à cette occasion, de résumer et de préciser, en attendant le rapport détaillé du directeur général des travaux et les propositions de l'entrepreneur, les observations générales qu'elle avait faites dans le cours de son voyage. Elle indiqua, en conséquence, dans le rapport ci-dessous les points essentiels qui avaient attiré son attention.

Rapport de la Commission sur les résultats de son exploration. — Pendant son séjour au Caire, la Commission avait, en premier lieu, examiné les diverses questions qui se rattachaient à la prise d'eau du Canal de jonction au Nil. Elle s'était transportée sur place, et elle avait reconnu, sur les indications judicieuses de l'ingénieur en chef, que si les travaux de routes et de chaussées exécutés par le Gouvernement égyptien à Kasr-el-Nil et à Boulac aux environs de la prise d'eau de l'ancien canal Zaffranieh, depuis la concession qui avait été faite de cette prise d'eau et de ce canal à la Compagnie, avaient créé des difficultés particulières à l'établissement du canal de jonction au Nil en cet endroit, il était possible et il pouvait, sous certain rapport, être avantageux de porter l'embouchure de ce canal à quelques kilomètres plus bas, en aval de Choubra, un peu au-dessus du canal Cherkaouié, d'où l'on se raccorderait facilement au tracé primitif en venant rejoindre le lit du Zaffranieh en un point situé près de Messeroud, en face de l'ancienne Héliopolis.

A ce sujet, la Commission avait exprimé l'avis qu'il était urgent de procéder au nivellement des deux tracés et à leur étude comparative; ces travaux étaient en cours d'exécution, et le Président suivrait activement près du Vice-Roi la solution des questions administratives qui intéressaient la Compagnie en ce qui concernait la décision à intervenir. Ses démarches et le rapport du directeur général des travaux mettraient le Conseil d'administration en mesure de se prononcer en parfaite connaissance de cause.

En partant du Caire pour se rendre à Suez, la Commission, accompagnée du directeur général des travaux et de l'entrepreneur, avait successivement visité Abou-Zabel, Bulbeïs, Tel-el-Ouadée, Tel-el-Kebir, Koréïn, Salaïeh, Kantara-el-Khasné, le lac Ballah, El Ferdane, le seuil d'El Guisr, le lac Timsah, Bir-abou-Ballah, Rhamsès, Maxamah, Gebel-Géneffé, les lacs Amers, Suez et l'Attaka. Elle était ensuite rentrée au Caire pour se rendre à Port-Saïd où elle était venue par Damiette et le lac Menzaleh[1].

Pendant cette longue exploration, qui n'avait pas duré moins de cinq semaines, la Commission avait donc suivi le tracé complet des deux canaux, étudié leurs variantes et parcouru, dans toute leur étendue, les terrains compris dans la concession. La Commission avait été frappée de la richesse, de la salubrité et de l'étendue de ces terrains ; elle avait constaté la facilité de leur irrigation et l'importance de leur mise en culture ; elle avait reconnu que la superficie des terres non cultivées dont la Compagnie pouvait, aux termes de son acte de concession, s'assurer la propriété par l'irrigation, n'atteindrait

---

1. La Commission s'était mise en route le 21 mars. Elle voyageait en caravane et couchait sous la tente. A la fin de la première partie de son exploration, elle prit à Suez le chemin de fer pour rentrer au Caire où elle était de retour le 5 avril.

La seconde partie de l'exploration s'effectua dans les conditions suivantes : La Commission descendit en barque la branche de Damiette, visitant en passant Mansourah ainsi que d'autres centres de la province de Charkieh afin de connaître les ressources que la Compagnie pourrait en tirer en hommes et en approvisionnements pour l'exécution des travaux. Arrivée à Damiette le 19 avril, elle en partit le lendemain à six heures du matin pour se rendre à Port-Saïd par le lac Menzaleh. Elle s'embarqua dans quatre barques de pêche. Les barques étant à fond plat, ne calant pas plus de 0m,40 et profitant des plus légères brises avec leurs grandes voiles latines, avaient permis, malgré la saison des basses eaux, de naviguer toute la journée sans arrêt. Au coucher du soleil, on avait abordé à l'île de Tennis (où se trouvent les restes d'une ancienne ville égyptienne et romaine). Les membres de la Commission passèrent la nuit dans leurs barques. Le lendemain matin, après avoir visité les ruines avant le lever du soleil, la Commission se remit en route et atteignit le boghaz de Gemileh à neuf heures du matin. Là, on fit charger les tentes, les bagages et les provisions sur des chameaux, et les membres de la Commission suivirent à pied le bord de la mer, pendant quatre heures, jusqu'au point choisi par la Commission internationale pour le débouché du canal maritime.

La Commission constata avec satisfaction, à son arrivée (21 avril), l'existence, autour de la grande tente (système Gagin) de M. Larousse, d'un commencement d'établissement fort animé. Le brick *l'Union*, de Marseille, mouillé à 1.500 mètres de la plage, avait commencé depuis cinq jours son déchargement des bois de charpente destinés à l'appontement et le terminait ce jour même : les bois étaient déjà empilés entre la mer et les tentes du campement. Deux autres bâtiments, *l'Isis* et *la Bretagne*, étaient attendus de Marseille. Un navire ottoman, expédié d'Alexandrie avec la charpente et les accessoires du phare, était également attendu.

pas seulement le chiffre de 63.000 hectares primitivement annoncé, mais pourrait dépasser beaucoup ce chiffre.

En ce qui concernait la construction des canaux, la Commission, d'après les avis et propositions du directeur général des travaux et de l'entrepreneur, avait acquis la certitude que des économies considérables seraient réalisées dans le cube des terrassements au moyen de quelques rectifications des tracés.

La présence de la chaux, du plâtre et des moellons à fleur de sol sur les côteaux situés au Nord-Est du lac Timsah et sur le versant occidental des lacs Amers ; la beauté des matériaux et la facilité d'exploitation des carrières de Gebel-Géneffé et de l'Attaka donneraient aussi, pour la construction des ouvrages d'art, des facilités qu'on n'avait pas supposées.

L'abondance des combustibles fournis par les épaisses végétations qui couvraient le sol de l'isthme viendrait atténuer les dépenses prévues.

Loin de rencontrer les difficultés et les obstacles que les détracteurs du canal de Suez prétendaient devoir s'opposer à l'exécution des travaux, la Commission avait constaté, sur tous les points, l'existence de ressources inespérées qui assuraient le succès et la prospérité de la Compagnie. Elle avait reçu, pendant toute la durée de son voyage, l'accueil le plus sympathique de la part des populations, qui comprenaient fort bien le but de l'entreprise et les avantages dont elle doterait le pays. Partout les autorités s'étaient montrées favorables et avaient protégé ses opérations.

Dispositions prises par la Commission pour la continuation des opérations préparatoires de la construction. — En présence de la situation si avantageuse qui vient d'être décrite, la Commission considéra qu'il importait au plus haut degré, pour la bonne gestion des intérêts de la Compagnie, qu'aucun retard ne fut apporté à la mise à exécution des décisions prises par le Conseil d'administration pour la continuation des opérations préparatoires de la construction, commencées depuis plusieurs années par le Vice-Roi lui-même jusqu'au moment où la Compagnie a été constituée.

Conformément à ces décisions et à la lettre qu'elle avait écrite au Vice-Roi, en date du 7 mars 1859, pour annoncer la délégation dont elle était chargée en Égypte, la Commission croyait utile de porter actuellement à la connaissance de Son Altesse les résultats de son exploration et les mesures qui devaient en être la conséquence.

D'après les dispositions adoptées par le Conseil et l'approbation déjà donnée par la Commission aux propositions du directeur général des travaux, ces mesures consistaient dans les opérations préparatoires suivantes [1] :

---

1. A propos de ce programme des opérations préparatoires, nous croyons devoir revenir encore une fois sur les considérations, — déjà rappelées en

1° Construction d'un appontement à Port-Saïd pour faciliter le déchargement et l'approvisionnement des matériaux destinés à l'établissement des ports et des jetées;

2° Érection d'un phare pour assurer la route et le mouillage des navires dirigés par la Compagnie sur cette partie de la côte; création des ateliers et autres établissements nécessaires à la préparation des chantiers;

3° Creusement d'une tranchée dans le cordon littoral pour amener les eaux du lac Menzaleh à proximité des établissements provisoires de Port-Saïd et créer une communication intérieure avec le Nil et Damiette;

4° Prolongement de cette tranchée comme rigole de service jusqu'au lac Timsah et Suez pour le transport et l'approvisionnement des charbons, pierres, matériaux et appareils divers sur toute l'étendue de la ligne du futur canal maritime;

5° Ouverture et préparation des carrières de l'Attaka, à Suez, de Gebel-Géneffé, aux lacs Amers, et du Mex, à Alexandrie, que la Compagnie était autorisée à exploiter pour le service de son entreprise,

---

partie ci-dessus (Voir p. 10), qui avaient décidé la Compagnie à ajourner provisoirement la construction du canal d'eau douce pour consacrer tous ses efforts à la construction d'une rigole maritime entre Port-Saïd et Suez.

Dans l'avant-projet des ingénieurs du Vice-Roi, on avait jugé nécessaire de commencer par amener l'eau douce du Nil au milieu de l'isthme au moyen du canal de communication destiné à relier le fleuve au Canal maritime et de se mettre ainsi à même, en dirigeant l'eau potable, d'un côté vers Suez, de l'autre côté vers la Méditerranée, de satisfaire abondamment aux besoins des grandes agglomérations d'ouvriers. Le canal de communication paraissait donc devoir être la condition préliminaire du canal maritime.

Mais les recherches auxquelles on s'était livré dans l'isthme avaient fait reconnaître l'existence d'un certain nombre de points d'eau capables de fournir une eau assez bonne et assez abondante pour satisfaire aux premiers besoins; on avait reconnu également la possibilité de compléter le système d'alimentation en eau douce des chantiers du désert au moyen d'une dérivation du lac Maxamah.

D'un autre côté, la Compagnie avait senti impérieusement le besoin de répondre sans retard, d'une manière victorieuse, à toutes les objections des adversaires du projet, en opérant dans le plus bref délai possible la jonction des deux mers au moyen d'une rigole de service qui ne devait pas avoir seulement pour effet d'imposer silence aux incrédules, mais encore de faciliter considérablement les transports et de permettre ainsi d'utiliser tous les matériaux de construction qui se rencontraient sur divers points de l'isthme.

Le canal de communication qui, plus tard, devait apporter l'eau nécessaire à la mise en culture des vastes terrains concédés, et qui établirait des relations directes entre le Caire, toute la Basse-Égypte et les établissements de la Compagnie, n'avait donc pas semblé devoir faciliter les opérations dans une mesure assez prépondérante pour faire différer la jonction des deux mers, but essentiel, principe et fin de toute l'entreprise tant au point de vue moral qu'au point de vue industriel.

par application de l'article 13 de l'acte de concession du 6 janvier 1856 ;

6° Nivellement et cadastre de toute l'étendue de la concession pour la détermination des tracés définitifs des canaux et la prise de possession des terrains irrigables, n'appartenant pas à des particuliers, qui étaient concédés à la Compagnie ;

7° Détermination, d'accord avec l'administration égyptienne, de la prise d'eau, au Caire, du canal de jonction au Nil et creusement immédiat dudit canal ;

8° Établissement, dans le but de pourvoir aux premiers besoins d'alimentation des ouvriers, d'appareils élévatoires ou sakiés sur l'emplacement des puits ou forages ci-après : Kantara-el-Khasné, Abou-Eurouq, Néfiche, Bir-abou-Ballah, Rhamsès, Saba Biars, El Ferdane, environs du Sérapéum, entre Gebel-Géneffé et les lacs Amers, dans l'emplacement de l'ancien réservoir près du bassin des lacs Amers.

La Commission décidait que ces dispositions seraient communiquées officiellement au Vice-Roi et elle exprimait l'avis que le directeur général des travaux devait se mettre immédiatement à même de procéder à l'exécution des mesures adoptées.

Inauguration de l'ouverture des travaux (*25 avril* 1859). — Après avoir arrêté les mesures énumérées ci-dessus, la Commission se rendit sur l'emplacement désigné pour le débouché du canal maritime à Port-Saïd.

Elle trouva réunis sur les lieux :

MM. Mougel Bey, ingénieur en chef directeur général des travaux ;
- de Montaut, ingénieur des ponts et chaussées, désigné pour les fonctions d'ingénieur chef du service central des travaux, à Alexandrie ;
- Laroche, ingénieur des ponts et chaussées, désigné pour les fonctions d'ingénieur chef de la section des travaux de Port-Saïd ;
- Larousse, sous-ingénieur hydrographe de la marine, désigné pour les fonctions d'ingénieur chef de la section des travaux hydrographiques de la Compagnie ;
- Aubert-Roche, docteur-médecin, attaché à la Commission pour l'étude de l'organisation du service de santé des travaux ;
- Hardon, entrepreneur des travaux de la Compagnie ;
- Feinieux, directeur des travaux de l'entreprise ;
- Les agents et employés d'administration attachés à la Commission ;
- Et un personnel de 150 conducteurs, piqueurs, marins et ouvriers.

Le Président, après avoir fait déployer, à la tête des chantiers, le pavillon égyptien, prononça les paroles suivantes :

« Au nom de la Compagnie Universelle du Canal maritime de Suez, et en vertu des décisions de son Conseil d'administration, nous allons donner le premier coup de pioche sur le terrain qui ouvrira l'accès de l'Orient au commerce et à la civilisation de l'Occident.

« Nous sommes tous réunis ici dans une même pensée de dévouement pour les intérêts des associés de la Compagnie et ceux de son auguste créateur et bienfaiteur, le prince Mohamed-Saïd.

« L'exploration complète que nous venons de faire nous donne la certitude que l'entreprise, dont l'exécution commence aujourd'hui, ne sera pas seulement une œuvre de progrès, mais donnera une immense valeur aux capitaux qui l'auront réalisée. »

Le Président, chacun des membres de la Commission, et, après eux, les ingénieurs et employés de la Compagnie, ouvrirent alors la tranchée jalonnée sur le tracé du canal.

Le Président s'adressa ensuite aux ouvriers égyptiens groupés autour de lui.

« Chacun de vous, leur dit-il, va donner son premier coup de pioche, comme nous venons de le faire. Rappelez-vous que ce n'est pas seulement la terre que vous allez remuer, mais que vos travaux apporteront la prospérité dans vos familles et dans votre beau pays.

« Honneur à l'Effendinah Mohamed-Saïd Pacha ; qu'il vive de longues années ! »

Les paroles du Président furent traduites aux ouvriers qui les accueillirent par de vives acclamations et qui se mirent avec ardeur au travail sous la direction de l'entrepreneur et des conducteurs des chantiers.

La Commission s'associa sans réserve, de cœur et de volonté, aux sentiments exprimés par le Président, qu'elle trouva répondre si bien à l'esprit des décisions du Conseil d'administration et à l'objet de la délégation qu'elle avait reçue de lui pour suivre l'exécution de ces décisions en Égypte.

Elle déclara, en conséquence, commencées les opérations

préparatoires de la construction du Canal de Suez et invita le directeur général des travaux à en pousser activement l'exécution.

RÉGLEMENT PROVISOIRE POUR L'ORGANISATION ET L'ADMINISTRATION DES SERVICES DE LA COMPAGNIE EN ÉGYPTE

La Commission du conseil d'administration déléguée en Égypte, par délibération prise à Alexandrie à la date du 16 mai 1859, et sous réserve de décision ultérieure du Comité de direction agissant en vertu de l'article 40 des statuts, adopta à titre provisoire, le réglement ci-dessous pour l'organisation et l'administration des services de la Compagnie en Égypte, réglement qui fut immédiatement édicté par le Président de la Compagnie.

TEXTE DU RÉGLEMENT

§ 1er. — *Agence supérieure*

Article premier. — Conformément à l'article 42 des statuts, l'administrateur délégué à Alexandrie comme agent supérieur et chef de service « est investi de tous les pouvoirs nécessaires pour l'exécution des travaux et la marche de l'exploitation. Il représente la Compagnie dans tous ses rapports avec le Gouvernement égyptien et avec les tiers ».

Art. 2. — En exécution de l'article premier ci-dessus, l'administrateur délégué, agent supérieur, est spécialement chargé de suivre le règlement de toutes les mesures administratives de nature à nécessiter l'intervention du Conseil d'administration et du Comité de direction, notamment de celles prévues aux articles 35 et 40 des statuts. L'administrateur, agent supérieur, se concerte avec l'ingénieur en chef directeur général des travaux, pour toutes celles de ces mesures qui nécessiteraient une appréciation technique. Il contrôle et ordonnance, sur la proposition et la justification de qui de droit, tous paiements et toutes recettes à opérer par la caisse centrale d'Alexandrie.

Les mandats de paiement des dépenses des travaux, dressés par les ingénieurs chefs de section, sont vérifiés par l'ingénieur en chef directeur général des travaux; ils sont ordonnancés sur son visa par l'administrateur, agent supérieur de la Compagnie.

Art. 3. — Les factures, états de solde, mandats de paiement et toutes pièces de comptabilité concernant les ordonnancements faits par l'administrateur, agent supérieur, sont dressés en double ou triple expédition, selon qu'il y a lieu. Une ampliation de ces pièces est, immédiatement après le paiement ou l'encaissement, transmise au Comité de direction à Paris.

Art. 4. — L'administrateur, agent supérieur, propose au Comité de direction la nomination, le traitement et la révocation des employés et agents dépendant du service de l'agence supérieure.

Ce service est centralisé, sous ses ordres, par un fonctionnaire qui prend le titre de chef du service central de la Compagnie à Alexandrie.

Il est divisé en quatre bureaux, savoir : le secrétariat, la comptabilité, les affaires à l'extérieur (mouvement, nolis, douane), la caisse centrale.

Le chef du service central a autorité sur tous les bureaux : il transmet à chacun d'eux les affaires qui le concernent et en surveille la bonne expédition. Il représente l'agent supérieur absent pour les rapports avec les bureaux de la direction générale des travaux et les administrations locales.

Art. 5. — L'administrateur, agent supérieur, adresse chaque semaine au Comité de direction un rapport détaillé sur la situation financière de la Compagnie en Egypte et lui rend compte de toutes les affaires de nature à intéresser le service.

§ 2. — *Direction générale des travaux*

Article premier. — L'ingénieur en chef directeur général des travaux est nommé par le Conseil d'administration de la Compagnie, sur la proposition du Comité de direction, conformément aux articles 34 et 40 des statuts. Il dirige, suivant les plans adoptés, en se renfermant dans les limites des crédits accordés, tous les travaux concernant la concession dont l'exécution est décidée par le Conseil d'administration et le Comité de direction. Il est chargé de faire toutes études et de dresser tous devis relatifs à la construction des canaux et ports et à la mise en valeur des terrains concédés. Il prépare les marchés et traités concernant, soit l'exécution des travaux, soit l'achat et la commande des machines, des matériaux et engins nécessaires à la construction; il en surveille l'application et propose, quand il y a lieu, les modifications qu'il est utile d'apporter aux plans adoptés.

Art. 2. — L'ingénieur en chef directeur général des travaux a autorité sur tous les ingénieurs et employés à la construction. Il représente l'administration dans ses rapports avec les entrepreneurs et contrôle directement leurs opérations en surveillant et assurant, au besoin, la fidèle exécution des contrats. Il dirige les opérations concernant les mouvements des ports et de la navigation, la police des chantiers et le service des subsistances, des approvisionnements, des hôpitaux et des ambulances. Il pourvoit, en se concertant avec l'administrateur, agent supérieur, à toutes les mesures propres à intéresser la conservation, l'ordre intérieur et l'amélioration des établissements de la Compagnie.

Art. 3. — Les ordonnancements relatifs aux dépenses des travaux sont certifiés et présentés par l'ingénieur en chef directeur général des travaux ; ils sont adressés par lui, avec pièces à l'appui, à l'administrateur, agent supérieur, qui en assure le paiement conformément à l'article 2 ci-dessus.

Art. 4. — L'ingénieur en chef directeur général des travaux adresse chaque mois, sous le couvert du Président, un rapport détaillé au Comité de direction sur la situation des travaux, leur degré d'avancement, l'état des crédits, etc. Un double de ce rapport est transmis par l'ingénieur en chef directeur général des travaux à l'administrateur, agent supérieur.

Art. 5. — L'ingénieur en chef directeur général des travaux a sous ses ordres pour la surveillance, la direction et le contrôle, un personnel dont le cadre, le traitement et les attributions sont réglés, suivant les besoins du service et sur ses propositions, par des décisions du Conseil d'administration et du Comité de direction.

Art. 6. — Les services relevant de la direction générale des travaux sont centralisés à Alexandrie, sous les ordres immédiats du directeur général, par un ingénieur ayant rang d'ingénieur chef de section et prenant le titre d'ingénieur chef du service central des travaux à Alexandrie.

L'ingénieur chef du service central représente, en cas d'absence, l'ingénieur en chef directeur général des travaux, pour les rapports avec les bureaux de l'Agence supérieure et la suite de toutes les affaires de nature à intéresser le service de la construction.

Art. 7. — L'administrateur délégué, agent supérieur de la Compagnie en Égypte, et l'ingénieur en chef directeur général des travaux sont, chacun en ce qui le concerne, chargés d'assurer l'exécution des dispositions faisant l'objet du présent règlement.

ORGANISATION DU SERVICE DE LA COMPAGNIE PENDANT L'ANNÉE DE DÉBUT DES TRAVAUX

Le Conseil d'administration de la Compagnie, dans sa séance du 12 février 1859, fixa le « budget extraordinaire des dépenses pour la constitution de la Compagnie pendant l'année 1859[1] ». Il arrêta, en même temps, l'organisation du service de l'administration centrale à Paris et du siège social à Alexandrie, et, en conformité de l'article 34 des statuts, paragraphe 1er, nomma les chefs des différents services.

Le Comité de direction, à son tour, dans sa séance du 14 du même mois, par application de l'article 40 des statuts, paragraphe 1er, nomma les employés destinés à constituer le personnel secondaire de chaque service.

Par des décisions ultérieures du Conseil et du Comité, diverses nominations de personnel furent faites pour les services d'Égypte.

D'autre part la Commission déléguée par le Conseil pour tout préparer en Égypte en vue de la première campagne de travaux et qui, entre autres, avait notamment pour mission d'organiser les services de l'agence supérieure et le service des travaux, eut naturellement à faire, de son côté, des nominations de personnel. La Commission eut en outre, par suite de l'insuffisance reconnue des traitements attribués à un certain nombre d'employés engagés en France pour les services d'Égypte, à relever ces traitements. Le Comité de direction, dans sa séance du 20 septembre 1859, prit une décision confirmant l'organisation des services d'Égypte telle

---

1. Ce budget se subdivisait comme l'indique le résumé sommaire suivant :

PREMIÈRE PARTIE. — *Domicile administratif*

	Francs
Chapitre 1er. — Conseil d'administration	
— 2. — Direction	
— 3. — Services de l'administration	799.550
— 4. — Frais généraux	
— 5. — Publicité	

DEUXIÈME PARTIE. — *Siège social*

Agence supérieure	233.000

TROISIÈME PARTIE. — *Service des travaux*

Direction générale des travaux	177.060
TOTAL	1.209.610

On a vu précédemment (p. 13) qu'en dehors de ces prévisions de dépenses le Conseil d'administration, dans la même séance du 12 février 1859, avait ouvert un crédit de 5 millions de francs pour la continuation des travaux préparatoires du canal maritime.

qu'elle avait été établie par la Commission déléguée, régularisant les augmentations de traitements accordées, et portant que les nouveaux traitements alloués commenceraient à courir à partir du 1er janvier 1859.

Enfin, dans une séance du 30 décembre 1859, le Comité de direction, sur la présentation, par le directeur général des travaux, de l'état du personnel de contrôle et de surveillance des travaux, considérant que ce personnel, appelé à fonctionner, vu l'urgence, n'avait été admis qu'à titre provisoire par autorisation de la Commission déléguée, prit une décision régularisant la situation de ce personnel.

En résumé, par suite des diverses décisions énumérées ci-dessus[1] les services de la Compagnie au début des travaux, pendant l'année 1859, se sont trouvés organisés comme l'indique le tableau suivant, où figurent en même temps les noms des chefs de service et des principaux employés de chaque service.

---

1. Nous croyons devoir rappeler en quelques mots comment eu lieu l'installation du Conseil d'administration de la Compagnie et du Comité de direction :

Parmi les documents faisant partie de l'acte constitutif de la Société du Canal maritime de Suez du 15 décembre 1858 se trouve la liste des membres du Conseil d'administration. En remettant cette liste, M. de Lesseps avait déclaré que, parmi les membres du Conseil, M. le duc d'Albuféra, vice-président, et MM. de Chancel, Préfontaine et Ruyssenaërs avaient été désignés, en exécution de l'article 24 des statuts, pour former le Comité de direction.

Le Comité de direction, dans sa séance de constitution, tenue le 17 décembre, délégua spécialement, en exécution de l'article 42 des statuts, M. Ruyssenaërs, à Alexandrie, comme agent supérieur et chef de service.

Enfin, dans sa séance du 20 décembre, le Conseil d'administration, après avoir reconnu, en conformité des articles 4 et 77 des statuts, la Compagnie Universelle du Canal maritime de Suez comme étant définitivement constituée et, par ce fait, substituée à M. Ferd. de Lesseps, se déclara installé ainsi que le Comité de direction.

TABLEAU DE L'ORGANISATION DES SERVICES EN 1859

Administration Centrale	
MM. Merruau (Paul), Secrétaire général.	Décision du Conseil du 20 décembre 1858
Secrétariat général : Peltier, Chef de bureau, Valois, — 1 Sous-chef de bureau, 7 Employés.	
Service administratif : Maurin, Chef de division, Belland, Chef de bureau, Cottrau, — 1 Sous-chef de bureau, 8 Employés.	
Service de la Comptabilité et contrôle : St-Amand Martignon, Chef de division, Chantrot, Chef de bureau, Carnot, — Hollard, — Custot, Caissier, 1 Sous-chef de bureau, 2 Sous-caissiers, 10 Employés.	Décision du Conseil du 12 février 1859 portant nomination des chefs de division. Décision du Comité du 14 février 1859, portant organisation des services et nomination du personnel secondaire.
Service des Titres : St-Elme-Petit, Chef de division, Meunier, Chef de bureau, Homberg, — 3 Sous-chefs de bureau, 20 Employés.	
Service central des travaux : Bourdon [1], Chef de division, Blooume, Chef de bureau, Thorel, — 3 Sous-chefs de bureau, 7 Employés.	

1. M. Bourdon, ayant alors le titre de « chef de la section des travaux » à l'administration de la Compagnie du Canal, avait été attaché, comme secrétaire adjoint, au Conseil supérieur des travaux pendant les séances de ce Conseil de novembre 1858. Après sa nomination de « chef de la division du service central des travaux », il continua à remplir les fonctions de secrétaire adjoint du Conseil pendant les séances tenues en 1859 et 1860. Le service central dépendait de la Direction générale des travaux. Il était constitué par un bureau d'études chargé à la fois de la commande et de l'expédition de tous les objets achetés directement par la Compagnie et du contrôle de toutes les commandes et expéditions faites par l'entrepreneur général.

SERVICES D'ÉGYPTE

I. Agence supérieure à Alexandrie

MM. Ruyssenaërs [1], Administrateur délégué, Agent supérieur de la Compagnie,
Cte Sala, Agent aux missions spéciales.

Décision du Comité du 17 décembre 1858.

Décision du Comité du 8 février 1859.

Service central :

Vernoni (Charles), Chef du service, provisoirement chargé de la Caisse.

Secrétariat :

De Régny, Chef de bureau,
Anslyn, 1er Employé,
Caprava, 2e —

Décision du Comité du 20 septemb. 1859, confirmant les dispositions prises par la Commission déléguée.

Comptabilité :

Olive, Chef de bureau,
D'Arzac, 1er Employé,
Frangi, 2e —
Lamare, Teneur de livres.

Relations avec les autorités égyptiennes :

Pierre, 1er Employé,
Michel, 2e —
1 Écrivain-traducteur,
2 Magasiniers arabes.

Décision du Comité du 30 décemb. 1859 régularisant des situations depuis longtemps existantes.

Agences [2] :

De Bourville, Agent au Caire,
Costa, — à Suez,
Surur, — à Damiette.

1. Voir la note de la page 32 au sujet de la décision du Comité du 17 décembre 1858. Nous rappellerons d'ailleurs, ainsi que mention en est faite dans le rapport de M. de Lesseps au Vice-Roi en date du 30 avril 1855, que M. Ruyssenaërs, consul général de Hollande, avait été dès cette époque nommé provisoirement, avec l'assentiment de Son Altesse, agent supérieur de la Compagnie en Égypte.

2. Les agents, dans chacune des trois localités, étaient chargés de prêter leur concours à la direction générale des travaux.

Peu après la première organisation de l'agence supérieure fut créé, relevant d'elle, un service de santé, dirigé par le Dr Aubert-Roche, médecin en chef, ayant sous ses ordres deux médecins de circonscription, l'un à Port-Saïd, Dr Zarb; l'autre, à Toussoum, Dr Papatéodoro.

II. Service des Travaux	
MM. Mougel Bey[1], Ingénieur en chef, directeur général des travaux.	Décision du Conseil du 15 janvier 1859.
Service central à Alexandrie :	
De Montaut[2], Ingénieur chef du service, Geyler, Chef du bureau et de la comptabilité du service, Barette, Sous-Ingénieur chargé du matériel, 1 Dessinateur, 1 Drogman, 3 Employés aux écritures.	Décision du Comité du 30 décemb. 1859.
Section de Port-Saïd :	
Laroche[3], Ingénieur chef de section,	Décision du Comité du 19 février 1859
Schadé, Conducteur, Faure, Comptable, 2 Employés.	Décision du Comité du 20 septemb. 1859.

1. M. Mougel Bey, ingénieur en chef des Ponts et Chaussées, précédemment au service du Vice-Roi, avait pris, déjà avec le titre de directeur des travaux du Canal maritime, une part active aux délibérations du Conseil supérieur des travaux pendant ses séances de novembre 1858. Sur la proposition du président de la Compagnie, sa nomination au poste d'*Ingénieur en chef, directeur général des travaux, à Alexandrie*, fut ratifiée par le Conseil d'administration dans sa séance du 15 janvier 1859. Après sa nomination il continua à assister aux délibérations du Conseil supérieur des travaux pendant ses séances de 1859 à 1860.

2. M. de Montaut avait été attaché, à partir de janvier 1857, aux travaux préparatoires exécutés pour le compte et aux frais du Vice-Roi. Aussitôt après la constitution de la Compagnie, il fut attaché à la direction générale des travaux du canal. La décision du Comité du 30 décembre 1859 n'a fait que régulariser une situation qui existait depuis le début du fonctionnement de la Compagnie. Indépendamment de la direction du service central, M. de Montaut était chargé, en l'absence du directeur général, d'assurer le service des travaux.

3. M. Laroche, ingénieur des Ponts et Chaussées, que la Compagnie se proposait alors d'attacher à l'exécution des travaux en Égypte, avait assisté aux délibérations du Conseil supérieur des travaux pendant ses séances de novembre 1858. Par la décision du Comité du 19 février 1859 qui l'engagea au service de la Compagnie, il était désigné pour diriger les travaux d'études et d'exécution du canal d'eau douce. Mais, à son arrivée en Égypte, la Commission déléguée du Conseil le désigna définitivement comme chef de la section de Port-Saïd, et cette nouvelle attribution de service fut confirmée par la décision ultérieure du Comité en date du 20 septembre 1859. La section de Port-Saïd comprenait le port, le canal maritime jusqu'à Kantara et l'exploitation de la carrière du Mex.

Canal de communication et d'irrigation :	Décision du Comité du 19 février 1859.
MM. Cazaux [1], Sous-Ingénieur chef de section.	Décision du Comité du 20 septemb. 1859.
Service hydrographique : Larousse [2], Ingénieur chef du service.	Décision du Comité du 19 février et décision du Conseil du 8 mars 1859.

1. M. Cazaux, conducteur des Ponts et Chaussées, avait été adjoint, dès le mois de juillet 1857, à la brigade des ingénieurs égyptiens chargés des études et travaux préparatoires du canal d'eau douce. Aussitôt après la constitution de la Compagnie, il fut attaché à la Direction générale des travaux du Canal. La décision du Comité du 30 décembre 1859, ne fit que régulariser la situation existante. Indépendamment des études du canal de communication et d'irrigation, M. Cazaux était chargé du contrôle des opérations de l'entreprise générale dans l'intérieur de l'isthme jusqu'à Suez.

2. M. Larousse, sous-ingénieur hydrographe de la marine, avait été attaché, en 1855, à la Commission internationale, par qui il fut chargé de dresser la carte hydrographique de la baie de Péluse.

Plus tard, il avait assisté, en qualité de membre adjoint, aux délibérations du Conseil des travaux dans ses séances de novembre 1858 et février 1859.

Par décision du Comité du 19 février 1859 (comme pour M. Laroche) il fut engagé au service de la Compagnie avec mission de se rendre en Égypte pour achever les sondages de la baie de Péluse, faire le tracé des jetées, établir les marégraphes de Port-Saïd et de Suez et compléter les études hydrographiques intéressant la question du Canal maritime.

Enfin, par décision du Conseil du 8 mars 1859, il fut définitivement attaché au service de la Compagnie en qualité d'ingénieur hydrographe. Il continua d'assister aux délibérations du Conseil supérieur des travaux pendant ses séances de 1859 et de 1860.

Indépendamment des études hydrographiques, M. Larousse était chargé de toutes les études sur le terrain telles que la triangulation de l'Isthme, les tracés, les sondages, etc.

HISTORIQUE DES TRAITÉS HARDON DES 14 FÉVRIER 1859 ET 29 FÉVRIER 1860

(Exécution des travaux par voie de régie intéressée)

Il a été expliqué précédemment[1], au chapitre de la *Description des projets*, que le Conseil supérieur des travaux, en novembre 1858, avait arrêté un programme d'exécution, en cinq phases, du projet de la Commission internationale, dont la dépense, on se le rappelle, était estimée à 200 millions.

La Compagnie, aussitôt après sa constitution, en décembre de la même année, fit appel aux entrepreneurs de travaux publics de France et de l'Étranger, provoquant de leur part des propositions pour l'exécution des travaux dans les limites des devis arrêtés par le Conseil. De nombreuses soumissions lui furent adressées ; mais presque toutes réclamaient des augmentations de prix : parmi elles, pourtant, se trouvait un projet de traité, portant la date du 10 janvier 1859, proposé par un entrepreneur d'importants travaux publics exécutés en France, M. Hardon, pour l'exécution des deux premières phases de la construction du canal, dans le système de la régie intéressée pour les terrassements et à prix ferme, à 2 0/0 au-dessous du devis, pour les enrochements et les maçonneries des ports et du lac Timsah.

Ce projet de traité fut renvoyé par la Compagnie à l'examen du Conseil supérieur des travaux, lequel ainsi qu'il va être expliqué, formula son avis dans une séance tenue à cet effet le 7 février 1859.

Au cours de l'examen du projet de traité par le Conseil,

---

1. Voir, tome IV, p. 88, au chapitre intitulé *Programme d'exécution du projet de la Commission internationale.*

diverses observations avaient été présentées se résumant comme suit :

Aussitôt qu'une communication serait établie entre les deux mers, dès que le canal fluviatile se rapprocherait du désert, les gabares, en circulant librement, porteraient le charbon de Port-Saïd à Suez et les matériaux de l'Attaka, de Suez à Port-Saïd ; les vivres et l'eau douce arriveraient aisément sur tous les chantiers ; toute incertitude, toute difficulté s'effacerait donc et l'on pourrait résolument choisir les voies devant conduire avec sûreté à l'accomplissement de l'œuvre ; mais, pour obtenir ce résultat, il fallait presque achever la première phase d'exécution des travaux ; cette phase, bien qu'elle comportât une dépense de 33 millions, ne devait donc être envisagée que comme un travail préparatoire dont l'exécution se présentait dans des conditions particulières qu'il fallait accepter ; pendant cette première période, d'ailleurs, et surtout à l'origine, des essais, quelques tâtonnements même, étaient inévitables. Ces considérations conduisaient à commencer les premiers travaux par voie de régie directe. Sans doute, un pareil système, s'il devait s'appliquer à des travaux d'une importance considérable, serait inacceptable, à la fois pour la Compagnie qui devait avant tout être assurée d'exécuter les travaux sans dépasser le capital social et pour le directeur général des travaux, dont la responsabilité serait beaucoup trop engagée ; mais, restreint à d'étroites limites, il ne présentait que des avantages ; il éclairerait complètement la Compagnie sur les mesures à adopter pour l'avenir ; il permettrait aux entrepreneurs sérieux de se transporter en Égypte, de se rendre compte *de visu* de la nature du travail et des conditions dans lesquelles on pouvait l'exécuter, et il les amènerait sans doute à préciser plusieurs des offres si nombreuses qui avaient été faites à la Compagnie, mais qui, formulées d'une manière trop vague, n'étaient jusque-là susceptibles de recevoir aucune suite pratique et utile.

A ces considérations, le directeur général des travaux avait ajouté que, quel que fût le système adopté et en admettant même que la Compagnie traitât avec M. Hardon sur les bases de sa soumission, il resterait toujours des dépenses préliminaires à faire par voie de régie directe; que, dans le cas où prévaudrait cette opinion, on pourrait joindre à ces dépenses des essais faits en divers points, sur une échelle réduite, soit avec des dragues, soit avec des excavateurs, quelques exploitations de carrières, en un mot, une espèce de spécimen pour chaque nature de travail. Ainsi définie et circonscrite, la régie simple lui paraissait très acceptable.

En dernière analyse, le Conseil supérieur des travaux,

Considérant que la première phase d'exécution du canal devait être considérée comme un travail préparatoire après l'exécution duquel toute hésitation devait disparaître sur la marche à suivre pour l'achèvement de l'œuvre;

Que, dans cette phase elle-même, les premiers travaux présentaient un certain caractère d'imprévu; mais que l'exécution de ces travaux amènerait nécessairement avec elle des enseignements qui profiteraient à la Compagnie et à tous les entrepreneurs sérieux qui se présenteraient pour soumissionner;

Que la soumission de M. Hardon portait sur le chiffre énorme d'une dépense de 103 millions et ne saurait être acceptée qu'après un mûr examen dont les éléments n'étaient pas encore tous réunis;

Que cette soumission indiquait, de la part de celui qui l'avait présentée et qui engageait dans l'entreprise une partie notable de sa fortune, la conviction que les évaluations de l'avant-projet ne seraient pas dépassées; que cette conviction venait corroborer l'opinion unanime des membres éminents qui composaient la Commission internationale; que les propositions de M. Hardon ne pourraient qu'acquérir une signification encore plus sérieuse si l'on invitait cet entrepreneur à se rendre en Égypte pour étudier la nature des travaux et les conditions dans lesquelles ils pourraient s'exécuter; que les délais qui lui seraient accordés pour se livrer à cet examen l'amèneraient peut-être à proposer pour les terrassements, comme il l'avait fait pour les enrochements et les maçonneries, un marché ferme qui paraîtrait préférable au système de régie intéressée,

Formula finalement l'avis :

1° Que, dans tous les cas, il n'y avait lieu momentanément de se préoccuper que des travaux compris dans la première phase de l'entreprise et que la Compagnie ne devrait prendre aucun engagement pour les travaux ultérieurs;

2° Que ces travaux eux-mêmes devaient être commencés par le directeur général des travaux auquel on laisserait une grande liberté d'action, même la faculté d'appeler telle personne qu'il jugerait convenable pour exécuter une partie des travaux en régie intéressée, mais dans les limites d'un crédit qui ne paraissait pas devoir excéder 4 millions;

3° Qu'il convenait d'inviter le directeur général des travaux à diriger l'emploi de ce crédit, de telle sorte qu'il pût se rendre compte le plus tôt possible du système à adopter pour l'achèvement de la première phase, et présenter dans un délai de quelques mois, en toute connaissance de cause, telles propositions qu'il appartiendrait.

PREMIER TRAITÉ HARDON, DU 14 FÉVRIER 1859

A la suite de l'avis du Conseil supérieur des travaux, et les propositions primitives de M. Hardon ayant été modifiées en conséquence, la Compagnie passa avec cet entrepreneur, à la date du 14 février 1859, le traité provisoire dont les principales dispositions ont été mentionnées précédemment[1].

Aussitôt après la signature de ce traité, l'entrepreneur

1. Voir p. 11.

régisseur, M. Hardon, partit pour l'Égypte avec le fondé de pouvoir appelé à le représenter pendant son absence, M. Feinieux.

Ils assistèrent tous deux, le 25 avril 1859, sur le point de l'étroit lido séparant le lac Menzaleh de la Méditerranée qui avait été définitivement adopté pour le débouché du canal maritime, à l'inauguration de l'ouverture des travaux par M. de Lesseps accompagné d'une délégation de quatre membres du Conseil d'administration, du directeur général des travaux, M. Mougel Bey, et des trois ingénieurs sous ses ordres, MM. de Montaut, Laroche et Larousse, et du médecin en chef de la Compagnie, M. Aubert-Roche.

Pendant la première année de fonctionnement de la régie intéressée on ne put naturellement s'occuper que de travaux préparatoires.

Ces travaux ont été les suivants :

A Port-Saïd : ouverture d'une rigole de communication entre le lac Menzaleh et les établissements du port; construction d'un appontement et organisation des moyens de déchargement des navires; construction d'un phare; construction de baraquements, de chalets, de maisons, de magasins ; installation de deux machines distillatoires ;

Organisation des transports pour les communications par mer entre Port-Saïd et Alexandrie, pour les communications entre les divers points de l'isthme, enfin pour les communications de l'isthme avec l'intérieur de l'Égypte ;

Organisation des services d'approvisionnements ;

Recherches et reconnaissances de carrières;

Recherches de points d'eau et construction de puits :

Établissement de campements sur la ligne du canal ;

Enfin, importantes commandes de matériel.

En même temps que s'effectuaient ces travaux préparatoires par les soins du délégué de l'entrepreneur régisseur, sous le contrôle des ingénieurs de la Compagnie, ceux-ci avaient repris les opérations et les études sur le terrain pour la reconnaissance du tracé, la vérification du profil en long et l'établissement de profils en travers; en même temps, aussi, les agents de la régie faisaient, séparément, de nouveaux nivellements en vue de la confection d'un plan coté à l'aide duquel l'entrepreneur fit l'étude d'un nouveau tracé qui, se pliant davantage, au moyen de courbes nombreuses, aux ondulations du sol, présentait une réduction d'environ 11 millions de mètres cubes de déblais sur le chiffre du tracé de la Commission internationale. Ce nouveau tracé, avec des modifications proposées par le directeur général des travaux réduisant l'économie de cube à 9 millions de mètres, fut soumis, en août 1859, à l'examen du Conseil supérieur des travaux qui approuva le tracé ainsi modifié, lequel fut en conséquence définitivement adopté par la Compagnie[1].

DEUXIÈME TRAITÉ HARDON DU 29 FÉVRIER 1860

A l'expiration de la première année de fonctionnement de la régie intéressée, consacrée, comme il vient d'être expliqué, à la reconnaissance des lieux par l'entrepreneur régisseur et aux travaux préparatoires, un traité définitif, dont le texte est donné ci-après, fut passé avec M. Hardon le 29 février 1860[2].

---

1. Voir, pour plus amples détails, au chapitre intitulé : *Modifications du projet de la Commission internationale par le Conseil supérieur des travaux* (tome IV, p. 100).

2. La conclusion du traité définitif fut portée par M. de Lesseps à la connaissance de l'assemblée générale des actionnaires, lors de sa première réunion tenue le 15 mai 1860, dans les termes suivants :

« Le traité passé avec M. Hardon au mois de février 1859 avait été d'abord contracté conditionnellement, et il avait reçu dès cette époque une première application.

« C'est seulement après cette épreuve et la révision attentive des clauses du contrat par le Conseil des travaux et les Conseils judiciaires de la Compagnie, que le Conseil d'administration en a prononcé la ratification en décidant la réalisation du cautionnement. »

TRAITÉ HARDON, DU 29 FÉVRIER 1860

Article premier. — M. Hardon s'engage envers la Compagnie Universelle du Canal maritime de Suez à exécuter comme entrepreneur général tous les travaux projetés par cette Compagnie :

1° Pour l'établissement du canal d'eau douce dérivé du Nil qui se joindra au grand Canal maritime dont il va être parlé, ces travaux comprenant l'établissement de la rigole et des écluses;

2° Pour l'établissement à travers l'isthme de Suez du Canal maritime devant réunir la mer Méditerranée à la mer Rouge, ainsi que des ports et jetées en dépendant.

M. Hardon s'engage aussi à faire tous les autres travaux se rattachant à ceux principaux qui viennent d'être indiqués, comme établissements divers, chantiers, ateliers, etc.,

Tels que ces travaux sont spécifiés et définis :

1° Dans le rapport fait en décembre 1856 par la Commission Internationale formée pour le percement de l'isthme de Suez, et notamment aux paragraphes XV (canal fluviatile de jonction et d'irrigation) et XVII (avant-métré du Canal maritime) de la première partie de ce rapport;

2° Dans les modifications apportées par le Conseil supérieur des travaux de la Compagnie, suivant les devis et cahiers des charges, sous-détails des prix, avant-métrés, etc., formant treize pièces annexées au présent traité[1].

Les travaux qui auront pour objet l'exploitation des canaux d'eau douce et maritime, l'exploitation des terres et des diverses industries que la Compagnie concèderait à des tiers ne font pas partie du présent traité.

Art. 2. — M. de Lesseps réserve expressément au profit de la Compagnie le droit de faire, aux projets de la Commission internationale et du Conseil supérieur des travaux, toutes réductions que la Compagnie jugera convenable d'apporter dans les dimensions générales de longueur, largeur et profondeur des canaux, ports, jetées et bassins.

La Compagnie entend formellement demeurer toujours libre de ne faire que les travaux qui lui conviendront; M. Hardon se soumet à cette réserve comme à une condition essentielle des présentes conventions, pourvu qu'il ne soit distrait aucun des travaux mentionnés dans l'article 1er en faveur d'un autre entrepreneur.

Art. 3. — M. Hardon prend l'engagement de ne pas dépasser dans l'exécution des travaux mentionnés dans l'article 1er les prix de base déterminés dans le projet de la Commission internationale.

Art. 4. — Comme garantie de l'engagement qui précède, de la bonne

1. Voir, pour ces pièces annexes, à la suite du texte du traité, p. 48.

exécution des travaux et de l'accomplissement des autres conditions du présent traité, M. Hardon s'oblige à fournir à la Compagnie un cautionnement de 1.200.000 francs, soit en numéraire, soit en immeubles, titres ou valeurs agréés par la Compagnie.

Ce cautionnement devra être réalisé par M. Hardon aussitôt que l'ordre de commencer les travaux lui aura été notifié.

M. Hardon recevra l'intérêt à 5 0/0 l'an des fonds qu'il pourra verser à la Compagnie pour ce cautionnement; celle-ci lui remettra à l'échéance les intérêts et arrérages des valeurs qui lui seront déposées au même titre ; si le cautionnement est fourni en immeubles, M. Hardon jouira des revenus de ces immeubles.

Art. 5. — Les travaux seront exécutés par M. Hardon pour compte de la Compagnie par voie de régie intéressée, comme il va être expliqué dans les articles suivants.

Art. 6. — M. Hardon aura le soin et la charge de la mise en œuvre et de l'exécution des travaux sous la surveillance et sous le contrôle des ingénieurs et de leurs agents désignés à cet effet.

De son côté, la Compagnie fournira à M. Hardon les fonds nécessaires à l'acquisition du matériel, de l'outillage et des approvisionnements, lesquels seront la propriété de la Compagnie, ainsi qu'à l'acquittement des dépenses de toute nature.

M. Hardon devra justifier des paiements qui seront effectués par ses soins conformément au réglement général qui a été arrêté entre les parties pour faciliter l'exécution du présent traité et qui y est annexé sous la cote 14e.

Ne seront pas comprises dans les dépenses de la régie celles du personnel de la Compagnie : ingénieurs, conducteurs, surveillants, non plus que les dépenses des études faites par ordre de la Compagnie et par son personnel; toutes ces dépenses demeurent à la charge de la Compagnie.

Art. 7. — Toutes les réductions, en dehors de celles pouvant provenir des réserves faites à l'article 2, et qui, après l'acquittement des dépenses de toute nature applicables aux travaux, seront obtenues sur les prix de base, par simplification dans les travaux, réduction de cubes, diminution des dépenses à tous titres, formeront les économies réalisées par la régie.

Quarante pour cent de ces économies appartiendront à M. Hardon et lui seront payés par la Compagnie.

Le compte de ces économies sera arrêté provisoirement tous les ans ; les sommes portées à ce compte seront productives d'intérêt à 5 0/0 par an au profit de M. Hardon, depuis l'arrêté de compte jusqu'au jour du paiement.

Des à-comptes sur les économies pourront être payés à M. Hardon sur la proposition du directeur des travaux et sur l'autorisation du Conseil d'administration de la Compagnie.

M. Hardon s'engage à associer les agents et employés de son service pour un quart de la part des économies qui lui est attribuée.

M. de Lesseps accepte cet engagement au nom des dits agents et employés.

M. Hardon sera seul appréciateur de la proportion dans laquelle ce quart devra être réparti entre les agents et employés.

Art. 8. — Comme explication du premier alinéa de l'article précédent, il est expressément convenu que les réductions de dépenses, de quelque cause qu'elles proviennent, résultant de l'initiative, soit de M. Hardon, soit de toute autre personne, sans exception, ne rentreront dans la catégorie des économies réalisées par la régie qu'à partir du moment où les plans d'ensemble de chacune des sections des travaux à exécuter auront été remis à M. Hardon.

Art. 9. — M. Hardon se reconnaît soumis aux dispositions de l'article 2.270 du code Napoléon.

Art. 10. — Pour les travaux indiqués au rapport de la Commission internationale sans description et sans estimation de détails suffisants pour que les prix de la Commission soient appliqués, et aussi pour les travaux non prévus par cette Commission, des séries de prix seront établies d'un commun accord entre la Compagnie et M. Hardon pour servir de base au décompte des économies ; ces séries de prix seront dressées autant que possible sur les prix déterminés dans le rapport de la Commission pour les travaux similaires.

Il en serait de même si, dans les travaux de creusement, il se rencontrait des parties de terrains qui, contrairement aux données résultant des forages faits par la Compagnie, ne fussent pas susceptibles d'être enlevés à la drague.

Dans le cas où les contractants ne parviendraient pas à se mettre d'accord sur ces séries de prix, M. Hardon exécutera les travaux en régie avec le matériel, l'outillage et les approvisionnements de la Compagnie.

Les dépenses justifiées et approuvées seront admises en compte, et il recevra une bonification de 5 0/0 sur leur montant.

Art. 11. — Les terres provenant des déblais devront toujours être déposées aux points les plus rapprochés des fouilles, suivant le profil normal, mais d'autres emplacements pourront être déterminés par le directeur des travaux ; seulement, en cas de transports exceptionnels qui ne seraient pas indispensables pour l'établissement des canaux, mais qui seraient ordonnés et exécutés dans l'intérêt particulier de la Compagnie, il en sera fait état supplémentaire.

Art. 12. — Les délais dans lesquels les travaux de chaque section devront être terminés seront convenus successivement entre la Compagnie et M. Hardon.

Comme conséquence de l'esprit général qui règle le présent traité, l'ordre et les modes à suivre dans l'exécution des travaux, le choix des machines à y employer, sont laissés à l'initiative de M. Hardon, régisseur responsable, à charge par lui de livrer les ouvrages et les travaux en tout conformes aux plans à lui remis par la Compagnie.

Art. 13. — Dès que l'ordre d'exécuter un travail aura été donné au régisseur, celui-ci, avant de commencer ce travail, fera connaître au directeur général des travaux l'importance du matériel et des approvisionnements qu'il jugera nécessaires pour l'exécution ; sur l'approbation donnée par ce directeur, les crédits utiles seront ouverts à ce sujet au régisseur.

Les commandes et acquisitions de matériel et de matières seront faites par M. Hardon pour le compte et au nom de la Compagnie, celle-ci étant et devant être notoirement propriétaire de tout le matériel et de tous les approvisionnements.

Art. 14. — M. Hardon aura le choix de son personnel ; il devra, toutefois, le faire agréer par la Compagnie.

Le Comité de direction pourra, en toute circonstance, exiger de l'entrepreneur le renvoi de tout agent ou employé qu'il jugerait à propos d'écarter.

Art. 15. — La Compagnie s'engage à procurer par tous les moyens possibles au régisseur tous les ouvriers indigènes promis par S. A. le Vice-Roi d'Égypte.

Art. 16. — Chaque année dans le règlement des comptes, le prix de revient du matériel servant à l'exploitation de la régie sera réduit de 11 0/0.

Cette réduction sera portée aux dépenses de la régie.

Après l'achèvement des travaux, le matériel existant appartiendra au plus offrant de la Compagnie ou du régisseur.

La Compagnie sera créancière sur la régie de la différence entre ce prix de revient et la valeur du matériel, déduction faite des 11 0/0 annuels ci-dessus stipulés.

Cependant la Compagnie aura la faculté de conserver tous les objets qui lui conviendront pour un prix convenu ou fixé par experts.

Dans tous les cas, le résultat de cette liquidation sera porté au compte des économies, c'est-à-dire que la différence en plus ou en moins entre le produit de cette liquidation et la valeur conservée par le matériel, malgré la réduction annuelle du 11 0/0 faite par les écritures, viendra augmenter ou diminuer le chiffre des économies.

Le matériel devra être tenu constamment en bon état de réparation aux frais de la régie.

Art. 17. — M. Hardon ne pourra, dans aucun cas, transporter à des tiers tout ou partie des travaux faisant l'objet du présent traité sans l'autorisation expresse de la Compagnie.

Art. 18. — Il devra tenir constamment à la disposition de la

Compagnie, mais sans déplacement, ses livres de comptabilité, ses états de paie des ouvriers, les factures des fournisseurs, et se soumettre d'ailleurs à toutes mesures d'ordre, de vérification et de contrôle que la Compagnie jugera à propos d'exiger.

Le mode de présentation des comptes et de justification des paiements effectués par la régie sont déterminés par le règlement général annexé au présent traité sous la cote 14ᵉ.

ART. 19. — M. Hardon résidera en Égypte pendant la durée des travaux ou devra y être représenté par un fondé de pouvoirs.

ART. 20. — M. Hardon déclare avoir pris connaissance des actes de concession et des statuts de la Compagnie, en accepter toutes les clauses et se soumettre à leur application en tant que besoin sera aux effets du présent traité.

ART. 21. — Les parties s'engagent d'honneur à accepter l'arbitrage, sans appel et en dernier ressort, du Conseil supérieur des travaux pour toutes les contestations qui s'élèveraient entre la Compagnie et M. Hardon.

ART. 22. — Les objets d'art, d'antiquités, médailles et autres qui seraient trouvés dans le cours des travaux appartiendront exclusivement à la Compagnie.

M. Hardon, ses agents, ouvriers ou sous-traitants ne pourront y prétendre aucun droit sous aucun prétexte.

ART. 23. — Le présent traité ne sera obligatoire qu'après l'approbation du Conseil d'administration de la Compagnie. Il sera dénoncé pour l'exécution à M. Hardon par lettre missive du Président du Conseil d'administration.

La ratification entraînera de plein droit la résiliation pure et simple du traité précédent fait à la date du 14 février 1859 avec autorisation du Conseil d'administration donnée le 12 du même mois.

ART. 24. — La Compagnie se réserve expressément le droit de faire cesser en tout temps et immédiatement l'effet du présent traité par une simple déclaration notifiée à M. Hardon, mais sous la condition de lui payer dans ce cas une indemnité de 1.200.000 francs, en outre des économies à lui acquises sur les travaux effectués et d'après compte établi.

Dans le cas où des circonstances de force majeure, indépendantes de la volonté de la Compagnie, entraîneraient la résiliation des présentes conventions, M. Hardon ne recevra d'indemnité qu'au cas où la Compagnie en recevrait une elle-même.

ART. 25. — Les frais d'enregistrement des présentes seront supportées par celle des parties qui donnerait lieu à cet enregistrement.

ART. 26. — Pour l'exécution des présentes, M. de Lesseps, tant pour la Compagnie que pour lui, fait élection de domicile dans les bureaux de la Compagnie, place Vendôme n° 12, à Paris.

M. Hardon fait aussi élection de domicile à Paris, en sa demeure des Champs-Élysées n° 119.

ART. 27. — Outre les pièces mentionnées aux articles 1, 6 et 18, il est annexé au présent traité, sous la cote 15e, un acte contenant les bases du règlement des opérations faites par M. Hardon antérieurement au dit traité.

PIÈCES ANNEXES DU TRAITÉ HARDON DU 29 FÉVRIER 1860

Pièces annexes n°s 1 et 2

Devis et Cahier des charges et sous-détails des prix des travaux de terrassements.

Le cube total des terrassements prévu au devis était le suivant :

Canal maritime	96.177.926[mc]
Ports et bassins	8.300.000
Canal d'eau douce jusqu'à Timsah	14.200.000
CUBE TOTAL	118.677.926[mc]

Et il était admis que ce cube se répartirait comme suit :

Déblais à sec	60.377.926[mc]
Dragages sous l'eau	50.000.000
Dragages des ports et bassins, jetés en mer	8.300.000
CUBE ÉGAL	118.677.926[mc]

Les prix étaient ceux qui figurent au projet de la Commission internationale, à savoir :

Déblais à sec	0 fr. 67
Déblais sous l'eau	1 00
Dragages des ports et bassins	1 25

Pièces annexes n°s 3 et 4

Devis et Cahier des charges et sous-détails des prix des fournitures de blocs naturels et des travaux de maçonnerie.

D'après le devis, les moellons et blocs d'enrochements étaient classés comme suit :

Moellons	de 1 à 300[kg],	proportion de 2/10	dans le massif	des jetées ;
Blocs de 1re catégorie,	de 300 à 1.500	— 4/10	—	—
— de 2e —	de 1.500 à 4.000	— 2/10	—	—
— de 3e —	de 4.000[kg] et au-dessus	— 2/10	—	—

Les prix moyens du mètre cube de ces diverses catégories d'enrochements étaient ceux du projet de la Commission internationale, à savoir :

Pour le port de Suez	6 fr. 25
— de Timsah	8 40
— de Port-Saïd	14 40

Les prix des diverses espèces de maçonnerie étaient également ceux du projet de la Commission internationale.

Les blocs naturels et les pierres de taille étaient supposés devoir provenir en général des carrières de l'Attaka.

Pièces annexes n°s 5, 6 et 7

Profil en long et profil en travers, avant-métré et détail estimatif du canal d'eau douce.

Le détail estimatif est celui qui a été établi en novembre 1858 par le Conseil supérieur des travaux (Voir tome IV, p. 92).

Pièces annexes n°s 8 et 9

Avant-métré et détail estimatif du Canal maritime ouvert à 12 mètres de largeur et 2^{m},50 de tirant d'eau.

Pièces annexes n°s 10, 11 et 12

Profil en travers, avant-métré et détail estimatif du Canal maritime ouvert à 20 mètres de largeur au plafond et 6 mètres de tirant d'eau, avec élargissement à 7 mètres, puis à 8 metres.

Pièce annexe n° 13

Phases d'exécution de l'entreprise.

Pièce dont le résumé a été donné précédemment (Voir tome IV, p. 92) au chapitre intitulé : *Programme d'exécution des travaux du projet de la Commission internationale*, arrêté en novembre 1858 par le Conseil supérieur des travaux.

Pièce annexe n° 14

Règlement général pour l'exécution du traité du 29 février 1860.

Extraits :

Aux termes du traité du 29 février 1860,

La Compagnie ordonne les travaux à faire, surveille leur bonne exécution et vérifie les dépenses payées au moyen de fonds fournis par elle.

L'entrepreneur est chargé de l'achat, de la fabrication, de l'entretien, de la conservation et de l'emploi du matériel, de l'outillage et des approvisionnements. Il exécute les travaux, soit en régie intéressée ou avec partage dans les économies réalisées, soit en régie simple, avec remise de 5 0/0 sur le montant des dépenses justifiées.

L'application du traité dans ces conditions générales sera réglée par les dispositions du présent règlement, qui pourra être modifié d'accord entre les parties, suivant les nécessités reconnues par l'expérience.

Article premier. — L'ordre de commencer un travail résulte de la remise des plans et dessins nécessaires pour son exécution. Ces documents sont remis à l'entrepreneur général, signés du directeur général des travaux ou d'un de ses ingénieurs.

Les modifications apportées en cours d'exécution doivent être approuvées par le directeur général des travaux.

Art. 2. — Le choix des moyens et des machines à employer pour la bonne exécution des travaux à exécuter en régie intéressée doit résulter de l'entente et du bon accord de l'entreprise et de la direction générale des travaux.

Le choix est fait par l'initiative de l'entrepreneur, mais doit être soumis par lui à l'approbation du directeur général des travaux.

Art. 3. — Toutes les opérations des chantiers des travaux, en dépenses et en métrés, sont constatées au moyen de carnets d'attachements et d'un livre journal.

Les journaux des travaux, les feuilles journalières et les carnets sont constamment tenus à la disposition des ingénieurs de la Compagnie ou de leurs agents, qui en prennent copie, s'ils le jugent convenable, et qui les visent et les paraphent.

ART. 6. — Il est ouvert par la Compagnie une série de comptes transitoires pour suivre les opérations de la régie, tels que :

1° *Comptes courants d'avances*, pour les espèces destinées à payer les dépenses et les achats de toute nature ;

2° *Matériel et outillage*, pour les achats, la fabrication, la dépréciation et la liquidation de ces objets ;

3° *Magasins et approvisionnements*, pour les achats et emplois de matières ;

4° *Ateliers et établissements divers*, pour les dépenses de ces établissements et la répartition de leurs produits dans les travaux.

Ces comptes, comme ceux à ouvrir dans le même ordre d'idées, sont appelés à fonctionner entre eux, ou à représenter une partie des dépenses des travaux.

Le régisseur doit ainsi présenter, soit en nature, soit en dépenses, les sommes figurant à ces comptes provisoires.

La disposition de ces comptes et leur fonctionnement seront réglés par des instructions administratives approuvées par le Comité de direction de la Compagnie.

ART. 7, 8 ET 9. — Dispositions relatives aux projets de budgets.

ART. 10. — Prévisions mensuelles des dépenses à produire par l'entrepreneur.

ART. 11. — Les crédits des comptes transitoires forment le fonds de roulement de l'entreprise et se reconstituent par la justification de l'emploi des sommes qui y ont été imputées, à la condition de ne pas dépasser ces crédits.

ART. 12. — Mode de remise des fonds à l'entrepreneur.

ART. 13, 14, 15 ET 16. — Mode de justification des dépenses.

ART. 17. — Dispositions concernant la répartition, par l'entrepreneur, des dépenses dans la classification comprise au budget.

ART. 18. — Il résulte des articles précédents que les dépenses des travaux s'effectuent de deux façons bien distinctes :

1° Au moyen des paiements faits directement pour compte des crédits des travaux ;

2° Au moyen de virements faits en atténuation des comptes transitoires par suite de livraisons faites par ces derniers aux divers crédits des travaux.

ART. 19. — Toutes les pièces de dépenses et les comptes sont présentés avec la conversion en monnaie française.

ART. 20. — Tous les bonis, profits et pertes résultant d'escompte, change, cessions de matières, transports, etc., opérés par l'entreprise, rentrent dans les comptes de la régie intéressée.

Les bénéfices comme les pertes de toutes les opérations commerciales ou autres, autorisées par la Compagnie, viennent également augmenter ou diminuer les économies en participation.

ART. 21, 22 ET 23. — Modes de tenue des comptes des approvisionnements, des ateliers et des établissements spéciaux et du matériel.

ART. 24. — Un compte spécial est ouvert sous le titre *Dépréciation du matériel en service.*

Il est débité des 11 0/0 de la valeur du matériel passés chaque année en dépense et des autres sommes également passées en dépense, dont il sera parlé ci-après.

La différence entre ce compte et le montant de celui du matériel constitue la valeur du matériel en service dont l'entreprise doit compte à la Compagnie.

C'est sur cette base que doit être faite, à la fin des travaux, la liquidation prévue à l'article 16 du traité.

....

Le montant de la valeur du matériel usé ou perdu vient en dépense dans le compte des travaux de la régie intéressée.

ART. 25. — Les dépenses de la régie qui s'appliquent à tous les travaux, sans pouvoir entrer spécialement dans aucun d'eux, font l'objet d'un compte transitoire qui prend le titre de *Frais généraux*.

La répartition des dépenses de ce compte est faite tous les mois sur les divers travaux au prorata de la dépense faite pendant le mois sur chacun d'eux ou d'après des proportions fixées à l'avance.

ART. 26. — Les travaux en régie à 5 0/0 sur le montant des dépenses justifiées ne doivent pas être une charge pour les comptes de la régie intéressée dans les économies.

Il est arrêté que tous les travaux à remise de 5 0 0 doivent supporter, proportionnellement au montant des dépenses justifiées, leur part de dépréciation du matériel.

Chaque ordre de commencer un travail dans ces conditions indique combien pour 100 des dépenses justifiées il est alloué pour dépréciation du matériel.

Le décompte de la remise est calculé sur le tout.

ART. 27, 28 ET 29. — Mode de fonctionnement d'un compte *Economies à répartir entre les employés de l'entreprise*.

ART. 30. — Tous les comptes de l'entreprise sont centralisés en Égypte.

Des ordres de service spéciaux fixeront les mesures à prendre pour suivre d'une façon distincte le montant des avances faites, soit en France, soit en Égypte.

ART. 31. — La Compagnie fait sans frais les retours d'argent que l'entrepreneur pourrait avoir à effectuer d'Égypte sur France, à la condition cependant que ces opérations n'entraîneront pas de frais pour elle-même.

ART. 32. — Des instructions de la Compagnie, arrêtées par le Comité de direction, détermineront la forme à suivre pour les opérations de détail et les formules de comptabilité à adopter dans l'application du présent règlement.

Pièce annexe n° 15

BASE DU RÈGLEMENT DES OPÉRATIONS FAITES PAR M. HARDON POUR COMPTE DE LA COMPAGNIE ANTÉRIEUREMENT AU TRAITÉ

ARTICLE PREMIER. — Les dépenses ci-après mentionnées faites antérieurement au traité entreront néanmoins, de convention expresse, dans les dépenses de la régie intéressée déterminée à l'article 5 du traité, et dans la liquidation de cette régie à laquelle elles vont profiter :

1° Les dépenses faites pour les essais de la toile sans fin, ainsi que toutes les conséquences de ces essais [1];

1. Les essais en question faits en août 1859, étaient ceux d'une toile sans fin de 22 mètres de longueur adaptée à une drague fonctionnant sur la partie de la Seine, bordant le bois de Boulogne à Saint-James, et qui effectuait ainsi mécaniquement le transport des produits du dragage jusqu'à une certaine distance de la rive.

Cette installation était de l'invention du directeur général des travaux, M. Mougel Bey. Les essais étaient faits de concert avec l'entrepreneur régisseur, M. Hardon.

On signalera de suite à ce sujet, que ce sont des dragues à toile sans fin, du type de celle des essais de Paris, successivement plus ou moins modifié, qui ont été employées d'abord au creusement du Canal. Ce n'est qu'après une série d'essais infructueux de transformation de la toile sans fin, ayant pour

2° Les sommes payées à S. A. le Vice-Roi d'Égypte pour prix du matériel cédé par lui à la Compagnie, et que la Compagnie a livré à M. Hardon, excepté le prix des tuyaux de conduite qui va être porté à l'article 2 ci-après [1].

3° Le prix du matériel acheté depuis l'origine des travaux, soit par la Compagnie, soit par M. Hardon, cédé également à la régie, comme les dragues et le bateau *Joseph*. Il sera fait compte par la Compagnie à la régie intéressée, d'après des prix qui seront fixés, des transports et nolis qui seraient faits pour le service de la Compagnie ;

4° Les dépenses occasionnées par l'exploration des travaux en Égypte, en mars 1859, par la Commission déléguée par le Conseil d'administration ;

5° Les dépenses faites pour travaux divers exécutés dans l'isthme, à l'exception du phare ;

6° Les frais du personnel que M. Hardon a employé.

Art. 2. — Les dépenses ci-après entreront dans la catégorie des travaux que doit exécuter M. Hardon avec bonification de 5 0/0, suivant ce qui est prévu à l'article 10 du traité :

1° Les dépenses faites pour les châlets et tentes fournis par la Compagnie;

2° Le prix des tuyaux de conduite d'eau compris dans l'inventaire du matériel cédé par le Vice-Roi ;

3° Les dépenses faites pour la construction du phare ;

4° Les frais de voyage des employés et ouvriers nécessités par les circonstances exceptionnelles avant le traité.

Art. 3. — Les dépenses ci-dessus seront réparties successivement suivant l'avancement des travaux dans les comptes spéciaux auxquels elles sont applicables.

Art. 4. — Les matières comprises dans l'inventaire de S. A. le Vice-Roi d'Égypte, quand elles auront été employées dans les travaux, conserveront le même prix que celui porté dans cet inventaire.

Art. 5. — Par application des articles 7 et 8 du traité, il sera tenu compte à M. Hardon des économies produites par la modification qu'il a fait adopter par le Conseil supérieur des travaux pour le tracé du Canal maritime.

---

but d'en rendre le fonctionnement satisfaisant, que l'idée est venue, — simple application de l'idée primitive constituant l'invention, — de substituer au transport des terres par la toile sans fin, l'envoi d'une abondante quantité d'eau capable d'entraîner les terres sur un long couloir peu incliné ; d'où le remplacement de la toile sans fin par des couloirs dont la longueur, à peu près la même au début que celle des toiles sans fin, a été successivement en croissant, jusqu'à atteindre la longueur actuelle de 80 mètres.

1. En accordant la concession de l'entreprise du Canal à la Compagnie, le Vice-Roi avait mis à la disposition du président fondateur les ressources et les moyens nécessaires pour commencer et poursuivre avec activité les études des avant-projets et faire sur le terrain les explorations scientifiques et toutes les opérations préparatoires.

Les ingénieurs du Vice-Roi furent chargés des premiers travaux ; les arsenaux du Caire et d'Alexandrie furent ouverts à la Compagnie ; des escortes et des moyens de transport par terre et par eau furent généreusement fournis ; un matériel important fut commandé au nom du Vice-Roi et payé par lui.

C'est ainsi qu'avant l'existence de la Société, d'importants travaux avaient déjà été exécutés à son bénéfice.

(Les dépenses faites antérieurement à la constitution de la Société et en vue de cette constitution ont été payées au moyen d'avances faites par le Vice-Roi et par les membres fondateurs de la Compagnie.)

RÉSILIATION DU TRAITÉ HARDON DU 29 FÉVRIER 1860
(février 1863)

Le traité Hardon, du 29 février 1860, qui avait été substitué, ainsi qu'il a été expliqué précédemment, au traité provisoire du 14 février 1859, fut résilié d'un commun accord à la fin du mois de février 1863, c'est-à-dire après trois années de fonctionnement.

Pendant les quatre années où l'entrepreneur régisseur et son fondé de pouvoir, M. Feinieux, avaient prêté à la Compagnie le concours de leur expérience, de leur activité et de leur dévouement à l'œuvre, de très importants résultats avaient été obtenus. Les premières et très sérieuses difficultés de l'installation dans le désert et de la mise en train des travaux avaient, en effet, été surmontées. D'importants travaux, même, étaient déjà réalisés, parmi lesquels on pouvait citer notamment :

A Port-Saïd : construction de l'appontement en charpente de 220 mètres de longueur enraciné à la rive et de l'îlot en fer de 65 mètres de longueur, établi dans les fonds de 5 mètres, ces deux ouvrages remplis d'enrochements; confection du terre-plein destiné à l'assiette des premières constructions de la ville; construction de nombreux bâtiments pour maisons d'habitation, magasins et ateliers divers; installation d'importants ateliers de montage et de réparations du matériel (ateliers d'ajustage garnis de machines-outils de toute sorte, forges, fonderie, chaudronnerie, scierie de bois), dragages dans l'emplacement du futur bassin du port pour la création de chenaux destinés au montage et à la circulation des dragues ainsi qu'à la mise à l'abri du matériel flottant; coupure du lido pour les communications avec la mer;

Mise en exploitation de la carrière et construction du port du Mex;

Sur le Canal maritime, ouverture à travers les boues du

lac Menzaleh, les mauvais terrains des lacs Ballah, les dunes d'El Ferdane et les hauteurs du seuil d'El Guisr, de la rigole maritime de 15 mètres de largeur à la ligne d'eau et de 1^{m},20 à 1^{m},50 de profondeur, depuis Port-Saïd jusqu'au lac Timsah ;

Installation d'importants campements sur les principaux points du parcours du Canal :

Construction du Canal d'eau douce de Zagazig à Ismaïlia.

Enfin, mise en train des travaux de la branche de Suez du Canal d'eau douce et de la portion du Canal maritime entre le lac Timsah et le plateau de Toussoum.

Malgré les sérieux résultats déjà obtenus, la nécessité s'imposait pourtant de donner une activité beaucoup plus grande aux travaux, et, pour cela, une notable augmentation de matériel était indispensable.

Or, depuis le début même, pour ainsi dire, du fonctionnement de la régie intéressée, la question des modes d'exécution des travaux et des commandes de matériel avait donné lieu entre la Régie et la Direction générale des travaux à de fréquents conflits, et ceux-ci ne pouvaient que s'aggraver avec le plus grand développement des travaux :

Ces conflits tenaient aux rôles respectifs attribués par le traité du 29 février 1860 à la Régie et à la Direction des travaux.

D'une part, en effet, l'article 12 du traité stipulait que « comme conséquence de l'esprit général qui réglait le dit traité, l'ordre et les modes à suivre dans l'exécution des travaux, le choix des machines à y employer, étaient laissés à l'initiative de M. Hardon, régisseur responsable, à charge par lui de livrer les ouvrages et les travaux en tout conformes aux plans à lui remis par la Compagnie » ;

Mais, d'autre part, l'article 2 du règlement général annexé au traité pour son exécution, stipulait de son côté « que le choix des moyens et des machines à employer pour la bonne exécution des travaux à exécuter en régie intéressée devait résulter de l'entente et du bon accord de l'entreprise et de la direction générale des travaux; que ce choix était fait par l'initiative de l'entrepreneur, mais devait être soumis par lui à l'approbation du directeur général des travaux.

Le simple rapprochement de ces stipulations suffisait pour se rendre compte que les conflits entre la régie intéressée et la direction générale des travaux n'étaient guère évitables. On avait, en effet, en présence : d'un côté, la régie, qui, invoquant, le souci de ses propres intérêts, cherchait naturellement à jouir pleinement de son droit d'initiative et de la plus grande liberté possible de gestion ; de l'autre côté, la direction générale des travaux, qui avait pour mission de veiller à ce que les dépenses faites par la régie, le fussent toujours de façon à satisfaire aux diverses conditions de la construction d'un excellent matériel, d'une bonne et rapide exécution des travaux et d'une exécution aussi économique que possible. Ainsi se trouvait constituée, en réalité, une double direction sur les graves inconvénients de laquelle il n'était pas besoin d'insister.

A un autre point de vue, la Compagnie, justement soucieuse de parvenir à réaliser l'œuvre sans avoir à redouter des dépassements de dépenses, désirait vivement que les travaux de dragages pussent être distribués, par lots, à des entrepreneurs traitant à prix ferme avec la régie intéressée et fournissant eux-mêmes leur matériel. Dans ce but, dès le mois de juin 1862, elle avait arrêté un cahier des charges type pour les travaux de dragages ; et, pendant les mois suivants, de concert avec l'entrepreneur régisseur, elle était entrée en pourparlers avec plusieurs entrepreneurs de travaux publics pour l'exécution de divers lots de dragages. Ces pourpalers, malheureusement, n'avaient pu aboutir; et la régie intéressée avait continué dès lors de fonctionner dans les conditions difficiles ci-dessus indiquées.

C'était pour mettre fin à cette situation, pour reprendre sa complète liberté d'action, pour pouvoir mettre l'exécution des travaux dans la voie qui, seule, désormais, lui semblait pouvoir conduire au succès, que la Compagnie, tout en rendant un juste hommage aux services rendus par M. Hardon, avait dû se décider à la résiliation du traité de régie intéressée par application du premier paragraphe de l'article 24 de ce traité.

La résiliation du traité de régie intéressée fut annoncée par le Président de la Compagnie à l'Assemblée générale des actionnaires dans sa réunion du 15 juillet 1863. Le Président annonçait en même temps que la liquidation de la régie se faisait pour le classement et l'application des dépenses, ajoutant, en ce qui concernait la réalité de ces dépenses, que les pièces justificatives avaient été produites à la direction générale des travaux.

Le Président, à la réunion de l'Assemblée générale des actionnaires du 1er mars 1864, renouvela l'information relative à la résiliation du traité de régie en faisant connaître en même temps les vues nouvelles de la Compagnie sur le mode d'exécution des travaux.

A la réunion suivante du 6 août de la même année, le Président, après avoir annoncé que le Conseil d'administration, se conformant aux termes d'une résolution de l'Assemblée générale des actionnaires du 15 juillet 1863, s'était mis en mesure de présenter les comptes de l'ancienne entreprise Hardon, fit savoir à l'Assemblée qu'il s'était produit, entre les écritures dressées par le directeur général des travaux et les comptes présentés par M. Hardon pour la liquidation de sa gestion, un désaccord qui avait amené la question devant le Tribunal de Commerce de la Seine. Dans cette situation, — ajoutait le Président — le Conseil, d'accord avec la Commission de vérification des comptes, ne pouvait qu'attendre l'issue de l'instance, se réservant de rendre compte ultérieurement à l'Assemblée des actionnaires des résultats de la liquidation dont il poursuivait l'apurement définitif.

....

Enfin, à l'Assemblée générale des actionnaires du 5 octobre 1865, le Président put annoncer qu'une transaction amiable avait mis fin à la contestation existante entre la Compagnie et M. Hardon, et rendre compte, comme suit, des motifs qui avaient conduit le Conseil d'administration à faire cette transaction :

La résiliation du traité d'entreprise générale conclu avec M. Hardon avait été — on se le rappelait — prononcée en janvier 1863 par la Compagnie, en vertu du droit qu'elle s'était réservé à cet égard, moyennant certaines conditions prévues et stipulées à l'avance par l'article 24 du traité ainsi conçu :

« La Compagnie se réserve expressément le droit de faire cesser en tout temps et immédiatement l'effet du présent traité par une simple déclaration de résiliation notifiée à M. Hardon, mais sous la condition de lui payer dans ce cas une indemnité de 1.200.000 francs, en outre des économies à lui acquises sur les travaux effectués et d'après compte établi. »

Le paiement à M. Hardon de la somme de 1.200.000 francs, à titre d'indemnité, en outre des économies à lui acquises sur compte établi, était donc la condition même de la résiliation prononcée par la Compagnie. Il ne pouvait y avoir à ce sujet aucune contestation.

Il n'en avait pas été élevé non plus par l'Administration sur l'ensemble des dépenses faites par l'ancienne entreprise pendant le cours de sa gestion, c'est-à-dire de février 1859 à janvier 1863. Ces dépenses s'étaient élevées à la somme totale de 34.652.488 fr. 40, chiffre qui avait été justifié par des pièces détaillées admises par la Compagnie, sur le vu de ses ingénieurs, au fur et à mesure de leur production, et approuvé en dernier lieu par la Commission de vérification.

Le différend, qui s'était produit entre les écritures dressées par la direction générale des travaux pour le règlement final de la liquidation et celles présentées par M. Hardon, portait exclusivement sur le mode d'application des dépenses et les mouvements de comptes qui en étaient la conséquence au crédit et au débit de l'entreprise.

Le traité prévoyait en effet, en dehors de l'achat du matériel et de quelques autres comptes spéciaux, deux grandes catégories de dépenses, savoir : les dépenses faites dans les conditions de la régie intéressée ; les dépenses faites dans les conditions de la régie fixe.

Les dépenses de la régie intéressée devaient s'appliquer à tous les travaux prévus et définis par les devis insérés au rapport de la Commission internationale. M. Hardon s'était engagé à exécuter ces travaux à un prix inférieur aux devis. Il lui était attribué dans ce cas une participation de 40 0/0 sur le montant des économies qui seraient réalisées de ce chef par son entreprise.

. . . .

Les dépenses dites en régie fixe devaient comprendre les travaux non prévus ou non suffisamment spécifiés au rapport de la Commission internationale ; ceux relatifs, notamment, aux établissements de première installation, aux ouvrages accessoires de la construction, aux modifications ou augmentations des plans et projets primitifs, à l'alimentation d'eau douce sur les chantiers, à toutes autres opérations requises d'office par la Compagnie, en dehors de ces plans et projets. Les dépenses de cette catégorie devaient être réglées sur des devis spéciaux arrêtés par le directeur général des travaux. Il était attribué sur leur montant à l'entrepreneur, pour ses peines et soins, une allocation fixe de 5 0/0 payable après l'achèvement de chaque travail ordonné par la Compagnie.

Dans l'ensemble des comptes présentés par M. Hardon et dont le montant total, comme il a été dit, était admis par l'Administration, les dépenses de la régie intéressée s'élevaient à 6.880.478 francs, celles de la régie fixe, à 15.594.336 francs.

D'après les écritures dressées en vue de la liquidation par la direction générale des travaux, les dépenses de la régie intéressée atteignaient 10.664.982 francs, celles de la régie fixe ne devait pas dépasser 9.900.000 francs.

M. Hardon, s'appuyant sur les comptes produits par lui, réclamait pour l'allocation de 5 0/0 qui lui était acquise sur les dépenses en régie fixe une somme de 779.706 francs. Il réclamait, en outre, conformément aux stipulations de son traité, la participation de 40 0/0 à laquelle il avait droit dans les économies réalisées sur les dépenses en régie intéressée dont le montant, d'après lui, se soldait en bénéfice par comparaison avec les prix de base prévus aux devis de la Commission internationale.

Par suite, au contraire, du classement des dépenses adopté par la direction générale des travaux, l'allocation des 5 0/0 en régie fixe acquise à M. Hardon n'était que de 495.000 francs, et il ne lui était rien dû sur le compte de la régie intéressée qui ne présentait pas de bénéfices.

Ce point était celui sur lequel portait principalement la contestation.

Après un examen attentif et impartial des questions en litige, le Conseil d'administration avait jugé qu'en considération des difficultés imprévues et tout à fait exceptionnelles que l'entrepreneur avait rencontrées dans les travaux préparatoires de la première installation des chantiers dans le désert, il était juste d'admettre au compte de la régie directe une somme de dépenses s'élevant à un total de 12 millions de francs et d'arrêter sans pertes, mais aussi sans bénéfices, le compte des dépenses de la régie intéressée.

Aux termes du traité, l'allocation acquise dans ces conditions à M. Hardon se trouvait fixée à la somme de 600.000 francs une fois payée.

Cette somme avait été offerte à titre d'indemnité et comme solution amiable à M. Hardon qui l'avait acceptée.

Telle était la transaction intervenue et dont le préambule était ainsi conçu : « La Compagnie, en considération des services rendus par M. Hardon, les deux parties, dans un désir de conciliation et en présence des éventualités et des frais considérables d'un débat judiciaire, sont convenues de mettre fin à l'instance dont il vient d'être parlé. »

Cet exposé résumait les motifs qui avaient déterminé le Conseil à se prononcer en faveur d'une solution amiable.

APPROVISIONNEMENTS ET TRANSPORTS PENDANT LA PREMIÈRE PHASE DES TRAVAUX

Pendant la première phase et surtout au début des travaux, la question des approvisionnements et des transports, d'une si grande importance pour le ravitaillement des chantiers en personnel, matériel, matériaux et objets de consommation de toute nature, présentait de très grandes difficultés, dont il est facile de se rendre compte en voyant quels étaient alors les moyens de communications entre les différents points de la ligne du canal et les principaux centres d'approvisionnements.

Disons d'abord quels étaient ces centres d'approvisionnements.

Dans l'intérieur de l'isthme, sur la ligne même des travaux ou à proximité, existaient des carrières où l'on devait puiser les principaux matériaux destinés aux ouvrages en maçonnerie, tels que la chaux grasse, le plâtre, les moellons, la pierre de taille et, en telle quantité qu'on jugerait utile de les employer, les blocs d'enrochements pour la construction des jetées des ports et pour la protection des berges du canal maritime. Les carrières du Mex, sises à une petite distance à l'ouest d'Alexandrie, devaient fournir les mêmes matériaux, sauf le plâtre, pour les premiers travaux de Port-Saïd. D'un autre côté, dans les grands centres du Caire, d'Alexandrie, Zagazig et Damiette, on pouvait se procurer les outils spéciaux : couffes et fass, et les denrées alimentaires en usage parmi les ouvriers indigènes, ainsi que la farine et la viande sur pied pour la nourriture de la population européenne. Mais, tous les matériaux de construction autres que ceux ci-dessus désignés, tels que les bois, les métaux, la chaux hydraulique et le ciment; les approvisionnements si multiples nécessaires à l'exécution de grands travaux; tous les outils et le gros matériel; enfin, la majeure partie des denrées alimentaires et tous les objets nécessaires à la vie devaient venir d'Europe. Et nous ferons remarquer de suite à ce sujet, qu'en attendant que Port-Saïd, tête de ligne du futur canal, fût pourvu d'un premier ouvrage d'abri et de moyens de débarquement; en attendant surtout qu'une communication par rigole navigable fût établie entre ce point et le centre de l'isthme, les navires venant d'Europe avec des chargements à destination du canal devaient, à l'exception de ceux complètement chargés pour Port-Saïd et dont nous parlerons plus loin, aller débarquer leur cargaison à Alexandrie d'où les objets étaient ensuite réexpédiés vers les différents campements; de telle sorte qu'Alexandrie se trouvait être, en définitive, tant par ses ressources propres que par les arrivages spéciaux d'Europe, le principal centre d'approvisionnement de l'isthme.

Indiquons maintenant de quelle manière les objets des différentes provenances pouvaient respectivement, arriver sur les trois points principaux de la ligne des travaux : Port-Saïd, Toussoum (centre de l'isthme) et Suez.

COMMUNICATIONS ENTRE LES CENTRES D'APPROVISIONNEMENTS ET PORT-SAÏD

Approvisionnements venant directement d'Europe. — Les navires venant d'Europe et entièrement chargés pour Port-Saïd se rendaient directement au mouillage de ce port pour y effectuer leur déchargement. A l'arrivée, ils mouillaient le moins loin possible de terre. Les marchandises étaient alors déchargées dans des mahonnes d'un faible tirant d'eau qui les transportaient jusqu'à une très petite distance du rivage, et elles étaient ensuite portées jusqu'à terre, soit à bras d'hommes, soit au moyen de radeaux. Ces diverses manœuvres devenaient impossibles dans les gros temps : en premier lieu, l'agitation de la mer rendait très difficile l'accostage des mahonnes le long des navires contre les flancs desquels elles risquaient de se briser ; puis, les mahonnes avaient à franchir une barre parallèle à la côte, sise dans les fonds de $2^m,50$ à 3 mètres et sur laquelle les lames, dans les gros temps, déferlaient avec une extrême violence ; enfin, on avait encore à redouter pour l'accostage à terre le déferlement des lames sur la plage même. Par suite de ces difficultés, qui existaient toujours à des degrés divers en dehors des temps calmes, on devait se résigner assez fréquemment à ralentir et même à suspendre pendant plusieurs jours le déchargement des navires, et il en résultait des retards qui se traduisaient pour la Compagnie en paiement de frais plus ou moins considérables de surestaries. Il importe de remarquer, d'ailleurs, qu'il avait été impossible à la Compagnie de réunir sur place, dès le début des travaux, en vue des opérations de déchargement des navires, une assez grande quantité de matériel spécial, et d'avoir toujours disponible un nombre suffisant d'ouvriers pour pouvoir contrebalancer par la rapidité des opérations les retards de déchargement occasionnés par les gros temps.

Dans les derniers mois de la première année des travaux, plusieurs améliorations très importantes avaient déjà été obtenues dans le service des déchargements à Port-Saïd. Ainsi, d'une part, l'une des difficultés primitives de ces déchargements n'existait plus : l'appontement en cours de construction avait alors une longueur de 150 mètres à partir du rivage et arrivait jusque dans les fonds de $2^m,50$, ce qui permettait aux mahonnes d'y accoster et d'y effectuer très aisément leur déchargement. On entrevoyait d'ailleurs le moment prochain où l'appontement, poussé jusqu'aux fonds de 3 mètres, parerait à une autre des difficultés du déchargement en évitant aux mahonnes d'avoir à franchir la barre pour arriver au quai de débarquement. D'un autre côté, la Compagnie avait fait mouiller en rade un navire à voiles démâté pour servir de ponton de déchargement et de magasin flottant et permettre ainsi, à la fois, de décharger plus promptement les navires et de pouvoir dans certains cas, continuer les opérations de déchargement, même quand la mer déferlait trop violemment sur la barre pour permettre aux mahonnes de la franchir sans danger. Enfin, pour faciliter le transport des marchandises à terre, on avait installé sur l'appontement une petite voie de fer prolongée jusqu'aux magasins et chantiers de dépôt du matériel et des approvisionnements.

Les parages de la baie de Péluse n'ayant été précédemment que peu fréquentés par les marines européennes et la complète sécurité du mouillage en face du port projeté n'ayant pas encore été démontrée par une longue pratique, les prix du fret étaient notablement plus élevés pour Port-Saïd que pour Alexandrie ; ces prix étaient d'ailleurs extrêmement variables et dépendaient pour ainsi dire du seul caprice des armateurs ou des capitaines de navires auxquels s'adressait la Compagnie pour le transport de ses approvisionnements ; en outre, les délais accordés pour l'embarquement et le débarquement des marchandises étaient toujours très courts, ce qui occasionnait à la Compagnie, ainsi qu'il est expliqué ci-dessus, des frais considérables de surestaries. Pour se soustraire à tous ces inconvénients, la Compagnie, au commencement de 1860, sur la proposition de son entrepreneur général, M. Hardon, décida, en principe, l'organisation par les soins de celui-ci d'un service de transports maritimes pour ses approvisionnements généraux. L'installation de ce service, outre le double avantage qu'il offrait de rendre la Compagnie indépendante dans une certaine mesure, au point de vue des transports maritimes, et de pouvoir se prêter à tous les besoins des travaux, avait encore pour but de parvenir à modérer peu à peu les exigences des armateurs et à bien établir, dans le moindre délai possible, la notoriété des excellentes conditions d'accès, de mouillage et de débarquement du nouveau port. Dans cet ordre d'idées, la Compagnie autorisa successivement l'acquisition d'un certain nombre de navires à voiles.

Transports par mer entre Alexandrie et Port-Saïd. — Les transports entre Alexandrie et Port-Saïd se faisaient, soit par mer, soit par les voies de communication de l'intérieur.

On recourait aux transports par mer lorsque l'expédition à faire était assez importante pour constituer le chargement d'un des petits navires égyptiens, turcs, ou grecs, faisant le cabotage entre l'Égypte et l'Archipel. (La distance entre Alexandrie et Port-Saïd est d'environ

148 milles marins.) Simultanément, dès que commencèrent les transports de pierres du Mex, c'est-à-dire dès le courant de mai 1859, on profita naturellement de toutes les occasions de navires affrétés pour ces transports, pour faire en même temps les envois urgents d'approvisionnements et de matériel. En outre, à plusieurs reprises, notamment pour des transports d'ouvriers, on affréta l'un des bâtiments d'une Compagnie égyptienne de navigation à vapeur. Enfin, la Compagnie, dès l'origine des travaux, avait reconnu l'impérieuse nécessité, en attendant que Port-Saïd fût devenu un centre assez important pour pouvoir se suffire avec les arrivages directs d'Europe, d'assurer son ravitaillement par Alexandrie en établissant elle-même un service régulier de transports par bateau à vapeur entre les deux ports; en conséquence, après plusieurs mois passés en études et recherches, elle s'était décidée, pressée alors par le temps, à faire, au commencement de juin 1859, l'acquisition à Marseille, pour ce service, d'un bateau remorqueur *le Joseph*. Ce navire, assez mal aménagé, avait une capacité utile d'environ 100 tonneaux. A son arrivée à Alexandrie il dut subir immédiatement une assez grosse réparation. Il fit son premier voyage à Port-Saïd dans la première quinzaine d'août. Sa vitesse moyenne de marche était de 6 nœuds. Il mettait de 20 à 25 heures pour faire le trajet. Par suite de la nécessité de fréquentes réparations, son service fut toujours très irrégulier. Il a été désarmé et vendu en novembre 1864.

Communications entre Alexandrie et Port-Saïd par les voies de l'intérieur. — Pour les transports par les voies de communication de l'intérieur, on avait à suivre l'itinéraire suivant :

Chemin de fer : d'Alexandrie à Tantah (121^{km},7) et de Tantah à Samanoud (34^{km},6), soit un parcours total d'environ 156 kilomètres;

Transbordement à Samanoud ;

Navigation sur le Nil, avec des barques pour les marchandises et des dahabiehs pour les voyageurs : de Samanoud à Damiette, parcours d'environ 100 kilomètres; à la descente, par un vent favorable, le trajet se faisait ordinairement en 16 heures; mais, pour remonter, surtout par vent contraire, les barques devaient être hâlées à la corde le long des berges et le trajet pouvait durer de 2 à 4 jours, ce qui occasionnait une grande fatigue et une grande perte de temps aux voyageurs se rendant de Damiette à Alexandrie ;

Trajet par terre, à Damiette, nécessitant un nouveau transbordement pour franchir la langue de terre comprise entre le Nil et le lac Menzaleh ; distance à parcourir entre le port sur le Nil et l'embarcadère sur le lac, environ 4 kilomètres; les transports se faisaient à dos de chameau et avec des charrettes;

Enfin, navigation sur le lac Menzaleh sur des barques de pêche. Cette navigation, dans les deux sens d'aller et de retour, était souvent entravée par les gros temps. Lorsque les vents soufflaient avec une certaine force et avec persistance dans une même direction, voici ce qui se passait : si c'étaient des vents d'ouest, par exemple, les eaux du lac, chassées par ces vents persistants, se retiraient vers l'Est, laissant à découvert le long des rivages de Damiette de vastes espaces de fonds vaseux absolument impraticables, d'une étendue de plusieurs kilomètres, en sorte que, dans de telles circonstances, on ne pouvait ni embarquer pour se rendre à Port-Saïd, ni débarquer en revenant à Damiette ; des effets semblables se produisaient du côté de Port-Saïd par une continuité de vents d'Est. En outre, suivant la direction des vents, il fallait suivre dans le lac des itinéraires plus ou moins longs, et les chenaux praticables n'étant pas toujours convenablement balisés, on avait à subir de fréquents échouages. Par les temps tout-à-fait calmes, on avait à lutter contre d'autres inconvénients : à défaut de vent qui, d'ailleurs, ne s'élevait d'habitude, que vers neuf ou dix heures du matin, il fallait manœuvrer à la perche et l'on n'avançait qu'avec une extrême lenteur. Bref, le trajet qui, avec de moyennes brises favorables, se faisait ordinairement en huit ou neuf heures, exigeait parfois, pour les barques de marchandises, plus de vingt-quatre et même plus de quarante-huit heures, avec de très sérieuses difficultés d'embarquement ou de débarquement. La navigation était surtout difficile pendant la saison d'étiage du Nil, c'est-à-dire du mois de janvier au mois de juin, cette saison étant en même temps celle des eaux basses du lac ; elle n'était pas toujours sans danger par les gros temps ; elle était même parfois impossible, les *raïs* (marins du pays) se refusant souvent à naviguer lorsque le temps se montrait menaçant.

Pour faciliter aux barques du lac d'arriver jusqu'à Port-Saïd même, un petit canal de 5 mètres de largeur et de $0^{m},50$ de profondeur fut creusé un peu à l'Est de la direction prolongée de l'appontement, allant jusqu'au lac. Les barques venant de Damiette pouvaient ainsi, excepté quand les eaux étaient tout à fait basses, arriver à proximité des magasins établis sur le lido parallèlement à la plage, et le transport des marchandises jusqu'à ces magasins s'effectuait au moyen d'une bifurcation de la voie de fer de l'appontement. L'extrémité du petit canal n'était séparée de la mer que par une langue de terre d'environ 60 mètres de largeur.

On pouvait aussi faire certains transports de Damiette à Port-Saïd par mer. Ces transports se faisaient au moyen de petits bâtiments du pays appelés *Djermes*.

Dès le mois de juin 1859, afin de mieux assurer le ravitaillement de Port-Saïd par Damiette, en le rendant aussi indépendant que possible des dispositions plus ou moins favorables de la population indigène, la Compagnie acheta une barque pour la navigation sur le lac Menzaleh et deux djermes pour la navigation par mer.

COMMUNICATIONS ENTRE LE CAIRE ET PORT-SAÏD

Les transports entre le Caire et Port-Saïd se faisaient, soit par le Nil jusqu'à Damiette, soit par chemin de fer jusqu'à Samanoud, en passant par Tantah, puis par le Nil pour la seconde moitié du parcours. Le voyage fait entièrement sur le Nil, à la descente, par un vent favorable demandait en moyenne trois jours; pour le retour, la navigation était extrêmement laborieuse et pouvait exiger un temps beaucoup plus long.

COMMUNICATIONS AVEC TOUSSOUM

Les transports entre Alexandrie et Toussoum se faisaient de la manière suivante :

Par chemin de fer, d'Alexandrie à Benha, 162 kilomètres, et de Benha à Zagazig, 31 kilomètres; puis, navigation sur le canal de l'Ouady, de Zagazig à Ras-el-Ouady ou Gassassine, parcours d'environ 45 kilomètres se faisant en neuf heures; enfin, à partir de Gassassine, transport à dos de chameau jusqu'à Toussoum, environ 40 kilomètres. Lorsque par suite des eaux basses ou d'un mauvais état temporaire du canal de l'Ouady, la navigation y était devenue impossible ou trop difficile, les transports à dos de chameau commençaient à Zagazig même en suivant les bords du Canal.

Pour les transports entre le Caire et Toussoum, on pouvait suivre deux itinéraires :

Ou bien, passer par Zagazig où l'on arrivait, soit par chemin de fer, du Caire à Benha, puis de Benha à Zagazig, parcours total de 76 kilomètres, soit par le Nil, branche de Damiette, jusqu'à Benha, puis, par le Bahr-Moëz jusqu'à Zagazig, parcours total d'environ 100 kilomètres; ou bien prendre le chemin de fer du Caire à Suez jusqu'à la station d'Awebet, au kilomètres 100, ou mieux jusqu'à la station suivante située environ 20 kilomètre plus loin, et, à partir de ce point, trajet jusqu'à Toussoum à dos de chameau par le désert, en contournant les lacs Amers et passant au pied de Gébel-Géneffé, distance d'environ 50 kilomètres.

COMMUNICATIONS AVEC SUEZ

Les transports entre Alexandrie et Suez avaient lieu par chemin de fer : d'Alexandrie au Caire, 208 kilomètres; puis du Caire à Suez, 145 kilomètres.

COMMUNICATIONS ENTRE LES DIVERS CAMPEMENTS

Indépendamment des transports entre les grands centres d'approvisionnements et les trois campements principaux de la ligne, ces campements avaient encore, pour les transports d'approvisionnements qu'il était utile de faire d'un point à un autre dans l'isthme même et pour tous les besoins du service, à communiquer entre eux ainsi qu'avec les diverses stations intermédiaires.

Voici quels étaient les voies et les modes de communication entre les diverses stations de la ligne du Canal :

Pour se rendre de Port-Saïd à Kantara ou à Toussoum, on pouvait suivre deux itinéraires : l'un par la région Ouest de la ligne du Canal, l'autre par la région Est.

Le premier itinéraire, principalement adopté pour les transports du personnel, était le suivant :

Navigation sur le lac Menzaleh, puis dans la partie inférieure du Bahr-Moëz (ancienne branche Tanitique du Nil) jusqu'à Sané (ruine de Tanis); pendant la saison des eaux basses du fleuve, on avait à faire un transbordement en un point du Bahr-Moëz appelé El Menaïeh, où, chaque année, au moment de la baisse des eaux du Nil, un barrage était construit par les habitants, à la fois pour retenir l'eau douce dans les canaux et pour y empêcher l'introduction des eaux du lac; à partir de Sané, le reste du voyage se faisait à dos de dromadaire ou à cheval ; on allait camper à Salahieh et l'on suivait ensuite la route de Syrie jusqu'à Kantara ; le trajet total durait trois jours, dans un sens comme dans l'autre. Si l'on avait à se rendre directement à Toussoum, on n'avait pas besoin de passer par Kantara ; en quittant Salahieh, on prenait de suite la direction du Sud vers le lac Timsah, et l'on arrivait à Toussoum dans la même journée. Enfin, le même itinéraire était suivi pour se rendre directement de Damiette vers le centre de l'isthme, Kantara ou Toussoum, en se dirigeant, dès le départ de Damiette vers Matarieh, puis, de là, vers le débouché du Bahr-Moëz.

Le second itinéraire, principalement adopté pour les transports de matériel et d'approvisionnements, était le suivant :

A partir de Port-Saïd, on longeait le littoral jusqu'aux bouches d'Oum Fareg que l'on traversait, la première sur un bac qui fut installé en octobre 1859, la seconde à gué ; on se dirigeait ensuite vers le sud en traversant de petites lagunes du lac Menzaleh où le sol avait dû être préalablement consolidé au moyen de broussailles et de terres rapportées ; on passait successivement près des puits de Bir-Burg où les animaux pouvaient s'abreuver, par Abou-Eroug et Bir-Fawar, et l'on arrivait enfin à Cheik-Ennedek. Chemin faisant, on pouvait, par un léger détour vers l'Ouest, desservir Kantara. Le voyage se faisait à dos de chameau et le trajet total exigeait 28 heures de marche à vitesse de caravane.

Les communications entre Toussoum et Suez avaient lieu également à dos de chameau. L'itinéraire suivi contournait, du côté ouest, les lacs Amers et les lagunes de Suez. Chemain faisant, on pouvait, par un faible détour, desservir le campement des carrières de Gebel-Géneffé.

Pour les transports du personnel, il y avait avantage, surtout en partant de Gebel-Géneffé, au lieu de se rendre directement à Suez, à aller prendre le chemin de fer à la dernière station, distante de Suez d'environ 25 kilomètres.

SERVICE DES APPROVISIONNEMENTS

Les détails que nous venons de donner justifient suffisamment, sans qu'il soit nécessaire d'entrer dans de nouvelles explications, la nécessité où s'est trouvée la Compagnie de constituer assez fortement, dès le début des travaux, tant par elle-même que par la régie intéressée, son service de transports et d'approvisionnements. Indépendamment des agences d'Alexandrie, du Caire, de Suez et de Damiette pour les achats en Égypte et les expéditions, et d'agents spéciaux dans les principaux campements de la ligne des travaux pour les réceptions et distributions, la Compagnie eut encore des agents chargés de l'emmagasinage provisoire et des réexpéditions dans les diverses localités suivantes où les marchandises, dans leurs transports, avaient à subir des transbordements, savoir : Samanoud, sur le Nil; Zagazig[1], à l'origine du canal de l'Ouady; El Menaïeh sur la branche tanitique du Nil (au sud du lac Menzaleh); Awebet et station suivante du chemin de fer du Caire à Suez.

Avant de clore ce que nous avions à dire sur cette importante question des transports et approvisionnements pendant la première phase des travaux, nous ajouterons quelques détails qui, sans être d'une grande importance, ne manquent pourtant pas d'un certain intérêt.

D'après une règle établie dès le commencement des travaux, la Compagnie fournissait le logement (qui pendant longtemps consista simplement en tentes et en gourbis), l'eau et les moyens de transport pour les vivres à ses employés et ouvriers, lesquels, de leur côté, avaient à pourvoir par eux-mêmes à leurs frais et à leur subsistance. Mais, en

1. Zagazig, rattaché au chemin de fer d'Alexandrie au Caire, devint promptement le centre principal des approvisionnements et du matériel destinés à l'intérieur de l'isthme. Après l'achèvement du canal d'eau douce, prolongeant le canal de l'Ouady jusqu'à Ismaïlia (janvier 1862), les transports à partir de Zagazig s'effectuèrent au moyen de petites barques qui accomplissaient le trajet en deux ou trois jours. Après l'achèvement de la rigole maritime entre Port-Saïd et Ismaïlia (novembre 1862), les voyageurs se rendant dans l'isthme n'en continuèrent pas moins à passer par Zagazig, où la Compagnie avait installé un bureau postal et télégraphique et organisé un service journalier de chalands remorqués faisant le trajet jusqu'à Ismaïlia en vingt-quatre ou trente-six heures. (Ce fut effectivement la voie suivie par l'ambassadeur d'Angleterre à Constantinople, sir Henry Bulwer, lorsqu'il vint visiter les travaux en décembre 1862; un peu plus tard par le prince Napoléon, dans le courant de mai 1863.)

présence des extrêmes difficultés matérielles de l'existence dans le désert pendant les premières années des travaux, la Compagnie, dans l'intérêt du bien-être et de la santé de tout son personnel, fut amenée progressivement, c'est-à-dire au fur et à mesure du développement des chantiers, à se départir d'une règle aussi absolue et à autoriser l'établissement et l'exploitation par la régie intéressée, à défaut d'une extension suffisamment rapide du commerce libre, de magasins de vente de denrées alimentaires et des principales choses nécessaires à la vie. C'est ainsi, entre autres, que l'un de ses premiers soins fut de faire construire des fours de boulanger à Port-Saïd, Kantara et Toussoum, afin de pouvoir livrer régulièrement du pain frais aux travailleurs européens en remplacement du biscuit; et une particularité à noter à ce sujet, c'est que le pain fabriqué dans l'Isthme a toujours été très bien fait et d'excellente qualité.

Les grands transports à dos de chameau, notamment ceux qui exigeaient l'emploi de caravanes plus ou moins nombreuses ayant à parcourir de grandes distances pour le transport du matériel et des approvisionnements généraux, se faisaient presque exclusivement à l'aide de chameaux appartenant à des bédouins avec lesquels on passait des contrats de location. Mais les transports pour le service intérieur, pour le simple ravitaillement des campements, pour le service des escouades d'études et pour les tournées du personnel se faisaient avec des chameaux appartenant à la Compagnie. Dans les premiers temps, tout le monde voyageait à dos de chameau. Ce n'est que plus tard, quand on fut mieux organisé, que les agents se servirent de chevaux pour leurs tournées.

Note sur l'ancien service de transport de la malle des Indes par la voie d'Égypte

et sur les chemins de fer desservant actuellement les trois villes de l'Isthme

(PLANCHES II ET IV)

PREMIERS MODES DE TRANSIT DE LA MALLE DES INDES A TRAVERS L'ÉGYPTE

En 1829 (sous le règne de Mehemet-Ali), un officier au service de la Compagnie des Indes, le lieutenant Waghorn, préoccupé de l'idée de simplifier et rendre plus rapide le transport de la malle de l'Inde qui s'effectuait alors à la voile par le Cap[1], avait obtenu de l'un des directeurs de la Compagnie

1. A cette époque, les meilleurs clippers ne mettaient pas moins de trois mois pour effectuer le seul voyage d'aller d'Angleterre aux Indes.

l'autorisation de porter à ses frais, en passant par l'Égypte, des duplicata des dépêches expédiées par la voie du Cap.

A la suite de nombreuses expériences faites à ses risques et périls avec une héroïque persévérance, de 1829 à 1835, le lieutenant Waghorn parvint enfin, non sans avoir eu à surmonter les plus grandes difficultés, à faire adopter par l'Angleterre la route postale de l'Inde à travers l'Égypte. Ses expériences avaient été concluantes; malgré la complication et l'imperfection des moyens de transport dont il pouvait disposer, les duplicata des dépêches passant par l'Égypte arrivaient toujours à Bombay et à Calcutta avant la malle anglaise contournant le Cap; les expériences avaient notamment montré que les correspondances d'Angleterre pouvaient, en empruntant la voie d'Égypte, arriver à Bombay en moins de cinquante jours. Le trajet entre la Métropole et l'Inde s'effectuait de la manière suivante : pour la première partie du trajet, jusqu'à Alexandrie, le lieutenant Waghorn, après avoir traversé la France ou l'Italie, s'embarquait, soit à Marseille, soit dans un des ports d'Italie, sur un bâtiment à destination d'Alexandrie ou y faisant escale; le trajet à travers l'Égypte, dit l'*Overland Route*, se faisait, d'Alexandrie au Caire, au moyen de barques, par le canal Mahmoudieh et le Nil: du Caire à Suez, au moyen de chameaux, par la voie de terre à travers le désert: enfin, à partir de Suez, le transport jusqu'aux ports de l'Inde s'effectuait, soit au moyen de barques indigènes jusqu'à Djeddah ou Kosseïr, puis, au moyen du premier bateau à vapeur qui venait faire escale dans ces ports avant de gagner les Indes, soit, lorsque l'occasion se présentait, par l'un des bateaux à vapeur d'un service irrégulier que la Compagnie *East India* avait, depuis un certain temps, organisé entre Suez et Bombay [1].

La Compagnie *Péninsulaire et Orientale*, créée en 1837, d'abord sous le nom de Compagnie Péninsulaire, pour le transport de la malle anglaise entre Londres et Lisbonne et Gibraltar, étendit sa ligne de navigation, dans le cours des deux années suivantes, jusqu'à Malte et Alexandrie. Ce fut en 1840, en vue de la poursuite de ses opérations jusqu'en Extrême-Orient, qu'elle prit le nom, qu'elle a conservé depuis lors, de Compagnie Péninsulaire et Orientale. Au mois de septembre 1842, la Compagnie envoya dans l'Inde, par la voie du Cap, son premier bateau à vapeur, l'*Hindoustan*, d'un tonnage de 1.800 tonnes et d'une force de 500 chevaux; ce bateau fut rapidement suivi de plusieurs autres; bref, vers la fin de 1844, la Compagnie se trouvait en situation d'entreprendre le service du transport de la malle anglaise, d'Angleterre à Alexandrie, et de Suez dans l'Inde et au-delà. Ce service lui fut effectivement confié par le Gouvernement anglais. La Compagnie dut naturellement se charger, tout au moins au début, d'assurer par elle-même le transport à travers l'Égypte de la malle, des passagers et des marchandises.

[Le lieutenant Waghorn s'est trouvé privé ainsi de recueillir personnellement le fruit des longs et courageux efforts qu'il avait déployés pour arriver à démontrer l'immense supériorité de la nouvelle voie sur la voie du Cap. Disons de suite que M. de Lesseps, en souvenir du service rendu d'avance à la cause du canal de Suez par le lieutenant Waghorn, « qui avait été le pionnier des communications modernes par la voie d'Égypte entre l'Orient et l'Occident du monde » a fait ériger à sa mémoire, à Port Thewfik, à

1. Le service créé par le lieutenant Waghorn, qui avait conquis alors une position semi-officielle pour le transport par la voie d'Egypte des malles que le Post-office voulait bien lui confier, ne prit son entier développement que lorsque le persévérant et infatigable promoteur de la nouvelle voie eut ouvert à Londres, en 1837, une agence pour la réception des lettres à destination de l'Orient.

l'entrée de l'avenue Hélène, un monument couronné du buste du courageux précurseur et qui a été inauguré le jour même de l'ouverture du canal maritime à la navigation].

Le transport de la malle à travers l'Égypte, qui continua de s'effectuer suivant le mode qu'avait organisé et pratiqué le lieutenant Waghorn, obligeait à d'immenses efforts et était extrêmement coûteux. Il exigeait trois transbordements. Pour le trajet du Caire à Suez, il fallait recourir à des caravanes ne comportant pas moins de 3.000 chameaux pour le transport de la cargaison (malle, passagers et marchandises) d'un bateau à vapeur. Et cet état de choses, progressivement amélioré, ainsi qu'il est expliqué ci-après, dura près d'une vingtaine d'années. Il fut suffisant pour satisfaire à un trafic qui, — d'après un dire du *pocket book* de la Compagnie P. et O. de 1899, — n'a jamais été dépassé quant à la valeur de la marchandise par rapport à son volume : ce trafic atteignait quelquefois, paraît-il, la valeur annuelle de 40 millions sterling (environ un milliard de francs).

L'Angleterre, naturellement très désireuse d'améliorer ces conditions de transit, ayant fait de vives instances auprès de Mehemet-Ali pour obtenir la construction par le Gouvernement égyptien d'un chemin de fer reliant Suez à Alexandrie, une première partie de rails destinés à la section du Caire à Suez fut commandée à des fournisseurs anglais; toutefois la construction de la ligne ne fut pas entreprise alors; les rails servirent simplement à l'installation de voies d'exploitation de la carrière de Torah appelée à fournir des pierres pour les travaux du grand barrage du Nil en cours d'exécution.

A défaut du chemin de fer, on chercha du moins à améliorer les conditions du transit.

Dès l'année 1845, grâce au service tel que l'avait créé le lieutenant Waghorn, sans grande aide financière de la part du Gouvernement anglais et de la part de la Compagnie des Indes pour le transport de la malle par la voie d'Égypte, on était arrivé à ce résultat considérable que le transport d'Angleterre aux Indes s'effectuait maintenant en trente et un jours.

Dans cette même année 1845, une *Administration du transit* fut organisée par le Gouvernement égyptien pour l'exploitation de l'*Overland Route*, et la Compagnie Péninsulaire et Orientale passa aussitôt des accords avec cette Administration pour le transport de la malle et des passagers [1].

A partir de la nouvelle organisation, le transit de la malle et des voyageurs et de leurs bagages se fit dans les conditions suivantes :

Le voyage d'Alexandrie au Nil par le canal Mahmoudieh (distance de 48 milles) s'accomplissait, à la vitesse de 5 milles à l'heure, sur un gros chaland remorqué. La montée du Nil jusqu'au Caire (approximativement 120 milles) s'effectuait ensuite à bord d'un petit bateau à vapeur, en seize heures environ. Enfin, du Caire à Suez, on suivait la route de terre dite route de *Derb-el-Hamra*.

---

1. Les accords furent ensuite renouvelés périodiquement jusqu'à l'année 1888, date à partir de laquelle, ainsi qu'il est expliqué plus loin, la voie du canal maritime fut exclusivement adoptée comme route postale.

Comme on le verra ci-après, le chemin de fer d'Alexandrie au Caire fut ouvert à la circulation le 1er janvier 1856 et la ligne du Caire à Suez, à la fin de l'année 1858.

Le transit de la malle des Indes à travers l'Égypte, d'Alexandrie à Suez, s'effectua donc, à partir du 1er janvier 1859, par une ligne continue de chemin de fer.

Pendant la période de onze années qui avait précédé, de 1848 à 1858, les tarifs appliqués pour le transport de la malle et des voyageurs, d'accord

Sur la route de terre, les chameaux ne furent plus employés que pour le transport des charbons nécessaires aux vapeurs de la Compagnie Péninsulaire et Orientale et de l'eau douce destinée à l'alimentation des diverses stations de la route et de la ville de Suez, et pour le transport des bagages des voyageurs et de quelques marchandises précieuses de la poste. Les voyageurs, au lieu de faire, comme précédemment, le trajet du Caire à Suez, dans des *portentines* à dos de chameaux ou de baudets, ou à dromadaire, firent cette route dans des voitures à deux roues traînées par quatre bêtes de trait, mules et chevaux. Le trajet, d'environ 82 milles (environ 132 kilomètres) se fit d'abord en 8 relais ; puis, le nombre des relais fut porté à 15, comprenant trois stations-auberges. Le service marchait bien ; seulement la route était simplement tracée à travers le désert ; les cochers suivaient le chemin où le terrain leur paraissait le meilleur, avec le moins de sable ; bien souvent, quand on voyageait la nuit, on perdait la route que l'on ne pouvait reconnaître, on déviait à droite et à gauche dans le désert, et on ne retrouvait la route que le matin à l'aide des empreintes laissées sur le sable par les roues des voitures.

En 1849, l'année même de son couronnement, Abbas Pacha donna l'ordre de faire, de la route du Caire à Suez suivie par les voitures du transit, une route carrossable empierrée « afin de pouvoir aller plus vite et plus facilement, sans ruiner les chevaux qui mouraient en grand nombre de fatigue ». Cette route empierrée fut établie avec une largeur de 30 mètres; elle était bordée de banquettes de 2 mètres de largeur et de fossés ; les banquettes servaient aux cochers pour se guider pendant la nuit ; fréquemment, néanmoins, pendant les nuits obscures, les voitures passaient par dessus la banquette et le fossé. Tout le parcours de la route n'était pas empierré ; en beaucoup de points on avait laissé le terrain naturel qui était meilleur que l'empierrement; la chaussée empierrée n'a d'ailleurs été construite que sur moitié environ de la longueur de la route, jusqu'à la 8e station, point où Abbas Pacha s'était fait construire un palais. Lorsque ce prince mourut, en 1854, les travaux d'empierrement de la route furent abandonnés pour faire place à la construction du chemin de fer direct du Caire à Suez à travers le désert dont il est parlé un peu plus loin.

CHEMIN DE FER D'ALEXANDRIE AU CAIRE

En 1850, Abbas Pacha, sollicité à son tour par l'Angleterre d'accorder la concession d'un chemin de fer d'Alexandrie à Suez, consentit après beaucoup d'hésitation. La concession de la construction du chemin de fer ou de la

---

entre l'Administration égyptienne du transit et la Compagnie Péninsulaire et Orientale, étaient les suivants :

Pour une tonne de marchandises 225 francs, plus un prélèvement de 1/2 0/0 sur la valeur de la marchandise transitante ;

Pour chaque voyageur............................ 350 francs ;
Pour les groupes de numéraire.................... 1/4 0/0 de la valeur ;

Pendant la période de quatre années qui suivit, de 1859 à 1862, les tarifs furent modifiés de la manière suivante :

La tonne de marchandise...... 150 francs, et suppression du droit supplémentaire de 1/2 0/0 sur la valeur ;
Voyageurs { 1re classe......... 175 —
Voyageurs { 2e — .... 75 —

Pas de changement pour le transport des groupes de numéraire.

fourniture du matériel fut donnée au célèbre ingénieur anglais Stephenson. Le tracé de la première partie de la ligne d'Alexandrie au Caire, fut dressé par les ingénieurs anglais, et, pendant le règne même d'Abbas Pacha, le chemin de fer fut construit, à partir d'Alexandrie jusqu'à Kafer-Zaïat, c'est-à-dire sur environ moitié de sa longueur.

La seconde moitié de la ligne fut construite par Saïd Pacha. La longueur totale de la ligne d'Alexandrie au Caire est de 208 kilomètres.

La ligne fut ouverte à la circulation le 1er janvier 1856.

CHEMIN DE FER DU CAIRE A SUEZ PAR LE DÉSERT[1]

En même temps que s'achevait la ligne précédente, Saïd Pacha avait, dès le mois de mai 1855, donné des ordres pour la construction de la ligne du Caire à Suez. Ce fut un ingénieur français au service du gouvernement égyptien, Mouchelet Bey, qui fut chargé de l'étude du tracé et de l'exécution des travaux. La ligne avait une longueur d'environ 145 kilomètres et comportait quatre stations : *Kanka*, au kilomètre 30; *Robeky*, au kilomètre 58; *Awebet*, au kilomètre 100; enfin, une station non dénommée située à peu près à mi-distance entre Awebet et Suez. [La station d'Awebet, bien approvisionnée, se trouvait à environ 50 kilomètres de distance d'Ismaïlia; la route entre les deux points suivait d'abord, à partir d'Ismaïlia, le plateau du Sérapéum, puis allait passer au pied et à l'Est du pic de Chabrewet, enfin, traversait le Gebel-Généffé pour aller aboutir à la station. On parcourait cette route à cheval ou à dromadaire]. Le point de départ de la ligne, au Caire, était à 18 mètres au-dessus du point d'arrivée à Suez; le point culminant, à Awebet, à 240 mètres au-dessus du niveau de la mer au lieu de 300 mètres du point culminant de la route de poste, à la station n° 8, située à 10 kilomètres environ plus au sud que la ligne du chemin de fer. La voie de fer présentait les dispositions suivantes : déclivité maximum de 0,04 atteignant pourtant 0,075 pour franchir le point culminant sur une longueur d'environ 3 kilomètres; largeur de la plateforme, 4m,50; largeur de la voie, comme sur la ligne d'Alexandrie au Caire, 1m,43; rails à double champigeron du poids de 32kg,83 par mètre courant portant sur des coussinets-cloches en fonte du poids de 36 kilogrammes; distance entre les support 0m,90. Les travaux de terrassement avaient été commencés en septembre 1855; on y avait employé jusqu'à 7.000 ouvriers. La ligne fut ouverte en décembre 1858. La durée réglementaire du trajet était de huit heures; mais des retards, qui atteignaient parfois plusieurs heures, se produisaient assez fréquemment. Les trains devaient transporter, à partir du Caire, l'eau douce prise au Nil destinée à l'alimentation des machines en cours de route, indépendamment de l'eau destinée aux stations de la ligne et à la ville de Suez. L'arrivée de l'eau douce à Suez par la rigole dérivée du canal d'eau douce, à la fin de 1863, réduisit naturellement ces transports d'eau douce par le chemin de fer à ceux simplement nécessaires pour l'alimentation des machines et l'approvisionnement des stations.

---

1. Le tracé du chemin de fer suivait un itinéraire moins direct que la route de *Derb-el-Hamra* dont il avait fallu s'écarter, d'une part, afin d'éviter autant que possible des expropriations coûteuses de terre cultivées à la sortie du Caire, d'autre part, pour franchir le *Gebel Awebet* dans de meilleures conditions que ne le faisait la route.

CHEMIN DE FER DE BENHA (STATION DE LA LIGNE D'ALEXANDRIE AU CAIRE) A ZAGAZIG, ISMAILIA ET SUEZ

A la suite du firman de concession du Canal maritime (19 mars 1866), Ismaïl Pacha, qui avait succédé à Abbas Pacha en 1863, reconnaissant la nécessité de relier Suez à Alexandrie par un chemin de fer conçu de manière à éviter le parcours des 145 kilomètres de désert de la ligne passant par le Caire et à relier en même temps Ismaïlia au Caire et à l'intérieur de l'Égypte, fit entreprendre la construction d'une ligne qui, partant de Zagazig, suivait la vallée de l'Ouady et le canal d'eau douce jusqu'à Néfiche, à 4 kilomètres environ avant l'arrivée à Ismaïlia, puis, à partir de ce point, se bifurquait, un branchement conduisant jusqu'à Ismaïlia, et la ligne principale se prolongeait jusqu'à Suez en côtoyant constamment la dérivation du canal d'eau douce. La nouvelle ligne était de construction facile; elle ne présentait que de faibles déclivités : enfin, comme on vient de le voir par la description du tracé, elle avait de l'eau douce sur tout son parcours.

La partie de la ligne entre Zagazig et Ismaïlia fut ouverte en juin 1868; et l'inauguration de la ligne d'Ismaïlia à Suez eut lieu le 15 août de la même année.

Les deux villes d'Ismaïlia et de Suez se trouvaient donc désormais, par la nouvelle ligne, en communication entre elles et avec le Caire et Alexandrie.

Les distances, par chemin de fer, ou longueurs de parcours entre les différentes villes sont les suivantes en nombres ronds :

			Longueur du parcours	Durée actuelle du trajet par trains rapides
D'Ismaïlia à Suez			93 kilom.	2 heures
D'Ismaïlia au Caire	D'Ismaïlia à Zagazig	80 kilom.	156 —	3 h. 5'
	De Zagazig à Benha	31 —		
	De Benha au Caire	45 —		
D'Ismaïlia à Alexandrie	D'Ismaïlia à Benha	111 —	273 —	5 h. 5
	De Benha à Alexandrie	162 —		

Comparaison des distances entre Alexandrie et Suez par l'ancienne et par la nouvelle ligne :

			Longueur totale de parcours
Ancienne ligne	D'Alexandrie au Caire	208 kilom.	353 kilom.
	Du Caire à Suez	145 —	
Nouvelle ligne	D'Alexandrie à Benha	162 —	358 —
	De Benha à Néfiche	107 —	
	De Néfiche à Suez	89 —	

UTILISATION DE LA VOIE DU CANAL MARITIME POUR LE TRANSIT DES MALLES POSTALES

L'ouverture du Canal maritime à la navigation (1869) ne supprima pas de suite, complètement, l'usage de l'*Overland Route* comme moyen de transit entre l'Occident et l'Orient. Les administrations des postes européennes furent lentes, en effet, à apprécier les avantages du percement de l'Isthme. Longtemps les paquebots de la Compagnie Péninsulaire et Orientale durent débarquer les malles à destination de l'Orient à Alexandrie, pour les reprendre à Suez après avoir, eux-mêmes, traversé le Canal. Les malles étaient toujours acheminées par terre à travers l'Égypte.

Il n'y eut d'abord, à partir de 1874, que la fraction dite *malle lourde* des articles postaux confiés à la Compagnie P. et O. qui fut autorisée à faire route à travers le canal avec les paquebots. L'autre fraction, dite malle accélérée, venue d'Angleterre *vià* Brindisi, ne commença à transiter par le Canal sur les paquebots mêmes qu'en 1888, à la suite du renouvellement des contrats postaux qui avait eu lieu l'année précédente. Et ce fut à la même époque que les courriers allemands abandonnèrent également l'*Overland Route*.

TRAMWAY D'ISMAILIA A PORT-SAID

En 1890, la Compagnie, pour débarrasser la partie du Canal maritime comprise entre Port-Saïd et Ismaïlia des canots de service qui occasionnaient une grande gêne à la navigation de transit et présentaient des dangers, et pour assurer néanmoins les communications nécessaires entre les gares et chantiers du canal et les bureaux, ateliers, magasins et hôpitaux, entreprit la construction, entre Ismaïlia et Port-Saïd, d'un tramway à vapeur, dit voie de service, à voie légère de 0^{m},75 de largeur.

Dans la pensée de la Compagnie, ce tramway, d'une longueur de 78^{kil},215, était uniquement destiné à satisfaire aux besoins de ses propres services. Toutefois, par une convention du 5 décembre 1891 entre le Gouvernement égyptien et la Compagnie (Voir tome III, p. 264), la Compagnie consentit à utiliser sa voie de service pour le transport des malles postales, des voyageurs avec leurs bagages et des colis à grande vitesse.

L'exploitation du tramway commença à titre provisoire le 14 novembre 1893, et, pour le public, dans les conditions indiquées ci-dessus, le 3 décembre suivant. Il n'y avait qu'un seul train par jour dans chaque sens.

Par une nouvelle convention du 2-17 mai 1896 (Voir tome III, p. 269), la Compagnie accepta la nouvelle charge d'établir un second train dans chaque sens; et comme compensation à ce sacrifice, elle fut autorisée à transporter au tarif de la petite vitesse certaines marchandises et denrées et le bétail nécessaires à l'approvisionnement du pays. La durée du trajet entre les points extrêmes était, par train direct, avec un seul arrêt à la station de Kantara, de deux heures cinquante minutes, par train mixte desservant les six stations de la ligne, de trois heures dix-sept minutes.

L'exploitation du tramway se fit dans ces conditions jusqu'au commencement de l'année 1902 où intervint à la date de 1er février (Voir t. III, p. 304), une dernière convention contenant, en ce qui concernait plus spécialement le tramway, les principales dispositions suivantes :

La Compagnie acceptait de transformer à ses frais sa voie de service de 0^{m},75 de largeur en une ligne à écartement normal de 1^{m},45 et de raccorder cette ligne avec le réseau des chemins de fer de l'État à Ismaïlia; elle acceptait également de louer la ligne ainsi transformée au Gouvernement égyptien qui en assurerait l'exploitation à ses risques et périls; les travaux seraient exécutés par le Gouvernement pour compte de la Compagnie qui ferait les avances de fonds nécessaires; le Gouvernement verserait à la Compagnie des annuités, calculées au taux de 4 0/0 et établies de manière à éteindre dans les années de sa concession restant à courir les dépenses déjà effectuées par elle sur sa voie de service et celles qu'elle aurait à faire pour la transformation de cette voie [1]; le Gouvernement assurerait lui-même l'exploitation de la voie de

1. Les dépenses faites par la Compagnie pour la construction de la voie de service, s'élevaient, en chiffre rond, — non compris le service de l'emprunt — à 5.700.000 francs. Mais ces dépenses avaient déjà été amorties jusqu'à concurrence de 1.700.000 francs; le solde de 4 millions comprenait pour une forte part la valeur d'un matériel qui cesserait d'être utilisé ; la Compagnie

service pendant la période de la construction de la nouvelle ligne ; le service des annuités dues à la Compagnie commencerait du jour où le Gouvernement prendrait possession de la voie de service pour l'exploiter.

La voie de service avait été remise au Gouvernement égyptien le 31 mai 1902[1].

La nouvelle ligne à voie normale a été ouverte à l'exploitation le 1er juin 1904.

Port-Saïd se trouve donc, à son tour, relié par chemin de fer avec le Caire et Alexandrie et avec toutes les villes du Delta.

La nouvelle ligne a une longueur totale de 79km,400.

Elle comporte les stations suivantes :

Ismaïlia	kilomètres	1,53
El Ferdane	—	15,05
El Ballah	—	24,87
Kantara	—	34,39
Le Cap	—	44,33
Tineh	—	54,90
Ras-el-Ech	—	65,54
Rassouah	—	76,90
Port-Saïd	—	79,36

avait en conséquence accepté que les annuités afférentes aux dépenses anciennes seraient calculées sur un capital limité à 3 millions.

Le montant, au 31 décembre 1904, des avances faites par la Compagnie au Gouvernement égyptien pour la transformation de la voie de service en ligne à voie normale, était de 7.814.626 fr. 14.

1. La dépense totale d'établissement du tramway ou voie de service à la date de la remise au Gouvernement égyptien se répartissait ainsi :

Construction de la voie	1.709.143 fr. 01
Matériel de la voie et matériel roulant	3.956.822 65
DÉPENSE TOTALE	5.665.965 fr. 66

Dans l'inventaire général au 31 décembre 1899, le coût de la construction de la voie ayant été porté au débit du compte de premier établissement du Canal maritime, la valeur du matériel figura seule audit inventaire, puis dans les inventaires des années suivantes, au titre de l'actif mobilier et immobilier.

La remise du tramway au Gouvernement égyptien, le 31 mai 1902, entraînait nécessairement la radiation, dans les inventaires généraux de la Compagnie, de la valeur du matériel dudit tramway.

Cette radiation fut réalisée lors de l'établissement de l'inventaire au 31 décembre 1902, ainsi qu'il est expliqué ci-dessous :

Au 31 décembre 1901, le matériel du tramway figurait à l'inventaire général pour la valeur d'estimation mentionnée ci-dessus de ci	3.956.822 fr. 65
Mais, à la même date, les dotations successives dont le fonds d'amortissement avait déjà reçu crédit au profit de ce matériel s'élevaient à ci	1.588.839 62
Le solde à régler ou à amortir était donc seulement de	2.367.983 fr. 03

Ce règlement a eu lieu comme suit :

Prise en charge par le compte de premier établissement de la somme nécessaire pour compléter, avec la somme de 1.709.143 fr. 01 déjà portée au dit compte en 1899, le chiffre de 3 millions de francs dont la charge se trouve couverte par l'annuité de 120.000 francs à recevoir du gouvernement égyptien, ci	1.290.856 fr. 99
Nouveau prélèvement sur le fonds d'amortissement	1.077.126 04
TOTAL ÉGAL AU CHIFFRE CI-DESSUS	2.367.983 fr. 03

On voit, en résumé, que la dépense totale d'établissement du tramway s'est trouvée finalement amortie de la manière suivante :

Prise en charge par le compte de premier établissement	3.000.000 fr. 00
Prélèvements sur le fonds d'amortissement	2.665.965 66
TOTAL ÉGAL AU MONTANT DE LA DÉPENSE	5.665.965 fr. 66

PROGRAMME DES TRAVAUX DE LA PREMIÈRE CAMPAGNE. ENTRAVES A LA MARCHE DES TRAVAUX SUSCITÉES PAR LA POLITIQUE HOSTILE A L'ŒUVRE DU CANAL.

Ainsi qu'il a été expliqué précédemment, M. de Lesseps inaugura l'ouverture des travaux, sur le point du lido choisi pour l'emplacement du port de Port-Saïd, le 25 avril 1859; et nous rappellerons que le programme d'exécution des travaux de la première campagne finalement arrêté par la Commission déléguée du Conseil d'administration comportait les dispositions suivantes [1] :

A Port-Saïd : construction d'un appontement, érection d'un phare, création d'ateliers et autres établissements nécessaires à la préparation des chantiers, enfin, creusement d'une tranchée dans le cordon littoral pour amener les eaux du lac Menzaleh à proximité des établissements du port et créer une communication intérieure avec Damiette et le Nil ;

Creusement d'une rigole de service entre Port-Saïd et le lac Timsah ;

Ouverture et préparation des carrières de l'Attaka, de Gebel-Géneffé et du Mex ;

Creusement et amélioration de puits sur la ligne du canal maritime avec installation de machines élévatoires ;

Enfin, étude des tracés définitifs du canal maritime et du canal d'eau douce.

M. de Lesseps, en quittant le campement de Port-Saïd après l'inauguration de l'ouverture des travaux, avait laissé sur les lieux, pour diriger les travaux, l'ingénieur chef de section, M. Laroche, ayant sous ses ordres une dizaine d'employés et ouvriers européens et une centaine d'ouvriers indigènes; quelques tentes, un petit approvisionnement de vivres, de l'eau douce dans des barils et une certaine quantité d'outils constituaient les éléments et les ressources de ce premier campement établi sur un lido d'une centaine de

---

1. Voir p. 25.

mètres de largeur et d'un si faible relief qu'il était menacé, à chaque tempête, d'être plus ou moins complétement envahi, soit par les eaux de la mer, soit par celles du lac Menzaleh.

D'autres petites escouades d'ouvriers, dirigées par des agents de l'entrepreneur général, avaient été laissées, chemin faisant, par la Commission déléguée, sur divers points de l'Isthme pour la mise en train de tous les travaux préparatoires.

Tous ces premiers pionniers de l'œuvre, dont le nombre augmenta progressivement, étaient pleins de confiance et d'ardeur. Leur légitime orgueil de prendre part à la réalisation d'une œuvre dont ils comprenaient la grandeur, leur foi dans l'homme appelé à les diriger, leur faisaient envisager avec courage la vie sévère qu'ils allaient avoir à mener au désert, loin des leurs, sous un climat excessif, au milieu de privations de toutes sortes résultant des difficultés de ravitaillement.

Avec de pareils hommes, les difficultés matérielles que pourraient présenter les travaux ne pouvaient manquer d'être surmontées.

Malheureusement, — ainsi que nous l'avons longuement expliqué à l'*Historique administratif*[1], — ces courageux pionniers de la première heure eurent à lutter, dès le début même et pendant toute la durée de la première année des travaux, contre de sourdes menées, même contre des menaces de violence provoquées par la politique restée hostile au canal. Aussi, malgré leur zèle et leur dévouement, se trouvèrent-ils, par la force des circonstances, dans l'impossibilité de réaliser, dans le temps fixé, le programme de travaux tel qu'il avait été arrêté pour la première campagne. Leurs efforts, pendant l'année 1859, ne purent avoir d'autre objectif que de s'établir sérieusement dans l'isthme, d'en prendre

---

1. Voir t. I, p. 143 à 171, le chapitre intitulé : *Opposition persistante de la politique anglaise contre l'œuvre du Canal* (mars 1859 à janvier 1860).

possession effective malgré toutes les manifestations hostiles et d'y faire sur les points principaux les premières installations indispensables.

Il est facile de comprendre combien les entraves suscitées à la Compagnie sur le théâtre même des travaux devaient paralyser les efforts de son personnel et empêcher la Compagnie elle-même d'imprimer à ses opérations la vigoureuse impulsion qu'elle eût voulu leur donner. En effet, l'éloignement où se trouvaient, par rapport aux localités habitées et aux centres d'approvisionnements, les divers campements établis par la Compagnie sur la ligne du canal, et les difficultés d'accès à ces campements, subordonnaient la sécurité de leur ravitaillement en eau douce, en denrées alimentaires et en approvisionnements de toute nature, aux bonnes dispositions des populations voisines et surtout au bon vouloir du Gouvernement égyptien ; et les chantiers de travaux ne pouvaient évidemment se développer, on ne pouvait songer à y augmenter le nombre des ouvriers européens, on ne pouvait enfin espérer d'y voir affluer les ouvriers indigènes, qu'à la condition d'y jouir, sous tous les rapports, d'une complète sécurité.

Sans reproduire ici l'exposé circonstancié de tous les incidents de la lutte qu'eut à soutenir la Compagnie pendant tout le cours de la première campagne de travaux, — laquelle fut ainsi presque complètement perdue, — nous croyons utile pourtant de rappeler, parmi les manifestations de cette lutte, quelques-unes de celles qui eurent lieu sur le théâtre même des travaux :

Dès le début, toute espèce d'entraves furent apportées par les autorités locales au libre ravitaillement des chantiers : c'est ainsi, notamment, que peu après la mise en train des travaux préparatoires entrepris à Port-Saïd, les patrons des barques du lac Menzaleh, qui dépendaient d'un fermier du gouvernement, reçurent défense absolue, non seulement d'aller vendre du poisson au campement, mais encore de continuer à faire aucun transport pour la Compagnie, ce qui avait pour double conséquence d'arrêter les approvisionnements d'eau douce et de supprimer toutes relations entre Port-Saïd et Damiette par la voie du lac[1]; les ouvriers indigènes furent contraints d'abandonner tous les chantiers; l'attitude menaçante de certains nomades mit les agents et les ouvriers européens dans la nécessité de se tenir constamment sur la défensive contre la possibilité d'agressions.

Au commencement de juin, le Ministre des Affaires Étrangères du Gouvernement égyptien priait, par lettre circulaire, les consuls généraux des diverses Puissances, d'inviter leurs nationaux à cesser de prendre part aux travaux alors en cours d'exécution sur les terrains de l'isthme[2]; cette

---

1. Les relations de Port-Saïd avec Damiette étaient ainsi devenues de plus en plus difficiles; et, sans les navires que la Compagnie y envoyait de temps en temps d'Alexandrie, le campement eût manqué de tout.

Par suite du refus de concours des barques du lac, Port-Saïd, pendant un certain temps, ne pût être approvisionné d'eau douce que par les bâtiments venant d'Alexandrie ou par des caravanes de chameaux venant de Damiette en suivant le cordon littoral; la moindre tempête, en empêchant, soit le déchargement des navires et le transport à terre des barils à eau, soit la traversée du boghaz de Gemileh, pouvait amener le manque d'eau.

Avant le refus de concours des barques, une partie de l'eau douce était amenée par le lac jusqu'au boghaz de Gemileh, d'où elle était ensuite transportée par chameaux jusqu'à Port-Saïd.

La fâcheuse situation qui vient d'être décrite fut heureusement de courte durée : la Compagnie, dès le milieu de février, avait fait la commande à une maison d'Amsterdam de trois appareils distillatoires: deux de ces appareils furent rapidement installés : le premier appareil commença à fonctionner dès le milieu de juin; le second au milieu du mois suivant: chaque appareil fournissait par jour environ 1.800 litres d'une eau parfaitement potable: ils fonctionnaient alternativement.

2. Peu de jours avant l'envoi de cette circulaire, afin de parer tout à la fois aux difficultés que présentaient alors, par suite des eaux basses du fleuve, les communications avec Damiette par le Nil, et à celles qui résultaient des entraves mises par les autorités provinciales aux relations avec Port-Saïd, — et en attendant l'acquisition que cherchait à faire la Compagnie d'un bateau à vapeur pour assurer un ravitaillement régulier par mer de cet important chantier de travaux, — M. de Lesseps avait loué à Alexandrie, pour ce service, un bateau à vapeur, *le Saïd*, appartenant au Gouvernement. M. de Lesseps prit passage sur ce vapeur, à son premier voyage, et put embarquer avec lui, sans opposition, des ouvriers européens, du matériel et des approvisionnements pour Port-Saïd. *Le Saïd* fut ainsi utilisé par la Compagnie à trois reprises, dans le courant des deux mois de juin et juillet. Il transporta notamment les machines distillatoires qui avaient été débarquées à Alexandrie.

circulaire resta heureusement sans effet et les opérations dans l'isthme purent être continuées.

Le 12 juillet, la Commission déléguée du Conseil d'administration se réunissait, sur la convocation du Président, à Alexandrie. Après avoir entendu l'exposé du Président sur la situation, d'où il ressortait : d'une part, que la Compagnie pouvait poursuivre ses opérations sans rencontrer désormais des difficultés de la part des agents du gouvernement, et qu'elle n'éprouverait aucun préjudice de la privation (momentanée) des ouvriers indigènes; d'autre part, que les études faites récemment dans l'Isthme avaient détruit les derniers doutes que l'on pouvait conserver encore sur les facilités que présenterait l'exécution des travaux, la Commission, considérant que les faits qui venaient d'être exposés étaient de nature à justifier les propositions faites par l'Agence supérieure et la Direction générale des travaux pour la continuation des opérations commencées et le développement des chantiers établis, exprima l'avis qu'il y avait lieu :

1° De continuer le recrutement des ouvriers européens pour compléter le personnel du chantier de Port-Saïd au chiffre de 200 ouvriers;

2° D'établir au chantier de Timsah (Toussoum), où le nombre des employés s'élevait à plus de vingt, un service médical ;

3° D'autoriser la régie à acheter deux grandes barques et une chaloupe pour le service des déchargements et de la rade de Port-Saïd ;

4° D'autoriser l'Agence supérieure à prendre les mesures nécessaires pour que le chantier de Port-Saïd fût toujours approvisionné d'un mois de vivres ;

5° De décider que la cantine de Port-Saïd fournirait les vivres aux ouvriers à un prix moyen ne dépassant pas le cours du marché de Damiette, l'excédant, s'il y en avait un, devant rester pour le compte de la Compagnie ;

6° Enfin, d'autoriser l'Agence supérieure à traiter de l'achat d'un ponton pour dépôt de charbon et d'approvisionnements sur la rade d'Alexandrie, afin d'éviter la consignation en douane et les frais d'entrepôt ou de magasinage.

La période de calme dont avait joui la Compagnie à la suite de l'insuccès de la circulaire du Ministre des Affaires

Étrangères du commencement de juin ne fut pas de longue durée. Dans le courant d'octobre, en effet, — ainsi que nous l'avons longuement expliqué précédemment, — en exécution de résolutions prises d'un commun accord par les consuls généraux sur la demande qui leur en avait été faite par le Ministre des Affaires Étrangères du Gouvernement égyptien, des ordres itératifs furent notifiés par le Consul général de France à M. Laroche, chef de service à Port-Saïd et y représentant la Compagnie, d'avoir, lui et son personnel, à quitter les chantiers, sous menace d'expulsion par la force en cas de résistance. Hâtons-nous de rappeler que M. Laroche refusa d'obéir à ces injonctions, et que, par suite d'instructions envoyées de Paris au Consul général, les menaces ne furent pas exécutées. On sait d'ailleurs que le Consul général fut bientôt remplacé.

Nous rappellerons encore que ce fut seulement à la fin de 1859, à la suite de longues négociations suivies à Constantinople, que la lutte entreprise contre la Compagnie se termina par une décision de la Sublime Porte acceptant en principe le projet de Canal et reconnaissant l'utilité de l'entreprise, mais ajournant toutefois le firman d'autorisation jusqu'à l'époque où les Puissances maritimes intéressées se seraient mises d'accord sur les questions que soulevait le projet au point de vue international.

Cette décision dégageait entièrement la Compagnie de toute responsabilité sur le terrain politique et rendait ainsi sa position fort nette et bien définie, en sorte que les travaux préparatoires en cours d'exécution purent être désormais plus tranquillement continués [1].

---

1. Dès l'heureuse issue des incidents rappelés ci-dessus, la situation ne tarda pas à s'améliorer : les communications devinrent plus faciles; les ouvriers indigènes commencèrent à revenir sur les chantiers; la population européenne augmenta également; les travaux purent donc, dès lors, prendre une certaine activité. Au désert, on se remettait des précédentes alertes; la situation y avait été, par moments, assez inquiétante : c'est ainsi, par exemple, qu'au campement de Toussoum, on eût peut-être été obligé de quitter la place, faute de vivres, si un chef d'arabes nomades de Syrie n'était venu en aide au personnel en lui apportant en secret les produits de sa chasse.

Nous rappellerons, enfin, que sur la proposition du Président de la Compagnie, d'accord en cela avec le Ministre des Affaires Étrangères de France, le Comité de direction, reconnaissant la convenance d'apporter une grande circonspection dans l'exécution des opérations préparatoires poursuivies en Égypte, prit à la date du 24 janvier 1860, une décision, approuvée le 14 février suivant par le Conseil d'administration, d'après laquelle le Service des travaux devrait se borner, provisoirement, aux études et opérations préparatoires suivantes :

Appontement provisoire de Port-Saïd ;

Ateliers de réparations ;

Achèvement et utilisation des puits d'eau douce en cours d'exécution ;

Baraques et maisons pour les logements des employés et ouvriers ;

Continuation du canal ou rigole de service entre Port-Saïd et le port intérieur de Timsah, et conduite d'eau douce du lac Maxamah au lac Timsah ;

Montage et essais de dragues et d'excavateurs pour le service du Vice-Roi ;

Continuation des essais d'exploitation des carrières de Gebel-Géneffé ;

Continuation des études topographiques et hydrographiques et des recherches minéralogiques.

Configuration du littoral dans l'emplacement du port de Port-Saïd

Sur la partie du littoral définitivement choisie pour l'établissement du port de Port-Saïd, la plage, d'une largeur de 50 à 60 mètres, était bordée par une ligne de dunes basses d'une largeur d'une centaine de mètres. Ces dunes, en partie fixées par des plantations poussées naturellement et consistant principalement en tamarix, constituaient le cordon littoral proprement dit ; elles n'étaient pas continues, présentant de loin en loin des dépressions que franchissaient les eaux de la mer pendant les tempêtes. En arrière de la ligne de dunes se trouvait un terrain plus élevé que le niveau ordinaire des eaux du lac Menzaleh, légèrement incliné vers l'intérieur et formé de vases et de limons provenant de dépôts des eaux du lac; ce terrain, qui s'étendait sur une largeur de 6 à 700 mètres, était sillonné de ramifications du lac qui lui donnaient l'aspect d'une série d'îlots, sur la plupart desquels croissaient des plantes du genre *salsola* (soudes) et autres végétaux vivant dans les terrains salés. La rive intérieure de la bande de terrain dont il vient d'être parlé était baignée en grand par les eaux du lac.

Tel était l'aspect des lieux pendant les eaux ordinaires du lac. Cet aspect se modifiait naturellement pendant les eaux basses ou les hautes eaux du lac correspondant à la baisse ou à la crue des eaux du Nil; mais il se modifiait surtout, et profondément, à la suite de forts vents continus, soit de l'Est, soit de l'Ouest : par les vents d'Est, les eaux étaient chassées de la région Est du lac et repoussées ainsi vers Damiette, mettant à découvert le fond du lac, dans les parages de Port-Saïd, sur des étendues pouvant atteindre jusqu'à 1 kilomètre; par les vents d'Ouest, au contraire, les eaux du lac étaient repoussées du rivage de Damiette vers Port-Saïd où elles s'élevaient parfois jusqu'à 1 mètre audessus du niveau ordinaire.

Nous avons déjà signalé combien le retrait des eaux de l'un ou de l'autre rivage, quand il se produisait, rendait difficiles les communications par la voie du lac entre Damiette et Port-Saïd. On verra plus loin, quand nous entrerons dans le détail de l'exécution des travaux, que le gonflement des eaux dans les parages de Port-Saïd par les forts vents, assez fréquents, de la région Ouest, a amené, à maintes reprises, l'inondation des terrains non encore remblayés du campement, et cela, non seulement au grand préjudice de la bonne marche des travaux, mais aussi à la très grande gêne du personnel logeant dans les bâtiments que la Compagnie avait dû faire construire d'urgence, sur ces terrains, sans attendre qu'ils fussent remblayés. On verra surtout combien ce gonflement des eaux, aggravé par l'action des lames qui accompagnent toujours les tempêtes du lac, a rendu difficile et laborieuse la confection des digues du canal maritime à la traversée du lac Menzaleh.

Hauteur du terrain au-dessus du niveau de la mer, sur l'axe du canal maritime, entre Port-Saïd et le lac Timsah.

(NOTA. — Le kilométrage de la période des travaux de premier établissement commençait à la rive Nord du grand bassin de Port-Saïd. — Cote du niveau moyen de la mer : 18m,20.)

PARTIES DU PROFIL EN LONG	SITUATION DES TERRAINS PAR RAPPORT AU NIVEAU DE L'EAU	HAUTEURS DU TERRAIN AU-DESSUS DU NIVEAU DE LA MER			LONGUEURS DES PARTIES DE CANAL
		Maximum	Moyenne	Minimum	
kilomètres		mètres	mètres	mètres	kilom.
	GRAND BASSIN DE PORT-SAÏD ET ORIGINE DU CANAL				
De 0,» à 1,»	Terrain au-dessus de l'eau	1,55	0,85	0,20	1,»
	LAC MENZALEH				
— 1,» - 6,5	Terrain sous l'eau	0, »	— 0,20	— 0,45	5,5
— 6,5 - 9,5	— peu au-dessus de l'eau	0,40	0,25	0,15	3,»
— 9,5 - 10,»	Ilot	1, »	0,60	0,40	0,5
— 10,» - 13,»	Terrain peu au-dessus de l'eau	0,25	0,10	0, »	3,»
— 13,» - 14,2	Ilot de Ras-el-Ech	1, »	0,60	0,15	1,2
— 14,2 - 16,»	Terrain peu au-dessus de l'eau	0,30	0,20	0,15	1,8
— 16,» - 29,»	— au-dessus de l'eau	0,55	0,45	0,40	13,»
— 29,» - 38,»	— peu au-dessus de l'eau	0,35	0,15	0,05	9,»
— 38,» - 39,3	Presqu'île du Cap	4,20	1,60	0, »	1,3
— 39,3 - 42,1	Terrain sous l'eau (sauf un îlot de 300m)	— 0,20	— 0,40	— 0,65	2,8
	PLATEAU DE KANTARA				
— 42,1 - 46,2	Terrain au-dessus de l'eau	1,60	0,40	0, »	4,1
— 46,2 - 48,6	Dune	2,55	1,60	0, »	2,4
	LACS BALLAH				
— 48,6 - 55,7	Premier lac	— 0,50	— 1, »	— 1,50	7,1
— 55,7 - 58,5	Dunes	1,55	0,75	0, »	2,8
— 58,5 - 60,5	Deuxième lac	— 0,20	— 0,55	— 1, »	2,»
Hauteur moyenne du terrain jusqu'au kilomètre 60,5			0,17		60,5
	EL FERDANE				
— 60,5 - 66,5	Terrain au-dessus de l'eau et dunes	7,30	2,70	0, »	6,»
	SEUIL D'EL GUISR				
— 66,5 - 75,5	Terrains du Seuil	18,50	10, »	0, »	9,»
Longueur totale de la portion de canal entre Port-Saïd et le lac Timsah					75,5

Dans l'état habituel des eaux du lac Menzaleh, la situation était la suivante :

Depuis l'origine du canal jusqu'à l'île d'El Sig, soit sur une longueur d'environ 6 kilomètres, le tracé ne rencontrait aucune terre;

D'El Sig à Ras-el-Ech (kilomètre 14) le tracé traversait un groupe d'îles, ne rencontrant des terres, d'ailleurs peu élevées, que de distance en distance;

Au-delà de l'îlot de Ras-el-Ech, le tracé se trouvait sous l'eau sur une longueur d'environ 3 kilomètres; puis commençaient les terres qui se prolongaient sans discontinuité jusqu'au plateau de Kantara, sauf une partie basse d'environ 2 kilomètres de longueur à la suite de la traversée de la presqu'île du Cap, où les eaux n'arrivaient pourtant que pendant les hautes eaux du lac.

Ras-el-Ech était le point extrême du tracé où pouvaient venir les barques du lac pendant l'été.

HISTORIQUE DES COMMANDES DU MATÉRIEL DE DRAGAGES EMPLOYÉ PENDANT LES PREMIÈRES ANNÉES DE LA CONSTRUCTION DU CANAL

(RÉGIE INTÉRESSÉE ET RÉGIE DIRECTE. — DE 1859 A 1864)

NOTA. — Voir aux annexes, à la fin du volume :

D'une part, pour les textes mêmes des marchés de commandes et pour la description des appareils ;

D'autre part, pour des renseignements détaillés sur le fonctionnement des petites dragues et des toiles sans fin de transport adaptées à ces dragues.

PETITES DRAGUES ET TOILES SANS FIN DE TRANSPORT

COMMANDE DE 24 PETITES DRAGUES [1]

2 *Dragues Combe* (*Type n° 1. — Dragues n°s 1 et 2*)

Marché de commande du 21 *mars* 1859, passé directement par la Compagnie avec M. Combe, de Lyon, pour la fourniture de deux dragues complètes, munies de toiles sans fin de transport.

Ces deux dragues devaient être construites conformément à des plans généraux remis par la Compagnie, mais sous la responsabilité entière du constructeur qui avait à arrêter lui-même le projet définitif des appareils.

Elles devaient être livrées à Lyon et, sous peine de tous dommages, être entièrement terminées et prêtes à subir les épreuves, savoir : la première drague dans un délai de trois mois, c'est-à-dire le 21 juin 1859 ; la seconde, quinze jours après. Aussitôt après les épreuves et la réception de chacune des deux dragues, le constructeur devait les démonter et les diviser en un certain nombre de morceaux permettant leur embarquement facile sur un navire ordinaire pouvant se rendre en Égypte, la dépense de cette opération étant supportée par moitié entre lui et la Compagnie.

---

1. Deux des 24 dragues qui avaient été commandées sont restées à l'état de simples coques.

Ces coques furent cédées en 1863 par la Compagnie, au prix de 40.000 francs, à l'entrepreneur chargé des travaux de creusement du canal à la traversée du seuil d'El Guisr, M. Couvreux, qui y commença lui-même la construction de dragues pour ses travaux. En mars 1865, M. Couvreux céda les 2 dragues, dans l'état où elles se trouvaient et au prix de revient, à MM. Borel, Lavalley et Cie.

Le prix de chaque drague complète était fixé à 54.900 francs, non compris une fourniture complémentaire de pièces de rechange.

Par suite de retards provenant du fait de la Compagnie (remise tardive des plans des toiles de transport) les dragues ne furent prêtes à subir les épreuves à Lyon qu'au commencement d'octobre.

Les épreuves ayant fait reconnaître la nécessité de changer complètement les chaînes dragueuses, intervint le nouveau marché suivant :

Marché de commande du 7 octobre 1859, passé par l'entrepreneur général [1], avec M. Combe pour la fourniture de deux nouvelles chaînes dragueuses.

Le prix des deux chaînes s'est élevé à 14.448 francs.

D'après le marché du 21 mars, la Compagnie, indépendamment du paiement au constructeur de la moitié des frais de démontage des dragues, était restée chargée du transport des éléments des deux dragues, de Lyon à Port-Saïd, et du remontage des dragues à Port-Saïd.

L'entrepreneur général s'exonéra de ce travail par le nouveau marché suivant :

Marché de commande du 11 octobre 1859, passé avec M. Salmon, de Lyon, pour le remontage des deux dragues Combe à Port-Saïd.

(M. Salmon avait construit les coques des deux dragues Combe, et un autre marché était en préparation avec lui pour la fourniture de 10 coques de dragues.)

M. Salmon prenait à sa charge tous les frais laissés à la charge de la Compagnie par le marché du 21 mars, à l'exception du transport de Marseille à Port-Saïd et des divers travaux et fournitures concernant les bois et charpentes.

Le délai d'exécution était de trois mois et demi pour la première drague, de quatre mois pour la seconde. En cas de retard sur le délai fixé, le constructeur subirait une retenue de 40 francs par jour de retard et par drague; en cas d'avance, il jouirait d'un boni de somme égale par jour d'avance et par drague.

Le prix fixé était de 11.500 francs par drague.

En cours d'exécution, le marché fut modifié par l'entrepreneur général qui prit directement en main le montage des dragues.

Les éléments des deux dragues furent déchargés à Port-Saïd au commencement de février 1860. Un certain nombre de pièces manquaient pourtant, n'ayant pas été comprises dans le chargement du navire. Le montage complet des deux dragues ne pouvait avoir lieu qu'après l'arrivée, alors attendue, d'un autre navire, le *Jason*, porteur, entre autres, des pièces manquantes du précédent envoi et des toiles

---

1. Tous les marchés de commandes furent passés désormais par l'entrepreneur général, M. Hardon.

sans fin qui devaient être adaptées aux dragues. Or ce navire, en cours de route (courant d'avril) se perdit corps et biens dans les Bouches de Bonifacio. Sur ce même navire se trouvaient, avec le frère du constructeur, habile constructeur lui-même, vingt ouvriers de choix, envoyés par la maison Combe pour monter sur place, à Port-Saïd, de nouvelles dragues qui lui avaient été commandées par un nouveau marché du 7 octobre 1859 et dont les éléments constituaient la majeure partie du chargement du navire.

Par suite du manque de certains outils indispensables et de l'absence d'un certain nombre de pièces, le montage à Port-Saïd, des deux dragues n°s 1 et 2 fut extrêmement difficile.

A défaut des toiles de transports perdues dans le naufrage du *Jason*, on profita de la hauteur de l'appareil dragueur de chacune des deux dragues pour y installer un couloir en tôle de 13 mètres de longueur permettant, avec l'aide de peu de main d'œuvre, de déposer, directement sur berge, en un cavalier de 12 mètres cubes, les déblais faits par la drague pour le creusement, sur le pourtour du bassin du port, d'une première rigole de 11 mètres de largeur à la ligne d'eau et de 6 mètres au plafond.

3 *dragues Burnichon* (*Type n° 2. — Dragues n^os^* 5, 6 *et* 7)

Marché de commande du 1er octobre 1859, passé avec MM. Burnichon et Vernange frères, de Lyon, pour la fourniture de 5 dragues à vapeur complètes sauf les coques et les charpentes diverses.

Le délai fixé pour la construction des 5 dragues à Lyon, leur transport au lieu d'embarquement (Cette ou Marseille) et le remontage en Égypte, était de trois mois et demi pour les deux premières dragues et de quinze jours au plus pour les trois autres. La durée de la traversée ne comptait pas dans ces délais. En cas de retard sur le délai fixé. le constructeur subirait une retenue de 40 francs par jour de retard et par drague ; en cas d'avance, il jouirait d'un boni de somme égale par jour d'avance et par drague.

Le prix de chaque appareil était fixé à 24.000 francs.

En fait, les constructeurs n'ont livré toutes montées, à Port-Saïd, que 3 dragues.

3 *dragues Burnichon* (*Type n° 3. — Dragues n^os^* 3, 4 *et* 8)

Marché de commande du 7 octobre 1859, passé avec M. Combe, de Lyon, pour la fourniture de 5 dragues à vapeur complètes, sauf les coques et les charpentes diverses.

Le délai fixé pour la construction des dragues à Lyon, leur transport au lieu d'embarquement (Cette ou Marseille) et le remontage en Égypte, était de quatre mois. La durée de la traversée n'était pas comprise dans ce délai. En cas de retard sur le délai fixé, le constructeur subirait une retenue de 40 francs par jour de retard et par drague; en cas d'avance, il jouirait d'un boni de somme égale par jour d'avance et par drague.

Le prix de chaque appareil était fixé à 23.000 francs.

En fait, le constructeur n'a livré et monté à Port-Saïd que 3 dragues, les deux premières qui s'étaient perdues dans le naufrage du *Jason* n'ayant pas été remplacées.

[Les dragues Combe et les dragues Burnichon devaient, d'après les dispositions prises par les constructeurs, être montées à Port-Saïd et fonctionner sous la surveillance du frère de M. Combe qui périt dans le naufrage du *Jason*.]

Les deux marchés ci-dessus furent complétés par les deux marchés suivants :

10 *Coques pour les dragues des types nos 2 et 3*[1]

Marché de commande du 28 *octobre* 1859, passé avec M. Salmon, de Lyon, pour la fourniture de 10 coques de dragues.

Les coques devaient être terminées à Lyon, sauf le rivage, pour le 1er janvier 1860.

En cas de retard sur le délai fixé, le constructeur subirait une retenue de 40 francs par jour de retard et par coque.

Le transport à Marseille des éléments des coques ainsi que le rivage en Égypte étaient à la charge du constructeur. L'entrepreneur général était chargé du transport, de Marseille à Port-Saïd, des coques démontées. Le prix de chaque coque était fixé à 10.000 francs.

Marché de commande du 9 *juin* 1860 passé avec M. Durenne, de Lyon, pour la construction de 4 coques de dragues.

(Ces coques étaient destinées à remplacer les 4 coques Salmon perdues dans le naufrage du *Jason*.)

Les coques devaient, sous peine de dommages et intérêts, être terminées à Lyon au plus tard le 25 juillet.

Le prix des coques, rendues à Marseille, était fixé à raison de 56 francs les 100 kilogrammes; les coques étaient supposées devoir peser environ 20.000 kilogrammes. Le remontage des coques à Port-Saïd était à la charge de l'entrepreneur général ainsi que les fournitures et le travail des bois.

---

1. En fait, on n'eut à affecter que 6 coques aux dragues des types nos 2 et 3. Plus tard, une des 4 coques restées disponibles fut affectée à la drague Bourdillon dont il est parlé ci-après, et une autre coque à une drague construite en 1864 par la Compagnie ; enfin, ainsi qu'il a été déjà mentionné dans une note précédente, 2 coques avaient été cédées en 1863, au prix de 40.000 francs, à M. Couvreux, entrepreneur des travaux de creusement du canal à la traversée du Seuil d'El Guisr.

12 *Dragues Evrard* (*Type n° 4.* — *Dragues n°s 13 à 24*)

Marchés de commandes des 20 *novembre* 1859 *et* 3 *février* 1860 passés avec MM. Evrard et Cie, de Bruxelles.

Par un premier marché du 20 novembre 1869, l'entrepreneur général s'était engagé à commander à M. Evrard toutes les dragues mouillées qui pourraient être encore nécessaires (après les commandes précédentes faites à d'autres constructeurs) pour le percement du Canal.

L'entrepreneur général n'a fait, en définitive, en exécution du susdit marché, qu'une seule commande, datant du 3 février 1860, pour la fourniture de 12 dragues.

(Par lettre du 17 septembre 1862, M. Evrard, moyennant l'allocation d'une certaine somme pour réglement de toutes les fournitures faites par lui jusqu'au dit jour, déclara renoncer à toutes les clauses de son marché du 20 novembre 1859.)

La fourniture ne comprenait que la drague proprement dite, sans l'appareil de transport qui fit l'objet, à la même date du 3 février 1860 que pour les dragues, d'un marché de commande spécial. Le constructeur était chargé du transport des dragues et de leur montage à Port-Saïd; mais la charpente et les boiseries étaient à la charge de l'entrepreneur général.

Le délai d'exécution était de cinq mois, non compris la durée du transport par mer et du transport, à Port-Saïd, jusqu'au lieu de montage.

En cas de retard dans la livraison, le constructeur était passible d'une retenue de 40 francs par jour de retard et par drague.

Le prix de chaque appareil était fixé à 32.500 francs. (La charpente et les frais divers à la charge de l'entrepreneur général devant entraîner à une dépense d'environ 26.000 francs, le prix de revient de la drague devait être d'environ 58.500 francs.)

Drague Bourdillon (*Drague n° 9*)

Marché de tâche de Mai 1861 passé avec M. Bourdillon pour l'exécution d'un certain cube de dragages.

Tous les éléments d'une drague complète furent mis à la disposition du tâcheron pour en faire le montage comme il l'entendrait.

Drague construite par la Compagnie (*Drague n° 12*)

Dans le marché passé le 1er octobre 1863 avec M. Couvreux, pour le creusement du canal maritime à la traversée du seuil d'El Guisr, 3 coques de dragues restées sans affectation et portant les n°s 10, 11 et 12 avaient été cédées par la Compagnie à l'entrepreneur, au prix de 60.000 francs. M. Couvreux ne prit finalement possession que des 2 coques n°s 10 et 11. Il avait conservé pourtant pendant un certain temps la troisième coque. La Compagnie, lorsque cette coque lui fut rendue, y installa, en 1864, la drague n° 12.

DESCRIPTION SOMMAIRE DES PETITES DRAGUES DE DIFFÉRENTS TYPES

I. — Conditions essentielles des marchés de commandes

Les petites dragues des différents types étaient, toutes, soumises à la condition d'extraire, jusqu'à une profondeur de $2^m,50$ au-dessous du niveau de l'eau, 1.000 mètres cubes de sable, gravier ordinaire ou terrain d'alluvion dans l'espace de dix heures de travail, avec une consommation de 800 kilogrammes de charbon de bonne qualité, français ou anglais. (Pour les dragues du type n° 2, le marché fixait le chiffre de la consommation de charbon à 500 kilogrammes.)

II. — Dispositions communes des dragues

Les dragues étaient à une seule élinde placée dans l'axe de la coque.

La coque était en tôle[1].

La charpente de support de l'appareil dragueur était en bois, excepté dans les deux dragues du type n° 1 où cette charpente était en tôle.

Les générateurs étaient constitués par des chaudières tubulaires, à foyer intérieur, sans retour de flamme, timbrées à 5 atmosphères, de formes cylindriques dans toutes leurs parties, c'est-à-dire tant pour le corps principal que pour le foyer, la boite à fumée et les réservoirs à vapeur. Les dragues du type n° 1 comprenaient deux chaudières indépendantes semblables; les dragues des trois autres types n'avaient qu'une seule chaudière[2].

L'élinde de l'appareil dragueur était en bois de sapin avec armatures en fer; elle était à point d'articulation fixe et à inclinaison variable.

Les godets avaient une capacité de 100 litres.

III. — Dispositions particulières des dragues

MACHINES MOTRICES ET TRANSMISSIONS DE MOUVEMENT

Dragues du type n° 1. — Machine horizontale, à 2 cylindres, à détente, sans condensation, installée dans la coque et communiquant par courroie le mouvement à l'appareil dragueur et à la toile sans fin.

Dragues du type n° 2. — Machine horizontale, à 1 seul cylindre, à détente, à condensation, installée dans la coque et communiquant par courroie le mouvement à l'appareil dragueur et à la toile sans fin.

---

1. Les coques des différents types de dragues étaient toutes à peu près exactement de mêmes formes et de mêmes dimensions.

2. Plus tard, une seconde chaudière a été ajoutée aux dragues des types n°s 2, 3 et 4.

Dragues du type n° 3. — Machine verticale, à 1 seul cylindre, à détente, sans condensation, installée sur le pont, commandant directement l'arbre intermédiaire de l'appareil dragueur et par une série d'engrenages la toile sans fin.

Dragues du type n° 4. — Machine horizontale, à 2 cylindres, à détente, sans condensation, installée sur les montants inclinés de la charpente de support de l'appareil dragueur et communiquant par courroies le mouvement à l'appareil dragueur et à la toile sans fin.

(On remarquera que la machine des dragues du type n° 2 était seule à condensation ; que, seule également, la machine des dragues du type n° 3 transmettait directement le mouvement à l'appareil dragueur et à la toile sans fin, les transmissions de mouvement dans les autres dragues se faisant au moyen de courroies.)

CHAÎNE DRAGUEUSE [1]

Dragues des types n°s 1, 3 et 4. — Chaîne à petits maillons.

Dragues du type n° 2. — Chaîne à longs maillons.

Dimensions des principaux éléments des dragues

	TYPE n° 1	TYPE n° 2	TYPE n° 3	TYPE n° 4
COQUE	mètres	mètres	mètres	mètres
Longueur au niveau du pont	21,80	20,75	20,75	20,75
Largeur	6,40	7,00	7,00	7,00
Creux	1,80-2,40	2,50	2,30	2,30
Longueur du puits de l'élinde	10,00	7,50	7,50	7,50
Largeur	1,40	1,50	1,50	1,50
Tirant d'eau de la drague en pleine charge	0,80	1,00	1,00	1,00
MACHINE				
Force en chevaux de 75 kilogrammètres	20	18	16	16
Nombre de tours de la machine par minute	70	40	40	65
Nombre de godets	14	15	15 à 16	12 à 14
CHAÎNE DRAGUEUSE				
Hauteur de l'axe du tourteau supérieur au-dessus du niveau de l'eau	6,40	6,00	7,70	5,80
Longueur de l'élinde	12,50	13,00	12,40	13,50
	centimètres	centimètres	centimètres	centimètres
Longueur des maillons	17,0	61,5	17,0	16,6
Section des maillons mâles	8,0/2,0	8,0/3,0	5,4/3,0	7,0/3,6
— — femelles	8,0/1,2	8,0/2,5	5,4/2,0	7,0/1,8
Diamètre des boulons d'articulations	3,0	3,5	3,0	3,0
Capacité des godets	100 litres			

1. Plus tard, une nouvelle chaîne dragueuse (système Schmidt) à maillons

COMMANDE DE 21 TOILES SANS FIN DE TRANSPORT POUR ÊTRE ADAPTÉES AUX DRAGUES

12 *toiles sans fin, type Evrard*

Marché du 3 février 1860 passé avec MM. Altermann, Evrard et Cie de Bruxelles, pour la fourniture de 12 appareils de transport à adapter aux 12 dragues commandées le même jour auxdits constructeurs.

2 *toiles sans fin, type Combe*

Marché du 11 février 1860 passé avec M. Combe, de Lyon, pour la fourniture de 2 appareils de transport à adapter à 2 des dragues commandées au même constructeur par le marché du 7 octobre 1859.

Les appareils devaient être rendus à Marseille, au plus tard, le 31 mars.

Le prix fut arrêté d'un commun accord avant le départ de Lyon et fixé, pour les deux appareils, à 15.974 francs.

Une notable partie des éléments des 2 appareils avaient été embarquée sur le navire le *Jason* qui se perdit en cours de route (en avril).

Une nouvelle commande fut faite à M. Combe pour le remplacement des pièces perdues; le montant de cette commande s'éleva à 9.581 francs.

Enfin, au commencement de 1861, une troisième commande fut faite au constructeur; le montant en fut de 5.068 francs.

2 *toiles sans fin, type Troll, Mercier et Cie*

Marché du 2 mars 1860 passé avec MM. Troll, Mercier et Cie, de Lyon, pour la fourniture de 5 appareils de transport destinés aux 5 dragues ayant fait l'objet du marché passé le 1er octobre 1859 avec MM. Burnichon et Vernange frères.

Les appareils devaient être livrés par les constructeurs, montés en Égypte à bord des dragues, au plus tard le 20 avril.

Le prix de chaque appareil était fixé à 7.500 francs.

2 *toiles sans fin, type Pérotte et Cie*

Marché du 14 mars 1860 passé avec MM. Pérotte et Cie, de Liège, pour la fourniture de 2 appareils de transport devant s'adapter à des dragues à vapeur destinées à fonctionner en Égypte.

---

moyens, a été substituée, dans la presque totalité des dragues, aux chaînes dragueuses primitives.

Les appareils devaient être rendus à Marseille dans un délai de deux mois et demi.

Le prix de chaque appareil était fixé à 4.000 francs.

Appareil transporteur Schmidt

Dans le courant de l'année 1862, l'ingénieur du matériel de la Compagnie, M. Schmidt, en présence de l'insuccès des toiles sans fin essayées jusqu'alors, fit construire dans les ateliers de Port-Saïd les éléments d'un nouvel appareil de transport, qui fut monté en octobre sur une des dragues belges pour des essais et qui dut finalement, à son tour, être abandonné.

Observations diverses sur les toiles sans fin

D'après les marchés passés avec les divers constructeurs, tous les appareils de toile sans fin devaient répondre au même programme; mais chaque constructeur devait apporter son système et ses idées. La longueur de la poutre portant la toile était de 22 mètres et le rendement de l'appareil devait être de 100 mètres cubes à l'heure.

Les divers systèmes de toiles sans fin adaptées aux dragues présentèrent tous les mêmes inconvénients d'une usure rapide des appareils, de frais élevés de fonctionnement, d'arrêts de marche fréquents; d'où, un faible rendement des dragues, et, par suite, une grande lenteur des travaux, en même temps qu'un prix très élevé du mètre cube de dragages.

Ces graves inconvénients, qui obligèrent la Compagnie, de guerre lasse, à renoncer à l'emploi des toiles sans fin, résultaient en grande partie de sérieux défauts que présentaient les appareils aux divers points de vue de la contexture et de la forme du tablier, du mode de transmission de mouvement à la toile sans fin, des dimensions et du mode d'assemblage des pièces (Voir aux *Annexes* pour tous détails à ce sujet).

A l'examen des divers appareils, on constatait aisément que, pour éviter les ruptures, on en était arrivé à augmenter successivement toutes les dimensions des pièces du tablier, alors que la seule bonne solution eût consisté en un tablier léger.

L'expérience avait d'ailleurs suffisamment montré que, pour des déblais mouillés et de la nature de ceux fournis par le creusement du canal, la toile sans fin, quelle que pût être la constitution de son tablier, était véritablement inapplicable.

L'insuffisance des études auxquelles les appareils de toile sans fin avaient été soumis en France, augmenta dans de notables proportions les frais d'essais en Égypte; et l'installation des dragues aussi bien que l'organisation des chantiers eurent beaucoup à en souffrir.

OBSERVATIONS GÉNÉRALES SUR LES PETITES DRAGUES ET SUR LES TOILES SANS FIN DE TRANSPORT ADAPTÉES A CES DRAGUES

Choix des appareils. — Les 24 petites dragues commandées au début des travaux répondaient parfaitement, par leurs faibles dimensions, aux conditions d'une première attaque des travaux dont le but, on le sait, était l'ouverture d'une rigole de navigation entre Port-Saïd et le seuil d'El Guisr, rigole qui ne pouvait, notamment pour la partie à ouvrir à travers les lacs Menzaleh et Ballah, être exécutée que par voie de dragages, et à l'aide de dragues d'un faible tirant d'eau.

En même temps que le choix du type des premières dragues à employer aux travaux du canal était arrêté, la question de l'adjonction à ces dragues de toiles sans fin pour le transport jusqu'à la berge des produits des dragages avait été considérée, dès le début, par le directeur général des travaux, M. Mougel Bey, comme d'une importance capitale pour l'exécution rapide et économique des travaux. L'idée de recourir à ce mode de mise à terre des déblais paraissait d'autant plus séduisante que le faible relief du terrain sur une notable longueur du tracé du canal s'y prêtait à merveille. Ce fut à la suite de diverses expériences faites à Paris, — bien que les résultats n'en eussent pas été concluants, — que 20 toiles de transport furent commandées à divers constructeurs.

Marchés de commandes des dragues. — D'après le premier marché du 21 mars 1859 passé par la Compagnie avec M. Combe, de Lyon, pour la fourniture de 2 dragues, le constructeur devait livrer les 2 dragues, complètes, à Port-Saïd; mais dans les trois marchés, passés par l'entrepreneur général, pour la fourniture de 22 autres dragues, celui-ci s'était réservé la fourniture et le montage des charpentes de ces dragues, et cette disposition eut de très fâcheuses conséquences.

Les fournisseurs n'étant pas chargés de l'exécution complète des dragues, en hâtaient simplement la fabrication des divers éléments dans leurs ateliers, afin de rester dans les limites des délais d'expédition fixés par leurs marchés, et ils dégageaient ensuite facilement leur responsabilité en cas de retard dans le montage ou de mauvais fonctionnement.

Indépendamment de retards qui eurent effectivement lieu, par des causes diverses, dans le montage des charpentes, l'entrepreneur général ne se concerta pas toujours d'une façon suffisamment précise avec les fournisseurs des dragues au sujet des dispositions à adopter pour ces charpentes.

On se rendra aisément compte des inconvénients qui résultèrent pour l'entrepreneur général du fait de n'avoir pas imposé aux constructeurs l'obligation de livrer à Port-Saïd des dragues complètes, par le résumé ci-dessous des observations présentées par l'un d'eux, M. Evrard, à la suite d'un rapport d'expertise du 19 juin 1862 sur le fonctionnement des dragues n°s 14, 15, 16 et 18.

M. Evrard rejetait sur l'entreprise la plus grande partie des défauts signalés dans ses dragues, prétendant que les organes mentionnés par les experts n'étaient devenus vicieux que par suite de l'intervention de l'entreprise, et des modifications apportées par elle aux plans primitifs. Il disait, notamment, que la section des arbres, des chaînes et des boulons eût été suffisante pour un bon service si les charpentes avaient été mieux disposées, attendu que ces sections étaient en rapport avec le nombre de godets à placer sur l'élinde et avec le poids des godets chargés; que, primitivement, la force de la machine à vapeur était en rapport avec le poids et la résistance de l'appareil dragueur, et que, dès lors, la production de la vapeur dans la chaudière, qu'on n'avait pas besoin de pousser, devenait économique; qu'il ne pouvait être rendu responsable des modifications successives qui avaient augmenté le nombre, le poids et la capacité des gòdets à ce point que l'effort sur la chaîne, les boulons et les cames, était à peu près le double de ce qu'il eût été si la charpente avait été bien établie; que c'était dans ces modifications que résidait la véritable cause des accidents et de l'augmentation de la dépense de combustible ; que le système de charpente de la drague n° 15 rendait impraticable l'usage du couloir et que la charpente des autres dragues causait une perte de force considérable, parceque, à chaque effort de l'appareil dragueur, les axes s'écartaient et l'engrenage fonctionnait mal.

Difficultés et retards du montage des dragues. — Il a été déjà expliqué, à propos des 2 premières dragues commandées à M. Combe, de Lyon, que le montage de ces 2 dragues avait été rendu extrêmement difficile par suite de l'absence d'un certain nombre de pièces qui s'étaient perdues dans le naufrage du *Jason* (avril 1860). Il a été mentionné en même temps que ce même navire portait les toiles de transport destinées aux 2 dragues, les éléments de deux nouvelles dragues commandées au même constructeur et une escouade de 20 ouvriers de choix envoyés par celui-ci pour leur montage, enfin les éléments de plusieurs coques de dragues commandées à M. Salmon de Lyon. Ces importantes pertes de matériel occasionnèrent naturellement de regrettables retards dans les travaux.

Les constructeurs chargés de la fourniture des dragues, aussi bien que ceux chargés de la fourniture des toiles de transport avaient, les uns et les autres, hâté leurs expéditions en Égypte, afin de ne pas dépasser les délais de livraisons à Port-Saïd imposés par les marchés. Par suite de cette hâte, et les délais de livraisons étant très rapprochés, il se trouva, que, pendant les derniers mois de l'année 1860, une quantité considérable de pièces de machines plus diverses les unes que les autres arriva à Port-Saïd. Le personnel était encore, alors, très incomplet et les moyens de déchargement des navires étaient insuffisants. Il en résulta qu'au débarquement un assez grand nombre de pièces de machines tombèrent à la mer ou restèrent enfouis dans le sable de la plage. Pour tout ce qui fut emmagasiné, ont eut recours à un classement commode, sinon méthodique, consistant à mettre ensemble tous les objets de même nature. On eut ainsi un immense parc de matériel où tous les générateurs étaient d'un même côté, tous les godets d'un autre, les engrenages d'un troisième côté, etc., et ce fut au milieu de ces mélanges que les représentants des fournisseurs et l'entrepreneur général eurent à rechercher et à rassembler les éléments des premières dragues qui furent mises en marche à la fin de 1860 et au commencement de 1861.

Les dragues destinées à fonctionner sur le Canal ne pouvaient être montées complètement à Port-Saïd parcequ'il eût été impossible de les conduire sur la ligne du Canal, à travers le lac Menzaleh, à cause de la faible profondeur d'eau. Il fallait donc les monter sur place, aux endroits mêmes où elles devaient travailler. C'est ce qui fut fait pour les dragues n°s 3, 4, 5 et 6 qui furent échelonnées sur la ligne du Canal, à partir de son origine, sur une longueur de 14 kilomètres : les coques de ces dragues, construites à Port-Saïd et munies de leurs chaudières, furent conduites, remorquées par des barques à voiles, à travers le lac Menzaleh, par des fonds de 30 à 40 centimètres, aux points où elles devaient être mouillées et où devait se faire le montage de la drague ; les pièces de la machine et de l'appareil dragueur étaient, de leur côté, transportées par barques ; les points de mouillage avaient été choisis en des endroits jugés favorables tant à cause de la proximité de petites îles que de l'existence d'une profondeur d'eau suffisante pour permettre l'accès facile des barques du lac. C'est ainsi, également, que la drague n° 8 fut entièrement construite, y compris la coque, à Kantara : le transport de toutes les pièces de la drague eut lieu par barques à travers le lac Menzaleh jusqu'à Sâné ; au départ de Port-Saïd, le dôme de vapeur, qui était parfaitement cylindrique, fut conduit jusqu'au lieu d'embarquement en le faisant rouler à bras sur une longueur d'environ 500 mètres ; de Sâné à Kantara, le transport à travers le désert se fit à dos de chameaux, sauf en ce qui était des plus grosses pièces qui, enveloppées de chemises en charpente, furent roulées sur le sol. On comprend aisément que, dans les conditions difficiles où ils devaient s'effectuer, les travaux de montage des machines à vapeur et des appareils dragueurs sur les coques n'aient pu marcher qu'avec une certaine lenteur, d'autant plus que les dits travaux, qui étaient entrepris de front, partout, eussent exigé un plus grand nombre d'ouvriers d'art pour la charpente, le montage, l'ajustage, la tuyauterie, etc., que celui dont on disposait alors à Port-Saïd.

Une autre cause de retards dans le montage des dragues fut, dans certains cas, la conséquence de retards dans l'arrivée des approvisionnements de bois nécessaires au montage des charpentes.

A la fin de 1860, sur les 24 dragues commandées, il n'y en avait encore que 8 de montées, sur lesquelles 3 seulement se trouvaient en fonctionnement régulier.

Longue durée des essais des dragues. — Les essais qu'avaient à subir les dragues après leur montage, avant la réception définitive par l'entreprise, durent généralement être longtemps prolongés.

Les essais, pendant lesquels se produisaient de fréquentes et longues interruptions de travail pour les réparations courantes, firent reconnaître, en effet, la nécessité de renforcer successivement de nombreux organes des appareils dragueurs.

Les causes de retard dans le bon fonctionnement des dragues furent d'ailleurs notablement augmentées par le fait de l'adjonction à celles-ci des toiles sans fin des différents types, dont les essais se poursuivaient en même temps que ceux des dragues mêmes.

Faible rendement des dragues pendant la première année de leur fonctionnement. Mesures prises. — Les dragues, après les longs retards de leur montage, puis de leur mise en service, ne donnèrent, pendant la première année de leur fonctionnement, que de faibles rendements. Les mécomptes éprouvés à ce sujet tinrent à deux causes principales : d'une part, à l'insuccès persistant des nombreux essais de toiles sans fin des différents systèmes, malgré les améliorations successives apportées à ces appareils; d'autre part, aux imperfections de certaines parties des dragues mêmes, surtout des appareils dragueurs.

Dès le mois de novembre 1861, il fut décidé, en ce qui était des toiles sans fin, sans vouloir, pourtant, rien préjuger encore au sujet de l'avenir de ces appareils, que les essais n'en seraient plus poursuivis que sur 2 ou 3 dragues, les autres devant désormais marcher avec des couloirs. (En fait, la drague Evrard n° 14 fut la seule qui continua de marcher avec une toile sans fin.)

En ce qui était des dragues mêmes, le seul parti à prendre était évidemment de continuer les études poursuivies depuis longtemps déjà à la recherche des moyens d'améliorer le plus possible le matériel existant.

TRANSFORMATIONS DES PETITES DRAGUES

Nouvelle chaîne dragueuse, dite chaîne Schmidt

Une transformation radicale des dragues fut entreprise, dans les premiers mois de 1862, par l'Ingénieur chef du matériel, M. Schmidt.

La pensée dominante, dans l'étude de la transformation, fut de ramener toutes les dragues, constituant quatre types différents, à un type unique d'appareil dragueur, en utilisant d'ailleurs au mieux les coques et les machines. Une nouvelle chaîne dragueuse, à maillons moyens, fut adoptée.

En outre, et comptant sur la prompte exécution de la canalisation d'eau douce d'Ismaïlia à Port-Saïd, qui permettrait l'alimentation des chaudières à l'eau douce, on conserva le même système de générateurs; mais une seconde chaudière fut ajoutée à chaque drague en vue de l'augmentation de la puissance des machines et aussi pour assurer l'extraction des chaudières sans arrêt de la drague.

La chaîne dragueuse Schmidt fut successivement appliquée à la presque totalité des dragues.

Les premières dragues transformées furent les dragues n°s 1 et 2. Chaque drague fut d'ailleurs munie de deux petits couloirs symétriques débordant la drague pour verser les produits des dragages dans des caisses à déblai, portées par des chalands et enlevées ensuite et déchargées dans des wagons à l'aide de grues placées à terre.

Petites dragues à couloir-déversoir

Petites dragues à long couloir de 10 à 12 mètres de porte-à-faux

Les deux dragues n°s 1 et 2, après avoir, pour le creusement d'une première rigole sur le pourtour ouest du grand bassin du port de Port-Saïd, fonctionné avec de moyens couloirs déversant directement sur berge les produits des dragages, avaient été, travaillant maintenant dans le bassin de l'Arsenal, munies de simples couloirs-déversoirs et furent dès lors desservies par des chalands porteurs de caisses, lesquelles caisses étaient ensuite, comme il est dit ci-dessus, enlevées et déchargées dans des wagons par des grues placées à terre.

Ainsi qu'il est expliqué plus loin, les bons résultats obtenus par ce mode de travail avaient donné l'idée d'employer d'une manière générale les grues à vapeur au dépôt sur berge des produits des dragages dans le travail de creusement du canal maritime; et, en conséquence, le 19 juillet 1862, la Compagnie avait fait la commande du matériel accessoire nécessaire pour desservir les dragues dans les nouvelles conditions; il avait été décidé en même temps que des dispositions seraient prises pour préparer toutes les petites dragues en vue de l'emploi du nouveau matériel.

En 1861, il n'y avait à Port-Saïd, au bassin de l'Arsenal qu'une seule grue à vapeur pour l'enlèvement des déblais; à l'époque de la commande dont il vient d'être parlé, deux seulement. On s'était reposé jusqu'alors sur le succès toujours espéré des toiles sans fin. Toutefois, presque dès le début des travaux, soit par suite de l'arrivée tardive des toiles, soit, plus tard, en raison des insuccès successifs des toiles essayées, afin de ne pas laisser chômer les dragues, on en avait muni quelques-unes de couloirs permettant, dans le creusement de rigoles de peu de largeur, de déverser directement sur berge les produits des dragages. Ces essais avaient parfaitement réussi et permettaient d'entrevoir une certaine extension du système. Aussi, et considérant le long délai qu'exigerait la confection du matériel complémentaire ayant fait l'objet de la commande de juillet 1862, fut-il décidé que l'on conserverait, pour la continuation des essais, les dragues Burnichon et les dragues Combe, qui avaient des machines plus puissantes que les dragues Evrard, et que la transformation en vue de l'emploi du nouveau matériel ne se ferait que sur un certain nombre de ces dernières dragues.

Ce fut ainsi que, relevant les élindes des dragues, installant des couloirs avec un porte-à-faux de plus en plus grand, draguant de l'eau pour compenser la faible inclinaison des couloirs, on arriva à pouvoir travailler avec la drague seule, munie d'un couloir de 10 à 12 mètres de porte-à-faux, versant directement ses produits sur la berge pour la confection des banquettes. Sur les points les plus exposés aux éboulements, des lignes de pieux, palplanchers et fascines formaient une première délimitation de la rigole à la traversée du lac Menzaleh.

Application aux petites dragues de couloirs de 15 *à* 18 *mètres de longueur*

Les premiers essais d'application à quelques dragues de couloirs permettant le déversement direct sur berge des produits des dragages n'avaient été faits d'abord qu'avec des couloirs de faible longueur : on craignait, malgré la présence d'un contre-poids, qu'ils ne fissent sombrer la drague dans le cas où ils viendraient à s'engorger. Les premiers couloirs n'eurent donc guère que 6 à 7 mètres de porte-à-faux. Ils étaient en bois et assez lourds. La tôle fut substituée au bois dans la construction des couloirs et ceux-ci, — ainsi qu'il est dit plus haut, — furent progressivement relevés, allongés, amenés à des inclinaisons de plus en plus faibles, en sorte que l'on parvint, pendant que continuaient à se poursuivre quelques essais de toiles sans fin, à des couloirs de 10 à 12 mètres de porte-à-faux et à pente de 10 centimètres par mètre. C'est ainsi notamment, que dans le courant de 1862, M. Bordillon, sur une drague, dont tous les éléments lui avaient été remis par la Compagnie avec faculté de la monter suivant ses propres idées, adopta un couloir de 12 à 14 mètres de porte-à-faux ; le couloir était double et maintenait la drague en équilibre, sans contre-poids; son inclinaison était de 10 centimètres par mètre; pour obtenir l'écoulement des matières draguées, on avait bouché les trous des godets et l'on draguait une proportion d'eau variable suivant la nature du terrain.

En 1863, M. Badois, ingénieur de la Compagnie chargé de diriger une partie des travaux de dragages, adapta avec succès à la drague n° 6, un couloir de 18 mètres de longueur, ayant par conséquent un porte-à-faux de 15 mètres, et cette disposition fut ensuite appliquée aux autres dragues des types n°s 2 et 3[1].

1. Dans un mémoire présenté le 4 novembre 1864 à la Société des Ingénieurs

L'emploi de ces dragues à long couloir permit, sur les vingt premiers kilomètres du canal où le terrain était sous l'eau, d'effectuer le creusement, rive Afrique, d'une rigole de navigation de 15 à 18 mètres de largeur à la ligne d'eau et de $1^{m},80$ de profondeur, en même temps que la confection sur la même rive, avec des dimensions donnant déjà quelque sécurité, de la banquette destinée à isoler le canal du lac Menzaleh [1].

---

civils, M. Badois, après avoir fait connaître tous les détails de cette application de couloirs de 18 mètres aux petites dragues, et s'appuyant sur les bons résultats qu'il en avait obtenus, développa cette opinion, avec calculs à l'appui et description des dispositions qui devraient être adoptées, qu'il y aurait un très sérieux avantage à appliquer aux grandes dragues commandées par la Compagnie aux Forges et Chantiers de la Méditerranée et à la maison Gouin des couloirs de 25 mètres de longueur, correspondant à un porte-à-faux de 21 mètres, lesquels permettraient, moyennant l'addition de pompes supplémentaires, de draguer le canal à toute largeur, avec profondeur de 3 mètres, par une seule opération sur chaque rive, sur toute la partie de 40 kilomètres de longueur à la traversée des lacs Menzaleh et Ballah.

(Voir, pour de nombreux extraits de cet intéressant mémoire, aux *Annexes*, à la fin du volume, chapitre intitulé *Application aux petites dragues de couloirs de 15 à 18 mètres.*)

1. *Modifications introduites dans les petites dragues par MM. Borel, Lavalley et Cie*

Voir, pour plus amples détails, aux *Annexes*.

Application aux petites dragues de couloirs de 20 à 22 mètres de longueur. — En 1865, lorsque MM. Borel, Lavalley et Cie eurent pris possession des chantiers du 1er lot de dragages et des 20 petites dragues qui leur avaient été cédées par la Compagnie, ils reconnurent la nécessité d'ouvrir un chenal de navigation sur la rive Asie, là où il n'existait pas encore. Pour ce travail, il fallait de longs couloirs. Grâce à de certaines additions faites aux dragues pour augmenter leur stabilité, les entrepreneurs purent leur adapter des couloirs de 20 à 22 mètres de longueur, avec des inclinaisons de 6 à 8 0/0. 14 petites dragues ainsi modifiées servirent à faire environ 30 kilomètres d'une rigole ayant de 18 à 20 mètres de largeur et une profondeur de 2 à 3 mètres, fournissant en même temps des terres pour le renforcement de la berge.

Un certain nombre des petites dragues remises aux entrepreneurs avaient eu besoin, d'ailleurs, avant de pouvoir être remises en activité, d'une très importante réparation de la fonçure des coques, presque entièrement usée sur plusieurs d'entre elles.

Aux abords de Port-Saïd, les travaux furent faits avec les grandes dragues des Forges et Chantiers provenant de la Compagnie auxquelles l'entreprise avait fait adapter des couloirs de 25 à 30 mètres avec addition de pompes supplémentaires

Application aux petites dragues de couloirs de 30 mètres. — Au commencement de 1867, pour répondre à la double nécessité de renforcer les berges du canal à la traversée des lacs et de continuer l'élargissement et l'approfondissement des deux rigoles à la traversée des terrains élevés, de manière à permettre à ces rigoles de recevoir les grandes dragues à long couloir, les entrepreneurs prirent le parti d'exhausser une douzaine de petites dragues, de façon à pouvoir leur adapter des couloirs de 30 mètres à l'aide desquels les rigoles devraient être élargies à 25 mètres avec une profondeur minimum de $1^{m},80$.

Dans ces dragues surhaussées, l'axe du tourteau supérieur de l'appareil dragueur se trouvait à $8^{m},30$ au-dessus du niveau de l'eau.

RENSEIGNEMENTS SOMMAIRES SUR LE FONCTIONNEMENT DES PETITES DRAGUES

JUSQU'A LEUR REMISE A L'ENTREPRENEUR DES TRAVAUX DU 1er LOT DE DRAGAGES (MARCHÉ DU 13 JANVIER 1864) ET SUR LEURS RENDEMENTS MENSUELS PENDANT LES DEUX ANNÉES 1861 ET 1862

DÉSIGNATION DES DRAGUES	PÉRIODES DE FONCTIONNEMENT NORMAL DES DRAGUES — Dates	Durée	RENDEMENTS MENSUELS — Moyens	Maximum
		mois	mètres cubes	mètres cubes
	DRAGUES DU TYPE N° 1			
Drague n° 1	*Périodes de fonctionnement :*			
	De juin 1860 à mai 1861	12	1.540	
	De juin à novembre 1861...........	6	2.950	7.860
	De juillet à octobre 1863...........	4	»	
	DURÉE TOTALE......	22		
	Renseignements divers. — La drague fut livrée au service des travaux le 15 juin 1860. Elle était munie d'un couloir. En février 1861, changement des chaudières. En août 1861, réparation générale. Pendant les premiers mois de l'année 1863, transformation complète de la drague comprenant, notamment, le renforcement de la charpente en tôle et la substitution d'une nouvelle chaîne, système Schmidt, à l'ancienne chaîne dragueuse. En novembre 1863, la drague, par suite de son mauvais état, fut retirée du service.			
Drague n° 2	*Périodes de fonctionnement :*			
	De novembre 1860 à janvier 1861...	3	médiocres	
	De juin à novembre 1861...........	6	1.530	
	De janvier à juin 1862.............	6		5.510
	De juillet à décembre 1862.........	6	2.730	
	De janvier à octobre 1863..........	10	»	
	DURÉE TOTALE......	31		
	Renseignements divers. — Le montage de la drague fut terminé en août 1860, mais la drague ne commença à fonctionner utilement qu'à partir de novembre. Elle était munie d'un couloir. On avait substitué aux chaudières déjà livrées d'autres chaudières empruntées à des dragues du type n° 4 du même constructeur. En février 1861, réparation générale comprenant notamment le changement complet de la chaîne dragueuse. En juillet 1862, substitution de la nouvelle chaîne, système Schmidt, à l'ancienne chaîne dragueuse. En novembre 1863, la drague, par suite de son très mauvais état, fut, comme la précédente, retirée du service.			

DRAGUES DU TYPE N° 2

DÉSIGNATION DES DRAGUES	PÉRIODES DE FONCTIONNEMENT NORMAL DES DRAGUES — Dates	Durée (mois)	RENDEMENTS MENSUELS — Moyens (mètres cubes)	RENDEMENTS MENSUELS — Maximum (mètres cubes)
Drague n° 5	*Périodes de fonctionnement :*			
	D'octobre à novembre 1861.........	2	3.240	4.620
	Pendant l'année 1862..............	12	3.000	9.000
	Pendant l'année 1863..............	12	»	
	Durée totale......	26		

Renseignements divers. — La drague, dont le montage avait été terminé en novembre 1860, ne put, par suite des eaux basses du lac, commencer ses essais que dans le courant de mars 1861. Pour ces essais, la drague fonctionna d'abord avec un couloir, puis avec une toile sans fin, à laquelle on renonça au bout de quelques mois, et qui fut remplacée définitivement par un couloir.

La drague, munie de son couloir, fut remise au service des travaux en octobre 1861 ; puis, le mois de décembre suivant, confiée, en même temps que trois autres dragues, à un tâcheron.

Au cours de l'année 1862 (en avril et en août), la drague subit deux arrêts de chacun un mois pour grosses réparations.

La drague resta entre les mains de la Compagnie pour des travaux urgents pendant les premiers mois de 1864. Avant d'être remise à l'entrepreneur soumissionnaire des travaux du 1er lot de dragage, elle eut à subir une réparation générale, en sorte que la remise n'eut lieu que dans le courant de juillet.

DÉSIGNATION DES DRAGUES	Dates	Durée (mois)	Moyens (mètres cubes)	Maximum (mètres cubes)
Drague n° 6	*Périodes de fonctionnement :*			
	De janvier à juin 1862..............	6	médiocres	
	De juillet à décembre 1862.........	6	12.000	14.600
	De janvier à octobre 1863..........	10	»	
	Durée totale......	22		

Renseignements divers. — La drague, dont le montage, comme pour la drague précédente, avait été terminé en novembre 1860, ne put, de même, par suite des eaux basses du lac, commencer ses essais qu'en mai 1861. Pour ces essais, la drague fonctionna d'abord avec un couloir ; elle les continua à partir de juillet, armée d'une toile sans fin ; après une série de modifications, la toile sans fin fut définitivement abandonnée en octobre et remplacée par un couloir.

A la suite de nouveaux essais, la drague munie de son couloir, fut remise au Service des travaux en décembre 1861.

Pendant les six premiers mois de 1862, la drague eut à subir de nombreux arrêts pour améliorations de ses différents organes.

A partir de juillet, elle fut équipée pour marcher jour et nuit ; le mois suivant, les dragages furent donnés à la tâche au mécanicien de la drague.

En novembre 1863, réparation générale de la drague pendant laquelle l'ancienne chaine dragueuse fut remplacée par la nouvelle chaine, système Schmidt.

DÉSIGNATION DES DRAGUES	PÉRIODES DE FONCTIONNEMENT NORMAL DES DRAGUES		RENDEMENTS MENSUELS	
	Dates	Durée	Moyens	Maximum
		mois	mètres cubes	mètres cubes

La drague, comme la précédente, resta entre les mains de la Compagnie pendant les premiers mois de 1864. Elle dut ensuite subir une nouvelle réparation générale avant la remise à l'entrepreneur du 1er lot de dragages qui n'eut lieu, comme pour la précédente, que dans le courant de juillet.

Drague n° 7	*Périodes de fonctionnement :*			
	De décembre 1860 à mars 1861.....	4	médiocres	
	D'avril à août 1861	5	3.520	7.900
	D'avril à juin 1862................	3	médiocres	
	De juillet à décembre 1862.........	6	5.000	6.600
	De janvier à octobre 1863..........	10	»	
	DURÉE TOTALE......	28		

Renseignements divers. — La drague commença à fonctionner (à Port-Saïd) dès l'achèvement de son montage en novembre 1860. Elle était munie d'une toile sans fin, système Pirotte, dont la longueur avait été réduite à 13m,80 (au lieu de 20 mètres).

En septembre 1861, la drague eut besoin d'une réparation générale au cours de laquelle, en décembre, un couloir fut substitué à la toile sans fin.

La drague ne recommença à fonctionner qu'en avril 1862. Les dragages furent donnés à la tâche le mois d'août suivant.

En juin 1863, la drague sombra par la faute du dragueur qui avait laissé trop charger le couloir, ce qui obligea à la mettre en réparation.

La drague, comme les deux précédentes, resta entre les mains de la Compagnie pendant les premiers mois de 1864. Elle dut subir une réparation générale avant la remise à l'entrepreneur du 1er lot de dragages qui n'eut lieu qu'en septembre.

DRAGUES DU TYPE N° 3

Drague n° 3	*Périodes de fonctionnement :*			
	D'octobre à décembre 1861.........	3	médiocres	
	De janvier à juin 1862.............	6	2.000	
	De juillet à décembre 1862.........	6	12.000	22.000
	Pendant l'année 1863..............	12	»	
	DURÉE TOTALE......	27		

Renseignements divers. — La drague, dont le montage avait été terminé à la fin de novembre 1860, commença aussitôt ses essais qui durent être momentanément interrompus en février 1861, par suite des eaux basses du lac. La drague avait été provisoirement munie d'un couloir (à défaut de toile sans fin). Une rigole de 950 mètres de longeur ayant été creusée pour mettre la fosse de la drague en communication avec la partie en eau de lac, la drague put reprendre ses essais dès le mois suivant.

Par suite de l'insuffisance de longueur du couloir et de la

DÉSIGNATION DES DRAGUES	PÉRIODES DE FONCTIONNEMENT NORMAL DES DRAGUES		RENDEMENTS MENSUELS	
	Dates	Durée	Moyens	Maximum
		mois	mètres cubes	mètres cubes

fluidité des terres draguées, une partie notable de celles-ci retombait dans la fouille, et l'on prit le parti de suspendre les essais, et de ne mettre la drague en marche que lorsqu'elle serait munie d'une toile de transport.

Le montage sur la drague d'une toile de transport à galets de 20 mètres de longueur, système Pirotte, fut terminé en juillet, et la drague reprit ses essais pendant lesquels la toile de transport eut à subir d'importantes modifications.

La drague ne fut remise au service des travaux qu'en octobre 1861. Dans le courant de novembre, par suite de la rupture d'une des chaines de suspension de l'appareil de transport, la drague entrainée par le contrepoids avait chaviré et l'appareil s'était brisé. Celui-ci fut alors définitivement remplacé par un couloir.

En décembre 1861, la drague fut remise, en même temps que trois autres, à un tâcheron.

Les trois derniers mois de 1861 furent presque entièrement consacrés à des réparations ou améliorations de la drague.

La drague était en pleine activité à la fin de l'année 1863. Elle fut remise à l'entrepreneur du 1er lot de dragages dans le courant d'avril 1864.

DÉSIGNATION DES DRAGUES	Dates	Durée	Moyens	Maximum
Drague n° 4	*Périodes de fonctionnement :*			
	De novembre à décembre 1861......	2	médiocres	
	De janvier à juin 1862............	6	2.000	
	De juillet à décembre 1862........	6	11.000	16.000
	Pendant l'année 1863..............	12	»	
	DURÉE TOTALE......	26		

Renseignements divers. — Les choses se passèrent pour cette drague à peu près de la même manière que pour la drague précédente.

La drague, dont le montage avait été terminé également en novembre 1860, avait, munie provisoirement d'un couloir, commencé aussitôt ses essais qui furent momentanément interrompus en février 1861, par suite des eaux basses du lac. En avril, grâce à une rigole de 760 mètres de longueur creusée à bras d'hommes, la fosse de la drague se trouva de nouveau en communication avec le lac. Toutefois, la drague ne fut remise en activité pour la continuation des essais qu'après avoir été munie d'une toile sans fin de 26 mètres de longueur en remplacement du couloir.

La drague ne commença à travailler normalement qu'à la fin d'octobre. Le mois de décembre suivant, elle fut remise en même temps que la drague n° 3 et deux autres dragues à un tâcheron. Sa toile de transport avait été remplacée définitivement par un couloir.

Les deux derniers mois de 1861 se passèrent tout entiers en réparations et modifications de la drague.

La drague était en pleine activité à la fin de 1863. Comme la drague n° 3, elle fut remise à l'entrepreneur du 1er lot de dragages dans le courant d'avril 1864.

DÉSIGNATION DES DRAGUES	PÉRIODES DE FONCTIONNEMENT NORMAL DES DRAGUES		RENDEMENTS MENSUELS	
	Dates	Durée	Moyens	Maximum
		mois	mètres cubes	mètres cubes
Drague n° 8	*Périodes de fonctionnement :*			
	D'octobre à décembre 1862.........	3	2.000	
	Pendant l'année 1863..............	12	»	
	DURÉE TOTALE......	15		

Renseignements divers. — Les différentes pièces de la drague furent expédiées dans le courant de juillet 1860 à Kantara où devait avoir lieu, sur place, le montage complet de la drague, y compris la coque. Le transport des pièces eut lieu par le lac jusqu'à Sâné, puis par terre, de Sâné à Kantara.

Le montage de la drague fut terminé au commencement de l'année 1861, et la drague, munie d'un couloir, commença ses essais. Ceux-ci furent accompagnés de nombreuses ruptures dans les différents organes de la drague. On constata d'ailleurs, comme on l'avait fait pour la drague n° 3, que, par suite de l'insuffisance de longueur du couloir, la drague ne pouvait donner lieu qu'à de maigres résultats, et l'on ajourna les essais jusqu'au jour où la drague serait munie d'une toile sans fin.

A partir de mai 1861, la drague resta complètement abandonnée, à tel point qu'en octobre, les principales pièces de la machine eurent besoin d'être démontées et nettoyées.

A la fin de décembre, la drague, toujours en réparation, fut remise avec les deux précédentes et avec la drague n° 5 (du type n° 2) à un tâcheron. On avait renoncé à y installer une toile de transport.

Pendant les sept premiers mois de 1862, la drague fut pour ainsi dire constamment en réparations. Elle fut en état de fonctionner en août. Néanmoins, ce ne fut qu'en octobre que, grâce aux améliorations qui y avaient été introduites, elle put enfin fonctionner d'une manière normale.

La drague, après avoir continué de fonctionner sous la direction de la Compagnie pendant les premiers mois de 1864 pour des travaux urgents, dut subir une réparation générale avant la remise à l'entrepreneur du 1er lot de dragage, en sorte que cette remise n'eut lieu que dans les premiers jours d'août.

DRAGUE BORDILLON

DÉSIGNATION DES DRAGUES	Dates	Durée	Moyens	Maximum
Drague n° 9	*Périodes de fonctionnement :*			
	De juillet à décembre 1862.........	6	8.000	18.000
	De janvier à octobre 1863..........	10	»	
	DURÉE TOTALE......	16		

Renseignements divers. — La drague ne commença ses essais qu'en avril 1862. Elle était munie d'un couloir de 12 à 14 mètres en porte-à-faux ; ce couloir était double, tenait la drague en équilibre sans contrepoids et permettait de faire des passes longitudinales en versant les déblais à l'aller comme au retour, du côté de la rigole où se trouvait la berge définitive du canal.

DÉSIGNATION DES DRAGUES	PÉRIODES DE FONCTIONNEMENT NORMAL DES DRAGUES		RENDEMENTS MENSUELS	
	Dates	Durée	Moyens	Maximum
		mois	mètres cubes	mètres cubes
	La marche de la drague ne devint régulière qu'après les deux premiers mois d'essais. En juillet 1862, dans un terrain facile, le rendement avait été de 18.000 mètres cubes ; mais, vers la fin du même mois, par suite de la rencontre d'un banc de sable, le tâcheron dut apporter quelques modifications dans les dispositions de l'appareil dragueur et du couloir qui ne permettaient pas le facile écoulement d'un terrain de cette nature. Le mois suivant, il fallut relever l'axe du tourteau supérieur pour faciliter davantage le travail dans le sable. La drague était en chômage à la fin de 1863. En 1864, l'entrepreneur du 1er lot de dragages refusa de prendre livraison de la drague, exigeant qu'elle fut transformée de fond en comble, de manière à la rendre semblable aux autres dragues. La drague fut alors démontée.			
	DRAGUES RESTÉES A L'ÉTAT DE SIMPLES COQUES			
Dragues nos 10 et 11	*Renseignements divers.* — Les coques des deux dragues qui devaient porter les nos 10 et 11 ont seules été montées. En 1863, elles ont été cédées par la Compagnie à M. Couvreux, entrepreneur des travaux de creusement du canal à la traversée du seuil d'El Guisr, puis, en 1865, rétrocédées par celui-ci à MM. Borel, Lavalley et Cie.			
	DRAGUE CONSTRUITE DIRECTEMENT PAR LA COMPAGNIE			
Drague n° 12	*Renseignements divers.* — Le montage de la coque avait été terminé en février 1861. La coque fut alors délaissée. Le montage de la drague n'eut lieu qu'en 1864, et la drague fut remise à l'entrepreneur du 1er lot de dragage au commencement de septembre de ladite année.			
	DRAGUES DU TYPE N° 4			
Drague n° 13	*Période de fonctionnement :*			
	De juillet à décembre 1863.........	6	»	
	DURÉE TOTALE......	6		
	Renseignements divers. — La coque de la drague, terminée en mars 1861, resta mouillée à Port-Saïd jusqu'en octobre 1862, date à laquelle elle fut expédiée à Kantara où devait avoir lieu, sur place, le montage de la drague. La drague ne commença à fonctionner que vers le milieu de 1863. Elle fut remise à l'entrepreneur du 1er lot de dragages dans le courant d'avril 1864.			
Drague n° 14	*Périodes de fonctionnement :*			
	Pendant l'année 1862..............	12	1.200	2.550
	De janvier à octobre 1863..........	10	»	
	DURÉE TOTALE......	22		

DÉSIGNATION DES DRAGUES	PÉRIODES DE FONCTIONNEMENT NORMAL DES DRAGUES		RENDEMENTS MENSUELS	
	Dates	Durée	Moyens	Maximum
		mois	mètres cubes	mètres cubes
	Renseignements divers. — La drague, dont le montage avait été terminé en août 1861, commença ses essais le mois suivant Elle était munie d'une toile sans fin de transport avec poutre en tôle et tablier à écailles. Les essais durèrent plusieurs mois, révélant la nécessité de nombreuses modifications dans les diverses parties de la drague. Bien que ces essais n'eussent donné que des résultats peu satisfaisants, la drague, qui se trouvait alors être la seule munie d'une toile de transport, fut remise au Service des travaux au commencement de l'année 1862. En novembre 1863, la drague était en si mauvais état qu'on dut la remiser dans le bassin de l'Arsenal pour lui faire subir une réparation générale. Cette réparation dura de longs mois, en sorte que la remise de la drague à l'entrepreneur du 1er lot de dragages n'eut lieu que le 1er août 1864.			
Drague n° 15	*Périodes de fonctionnement :*			
	Pendant l'année 1862..............	12	2.300	3.200
	De janvier à octobre 1863..........	10	»	
	Durée totale......	22		
	Renseignements divers. — La drague, dont le montage avait été terminé en septembre 1861, commença ses essais le mois suivant. Elle était munie d'un couloir. Pendant les essais, on fut amené à relever de 25 centimètres l'axe du tourteau supérieur, afin de pouvoir relever d'autant le couloir. La remise de la drague au Service des travaux eut lieu au commencement de l'année 1862. En novembre 1863, comme cela avait eu lieu pour la drague n° 14, la drague dut subir une réparation générale qui dura plusieurs mois, en sorte que la remise de la drague à l'entrepreneur du 1er lot de dragages ne put avoir lieu que le 1er août 1864, en même temps qu'avait lieu la remise de la drague n° 14.			
Drague n° 16	*Périodes de fonctionnement :*			
	De janvier à juin 1862.............	6	médiocres	
	De juillet à décembre 1862.........	6	4.000	10.000
	De janvier à octobre 1863..........	10	»	
	Durée totale......	22		
	Renseignements divers. — La coque de la drague, terminée en avril 1861, fut ensuite délaissée pendant plusieurs mois. Le montage de la drague ne fut terminé à son tour qu'en décembre. La drague était munie d'un couloir. Les six premiers mois de 1862 furent pour ainsi dire une période d'essais pendant lesquels d'importantes améliorations durent être apportées aux divers organes de la drague. Dans le courant de juin 1863, la drague eut à subir une réparation importante. En novembre, une réparation générale s'imposait. On n'avait plus alors les ressources nécessaires en pièces			

DÉSIGNATION DES DRAGUES	PÉRIODES DE FONCTIONNEMENT NORMAL DES DRAGUES — Dates	Durée	RENDEMENTS MENSUELS — Moyens	Maximum
		mois	mètres cubes	mètres cubes
	de rechange pour la réparation de l'appareil dragueur, et l'on prit le parti de substituer à l'ancien appareil la nouvelle chaîne dragueuse du système Schmidt. La drague modifiée fut remise à l'entrepreneur du 1er lot de dragages à la fin de juillet 1864.			
Drague n° 17	*Périodes de fonctionnement :*			
	De janvier à juin 1862	6	médiocres	
	De juillet à décembre 1862	6	4.000	6.900
	De janvier à octobre 1863	10	»	
	DURÉE TOTALE	22		
	Renseignements divers. — Les choses se passèrent pour cette drague à peu près de la même manière que pour la drague précédente. Bien que le montage de la coque eût été terminé en avril 1861, le montage de la drague ne fut, de son côté, terminé qu'en décembre. La drague était munie d'un couloir. Les six premiers mois de l'année 1862 ne furent guère pour la drague qu'une période d'essais. A partir de novembre 1863, la drague fut l'objet d'une réparation générale pendant laquelle la nouvelle chaîne, système Schmidt, fut substituée à l'ancienne chaîne dragueuse. La drague modifiée fut remise à l'entrepreneur du 1er lot de dragage le 14 juillet 1864.			
Drague n° 18	*Périodes de fonctionnement :*			
	De mai à juin 1862	2	6.000	
	D'août à décembre 1862	5		
	De janvier à octobre 1863	10	»	
	DURÉE TOTALE	17		
Drague n° 19	*Périodes de fonctionnement :*			
	De mai à juin 1862	2	9.000	20.000
	D'août à décembre 1862	5		
	De janvier à octobre 1863	10	»	
	DURÉE TOTALE	17		
	Renseignements divers. — Les coques des deux dragues nos 18 et 19, terminées en mars 1861, furent ensuite délaissées pendant de longs mois. Le montage des dragues ne fut terminé, à son tour, que dans le courant d'avril 1862. Les dragues étaient munies de couloirs. Après deux mois de travail, les deux dragues durent être arrêtées pendant le mois de juillet pour réparations à leurs générateurs. Elles fonctionnèrent ensuite d'une manière régulière.			

DÉSIGNATION DES DRAGUES	PÉRIODES DE FONCTIONNEMENT NORMAL DES DRAGUES
Dragues nos 20 à 24	Vers la fin de 1863, on fit entrer les deux dragues au bassin pour y installer une seconde chaudière. Les deux dragues furent remises à l'entrepreneur du 1er lot de dragages au commencement d'avril 1864. *Renseignements divers.* — Les coques des cinq dragues terminées respectivement dans le courant des mois d'avril à juin 1861 restèrent ensuite longtemps abandonnées. Les deux dragues nos 23 et 24 ne commencèrent à fonctionner que dans le courant de février 1863; les trois autres dragues nos 20 à 22, dans le courant de juin suivant. Les quatre dragues nos 20 à 23 furent montées de suite avec la chaîne dragueuse, système Schmidt. La drague n° 24 seule, avait été montée au début avec l'appareil fourni par les constructeurs; mais, en novembre, ce matériel était tellement usé, qu'il fallut le remplacer, et on lui substitua la chaîne Schmidt. Les cinq dragues, toutes alors en activité, firent partie de la première remise de dragues faite en 1864 à l'entrepreneur du 1er lot de dragages.

RÉSUMÉ DES RENSEIGNEMENTS DIVERS DES TABLEAUX PRÉCÉDENTS

NUMÉROS des DRAGUES	ACHÈVEMENT DU MONTAGE DES COQUES	ACHÈVEMENT DU MONTAGE DES DRAGUES	DÉBUT DU FONCTIONNEMENT NORMAL DES DRAGUES	APPLICATION de la CHAINE DRAGUEUSE SCHMIDT	REMISE DES DRAGUES A L'ENTREPRENEUR DU 1er LOT DE DRAGAGES
DRAGUES DU TYPE N° 1. — *(Constructeur Combe. Étude de la Compagnie.)*					
Nos 1.....	»	juin 1860	juin 1860	mars 1863	Dragues retirées du service en novembre 1863.
— 2.....	»	août —	novembre 1860	juillet 1862	
DRAGUES DU TYPE N° 2. — *(Constructeur Burnichon.)*					
— 5.....	juillet 1860	novembre 1860	octobre 1861	en 1864	29 juillet 1864
— 6.....	id.	id.	janvier 1862	novembre 1863	14 —
— 7.....	août —	id.	décembre 1860	en 1864	12 septembre 1864
DRAGUES DU TYPE N° 3. — *(Construteur Combe.)*					
— 3.....	juillet 1860	novembre 1860	octobre 1861	»	En avril 1864
— 4.....	id.	id.	id.	»	id.
— 8.....	octobre —	janvier 1861	octobre 1862	en 1864	8 août 1864
DRAGUE BORDILLON					
— 9.....	avril 1861	avril 1862	juillet 1862	»	Refus de l'entrepreneur de prendre livraison.
DRAGUES RESTÉES A L'ÉTAT DE COQUES					
— 10 et 11.	avril 1861	»	»	»	»
DRAGUE CONSTRUITE PAR LA COMPAGNIE					
— 12.....	avril 1861	en 1864	en 1864	en 1864	2 septembre 1864
DRAGUES DU TYPE N° 4. — *(Constructeurs Evrard et Cie.)*					
— 13.....	mars 1861	juin 1863	juillet 1863	»	En avril 1864
— 14.....	id.	août 1861	janvier 1862	en 1864	1er août —
— 15.....	id.	septembre 1861	id.	id.	id.
— 16.....	avril —	décembre —	id.	id.	29 juillet —
— 17.....	id.	id.	id.	id.	14 — —
— 18 et 19.	mars —	avril 1862	mai —	»	En avril —
— 20 à 24.	avril à juin 1861	id.	février et juin 1863	en 1863	id.

COMMANDE DE 2 GRUES A BIGUE, SYSTÈME COMBE

(MARCHÉ DU 8 FÉVRIER 1862)

Dans une conférence tenue à Port-Saïd le 22 novembre 1861, en présence du Président de la Compagnie, entre les ingénieurs de la Compagnie et l'entrepreneur général des travaux pour l'étude de la question d'une meilleure utilisation des dragues, il avait été unanimement décidé, vu l'insuccès rencontré jusqu'alors dans l'emploi des toiles sans fin adaptées aux dragues pour le transport des déblais de dragages, que l'on ne continuerait désormais les essais de ces toiles que sur deux ou trois dragues seulement, et que l'on ferait marcher les autres dragues de la manière dont marchaient déjà un certain nombre d'entre elles, à l'aide de couloirs leur permettant, comme les toiles sans fin, de déverser directement les déblais sur berge; mais, en même temps, la double nécessité avait été signalée, d'une part, de commander le plus tôt possible un grand nombre de barques à clapets, de différentes formes à étudier, pour conduire les déblais, suivant que cela serait possible, soit à la mer, soit dans les parties profondes du lac Menzaleh; d'autre part, d'étudier parallèlement le moyen de se débarrasser des déblais sur les points où les barques à clapets n'auraient aucune issue, soit par des grues élévatoires, soit par tout autre moyen.

A cette occasion, l'entrepreneur général avait exprimé le désir d'être autorisé à faire immédiatement la commande de 12 à 24 grues, système Couvreux, dont il garantissait d'avance le succès. Il vantait également les grues à bigue système Combe[1]. Les ingénieurs de la Compagnie firent observer qu'il serait imprudent d'acheter de suite un grand nombre de machines qui, malgré leur bon fonctionnement, soi-disant constaté dans plusieurs chantiers de terrassements, malgré leur réputation plus ou moins justifiée, pourraient parfaitement, par suite des conditions différentes de fonctionnement auxquelles elles seraient soumises, ne pas convenir pour les travaux du canal; mais, en même temps, ils reconnaissaient l'utilité de se procurer de suite une grue de chaque système afin de les expérimenter sur le canal, faisant remarquer d'ailleurs, qu'en cas d'insuccès de l'emploi de ces grues au point de vue des déblais du canal, elles pourraient toujours être utilisées sur les chantiers.

---

1. Dans l'un et dans l'autre système de grue, le soulèvement de la charge était obtenu de la même manière; mais il en était autrement en ce qui était du déplacement horizontal de la charge : dans la grue Couvreux, ce déplacement s'obtenait par la rotation de la grue entière; dans la grue Combe, le principe paraissait avoir été de réduire au minimum le poids inutilement déplacé, et le déplacement était limité à la charge elle-même et à son support direct.

Avant la conférence dont il vient d'être parlé, l'entrepreneur général, dans une lettre du commencement d'octobre adressée au Président de la Compagnie où il reconnaissait « que les longues et nombreuses expériences faites jusqu'alors sur les toiles de transport adaptées aux dragues n'avaient pas encore réussi », avait, en attendant, et vu la nécessité d'avoir, avant le 15 mai, 12 dragues au moins en fonctionnement, proposé le système suivant qu'il disait garantir :

On monterait 12 dragues déversant les déblais dans des caisses placées sur des bateaux; une grue à vapeur, avançant en même temps que les remblais, opèrerait l'enlèvement et le déchargement des caisses.

Et, pour obtenir ces résultats, il suffirait, disait-il, de commander, savoir : 12 grues à vapeur roulant sur rails de 37 kilogrammes, avec bigue pour enlever des caisses de 2 mètres cubes à 2^{mc},30 ; 2 grues à vapeur placées sur des bateaux ; 40 chalands en tôle contenant chacun 6 caisses et 240 caisses en bois ou en fer cubant chacune 2 mètres cubes.

La Compagnie estima que le nouveau système proposé ne présentait pas encore de garanties complètes; qu'il semblait notamment à craindre qu'on ne pût faire avancer régulièrement la grue sur les remblais fraîchement versés. En conséquence elle n'autorisa la commande que de 2 grues roulant sur des rails et ayant la force nécessaire pour enlever des caisses d'une capacité de 2 mètres cubes et demi, de 4 bateaux en tôle pouvant contenir chacun 6 caisses, et de 20 caisses en tôle ou en bois de 2 mètres cubes chacune.

L'entrepreneur général avait fait, dès le 3 octobre, la commande à M. Combe, par une simple lettre, de 2 grues à bigue, l'une montée sur chariot et devant être disposée à terre, l'autre montée sur bateau. A la suite de l'autorisation de la Compagnie, cette commande fut confirmée par un marché régulier du 8 février 1862 [1].

---

1. Voir, pour les stipulations du marché de commande et pour la description des grues, aux *Annexes*, à la fin du volume.

Observations. — Les 2 grues Combe furent montées à Port-Saïd, toutes 2 à terre, successivement en divers points du pourtour Ouest du grand bassin.

Le montage avait été commencé en juillet 1862, et les grues commencèrent à fonctionner en septembre. Dès le début de leur fonctionnement, elles furent constamment employées à l'exécution des remblais du terre-plein de la ville : les terres, provenant des dragages, étaient amenées aux grues dans des caisses portées par des chalands, et ces caisses étaient enlevées par les grues, qui en versaient le contenu dans des wagons. Le nombre des chalands et des caisses à déblai qui les desservaient fut malheureusement, pendant assez longtemps, tout à fait insuffisant. Finalement, les grues ont rendu de réels services pour les remblais de Port-Saïd.

Antérieurement à l'installation des grues Combe, dans les premiers mois de 1861, une grue avait été installée sur la berge du fond du bassin de l'Arsenal pour contribuer à l'exécution des remblais du terre-plein des ateliers. Ces

Les prix des grues étaient fixés comme suit :

Grue montée sur chariot	21.900 fr.
Grue montée sur bateau (Le bateau à la charge de l'entrepreneur général)	20.900
Ensemble	42.800 fr.

Par suite de frais accessoires, le prix total de revient des deux grues, non compris les frais d'embarquement, de transport en Égypte et de débarquement, a été de 51.440 francs.

COMMANDE DE 20 GRANDES DRAGUES

(MARCHÉS DES 24 ET 29 DÉCEMBRE 1862)

Dans une communication du courant d'août 1862 à l'Administration, l'entrepreneur général exposa que, pour couvrir ses frais généraux, il lui était nécessaire d'avoir en main le matériel nécessaire pour pouvoir, dans le courant de la campagne de 1863, effectuer de 5 à 6 millions de mètres cubes de dragages.

En conséquence, indépendamment du matériel accessoire des 24 petites dragues existantes sur les chantiers (matériel devant consister en 20 grues à vapeur, 100 chalands, 500 caisses à déblai) dont la commande avait déjà été autorisée le mois précédent, — voir ci-après à l'article concernant les commandes du matériel accessoire des petites dragues — l'entrepreneur général demandait l'autorisation de commander 20 nouvelles dragues avec leur matériel accessoire de grues à vapeur, chalands et caisses à déblai.

[Le directeur général des travaux, dans sa communication du mois précédent à l'Administration concernant la proposition de commande du matériel accessoire des petites dragues, avait proposé également de s'occuper de suite du projet d'une drague modèle et du marché qui pourrait être passé pour la fourniture d'un certain nombre de dragues conformes au nouveau type qui serait adopté. Il faisait remarquer que

---

remblais s'étaient faits uniquement jusqu'alors à l'aide de wagons sur voies de fer allant prendre le sable, soit à la plage, soit sur la berge de la rigole de pourtour du grand bassin sur laquelle les dragues déversaient directement les terres provenant du creusement de ladite rigole. L'installation de la grue permit à des dragues travaillant au creusement du bassin de l'Arsenal de fournir également des terres pour le remblai du terre-plein des ateliers. La grue commença à fonctionner vers le milieu de l'année 1861. Malheureusement, par suite de sa faiblesse, elle ne parvenait pas toujours — et cela au grand préjudice du rendement des dragues — à enlever, au fur et à mesure, tous les déblais qui lui étaient amenés. On avait aussi souvent à souffrir de l'insuffisance du nombre des chalands et des caisses à déblai.

l'on était alors en mesure de construire des dragues parfaitement appropriées au service que l'on devait en attendre, ajoutant que quelque fut le mode employé ultérieurement pour les dragages : régie directe ou marchés à prix ferme, le matériel nouveau rendrait toujours d'excellents services et faciliterait les marchés que la Compagnie pourrait passer, soit avec des tâcherons, soit avec des entrepreneurs de dragages. L'Administration avait accueilli favorablement la proposition en insistant seulement pour que, renonçant à un système d'économie qui serait préjudiciable à la marche des travaux, on construisit des dragues d'une puissance plutôt excessive qu'insuffisante et dont les organes présenteraient une solidité à toute épreuve.]

En ce qui était de la demande de l'entrepreneur général, l'Administration décida qu'une commande de nouvelles dragues ne serait faite qu'à la suite d'un concours ouvert entre les constructeurs les plus expérimentés, sur un programme faisant connaître les principales conditions à remplir par les dragues.

Conformément à cette décision, un programme fut arrêté par les ingénieurs de la Compagnie précisant la destination des nouvelles dragues, les conditions principales de leur emploi et de leur réception, et entrant, au sujet de la construction même, dans des détails dont la modification, si elle était nécessaire, était laissée à l'expérience des constructeurs; et ce programme fut envoyé à un certain nombre de maisons de constructions de France et de Hollande.

Des propositions de la Société des Forges et Chantiers de la Méditerranée et de la maison Ernest Gouin et Cie, chacune pour la fourniture de 10 dragues, ayant été finalement adoptées, l'entrepreneur général passa avec ladite Société et avec la maison Gouin, aux dates respectives des 24 et 29 décembre 1862, des marchés de commande réglant les conditions de ces fournitures[1].

Les prix des dragues devaient être établis d'après des prix unitaires

---

1. Voir, pour les stipulations des marchés de commande et pour la description des deux types de dragues, aux *Annexes*, à la fin du volume.

Observations. — Le traité de régie intéressée du 29 février 1860, passé avec l'entrepreneur général, ayant été résilié d'un commun accord à la fin de février 1863, la Compagnie prit en main, en même temps que l'exécution des travaux, la surveillance de l'exécution des marchés en cours concernant les commandes de matériel.

Par l'un des articles du marché qui fut passé environ un an plus tard (le 13 janvier 1864) avec un entrepreneur, M. Aiton, pour l'exécution des travaux du 1er lot de dragages (lot comprenant la partie de canal de Port-Saïd au seuil d'El Guisr), la Compagnie mettait gratuitement à la disposition de l'entrepreneur un certain matériel, parmi lequel les 20 dragues commandées à la Société des Forges et Chantiers et à la maison Gouin. Le marché en question fut à son tour résilié d'un commun accord, le 6 décembre 1864.

Le 12 du même mois de décembre, MM. Borel, Lavalley et Cie ayant été substitués à M. Aiton pour l'exécution des travaux du 1er lot de dragages, la fixés par les marchés de commandes. En fait, les prix de revient des dragues ont été, en chiffres ronds, les suivants :

Dragues des Forges et Chantiers, prix de chaque drague.		220.000 fr.
Dragues Gouin	—	200.000 —

TABLEAU COMPARATIF DES DIMENSIONS PRINCIPALES DES PETITES DRAGUES PRIMITIVES ET DES NOUVELLES DRAGUES

		PETITES DRAGUES	NOUVELLES DRAGUES
		mètres	mètres
Coque	Longueur..................	20,75	30 »
	Largeur....................	7 »	8 »
	Creux......................	2,30-2,50	3 »
Tirant d'eau de la drague...........		1 »	1,35
Hauteur de l'axe du tourteau supérieur au-dessus du niveau de l'eau.......		6 »-7,70	8,50
		litres	litres
Capacité des godets................		100	220-330
		Chevaux de 75 k.m.	Chevaux de 225 k.m.
Force de la machine en chevaux-vapeur		16-18	34

MATÉRIEL ACCESSOIRE DES PETITES DRAGUES

Dans le courant de juillet 1862, le directeur général des travaux fit une proposition de commande d'un matériel accessoire des petites dragues qu'il justifiait comme suit[1] :

Les 24 petites dragues existantes en Égypte, dont plusieurs restaient encore à monter, devaient, disait-il, se trouver toutes, avant la fin de

---

Compagnie leur remit le soin de veiller, en son lieu et place, à l'exécution des deux marchés de commandes des dragues.

D'après les marchés de commandes, les livraisons de la Société des Forges et Chantiers devaient commencer le 24 juillet 1863 et être terminées à la date du 24 novembre suivant; celles de la maison Gouin, être faites à des dates échelonnées depuis le 14 août de la même année 1863 jusqu'au 14 décembre suivant. En fait, pour chacune des deux maisons, les livraisons des dragues ne commencèrent que vers le milieu de l'année 1864 et ne furent terminées qu'à la fin de ladite année. Les dragues des Forges et Chantiers commencèrent à fonctionner dès le début de l'année 1865. Quant aux dragues Gouin, qui avaient à subir diverses modifications, elles n'entrèrent en service qu'au commencement de l'année suivante.

1. A la date de la proposition du directeur général des travaux, la situation des petites dragues était la suivante :

Sur les 24 dragues commandées par l'entrepreneur général, dont 2 en mars 1859, 10 en octobre de la même année et 12 en février 1860, il n'y en avait encore que 15 en activité. Les 9 autres dragues étaient encore à l'état de simples coques. Sur ces 9 dragues, 3 devaient être montées directement par l'année, en état de fonctionner dans des conditions acceptables, sinon complètement satisfaisantes. Or, le système des toiles sans fin pour le transport des terres, sans être encore définitivement condamné, ne fonctionnait plus pourtant, — pour la continuation des essais, notamment pour l'expérimentation d'un nouveau type de toile, — que sur 2 ou 3 dragues. Il était donc indispensable de compléter toutes les autres dragues par la commande immédiate du matériel accessoire nécessaire pour le transport en cavalier sur les berges des produits des dragages. [On n'avait pas idée, alors, des excellents services que devaient rendre bientôt, pour le transport des terres de dragages, les couloirs progressivement allongés adaptés aux petites dragues.] Le matériel accessoire devait être prévu pour 20 dragues.

Le directeur général des travaux, d'accord avec l'entrepreneur général, demandait donc à l'Administration d'autoriser la commande, pour le service de 20 dragues, de 20 grues à vapeur, 100 chalands et 500 caisses à déblai.

Aucun entrepreneur sérieux ne s'étant encore présenté, offrant de se charger des dragages du canal avec son propre matériel, et le matériel proposé paraissant, en l'absence de tout autre système pratique meilleur, indispensable, la proposition de commande fut approuvée.

I. — COMMANDE DE 20 GRUES A VAPEUR

(MARCHÉS DES 14 AVRIL ET 1er MAI 1863)

La question de la commande de 20 grues à vapeur donna lieu à une longue instruction à la suite de laquelle deux marchés, presque identiques dans leurs dispositions générales, furent passés par la Compagnie savoir :

L'un des marchés, à la date du 14 avril 1863 avec la Société des Forges et Chantiers de la Méditerranée, pour la fourniture de 10 grues;

---

la Compagnie; les 6 autres faisaient partie de la fourniture Evrard qui avait fait l'objet de la commande du 12 février 1860.

Le matériel accessoire de quelques-unes des dragues employées aux dragages de Port-Saïd ne comprenait, dans les premiers mois de 1862, que 5 à 6 chalands pouvant contenir chacun 4 caisses et une trentaine de caisses d'une contenance d'environ 2 mètres cubes. La mise à terre des déblais se faisait à l'aide de la grue installée sur la berge du bassin de l'Arsenal dont il a été parlé dans une note précédente.

Un peu plus tard, ce matériel, tout à fait insuffisant, fut complété par une quinzaine de chalands capables de contenir 5 à 6 caisses et par un nombre correspondant de caisses plus robustes que les caisses primitives.

L'autre marché, à la date du 1er mai suivant, avec la maison Ernest Gouin et Cie, pour la fourniture de 10 grues[1].

Les prix des grues étaient fixés par les marchés comme suit :

Grues des Forges et Chantiers : prix de chaque grue. 29.500 fr.
(Ce prix a été augmenté plus tard de 1.000 fr.).
Grues Gouin : prix de chaque grue................. 30.600 fr.

II. — COMMANDE DE 120 CHALANDS EN FER SUIVIE D'UNE COMMANDE SUPPLÉMENTAIRE DE 50 NOUVEAUX CHALANDS

(MARCHÉ DU 1er SEPTEMBRE 1863 ET ACTES ADDITIONNELS DES 24 DÉCEMBRE 1863 ET 12 AVRIL 1864.)

On a vu ci-dessus que l'Administration, en juillet 1862, avait approuvé la proposition de commande d'un matériel accessoire des petites dragues comprenant, entre autres, la commande de 100 chalands en fer.

La commande du matériel accessoire avait été basée sur le nombre de 20 dragues à desservir. On avait estimé qu'il faudrait en moyenne

1. Voir, pour les principales stipulations des marchés de commandes et pour la description des grues, aux *Annexes*, à la fin du volume.

Observations. — D'après les marchés de commandes, les livraisons des grues à Port-Saïd devait être terminées aux dates suivantes :

Pour les grues des Forges et Chantiers, à la date du 14 octobre 1863;

Pour les grues Gouin, à la date du 30 novembre suivant.

Les grues ne commencèrent à arriver à Port-Saïd que dans les premiers mois de 1864.

Au commencement de juillet de ladite année, les 10 grues Gouin, dont 6 déjà montées, étaient à Port-Saïd, où le dernier navire porteur des éléments desdites grues était arrivé le 17 juin ; 5 grues seulement des Forges et Chantiers, portant les nos 6 à 10, étaient arrivées le 18 avril.

Les essais d'une grue de chaque système furent faits dans le courant de juillet. La grue des Forges et Chantiers, remise, après ses essais, à l'entrepreneur du 1er lot de dragages, M. Aiton, ne commença à fonctionner qu'à partir du milieu de septembre.

Grues des Forges et Chantiers. — Le retard exceptionnel de la fourniture des Forges et Chantiers avait été dû aux causes suivantes :

Les 5 premières grues (portant les nos 1 à 5) de cette fourniture étaient parties de Marseille le 18 décembre 1863 sur un navire qui se perdit sur la côte de Rosette, vers le milieu du mois suivant.

En vertu d'un acte additionnel du 15 mars 1864 au marché primitif, la Société des Forges et Chantiers eut à remplacer les 5 grues perdues.

Le navire chargé des nouvelles grues, parti de Marseille à la fin de septembre, fit naufrage à son tour. La Société des Forges et Chantiers, par l'acte additionnel, avait été chargée des assurances. En faisant connaître à la Compagnie le nouveau désastre, elle l'informait en même temps qu'elle faisait procéder immédiatement au remplacement des grues perdues.

La construction des nouvelles grues était donc en train lorsque la Compagnie, au commencement de janvier 1865, fit savoir à la Société des Forges et

5 chalands par drague, et par conséquent, en totalité, 100 chalands. Mais, au moment de la commande, la nécessité ayant été reconnue, d'avoir un chaland supplémentaire ou de rechange, soit 6 chalands par drague, il fut décidé que la commande serait de 120 chalands.

Cette commande fut faite à MM. Ernest Gouin et Cie par un marché du 1er septembre 1863. Les chalands étaient prévus non pontés.

Plus tard, l'utilité fut reconnue de ponter un tiers des chalands faisant l'objet de la commande précédente, et un acte additionnel au marché du 1er septembre fut passé en conséquence le 24 décembre 1863 avec la maison Gouin.

Par l'une des dispositions du marché passé le 1er Octobre 1863 avec M. Couvreux pour l'exécution des travaux du canal à la traversée du seuil d'El-Guisr, la Compagnie devait mettre à la disposition de l'entrepreneur 15 chalands d'un tonnage de 30 à 50 tonnes pour lui permettre d'effectuer régulièrement ses transports de matériel et d'approvisionnements. 35 autres chalands furent jugés en outre nécessaires pour les besoins de la Compagnie.

En conséquence, un 2e acte additionnel au marché du 1er septembre 1863 fut passé, le 12 avril 1864, avec la maison Gouin pour

---

Chantiers que les nouveaux entrepreneurs du 1er lot de dragages, MM. Borel, Lavalley et Cie, à qui devait être remis gratuitement, en vertu de leur marché, le matériel accessoire des petites dragues commandé par la Compagnie, semblaient devoir renoncer à employer les grues roulantes et pivotantes pour l'exécution de leurs travaux, ou, du moins, désiraient en limiter l'emploi autant que possible. La Compagnie demandait en conséquence à la Société des Forges et Chantiers de lui faire connaître si elle serait disposée à résilier la dernière commande et quelle indemnité elle réclamerait pour cette résiliation en considération des travaux déjà faits.

Le montant de la commande était de 152.500 francs : l'indemnité réclamée fut de 70.000 francs. Dans ces conditions, la Compagnie prit le parti de laisser poursuivre l'exécution de la commande.

Les 5 nouvelles grues arrivèrent à Port-Saïd au commencement de juillet 1865. 2 de ces grues ne furent pas montées. [Sur les réclamations de la Compagnie, la Société des Forges et Chantiers consentit à lui faire une remise de 2.550 francs pour chacune de ces 2 grues. La remise avait été calculée d'après le montant des déboursés de main-d'œuvre de montage des 3 autres grues.]

Grues Gouin. — Au commencement de juillet 1865, ainsi qu'il est mentionné plus haut, 6 grues Gouin, complètement montées, se trouvaient avoir été livrées par les constructeurs à Port-Saïd. Le montage des 4 autres grues de la fourniture, dont les éléments se trouvaient également à Port-Saïd, avait été provisoirement ajourné.

L'un des articles du marché passé le 12 décembre 1864, avec MM. Borel, Lavalley et Cie, pour l'exécution des travaux du 1er lot de dragages, les mettait au lieu et place de la Compagnie pour la réception de la partie du matériel de dragages qui devait leur être livré — parmi lequel les 20 grues — et qui se trouvait encore en état de construction. Dès le 24 décembre, MM. Borel, Lavalley et Cie invitèrent la maison Gouin à arrêter tout travail une fourniture supplémentaire de 50 chalands, dont 40 non pontés et 10 pontés, en tout conformes aux précédents et aux mêmes prix[1].

Les prix fixés pour ces diverses fournitures étaient les suivants :

Chalands pontés : prix de chaque chaland......... 6.200 fr.
Chalands non pontés : prix de chaque chaland.... 8.875 —

---

d'achèvement ou de modifications des grues, se réservant de lui faire connaître plus tard l'époque à laquelle elle devrait le reprendre. Comme il est dit ci-dessus, il restait 4 grues à monter. Le montage de ces grues se trouva ainsi indéfiniment ajourné. En présence de cet ajournement, la maison Gouin, dans les derniers jours de janvier 1866, réclama le paiement du solde de sa fourniture des 10 grues. La Compagnie reconnut que le retard qui se produisait dans la livraison définitive de ces grues n'était pas du fait des constructeurs; et, par application de l'un des articles du marché de commande, le solde de leur fourniture, nonobstant le non-montage des 4 dernières grues, leur fut réglé. Ces 4 grues sont restées finalement à l'état de non-montage.

Observations générales. — MM. Borel, Lavalley et Cie s'étaient montrés, dès le début de leur entreprise, peu enclins à employer les grues comme mode d'enlèvement des terres de dragages ; en tout cas, ils estimaient ne pouvoir utiliser les grues livrées par la Compagnie qu'après y avoir introduit certaines modifications jugées par eux indispensables. Lorsqu'ils eurent pris possession du matériel et des chantiers (20 avril 1865), ils firent travailler pendant plusieurs mois quelques-unes des grues des Forges et Chantiers et de la maison Gouin. Cette expérience leur ayant démontré que l'emploi de ces appareils était extrêmement coûteux, ils prirent le parti d'y renoncer d'une manière définitive. En conséquence, vers la fin de 1865, par application d'une des dispositions de leur marché, ils firent restitution de ce matériel à la Compagnie.

[Dans une communication du 21 septembre 1866 à la Société des Ingénieurs civils, M. Lavalley a fait connaître avec quelque développement, les motifs qui avaient décidé l'entreprise à renoncer à l'emploi des grues. — Voir, à ce sujet, au tome V, p. 110.]

1. Voir, pour les stipulations des marchés de commandes et la description des chalands, aux *Annexes*, à la fin du volume.

Observations. — D'après les stipulations du marché du 1er septembre et de l'acte additionnel du 24 décembre 1863, les délais de livraison des 120 chalands de la commande primitive étaient les suivants :

Les chalands devaient être rendus au Havre par livraisons de 40 chalands, pontés et non pontés, aux dates ci-après, savoir : le 1er décembre 1863, le 1er janvier et le 1er mars 1864. La durée de la traversée pour le transport en Égypte était évaluée à un mois. Enfin, les livraisons devaient se faire à Port-Saïd à raison de 10 chalands par semaine, la première livraison ayant lieu quinze jours après la mise à terre de tout le chargement du navire apportant les éléments des chalands.

En fait, les expéditions au Havre ont bien commencé le 1er décembre 1863, mais elles n'ont été terminées que le 1er avril au lieu du 1er mars 1864. Quant aux livraisons en Égypte, elles ont été faites en cinq fois, espacées du 10 août 1864 au 7 février 1865.

Les constructeurs justifièrent le retard de leurs expéditions au Havre par les longs retards que mirent à leur livrer les tôles les divers fournisseurs, auxquels ils avaient fait les commandes, et par les grandes quantités de tôle qu'ils avaient été obligés de refuser. En ce qui était du retard des livraisons

Il y a lieu de signaler que, le 6 août 1864, une convention fut passée avec la maison Gouin pour une modification radicale à introduire, d'après la demande et suivant les indications de l'entrepreneur du 1er lot de dragages (alors M. Aiton), dans le système de pont installé sur 40 des 120 chalands de la commande du 1er septembre 1863, tel que ledit système avait été stipulé à l'acte additionnel du 24 décembre suivant. Le prix convenu pour ce travail supplémentaire a été de 500 francs par chaland, ce qui a porté définitivement le prix de revient des chalands pontés à 9.375 francs.

III. — COMMANDE DE 660 CAISSES A DÉBLAI

(MARCHÉ DU 1er SEPTEMBRE 1863)

Ainsi qu'il a déjà été rappelé ci-dessus, l'Administration, en juillet 1862, avait approuvé la proposition de commande d'un matériel accessoire des petites dragues. Cette commande, indépendamment de 20 grues à vapeur et de 100 chalands en fer, comprenait 500 caisses à déblai.

La commande de ce matériel accessoire avait été basée sur le nombre de 20 dragues à desservir, et en admettant qu'il faudrait 5 chalands par drague et 5 caisses à déblai par chaland. Mais on a vu précédemment que l'utilité avait été reconnue d'avoir pour le service de chaque drague un chaland en plus comme rechange, en sorte que

---

à Port-Saïd, ils l'expliquaient par la difficulté que l'on éprouvait à trouver des navires pour le nouveau port et par les difficultés de la navigation qui rendaient plus longue qu'on ne l'avait prévue au marché la durée de la traversée.

D'après le 2e acte additionnel, les 50 chalands formant l'objet de la commande supplémentaire devaient tous être rendus et embarqués au Havre pour le 1er août 1864.

En fait, les expéditions au Havre, commencées le 10 mai, ont été terminées le 5 août, c'est-à-dire à peu près dans le délai prescrit quant à la date de l'arrivée; mais les livraisons en Égypte ont subi de très longs retards : elles ont été faites en quatre fois, échelonnées du 8 février au 28 septembre 1865.

Les 120 chalands de la première commande faisaient partie du matériel accessoire des petites dragues qui devait être remis gratuitement à MM. Borel, Lavalley et Cie en vertu du marché d'entreprise du 12 décembre 1864. La remise des chalands eut effectivement lieu au fur et à mesure de leur achèvement. Ces chalands, on le sait, étaient destinés à desservir les 20 grues à vapeur remises également aux entrepreneurs. Mais on a vu par une note précédente que MM. Borel, Lavalley et Cie, après avoir essayé pendant quelques mois le mode de mise à terre des produits des dragages à l'aide de grues, y avaient définitivement renoncé et avaient en conséquence restitué les grues à la Compagnie. Ils employèrent dès lors les chalands aux transports généraux de leur entreprise.

le nombre des chalands fut porté à 120. L'utilité ayant été également reconnue d'avoir pour le service de chaque chaland une caisse à déblai en plus comme rechange, soit, en tout, 6 caisses par chaland, le nombre des caisses à commander fut porté à 660.

La commande de ces 660 caisses à déblai fut faite à MM. Frossard et Cie, de Lyon, par un marché du 1er septembre 1863[1].

Le prix des caisses, livrées à Port-Saïd, était de 395 francs par caisse.

---

1. Voir, pour les stipulations du marché de commande et la description des caisses à déblai, aux *Annexes*, à la fin du volume.

Observations. — D'après les stipulations du marché de commande :

D'une part, les 660 caisses à déblai devaient être embarquées à Marseille en trois lots de chacun 220 caisses, du 10 novembre au 10 décembre 1863;

D'autre part, les livraisons devaient être faites à Port-Saïd à raison de 120 caisses par semaine à partir du moment où tout le chargement du navire porteur des éléments de ces caisses aurait été rendu, par les soins de la Compagnie, à pied-d'œuvre.

En admettant une durée d'un mois pour la traversée et un délai de quinze jours pour le déchargement à Port-Saïd et le transport à pied-d'œuvre, on voit que les livraisons des caisses à Port-Saïd devaient être terminées cinq semaines après le 25 janvier 1864 (dernière date du transport à pied-d'œuvre) soit le 4 mars de ladite année.

En fait, les navires, au nombre de quatre, affrétés par les fournisseurs pour le transport des caisses n'ont quitté Marseille qu'à des dates échelonnées du 24 décembre 1863 au 3 février 1864, et les livraisons des caisses à Port-Saïd, commencées le 24 février, n'ont été terminées que le 18 avril.

Nous rappellerons que les livraisons à Port-Saïd des grues et des chalands, qui constituaient avec les caisses à déblai le matériel accessoire des petites dragues, avaient été beaucoup plus tardives. C'est ainsi que, sur les 20 grues, il n'y en avait encore, en juillet 1864, que 6 de montées à Port-Saïd; et, en ce qui était des chalands, on a vu que les livraisons à Port-Saïd ne commencèrent qu'à partir du 10 août 1864.

Sur les 660 caisses à déblai de la fourniture de MM. Frossard et Cie, 600 seulement ont fait partie du matériel remis à MM. Borel, Lavalley et Cie, en vertu d'une des dispositions du marché du 12 décembre 1864 les substituant au précédent entrepreneur. M. Aiton, pour l'exécution des travaux du 1er lot de dragages. Le marché passé précédemment avec M. Aiton (le 13 janvier 1864) ne mentionnait également que 600 caisses remises à cet entrepreneur. La Compagnie s'était réservé les 60 autres caisses pour ses propres besoins.

Ainsi que la remarque en a déjà été faite précédemment à l'article concernant les grues à vapeur, MM. Borel, Lavalley et Cie, après avoir, pendant plusieurs mois de l'année 1865, fait fonctionner ces grues pour l'enlèvement des produits des dragages, ont renoncé définitivement à l'emploi de ces appareils et les ont restitués à la Compagnie à la fin de ladite année. On a vu d'ailleurs, à l'article concernant les 120 chalands en fer, que, nonobstant l'abandon des grues, MM Borel, Lavalley et Cie ont conservé les chalands, qui leur ont servi à leurs transports généraux. Ils ont conservé également les caisses à déblai qu'ils ont trouvé à utiliser dans leurs travaux.

COMMANDES DE 10 HOPPER-BARGES OU BATEAUX A VAPEUR A CLAPETS

(MARCHÉS DES 23 ET 24 DÉCEMBRE 1864 ET 11 JANVIER 1865)

Le traité passé avec M. Aiton, le 13 janvier 1864, pour l'exécution des travaux du 1er lot de dragages (de Port-Saïd au seuil d'El Guisr) a été, on le sait, résilié le 6 décembre suivant.

D'après l'article III de la convention de résiliation, la Compagnie devait prendre à son compte tous contrats que l'entrepreneur pouvait avoir passés ou commandes qu'il pouvait avoir faites ayant les travaux pour objet.

Les commandes faites par M. Aiton, et qui se trouvaient en voie d'exécution au moment de la résiliation de l'entreprise, comprenaient notamment la commande de 10 hopper-barges ou bateaux à vapeur à clapets, d'une contenance de 300 tonneaux, dont 8 commandés à deux maisons de construction des environs de Glasgow et 2 aux établissements John Cockerill, de Seraing (Belgique).

La Compagnie décida que ces marchés seraient transférés en son nom. Ce qui fut fait.

Trois marchés furent en conséquence passés par la Compagnie, savoir :

Un marché passé le 23 décembre 1865 avec MM. Henderson Coulbourn et Cie, constructeurs à Renfrew, près Glasgow, pour la fourniture de 4 hopper-barges ;

Un second marché, à peu près identique au précédent, passé le 24 du même mois de décembre 1864, avec M. Thomas Bollen Seath, constructeur à Rutherglen, également près Glasgow, pour la fourniture de 4 autres hopper-barges ;

Les uns et les autres hopper-barges, livrables sur la Clyde ;

Enfin, un troisième marché, passé le 11 janvier 1865 avec la société John Cockerill, de Seraing (Belgique) pour la livraison à Port-Saïd de 2 bateaux à vapeur à clapets.

Les huit hopper-barges anglais devant être livrés par les constructeurs sur la Clyde, un marché fut passé le 31 janvier 1866 avec M. Miège, agent maritime à Paris, pour la conduite des dits hopper-barges de Glasgow à Port-Saïd.

L'un des articles de ce dernier marché stipulait qu'avant que la remise des bateaux fut faite à M. Miège par les constructeurs, il y serait exécuté certains travaux destinés à assurer leur bonne navigabilité en haute mer. En conséquence, aux dates respectives des 15 et 20 février 1865, la commande fut faite, à chacun des deux constructeurs, des aménagements à exécuter sur les hopper-barges et des fournitures et pièces de rechange à livrer pour la traversée [1].

Les prix de revient des bateaux porteurs provenant des diverses commandes, rendus à Port-Saïd, ont été respectivement les suivants :

1° Bateaux anglais :

Prix fixés par les marchés, les bateaux étant livrés sur la Clyde :

Bateaux Henderson, chaque bateau,	5.400 livres sterling, environ.	135.000 fr.
Bateaux Seath, —	5.225 — —	131.000 —

A chacun des deux prix ci-dessus, il y avait à ajouter, savoir :

Pour travaux divers exécutés par les constructeurs sur les bateaux pour assurer leur bonne navigabilité en haute mer....................	6.600 fr.
Pour conduite des bateaux de Glasgow à Port-Saïd (marché Miège)	18.000 —
Total..............	24.600 fr.

1. Voir, pour les stipulations des divers marchés et pour la description des hopper-barges, aux *Annexes*, à la fin du volume.

OBSERVATIONS

Porteurs anglais. — D'après les marchés passés avec les deux constructeurs anglais, les 4 porteurs que chacun avait à fournir devaient être livrés sur la Clyde, à Glasgow, savoir : les porteurs Henderson, du 28 février au 29 avril ; les porteurs Seath, du 15 mars au 31 mai 1865. Les livraisons eurent lieu dans les délais fixés.

D'autre part, d'après le marché passé avec M. Miège pour la conduite des porteurs à Port-Saïd, les dates des remises qui devaient lui en être faites à Glasgow même, après l'exécution par les constructeurs des travaux d'aménagement destinés à assurer la bonne navigabilité desdits porteurs, avaient été échelonnées du 15 mars au 10 juin 1865.

Quatre des porteurs arrivèrent à Port-Saïd à la fin d'avril et dans le courant de mai 1865. Le reste de la fourniture — à l'exception d'un des porteurs échoué sur un rivage, en cours de route, par un temps de brouillard, et qui ne fut pas remplacé — arriva dans le courant des deux mois suivants.

On se rappelle que MM. Borel, Lavalley et Cie prirent possession des chantiers du 1er lot de dragages le 20 avril 1865. Ils ne purent utiliser immédiatement les porteurs déjà arrivés, ayant dû attendre qu'il fut possible de conduire de grandes dragues en dehors de la barre, dans des profondeurs permettant l'accostage des porteurs.

Ce ne fut qu'en juin 1865 qu'une première grande drague, desservie par deux porteurs, put travailler à l'ouverture d'un chenal à travers la barre, en venant du large et marchant vers l'intérieur du port. En octobre, 2 grandes dragues, desservies chacune par 2 porteurs, purent être affectées aux mêmes travaux ; en juin 1866, 3 dragues avec 6 porteurs, parmi lesquels des porteurs commandés directement par les entrepreneurs.

Porteurs belges. — La réception provisoire des 2 porteurs belges eut lieu à Anvers le 24 juillet 1865. Les constructeurs devant livrer les porteurs à Port-Saïd traitèrent avec M. Miège pour leur conduite à destination. Les 2 porteurs, partis d'Anvers le 11 août, n'arrivèrent à Port-Saïd, après des incidents de route leur ayant occasionné de longs arrêts et une traversée pénible, l'un, que vers le milieu de septembre, l'autre, un mois plus tard.

Les prix de revient des porteurs anglais ont donc été en réalité les suivants, en nombres ronds :

Porteurs Henderson	160.000 fr.
Porteurs Seath	156.000 —

2° Bateaux belges :

Prix fixé par le marché, les bateaux livrés à Anvers.	120.000 fr.
Frais de la conduite à Port-Saïd (prix convenu)	18.000 —
Prix de revient	138.000 fr.

EXÉCUTION DES TRAVAUX

TRAVAUX EXÉCUTÉS PENDANT L'ANNÉE 1859-1860

Programme des travaux de la première campagne

Le programme des travaux à exécuter ou tout au moins à entreprendre pendant la première campagne, tel que ledit programme fut finalement arrêté par la Commission déléguée du Conseil d'administration au moment de l'inauguration de l'ouverture des travaux à Port-Saïd (25 avril 1859), comportait comme on l'a vu précédemment, les dispositions suivantes :

A Port-Saïd : construction d'un appontement, érection d'un phare, création d'ateliers et autres établissements nécessaires à la préparation des chantiers, enfin, creusement d'une tranchée dans le cordon littoral pour amener les eaux du lac Menzaleh, par une rigole navigable, à proximité des établissements du port ;

Creusement d'une rigole de service entre Port-Saïd et le lac Timsah ;

Ouverture et préparation des carrières de l'Attaka, de Gebel-Géneffé et du Mex ;

Creusement et amélioration de puits sur la ligne du Canal maritime avec installation de machines élévatoires ;

Enfin, étude des tracés définitifs du Canal maritime et du Canal d'eau douce.

Malgré les entraves apportées aux opérations de la Compagnie et rappelées précédement, ce programme, comme on va le voir par la description ci-après des travaux exécutés pendant le cours de l'année 1859, avait reçu en définitive pendant cette première campagne une exécution aussi complète que le permettaient, d'une part, les ressources restreintes de la Compagnie en personnel et en matériel au début des travaux, d'autre part, les difficultés de la vie au désert avant les constructions d'abris pour le personnel, avant la réalisation des mesures propres à assurer l'alimentation en eau douce des chantiers, enfin avant l'organisation des services de ravitaillement desdits chantiers en vivres, matériel et approvisionnements de toutes sortes. Le seul travail qu'il n'avait pas été possible d'entreprendre pendant la campagne avait été le creusement de la rigole de service entre Port-Saïd et le lac Timsah.

Compte rendu sommaire des travaux exécutés et des résultats obtenus pendant la période du 25 avril 1859 au 15 avril 1860.

EXTRAIT DU RAPPORT DU PRÉSIDENT DE LA COMPAGNIE A LA PREMIÈRE ASSEMBLÉE GÉNÉRALE DES ACTIONNAIRES, DU 15 MAI 1860.

Les études et les travaux dont le Président avait à rendre compte à l'Assemblée se partageaient en deux périodes. La première période comprenait quatre années; elle commençait en 1854, à la date de l'acte de concession et se terminait à la fin de 1858, époque à laquelle la Société, définitivement constituée, s'était substituée au Vice-Roi et à son mandataire; la seconde période commençait le 1er janvier 1859 avec l'existence légale de la Société et comprenait toutes les opérations déjà exécutées par la Société elle-même.

Première période. — Le Vice-Roi, en octroyant à une Compagnie Universelle la concession de l'entreprise, avait mis à la disposition du Président fondateur les ressources et les moyens matériels nécessaires pour commencer et poursuivre avec activité les études des avant-projets et faire sur le terrain les explorations scientifiques et toutes les opérations préparatoires. Les ingénieurs de Son Altesse avaient été chargés des premiers travaux; les arsenaux du Caire et d'Alexandrie avaient été ouverts aux opérateurs, des escortes et des moyens de transport par terre et par mer avaient été généreusement fournis, un matériel important avait été commandé au nom du Vice-Roi et payé par lui.

C'était ainsi qu'avant l'existence de la Société, des travaux considérables s'étaient exécutés à son bénéfice.

Le tracé des canaux avait été piqueté, les profils en long et en travers approximativement déterminés, des sondages exécutés sur toute la ligne pour reconnaître le sous-sol, le cadastre de tous les terrains irrigables dépendant de la concession, entrepris. Plusieurs brigades d'ingénieurs avaient été établies en permanence dans l'Isthme où l'eau et tous les approvisionnnements devaient être transportés à dos de chameau ; le nombre des hommes employés s'était élevé souvent jusqu'à deux mille.

Pendant que ces préparatifs nécessaires étaient poursuivis en Égypte, une Commission, choisie parmi les plus célèbres ingénieurs de l'Europe, avait délégué une sous-commission pour se rendre sur les lieux, faire connaître son opinion sur l'avant-projet des ingénieurs du Vice-Roi et réunir les éléments d'un projet définitif.

Les membres de la sous-commission avaient remis le 2 janvier 1856 entre les mains de Son Altesse leur rapport qui fut publié.

L'hydrographie du golfe de Péluse avait été exécutée par M. Larousse sous la direction de MM. Lieussou et de Negrelli. C'étaient les vues et les calculs de M. Lieussou qui avaient déterminé le point où devait déboucher le Canal dans la Méditerranée et fait connaître le régime des eaux dans le Canal maritime : ces calculs avaient établi l'inutilité des écluses et en avaient fait décider la suppression.

C'était aussi à la demande de M. Lieussou qu'un bâtiment

stationnaire avait été mis par le Gouvernement égyptien à la disposition du capitaine Philigret pour étudier la rade de Péluse. La bonne tenue du mouillage de la baie de Dibeh, l'excellente qualité du fond, avaient été dès lors des faits acquis par une expérience décisive, et les dernières objections que l'on élevait contre la possibilité matérielle de l'exécution de l'entreprise avaient été ainsi mises à néant.

Vers le milieu de 1858, les instructions détaillées et précises que le Vice-Roi avait données au Président fondateur par son décret du 19 mai 1855 et qui avaient été publiées se trouvaient donc exactement remplies.

Dès que la Société avait été constituée, les principaux membres de la Commission internationale avaient été appelés à former un Conseil supérieur des travaux, établi en permanence à côté du Conseil d'administration, qui avait repris, d'après des données et études récentes, l'examen de toutes les questions d'exécution sur la proposition de l'ingénieur en chef de la Compagnie, M. Mougel Bey. Ce conseil avait décidé d'importantes réductions et modifications; un programme définitif avait été arrêté et publié. Il avait été démontré par des chiffres positifs que le canal maritime propre à la grande navigation pourrait, avec ses ports, le canal de jonction au Nil et les rigoles latérales d'irrigation, être exécuté en cinq ans au prix maximum de 130 millions de francs.

Période d'exécution. — Au moment d'entrer dans la période d'exécution, la Compagnie avait fait appel à des entrepreneurs de travaux publics et provoqué des propositions de traité dans les limites du devis, suivant les sous-détails arrêtés par les ingénieurs. De nombreuses propositions lui avaient été adressées de France et de l'Étranger. Presque toutes réclamaient une bonification sur les prix du devis. La proposition de M. Hardon, que la Compagnie avait acceptée, présentait des avantages incontestables qui ressortaient avec évidence des conditions du traité passé avec cet entrepreneur et de l'épreuve qui en était faite depuis un an. Ce traité, d'abord contracté conditionnellement au mois de février 1869, avait reçu, dès cette époque, une première application. C'était seulement après cette épreuve et la révision attentive des clauses du contrat par le Conseil des travaux et les Conseils judiciaires de la Compagnie que le Conseil d'administration en avait prononcé la ratification en décidant la réalisation du cautionnement.

Les travaux s'étaient, depuis le début, poursuivis sans interruption, et venaient de recevoir une nouvelle impulsion par l'arrivée des premières dragues. Vingt-quatre de ces dragues avaient été commandées en France et en Belgique. Chacune d'elles était munie d'un appareil, dit toile sans fin, de l'invention de l'ingénieur en chef de la Compagnie, M. Mougel Bey, qui avait été l'objet de longues études et d'expériences exécutées aux frais de la Compagnie avec le concours de M. Hardon.

Six dragues étaient déjà arrivées à Port-Saïd et deux de ces dragues avaient commencé à fonctionner.

Le navire *le Jason* qui venait de se perdre dans les bouches de Bonifacio avait à son bord une brigade d'ouvriers expédiés de Lyon par le constructeur des dragues que son contrat obligeait à livrer les machines toutes montées à Port-Saïd. Quatre de ces dragues avaient été également chargées sur le navire avec divers autres objets destinés aux travaux. Ce matériel était assuré et des mesures avaient été immédiatement prises pour le remplacer. Le dommage était donc nul pour la Compagnie. Mais ce qui était irréparable, c'était la mort des dix-neuf ouvriers que portait le navire. Le Conseil d'administration, douloureusement ému, avait l'intention de chercher dans quelle mesure et par quels moyens la Compagnie pourrait intervenir dans le soulagement des infortunes causées par cette horrible catastrophe.

Les postes et chantiers établis successivement dans le cours de l'année 1859, sur le tracé du canal maritime étaient au nombre de dix.

Port-Saïd était le plus important de ces établissements. Ses chantiers, situés sur le cordon littoral qui séparait la Méditerranée du lac Menzaleh étaient appelés à prendre de rapides développements. C'était le point où se concentreraient naturellement tous les approvisionnements venant d'Europe.

L'appontement du port provisoire, commencé il y avait un an, s'avançait à environ 200 mètres en mer par des fonds de 3 mètres. Il était établi sur l'emplacement de la jetée ouest du port définitif.

Cet appontement, indispensable pour le débarquement des machines et des matériaux avait déjà rendu de grands services. Il serait continué dans la mesure des besoins jusqu'à ce que les enrochements de la jetée définitive pussent être économiquement exécutés. Il était complété par un phare de 4e ordre élevé sur une tour en charpente de 20 mètres de hauteur et visible à 10 milles en mer.

Des ateliers pour le montage et la réparation des machines et outils et une scierie mécanique se construisaient à peu de distance de l'appontement, au bord d'un bassin, creusé à 100 mètres de la plage, qui les mettait en communication facile avec la mer pour les transports venant d'Europe et d'Alexandrie, et avec le lac Menzaleh pour les rapports avec Damiette et les chantiers de l'Isthme.

Une boulangerie, des machines distillatoires pour l'approvisionnement de l'eau douce, des baraquements pour les ouvriers et vingt maisons en bois pour les ingénieurs et les employés complétaient ces établissements.

(Suivaient quelques renseignements sur des installations de campements en divers points de la ligne du canal : Zaïzeh, Kantara, El Ferdane, Bir-abou-Ballah, Toussoum, Sérapéum, Gebel-Géneffé, Attaka. — Des renseignements détaillés sur ces installations sont donnés plus loin au chapitre de la description des travaux.)

Des ressources en matériaux de toutes sortes avaient été trouvées sur les lieux mêmes des travaux, mais rien n'était indiqué pour l'établissement des jetées et des bassins de Port-Saïd. De ce côté, en effet, la pierre faisait défaut. Mais le Vice-Roi venait d'y pourvoir en livrant à la Compagnie les carrières du Mex situées au fond de la rade d'Alexandrie. L'exploitation de ces carrières était commencée.

En fait, les chantiers occupaient toute la ligne du canal maritime et étaient préparés pour le bon emploi des machines. Rien n'avait été négligé pour assurer l'exécution du programme que la Compagnie avait adopté comme le plus propre à hâter l'exécution de l'entreprise.

Aucune précaution non plus n'avait été négligée pour la conservation du bien-être et de la santé des ouvriers. Des moyens d'approvisionnement puissants avaient été adoptés et un service médical organisé.

Tout ce qui pouvait intéresser la santé des hommes avait été étudié avec le plus grand soin et l'on pouvait affirmer que le climat de l'Isthme était parfaitement salubre; les ouvriers européens avaient séjourné en permanence sur les travaux depuis une année, par conséquent dans toutes les saisons, et il y avait eu parmi eux moins de malades qu'il n'y en aurait eu dans tout autre pays.

Organisation du service des travaux pendant l'année 1859

Nous rappellerons que l'organisation des services respectifs de direction et d'exécution des travaux pendant l'année 1859 était la suivante (Voir pages 33 à 36) [1] :

1. Nous rappellerons également qu'un Conseil supérieur des travaux avait été constitué à Paris le 22 novembre 1858 pour examiner tous les projets de détail, les questions d'art et les marchés se rattachant à l'exécution du projet de la Commission internationale, et que ce Conseil fonctionna jusqu'au 16 mai 1860, date de sa dernière réunion (voir t. I, p. 150).

ORGANISATION DE L'AGENCE SUPÉRIEURE DE LA COMPAGNIE EN ÉGYPTE

MM. Ruyssenaërs, Administrateur délégué, Agent supérieur;
Comte Sala, Agent aux missions spéciales.

DIRECTION GÉNÉRALE ET CONTROLE DES TRAVAUX

M. Mougel Bey, Ingénieur en chef, Directeur général des travaux.

SERVICES D'ÉGYPTE

SERVICE CENTRAL DE LA DIRECTION, A ALEXANDRIE

MM. De Montaut, Ingénieur chef du service,
Geyler, Chef du bureau et de la comptabilité.

SECTION DE PORT-SAÏD

(*Port de Port-Saïd, Canal maritime jusqu'à Kantara, Carrière du Mex*)

M. Laroche, Ingénieur chef de section.

SECTION DU CANAL D'EAU DOUCE

(*Études et construction du Canal d'eau douce ; Contrôle des opérations de la Régie dans l'intérieur de l'Isthme*)

M. Cazaux, Sous-Ingénieur chef de section,

SERVICE HYDROGRAPHIQUE

M. Larousse, Ingénieur chef du service

A L'ADMINISTRATION CENTRALE, A PARIS

SERVICE DES TRAVAUX

(*Études, contrôle des commandes*)

M. Bourdon, Chef de service.

EXÉCUTION DES TRAVAUX

MM. Hardon, Entrepreneur général régisseur,
Feinieux, Fondé de pouvoirs de l'Entrepreneur général.

Service central, à Alexandrie

M. Vernoni (Charles), Chef du service ;

Quatre bureaux:
- Secrétariat,
- Comptabilité,
- Caisse centrale,
- Relations avec les autorités égyptiennes.

Agences

Trois agences:
- Le Caire,
- Suez,
- Damiette.

Marche des travaux et Modes d'exécution

(ANNÉE 1859)

PORT DE PORT-SAÏD

(PLANCHE XXV)

Phare. — Le projet de phare, comportant une construction en charpente, — au lieu du phare en fer sur pieux à vis prévu au programme de 1858 du Conseil supérieur des travaux, — avait été approuvé par l'administration dès les premiers jours de février.

Le phare étant l'ouvrage le plus urgent à exécuter à Port-Saïd, la charpente en fut commandée de suite à Alexandrie ; les bois, tout travaillés, furent débarqués à Port-Saïd le 4 mai, et la construction du phare commença le 20 du même mois. Le phare était érigé sur le lido, à 80 mètres environ de distance en arrière du point d'enracinement de la jetée Ouest (ancienne balise 1), à 35 mètres dans l'Ouest de la direction prolongée de la jetée.

La charpente du phare, afin de pouvoir résister aux coups de vent, était montée sur un pilotis couronné, à 3m,80 au-dessus du niveau de la mer, d'une forte enrayure. C'était sur la base ainsi constituée, et à laquelle ils étaient solidement fixés, que reposaient les grands poteaux du phare reliés entre eux sur leur hauteur par deux étages de croix de Saint-André.

Le soubassement fut remblayé jusqu'à 2 mètres au-dessus du niveau de la mer. Sur le reste de la hauteur, il devait, convenablement approprié, servir de magasin.

La construction présentait à son couronnement un logement auquel on montait par un escalier à vis. Au-dessus était la lanterne avec son appareil lenticulaire venu de Paris.

Toute la charpente entre le soubassement et le couronnement était à claire-voie.

La tourelle du phare était de forme octogonale. La largeur à la base était de 8 mètres; au niveau de la plate-forme supportant la chambre de service, de 5m,40.

La hauteur totale de la construction au-dessus du soubassement était de 22 mètres se répartissant ainsi :

	mètres.
Jusqu'à la plate forme de la chambre de service	14 »
Hauteur de la chambre de service	4 »
Soubassement de la lanterne	1,80
Hauteur de la lanterne	2,20
HAUTEUR TOTALE	22 »

Lanterne de 1m,60 de diamètre ; appareil catadioptrique de 0m,50 de diamètre, à feu fixe, éclairant 225 degrés de l'horizon.

Le feu était de 4e ordre, visible à une distance d'environ 10 milles.

Le phare fut terminé et l'appareil d'éclairage installé dans les derniers jours de juillet. Les essais d'allumage n'eurent pourtant lieu que pendant les deux derniers mois de l'année. Ils avaient lieu surtout les nuits où l'on attendait sur rade le vapeur *le Joseph*[1] afin de permettre à son commandant de se rendre bien compte de la portée du feu. Le phare a été régulièrement allumé à partir du commencement de 1860.

Appontement (PLANCHE XXII). — Ainsi qu'il est expliqué plus loin en détail, au chapitre de la *Description des jetées du port de Port-Saïd et de leur mode de construction*, l'appontement en charpente, tel qu'il était primitivement projeté, devait avoir une longueur de 260 mètres, de manière à dépasser ainsi la grande barre de la plage sous-marine sur laquelle les lames déferlaient avec violence dans les gros temps.

L'ouvrage comportait les dispositions suivantes :

Le tablier, de 8m,20 de largeur et établi à 2m80 au-dessus du niveau de la mer, reposait sur des palées espacées de 4 mètres d'axe en axe ; chaque palée se composait de 4 pieux coiffés d'un chapeau sur lequel reposaient 6 cours de longrines ; les pieux étaient moisés transversalement au niveau de l'eau par des pièces sur lesquelles reposait également, mais seulement le long des pieux de rive du futur chenal, une longrine reliant entre elles toutes les palées. Le tablier devait porter un chemin de fer de service à double voie muni des grues et bigues nécessaires aux déchargements et qui, à mesure des remblais du terreplein de la ville, devait être prolongé jusqu'aux magasins et ateliers. Enfin, les pieux de l'appontement devaient être protégés par un massif d'enrochements destiné en même temps à abriter le chenal.

Les bois nécessaires à l'appontement avaient été commandés à Marseille dès le mois de février, et ils commencèrent à arriver à Port-Saïd dans le courant d'avril. Le déchargement de ces bois, ainsi qu'il sera expliqué plus loin, fut lent et pénible par suite du manque de moyens d'action et du petit nombre de bras dont on disposait.

L'absence de sonnettes d'une force suffisante pour donner aux pieux une fiche convenable ne permit pas de commencer immédiatement le battage des pieux.

Un marché avait été passé avec un entrepreneur d'Alexandrie pour la fourniture de 1.000 mètres cubes de pierres de la carrière du Mex pour la consolidation des pieux de l'appontement. En attendant que pût commencer le battage des pieux, les premiers arrivages de pierres, dans le courant des mois de juin et juillet, furent immergés sur une lon-

---

1. Vapeur de la Compagnie faisant un service entre Alexandrie et Port-Saïd. Voir ci-après, p. 147.

gueur d'une douzaine de mètres à partir du rivage suivant la direction même de la jetée. Le petit abri ainsi créé forma l'enracinement de la jetée. Une mer, assez forte pour arrêter le déchargement des navires, ne remua pas sensiblement les pierres ; mais on constata, comme c'était à prévoir, que la plage de l'Ouest commença à avancer derrière ce premier rudiment de jetée, en même temps que la plage de l'Est présentait au contraire des traces de corrosion.

Les battages de pieux, faute de charpentiers, ne commencèrent que dans le courant d'octobre. Les sonnettes reposaient sur un échafaudage en porte-à-faux relié aux palées déjà battues. On s'était servi pour les premiers pieux de moutons du poids de 1.000 kilogrammes qui présentèrent le double inconvénient de fendre la tête des pieux et d'amener des déviations dans le battage, et on leur substitua des moutons de 600 kilogrammes seulement qui donnèrent de bons résultats ; la course du mouton était en moyenne de 4m,50 ; l'enfonçage, à chaque coup de mouton, de 2 centimètres ; 6 hommes suffisaient pour la manœuvre ; les pieux prenaient une fiche d'environ 5 mètres. Trois sonnettes fonctionnaient.

A la fin de l'année, l'appontement, au moins en ce qui était des battages de pieux avait une longueur de 156 mètres et se trouvait ainsi atteindre vers le large les fonds de 2m,55. Grâce à une première partie de l'appontement entièrement construite, d'une cinquantaine de mètres de longueur, les déchargements des navires se firent avec plus de facilité.

Le chemin de fer de service était prolongé à mesure de l'avancement de l'appontement. Du côté de terre, afin de desservir les magasins et les habitations établis sur la ligne de dunes, le chemin fut dévié suivant une ligne parallèle au rivage, en arrière de la ligne des maisons.

Rigole de service entre les établissements du port et le lac Menzaleh. — Une rigole de service destinée à établir une communication par eau entre les établissements du port et le lac Menzaleh fut creusée le long de la rive ouest du futur chenal d'entrée du port. Cette rigole, dont l'origine n'était séparée de la mer que par une bande de terre d'environ 60 mètres de largeur, se prolongeait en ligne droite, jusqu'au lac Menzaleh ; elle avait 5 mètres de largeur à la ligne d'eau et 50 centimètres de profondeur en contrebas du niveau ordinaire des eaux du lac. Bien que la hauteur d'eau y fût variable suivant la direction du vent, qui faisait refluer les eaux du lac, tantôt sur sa rive nord, tantôt sur sa rive sud, on y pouvait pourtant naviguer sans interruption grâce au chaland qui faisait le service et qui ne calait que 12 centimètres. Les approvisionnements venant de Damiette par barques pouvaient ainsi, par l'intermédiaire de la rigole arriver jusqu'à proximité des établissements du port, et le petit chemin de fer servait ensuite à achever les transports jusqu'aux magasins et aux maisons d'habitation. A la fin de l'année, la rigole était achevée sur une longueur de 300 mètres et ébauchée sur une longueur égale. Il restait à creuser environ 1.500 mètres pour arriver jusqu'aux profondeurs toujours navigables du lac.

La rigole avait été creusée par les ouvriers indigènes, sous une profondeur d'eau moyenne de $0^m,25$, à l'aide de grandes pelles avec lesquelles ils parvenaient à enlever sans difficulté le limon vaseux qui recouvrait le fond du lac et le sable situé au-dessous. Ces pelles étaient manœuvrées par deux hommes : l'un tenait le manche de la pelle et engageait celle-ci dans le sol; l'autre ouvrier tirait une corde fixée près de la pelle et détachait ainsi une motte de terre plus ou moins volumineuse qui était jetée sur le côté de la tranchée ou chargée dans des brouettes. Les ouvriers indigènes n'avaient fait aucune difficulté à travailler de cette manière, c'est-à-dire à se servir d'outils, et les résultats obtenus avaient été reconnus meilleurs que par leur méthode habituelle de travail consistant à entrer dans la vase et à enlever celle-ci directement avec leurs mains.

Les terres extraites furent employées à commencer les remblais du terre-plein de la ville.

BATIMENTS ET ABRIS

(PLANCHES XII ET XXV)

Dès le 17 février 1859, un marché avait été passé avec la maison Fréret, de Fécamp, pour la fourniture en Égypte d'un certain nombre de maisons en bois aux prix suivants, livraison sous vergues, à Fécamp, savoir :

1° Neuf maisons mobiles de 24 mètres de longueur, 10 mètres de largeur et 4 mètres de hauteur, à 6.000 francs l'une, pour logements d'ouvriers indigènes ;

2° Quatre pavillons de 5 mètres sur 5 mètres, à 1.200 francs l'un, pour logements d'ouvriers européens;

3° Enfin, quatre châlets, à 10.000 francs l'un, pour logements d'employés.

Certaines conditions de prix étaient d'ailleurs stipulées pour le transport et le montage en Égypte.

L'expédition de la totalité de la fourniture fut faite dans le courant d'avril sur deux navires à destination d'Alexandrie. A l'arrivée, le chargement des deux navires, pour le transport à Port-Saïd, fut transbordé sur le navire *Max*, dont le déchargement eut lieu dans les derniers jours de mai.

En outre de la commande précédente, la Compagnie fit l'acquisition, à Alexandrie, de six grandes baraques anglaises provenant de la guerre de Crimée. Ces baraques avaient environ 12 mètres de longueur sur 6 mètres de largeur.

La nomenclature et description suivante des bâtiments et abris construits à Port-Saïd et sur la ligne du canal pendant le cours de l'année 1859, indique en même temps les points sur lesquels ont été utilisées les maisons en bois provenant de la commande et de l'acquisition ci-dessus.

Port-Saïd (Pl. xxv). — Le campement de Port-Saïd ne comprenait, à l'origine, qu'une grande tente Gagin, à armatures de fer creux, de 6 mètres de côtés, une petite tente pour l'ingénieur-chef de section, et cinq autres tentes pour le personnel ; en outre, des abris provisoires en nattes de joncs servaient aux ouvriers.

A la date du 1er juillet, les abris provisoires avaient été remplacés en partie par une grande baraque de Crimée ; en outre, un magasin en bois, à peu près de mêmes dimensions que la baraque, servait à contenir les vivres, les caisses à eau en fer et toute la partie du matériel qui avait besoin d'être conservée à l'abri ; il y avait une forge en activité sous un abri de nattes et plusieurs autres petites constructions également en nattes pour la cantine, la cuisine, etc. ; la difficulté ayant été reconnue de conserver intacts les approvisionnements de biscuits dont l'humidité provoquait la moisissure, et le médecin du campement attribuant à la mauvaise qualité de ces biscuits les maladies d'entrailles qui sévissaient alors sur le personnel, on avait commencé la construction d'un four en briques pour cuire du pain avec de la farine envoyée régulièrement d'Alexandrie (ce four fut terminé le 1er août : il donna d'excellent pain ; on y fit des essais de recuisson des biscuits détériorés par l'humidité) ; deux des chalets et deux des pavillons pour chefs ouvriers étaient en montage ; en attendant l'arrivée et la mise en place des cinq autres baraques de Crimée, on avait utilisé une partie des bois et des madriers existant sur le chantier pour établir plusieurs cabanes destinées au logement des matelots.

A partir du mois de juillet, les constructions se développèrent assez rapidement. En même temps disparaissaient, au fur et à mesure, toutes les constructions primitives en nattes et madriers qui, fort irrégulières, déparaient et obstruaient le chantier. Dès le 1er novembre, toutes les tentes étaient abattues et la population du campement était répartie dans les maisons Fréret. Il ne restait plus que la forge à construire pour que le campement se trouvât complètement débarrassé de toutes les constructions primitives en nattes.

Les cinq baraques anglaises qui étaient attendues arrivèrent à Port-Saïd dans le courant de juillet.

Toutes les constructions étaient érigées parallèlement au rivage sur la ligne de petites dunes du cordon littoral, à 2m,50 au-dessus du niveau de la mer, le terrain préalablement remblayé sur les points où cela était nécessaire[1]. Du côté de la mer, elles furent défendues contre le déferlement des lames par une espèce de quai (futur quai Eugène) constitué par des couches de soude soutenues par derrière par un remblai en sable formant chemin devant les maisons.

Les maisons qui n'avaient pas de plancher étaient pourvues d'une aire en terre glaise battue qui acquérait une dureté suffisante pour supporter le balayage.

Dès le mois de juillet, un atelier de fabrication de briques crues, confectionnées avec le limon noirâtre du lac, avait été installé, produisant environ

---

1. Ces premières constructions n'avaient été établies qu'à titre provisoire sur le lido. Elles devaient être remplacées plus tard par des constructions définitives comprises dans le plan régulier de la ville (alors à l'étude), s'harmonisant avec les quais et les futurs bassins du port.

Mais l'accroissement rapide de la population, tout à fait hors de proportion avec les moyens d'action dont disposait la Compagnie pour réaliser à temps l'exécution du plan régulier, obligea à conserver la première ligne de constructions, le long de laquelle on dut même élever d'autres constructions importantes qu'il était impossible d'établir sur des terrains non encore remblayés.

un millier de briques par jour. Le mois suivant, un four d'essai de 3.000 briques fut construit et mis en feu.

Nous signalerons que, dans la nuit du 5 au 6 octobre, par suite d'un vent extrêmement violent, la mer inonda le campement et alla rejoindre le lac qui, de son côté, s'était avancé jusqu'à 50 mètres environ de la plage. Une partie de la toiture d'une grande maison Fréret avait été enlevée par le coup de vent. La fabrication de briques crues fut interrompue par suite de l'invasion du chantier par les eaux du lac, et l'on fut un certain temps sans pouvoir la reprendre en raison de l'excès d'humidité que conserva longtemps encore le sol du fond du lac après le retrait des eaux. Le vapeur *Joseph*, arrivé le 5, dut rester sur rade jusqu'au 11 sans pouvoir décharger par suite de la violence du vent.

Les briques crues ont été employées dans certaines baraques, au lieu de parois en planches, pour la confection des cloisons; elles ont été employées également pour de petites constructions. Ces briques se ramollissaient par les temps humides. Les parois extérieures des constructions étaient crépies à la chaux.

En résumé,

La situation du campement à la fin de l'année était la suivante :

Comme il a été dit déjà, les maisons formaient une ligne régulière le long de la plage et le petit chemin de fer provisoire partant de l'appontement et destiné à desservir les magasins et les habitations avait été établi en arrière sur une ligne parallèle. Les maisons et installations diverses se présentaient dans l'ordre indiqué ci-dessous en partant du phare et marchant vers l'Ouest;

Atelier de menuiserie, à côté duquel se trouvait un moulin à vent (système Durand) qui devait servir à faire mouvoir une scierie en attendant qu'une locomotive fut installée à sa place et que la mouture du blé fût organisée. [Le moulin à vent provenait des magasins du Caire, d'où il avait été envoyé à Toussoum pour, de là, être réexpédié à Port-Saïd];

Espace de terrain de 200 mètres de longueur sur 60 mètres de largeur servant de chantier de charpente et traversé par le petit chemin de fer de service;

Grande baraque servant d'écurie pour les chameaux ;

Maison occupée par les bureaux de l'entrepreneur;

Dans le voisinage, deux autres maisons en bois servant de magasins;

Machines distillatoires occupant deux baraques anglaises accolées;

Four à cuire le pain, en briques, avec une sorte de hangar formant auvent pour garantir le boulanger;

Baraque anglaise servant de logement à 40 ouvriers indigènes ;

Grande maison abritant 150 ouvriers indigènes;

Autre maison servant provisoirement de magasin de dépôt pour agrès de marine et de charpente;

Deux petites maisons pour logements d'employés ;

Chalet du chef de section de l'entreprise:

Chalet de l'ingénieur chef de division et annexe pour bureaux [1];

---

1. Le chalet, occupé au début par l'ingénieur chef de division, se trouva insuffisant pour permettre de recevoir le Président de la Compagnie et le directeur général des travaux dans leurs tournées. En conséquence, en 1863, une maison plus spacieuse fut construite en remplacement, au-delà du chalet : cette maison avait un rez-de-chaussée en maçonnerie ; au-dessus, un étage en pans de bois avec remplissage en briques cuites de Damiette; la couverture était en tuiles plates de Marseille.

Dès que l'ingénieur chef de division put prendre possession de la nouvelle

Entre les deux chalets, on avait commencé le remblai de la rue menant du rivage à l'emplacement que devait occuper l'arsenal ;

Enfin, une maison pour le logement des employés mariés ;

Chacune des habitations avait par derrière des annexes en constructions légères de briques crues ou de nattes et branchages ;

On avait commencé, sur le lido à l'Est du port, à 450 mètres de distance de l'appontement, le piquetage du quartier arabe. Le terrain devait être divisé en petits lots de 3 mètres sur 3 mètres qui formeraient autant d'habitations distinctes.

Dès que les remblais devant servir d'assiette aux constructions de la ville auraient pris un peu d'extension, on devait ériger deux constructions, l'une pour une chapelle catholique, l'autre pour une mosquée.

Zaïzeh. — Un campement tout à fait provisoire fut installé sur la petite île Zaïzeh du lac Menzaleh, sise à peu près à mi-distance entre Port-Saïd et Kantara, à laquelle les barques venant de Port-Saïd pouvaient accoster et qui avait pu être réunie à la terre ferme par une digue, construite en branchages de soudes et en terre battue, d'une longueur d'environ 1.000 mètres.

On avait choisi ce point comme étant le plus commode et le plus rapproché pour établir les relations entre Port-Saïd et le campement de Kantara et permettre ainsi le ravitaillement de ce campement en attendant que la rigole de service put être ouverte entre les deux points extrêmes distants de 44 kilomètres.

Il n'y avait à Zaïzeh que deux baraques et une tente, plus un hangar sous lequel on fabriquait des briques crues : les barques qui transportaient des approvisionnements destinés à Kantara emportaient ces briques à leur retour à Port-Saïd.

Kantara-el-Khasné (Pont du Trésor). — L'installation du campement de Kantara-el-Khasné fut commencée dans le courant de septembre.

Les premières constructions furent groupées dans le voisinage de la grande sakieh construite par Ibrahim Pacha à l'époque de la guerre de Syrie.

A la fin de l'année, le campement comprenait les constructions suivantes :

Grande maison en bois pour logements d'ouvriers ;

Maison en bois, servant de logement au chef du campement ;

Les bois de ces maisons avaient été transportés de Port-Saïd à Kantara par caravanes de chameaux ;

Maisons en briques ; les briques provenaient d'un important amas de décombres amoncelées sur une éminence voisine, débris d'anciens postes militaires[1] ;

---

maison, le châlet fut affecté à l'habitation du gouverneur de Port-Saïd.

Après l'inauguration du Canal, la nouvelle maison fut vendue au Gouvernement égyptien pour l'installation définitive du gouverneur de l'Isthme.

1. Parmi les amas de décombres se trouvaient les restes d'un ancien cimetière encore couvert de nombreuses tombes paraissant remonter à une haute antiquité à en juger par les stèles qui y furent découvertes : les corps étaient couchés dans de grands sarcophages en pierre blanche et recouverts, par dessus les bandelettes, d'une couche de plâtre qui reproduisait les traits du visage et une forme ébauchée des corps. Dans cette même nécropole, on trouva des corps ensevelis dans des caveaux en briques ; d'autres simplement placés dans deux jarres cylindriques de terre cuite rapprochées bout à bout.

Dans l'Est du campement, à une distance d'environ 4 kilomètres, on rencontra un amas de décombres où l'on découvrit un monument en grès rouge, sculpté, portant les cartouches royaux de Rhamsès Ier, de Sithy Ier et de Rhamsès II.

Dans le voisinage immédiat de la sakieh, se trouvaient la cuisine du campement et une boulangerie ainsi que quelques gourbis en bois et branchages;

Un four à chaux et une briqueterie avaient été installés ;

Enfin, dans le voisinage du Canal se trouvait le village arabe.

La sakieh avait été complètement restaurée, et elle était munie d'une noria qu'un bœuf ou un chameau mettait en mouvement. (La noria provenait des magasins du Caire d'où elle avait été envoyée à Toussoum pour être ensuite réexpédiée sur Kantara.) L'appareil fonctionnait parfaitement et fournissait une grande quantité d'eau avec laquelle il était facile d'arroser les terrains voisins. Malheureusement, l'eau venait quelque fois à s'épuiser et l'on était obligé d'interrompre le travail de la noria pour laisser le puits se remplir. Cette interruption avait lieu trois fois par jour. On comptait approfondir le puits pour essayer d'augmenter le volume d'eau.

El Ferdane. — Un campement fut installé sur ce point au commencement de décembre. On avait trouvé, à 200 mètres de distance, une carrière de moellons. A la fin de l'année, une grande maison, construite en moellons et mortier de terre, était en cours de construction. Un puits de 2 mètres de diamètre et de 2^{m},50 de profondeur avait été creusé à 150 mètres de la maison, mais l'eau rencontrée était salée.

A 400 mètres dans l'Est du campement on avait trouvé également, en abondance, du carbonate de chaux friable qui fut utilisé pour la confection de briquettes destinées aux constructions et auxquelles on donnait de la cohésion en y mêlant une certaine quantité de sable et en malaxant le mélange avec un lait de chaux.

Saba-Biars. — Dès le début des opérations dans l'intérieur de l'Isthme, un four à chaux fut construit dans le voisinage de Saba-Biars pour fournir la chaux nécessaire à la construction de murs de revêtement de puits et autres constructions que l'on pourrait avoir à exécuter dans le voisinage.

En même temps, le puits de Saba-Biars avait été recreusé. Malheureusement, pour rétablir le blindage des terres, on avait dû se servir des bois de tamarix qui abondaient sur place, et les sucs de ces bois donnèrent à l'eau un goût assez mauvais pour que les animaux refusassent de la boire. On espérait qu'après l'exécution des maçonneries de revêtement du puits l'eau retrouverait ses bonnes qualités premières.

Il est à noter que certains puits du désert que l'on se proposait de revêtir de murs donnaient une eau moins bonne qu'elle ne le devint après la construction des murs à cause des débris de bois de tamarix employés par les bédouins pour soutenir les terres et que l'eau pourrissait.

Bir-abou-Ballah[1]. — Dans le courant d'octobre on avait commencé à Bir-abou-Ballah le creusement d'un puits de 9 mètres de diamètre. Ce puits était situé au pied de la dune de Bah-Darieh dans le voisinage d'un ancien puits. On espérait qu'il permettrait, au moyen d'une noria, d'arroser une grande superficie de terrain.

Au sud de Bir-abou-Ballah, entre les digues de l'ancien canal et les grandes dunes qui les bordent, six puits avaient été creusés à une profondeur moyenne de 3^{m},80 dont 2^{m},40 dans la terre végétale, et l'on n'avait trouvé que de l'eau salée.

En même temps que le creusement des puits, on avait commencé la construction d'une maison en pisé de 6 mètres sur 4 mètres avec une cuisine

---

1. Bir-abou-Ballah était un ancien puits dont l'origine remontait aux temps bibliques.

C'était le lieu où les commerçants Égyptiens et Syriens se donnaient rendez-vous pour l'échange de leurs marchandises.

annexe construite avec des bois et des nattes en roseaux du lac Timsah et un petit four à cuire le pain en maçonnerie. A la fin de l'année, la maison était prête à recevoir la couverture.

Une fabrique de briques avait été installée.

Néfiche. — On avait trouvé près de Néfiche, au nord-ouest des dunes, à 2.500 mètres environ de Bir-abou-Ballah, une carrière de moellons qui fut exploitée pour fournir les matériaux des puits de Saba-Biars et de Bir-abou-Ballah.

Un chantier fut installé sur ce point dans le courant de septembre pour l'extraction des pierres.

Timsah. — Ce campement fut installé dans la seconde quinzaine de novembre sur le vaste plateau sur lequel devait s'élever la ville future. Il se composait de quelques constructions en pisé. Des ouvriers y furent employés à couper les roseaux du lac au pied des dunes de Néfiche. A la fin de l'année on en avait porté déjà 400 charges de chameau dans les divers chantiers pour servir à faire des nattes pour couvertures de maisons et pour constructions d'abris.

Les nattes se composaient d'une couche de roseaux accolés réunis par d'autres roseaux disposés en liens et placés transversalement. C'étaient ces derniers qui étaient cloués sur les chevrons des couvertures ou qui étaient reliés à des piquets plantés en terre au moyen de liens en fil de fer pour former les parois des abris.

Fawar. — Dès le début des opérations dans l'intérieur de l'Isthme, avant même que ne fussent commencées les installations du campement de Toussoum dont il est parlé ci-dessous, on avait réparé(courant de juin) , pour l'utiliser comme logement, le magasin ou ancien poste militaire de Fawar. Le bâtiment fut entièrement reconstruit en septembre.

En même temps qu'avait lieu la première réparation, on avait fait nettoyer et agrandir l'ancien puits qui existait sur ce point et qui était pour les caravanes du désert un lieu d'arrêt où elles s'abreuvaient toujours. L'eau de ce puits était passable ; on espérait la voir s'améliorer à mesure que se continuerait l'épuisement. Le puits avait un diamètre de 6 mètres y compris l'épaisseur des murs ; sa profondeur totale était de 3^{m},30 avec une hauteur d'eau de 1^{m},50. Les murs avaient été établis d'abord à pierres sèches, mais on dut les reconstruire en maçonnerie à cause de la poussée des terres ; un petit four à chaux avait été construit pour cuire la chaux nécessaire à cette construction; la pierre à chaux provenait de la carrière de Moura située à 3 kilomètres environ de distance dans l'Est de Cheik Ennedek.

Toussoum (Pl. xxv). — Les premières installations du campement de Toussoum, établi sur le plateau de Cheik Ennedeck, eurent lieu dans le courant de juillet. Le campement prit d'ailleurs rapidement de l'extension. Sa proximité de Timsah et de Fawar et sa position centrale dans l'Isthme avaient engagé l'entrepreneur à y établir un centre assez important. L'entrepreneur estimait que ce centre pourrait être conservé, même lorsque les grands travaux seraient entrepris au seuil d'El Guisr.

Les constructions successivement érigées pendant le cours des six derniers mois de l'année ont été les suivantes :

Magasin à deux compartiments, avec annexe en bois de tamarix. Dans l'une des pièces avait été installée, à l'origine (en septembre), une cuve en bois d'une contenance de 5.000 litres pour l'approvisionnemnnt en eau douce du campement.

Cave en maçonnerie ;

Cuisine ;

Four à pain, avec construction rustique annexe en bois de tamarix et roseaux pour le dépôt des farines et leur manipulation ;

Kiosque en bois de tamarix et roseaux, pour salle à manger des employés ;

Maison rustique construite avec des branches de tamarix du lac Timsah, des cailloux et de l'argile ;

Grande maison en bois, venue de Port-Saïd à dos de chameaux, et destinée à servir d'infirmerie ;

Grande maison en maçonnerie, pour logements d'employés ;

Grand hangar construit avec des bois et des roseaux du lac Timsah pour atelier de menuiserie.

Tous les moellons employés à la construction des maisons en maçonnerie avaient été trouvés à de courtes distances sur le plateau même ou dans les environs.

Un four à chaux, capable de cuire 4 mètres cubes, avait été construit sur le plateau même. La pierre à chaux se trouvait en partie sur place : pour l'autre partie, provenait de la carrière calcaire de Moura. En même temps que l'on cuisait la chaux, on fit plusieurs essais de fabrication de briques avec de l'argile prise au lac Timsah, à Fawar et sur le plateau même de Cheik-Ennedek : on espérait, à l'aide d'un mélange convenable de sable, arriver à fabriquer de bonnes briques.

Dans les derniers mois de l'année, la chaux fut apportée de la carrière même de Moura où un four avait été construit.

Il y avait, en outre, en approvisionnement, 1.500 carreaux moulés de carbonate de chaux prêts à servir à la maçonnerie des maisons.

Toutes les couvertures des constructions en maçonnerie étaient faites avec des nattes de roseaux clouées sur les chevrons et recouvertes d'un enduit en mortier de 10 centimètres d'épaisseur.

Indépendamment des installations complètement terminées, il y avait à la fin de l'année quatre autres maisons en construction, savoir :

Trois maisons en pisé, dont une très grande, avec lits de camp, pour les ouvriers indigènes ;

Et une maison construite en briques crues et carreaux de carbonate de chaux pour le logement du médecin.

En même temps que s'érigeaient les premières constructions du campement de Toussoum, on avait commencé le creusement d'un puits, dit des Palmiers, dans la partie sud-est du plateau. Ce puits, avec murs maçonnés, avait une largeur de 3 mètres dans œuvre. L'eau fut rencontrée à une profondeur de 13 mètres. Pour y puiser l'eau, on installa au-dessus de la margelle un moulin à vent, système Durand, venant des magasins du Caire et qui actionnait une pompe ordinaire. L'eau fournie était abondante, bonne pour les animaux, quoique légèrement saumâtre, et suffisait à tous les besoins du campement. A côté du puits se trouvait un réservoir d'une contenance de 7 mètres cubes muni d'une vanne permettant d'alimenter à volonté l'abreuvoir des animaux ; enfin, une rigole recevait le trop-plein du réservoir et conduisait les eaux à un petit jardin créé à proximité sur un terrain où le sol était recouvert de terre végétale.

Au pied nord de Cheik-Ennedeck, un jardin de 750 mètres carrés avait été ensemencé, mais aucune des 48 espèces de graines ou de plantes employées à ces essais de culture ne réussit, à l'exception des roseaux des marais. L'expérience fut renouvelée en faisant d'abord germer les graines dans l'eau douce avant de les semer, et le résultat fut encore infructueux à cause des efflorescences salines qui se montraient à la surface du sol.

Sérapéum. — Au commencement de décembre un campement fut installé au Sérapéum. A la fin de l'année un puits de 8 mètres de diamètre était en cours de construction et avait déjà atteint la profondeur de 5m,50 ; on comptait rencontrer l'eau a une profondeur d'environ 10 mètres. Une maison en maçonnerie de moellons gypseux provenant de la fouille du puits, avec mortier de terre argileuse, avait été construite. (On verra plus loin que le campement fut abandonné le 15 mai 1860.)

Gebel-Géneffé. — Le chantier de la carrière de l'Attaka dont il est parlé ci-après fut transporté à Gebel-Géneffé dans le courant d'août.

On avait constaté que la carrière existante sur ce dernier point, et qui avait été autrefois exploitée, présentait un front de 3.000 mètres sur une hauteur de 150 mètres, et que l'on y trouvait toutes les variétés de calcaires, depuis les plus durs jusqu'à la pierre à chaux, et, en outre, d'excellente pierre à plâtre en abondance.

On entreprit aussitôt sur le nouveau chantier la construction d'une maison et le creusement d'un puits.

La maison avait 24 mètres de longueur sur 4 mètres de largeur ; elle était construite en pierres sèches garnies à l'intérieur et à l'extérieur d'enduits en plâtre ; la construction ayant été interrompue pendant un certain temps, faute d'ouvriers, la maison ne fut complètement terminée que vers la fin de l'année.

Le puits était destiné à fournir de l'eau douce au personnel du chantier. On avait espéré d'abord trouver l'eau à peu de profondeur, mais, comme on va le voir, cette espérance fut grandement déçue.

Le puits avait 5 mètres de diamètre jusqu'à la profondeur de 3 mètres, puis 3 mètres seulement sur le reste de la profondeur. Le terrain rencontré jusqu'à la profondeur de 19 mètres, atteinte au 1er novembre, se répartissait ainsi : sur les 4 premiers mètres, terre glaise mêlée de sable ; sur les 8 mètres suivants, schiste tendre mêlé de terre glaise et de sable aggloméré ; enfin, sur les 7 derniers mètres, bancs de pierre de $0^{m},30$ d'épaisseur alternant avec des couches de sable aggloméré. A la fin de l'année, on n'était encore descendu qu'à la profondeur de 30 mètres. On avait finalement reconnu la nécessité de descendre jusqu'à la profondeur de $41^{m},80$ pour rencontrer l'eau. [Le creusement du puits, à travers des terrains très durs, continua pendant les premiers mois de l'année 1860. L'exploitation de la carrière ayant été provisoirement abandonnée au commencement de mai de ladite année, on se contenta d'achever la maçonnerie du puits jusqu'à la profondeur, alors atteinte, de 41 mètres. L'eau était à $0^{m},80$ plus bas ; elle était saumâtre, mais pouvait servir cependant aux lavages et à d'autres besoins.]

Awebet. — La station d'Awebet, au kilomètre 100 de chemin de fer du Caire à Suez, en raison de sa proximité des principaux centres de la partie sud de l'Isthme — on pouvait, à dromadaire, se rendre en six heures, de la station au lac Timsah, — fut jugée la plus propre à recevoir en entrepôt les approvisionnements expédiés du Caire à destination des divers campements de la région. Un magasin d'approvisionnements, dirigé par un agent comptable, y fut en conséquence établi ; un autre agent de l'entrepreneur s'occupait, au Caire, d'expédier aux campements et aux diverses brigades d'opérateurs, par l'intermédiaire de l'agent de la Compagnie, tout ce qui leur était nécessaire en personnel, matériel et approvisionnements.

L'installation d'Awebet comprenait un magasin de dépôt, une maison en bois et quatre tentes.

C'était donc principalement de ce point que l'on ravitaillait les brigades d'opérateurs disséminées entre Suez et le lac Timsah ainsi que les campements de Gebel-Géneffé et de Toussoum ; le ravitaillement comprenait naturellement les envois d'eau du Nil dont la station était régulièrement approvisionnée par le chemin de fer.

Attaka. — Dès les premiers mois de l'année, une grande tente Gagin, semblable à celle de Port-Saïd, avait été installée à l'Attaka pour le personnel appelé à faire l'examen des carrières et l'étude de leur exploitation. On entreprit bientôt sur ce point la construction d'une maison en pierres de 24 mètres de longueur sur 5 mètres de largeur.

Le chantier ayant été transporté à Gebel-Géneffé, dans le courant d'août, il ne resta plus sur les lieux qu'un gardien. La maison en pierres était alors terminée.

Par la description qui vient d'être donnée des nombreuses installations établies par l'entrepreneur général sur tout le parcours du canal maritime, on voit que la Compagnie, au cours de la première campagne des travaux, se trouvait avoir pris pleine et entière possession des terrains de l'Isthme constituant son domaine en vertu de la concession.

ALIMENTATION D'EAU DOUCE DES CHANTIERS

Port-Saïd. — Ainsi qu'il a déjà été mentionné précédemment, l'alimentation en eau douce du campement de Port-Saïd eut dans les premiers temps, par suite des entraves apportées aux opérations de la Compagnie, un caractère précaire qui, heureusement, cessa assez vite grâce à l'installation de deux appareils distillatoires.

Dès le 19 février, la commande avait été faite par la Compagnie à une maison d'Amsterdam de trois de ces appareils, capables de fournir chacun 5.000 litres d'eau par vingt-quatre heures et qui devaient être livrés dans le courant d'avril et embarqués à bord d'un navire à vapeur.

Un premier appareil fut monté à Port-Saïd et commença à fonctionner dans le courant de juin. Il fournissait par heure 100 litres d'eau parfaitement potable. Un puits avait été creusé à côté de l'appareil où s'alimentait la pompe de la machine.

Le second appareil fut monté et fonctionna le mois suivant.

On commença des essais de chauffage au moyen de plantes de soude provenant des bancs du lac sis en arrière de la ligne des dunes.

Dans le courant de septembre les deux appareils, qui avaient fonctionné jusqu'alors en plein air, se trouvaient renfermés dans deux baraques anglaises accolées et leurs corps étaient entourés d'une double enveloppe de nattes pour conserver le calorique. On brûlait des soudes avec un dixième de charbon. Ces soudes rendaient à peu près leur propre poids d'eau.

Une expérience faite avec beaucoup de soin pendant vingt-quatre heures montra qu'avec 1.000 kilogrammes de houille on obtenait 5.000 litres d'eau, soit 5 litres d'eau par kilogramme de charbon. Le prix de revient du litre d'eau ne s'élevait donc pas sensiblement au-dessus de 0 fr. 016 en ne tenant compte que des frais de combustible.

Intérieur de l'Isthme. — L'entrepreneur général, en même temps qu'il faisait faire l'étude du tracé définitif du canal maritime entre Suez et Kantara, avait fait procéder à la reconnaissance des puits déjà connus et à la recherche de nouveaux points d'eau. Nous avons fait connaître précédemment (à la description des bâtiments et abris des campements établis sur la ligne du canal) les différents points où d'anciens puits ont été restaurés et où de nouveaux puits ont été creusés.

L'alimentation en eau douce des brigades d'opérateurs employées sur la partie du canal comprise entre Suez et le lac Timsah et du personnel du campement de Gebel-Géneffé ainsi que du personnel du campement de Toussoum avant l'achèvement du puits creusé sur ce dernier point, était assurée par des caravanes de chameaux amenant l'eau du Nil prise à la station d'Awebet du chemin de fer de Suez.

TRANSPORTS MARITIMES

MOUVEMENT DES NAVIRES SUR LA RADE DE PORT-SAÏD

Mouvement total de la rade pendant l'année 1859

PAVILLONS	NOMBRES DE NAVIRES	TONNAGE TOTAL
Français	14	2.617 tonneaux
Italien	1	240 —
Ottoman	8	3.153 —
TOTAUX	23	6.010 tonneaux

Les navires sont arrivés à Port-Saïd aux dates suivantes :

En avril :

Le premier navire arrivé devant Port-Saïd, dans le couvrant d'avril, a été *l'Union*, venant de Marseille, chargé de bois de construction. Le petit nombre de bras dont on pouvait alors disposer rendit son déchargement long et pénible : les bois étaient attachés les uns aux autres en forme de radeaux, et une embarcation conduite par des rameurs remorquait ensuite ces radeaux jusqu'à terre. On tirait alors les pièces une à une sur le rivage où on les emmétrait avec soin hors de la portée des vagues.

En mai :

Le brick *l'Isis*, expédié également de Marseille, portant le second chargement de bois destinés à l'appontement ; le déchargement s'est fait dans les mêmes conditions que pour le précédent navire ;

Le brick *l'Etna*, venant d'Alexandrie et portant la charpente du phare ainsi que du matériel divers ;

Le trois-mâts, *la Bretagne*, venant de Marseille, avec un chargement de bois ;

Le brick *Max*, venant d'Alexandrie et portant les maisons en bois Fréret qui avaient été débarquées dans ce port, et transbordées pour le transport jusqu'à Port-Saïd. Le débarquement à Port-Saïd, effectué dans les derniers jours de mai, présenta, par suite du gros temps qui régnait alors, de sérieuses difficultés dont on se rendra aisément compte par ce fait, qu'un radeau, composé en grande partie de bois de charpente et de panneaux de menuiserie, ne put arriver au chantier que huit jours après son départ du navire et après avoir échoué plusieurs fois au risque d'une perte totale.

En juin :

Le brick *l'Alexandria*, venant d'Alexandrie, chargé de pierres et de matériel de campement ;

Plusieurs autres navires chargés de pierres, de matériel et d'ouvriers ;

Le vapeur *Saïd* (bateau de la Compagnie égyptienne, *la Medjidieh*, affrété par la Compagnie) fit pendant le mois deux voyages d'Alexandrie à Port-Saïd pour ravitailler le campement, y transporter des ouvriers dalmates et permettre à M. de Lesseps et aux administrateurs délégués d'aller visiter le chantier.

Pour faciliter les déchargements, on imagina de haler les mahonnes sur une amarre depuis le mouillage jusqu'au rivage, et, dans ce but, un certain nombre de bouées furent mouillées sur le parcours. En outre, un appareil fut installé à terre, à l'aide de pièces de bois et de palans pour tirer hors de l'eau les embarcations traînées sur des rouleaux en bois.

En juillet :

Le brick *Christina*, venant d'Alexandrie, chargé d'objets de ravitaillement ;

Le vapeur *Saïd*, affrété encore une fois, portant à Port-Saïd des ouvriers et du matériel.

En août et mois suivants :

Le vapeur *le Joseph*, acheté par la Compagnie, en juin, à Marseille, eut à subir, à son arrivée, à Alexandrie, d'importantes réparations et améliorations. Il fit son premier voyage à Port-Saïd dans la première quinzaine d'août. Il avait pour mission de ravitailler régulièrement Port-Saïd en hommes, vivres, matériaux et matériel : au retour, il ramenait à Alexandrie les ouvriers qui demandaient à être rapatriés.

Il fit en tout, jusqu'à la fin de l'année, sept voyages.

En décembre :

Le brick *Massaoudah*, venant d'Alexandrie, chargé de matériel :

Le brick *Mazagran*, chargé d'outils et de matériel. Aussitôt après son déchargement, ce navire fut dématé, et ses gréements furent déposés dans le magasin de la marine. Le navire fut ensuite mouillé dans une position convenable pour servir de ponton et de magasin flottant.

TRANSPORTS A L'INTÉRIEUR ET APPROVISIONNEMENTS

Dans un chapitre précédent, nous avons donné des renseignements généraux sur le service des approvisionnements et des transports pendant la première phase des travaux. Nous ne reviendrons ici que sur quelques points de détail se rapportant spécialement à l'année 1859.

Rigole de service entre les établissements de Port-Saïd et le lac Menzaleh. — Ainsi qu'il a été mentionné précédemment (Voir p. 136) une rigole de service, destinée à établir une communication par eau entre les établissements du port de Port-Saïd et le lac Menzaleh, et à permettre ainsi les communications avec Damiette par le lac, fut creusée, à peu près en prolongement de la voie de l'appontement, jusqu'au lac.

Canal de communication entre le Nil et le lac Menzaleh, à Damiette. — On se rappelle que M. Mougel Bey, dans le programme exposé par lui au Conseil supérieur des travaux dans sa séance du 25 novembre 1858[1], avait mentionné « qu'afin de pourvoir plus facilement à l'alimentation des ouvriers de Port-Saïd, on ouvrirait, en amont de Damiette, un canal avec écluse en charpente qui, en faisant communiquer le Nil avec le lac Menzaleh permettrait de faire arriver jusqu'aux chantiers du port des barques portant des vivres, de l'eau et quelques matériaux[2] ». En prévision de l'exécution de ce travail, une commande de 61 mètres cubes de bois fut faite à Marseille dans les premiers jours de mars 1859.

Pendant la visite de la Commission déléguée du Conseil d'administration à Port-Saïd, le Vice-Roi lui fit la surprise de faire exécuter par 10.000 ouvriers le

---

1. Voir t. IV, p. 93.

2. A diverses époques, le Gouvernement égyptien avait creusé, dans les parties supérieures, entre le Nil et le lac, des canaux de communication et d'irrigation qui subsistaient encore ; mais aucun de ces canaux ne remplissait aussi bien que le canal projeté les conditions de facile communication avec Port-Saïd qu'il importait de réaliser.

canal en question, dispensant ainsi la Compagnie d'ouvrir elle-même et à ses frais cette communication. Le canal avait une largeur de 15 mètres et une profondeur d'eau de $1^m,50$. Il fut terminé en quelques jours. Nous devons mentionner toutefois qu'il ne fut parachevé et mis véritablement en état de navigabilité par la Compagnie que dans le second semestre de 1860.

Route des caravanes entre Port-Saïd et Toussoum par l'Est du lac Menzaleh. — Dès le mois d'août un service régulier, par caravanes de quinze à vingt chameaux, fut établi entre Port-Saïd, devenu promptement l'entrepôt le plus important des approvisionnements et du matériel, et les différents campements de l'intérieur. Il a été expliqué précédemment que la caravane, en quittant Port-Saïd, longeait le littoral Est jusqu'aux bouches d'Oum Fareg ; qu'elle traversait la première des deux bouches sur un bac, installé en octobre, la seconde à gué ; qu'elle se dirigeait ensuite vers le sud en traversant de petites lagunes du lac Menzaleh recouvertes de sel et où le sol avait dû être consolidé au moyen de broussailles et de terre rapportée.

C'est au moyen de ces caravanes, notamment, que, dans le courant de septembre, furent transportés : d'une part, un moulin à vent expédié de Toussoum à Port-Saïd ; d'autre part, en sens inverse, deux maisons Fréret, une grande et une petite, expédiées de Port-Saïd à Kantara. La charge des chameaux était de 210 kilogrammes.

Service des approvisionnements de la partie Sud de l'Isthme. — Les opérateurs employés sur la partie sud du canal et les campements de la région étaient approvisionnés par le Caire et le chemin de fer de Suez. Ainsi qu'il a été expliqué précédemment, un dépôt avait été installé à la station d'Awebet et c'était de là que les caravanes se dirigeaient vers l'intérieur. Treize heures de marche suffisaient pour arriver au lac Timsah. A dromadaire le trajet ne demandait pas plus de six heures.

POPULATION FIXE DES CAMPEMENTS

Port-Saïd. — A la date de l'inauguration de l'ouverture des travaux à Port-Saïd (25 avril 1859), la population du chantier, composée principalement d'ouvriers indigènes avec un petit nombre d'ouvriers européens et quelques employés, était, comme on l'a dit déjà, d'environ 150 personnes.

Le 28 mai, le vapeur *Saïd*, de la Compagnie égyptienne de navigation à vapeur *la Medjidieh*, affrété par la Compagnie, transporta à Port-Saïd, en même temps que des tonneaux d'eau douce et des approvisionnements divers pour le ravitaillement du campement, 16 barbarins conduits par un chef ; le 11 juin, le même navire transportait 47 marins de diverses nationalités.

A la date du 1er juillet, par suite de la mesure prise au commencement de juin par le Gouvernement égyptien pour faire cesser immédiatement tous travaux sur les chantiers du canal, il ne restait plus à Port-Saïd, en outre des bédouins conduisant les caravanes de chameaux, que des ouvriers européens, pour la plupart des marins[1]. La mesure prise par le Gouvernement n'avait eu d'effet que sur les ouvriers indigènes. Les consuls généraux des diverses Puissances, loin de tenir compte de la circulaire qui leur avait été adressée à ce sujet par le Ministre des Affaires Etrangères, visaient journellement les

1. Le salaire mensuel de ces ouvriers, qui avait été, au début, de 40 francs, avait été porté à 60 francs. Il était fait, d'ailleurs, auxdits ouvriers une distribution de vivres consistant en biscuits, riz et viande salée, à laquelle il était ajouté du café et une ration d'eau-de-vie quand les ouvriers avaient travaillé longtemps dans l'eau.

passeports de ceux de leurs nationaux qui voulaient aller travailler à Port-Saïd et enregistraient dans leurs chancelleries les contrats passés entre les ouvriers et le représentant de l'entrepreneur ; en un mot, ils avaient jugé ne pas devoir apporter la moindre entrave au libre exercice de l'industrie de leurs nationaux. Les enrôlements se faisaient donc en aussi grand nombre que le réclamaient les besoins des travaux [1].

Par suite des nouvelles mesures ordonnées dans les premiers jours d'octobre, cette fois par les consuls généraux, 42 ouvriers (dont deux français seulement) firent connaître leur intention de quitter le chantier : les marins autrichiens, entre autres, qui, jusque là, avaient été d'un grand secours pour toutes les opérations, indépendamment des craintes que leur faisaient éprouver les ordres itératifs de leur consul général, désiraient revoir leur pays, et ils demandèrent presque tous à retourner à Alexandrie où ils furent effectivement rapatriés par le vapeur *le Joseph*. Le 30 octobre, l'ingénieur chef de section avait fait rentrer en magasin tous les objets transportables, avec inventaire, en cas d'événement. Après le dénouement de la crise, grâce à l'intervention du Gouvernement français, le Gouvernement égyptien, tout en ne croyant pas devoir revenir sur la décision qu'il avait prise en exécution des ordres de la Porte, cessa pourtant d'apporter des entraves aux opérations de la Compagnie. Le nombre des ouvriers qui avaient abandonné les chantiers, aussi bien dans l'intérieur de l'Isthme qu'à Port-Saïd avait été, en définitive, assez restreint et les travaux n'avaient pas été interrompus. Les vides existants à Port-Saïd furent en partie comblés dès le milieu de novembre, et le nombre des ouvriers continua ensuite à être augmenté à mesure des besoins.

La population du chantier au commencement de décembre était la suivante :

	Nombres d'habitants.	
Personnel dirigeant :		
Ingénieur chef de section, 3 employés, 1 médecin	5	11
Chef de section de l'entreprise, 5 employés	6	
Ouvriers européens (français, autrichiens, grecs) :		
Ouvriers d'art	24	49
Marins	16	
Manœuvres	9	
Ouvriers indigènes :		
Manœuvres arabes recrutés à Damiette		78
POPULATION TOTALE		138

A la fin de décembre, le nombre des ouvriers était d'environ 300 dont 80 Européens. Parmi les ouvriers arabes, il y en avait une centaine dont l'engagement avait eu lieu à Damiette par les soins de l'agent de l'entrepreneur sans que le gouverneur y eût fait la moindre opposition.

Des engagements semblables avaient eu lieu au Caire, également sans opposition.

Intérieur de l'Isthme. — Les opérateurs occupés dans l'intérieur de l'Isthme avaient avec eux des aides européens et des arabes. Ces derniers conduisaient les caravanes de chameaux, dressaient les tentes des campements et

1. En ce qui est des ouvriers indigènes, on peut citer, par contre, les quelques faits suivants : le 1er juillet, le wekil du gouverneur de Damiette avait enlevé à l'ingénieur chef de section ses deux serviteurs arabes; le 6 du même mois, défense était faite aux pêcheurs du lac Menzaleh par le chef de la pêche du lac de porter du poisson à Port-Saïd ; le 8, les ouvriers se mettaient en grève. Ce ne fut que dans les derniers jours du mois que tout parut rentrer dans l'ordre.

assuraient les approvisionnements d'eau douce; ils devaient subvenir à leurs propres besoins. Malgré la défense faite en juin, par le Gouvernement aux sujets égyptiens, de prendre part aux travaux du Canal, les bédouins du désert, qui n'avaient pas d'autre industrie que la location de leurs chameaux ou l'entreprise des transports, avaient continué à prêter leur concours à la Compagnie ; l'interdiction ne s'appliquait qu'aux fellahs.

La population des principaux campements à la fin de l'année était la suivante :

A Kantara : 12 ouvriers européens et 8 indigènes. 30 autres ouvriers indigènes étaient attendus ainsi qu'une caravane de 100 chameaux loués pour transporter un chargement considérable de madriers et de bois de construction. Les ouvriers devaient être employés au creusement, entre Kantara et le lac Menzaleh, de la rigole de service destinée à permettre aux barques venant de Port-Saïd d'arriver jusqu'à Kantara ;

A El Ferdane : 8 ouvriers européens et 16 indigènes ;

A Toussoum : le sous-ingénieur chef de section, un médecin, un vétérinaire, les employés de l'entreprise, un sellier, 32 ouvriers européens, 52 ouvriers indigènes, 33 chameliers ;

Au Sérapéum : 8 ouvriers européens et 12 indigènes ;

A Gebel-Géneffé : 18 ouvriers européens et 22 indigènes.

Soit, pour l'ensemble des campements de l'intérieur de l'Isthme, un nombre total de 188 ouvriers, dont 78 européens et 110 indigènes.

ÉTUDES ET RECHERCHES

Etudes. — Pendant les premiers mois de l'année, les études hydrographiques furent poursuivies sans interruption par M. Larousse sur la côte du golfe de Péluse, depuis Oum Fareg jusqu'à Foum Gemileh, et ces études permirent, ainsi qu'il a été expliqué, de fixer définitivement le point de débouché du Canal maritime dans la Méditerranée.

[Le boghaz de Gemileh ne présentait guère qu'une profondeur de $0^{m},70$. Cette profondeur s'accroissait d'une brasse à l'époque des hautes eaux.]

Des échelles de marée furent placées le long de la côte afin de pouvoir déduire des observations l'établissement du port.

On s'occupa ensuite d'une reconnaissance hydrographique du lac Menzaleh et de la fixation définitive du tracé du Canal à travers le lac. Mais cette partie des études ne put recevoir qu'un commencement d'exécution à cause des basses eaux : il y avait des espaces considérables où le lac ne présentait pas plus de 10 à 20 centimètres de profondeur d'eau et au milieu desquels il était impossible de naviguer ou de se faire porter à dos d'homme à cause de la vase. La suite des études dut en conséquence être renvoyée à l'époque de la crue du Nil, c'est-à-dire au moment où le lac deviendrait praticable dans toute son étendue. En attendant, M. Larousse se rendit à Suez pour y faire le relevé hydrographique de la baie.

Ainsi qu'il a été mentionné précédemment, des marégraphes furent installés à Port-Saïd et à Suez. En outre, chacun des deux ports fut muni d'instruments d'observations météorologiques. A Port-Saïd, ces observations étaient confiées aux soins du médecin récemment installé ; à Suez, aux soins d'un agent spécial.

Les études dans l'intérieur de l'Isthme étaient faites par cinq brigades d'opérateurs :

La première brigade refaisait le nivellement de l'Isthme ;

La seconde étudiait le mode d'exploitation des carrières de l'Attaka et de Gebel-Géneffé ;

La troisième était occupée à la découverte et à la construction des puits ;

La quatrième faisait des recherches géologiques pour les matériaux de construction ;

La cinquième enfin, faisait des sondages sur la ligne du canal, de kilomètre en kilomètre.

Il était important, pour pouvoir se fixer sur le choix des moyens d'exécution des terrassements, de connaître exactement la nature des terrains que le canal devait traverser. Les forages faits au moyen de la sonde n'ayant pu donner que des indications assez incertaines, on avait commencé à faire sur les points les plus importants de véritables excavations descendant jusqu'au plafond du canal ou jusqu'à la rencontre de l'eau. A la fin de l'année, les alentours du lac Timsah étaient déjà explorés de cette façon, et l'on avait commencé le même mode d'exploration sur le seuil d'El Guisr où les excavations devaient être faites tous les cent mètres.

Carrières. — En outre des deux grandes carrières de l'Attaka et de Gebel-Géneffé qui furent explorées dès le début des opérations de la Compagnie, les recherches dans l'Isthme, — ainsi qu'il a été expliqué précédemment à la description des bâtiments et abris, — avaient fait reconnaître l'existence, sur certains points, de carrières secondaires qui avaient pu fournir les moellons et la pierre à chaux nécessaires à la construction des maisons des campements voisins. Parmi ces carrières secondaires, il convient de citer spécialement le plateau bordant la rive nord-est du lac Timsah, où se trouvaient des bancs importants de roches calcaires. On verra plus loin que les excellents matériaux fournis en abondance par cette carrière, — désignée sous le nom de *carrière du plateau des hyènes*, — ont reçu pendant tout le cours des travaux de fréquents emplois dans les diverses constructions : maisons d'Ismaïlia, écluses du canal d'eau douce, enrochements de protection des berges du canal, jetée Est de Port-Saïd, etc. [1].

---

1. *Exploration du cap Cassius.* — On avait espéré trouver des pierres pour les constructions de Port-Saïd au cap Cassius, situé dans l'est de Péluse, entre la mer et le lac Serbon. Malheureusement, l'exploration des lieux fit reconnaître que les éminences de terrain que l'on désignait sous le nom de cap Cassius, n'étaient formées que de sables amoncelés; les sommets les plus élevés atteignaient presque une hauteur de 100 mètres, et la ligne de ces grandes dunes s'étendait sur une longueur de 3 à 4 kilomètres; le talus du côté du large était d'environ 45 degrés; le sable coulait lentement du sommet à la base, et était ensuite retroussé par le vent, en sorte que les parties qui semblaient rongées par la mer, se reformaient graduellement.

On avait trouvé quelques ruines au sommet du cap.

La végétation des environs, tout à fait analogue à celle qui existait dans l'Isthme, était assez vigoureuse ; on y distinguait d'assez grands arbustes et même quelques petits dattiers. Le pied des dunes ayant été creusé à 2 mètres de profondeur, fournit de l'eau potable n'ayant qu'un très faible goût saumâtre.

Cette observation de la présence de l'eau douce au pied des dunes d'une certaine hauteur, avait été signalée à diverses reprises lors de l'expédition française : elle semblait pouvoir être attribuée à la propriété du sable de déterminer la condensation d'une certaine quantité de la vapeur d'eau répandue dans l'atmosphère.

Les constructions assez nombreuses rencontrées dans ces parages étaient formées de blocs de plâtre de 80 centimètres sur 30 de parement, et de 50 centimètres de queue; la texture de ces blocs était crevassée par suite d'une cristallisation confuse. Une certaine quantité de briques crues, d'une conservation parfaite, entrait également dans ces constructions.

Briqueteries. — Des briqueteries, — ainsi qu'il a été dit déjà, — furent installées à Port-Saïd, et dans un certain nombre de campements de l'intérieur de l'Isthme.

Combustibles, etc. — Dans les lacs Amers (forêt d'El Ambak), dans le lac Timsah et ses ramifications, dans les lacs Ballah, dans les environs de Kantara, il existait de vastes espaces couverts d'arbres de tamarix dont les troncs, sans s'élever à une grande hauteur, étaient gros et noueux et fournissaient un excellent charbon pour les besoins des forges. Une partie de ces bois étaient également utilisés pour la confection des toitures légères des maisons du désert et pour la construction de gourbis.

Les lacs fournissaient en abondance des roseaux servant à la confection de nattes dont il était fait grand emploi pour la couverture des maisons et pour la construction des gourbis.

A Port-Saïd, les plantes du genre Salzola, croissant sur les bancs des lagunes du lac Menzaleh, avaient été extrêmement utiles. Elles servaient comme fascinages pour consolider les remblais de sable ; et, comme on l'a vu précédemment, elles avaient été utilisées pour le chauffage des machines des appareils distillatoires et pour le chauffage du four à cuire le pain.

Bois de Caramanie. — Nous signalerons, enfin, qu'un agent de l'entrepreneur était allé visiter les forêts de la Caramanie pour juger du parti que l'on en pourrait tirer pour les bois de charpente, et que l'un des grands propriétaires de ces forêts avait déjà fait des offres pour d'importantes fournitures.

SERVICE DE SANTÉ

Peu après l'inauguration de l'ouverture des travaux à Port-Saïd, un service de santé fut organisé dans l'Isthme par les soins du Dr Aubert-Roche chargé, en qualité de médecin en chef, de la direction de ce service.

Dès la première quinzaine de juin, un médecin, pourvu de tous les médicaments et instruments que doit contenir une pharmacie de campagne, fut installé à Port-Saïd. Vers le milieu de juillet, la Commission déléguée du Conseil d'administration décida l'installation d'un service médical à Toussoum, « où le nombre des employés et des ouvriers européens s'élevait à plus de vingt ».

Le médecin de Port-Saïd, peu de temps après son installation, tout en constatant le bon état sanitaire du campement, avait signalé pourtant l'existence de quelques affections gastriques qu'il attribuait au mélange incessant d'une petite proportion de sable que le vent projetait dans les aliments pendant leur préparation et aussi à l'humidité du sol. Pour remédier le plus promptement possible à ce double inconvénient, on s'empressa de recouvrir, avec les bois du chantier, le terrain sur lequel étaient installées les tentes. Dès que les ouvriers purent être logés dans des baraques bien closes et que la cuisine ne se fit plus en plein air, les deux inconvénients signalés furent très atténués.

On avait reconnu aussi la difficulté de conserver en bon état les approvisionnements de biscuits, et, comme il a été mentionné précédemment, un four en briques à cuire le pain fut construit au grand profit de la santé générale.

TRAVAUX
EXÉCUTÉS PENDANT L'ANNÉE 1860-1861

Compte rendu sommaire des travaux exécutés et des résultats obtenus pendant la période du 15 avril 1860 au 15 avril 1861.

(EXTRAIT DU RAPPORT DU PRÉSIDENT DE LA COMPAGNIE A L'ASSEMBLÉE GÉNÉRALE DES ACTIONNAIRES DU 15 MAI 1861)

L'entreprise embrassait deux ouvrages principaux : le canal maritime destiné à unir les deux mers et le canal d'eau douce joignant, à travers la vallée de Gessen, le Nil au lac Timsah, port central du canal maritime.

Le canal maritime, d'après les derniers tracés adoptés, avait une longueur totale d'environ 150 kilomètres. Sur cette longueur totale, on trouvait environ 100 kilomètres où le terrain était à peu près au niveau de la mer ou au-dessous, et qui constituaient par conséquent la partie des travaux qui pouvait être exécutée avec le plus d'économie et de facilité. Les 50 autres kilomètres comprenaient le seuil d'El Guisr, dont la plus grande hauteur au-dessus du niveau de la mer était de $10^{m},10$, le seuil du Sérapéum, dont la plus grande hauteur était de $10^{m},51$; enfin, la plaine de Suez, dont la plus grande hauteur (au seuil de Chalouf) était de $8^{m},36$.

El Guisr et le Sérapéum étaient donc les deux principaux obstacles à la prompte jonction des deux mers.

La description qui précède expliquait et justifiait l'ordre qui fut adopté dans la marche des travaux.

Port de Port-Saïd. — Il fallait d'abord prendre position sur le rivage de la Méditerranée qui devait mettre l'entreprise à portée des ressources dont abondent les pays baignés par cette mer. C'est ce que l'on fit à Port-Saïd, tête du canal. Port-Saïd était maintenant une ville contenant une population de plus de 2.000 âmes, des habitations pour les Européens, un village pour les Arabes, des magasins, une scierie mécanique, des ateliers de forges, d'ajustage, de montage, des machines à distiller l'eau de mer, un bassin dont le chenal s'achevait, un appontement avec les appareils propres au débarquement des cargaisons.

A la date du 15 avril, la rade du nouveau port avait déjà reçu 135 bâtiments jaugeant ensemble 29.000 tonneaux.

Une grande partie des forces, restreintes encore, dont on disposait, avait dû se concentrer pendant plusieurs mois à Port-Saïd sur les travaux de terrassements nécessaires aux remblais du sol sur lequel s'élevaient, à mesure de l'espace conquis sur les eaux du lac Menzaleh, les maisons d'habitation des ouvriers, les hangars, les magasins et toutes les servitudes de ce principal établissement de l'entreprise. Quatorze voies ferrées avaient été établies à partir du cordon littoral formant le sol étroit de Port-Saïd pour créer, en l'élargissant vers les lagunes du lac, les superficies de terrain indispensables : les remblais étaient faits avec le sable de la plage.

L'importance et l'utilité de la rade de Port-Saïd donnaient un haut intérêt aux opérations destinées à fortifier l'appontement et à le prolonger par un système d'enrochements. Dans ce but, il avait été nécessaire d'organiser l'exploitation de la carrière du Mex située près d'Alexandrie, au bord de la mer, en attendant que le canal de service fît communiquer Port-Saïd avec la carrière plus riche de Gebel-Géneffé. La mise en exploitation de la carrière du Mex était déjà des plus satisfaisantes. La carrière était ouverte sur une étendue de plus de 500 mètres; les blocs détachés par les mines étaient enlevés par trois grandes grues à vapeur, chargés sur des wagons et traînés sur des voies ferrées ; deux jetées, dont l'une, la jetée de l'Est, en arc de cercle, de

275 mètres de longueur, et l'autre, la jetée de l'Ouest, normale à la côte, à peine ébauchée, de 40 mètres de longueur, formaient une darse dans laquelle huit navires pouvaient s'amarrer en toute sécurité par des fonds de 3m,50 à 4m,50; les navires se plaçaient bord à quai, à portée de grues établies sur la grande jetée et au-dessous desquelles venaient s'arrêter les wagons chargés.

Canal maritime. — Les dispositions indispensables qui viennent d'être indiquées, — dispositions pour ainsi dire préparatoires, malgré leur caractère de stabilité, — ne devaient pas faire négliger la partie fondamentale du programme de l'entreprise, à savoir : l'exécution du canal ouvrant l'Isthme au petit cabotage, c'est-à-dire la jonction la plus prochaine possible des deux mers.

Les difficultés principales que l'on avait à surmonter pour atteindre ce but avaient été précédemment définies. La première que l'on devait rencontrer dans la marche vers Suez était le seuil d'El Guisr. C'était donc ce seuil qu'il fallait attaquer le premier, et ce fut en effet sur ce point que se concentrèrent les efforts.

Mais on était en plein désert; il y fallait tout créer, tout y transporter : l'eau douce, les vivres, les abris, les outils, les appareils, les ouvriers.

On avait creusé ou réparé, à proximité de la ligne du canal et sur différents points, plusieurs puits qui assuraient déjà un approvisionnement d'eau. 1.200 indigènes avaient ouvert pendant l'été de 1860 une rigole qui, partant du lac Maxama, à l'extrémité du bassin inférieur de la vallée de Gessen, avait porté l'eau du Nil alimentant ce lac jusqu'à Bir-abou-Ballah. En cet endroit, les eaux se déversaient dans un grand réservoir en maçonnerie, d'où elles étaient élevées dans un château d'eau par des pompes à vapeur pour en redescendre par une double conduite en poterie se dirigeant vers le Seuil. Un second château d'eau et une seconde conduite portaient l'eau du Seuil jusqu'à El Ferdane. Dans les intervalles étaient ménagées des prises d'eau avec réservoirs. L'alimentation en eau douce d'un nombre considérable d'ouvriers était donc assurée et se ferait avec facilité et abondance sur tout le parcours du Seuil [1].

On avait construit et l'on possédait des abris pour 10.000 travailleurs.

On avait choisi et déterminé les moyens mécaniques par lesquels on comptait donner aux travaux une impulsion vigoureuse et économique. Ces moyens consistaient, on le savait, dans l'emploi des systèmes successifs de la brouette volante (appareils Balan), de la brouette à la corde, de la toile sans fin manœuvrée par un manège ou une locomobile, enfin, de la toile sans fin adaptée à la drague.

On avait, non sans avoir eu à vaincre des difficultés considérables, transporté à travers le désert, les provisions de vivres ainsi que les appareils et les instruments de travail.

On avait installé des ateliers munis de tout ce qui leur était nécessaire.

Le seuil d'El Guisr, d'El Ferdane au lac Timsah, avait été partagé en six chantiers bien organisés; le terrain était divisé en lots préparés pour les indigènes, avec indication en arabe du prix de chaque tâche.

On s'était préoccupé d'assurer à ce centre nouveau d'action, destiné à se prolonger bientôt sur le Sérapéum, les moyens de rendre les relations plus accélérées et les communications de toute espèce moins dispendieuses. Dans ce but, le creusement d'un chenal de service pour les barques avait été résolu et ordonné entre Port-Saïd et Kantara pour se prolonger bientôt jusqu'à El Ferdane, situé au pied du seuil d'El Guisr. Le Seuil serait donc à bref délai mis en

---

1. On verra, plus loin, à la description des travaux exécutés en 1861, chapitre *Alimentation d'eau douce des chantiers*, que la conduite en poterie fut impuissante à rendre les services qu'on en avait espérés, en sorte que l'alimentation en eau douce des chantiers du Seuil, dut être assurée par d'autres moyens.

communication avec Port-Saïd et la Méditerranée, par une route d'eau d'environ 60 kilomètres de longueur. Il n'y avait pas à s'appesantir sur les avantages et les facilités de tout genre qu'assurerait cette voie de communication.

Canal d'eau douce. — Un autre point de l'Isthme méritait de fixer l'attention. On savait le rôle considérable réservé, dans l'ensemble du projet, au canal d'eau douce d'irrigation et de navigation fluviale : ce canal était destiné à joindre le lac Timsah au Nil.

Le régime récemment amélioré des canaux de Zagazig, que traverse la branche Tanitique du Nil, offrait de grands avantages pour la prochaine ouverture d'un canal navigable joignant Timsah et Zagazig (l'ancienne Bubaste). Tous les établissements de la Compagnie viendraient se relier dans cette ville importante avec le réseau des canaux et des chemins de fer de l'Égypte. Les études de ce canal avaient été faites, et l'on procédait à son exécution. 3.000 ouvriers y étaient employés. L'intention de la Compagnie était de pousser ce travail avec la plus grande activité.

Organisation des services des travaux pendant l'année 1860[1]

L'organisation précédente des services des travaux fut l'objet, pendant l'année 1860, des modifications suivantes :

Les ingénieurs chefs de section reçurent le titre d'ingénieurs chefs de division.

---

1. AGENCE SUPÉRIEURE

MODIFICATIONS DIVERSES A L'ORGANISATION DE L'ANNÉE PRÉCÉDENTE

10 *janvier.* — Création du service de santé. M. le Dr Aubert-Roche, médecin en chef.

12 *mai.* — Nomination de M. Gérardin comme administrateur adjoint à l'Agence supérieure.

6 *juillet.* — Suppression de l'Agence du Caire, remplacée par un simple agent contrôleur (M. J.-B. Vernoni).

11 *décembre.* — Suppression de l'Agence de Damiette.
Création du service des Cultes.

24 *juillet.* — Translation à Damiette du service central de la Direction générale des travaux, précédemment installé à Alexandrie.

9 *octobre.* — Création du poste d'ingénieur en chef des travaux en Égypte à la résidence de Damiette.

3-13 *novembre.* — Nomination de M. Voisin, ingénieur des ponts et chaussées, comme ingénieur en chef des travaux en Égypte.

3-28 *novembre.* — Nomination de M. Magnan comme chef de la comptabilité générale des travaux en Égypte.

Marche des travaux et modes d'exécution (année 1860)

PORT DE PORT-SAID

I. — JETÉES.

Exploitation de la carrière du Mex. — Les carrières du Mex, appartenant au Gouvernement égyptien, étaient situées sur le bord de la mer, à 4 kilomètres à l'ouest d'Alexandrie, à une distance d'environ 150 milles de Port-Saïd.

Par l'article 9 du 1er acte de concession du 30 novembre 1854, confirmé par l'article 13 du 2e acte de concession du 5 janvier 1856, il était stipulé que le Gouvernement égyptien accordait à la Compagnie pour toute la durée de la concession, la faculté d'extraire des mines et carrières appartenant au domaine public, sans payer aucun droit, impôt ou indemnité, tous les matériaux nécessaires aux travaux de construction des ouvrages et établissements dépendant de l'entreprise.

En vertu de cet article, la Compagnie prit possession et entreprit, dès le mois d'avril 1860, l'exploitation de la partie des sus-dites carrières qui n'était pas déjà affermée à des particuliers.

La partie de la côte où se trouvait la carrière exploitée par la Compagnie étant entièrement ouverte aux vents du large, il fut indispensable, pour assurer des expéditions régulières d'enrochements sur Port-Saïd, de construire devant la carrière un petit port destiné à abriter les navires en chargement.

Ce port fut constitué par deux jetées construites en enrochements à pierres perdues fournies par la carrière même : l'une de ces jetées, dite de l'Est, en arc de cercle, projetée à une longueur de 340 mètres, mais qui ne fut construite pendant la première année que sur 275 mètres ; l'autre jetée, dite de l'Ouest, normale au rivage, enracinée à une distance d'environ 230 mètres de la jetée Est, et d'une longueur de 40 mètres seulement.

L'entrée du port, orientée vers l'Ouest, avait une largeur d'environ 120 mètres.

Comme il est dit ci-dessus, l'exploitation de la carrière fut entreprise en avril 1860.

Pendant cette première année, les expéditions de blocs à Port-Saïd furent très limitées, la presque totalité des blocs extraits ayant été employés à la construction des jetées mêmes du petit port de la carrière.

Dans le courant de septembre, les jetées subirent, par suite de gros temps, d'assez graves avaries.

Le matériel et les installations pour l'exploitation de la carrière comprenaient notamment 1.200 mètres de voies ferrées, 48 wagons, 2 grues à vapeur et un appontement avec treuil pour le chargement des mahonnes affectées au transport des pierres jusqu'aux navires qui, pendant toute la première phase des travaux, durent rester mouillés en dehors du port.

La poudre de mine était fabriquée sur place, dans d'excellentes conditions de prix de revient.

Le personnel de l'exploitation se composait de 8 employés, 4 chefs mineurs, une vingtaine d'ouvriers européens, et, en moyenne, 200 ouvriers arabes.

Les bâtiments et abris du campement de la carrière comprenaient un logement pour l'agent de la Compagnie, un logement pour les employés de l'entreprise, une cantine avec cuisine, une maison de 34 mètres sur 7 mètres pour les ouvriers européens, et un magasin en planches de 20 mètres sur 6 mètres pour le matériel.

Appontement en charpente (jetée Ouest). — Ainsi qu'il a été mentionné précédemment, l'appontement provisoire en charpente avait, à la fin de l'année 1859, une longueur de 155 mètres; et nous rappellerons que, d'après le projet, l'ouvrage devait atteindre finalement, une longueur de 260 mètres.

L'année 1860 presque toute entière fut consacrée à lutter contre de fréquentes et sérieuses avaries occasionnées aux parties déjà construites de l'ouvrage par les grosses mers, ou dues tout simplement à la rapide détérioration des pieux par les tarets :

Dans une première tempête, survenue dans la nuit du 9 janvier, l'extrémité de l'appontement fut détruite : 10 pieux avaient été fauchés à ras de terre ; deux sonnettes solidement amarrées à l'extrémité de l'ouvrage avaient été mises en pièces. Environ 30 mètres cubes de charpente, pont de service, etc., furent jetés à la côte.

Dans une seconde tempête, survenue dans la nuit du 8 février, 4 autres pieux de l'appontement furent cassés, et deux sonnettes tombèrent à l'eau sans de trop grandes avaries.

Malgré ces avaries, d'ailleurs promptement réparées, l'appontement, au commencement de juin, se trouvait comprendre 47 palées ; il avait donc atteint une longueur de 184 mètres. Il portait une voie ferrée et avait une grue double à son extrémité. On résolut alors, au moins provisoirement, de ne pas le pousser plus avant en mer, la nécessité ayant été reconnue, maintenant que l'ouvrage servait à décharger de très lourds fardeaux, de le consolider au moyen d'enrochements.

Un accident inattendu vint montrer combien les enrochements de consolidation étaient indispensables et urgents : les tarets avaient attaqué les pieux à tel point que, le 22 juin, en voulant se servir de la grue pour remettre à flot une mahonne chargée que la mer avait chavirée, on vit le tablier de l'appontement s'affaisser du côté du chenal. La grue dut être démontée et enlevée, et quatre palées de l'appontement être démolies. Rien jusqu'alors n'était venu indiquer que des pieux mis en fiche depuis moins de quatre mois dussent éprouver une si prompte et si radicale destruction. Des mesures devaient naturellement être prises pour tâcher de mettre les nouveaux pieux à l'abri de l'attaque des tarets. En attendant, on chercha à consolider le mieux possible les dernières palées en place au moyen de quelques moises et de contre-fiches. En outre, on battit quatre pieux en avant de l'appontement pour amortir le choc des lames.

Une nouvelle avarie semblable à la précédente se produisit à l'extrémité de l'appontement dans la nuit du 11 juillet : 8 autres palées s'écroulèrent, en sorte que sur les 47 palées qui existaient au commencement de juin, il n'en restait plus en place que 35. On avait d'ailleurs de sérieux doutes sur leur solidité, et l'on s'empressa d'y entreprendre d'importantes consolidations. Néanmoins, le 16 août, les palées 31 à 34 s'affaissèrent ; la palée extrême n° 35, soutenue par un pieu neuf n'avait pas bougé. A l'endroit de l'accident, l'appontement portait une sonnette, des rails, du charbon de terre, ainsi qu'un grand nombre de colis débarqués la veille : les pieux, affaiblis par les tarets, avaient fléchi sous le poids.

Les palées avariées furent démolies, et l'on s'empressa de consolider les six palées précédentes au moyen de 24 pieux nouveaux. Les nouveaux pieux ayant été établis contre les anciens, la sous-poutre ne reposa plus en son milieu sur le chapeau, et il en résulta un porte-à-faux nuisible à la solidité. On procéda ensuite à la reconstruction des palées, 31 à 35, dont toute la charpente fut refaite.

Les 24 pieux employés à la consolidation des six palées 31 à 35, par suite de l'insuffisance constatée du goudronnage contre les attaques des tarets, avaient été mailletés avec des clous de 32 millimètres de longueur ; malheureusement, ces clous furent rejetés en grand nombre pendant le battage. Pour la réfection des palées 25 à 30, on eut recours à des pieux recouverts d'un doublage en zinc ; malheureusement encore, ce doublage subit des détériorations pendant le battage, et l'on ne tarda pas à constater de nouvelles attaques des tarets.

Dès le début de septembre, on avait commencé à enrocher l'appontement entre les palées 8 et 20. Les blocs arrivant du Mex par navires étaient déchargés dans des mahonnes qui les transportaient jusqu'à l'appontement ; là les blocs étaient enlevés au moyen de palans, déposés sur des wagons et amenés au lieu de leur immersion. Deux cours de longrines du milieu de l'appontement avaient été enlevés pour permettre l'immersion.

En novembre, une nouvelle avarie qui se produisit à la palée 23 fut promptement réparée.

Pour faciliter les déchargements, une grue à chariot fut placée à l'extrémité de l'appontement, en remplacement de l'ancienne grue qui avait dû être supprimée pendant les réparations des avaries. La nouvelle grue était moins lourde que l'ancienne et fatiguait moins l'appontement. Elle rendit d'excellents services.

En résumé, la longueur de l'appontement, à la fin de l'année, était de 136 mètres. L'ouvrage se composait de 35 palées distantes de 4 mètres d'axe en axe, dont 23 palées avec 4 pieux et 12 avec 3 pieux seulement. Il n'était pas question alors de le prolonger. Les enrochements dont on ne cessait de le garnir assuraient sa solidité et l'on se contentait de les pousser le plus activement possible.

II. — Grand bassin du port et bassin de l'Arsenal

(Voir, pour tout ce qui concerne le montage, le fonctionnement et le rendement des dragues, au chapitre spécial traitant du matériel de dragages.)

La première drague employée au creusement des bassins du port, la drague n° 1, commença à fonctionner vers le milieu de juin. Elle avait été montée dans un bassin creusé à bras d'hommes sur le lido, entre la mer et le lac, au point même où le Président avait donné le premier coup de pioche. Elle fut employée à creuser le long de la rive Ouest du futur chenal d'entrée du port et sur le pourtour Ouest du grand bassin un premier chenal de 11 à 12 mètres de largeur, et d'une profondeur d'environ 1m,50. Ce chenal devait permettre aux barques du lac Menzaleh, d'arriver jusqu'aux établissements du port. La drague était munie d'un couloir et déversait directement ses produits sur berge. Lorsqu'elle fut parvenue vis-à-vis de l'entrée du bassin de l'Arsenal, elle pénétra dans le bassin et en commença le creusement. Elle avait dragué dans le chenal de pourtour du bassin, environ 16.000 mètres cubes.

Un canal en planches avait été installé pour amener aux dragues de l'eau de mer moins salée que l'eau de la rigole.

Deux autres dragues, montées également à Port-Saïd, commencèrent à fonctionner d'une manière régulière, savoir :

La drague n° 2, munie d'un couloir, en novembre ; elle fut employée, comme la précédente, au creusement du chenal du pourtour du grand bassin et au creusement du bassin de l'Arsenal ;

La drague n° 7, munie d'une toile sans fin, en décembre; elle était employée à un essai de la coupure du lido;

Les produits de ces trois dragues servaient, ainsi qu'il est expliqué ci-dessous, aux remblais de Port-Saïd.

III. — Remblais du terre-plein de la ville

A l'exception de la ligne de petites dunes constituant le lido, la presque totalité des terrains sur lesquels devait être assise la ville de Port-Saïd étaient envahis par les eaux du lac Menzaleh pendant la période des hautes eaux du lac, et même en temps d'eaux ordinaires par de grands vents de l'ouest et du sud. D'importants remblais étaient nécessaires pour établir le terre-plein de la ville à un niveau convenable au-dessus du niveau moyen de la Méditerranée.

Le programme arrêté dès le début fut le suivant :

Il paraissait suffisant de limiter provisoirement la confection du terre-plein à la partie de la ville encadrée au nord par le quai parallèle au rivage, à l'ouest, par la rue de l'Arsenal, à l'est par la rue symétrique, et au sud par le quai du lac. Le quai parallèle au rivage serait établi à $2^m,50$ au-dessus du niveau de la mer, comme le quai futur de la jetée; au même niveau, la rue de l'Arsenal, la rue symétrique et le quai du lac. Les quais du port et du petit bassin de l'Arsenal seraient à 2 mètres, sauf le quai du phare qui aurait une légère pente pour se raccorder avec le quai de la jetée. Quant aux ateliers de l'Arsenal, aux maisons et autres bâtiments divers, le niveau de leur sol serait fixé à $2^m,50$; celui de la scierie, à 3 mètres, en raison des caves. Enfin le grand bassin servirait de réceptacle à tous les égouts, ce qui semblait préférable à la solution consistant à faire déboucher ceux-ci, soit à la mer, soit dans le lac.

Les terres draguées par la drague n° 1 étaient, comme on l'a dit, déversées directement sur le bord de la rigole creusée par la drague. Après régalage de ce remblai, une voie de fer y fut établie se ramifiant dans plusieurs directions pour aller porter sur divers points le surplus des terres de dragage et des sables pris sur le lido. Lorsque la drague fut parvenue dans le bassin de l'Arsenal, les terres draguées furent reçues dans des caisses portées par des chalands, puis déchargées à l'aide d'une grue dans des wagons qu'une voie de fer spéciale conduisait sur l'emplacement des ateliers de l'Arsenal.

En outre, dans les derniers mois de l'année, afin de donner plus d'activité aux remblais, dix voies de fer furent établies, partant de la plage et se dirigeant vers l'intérieur en suivant les rues de la ville. Elles servaient au transport du sable pris sur la plage pour le remblai des terrains bas situés en arrière du lido. Le sable était chargé à la couffe dans les wagons.

Enfin, toujours dans les derniers mois de l'année, les produits des deux dragues n° 2 et n° 7 furent employés, comme ceux de la drague n° 1 et dans les mêmes conditions, aux remblais de l'emplacement et des abords des ateliers.

CANAL MARITIME

Section de Ras-el-Ech. — Quatre dragues, les dragues n°s 3, 4, 5 et 6, furent échelonnées, de la façon indiquée ci-après, sur la première partie du Canal maritime.

Les coques de ces dragues, construites à Port-Saïd et munies seulement de leurs chaudières, furent conduites, remorquées par des barques à voiles, aux points où elles devaient être mouillées et où le montage des dragues eut lieu sur place. Les points de mouillage avaient été choisis en des endroits jugés favorables, soit en raison du voisinage de petites îles sur lesquelles on put construire des abris pour les ouvriers arabes, soit en raison d'une profondeur d'eau suffisante pour en rendre l'accès facile par les barques du lac.

Les quatre dragues se trouvèrent échelonnées comme suit sur la ligne du canal.

La drague n° 6, mouillée à 1 kilomètre de distance de l'origine du canal; elle était destinée à ouvrir un chenal sur la rive Afrique du canal, en marchant vers El Sig.

La drague n° 5, mouillée au kilomètre 6, près de l'île d'El Sig; elle était destinée à ouvrir la rigole de service sur la rive Asie, en marchant vers Ras-el-Ech ;

La drague n° 4, mouillée à une distance de 12 kilomètres de Port-Saïd, près de l'île de Ras-el-Ech, à 1.500 mètres environ de distance, en-deçà d'une dahabieh servant de magasin de dépôt; elle était destinée au creusement du chenal Afrique ;

Enfin, la drague n° 3, mouillée à une distance de 16 kilomètres de Port-Saïd; elle était destinée au creusement de la rigole Asie. Le montage de cette drague fut terminé en novembre, et la drague commença aussitôt ses essais.

Les terres fournies par ces dragues et déchargées directement sur les bords du canal devaient constituer les digues ou banquettes continues limitant sur chaque rive la cuvette du canal et l'isolant du lac Menzaleh.

Section de Kantara. — Toutes les pièces de la drague n° 8, y compris les éléments de la coque, furent expédiées à Kantara où le montage complet de la drague devait avoir lieu sur place. La coque fut construite sur le bord d'un bassin creusé à sec et dans lequel l'eau devait s'introduire naturellement au moment des hautes eaux du lac. Le transport de toutes les pièces de la drague, à partir de Port-Saïd, s'était fait d'abord par le lac jusqu'à Sâné (sur la branche Tanitique du Nil), puis, par terre, jusqu'à Kantara.

....

BATIMENTS ET ABRIS

Port-Saïd. — Maisons d'habitation et constructions diverses. — Au commencement de l'année, trois nouvelles grandes maisons Fréret furent montées : l'une, près de l'appontement, destinée à servir de magasin ; les deux autres, destinées à des logements d'ouvriers. L'emplacement sur lequel elles devaient être établies, avait été au préalable remblayé avec du sable pris à une faible distance et transporté à la couffe. Les talus du remblai étaient garnis de soude sur une épaisseur de 30 centimètres, et le dessus de la plateforme était recouvert d'une couche de terre noire du lac, de 15 centimètres.

Dans la première quinzaine de mai, fut commencée la construction d'un grand magasin central composé d'un corps principal de bâtiment avec ailes en retour. Ce magasin, établi dans le voisinage du phare, le long du chemin de fer de service et sur le bord de la rigole du chenal d'accès du port, était destiné à centraliser les matériaux, approvisionnements, denrées, etc., disséminés jusque-là sur des points différents. La construction était en charpente, avec revêtements extérieurs en nattes de roseaux garnies de mortier et couverture en tuiles. Elle fut terminée vers la fin d'octobre.

La grande préoccupation pendant l'année fut de construire des maisons pour logements d'employés et ouvriers européens. Malheureusement, malgré toute l'activité déployée, il ne fut pas possible d'accroître le nombre des maisons aussi rapidement que s'accroissait la population européenne. On eut aussi à construire des abris pour les ouvriers arabes. Leur village, situé à l'est du port, se peupla rapidement à la suite de l'installation d'un iman. Indépendamment de nombreuses baraques simples, on y construisit notamment, à titre d'essai, une maison de 12 mètres sur 6 mètres, en piquets et nattes de roseaux, pouvant contenir trois familles : on espérait que les arabes, lorsqu'ils auraient leurs familles auprès d'eux, n'abandonneraient pas les chantiers après chaque paie, comme ils le faisaient habituellement.

Parmi les autres constructions de l'année, on mentionnera une ambulance, érigée à l'extrémité ouest de la ligne de maisons bordant la plage, et la construction, derrière le chalet de l'entreprise, d'un bâtiment annexe de 16 mètres de longueur sur 4^{m},50 de largeur, établi sur un remblai de 0^{m},80 de hauteur.

Toutes ces constructions étaient en charpente avec revêtements extérieurs et intérieurs, et couverture en nattes garnies de mortier.

Les maisons d'habitation étaient de deux types : les unes, à trois chambres, avaient 12 mètres de longueur sur 5^{m},40 de largeur ; les autres, à quatre chambres avaient même longueur et une largeur de 8 mètres. Ces maisons, construites sur des terrains que recouvraient les hautes eaux du lac et qui devaient être remblayés d'environ 2 mètres, reposaient sur une fondation en pilotis. Les chapeaux des pieux servaient de semelles à la superstructure dont les murs et les cloisons étaient en pans de bois de 12 centimètres d'épaisseur. La toiture en charpente s'appuyait sur des fermettes et sur les cloisons intérieures. Les murs étaient revêtus à l'extérieur et à l'intérieur, les cloisons de chaque côté, de nattes de roseaux avec crépissage de mortier. La couverture était également en nattes de roseaux reposant sur un chevronnage ordinaire et recouvertes d'une couche de mortier mélangé de paille hachée de 4 à 5 centimètres d'épaisseur. Le plancher et le plafond étaient en planches jointives. Des escaliers extérieurs en bois donnaient accès aux divers logements que contenait la maison.

Ce type de construction était peu coûteux. Le matelas d'air existant dans les murs maintenait une température modérée dans l'intérieur des chambres. Malheureusement, les habitants avaient à souffrir de l'humidité du sol qui pénétrait par le plancher, et de l'invasion des rats et des insectes qui pullulaient dans les intervalles des doubles revêtements de nattes. En outre, la plupart des terrains sur lesquels les maisons étaient bâties étaient, pendant les gros temps, souvent envahis par les eaux du lac, et l'accès des maisons se trouvait alors très difficile.

Dans les derniers jours de décembre, une nouvelle commande fut faite à la maison Fréret, de sept chalets en bois semblables aux quatre premiers chalets déjà livrés à la Compagnie, au prix de 9.500 francs l'un, y compris les frais de transport jusqu'à Alexandrie et les frais de montage sur un point quelconque de l'Isthme, sous déduction pourtant des dépenses de transport et de nourriture des ouvriers envoyés d'Alexandrie pour le montage.

Le chalet n° 3 de la première commande fut monté dans le courant de l'année et le chalet n° 4 mis en montage.

Ateliers de Port-Saïd. — Dans le courant de l'année fut commencé le montage d'une scierie mécanique sur un terrain au nord de l'emplacement de l'Arsenal. Cette scierie fut mise en activité avant d'être complètement installée. Bien que fonctionnant dans des conditions imparfaites, elle rendit de suite d'excellents services.

En outre de la scierie mécanique, vers le milieu de l'année, une scie circulaire, actionnée par une locomobile fut installée près du chantier de charpente.

Un petit atelier d'ajustage fut disposé dans le soubassement du phare.

Une nouvelle forge provisoire installée sur la berge de la rigole de pourtour du grand bassin fonctionna pour les dragues en montage concurremment avec l'ancienne forge installée l'année précédente. Il y avait dans les deux bâtiments trois gros feux et deux petits. L'arrivée à Port-Saïd, en juillet, de soufflets, d'enclumes et autres outils, permit d'établir sur le bord de la rigole du chenal d'accès du port, un nouvel atelier de forge ; la nouvelle forge était capable de chauffer de grosses pièces.

Les bois destinés à la construction des grands ateliers dont devait se composer l'arsenal de Port-Saïd, commencèrent à arriver dès le début de l'année.

L'établissement de l'Arsenal devait comprendre : un atelier d'ajustage, un atelier de forges, la fonderie, un atelier de chaudronnerie, et un magasin d'approvisionnements.

On commença successivement au cours de l'année le montage des charpentes des divers ateliers, sauf la fonderie.

Le terrain dans l'emplacement des ateliers étant fort en contrebas du niveau du terre-plein de la ville, la charpente de chaque bâtiment reposait, comme celle des maisons d'habitation, dont le mode de construction est décrit ci-dessus, sur une fondation en pilotis. Les poteaux-montants des charpentes étaient entés d'environ $1^{m},50$ sur les pieux de fondation. Les pans de bois formant les parois des bâtiments devaient être garnis de maçonnerie de briques, et les bâtiments être recouverts d'une toiture en nattes de roseaux et mortier.

Le montage des charpentes des divers bâtiments se continua pendant toute l'année. Toutefois, les travaux eurent à subir un certain ralentissement, même, pour plusieurs des ateliers, une interruption plus ou moins prolongée pendant la période des hautes eaux du lac, par suite de l'envahissement des terrains par les eaux. La crue du Nil avait été très forte. On avait vainement essayé de mettre les terrains à l'abri par des barrages, les eaux s'étant mises alors à sourdre du terrain lui-même. On dut attendre, pour pouvoir pousser activement les travaux, que les remblais eussent mis les terrains à l'abri de l'envahissement des eaux.

Zaïzeh. — Sâné. — Le campement de Zaïzeh, par suite de l'installation à Damiette du grand magasin central d'approvisionnements, fut transféré à Sâné. Il ne resta plus à Zaïzeh que quelques ouvriers européens chargés de l'entretien du chemin reliant l'îlot à la terre ferme.

Kantara. — Le campement fut augmenté dans le courant de l'année des nouvelles constructions suivantes :

Un grand bâtiment pour logement d'ouvriers ;

Un bâtiment pour atelier de menuiserie ;

Sur une petite éminence située à une faible distance du campement et qui était occupée par un poste militaire en ruines, un grand bâtiment construit entièrement en briques et destiné à servir d'hôpital pour huit ou dix malades.

Le sol de toutes les maisons était formé d'une couche de mortier de chaux et de briques pilées.

Les recherches de matériaux avaient continué au milieu de l'amas de décombres déjà signalé. Vers le milieu de l'année, le cube des fouilles s'élevait à 2.112 mètres cubes. Ces fouilles avaient produit 128 mètres cubes de briques et fragments, 20 mètres cubes de tuileaux, 50 mètres cubes de pierres de taille, plus 36 tombes en pierre de taille parfaitement conservées.

Une rigole d'arrosage fut établie, conduisant les eaux de la sakieh dans un terrain propre à la culture, situé à environ 150 mètres du campement, et où l'on fit quelques ensemencements de bersim.

El Ferdane. — Le campement d'El Ferdane, situé à l'origine du seuil d'El Guisr, était appelé à prendre une grande importance lorsque la rigole maritime venant de Port-Saïd y serait parvenue et que commencerait le creusement de la rigole à travers le Seuil. Il se trouverait naturellement, en effet, pendant un certain temps, l'entrepôt de toutes les denrées et de toutes les matières venant de Port-Saïd nécessaires à l'exécution de la grande tranchée.

Le campement n'avait pas encore de travaux et fut, pendant toute l'année, un simple lieu de dépôt d'approvisionnements. On y fit notamment un grand approvisionnement de bois de chauffage et de bois propres aux constructions, coupés dans les environs. A la fin de l'année, cet approvisionnement était d'environ 600 mètres cubes. Le campement contenait, en outre, des approvisionnements de matériaux divers.

Le bâtiment commencé l'année précédente fut terminé, et trois autres bâtiments furent construits. Toutes ces constructions étaient en pans de bois et moellons avec mortier d'argile ; les couvertures, en roseaux recouverts de mortier.

El Guisr. — Le campement d'El Guisr fut installé à la fin d'août.

C'était le lieu choisi pour ouvrir, sur des longueurs d'une quarantaine de mètres, quelques profils embrassant toute la largeur du Canal maritime jusqu'à la rencontre de l'eau. L'exécution de trois de ces profils fut commencée.

Trois grands bâtiments en pans de bois brut et en pisé furent construits pendant les derniers mois de l'année pour magasin et pour logements d'employés et d'ouvriers. Les ouvriers arabes étaient logés dans des gourbis en branchages.

Timsah. — Les ouvriers qui étaient occupés précédemment à la coupe de roseaux du lac, au pied des dunes de Néfiche, furent employés dès le début de l'année à la fabrication de briques crues de pisé. Ces briques étaient formées de terre détrempée à laquelle on mêlait des débris de pierres que l'on trouvait à la surface du sol, sur le lieu même de fabrication.

[A côté même de l'emplacement où se faisaient les briques, on avait trouvé une carrière de pierre calcaire qui fut ouverte sur une longueur de 50 mètres ; le banc avait $0^{m},40$ d'épaisseur ; le cube extrait fut de 160 mètres cubes.]

Une maison en briques crues avait été construite à côté du chantier de fabrication des briques.

Le campement fut abandonné vers le milieu de l'année.

Bir-Abou-Ballah. — Au commencement de l'année, on découvrit sur les digues de l'ancien Canal, près de Bir-Abou-Ballah, une carrière de pierre à plâtre d'excellente qualité, qui fut grandement utilisée pour les constructions de Toussoum.

Les travaux de creusement du puits, commencés l'année précédente, furent repris dès le commencement de l'année. L'eau fut rencontrée à la profondeur de 4^{m},70. Jusqu'à cette profondeur, la paroi du puits fut revêtue d'une maçonnerie de moellons. On désirait avoir dans le puits une hauteur d'eau de 2 mètres. Pour arriver à la profondeur voulue, on eut recours à un rouet de 5 mètres de diamètre sur lequel on élevait, au fur et à mesure de l'enfoncement, une maçonnerie de briques de 0^{m},36 d'épaisseur. Le rouet descendait par un dragage intérieur. Dès que le puits fut achevé, il fut recouvert d'un plancher solide en bois de tamarix sur lequel fut installée une noria.

La noria fonctionna très bien et fournit de l'eau en abondance pour les essais de cultures autour du campement en orge, coton, pastèques, haricots du pays et autres plantes. Les terrains arrosables présentaient une superficie de 14.200 mètres carrés. En octobre, une superficie de 6.400 mètres carrés était labourée et prête à être ensemencée, et l'on continuait les défrichements.

Une nouvelle maison en briques crues fut construite dans le courant de l'année.

On fabriqua, pendant l'année, environ 45.000 briques crues pour être employées à la construction de nouvelles maisons à mesure des besoins.

Toussoum. — Au commencement de l'année, un petit chantier pour la fabrication de briques crues fut installé près du puits où se trouvait un gisement de glaise de 1^{m},20 d'épaisseur. Ces briques étaient composées de volumes égaux de glaise et de sable.

On installa également un petit four pour des essais de fabrication de poteries avec la marne d'El Ferdane, notamment pour la fabrication de petits vases destinés à des plantations de pins maritimes dans les dunes.

Les maisons dont la construction avait été commencée l'année précédente furent promptement terminées, et de nouvelles maisons furent construites pour le logement du chef de section, pour hôpital, pour logements d'employés, pour cuisine et salle à manger des employés et des ouvriers.

La chaux employée à ces diverses constructions provenait de la carrière de Moura, où un grand four avait été construit; 12.650 briques crues furent employées à la construction des cloisons desdites constructions.

Le petit jardin du campement fut agrandi. Il avait maintenant 30 mètres sur 20 mètres. Après de nombreux essais, les graines qui parurent le mieux réussir étaient les suivantes : orge, blé, bersim, choux-fleurs et choux-navets, oignons et haricots d'Égypte.

Toussoum était un centre d'où l'on approvisionnait et ravitaillait les divers campements disséminés dans les environs pour l'installation de fours à chaux, les extractions de matériaux, le creusement des puits. Il contenait des ateliers de menuiserie, de tonnellerie, une forge, en état de satisfaire à tous les besoins du campement et des campements voisins. Les magasins et les nombreuses maisons d'habitation qu'il renfermait semblaient devoir devenir très utiles lorsque l'on entreprendrait l'exécution des travaux de la tranchée du Sérapéum.

Sérapéum. — Une nouvelle maison en moellons et mortier de terre fut construite, adossée à la maison construite à la fin de l'année précédente.

Le puits en construction atteignit la profondeur de 7^{m},60, et l'on estimait qu'il faudrait creuser encore de 9^{m},70 pour atteindre le niveau de l'eau. Le cube de la fouille avait été d'environ 100 mètres cubes.

Le campement fut abandonné le 15 mai.

Géneffé. — L'extraction de la pierre à plâtre continua pendant les premiers mois de l'année. La carrière fut abandonnée le 8 mai.

Maxama. — Au début de la construction de la rigole d'eau douce du lac Maxama à Bir-Abou-Ballah, une maison en pisé fut construite au sud du lac pour le logement de l'employé chargé de la surveillance des travaux. Le campement comprenait, en outre, des tentes et des gourbis en branches de tamarix, qui se déplacèrent à mesure de l'avancement des travaux de la rigole.

ALIMENTATION D'EAU DOUCE DES CHANTIERS

Port-Saïd. — Les deux machines distillatoires continuèrent, pendant l'année, de fonctionner d'une manière satisfaisante. On avait seulement à procéder, de temps en temps, à des remplacements de tubes des appareils.

La production était toujours, en moyenne, de 5 litres d'eau par kilogramme de charbon.

D'après des attachements pris pendant les sept premiers mois de l'année, le prix de revient du mètre cube d'eau s'établissait ainsi qu'il suit :

Dépense de fonctionnement des appareils..................	14 fr. 10
Le capital engagé pour les machines et leur installation pouvait être évalué à 30.000 francs. En comptant sur un amortissement en 5 ans, l'amortissement par jour devait être de 16 fr. 44, soit par mètre cube, à raison d'une production de 3 mètres cubes par jour..............................	5 50
Prix de revient total.........	19 fr. 60

Soit, en nombre rond, 20 francs.

La troisième machine distillatoire fut débarquée à Port-Saïd dans le courant de mai. Les besoins d'eau douce étant toujours croissants, il importait d'avoir un appareil de rechange. Toutefois, le nouvel appareil ne fut pas monté immédiatement.

Dans les derniers mois de l'année, indépendamment de l'eau fournie par les machines distillatoires, une certaine quantité était apportée par des arabes, à un prix convenu, au moyen de barques qui allaient puiser l'eau dans les canaux dérivés du Nil avoisinant Matarieh et Menzaleh.

Kantara. — L'eau du puits de Kantara (ancienne sakieh munie d'une noria) était bonne pour les animaux, servait même aux hommes des caravanes, mais était impropre à l'alimentation des ouvriers. L'eau d'alimentation du campement provenait de l'ancienne branche Pélusiaque (maintenant Canal Abou l'Ardar). Elle était prise à Tel Daphné, à peu de distance en amont du débouché de la branche du fleuve dans le lac Menzaleh. L'eau était transportée par caravanes de chameaux. La distance à parcourir, aller et retour, prenait quatre jours de marche.

Pendant les eaux basses du Nil, l'eau de la branche du Nil devenant saumâtre jusque assez loin de l'embouchure par suite de la pénétration de l'eau salée du lac, il fallait aller puiser l'eau d'alimentation à une distance plus ou moins grande en amont. Vers la fin de juillet, un barrage fut construit à Tel Daphné même pour retenir les eaux du Nil, très hautes en ce moment, par conséquent sans mélange d'eau salée, et s'assurer ainsi un approvisionnement pour la période des eaux basses.

El Ferdane. — L'eau douce d'alimentation du campement venait du puits d'Abou Souer, dans l'Ouady. Cette eau était excellente.

Chantiers du seuil d'El Guisr. — Pour permettre l'attaque du seuil d'El Guisr, le premier travail à faire était d'y amener de l'eau potable à bon marché et en quantité suffisante pour l'alimentation d'un grand nombre de travailleurs. C'est ce que l'entrepreneur général essaya de réaliser en y amenant l'eau du lac Maxama[1].

L'ensemble des travaux projetés à cet effet comprenait les ouvrages suivants :

La construction d'une rigole à ciel ouvert, de 26.800 mètres de longueur, ayant sa prise d'eau au lac Maxama et aboutissant à Bir-Abou-Ballah où l'eau amenée par la rigole était reçue dans un bassin en maçonnerie. A partir de ce bassin, une double conduite en tuyaux de poterie de 470 mètres de longueur, établie sous aqueduc sur une longueur de 370 mètres, amenait l'eau à Timsah dans un puits surmonté d'un château d'eau formé d'un réservoir en tôle d'une capacité de 64 mètres cubes, et alimenté par les eaux du puits au moyen d'une double machine locomobile. De ce château d'eau partait une double conduite forcée en tuyaux de poterie à joints cimentés qui suivait les ondulations du sol et venait aboutir, après un trajet de 11.600 mètres à un second bassin en maçonnerie construit au pied du seuil d'El Guisr. De ce bassin partait une nouvelle conduite de 314 mètres de longueur, dont moitié environ sous aqueduc, conduisant l'eau dans le puits d'un second château d'eau établi à l'origine même du seuil, et, comme celui de Timsah, alimenté par les eaux du puits au moyen d'une double locomobile. Enfin, de ce château d'eau devait partir une conduite forcée destinée à alimenter tous les chantiers du seuil jusqu'à El Ferdane.

Les travaux de la rigole de Maxama à Bir-Abou-Ballah commencèrent dans le courant de juin. La rigole avait les dimensions suivantes : largeur au plafond, $0^{m},30$; talus à 45°; hauteur d'eau, $0^{m},35$; d'où, largeur à la ligne d'eau, 1 mètre, et section d'écoulement $0^{m2},2275$. Le radier de la prise d'eau à Maxama fut établi à 1 mètre en contrebas du niveau du lac à la date du 16 juin, niveau que l'on pouvait considérer comme étant celui de l'étiage du lac. La différence de niveau entre le radier de la prise d'eau et le bassin de Bir-Abou-Ballah était de 2 mètres ; d'après la pente en résultant, on avait calculé que la vitesse de l'eau dans la rigole serait de $0^{m},155$ par seconde ; le débit de la rigole devait donc être de $0.2275 \times 0,155 =$ environ 35 litres par seconde, correspondant à un débit d'environ 3.000 mètres cubes par jour [La surface du lac à la date du 16 juin était évaluée à 3.600.000 mètres carrés et la profondeur moyenne à 2/3 de mètre. Le volume de l'eau contenue dans le lac au moment de l'étiage était donc d'environ 2.400.000 mètres cubes. En supposant que le lac dût rester cent jours au régime de l'étiage, la perte qu'il

---

1. Nous rappellerons (Voir p. 5) que, dès le mois d'octobre 1856, pour la réalisation d'un programme d'exécution qui, du reste, n'a pas été suivi, les commandes suivantes de tuyaux en poterie avec leurs manchons avaient été faites par M. Mougel Bey pour le compte du Gouvernement égyptien, savoir :

A une maison anglaise, commande de 38.000 mètres de tuyaux de 25 et 20 centimètres de diamètre ;

A une maison de Marseille, commande de 72.000 mètres de tuyaux de 16,5, 15, 12 et 10 centimètres de diamètre.

Après sa constitution, et en vertu de ses arrangements avec le Vice-Roi, la Compagnie prit possession de cette immense quantité de tuyaux.

L'entrepreneur général, les ayant à son tour à sa disposition, estima que le programme des travaux arrêté par lui pour l'alimentation en eau douce des chantiers du seuil d'El Guisr permettrait une très profitable utilisation de ces tuyaux.

éprouverait par la rigole serait de 300.000 mètres cubes, c'est-à-dire d'un huitième seulement du volume total. La crue du Nil faisait remonter de 2 mètres le niveau du lac.] Le débit de la rigole à son extrémité à Bir-Abou-Ballah devait être notablement moindre qu'à son origine par suite de l'évaporation sur une surface de 26.800 mètres carrés. On espérait que cette perte pourrait être compensée par l'excédant de vitesse provenant de la charge sur le radier de la prise d'eau. Les précautions suivantes furent prises contre les infiltrations : sur une longueur de 400 mètres à partir de la prise d'eau, la fouille ayant 3m,50 de profondeur, on plaça au fond une triple ligne de tuyaux anglais qui, non seulement facilitèrent l'entrée de l'eau dans la partie suivante de la rigole, mais, en même temps servirent à soutenir les talus ; à la traversée des dunes, heureusement peu nombreuses sur le tracé de la rigole, on fit placer au fond, par précaution, une double ligne de tuyaux. L'entretien de la rigole était sous la surveillance d'un employé résidant à Maxama et ayant sous ses ordres quatre cantonniers. La rigole fut terminée dans le courant de décembre. Son exécution avait exigé un cube de déblais d'environ 130.000 mètres cubes. 1.200 à 1.300 ouvriers indigènes y avaient été employés.

En même temps que s'exécutaient les travaux de la rigole, on procédait à la construction des deux bassins de Bir-Abou-Ballah et du pied du seuil d'El Guisr. Ces bassins, de 25 mètres de longueur et de 7 mètres de largeur, avec une hauteur d'eau de 0m,50 étaient destinés à permettre un approvisionnement d'eau, indépendamment des abreuvoirs et des regards ménagés le long de la conduite en poterie, pour assurer les besoins du service et faciliter l'écoulement de l'eau. Ces bassins, ainsi que les puits et réservoirs formant châteaux d'eau et l'installation des pompes élévatoires étaient, comme la rigole, terminés à la fin de l'année.

Il en fut de même de l'installation des conduites d'eau en tuyaux de poterie jusqu'à El Guisr. Pour exécuter le remblai de la première partie de la double conduite, au nord-ouest de l'emplacement de la future ville de Timsah, on avait eu à exécuter un terrassement de 4.820 mètres cubes : le remblai avait en couronne une largeur de 1m,20 à 1m,50 ; sa hauteur en certains points atteignait 2 mètres. L'eau d'alimentation des ouvriers était amenée de Néfiche par chameaux. Les terrassements de la conduite forcée avaient consisté en 2.520 mètres cubes de remblais du côté de Timsah et en 2.830 mètres cubes de déblais au pied du seuil d'El Guisr et sur le seuil lui-même. Un bassin à radier maçonné, d'une capacité de 56 mètres cubes, fut construit à El Guisr et cinq regards sur le parcours de la rigole[1].

Toussoum. — L'eau douce d'alimentation du campement, dans les derniers mois de l'année, provenait de la rigole de Maxama.

TRANSPORTS MARITIMES

Flotte de la Compagnie. — La plus grande partie des approvisionnements de toute sorte venant d'Europe, l'entrepreneur général avait jugé nécessaire, pour garantir la régularité des arrivages et ne pas se trouver sans cesse, sous ce rapport, à la merci de circonstances indépendantes de sa volonté, d'avoir à sa disposition une petite flotte au moyen de laquelle il pourrait parer à tous les cas urgents. Les navires à acquérir devaient d'ailleurs être

1. Pour la suite des renseignements concernant le mode d'alimentation en eau douce des chantiers du seuil d'El Guisr qui vient d'être décrit, voir, plus loin, au chapitre traitant le même sujet pour l'année 1861.

employés à un transport régulier de blocs de la carrière du Mex pour les jetées de Port-Saïd.

A la fin de l'année, la flotte de la Compagnie, indépendamment du vapeur *le Joseph*, acheté l'année précédente et chargé d'un service régulier pour la poste et pour le transport des employés et des ouvriers entre Alexandrie et Port-Saïd, se composait de 10 navires à voiles d'un tonnage ensemble de 1.660 tonneaux.

Mouvement total de la rade de Port-Saïd pendant l'année 1860

PAVILLONS	NOMBRES DE NAVIRES	TONNAGE TOTAL
Anglais	1	806 tonneaux
Autrichien	4	1.940 —
Français	36	5.128 —
Grec	2	420 —
Norvégien	1	600 —
Ottoman et égyptien	44	10.465 —
TOTAUX	88	19.359 tonneaux

Service des déchargements. — Au commencement de l'année (époque de la mauvaise saison pour les déchargements) on manquait encore à Port-Saïd de l'outillage et des agrès les plus indispensables, et l'insuffisance des apparaux empêchait souvent de travailler aux déchargements, ce qui occasionnait de grandes dépenses de surestaries.

Les besoins les plus urgents d'installations diverses et de matériel spécial pour le service des déchargements étaient signalés comme suit par l'ingénieur chef de division :

Il fallait une ligne d'embossage composée de corps-morts assurés sur des ancres et sur des chaînes d'une résistance à toute épreuve ; il fallait une ligne de touage d'une longueur d'environ 3.000 mètres, partagée en tronçons successifs de 500 mètres par des bouées d'une extrême solidité ; il fallait un approvisionnement de fortes chaînes et de grelins de rechange. On avait à Alexandrie de magnifiques bouées que l'on n'avait pu encore transporter à Port-Saïd, où, d'ailleurs on n'aurait pu les mouiller faute de chaînes et de grappins d'une force convenable. Enfin, il fallait des mahonnes ou chalands, du port de 50 tonneaux, munis de tous leurs agrès.

Accidents de rade. — Une tempête eut lieu sur la rade de Port-Saïd, dans la nuit du 9 au 10 janvier, causant de graves avaries à l'appontement et aux embarcations mouillées près du rivage. *Le Mazagran*, navire français de 150 tonneaux, qui avait été dépouillé de son gréement et mouillé en rade pour servir de ponton, brisa successivement les deux chaînes des ancres sur lesquelles il était affourché, la chaîne d'espérance, et, enfin un gros câble au moyen duquel on avait mouillé la quatrième ancre, et il alla faire côte à 8 kilomètres est de Port-Saïd où il s'échoua et se perdit. Les deux mahonnes de service avaient été jetées à la côte sans aucune avarie. La baleinière et les autres petites embarcations qui étaient hissées le long de l'appontement avaient été endommagées. L'inondation du campement avait augmenté le trouble général. La tempête avait prouvé une fois de plus la bonne tenue de la rade : pas une ancre n'avait chassé ; les chaînes du *Mazagran* s'étaient brisées bien probablement parceque le bâtiment était mouillé trop près de la barre où les lames déferlaient avec une grande violence.

Les 18 et 19 janvier, nouvelle tempête. Les deux navires *Paul* et *Marie-Ernestine*, chargés de bois, étaient arrivés sur rade le 16. Le 18, à midi, deux radeaux formés de ces bois, quittaient les navires pour se rendre à terre. Le radeau de la *Marie-Ernestine*, parti le premier, arriva à 500 brasses environ du rivage sans aucune avarie; mais, à cette distance, sa touline cassa et le radeau partit en dérive; on put toutefois l'arrêter, le mouiller et l'amarrer sur la première bouée; de nouveaux efforts furent faits dans l'après-midi pour le conduire à terre, mais restèrent infructueux; les efforts furent renouvelés le lendemain; la touline se rompit encore une fois, mais heureusement assez près du rivage pour permettre enfin le déchargement des bois à une distance d'environ 500 mètres de l'appontement. Le radeau parti du navire *Paul*, composé de bois travaillés pour hangars, surpris par le mauvais temps, arriva près de la *Marie-Ernestine* placée sous le vent; on lui jeta une amarre du bord, on le mouilla avec un fort grappin et une embarcation alla l'amarrer sur la touline; le vent et la mer augmentèrent pendant la soirée et la nuit et atteignirent leur plus grande violence vers le milieu de la journée du lendemain; les navires mouillèrent une seconde ancre; le radeau du navire *Paul*, cassant ses amarres, partit en dérive entraîné par un vent et un courant du sud-ouest, et malgré toutes les recherches sur le littoral, poussées jusqu'au delà de Péluse, il fut impossible de le retrouver.

Les 8 et 9 février, nouvelle tempête, sud-ouest de terre, nord-ouest du large, le baromètre descendu à $0^m,745$ [1]. Le brick *les Trois-Sœurs*, chargé de dragues et machines, était sur rade, mouillé depuis le 31 janvier. Une mahonne, qui avait été envoyée pour le décharger, ne pouvant travailler, fut affourchée près du brick par quatre brasses de fond. Dès l'apparition de la tempête, tout fut consolidé le mieux possible sur l'appontement, et tous les outils furent rentrés. Les eaux du lac poussées par le vent du sud, s'élevaient à plus d'un mètre au-dessus de leur niveau ordinaire, couvraient la moitié du lido et envahissaient une partie des bâtiments du campement. A son tour, la mer grossit et déferla violemment sur la plage. Pendant la nuit, les rafales de vent et de pluie ébranlaient les maisons. Le moulin à vent fut renversé. La mahonne mouillée près du brick sombra, mais sans faire déraper ses ancres. Le lendemain, 9, le brick *les Trois-Sœurs* était à son poste. A terre, les désastres étaient considérables et continuaient; beaucoup de maisons avaient des avaries; les soudes qui garnissaient les talus des soubassements avaient été emportées; la moitié des terrassements du chemin de fer étaient enlevés; presque tous les bois rangés sur le rivage étaient dispersés jusqu'à un kilomètre dans l'est; dans la journée, deux des sonnettes de l'appontement tombèrent à l'eau, sans de trop graves avaries, et quatre pieux de l'extrémité de l'ouvrage furent brisés. Quatre boghaz, dont l'un avait 50 mètres de largeur et, en certains points, une profondeur de 2 mètres, s'étaient ouverts à travers le lido Est; un autre boghaz, à travers le lido Ouest, à 1.500 mètres de distance de l'appontement. Tous ces boghaz s'obstruèrent assez rapidement et le littoral reprit sensiblement le même aspect qu'avant les tempêtes de l'hiver. Le brick *les Trois-Sœurs* avait subi très vaillamment la tempête, ce qui était une nouvelle preuve de la bonne tenue des fonds de la rade.

Régime de la plage de Port-Saïd. — A la suite des tempêtes de l'hiver, dans le courant de mai, des profils de la plage furent levés sur la direction de

1. La tempête avait causé partout de sérieux dommages : sur le Nil, à Damiette, sur le lac Menzaleh, à Salahieh.

A 15 kilomètres environ de Suez, on avait trouvé le lit de l'ancien canal des Pharaons rempli d'eau de mer ainsi qu'une notable superficie des lagunes habituellement à sec que devait traverser le canal maritime. La tempête avaient dû occasionner à Suez une marée exceptionnelle.

chacune des deux jetées afin de reconnaître si, depuis les levés précédents faits en 1859, les fonds de la mer avaient subi quelques changements notables.

La comparaison des profils de l'une et de l'autre époque montra que la déclivité générale de la plage n'avait pas subi de changement notable : les seules variations un peu importantes avaient eu lieu par les fonds inférieurs à 4 mètres ; à partir des fonds de 8 mètres, les profils étaient à peu près identiques. On put constater également que certaines irrégularités des fonds, qui avaient semblé d'abord momentanées, paraissaient au contraire tenir à l'état d'équilibre de la plage : tel était le cas des barres qui se rencontraient par les fonds de 5 à 6 mètres sur le profil de la jetée Est et qui ne s'étaient pas sensiblement modifiées depuis l'année précédente.

Il y avait avancement de la plage à l'ouest de l'appontement, retrait au contraire à l'est jusqu'à une assez grande distance. L'appontement avait d'ailleurs produit un affouillement d'environ $0^m,80$ à son extrémité.

TRANSPORTS A L'INTÉRIEUR

Rigole de service entre les établissements du port et le lac Menzaleh. — Cette rigole, commencée l'année précédente pour assurer les communications entre les établissements du port et le lac Menzaleh fut continuée pendant les premiers mois de l'année, les déblais se faisant toujours au moyen de dragues à main sous une profondeur d'eau moyenne de 25 centimètres. Elle fut provisoirement arrêtée à une longueur de 600 mètres ; il restait encore à creuser environ 1.500 mètres pour arriver jusqu'aux grandes profondeurs du lac.

Service de bateaux à vapeur sur le lac Menzaleh entre Damiette et Port-Saïd. — Canal de communication entre le Nil et le lac Menzaleh à Damiette. — En vue de l'établissement d'un service régulier de transports entre Damiette et Port-Saïd, deux bateaux à vapeur en tôle, d'une assez grande capacité et d'un faible tirant d'eau leur permettant de naviguer sur le lac en toute saison, avaient été commandés. Ces bateaux, mus par une machine de 8 chevaux, avaient 30 mètres de longueur sur $3^m,50$ de largeur et $1^m,10$ de creux ; les coques furent montées à Port-Saïd sur le bord du lac ; les boiseries et les roufs furent confectionnés par les ateliers.

Il importait que ces bateaux à vapeur pussent, à Damiette, arriver jusqu'au Nil. Dans ce but, on exécuta sur le canal creusé précédemment en amont de Damiette et mettant le Nil en communication avec le lac les terrassements nécessaires pour le rendre navigable ; on eut à reconstruire, au passage de la route de Damiette à Farascour, un pont qui s'était écroulé et qui fut naturellement rétabli avec une hauteur suffisante pour permettre aux bateaux à vapeur de passer en abaissant seulement leur cheminée. Enfin, vers la fin de l'année, on construisit à l'entrée du canal un barrage à poutrelles permettant d'empêcher les eaux salées du lac d'entrer dans le Nil pendant les eaux basses du fleuve, toutes dispositions étant prises pour que les communications entre Port-Saïd et Damiette n'en fussent pas entravées [1].

Les deux bateaux à vapeur commencèrent à la fin de l'année leur service

---

1. Pour cette fermeture annuelle, le Gouvernement recourait précédemment à la construction d'une digue en terre qui exigeait environ douze cents journées d'ouvriers. Avec le barrage à poutrelles, la fermeture s'effectuait en une heure de temps. Le barrage permettait d'ailleurs de n'interrompre la communication du lac avec le Nil que dans les moments où elle eût été nuisible. A part ces circonstances exceptionnelles, la communication était toujours libre, ce qui était un avantage considérable pour le pays tout entier.

qui se fit et continua de se faire par la suite de la manière la plus satisfaisante. A Damiette, une estacade en charpente formant quai sur le Nil permettait aux bateaux de charger avec facilité les marchandises qu'ils devaient transporter à Port-Saïd. A l'arrivée à destination, la rigole de service creusée à travers le grand bassin et progressivement élargie par les dragues permettait aux bateaux d'arriver devant le grand magasin central. Ce service de bateaux à vapeur permit de supprimer les transports à dos de chameau entre Damiette et le lac, mode de transport qui occasionnait des retards, détériorait les marchandises et grevait celles-ci de frais considérables.

En outre des deux bateaux à vapeur, on avait construit des barques plus petites en tôle, à fond plat, destinées au transport et au ravitaillement des dragues échelonnées dans le lac. Ces barques étaient conduites à la perche.

Tranports dans l'intérieur de l'Isthme. — Les transports dans l'intérieur de l'isthme continuèrent de se faire, comme l'année précédente, à dos de chameau.

Itinéraire d'une tournée du Président dans l'Isthme. — L'itinéraire ci-dessous d'une tournée faite par le Président de la Compagnie au commencement de juin donnera une idée des conditions dans lesquelles se faisaient à cette époque les transports pour la visite de l'Isthme :

D'Alexandrie à Tantah et Samanoud, en chemin de fer;

De Samanoud à Mansoura, à cheval, en caravane ;

De Mansoura à Damiette, en dahabieh sur le Nil ;

De Damiette à Port-Saïd, en barque sur le lac Menzaleh ;

De Port-Saïd à Sâné, en barque sur le lac Menzaleh et le Bahr Moëz ;

De Sâné à Zagazig, à dromadaire, en visitant successivement Salahieh, Kantara, El Ferdane, Toussoum, lac Timsah, Bir-Abou-Ballah et Maxama ;

De Zagazig à Alexandrie, en chemin de fer.

APPROVISIONNEMENTS DE DENRÉES ET DIVERS

Damiette. — L'entreprise installa, pendant les derniers mois de l'année, son magasin général d'approvisionnements à Damiette dans des bâtiments spacieux que le Gouvernement égyptien avait vendus récemment à la Compagnie[1]. On dut faire dans ces bâtiments d'importants aménagements intérieurs pour permettre une distribution méthodique des approvisionnements, ce qui exigea un certain temps. Dès le mois d'octobre l'ordre le plus parfait régnait dans les diverses branches du service. Les magasins étaient bien approvisionnés ; on attendait des marchandises en grande quantité; des arrangements avaient été pris avec la plupart des fournisseurs pour le remplacement des marchandises avariées. Tout était classé et étiqueté avec les prix marqués en chiffres. Les employés avaient la faculté d'acheter dans les magasins tous les objets qui leur étaient nécessaires. Dès la fin de l'année, ainsi qu'il a été indiqué précédemment, les transports entre Damiette et Port-Saïd furent très notablement améliorés par la création d'un service de bateaux à vapeur sur le lac Menzaleh entre les deux localités.

Port-Saïd. — Ainsi qu'il a été mentionné au chapitre *Bâtiments et abris*, un vaste bâtiment destiné à servir de magasin central avait été construit à Port-Saïd vers le milieu de l'année.

Ce magasin central fut divisé en six grands compartiments conformément à la classification suivante :

---

1. Voir plus loin, au chapitre intitulé *Domaine de la Compagnie*, les renseignements détaillés concernant les magasins de Damiette.

Outillage de charpente et de menuiserie ;
Outillage des forges et machines ;
Matières diverses;
Objets pour la marine;
Dépôt des objets attendant leur réception et leur classement;
Dépôt des vivres et ustensiles de ménage.

Il existait en outre à Port-Saïd un magasin de détail où se vendaient les objets d'alimentation et une multitude d'autres objets nécessaires à la vie et d'un usage journalier. On eut à plusieurs reprises à détruire des salaisons et autres denrées qui étaient gâtées.

L'entreprise exploitait elle-même les magasins, la boucherie, la boulangerie, le restaurant, la cantine. Un radeau avait été construit pour amener jusque devant les magasins les marchandises apportées de Damiette.

Jusqu'au mois de juin, le mode d'alimentation des ouvriers était fixé d'après un tableau : le magasinier devait fournir à chaque ouvrier sa ration ; de plus chacun pouvait acheter des denrées *extra* comme fruits, conserves, légumes frais, etc. ; mais, pour le vin et autres liquides alcooliques, la ration établie ne pouvait être dépassée.

D'après les comptes tenus pendant les six premiers mois de l'année, les prix de la nourriture des rationnaires, y compris la fourniture de l'eau, étaient les suivants : pour les ouvriers européens 1 fr. 85 ; pour les ouvriers arabes (le biscuit étant compté à 0 fr.60 le kilogramme) 0 fr. 60.

Un restaurant fut ouvert le 1er juin et fonctionna d'une manière satisfaisante. Le personnel se composait de dix personnes : le restaurateur, deux cuisiniers, trois garçons de service, quatre arabes. Les prix des consommations étaient les suivants : un pain de 500 grammes 0 fr. 25; potage 0 fr. 10 ; plats divers (viandes, légumes, salades) 0 fr. 25 ; dessert 0 fr. 10 ; le litre de vin 0 fr. 60.

La fabrication du pain revenait à 0 fr. 51 le kilogramme.

Le magasin de Damiette fournissait la viande de bœuf et de mouton; le prix du kilogramme de bœuf rendu à Port-Saïd était de 0 fr. 99; le prix du kilogramme de mouton, 1 fr.60. Le même magasin fournissait également des légumes, des fruits frais et diverses autres denrées. Certaines denrées provenaient d'Alexandrie.

Dès le 1er août, Port-Saïd fut ouvert à la vente libre de la volaille, des œufs, des légumes et des fruits apportés par des habitants de Damiette, et un marché fut installé pour ce commerce libre. Le Président de la Compagnie s'entendit avec le fermier de la pêche du lac Menzaleh pour que ce marché fut régulièrement approvisionné de poisson.

Enfin, on fit sortir des magasins et détruire des salaisons et autres substances alimentaires qui étaient gâtées et les magasins des arabes aussi bien que ceux des européens furent ravitaillés.

Avant l'adoption des diverses mesures qui viennent d'être indiquées, et bien que l'état sanitaire de Port-Saïd fût généralement satisfaisant, il se manifestait pourtant parmi la population des affections gastriques qui disparurent grâce à l'installation du restaurant et à l'introduction régulière de vivres frais.

Kantara. — Le campement de Kantara était maintenant approvisionné par Damiette. Un dépôt avait été établi à Sâné, d'où les chameaux transportaient les vivres sur les différents points où se trouvaient des ouvriers. Il y avait à Sâné, deux troupeaux de chameaux, l'un appartenant à la Compagnie, l'autre à un loueur qui était venu s'installer là pour mettre ses chameaux au service de la Compagnie.

Le campement de Sâné dut être déplacé pendant la saison des hautes eaux du Nil et transporté près de Salahieh, c'est-à-dire plus haut dans le Bahr-Moëz, afin d'éviter le sol détrempé par la crue qui rendait certains passages difficiles.

Le magasin de Kantara alimentait en vivres le campement d'El Ferdane.

Toussoum. — Précédemment, les provisions de toute espèce nécessaires au campement venaient du Caire par la station d'Awebet sise sur le chemin de fer du Caire à Suez. Elles venaient maintenant de Damiette par Sâné et Salahieh.

La basse-cour du campement était peuplée de poules, oies et dindes; les bœufs et les moutons arrivaient sur pied; les légumes frais ne manquaient pas ; on trouvait du lait.

POPULATION FIXE DES PRINCIPAUX CHANTIERS ET CAMPEMENTS

Port-Saïd. — Les nombres moyens d'ouvriers d'art à Port-Saïd pendant le second semestre de l'année ont été les suivants :

Charpentiers européens	53
Scieurs de long	8
Menuisiers	15
Tonneliers, peintres, maçons	6
Nombre total	82

Plus, de nombreux riveurs arabes.

Kantara :

Chef du campement et docteur	2
3 employés, 1 chef ouvrier, 1 cuisinier, 1 boulanger	6
Manœuvres européens	6
12 riveurs et 48 manœuvres arabes	60
Population totale du campement	74

El Ferdane :

Chef du campement et 2 employés	3
Ouvriers européens	13
Ouvriers arabes	13
Population totale	29

Toussoum :

Population à peu près la même que l'année précédente.

RECRUTEMENT DES OUVRIERS INDIGÈNES

Les ouvriers indigènes libres employés dans l'Isthme pendant les derniers mois de l'année étaient au nombre d'environ 1.700 répartis comme suit :

A Port-Saïd	600
A Damiette et au canal de communication du Nil avec le lac Menzaleh	900
A Kantara	100
Dans les divers campements de Maxama, Bir-abou-Ballah, Timsah, seuil d'El Guisr	100
Nombre total	1.700

Tout se préparait, à la fin de 1860, pour entreprendre à bref délai les terrassements du seuil d'El Guisr. Il importait donc de prendre à l'avance les dispositions nécessaires pour s'assurer le recrutement d'un nombre suffisant d'ouvriers.

D'après le second traité passé avec l'entrepreneur général et accepté par lui, la Compagnie n'était plus dans l'obligation de fournir les ouvriers égyptiens au salaire de 1 franc. L'entrepreneur devait rechercher lui-même les moyens de se procurer, au meilleur prix possible, la main-d'œuvre indigène ; l'aide de la Compagnie lui était d'ailleurs assurée. La situation de la Compagnie à l'égard de l'entreprise était déterminée à ce sujet par l'article 15 du traité ainsi conçu : « La Compagnie s'engage à procurer par tous les moyens possibles au régisseur tous les ouvriers indigènes promis par S. A. le Vice-Roi d'Égypte ».

Le Président de la Compagnie jugeait nécessaire d'avoir sur les chantiers, pour la fin de janvier 1861, 10 000 ouvriers. Il savait que le Vice-Roi avait déjà donné le mot d'ordre à tous les gouverneurs; mais il était nécessaire de s'entendre avec ceux-ci ainsi qu'avec les chefs des villages pour que le recrutement fût libre autant que possible. Le Président, dans ce but, arrêta les dispositions suivantes : on ferait parcourir les chefs-lieux et les villages de la Basse-Égypte par un employé de la Compagnie (M. Joseph Vernoni) parlant parfaitement l'arabe, auquel l'entrepreneur adjoindrait un délégué accompagné de deux ou trois ouvriers indigènes choisis parmi ceux qui s'étaient le plus distingués sur les travaux et qui avaient particulièrement aidé à organiser les brigades de terrassiers à la tâche. Le rapport de l'agent de la Compagnie à la suite de sa mission devait servir, s'il y avait lieu, à demander une intervention plus active du Vice-Roi, intervention que Son Altesse avait promise dans le cas où les propres moyens de la Compagnie ne suffiraient pas.

ÉTUDES

Des opérations eurent lieu dans le lac Menzaleh pour déterminer la position de l'axe du Canal depuis Port-Saïd jusqu'au Pont-du-Trésor (El Kantara). Ces opérations, commencées l'année précédente et qui avaient été interrompues par suite de la difficulté des transports, furent reprises par M. Larousse au mois de mars. La triangulation partant de Port-Saïd fut poussée jusqu'à Kantara. Une fois les deux points extrêmes reliés, on put fixer sur le terrain plusieurs points intermédiaires situés sur l'axe du Canal; et, partant de ces points en jalonnant dans la direction voulue, on parvint jusqu'à Kantara.

Le Vice-Roi désirant faire étudier à fond les parages de la côte d'Egypte, et principalement les bouches de Rosette et de Damiette, avait demandé au Président de la Compagnie de permettre à M. Larousse d'exécuter ce travail qui put être entrepris vers la fin de juillet, après l'achèvement des opérations du lac Menzaleh, et qui fut terminé dans le courant de novembre. Son Altesse avait affecté aux opérations de M. Larousse un bâtiment de mer à vapeur, *le Siout*, et un vapeur du Nil. Sur la proposition de M. Larousse, Son Altesse décida que des phares seraient établis sur les caps les plus avancés des deux bouches du Nil.

Des sondages furent exécutés vers le milieu de l'année sur l'axe du canal à la traversée des dunes d'El Ferdane et du seuil d'El Guisr. Ces sondages étaient faits à des distances de 400 mètres les uns des autres et descendus jusqu'au niveau de l'eau.

CARRIÈRES, FOURS A CHAUX, ETC.

Construction à Port-Saïd d'un grand four à chaux établi sur la berge Afrique du grand bassin du port, à 225 mètres environ de distance au sud du bassin de l'Arsenal. Ce four dut naturellement être démoli lorsque fut décidée, en 1866, la construction du bassin Chérif.

A la carrière de Moura, en vue des fournitures de chaux nécessaires aux constructions de Toussoum, construction, indépendamment du petit four déjà établi à la fin de l'année précédente, d'un grand four capable de cuire par fournée 17 mètres cubes : la chaux rendue sur place revenait au prix très élevé de 15 francs le mètre cube.

SERVICE DE SANTÉ

(EXTRAIT DU RAPPORT DU MÉDECIN EN CHEF)

Port-Saïd. — L'ordre fut donné à l'entrepreneur général de faire subir la visite du médecin à tous les nouveaux arrivants afin d'éviter d'admettre sur le chantier des gens atteints de maladies contagieuses. Cette mesure devait permettre en même temps au médecin de compléter le registre de l'état civil dont il était chargé.

Le service médical ne comprenait, au commencement de l'année, qu'un médecin remplissant en même temps les fonctions de pharmacien et chargé en outre de recueillir les observations météorologiques. La plupart des affections étaient traitées à domicile. Une infirmerie de quatre lits avait été organisée afin de pouvoir isoler les cas graves.

Vers la fin de l'année, le service comprenait deux médecins (un pour la ville, l'autre pour les dragues du lac) et un pharmacien chargé en même temps de l'économat du service. La pharmacie de Port-Saïd approvisionnait Damiette et devait approvisionner également Kantara dès que la rigole maritime serait construite.

Le Mex. — Installation d'un médecin, précédemment chargé du service aux carrières de Gebel-Géneffé. Les malades qui ne pouvaient être soignés à domicile étaient envoyés à l'hôpital d'Alexandrie.

Damiette. — Installation, à la fin de l'année, d'un médecin, précédemment chargé du service à Toussoum. Les malades étaient soignés à domicile.

Kantara. — Le service était fait par un médecin remplissant en même temps les fonctions de pharmacien et chargé en outre du service d'El Ferdane.

Seuil d'El Guisr et Timsah. — Installation, vers la fin de l'année, à El Guisr, de deux médecins, dont l'un résidant provisoirement à Maxama pour le service de la rigole d'eau douce, et d'un pharmacien, venant de Toussoum, chargé en même temps de l'économat. La pharmacie approvisionnait El-Ferdane et, provisoirement, Kantara.

Toussoum. — Au début de l'année, le service médical comprenait un médecin et un pharmacien chargé en même temps de l'économat du service. La pharmacie approvisionnait provisoirement Kantara.

Une ambulance provisoire avait été organisée dans une des baraques en bois envoyées de France; mais l'on construisit, pour servir d'ambulance définitive, une maison en pisé devant contenir dix lits.

Le médecin en chef estimait que les baraques en bois devaient être rejetées pour les hôpitaux; elles valaient assurément mieux que les tentes; mais, comme elles étaient chaudes pendant le jour et qu'elles laissaient passer le vent et pénétrer l'humidité pendant la nuit, elles valaient beaucoup moins que les maisons en pisé. Le médecin en chef recommandait d'ailleurs de chercher le moyen de carreler le sol des habitations afin de permettre de le laver et de lui éviter d'être imprégné par des matières organiques. Il recommandait également de rejeter les récipients en bois pour conserver l'eau.

Les viandes salées avaient été supprimées dans le campement pendant l'été. La plus grande surveillance était apportée à l'usage des boissons alcooliques ; l'absinthe avait été interdite.

....

Vers la fin de l'année, le service de santé du campement fut transféré à El Guisr. Le médecin précédemment chargé du service fut envoyé à Damiette et le pharmacien à El Guisr.

En résumé, on voit par les renseignements qui précèdent que, vers la fin de 1860, le service de santé dans l'Isthme (y compris Le Mex et Damiette) comprenait en tout, indépendamment du médecin en chef, sept médecins et deux pharmaciens.

Des ambulances de huit à dix lits, munies de tout le matériel nécessaire, avaient été construites à Port-Saïd, Kantara, El Guisr et Toussoum.

DOMAINE DE LA COMPAGNIE

MAGASINS DE DAMIETTE

Au début des travaux, le service central de la Direction générale des travaux et le service central de l'Entreprise avaient été installés à Alexandrie. Un pareil éloignement du théâtre même des travaux ne tarda pas, dès que ceux-ci eurent pris un peu d'exténsion, à être très préjudiciable à la bonne marche des services, et l'on dut songer à rapprocher les bureaux de la ligne des travaux. Or, le désert, par suite de l'absence d'habitations et de l'impossibilité d'en improviser, par suite aussi des difficultés des communications, n'était pas encore possible. Damiette fut choisi.

Dans le courant d'avril 1860, le Vice-Roi, mis au courant de la situation par l'entrepreneur général des travaux, lui avait promis de donner à la Compagnie d'anciens magasins à demi ruinés existant à Damiette et qui depuis longtemps étaient abandonnés par le Gouvernement égyptien.

Le Président de la Compagnie, lorsque le Vice-Roi lui annonça cette promesse, avait demandé à Son Altesse, au lieu de recevoir les magasins en don, de les acheter sur estimation contradictoire. Son Altesse avait accepté la combinaison. Le prix de vente, débattu dans les derniers mois de l'année, fut finalement arrêté, y compris les frais de hodget (contrat de vente), au chiffre de 51.269 francs. (Le hodget fut remis à la Compagnie dans le courant de juin 1861.)

L'entrepreneur avait pris possession des magasins et, après y avoir exécuté les travaux de restauration les plus urgents, avait opéré la translation à Damiette de ses bureaux d'Alexandrie et de son centre d'action du Caire. Il était, dès lors, indispensable que la Direction générale des travaux, chargée du contrôle de toutes les opérations de l'entreprise, se transportât également à Damiette dès que l'on aurait fait dans l'un des bâtiments les travaux d'appropriation nécessaires à l'installation de ses bureaux.

L'ensemble de la propriété avait une superficie d'environ 10 hectares. Elle comprenait notamment six grands magasins à un étage.

La Compagnie et l'Entreprise occupèrent les deux bâtiments ayant vue sur le Nil. Dans chacun de ces bâtiments le premier étage avait été partagé, par des cloisons, en bureaux et en chambres d'habitation.

Les autres bâtiments servaient de magasins généraux d'approvisionnements. Les magasins étaient voûtés et très bien aérés. On eut à y exécuter des aménagements intérieurs pour permettre une distribution méthodique des approvisionnements.

Un petit chemin de fer reliait les magasins au Nil. En outre, une estacade en charpente fut construite sur le bord du fleuve, formant quai pour l'embarquement et le débarquement des marchandises et denrées.

Deux bateaux à vapeur appartenant à la Compagnie et les barques du lac Menzaleh servaient aux communications entre Damiette et Port-Saïd.

Enfin, la Compagnie construisit entre Damiette et le lac une voie carrossable, indispensable à son service pour permettre d'employer pour les transports des charrettes au lieu de chameaux : cette route avait nécessité la construction de plusieurs ponceaux et des mouvements de terre assez considérables; elle profitait à tous les habitants.

Les travaux d'appropriation des bâtiments à leurs diverses destinations étaient à peu près complètement terminés à la fin de 1860. Le degré d'importance des travaux restant alors à exécuter était subordonné à la question du transfèrement plus ou moins prochain à Timsah du service central de la Compagnie en même temps que du service central de l'Entreprise.

La translation d'Alexandrie à Damiette des bureaux de la Direction générale des travaux eut lieu progressivement pendant les derniers mois de l'année. Damiette était devenu le centre principal, à la fois, de la Direction générale des travaux et de l'Entreprise. Un certain nombre de maisons avaient été louées en ville pour les logements du personnel.

Nous rendrons compte de suite de tout ce qui concerne les magasins de Damiette à partir de la fin de 1860.

Pendant le cours de l'année 1861, des travaux de peu d'importance durent encore être exécutés dans les bâtiments occupés par les bureaux respectifs de la Compagnie et de l'Entreprise, et surtout de nombreux travaux successifs d'aménagement dans les magasins. On construisit en outre des logements pour le chef des services administratifs de l'entreprise, pour le chef de la comptabilité générale de la Direction générale des travaux, pour le médecin et la pharmacie.

Les terrains faisant partie de la propriété de la Compagnie présentaient de nombreuses dépressions qui se transformaient fréquemment en cloaques. On désirait y faire quelques essais de culture. Une circonstance favorable se présenta pour entreprendre le remblai et le nivellement de ces terrains :

L'entrepreneur général, dans le courant de juin 1861, avait, par l'intermédiaire de la Compagnie, passé un marché avec le gouverneur de Damiette pour la cession par celui-ci, au nom du gouvernement, de plusieurs millions de briques au prix de 5 francs le mille. Un second marché fut passé ensuite pour le transport de ces briques à Port-Saïd, par mer, au moyen de navires du port de Damiette ; mais pour que ce second marché pût porter tous ses fruits et fût maintenu par les capitaines, il fallait que l'entreprise eût constamment à sa disposition un assez grand nombre d'ouvriers pour faire rapidement les chargements au moment où les navires se présentaient. Cela devenait possible par suite de la ressource que l'on aurait d'employer lesdits ouvriers au remblai des terrains.

Les travaux d'amélioration et d'aménagement et les divers travaux accessoires exécutés à l'établissement de Damiette ont entraîné, ensemble, à une dépense d'environ 250.000 francs.

Le transfèrement, de Damiette à Ismaïlia, des bureaux de la Direction générale des travaux eut lieu pendant les premiers mois de l'année 1863. En même temps, les magasins généraux de Damiette furent supprimés.

La propriété de la Compagnie à Damiette resta alors abandonnée.

Elle fit retour au Gouvernement égyptien en vertu de l'article 7 de la première convention du 23 avril 1869, stipulant diverses cessions faites par la Compagnie au Gouvernement, parmi lesquelles la cession des magasins de Damiette, pour une somme ensemble de 10 millions de francs.

EXTRAIT DU RAPPORT DU PRÉSIDENT DE LA COMPAGNIE A L'ASSEMBLÉE GÉNÉRALE DES ACTIONNAIRES DU 1er MAI 1862

Le Président, dans son rapport, exposa comme suit les considérations qui avaient décidé la Compagnie à faire l'acquisition des magasins de Damiette :

La ville de Damiette était un point qui, par sa position, ne pouvait manquer d'entrer dans les combinaisons préparatoires nécessaires pour l'occupation et l'organisation des chantiers du canal maritime, de la Méditerranée au lac Timsah. Le territoire de Damiette était le plus rapproché de Port-Saïd, premier jalon des opérations de la Compagnie. Placé au bord du Nil, à peu de distance d'une des embouchures du fleuve, son port était ouvert à la navigation maritime et recevait par le Nil les grains et les produits alimentaires du Delta. Par le lac Menzaleh, Damiette était aussi en communication directe avec les autres établissements de la ligne jusqu'à El Ferdane et El Guisr. Cette ville importante était donc un centre naturel pour la facilité des approvisionnements et leur emmagasinement à proximité des lieux où ils devraient être distribués.

Ces mêmes avantages l'indiquaient comme le siège le plus convenable de l'administration centrale de la Direction générale des travaux jusqu'au jour où elle pourrait se transporter utilement au centre de l'Isthme, c'est-à-dire à Timsah.

Une bonne installation à Damiette était par conséquent, au début des travaux, un des besoins de la situation.

Les immeubles acquis à Damiette occupaient une superficie de dix hectares. Les terrains touchaient à l'enceinte de la ville et bordaient le Nil de façon à mettre les services de la Compagnie directement en communication, d'un côté avec le port et la mer, de l'autre avec les arrivages venant de l'intérieur de l'Égypte par le fleuve, et avec Port-Saïd par la navigation du lac Menzaleh.

De vastes magasins construits avec un grand luxe de matériaux, et qui servaient autrefois de casernes et de greniers publics, avaient fourni d'inappréciables ressources pour l'installation, dans les conditions les plus salubres et les plus économiques, du personnel et des approvisionnements.

Ces immeubles avaient été acquis au prix très modéré de 31.000 francs sur lequel on ne pouvait hésiter à prévoir une importante plus-value et dont l'intérêt à 5 0/0 était surabondamment couvert par l'économie des loyers qu'auraient coûtés les locaux nécessaires à une semblable installation.

TRAVAUX
EXÉCUTÉS PENDANT L'ANNÉE 1861-1862

Compte rendu sommaire des travaux exécutés et des résultats obtenus pendant la période du 15 avril 1861 au 15 mars 1862.

EXTRAIT DU RAPPORT DU PRÉSIDENT DE LA COMPAGNIE
A L'ASSEMBLÉE GÉNÉRALE DES ACTIONNAIRES DU 1er MARS 1862

Observations générales. — Le Président reprenait comme suit l'exposé de la situation des travaux au point où l'avait laissé le rapport de l'année précédente :

Dès le mois d'avril 1861, on se le rappelle, 3.000 hommes avaient entamé le creusement du canal d'eau douce; on espérait que le canal serait achevé pour la fin de l'année;

Au nord, par le prolongement de la rigole maritime, de Kantara à El Ferdane, on devait faire arriver la Méditerranée jusqu'au pied du seuil d'El Guisr et ouvrir cette nouvelle voie de communication;

Au Seuil, on avait commencé un établissement capable d'abriter les ateliers, les ustensiles, les employés européens et les travailleurs arabes. La ligne du Seuil avait été divisée en chantiers distincts, et l'on procédait aux premières opérations de creusement;

Sur la ligne des travaux, de Ras-el-Ouady à Timsah, et de Timsah à Port-Saïd, se trouvait réparti un contingent de 8.000 travailleurs indigènes, et l'on espérait que le recrutement ne s'arrêterait pas à ce chiffre, alors considéré comme un succès.

Toutes les prévisions s'étaient réalisées. Dès les premiers jours de janvier (1862), la tranchée du canal d'eau douce avait atteint l'emplacement de la future ville de Timsah, d'où une rigole de 4 kilomètres portait les eaux du Nil jusqu'au premier chantier du Seuil. Le canal d'eau douce, ouvert à la navigation depuis trois mois, avait déjà transporté à Timsah, au moyen de 70 barques du Nil affectées à cette navigation, plus de 3.000 tonneaux de denrées alimentaires et d'approvisionnements de toute sorte.

L'établissement d'El Guisr s'était étendu, agrandi, amélioré. Il formait maintenant une petite ville au milieu du désert, avec ses chantiers, ses ateliers, son église, son hôpital, un bazar pour les indigènes, un hôtel pour les voyageurs.

Le Seuil était vigoureusement attaqué sur toute sa longueur entre El Ferdane et Timsah. Aux chantiers 5 et 6, c'est-à-dire aux points les plus élevés, la tranchée était arrivée jusqu'à 2 mètres en contrebas du niveau de la mer, profondeur à laquelle l'eau avait été rencontrée. Des masses d'ouvriers y travaillaient avec une ardeur que le jeûne du Ramadan, pendant le mois de mars, n'avait pas arrêtée.

En même temps qu'une marche rapide était imprimée aux travaux, la Compagnie s'était appliquée à donner à ses services une organisation de plus en plus efficace, et à obtenir dans les rouages de l'administration l'ordre et la régularité indispensables.

Elle n'avait pas pensé qu'il fût prudent à elle de prendre directement la responsabilité et la charge de l'exécution des travaux ; et, en conséquence, comme on le sait, elle avait signé avec l'approbation de l'Assemblée, le traité par lequel M. Hardon s'engageait à exécuter les travaux par voie de régie intéressée. Ce mode de contrat lui avait paru le plus praticable dans un pays éloigné et au milieu des circonstances dans lesquelles on avait à agir.

A l'Entreprise, donc l'exécution.

A la Direction des travaux, la méditation et l'étude des plans, le contrôle et la surveillance de l'exécution. Ces fonctions étaient dévolues à un directeur général, ayant sous ses ordres quatre ingénieurs divisionnaires préposés aux circonscriptions de Port-Saïd, Timsah, Suez et du Canal d'eau douce.

Au début, le directeur général des travaux résidait une partie de l'année à Paris. A mesure que le cercle des opérations grandissait, l'initiative, la direction, l'action, devaient se concentrer dans l'Isthme au milieu des travailleurs. Cette nécessité avait imposé une modification dans le haut personnel des travaux.

L'ancien Conseil supérieur des travaux, résidant et délibérant à Paris, s'était reconstitué sous le nom de Commission consultative.

D'un autre côté, M. Mougel Bey, dont on connaissait les éminents services, étant dans l'impossibilité de résider continuellement en Égypte, avait résigné ses fonctions, et il avait été remplacé par M. Voisin, ingénieur des Ponts et Chaussées, lequel, depuis un an, avait exercé les fonctions de Sous-Directeur, puis celles de Directeur général par intérim.

L'entrepreneur, M. Hardon, lorsqu'il n'était pas en Égypte, y était représenté par un fondé de pouvoirs, M. Feinieux, qui depuis trois ans, n'avait pas quitté un seul jour les chantiers de l'Isthme.

Les services de l'exécution étaient dirigés par M. Sciama, ingénieur des Ponts et Chaussées, qui résidait à côté de M. Voisin.

L'exécution comprenait trois divisions :

La première concernait l'œuvre matérielle des travaux proprement dits : terrassements, constructions, jetées, etc., et se divisait elle-même en plusieurs circonscriptions;

La seconde réunissait, sous le nom d'Intendance, les approvisionnements des chantiers, les transports à l'intérieur, la prise en charge et le fonctionnement des magasins ; elle avait été confiée à un ancien Intendant de l'armée française ;

Enfin la troisième division comprenait le matériel et les ateliers.

Le Président exprimait l'espoir que l'Assemblée trouverait cette organisation établie sur des bases satisfaisantes.

Situation générale des travaux. — A la date de la réunion précédente de l'Assemblée des actionnaires, on poursuivait dans l'Isthme, un double but que l'on désirait atteindre dans le cours de la campagne de 1861-1862.

L'un de ces buts consistait à conduire la rigole maritime jusqu'au pied du seuil d'El Guisr, et à lui ouvrir un passage à travers le seuil jusqu'au lac Timsah ; l'autre but consistait à mettre le seuil en communication avec le centre du Delta, par l'ouverture du canal d'eau douce dérivé du Nil.

La plus grande partie des efforts avait été consacrée à ce double but, et les résultats avaient répondu à l'attente.

La principale difficulté à la jonction des deux mers était le percement de la rigole maritime à travers le seuil d'El Guisr, car ce travail ne pouvait être entrepris, soit par des machines, soit à l'aide de grandes agglomérations de travailleurs, avant qu'on ne se fût assuré des moyens d'amener facilement sur les chantiers le matériel et les approvisionnements.

En conséquence, on avait entrepris immédiatement, dans la traversée du lac Menzaleh, la construction de la partie de la rigole maritime comprise entre Port-Saïd et El Ferdane (origine du Seuil), rigole qui devait permettre de transporter par eau jusqu'au pied même du Seuil tous les arrivages d'Europe ou d'Alexandrie débarqués à Port-Saïd, et, au fur et à mesure des besoins, les approvisionnements en dépôt dans les magasins de Damiette.

Simultanément, on avait commencé l'exécution du canal d'eau douce destiné à mettre le Seuil en communication avec les grands centres d'approvisionnements du Delta.

La rigole maritime devant être utilisée immédiatement

par les embarcations et les chalands, avait été établie avec une profondeur d'eau de 1^{m},20 et une largeur de 8 mètres à la ligne d'eau ; quelques parties, entre Kantara et El Ferdane avaient une largeur de 12 mètres. Livrée successivement par parties, à mesure de leur achèvement, au service des transports, la rigole était maintenant arrivée jusqu'au pied même du Seuil où existait un bas-fond dont on avait profité pour la création d'un petit port ; elle formait une voie navigable de 60 kilomètres de longueur.

En ce qui était de la construction du canal d'eau douce, on avait à remplir deux conditions essentielles : créer une bonne voie de transport et exécuter très rapidement un travail qui était de toute nécessité pour assurer l'alimentation des ouvriers sur le seuil d'El Guisr.

D'après le projet primitivement arrêté, le canal d'eau douce commençait près du Caire, ce qui donnait au tracé un grand développement excluant la possibilité d'accomplir le travail avec toute la promptitude désirable. L'acquisition par la Compagnie du domaine de l'Ouady avait permis de concilier les deux conditions et d'abréger notablement le parcours de la nouvelle voie de navigation et d'approvisionnements. L'origine du canal avait pu être placée à l'issue du cours d'eau qui arrosait la propriété et s'alimentait au Nil. Cette modification du premier tracé avait été annoncée à l'Assemblée dès l'année précédente. Les travaux avaient été poursuivis sur les nouvelles données avec la plus grande activité. Ils étaient maintenant arrivés jusqu'au centre de l'Isthme. La longueur du canal était de 34.835 mètres.

Le seuil d'El Guisr étant ainsi abordé du côté de la mer par la rigole maritime et du côté du Delta par le canal d'eau douce, et les transports de matériel, de vivres et d'eau douce au centre de l'Isthme, se trouvant désormais assurés, le moment était venu de concentrer sur ce point le plus grand nombre possible de travailleurs. Les travaux du canal d'eau douce et de la rigole maritime n'avaient jusqu'alors, ensemble, occupé que 8 à 10 mille ouvriers indigènes. Les préparatifs achevés allaient permettre de tripler la force des chantiers. On était en mesure d'alimenter et d'abriter une véritable armée de travailleurs, et l'on entrait dans une phase où 20 mille hommes et plus allaient être employés régulièrement sur la ligne des travaux.

Pendant l'exécution des travaux ci-dessus décrits, les six chantiers du Seuil avaient été maintenus dans une activité relative, et l'on y avait installé divers appareils de terrassements: brouettes ordinaires, brouettes à potence, machines Balan. Ces appareils, déjà mentionnés au rapport de l'année précédente, ne pouvaient s'adapter qu'à l'emploi d'un petit nombre d'ouvriers. Les grandes agglomérations de travailleurs se pliant difficilement à l'usage de machines qui demandaient un certain apprentissage, tous les appareils précédemment installés avaient été démontés et remisés pour n'être, — s'il y avait lieu, — utilisés que plus tard. Les ouvriers indigènes amenés sur les chantiers, préféraient de beaucoup, à l'emploi des appareils d'invention européenne, l'usage de la pioche égyptienne pour fouiller la terre, et de la couffe pour la transporter : on avait jugé sage de leur laisser l'usage des instruments qui leur étaient familiers et qui avaient suffi pour l'exécution de grands terrassements.

Des travaux considérables avaient préparé les résultats déjà obtenus et ceux que l'on attendait à bref délai. Le siège principal en était à Port-Saïd. Les travaux sur ce point comprenaient principalement la construction des jetées, les dragages du bassin du port, la construction des ateliers et des maisons d'habitation.

Un appontement en charpente, servant d'amorce à la jetée Ouest, avait été établi dès le principe et conduit à plusieurs centaines de mètres de la côte ; mais on avait reconnu promptement la nécessité de le protéger par des enrochements, et, dans ce but, une carrière avait été ouverte au Mex, près d'Alexandrie. Cette carrière était maintenant en pleine exploitation et avait déjà fourni les matériaux pour ces enrochements.

L'amorce d'une autre jetée, à l'Est, avait été formée pour protéger le littoral contre les corrosions de la mer. 1.000 mètres cubes de pierres y avaient été employés.

L'appontement n'était pas encore assez avancé pour avoir à son extrémité une profondeur d'eau permettant aux navires d'accoster et d'opérer leur déchargement. Les navires devaient donc rester au mouillage et transborder les pierres qu'ils portaient dans des mahonnes calant peu d'eau et pouvant arriver jusqu'à l'appontement. Mais cette double opération était coûteuse ; elle présentait en outre des dangers pendant les gros temps.

Il fallait améliorer cette situation.

Or, prendre le parti de continuer la jetée jusqu'à ce qu'elle atteignît la profondeur suffisante pour offrir un abri aux navires, c'eût été subir longtemps encore les inconvénients qui viennent d'être signalés. On décida en conséquence la construction, dans la direction même de la jetée Ouest, à la distance de 1.500 mètres du rivage, correspondant aux fonds de 5 mètres, d'un îlot ou débarcadère composé de pieux en fer à vis, reliés à leur partie supérieure par une charpente également en fer supportant un tillac en madriers sur lequel seraient installées des grues de déchargement. Ce débarcadère, d'une longueur de 65 mètres et de 20 mètres de largeur, permettrait aux navires chargés de blocs d'enrochements de se mettre à l'abri pour y opérer leur déchargement. Les premiers blocs seraient employés à consolider les pieux mêmes de l'îlot, puis on s'approcherait progressivement vers la terre. On profiterait d'ailleurs des temps calmes pour continuer les déchargements de pierres à l'appontement, et avancer vers le large la jetée déjà amorcée. La construction de l'îlot était en très bonne voie.

Les dragages du port avaient eu pour objet : d'une part, l'ouverture entre les divers ateliers d'un canal de service, les réunissant et permettant entre eux l'échange facile des matériaux; d'autre part, le creusement du bassin de l'Arsenal où se faisait le montage des dragues.

Le produit des dragages était employé au remblai du terreplein de la ville, à une hauteur de 2m,50 au-dessus du niveau de la mer.

Tous les ateliers étaient installés dans de vastes bâtiments en charpente avec pans de bois garnis de maçonnerie de briques. Ces ateliers étaient les suivants : ajustage, fonderie, forges, scierie, menuiserie. L'atelier de charpente était en plein air. A l'exception de la chaudronnerie, qui n'était pas encore complètement achevée, tous les autres ateliers étaient maintenant en pleine activité.

Port-Saïd comptait une population d'environ 1.000 européens et une population variable de 2.000 à 3.000 arabes.

Du 1er mars 1861 au 1er mars 1862 étaient entrés à Port-Saïd 260 navires sur lesquels ceux de la Compagnie comptaient pour 155 arrivages. La capacité totale de cette flotte commerciale s'était élevée à 40.000 tonneaux, et les navires étaient arrivés avec plein chargement.

Le petit port du Mex était terminé. La jetée de l'est avait une longueur définitive de 330 mètres; la jetée de l'ouest, d'une longueur de 40 mètres, était restée simplement ébauchée. Le port pouvait abriter une dizaine de navires.

A mesure du développement des travaux, il avait fallu multiplier les bâtiments et abris de toute nature. L'état général détaillé de tous les bâtiments érigés sur la ligne des travaux, se récapitulait comme suit :

	Surfaces couvertes	
209 maisons d'habitation	21.755	mètres carrés
45 bâtiments d'ateliers et magasins	9.287	—
22 hangars à divers usages	1.923	—
122 baraques ou gourbis	4.278	—
SURFACE TOTALE COUVERTE...	37.243	mètres carrés

Il y avait, en outre, 7 villages arabes en pisé ou gourbis, d'une surface de 12.335 mètres carrés.

Grâce aux voies de navigation créées par la construction de la rigole maritime et du canal d'eau douce, le matériel et les approvisionnements de toute nature pouvaient désormais être transportés sur tous les points de l'Isthme avec certitude, rapidité et économie.

D'un autre côté, les transports maritimes étaient assurés, indépendamment des affrètements, au moyen d'une flotte appartenant à la Compagnie, composée de 2 bateaux à vapeur et de 18 navires à voiles présentant ensemble un tonnage de 2.368 tonneaux.

Les dragues au nombre de 24, avaient été commandées chez divers constructeurs en Europe et étaient arrivées démontées à Port-Saïd. On avait eu à remonter les coques en tôle, à poser les charpentes, à faire enfin l'installation des machines et des appareils dragueurs. Le montage des coques n'avait pu se faire facilement avec de simples ateliers volants et l'installation des dragues avait rencontré beaucoup d'obstacles et éprouvé des retards par suite du non achèvement préalable des grands ateliers. Pendant longtemps aussi les bois de fortes dimensions avaient fait défaut, des circonstances fortuites de mer en ayant retardé l'arrivée à Port-Saïd.

D'un autre côté, on avait perdu beaucoup de temps à rechercher sur plusieurs dragues déjà montées une bonne installation de la toile sans fin de transport. Les études à ce sujet n'étaient pas encore complétement abandonnées, mais on avait résolu de ne plus les poursuivre que sur deux dragues seulement. Les autres dragues fonctionnaient maintenant avec de simples couloirs.

Les circonstances défavorables qui viennent d'être rappelées n'existant plus aujourd'hui, il était permis d'espérer que les dix dragues qui restaient encore à l'état de montage plus ou moins incomplet pourraient être terminées dans un délai assez rapproché.

Le compte rendu succinct qui précise la marche et la situation des travaux suffisait à donner une idée exacte des moyens dont on disposait maintenant pour les pousser désormais avec un redoublement d'activité. Les plus grandes difficultés, celles d'installation, de la création de bonnes voies de transport, de l'organisation générale de tous les services, avaient été heureusement surmontées. Tous les efforts pouvaient donc être consacrés désormais à l'exécution proprement dite des travaux.

Organisation des services des travaux pendant l'année 1861 [1]

DIRECTION GÉNÉRALE DES TRAVAUX

MM. Mougel Bey, directeur général des travaux.

SERVICES D'ÉGYPTE

Voisin, ingénieur en chef sous-directeur général des travaux.

Service central à Damiette

Magnan, chef de la comptabilité générale des travaux.

---

1. DÉCISIONS DIVERSES SUR L'ORGANISATION DES SERVICES DES TRAVAUX

DIRECTION GÉNÉRALE DES TRAVAUX

M. Voisin, nommé par décision du 3-13 novembre 1860, ingénieur en chef des travaux en Egypte, prit son service à Damiette dans la première quinzaine de janvier 1861.

22 *février*. — Nomination de M. Philigret comme contrôleur des services et transports maritimes en Égypte. En décembre, M. Philigret reçut le titre de chef contrôleur des services maritimes.

27 *juin*. — Le siège de la Direction générale des travaux est établi en permanence en Égypte. En cas d'absence du directeur général des travaux, l'ingénieur en chef qui le représente en Égypte a seul qualité et pouvoir pour diriger et administrer le service.

10 *septembre*. — Acceptation de la démission de M. de Montaut, ingénieur chef de la division de Timsah.

18 *octobre*. — Nomination de M. Hanet-Cléry, ingénieur des mines comme ingénieur conseil de la Compagnie pour les achats de matériel (à l'administration centrale à Paris).

M. Hanet-Cléry devait assister comme secrétaire-adjoint, avec voix consultative, aux délibérations de la Commission consultative des travaux.

(On rappelle que l'ancien Conseil supérieur des travaux institué le 22 novembre 1858, à Paris, et dont la dernière réunion avait eu lieu le 16 mai 1860,

Division de Port-Saïd

(Port de Port-Saïd, Canal maritime jusqu'au-delà des lacs Ballah, carrière du Mex, service maritime, établissements de Damiette);

MM. Laroche, ingénieur chef de division;

Philigret, contrôleur des services et transports maritimes.

Division de Timsah

(Canal maritime depuis les lacs Ballah jusqu'au lac Timsah, port et ville de Timsah);

De Montaut, ingénieur chef de division.

---

fut reconstitué le 29 août 1861 sous le nom de Commission consultative des travaux, et que cette Commission, chargée, comme l'avait été le Conseil, de donner son avis sur toutes les questions concernant l'exécution des travaux, fonctionna jusqu'à l'achèvement de ceux-ci, à fin de 1869. — Voir t. I, page 130).

21 *octobre*. — Acceptation de la démission de M. Mougel Bey, directeur général des travaux. L'ingénieur en chef des travaux est chargé provisoirement de la direction générale des travaux.

18 *novembre*. — Nomination de M. Saint-Aude comme contrôleur des opérations de l'entreprise générale des travaux à Marseille.

ENTREPRISE GÉNÉRALE DES TRAVAUX

28 *juin*. — Nomination, d'accord avec l'entrepreneur général, de M. Sciama, ingénieur des Ponts et Chaussées, pour être placé à la tête du service de l'exécution des travaux.

28 *juillet*. — Nomination, d'accord avec l'entrepreneur général, de M. Angot, ancien intendant de l'armée, pour diriger le service des transports et approvisionnements.

Octobre. — En novembre 1860, l'entrepreneur général avait engagé M. Nepveu, ingénieur civil, comme ingénieur conseil, principalement en vue de la mise en état des dragues et des toiles sans fin de transport.

En octobre 1861, après le départ d'Égypte de M. Nepveu, l'entrepreneur général engagea M Schmidt, ingénieur de l'École polytechnique de Munich, précédemment chef des ateliers du Creusot, comme chef du service des ateliers et du matériel de l'entreprise.

AGENCE SUPÉRIEURE

MODIFICATIONS DIVERSES A L'ORGANISATION DE L'ANNÉE PRÉCÉDENTE

14 *août*. — Création du service agricole à la suite de l'achat fait par la Compagnie du domaine de l'Ouady en mars 1861.

18 *novembre*. — Nomination de M. Guichard comme régisseur comptable du domaine de l'Ouady.

L'Agence supérieure comprenait donc les divers services suivants :

Service central { Secrétariat, Comptabilité et Titres, Section arabe, Caisse.

Service de Santé,
— *des Cultes*,
— *Agricole*.

Division du Canal d'eau douce

(Études et contrôle de la construction du Canal d'eau douce) ;
MM. Cazaux, sous-ingénieur chef de division.

Service hydrographique

Larousse, ingénieur chef de division.

Service des travaux à l'Administration centrale

(Études, contrôle des commandes);
Hanet-Cléry, ingénieur conseil pour les achats de matériel;
Saint-Aude, contrôleur des opérations de l'entreprise, à Marseille.

EXÉCUTION DES TRAVAUX

Hardon, entrepreneur général régisseur;
Feinieux, fondé de pouvoirs de l'entrepreneur général;
Sciama, ingénieur en chef des services d'exécution ;
Angot, intendant général;
Nepveu, ingénieur conseil pour la mise en état des dragues;
Schmidt, ingénieur chef des ateliers et du matériel.

Marche des travaux et modes d'exécution

(ANNÉE 1861)

PORT DE PORT-SAID

I. — JETÉES.

Exploitation de la carrière du Mex. — Pendant les trois premiers mois de l'année 1861, la presque totalité des matériaux furent employés à la construction de la jetée Est du port. A la date du 1er juin, cette jetée avait atteint la longueur de 330 mètres. Il ne restait donc plus, d'après le projet, qu'une dizaine de mètres à construire; mais, afin de ne pas trop rétrécir l'entrée du port, on prit le parti de ne pas pousser la jetée plus avant.

A la même date du 1er juin, la jetée Ouest était à peine ébauchée. On monta une troisième grue à vapeur pour l'extraction des blocs destinés à cette jetée, qui fut à son tour à peu près terminée le 1er juillet.

Le port se trouvait donc ainsi, lui-même, à peu près complètement terminé. Il contenait le long de la jetée Est, 4 appontements pour le chargement des blocs dans les navires.

Le matériel de service comprenait 3 grues à vapeur, 3.000 mètres courants de voies de fer et 50 wagons. Dans le courant d'août, 2 ponts à bascule furent commandés pour le mesurage des blocs envoyés à Port-Saïd.

L'utilité fut alors reconnue d'avoir un remorqueur pour faire sortir les navires du port et les conduire jusqu'à une certaine distance en rade. Ce remorqueur, l'*Albert*, fut acheté en juillet. D'importantes modifications ayant dû y être faites, il ne fut prêt à prendre la mer qu'en mars 1862. Son prix total de revient avait été de 139.000 francs.

L'exploitation de la carrière devint plus active pendant les six derniers mois de l'année, qui furent employés à la construction du musoir et au renforcement et à la régularisation du talus du large de la jetée Est. Cette jetée avait éprouvé pendant la nuit du 11 mai, par suite de gros temps, d'assez graves avaries dont la réparation avait exigé l'emploi d'environ 700 mètres cubes de blocs.

Le personnel ouvrier augmenta progressivement. A la fin de l'année il se composait de 60 européens et 180 arabes.

L'eau douce pour l'alimentation du chantier provenait de fontaines publiques situées à proximité.

La carrière expédiait à Port-Saïd des blocs d'enrochements pour les jetées et des moellons à bâtir.

Dans le courant d'août on s'était mis à fabriquer de la chaux pour Port-Saïd. Un four avait été construit. En outre l'Entreprise avait passé un marché avec un fournisseur qui, de son côté, avait établi 3 fours et lui vendait la chaux.

A la fin d'octobre, la préparation de moellons à bâtir à destination de Port-Saïd fut suspendue; les briques achetées au Gouvernement, à Damiette, au prix très modéré de 5 francs le mille, et expédiées régulièrement par mer à Port-Saïd, suffisaient désormais à tous les besoins des constructions de la ville.

Les nouveaux bâtiments construits dans le campement au cours de l'année, consistèrent en une infirmerie et en un grand bâtiment destiné au service de la marine et au logement du capitaine de port. En août, on avait répandu et nivelé le dépôt formé par les découverts et les déchets de la carrière, pour établir sur ce terrain les ateliers de charronnage, de menuiserie et de charpente.

Les résultats de l'exploitation de la carrière à la fin de l'année 1861, sont résumés dans le tableau suivant :

			Mètres cubes	Mètres cubes
Bâtiments de l'exploitation..........		Moellons........		708
Jetées du port du Mex.	Jetée Est....	Blocs...........	30.948	35.048
	— Ouest..	—	4.100	
Envois à Port-Saïd...	....	Moellons.......	2.665	8.382
	....	Blocs..	5.268	
	....	Pierres de taille.	33	
	....	Chaux..........	416	
Envois divers........	A Alexandrie.	Blocs...........	134	139
	A Zagazig....	Pierres de taille.	5	
Pertes de matériaux..	Mahonne coulée... 8mc	Blocs......		1.572
	Jetée Ouest....... 1.564			
	Cube total effectif....................			45.849
Déblais de découverts	Mis en remblai...............		12.510	24.315
et déchets..........	Jetés à la mer.................		11.805	
	Cube total des déblais et des extractions de pierres...			70.164

Apontement en charpente (Jetée Ouest). — Pendant les deux premiers mois de 1861, par suite des mauvais temps qui régnèrent presque constamment, les enrochements de l'appontement de Port-Saïd furent à peu près complétement interrompus.

Au commencement de mars, l'appontement se trouvait en très mauvais état. Il eût été extrêmement coûteux d'en renouveler les charpentes et l'on dut se contenter de le consolider au moyen d'enrochements et par l'installation successive de pieux de renfort sur le devant de l'ouvrage.

Les engins installés sur l'appontement pour le déchargement des mahonnes consistaient alors en deux grues doubles à chariot et en une forte bigue servie par deux treuils pour les pièces les plus lourdes. Quelques mois plus tard on adjoignit à ce matériel une nouvelle bigue plus petite que la précédente, munie d'un palan et fonctionnant à bras.

Dans le courant de mai, on essaya d'enfoncer par le vide deux pieux creux en tôle de 30 centimètres de diamètre ; malheureusement ces pieux creux n'étaient pas assez étanches et les moyens d'aspiration étaient imparfaits, ce qui empêcha l'expérience de réussir.

En juillet, la nécessité fut reconnue de prolonger sans délai l'appontement d'une cinquantaine de mètres, au besoin de 100 mètres : Il s'était formé, à l'avant de son extrémité, une barre sur laquelle on ne trouvait plus, suivant le vent et la marée, qu'une profondeur d'eau de 60 centimètres, tout-à-fait insuffisante pour les mahonnes. En vue de ce prolongement, on confectionna quatre pieux creux en tôle de 10 mètres de longueur, dont deux de 1 mètre de diamètre et deux de 60 centimètres, afin de pouvoir reprendre les essais d'enfoncement par le vide. Les nouveaux essais furent faits en septembre pour l'installation de la palée n° 36 et n'eurent malheureusement pas, au point de vue pratique, plus de succès que l'essai précédent. On dut donc se résigner à en revenir aux pieux en bois, et l'on prépara pour le prolongement de l'appontement des pieux en sapin, sabotés, goudronnés jusqu'au niveau de l'eau, et qui, après le battage, devaient être garnis de zinc à la partie supérieure.

Le prolongement de l'appontement s'effectua comme suit : dans le courant d'octobre, battage de 2 palées ; en novembre 5 palées ; en décembre, également 5 palées ; soit, en tout 12 palées, distantes de 4 mètres comme sur la première partie de l'ouvrage. L'appontement, dont la longueur était précédemment de 136 mètres, se trouva donc avoir à la fin de l'année une longueur totale de 184 mètres.

Pendant que s'exécutaient les travaux de prolongement de l'appontement on avait continué les enrochements de consolidation de l'ouvrage. A la fin de l'année, l'appontement se trouvait enroché, jusqu'à une hauteur de 2 mètres au-dessus du niveau de la mer, sur une longueur de 150 mètres. On avait employé à ces travaux d'enrochements 3.800 mètres cubes de blocs provenant de la carrière du Mex, ce qui représentait un cube moyen de 25 mètres cubes par mètre courant.

A mesure que s'achevait l'enrochement à la hauteur sus-indiquée, on construisait une chaussée empierrée sur la plate-forme de couronnement du massif.

Travaux de défense de la plage Est. — Depuis la construction de l'appontement et à mesure qu'on le garnissait d'enrochements, en même temps que la plage Ouest s'engraissait, la plage Est, au contraire, s'amaigrissait, en sorte qu'il avait fallu, dès les derniers mois de 1860, y exécuter quelques travaux de défense en pilotis pour protéger le village arabe contre les attaques de la mer. A la suite des tempêtes de l'hiver, de nouveaux travaux de défense furent nécessaires pour échapper à la menace incessante de voir le cordon littoral coupé par les eaux, d'importantes constructions compromises, parmi lesquelles la troisième machine distillatoire alors en voie de montage, enfin, le village arabe complètement séparé de la ville.

On a vu à la description des projets (t. IV, p. 301), que ce ne fut qu'en novembre 1865 que la Compagnie décida, sur l'avis conforme d'une Commission nautique, que l'enracinement de la jetée Est serait reporté à une distance de 1.400 mètres de l'enracinement de la jetée Ouest, au lieu de la distance de 400 mètres du projet primitif. Jusqu'à cette décision, on ne pouvait évidemment, en ce qui était de la jetée Est, avoir en vue que la réalisation du projet primitif.

Malgré les travaux déjà exécutés pour la défense de la plage Est, la destruction de l'étroit lido sur lequel se trouvait le village arabe était toujours à craindre. Pour parer à ce danger, on résolut de construire de suite, — naturellement sur la direction primitivement fixée, c'est-à-dire à 400 mètres de distance de la jetée Ouest, — une amorce de la jetée Est, de manière à constituer ainsi un épi de protection de la plage.

Cet ouvrage fut exécuté pendant les mois de septembre et octobre et l'on y employa 885 mètres cubes de blocs provenant de la carrière du Mex. L'épi avait une longueur d'environ 50 mètres.

II. — GRAND BASSIN DU PORT ET BASSIN DE L'ARSENAL

Les travaux de creusement de la rigole du pourtour ouest du grand bassin et de creusement du bassin de l'Arsenal furent continués pendant l'année à l'aide de plusieurs dragues.

La rigole de pourtour du grand bassin avait une largeur moyenne de 10 à 12 mètres et une profondeur de $0^m,85$ à 1 mètre. Sa longueur développée jusqu'à l'origine du canal maritime, atteinte par l'une des dragues au commencement d'avril, était de 1.496 mètres.

Le cube total des dragages exécutés dans le port depuis le début des travaux jusqu'au 31 décembre 1861 est donné plus loin.

Dans les premiers mois de l'année, on avait essayé, avec la drague n° 7, d'ouvrir un chenal à travers le lido pour donner passage aux eaux du lac vers la mer et diminuer ainsi l'inondation des parties basses du terre-plein de la ville. Ce chenal devait permettre en même temps de mettre à l'abri des grosses mers les mahonnes et embarcations de la marine. Malheureusement, par suite de l'insuffisance de longueur de l'appontement, le chenal à mesure qu'il était creusé, était presque aussitôt comblé par les sables voyageurs de la plage : la drague, sans bouger de place, fournissait abondamment du sable pour les remblais de la ville. On dut renoncer provisoirement à la tentative. Elle fut reprise, cette fois avec succès, en octobre. L'appontement avait été prolongé. Une petite rigole, ouverte à bras d'hommes, qui n'était plus envahie par les sables, alla peu à peu en s'élargissant et s'approfondissant sous l'action du courant. Vers la fin de l'année, les eaux du lac s'écoulaient à la mer par un chenal d'une quinzaine de mètres de largeur et de $2^m,50$ de profondeur.

III. — REMBLAIS DE PORT-SAÏD

Les efforts portèrent principalement pendant l'année sur le remblai des emplacements occupés par les ateliers de l'Arsenal et par l'atelier de la scierie. On remblaya également le soubassement de quelques maisons. Enfin, un trottoir fut établi devant les maisons bordant la plage.

Les deux dragues n° 1 et n° 2 qui travaillaient au creusement de la rigole de pourtour du grand bassin et qui fournissaient des terres pour les remblais cessèrent momentanément de fonctionner au commencement de l'année pour cause de grosses réparations.

La drague n° 7 fonctionnait dans le bassin de l'Arsenal avec sa toile sans fin qui déversait les terres directement sur berge ; là, les terres étaient reprises à la couffe et chargées dans des wagons qui, par une petite voie de fer double, les transportaient en remblai dans l'emplacement et aux abords des ateliers. Lorsque la largeur de la fouille devint trop grande pour permettre le déversement sur berge, les terres furent reçues dans des caisses placées sur des radeaux ; ces caisses, une fois remplies, venaient se placer au droit d'une grue installée à terre qui les enlevait et les faisait basculer au-dessus des wagons.

Indépendamment de la petite voie de fer dont il vient d'être parlé, il en existait une douzaine d'autres qui servaient au transport de sable pris sur la plage et transporté à la couffe jusqu'aux wagons.

On rappelle, enfin, qu'une voie de fer, partant de l'appontement, longeait la rigole établie sur le pourtour ouest du chenal d'accès et du grand bassin. Cette voie fut successivement prolongée, d'abord jusqu'à la scierie, puis jusqu'aux ateliers.

La longueur totale des voies de fer était d'environ 5.000 mètres.

On fit le transport, le battage et le pilonnage de 500 mètres cubes de terre du lac pour former le sol de l'atelier d'ajustage et de la menuiserie.

Le trottoir établi devant les maisons de la plage avait une largeur de 4 mètres et une longueur de 570 mètres. C'était alors la seule voie de communication facilement praticable.

A la fin de l'année, le cube total des remblais du terre-plein était de 84.443 mètres cubes.

CANAL MARITIME

Le programme des travaux préparatoires à exécuter dans l'Isthme, arrêté depuis longtemps, comprenait — comme on le sait — l'ouverture d'une rigole navigable entre Port-Saïd et le lac Timsah.

Les travaux exécutés pendant l'année 1861 en vue de la réalisation de ce programme ont été les suivants.

I. — PARTIE DU CANAL DE PORT-SAÏD A EL FERDANE

DÉBLAIS A SEC

1° PARTIE DU CANAL DE PORT-SAÏD A KANTARA. — On se rappelle que dès l'année précédente, quatre dragues, portant les n°s 3, 4, 5 et 6, avaient été échelonnées sur une première partie du tracé du canal, d'une vingtaine de kilomètres de longueur, habituellement recouverte, à l'exception des îlots d'El Sig et de Ras-el-Ech, par les eaux du lac Menzaleh.

A la date du 1er mars, les trois dragues, n°s 4, 5 et 6, n'avaient pas encore commencé à fonctionner, faute d'eau pour flotter. Quant à la drague n° 3, qui faisait ses essais, sa marche avait été interrompue par suite de la grande baisse des eaux du lac qui avait eu pour résultat de laisser la drague dans une espèce de fosse à parois imperméables où le niveau de l'eau s'était rapidement abaissé à mesure des déblais effectués jusqu'au point de rendre impossible la continuation du travail.

Rigole de service de 4 mètres de largeur au plafond sur la rive Asie du canal. — Afin de remédier à la situation qui vient d'être décrite, on prit le parti de profiter de la durée des eaux basses pour entreprendre le creusement à bras d'hommes, sur la rive Asie, et sur toute la longueur du canal jusqu'à Kantara, d'une rigole de service de 4 mètres de largeur au plafond et de 0^{m},50 de profondeur au-dessous du niveau des eaux basses, laquelle, rencontrant sur son parcours des endroits où le fond du lac ne découvrait jamais, se trouverait ainsi toujours alimentée. Par la construction de cette rigole de service, on établissait entre Port-Saïd et Kantara une première voie de communication par eau d'une extrême importance en ce qu'elle mettrait, à l'aide de petites embarcations, toutes les dragues en relations faciles entre elles et avec les magasins et ateliers de Port-Saïd pour le ravitaillement, et qui serait également d'un puissant secours pour le ravitaillement en tout genre de Kantara et même du désert. Comme, d'ailleurs, la largeur de 4 mètres au plafond donnée à la rigole serait insuffisante pour le croisement des radeaux, on avait décidé de ménager tous les 500 mètres des gares de 6 mètres de largeur.

On se mit aussitôt à l'œuvre. Des ateliers d'ouvriers arabes furent successivement installés sur la portion de canal considérée.

Les terres de déblai étaient déposées en cavalier sur la rive Asie de manière à former un bourrelet qui, ayant le temps de sécher et de prendre de la consistance pendant la durée des eaux basses, aurait pour double objet de servir de chemin de halage pour les embarcations appelées à circuler dans la rigole et de former un arrêt solide propre à maintenir le pied des terres versées par les dragues.

Le mode de travail dans les terrains humides et même recouverts d'une faible couche d'eau était le mode en usage parmi les fellahs pour l'entretien des canaux d'Égypte, dans lequel les terres étaient transportées à la main[1]. Dans les terrains secs, les terrassements se faisaient, soit à la couffe, soit à la brouette.

Les travaux étaient exécutés dans certains chantiers par des ouvriers libres, dans les autres chantiers par des ouvriers des contingents. Ils étaient généralement faits à la tâche. Les tâches étaient calculées sur un cube de 2^{mc},50 par homme et par jour.

---

1. Ce mode d'exécution était le suivant :

Les hommes, dévêtus, se disposaient par files en travers de la rigole; dans chaque file, les hommes du milieu de la file, ayant le bas des jambes dans l'eau, enlevaient du fond, avec leurs mains, des mottes de terre humide préalablement retournées à l'aide de pioches du pays, appelées *fass*, et ces mottes de terre étaient ensuite transportées de main en main jusqu'à la berge.

La rigole Asie de 4 mètres de largeur au plafond, jusqu'à Kantara, à part quelques points restant à améliorer, fut terminée, et sa dernière section mise en eau, dans les premiers jours de juin[1].

Pendant les travaux, des apports de sable, d'un cube, ensemble, de 4.629 mètres cubes, eurent lieu dans les tranchées de l'îlot du Cap et de Kantara. On construisit sur les points menacés des défenses, les unes en roseaux, les autres en clayonnages.

A partir de l'achèvement de la rigole, d'importants chantiers de terrassements restèrent occupés à une série d'améliorations jusqu'au 10 octobre, date à laquelle les déblais à sec durent être interrompus par suite de l'envahissement des eaux du lac.

Les diverses améliorations successivement exécutées ont été les suivantes :

Les hommes qui avaient été précédemment employés au creusement de la rigole depuis la drague n° 3 (kilomètre 17) jusqu'à l'îlot du Cap, revinrent sur leurs pas, en reculant et dressant les berges. Arrivés à l'emplacement de la drague n° 3, ils eurent à refaire, au-delà, sur une longueur de 800 mètres, une portion de rigole qui avait été creusée dans la vase;

A la traversée de l'îlot de Ras-el-Ech, élargissement de la rigole : travail sous l'eau, difficile;

A la traversée de l'îlot du Cap, élargissement de la rigole et confection du talus à 2 pour 1 sur la rive Asie;

De l'îlot du Cap à Kantara, approfondissement de la rigole ; construction de deux endiguements à la traversée du lac : travail difficile dans de l'eau saturée de sel ; on eut à combattre des renards qui se produisirent dans les digues et qui étaient dus à la grande quantité de sel contenue dans les terres ayant servi à la construction des digues. Par

---

1. La mise en eau de la dernière section de la rigole eut lieu lors d'une tournée faite sur les travaux, au commencement de juin, par le Président de la Compagnie accompagné du directeur général des travaux et du représentant de l'entrepreneur.

Les voyageurs partis de Kantara, parcoururent d'abord à pied, sur la berge de la dernière section de la rigole encore à sec, environ 13 kilomètres. Au bout de ce trajet se trouvait le barrage de retenue des eaux de la partie de la rigole déjà en eau. Dès l'arrivée du Président, plusieurs centaines d'arabes se jetèrent dans la rigole, et, au milieu des cris de joie, détruisirent rapidement le barrage. Les eaux se précipitèrent alors en cascade dans la dernière partie de la rigole et se répandirent jusqu'à Kantara.

Des barques avaient été préparées pour permettre au Président de se rendre par la rigole jusqu'à Port-Saïd où il arriva dans la soirée après avoir inspecté, chemin faisant, les chantiers établis dans les divers ilots pour l'achèvement et le perfectionnement des tranchées et des berges.

Le voyage de Kantara à Port-Saïd s'était fait en moins d'un jour, alors que précédemment, à cause des détours qu'il fallait faire, on devait y employer trois jours.

suite de ces renards, un abaissement du plan d'eau eut lieu dans la rigole, à la traversée du Cap où le plafond était déjà trop haut. Enfin, par suite des pertes d'eau à travers les digues, un courant assez fort existait dans ce passage; on y remédia provisoirement par la construction d'un barrage à poutrelles, qui permit la navigation par éclusées;

Sur 2 kilomètres au nord de Kantara, relèvement des terres du cavalier et réfection du chemin de halage : les terres n'avaient pas été portées assez loin et menaçaient de retomber dans la fouille;

Renforcement, avec des sables pris dans la dune de l'îlot du Cap, des deux digues établies dans le lac entre l'îlot et la terre ferme. Le profil de ces digues présentait une largeur de 12 mètres à la base et de 4 mètres à la crête, et une hauteur de 2 mètres;

Fermeture laborieuse d'une brèche de 10 mètres de longueur, que les renards avaient produite dans la digue Asie.

En décembre, la digue Asie, d'une longueur de 275 mètres, fut emportée sur une longueur d'une quarantaine de mètres par suite de tempêtes dans le lac.

Ébauche d'une rigole de navigation sur la rive Afrique. — A partir de juillet, on entreprit le creusement à sec de deux portions de rigole sur la rive Afrique, savoir :

A l'îlot d'El Sig, creusement, sur une longueur de 1.560 mètres, d'une rigole qui devait avoir 14 mètres de largeur sur $0^m,80$ de profondeur : le déblai sous l'eau était très difficile; il fatigua les hommes et dut être abandonné à moitié achevé; le cube des déblais avait été de 8.545 mètres cubes;

A partir de la drague n° 3 (kilomètre 17), en marchant vers le sud, creusement sur une longueur de 4.500 mètres, d'une rigole de 4 mètres de largeur au plafond et de 1 mètre de profondeur en contrebas du niveau de la mer, et confection sur la rive Afrique d'une banquette de 3 mètres de largeur à 1 mètre au-dessus du niveau de la mer : cube total des déblais, environ 37.000 mètres cubes. Un bourrelet de ceinture avait été d'abord établi pour garantir le chantier de l'envahissement des eaux du lac : cube des terrassements, environ 3.000 mètres cubes.

Les délais à sec sur la portion de canal de Port-Saïd à Kantara durent, comme il a été déjà mentionné, être interrompus à partir du 10 octobre.

2° Partie du canal de Kantara a El Ferdane. *Prolongement jusqu'à El Ferdane de la rigole de service de la rive Asie.* — En même temps que s'exécutaient les travaux de la rigole Asie de 4 mètres de largeur au plafond entre Port-Saïd et Kantara, de nombreux chantiers avaient été organisés pour le prolongement de cette rigole, jusqu'à El Ferdane.

Dès le mois de mars, au droit du campement de Kantara, avait été installé un grand chantier de déblais à sec pour préparer le chemin de la drague n° 8 en marchant vers le Sud. Le chenal ainsi ouvert, d'abord avec une largeur de 15 mètres, puis de 10 mètres, avait été prolongé jusqu'au pont du Trésor[1]. Il avait une longueur de 750 mètres.

A partir de la mise en eau, au commencement de juin, de la première partie de la rigole de service s'arrêtant à Kantara, d'énergiques efforts furent faits pour activer le plus possible la construction de la seconde partie de la rigole jusqu'à El Ferdane.

Quelques parties de cette rigole furent ouvertes avec des largeurs de 8 à 12 mètres et des profondeurs variables de 1 mètre à 2m,50.

De nombreux ouvriers des contingents, indépendamment d'un certain nombre d'ouvriers libres, participèrent à ces travaux qui se faisaient partie à la couffe, partie à la brouette.

Les travaux présentèrent les quelques particularités suivantes :

Dans le chantier du premier lac Ballah on rencontra une couche de pierre à plâtre d'environ 0m,80 d'épaisseur qui exigea l'emploi de la poudre;

Un petit barrage en terre, de 30 mètres de longueur, fut construit à 8 kilomètres de Kantara dans le but d'empêcher la réunion des eaux des lacs Menzaleh et Ballah et d'assurer les communications;

Afin d'éviter la submersion complète des lacs Ballah, dont le sol se trouvait moyennement à 0m,60 au-dessous du niveau de la Méditerranée, on construisit provisoirement sur la rive Afrique de la rigole, dans toute la traversée de ces lacs, sur une longueur de 6.220 mètres, avec des terres provenant d'un élargissement de la rigole, une digue de 3m,55 de largeur moyenne et de 1m,15 de hauteur; ce travail exigea un terrassement de 25.400 mètres cubes; les terres devaient être enlevées plus tard pour le creusement du Canal.

Le barrage de Kantara fut coupé le 25 décembre, et l'eau, pénétrant alors dans la seconde partie de la rigole de service, suivit d'abord son cours jusqu'à l'extrémité; mais il y eut presque aussitôt un reflux occasionné surtout par la rupture, en quelques points, du bourrelet établi entre l'îlot du Cap et Kantara. Ces avaries ayant été promptement réparées, l'eau arriva définitivement à El Ferdane, le 29 décembre; et, à partir de ce moment, les transports par eau fonctionnèrent régulièrement sur toute la longueur de la rigole de service, de Port-Saïd à El Ferdane.

DRAGAGES

PARTIE DU CANAL DE PORT-SAÏD A KANTARA. — Les dragages sur la partie du canal de Port-Saïd à Kantara furent exécutés dans les conditions suivantes :

La drague n° 1, après avoir travaillé au creusement de la rigole de

---

1. Le pont du Trésor était construit sur le canal d'écoulement des eaux du lac Ballah et d'assèchement des terrains avoisinants au passage du chemin des

pourtour du grand bassin du port, pénétra en juin dans le canal où elle fut employée jusqu'à la fin de l'année au creusement d'une rigole de navigation sur la rive Afrique ;

La drague n° 3, placée au kilomètre 17 sur la rive Asie du canal, se trouvait, dès le mois de mars, grâce à l'exécution d'une portion de la rigole de service, en communication permanente avec le lac ; elle put donc procéder à ses essais ; mais elle avait un couloir trop court et les terres extraites, à moitié fluides, retombaient dans la fouille, en sorte que les déblais exécutés pendant les essais furent presque entièrement en pure perte. La drague ne passa qu'en octobre au service des travaux, continuant d'être employée au creusement de la rigole Asie ;

La drague n° 4, placée au sud de l'îlot de Ras-el-Ech, vers le kilomètre 14, avait, dès le mois de mars, comme la drague n° 3, et grâce à l'ouverture de la rigole de service à travers l'îlot, été mise en communication permanente avec le lac. Elle ne commença pourtant à fonctionner régulièrement qu'en octobre et fut employée au creusement de la rigole Asie ;

La drague n° 5, placée au nord de l'îlot d'El Sig, vers le kilomètre 6, avait commencé ses essais en mars pour faire sa fouille ; puis elle s'était arrêtée; elle n'entra en fonctionnement régulier qu'en octobre et fut employée, comme les deux précédentes, au creusement de la rigole Asie ;

La drague n° 6, placée à peu de distance de l'origine du canal et qui n'avait pu encore fonctionner, faute d'eau, s'ouvrit, en mai, un chenal pour revenir sur le tracé du canal dont elle avait été écartée vers l'Est pendant une bourrasque de l'hiver, par suite d'un ancrage insuffisant. Elle fut envoyée dans le bassin de l'Arsenal pour faire ses essais définitifs, puis, revint en décembre à son emplacement primitif sur le canal maritime et fut alors employée au creusement du chenal Afrique ;

Enfin, la drague n° 7, après avoir fonctionné dans les bassins du port, fut employée pendant le mois d'août au creusement de la rigole Asie sur la première partie du canal maritime.

II. — PARTIE DU CANAL D'EL FERDANE AU LAC TIMSAH

(TRAVERSÉE DU SEUIL D'EL GUISR)

La rigole maritime à la traversée du seuil d'El Guisr, établie sur la rive Asie du canal, en prolongement de la rigole de service de Port-Saïd à El Ferdane, devait être ouverte de suite avec ses dimensions définitives comportant une largeur de 15 mètres à la ligne d'eau et une profondeur de 2 mètres.

---

grandes caravanes de Syrie. Des mesures provisoires durent naturellement être prises pour éviter que les travaux n'apportent la moindre entrave à cette importante communication.

Ainsi qu'il a été déjà mentionné précédemment, les travaux de terrassements pour l'ouverture de cette rigole avaient été divisés en six grands chantiers portant les numéros I à VI en allant du nord au sud.

Ces chantiers étaient répartis comme suit :

	LONGUEURS DES CHANTIERS	HAUTEURS DU TERRAIN AU-DESSUS DU NIVEAU DE LA MER	
		MOYENNES	MAXIMUM
	Mètres	Mètres	Mètres
Chantier I (El Ferdane)................	4.000	2,80	7,30
— II..........................	3.200	2,60	6,20
— III..........................	1.600	9,00	10,80
— IV..........................	1.200	9,00	10,20
— V (El Guisr)..................	1.700	15,80	18,50
— VI..........................	2.500	9,00	14,60
LONGUEUR TOTALE........	14.200		

(Le campement d'El Guisr était établi au kilomètre 71,5 du canal. Le terrain, dans son emplacement, était à la cote 16^{m},70 au-dessus du niveau de la mer.)

La rigole à travers le Seuil devait être ouverte avec une largeur de 12 mètres au plafond et une profondeur de 2 mètres au-dessous du niveau de la mer.

Des profils transversaux en nombre suffisant avaient été levés dans la longueur de chaque chantier, de manière à pouvoir se rendre compte, non seulement du cube total à effectuer, mais encore des cubes partiels à enlever par tel ou tel mode, savoir : déblais à la brouette ordinaire, déblais à la brouette volante (appareil Balan), déblais à la brouette à bricole, enfin, déblais, d'abord à sec, puis à la drague, avec grandes toiles de transport.

Chaque chantier avait été divisé en petits ateliers de déblais destinés à être faits à la tâche par escouades de 10 ouvriers en moyenne quelque fût le système employé. Au droit de chaque atelier se trouvait une inscription en arabe indiquant le cube total à enlever et le prix total alloué pour l'exécution complète du travail. Enfin un certain nombre d'ateliers de tâche étaient préparés à l'avance, c'est-à-dire munis des appareils et de tous les ustensiles propres au mode d'exécution du travail, de manière à être toujours prêts à recevoir et à mettre immédiatement à l'œuvre tous les ouvriers qui se présentaient.

Dans chaque chantier se trouvait un campement pour les surveillants des travaux. On construisit d'ailleurs sur toute la ligne des villages et des gourbis arabes. Le campement principal était établi au chantier V (El Guisr). C'était là qu'étaient installés les magasins, les ateliers, les bureaux et les logements des chefs et employés de la Compagnie et de l'Entreprise.

L'immense chantier du Seuil était organisé comme il vient d'être dit dès le commencement de l'année. Des efforts sérieux avaient été faits par l'entrepreneur pour imprimer une grande activité aux travaux. Les circonstances, malheureusement, ne furent pas, au début, favorables : dès le mois de décembre 1860, on était parvenu déjà à réunir sur les chantiers environ 2.000 ouvriers arabes; mais les outils et appareils n'arrivaient de France que lentement, en sorte que l'on fut obligé de commencer les déblais à la couffe; les outils et appareils arrivèrent enfin; on les monta en toute hâte, et l'on espérait que les travaux allaient pouvoir prendre un grand essor, lorsque survint à la fin de janvier un temps affreux de pluie froide mêlée de rafales qui fit déserter peu à peu les chantiers où il ne restait plus à la fin de février que quelques centaines d'arabes; on était alors à l'approche du Ramadan, et le retour des ouvriers sur les chantiers n'eut lieu qu'après la période des fêtes du Ramadan et du Beïram.

Les chantiers étaient organisés de manière à pouvoir employer 5 à 6 mille ouvriers. Or, pendant l'année 1861, en outre de quelques centaines d'ouvriers libres, les contingents n'ont guère fourni mensuellement, en tout, pour les divers chantiers du seuil, que de 800 à 1.300 hommes; et encore, parmi ceux-ci, se produisait-il, en cours de travail, de nombreuses désertions. La plus grande partie des hommes des contingents furent affectés pendant l'année : d'une part, à l'amélioration de la rigole de service de Port-Saïd à Kantara et à la rapide exécution du prolongement de cette rigole jusqu'à El Ferdane; d'autre part, et surtout, à la construction du canal d'eau douce de Gassassine à Ismaïlia[1].

Modes d'exécution et marche des travaux dans les différents chantiers. — Chantier I. – Les travaux furent entrepris sur ce chantier dès le commencement de l'année.

Les terrassements se firent d'abord à la couffe et à la brouette ordinaire; puis, dans le courant de février, on installa un certain nombre d'ateliers à la brouette à bricole en remplacement des ateliers à la couffe.

Les travaux, interrompus pendant le Ramadan, ne reprirent un peu d'activité que dans la seconde quinzaine de mai pour se continuer ensuite, avec une activité croissante, jusqu'à la fin de novembre.

Chantiers II et III. — Les travaux ne furent entrepris sur ces deux chantiers qu'en avril. Ils s'exécutaient à la brouette ordinaire. Dès le mois suivant et jusqu'à la fin de l'année, les deux chantiers restèrent complètement abandonnés.

---

1. Voir, un peu plus loin, le tableau figurant à l'article intitulé *Recrutement des ouvriers indigènes.*

Chantier IV. — On avait, sur ce chantier, pendant les deux premiers mois de l'année, entamé d'abord, à la couffe, un profil complet du canal, puis, abandonné la portion Égypte après y avoir déblayé 2.900 mètres cubes ; on continua ensuite provisoirement les déblais à la couffe du côté Asie ; puis, on abandonna définitivement ce mode d'exécution, et l'on installa un certain nombre d'ateliers à la brouette ordinaire et à la brouette à bricole.

Les travaux, interrompus pendant le Ramadan, reprirent en avril avec les deux modes d'exécution qui viennent d'être indiqués. Quelques appareils Balan furent montés en juin.

Les travaux furent abandonnés en octobre. Le seul travail exécuté sur le chantier en septembre avait consisté à élever, par la confection d'un cavalier, le talus Asie de la tranchée afin de pouvoir y appuyer, pour ses essais, la grande toile sans fin. (En dernier lieu, on renonça provisoirement à ces essais, et la toile fut rentrée en magasin dans le courant de novembre.)

Chantier V. — Sur ce chantier, comme au chantier IV, on avait d'abord entamé à la couffe un profil complet du canal ; puis, on avait renoncé à ce mode de travail pour installer sur les divers points, suivant les dispositions du terrain, des ateliers à la brouette ordinaire et des appareils Balan.

A partir de juin, les déblais furent faits presque exclusivement à l'aide des appareils Balan, distribués au nombre de vingt-cinq dans la longueur du chantier.

Les travaux furent interrompus, faute de bras, en octobre, repris le mois suivant, et de nouveau interrompus en décembre.

Chantier VI. — Les travaux s'exécutèrent principalement sur ce chantier à la brouette ordinaire. Quelques portions des contingents travaillèrent à l'aide d'appareils Balan.

Sur une notable partie du chantier, la partie supérieure du terrain consistait en pierres siliceuses.

Observations diverses. — Pendant les premiers mois de l'année, le Khamsin amena dans les tranchées des différents chantiers des apports de sable dont l'importance totale, à la fin de mai, était de 7.610 mètres cubes. Dès les premières constatations de ces apports, on s'occupa de la construction d'écrans protecteurs sur les points menacés. L'expérience fit bientôt reconnaître que les écrans en roseaux, primitivement employés, étaient trop faibles et qu'ils ne pourraient, d'ailleurs, être fabriqués en quantité suffisante, et l'on y substitua des écrans en clayonnage.

Chacun des appareils Balan était desservi par douze hommes. Ces appareils furent loin de donner les bons résultats qu'on en avait espérés. Ils éprouvaient des ruptures fréquentes qui exposaient la vie des hommes ; ils exigeaient un apprentissage assez long, pendant lequel les ouvriers ne produisaient presque rien, et cet inconvénient était aggravé dans une large mesure par le renouvellement fréquent des ouvriers des contingents; ceux-ci, d'ailleurs, ne s'accoutumaient que difficilement à un pareil mode de travail; il fallait un grand nombre de surveillants pour les faire marcher et il en résultait une notable augmentation du prix de revient du mètre cube de déblai. Le prix par mètre cube payé par l'Entreprise aux ouvriers n'était que de 0 fr. 30, et les ouvriers ne parvenaient même pas à faire 1 mètre cube par homme et par jour.

En ce qui était, enfin, de l'emploi des brouettes à bricole, on fut à même de constater que ce mode de travail, exigeant de sérieux efforts musculaires, ne convenait guère, non plus, aux ouvriers des contingents, parmi lesquels se trouvait toujours un trop grand nombre d'hommes faibles et d'enfants.

SITUATION, A LA DATE DU 31 DÉCEMBRE 1861,

DES TRAVAUX DE TERRASSEMENTS ET DRAGAGES EXÉCUTÉS POUR LE CREUSEMENT DES BASSINS DU PORT DE PORT-SAÏD ET POUR LE CREUSEMENT DE LA PARTIE DU CANAL MARITIME DE PORT-SAÏD AU LAC TIMSAH.

I. — DRAGAGES

DÉSIGNATION DES DRAGUES	PÉRIODES DE TRAVAIL DES DRAGUES	PORT DE PORT-SAÏD		CANAL MARITIME		CUBE TOTAL PAR DRAGUE
		GRAND BASSIN	BASSIN de l'Arsenal	CHENAL AFRIQUE	RIGOLE ASIE	
		m. cubes	m. cubes	m. cubes	m. cubes	m. cubes
	SECTION DE PORT-SAÏD					
Drague n° 1	De juin 1860 à mai 1861	17.680	»	»	»	35.373
	De juin à novembre 1861 (Arrêt de 19 mois.)	»	»	17.693	»	
Drague n° 2	De novembre 1860 à janvier 1861 (Arrêt de 4 mois.)	834	»	»	»	10.003
	De juin à novembre 1861	»	9.169	»	»	
Drague n° 6	En novembre et décembre 1861.	»	960	540	»	1.500
Drague n° 7	De décembre 1860 à mars 1861..	»	2.800	»	»	19.052
	D'avril à août 1861 (Arrêt de 7 mois.)	2.000	11.990	»	2.262	
Drague n° 15	En novembre et décembre 1861.	»	3.794	»	»	3.794
		20.514	28.713	18.233	2.262	
	CUBES TOTAUX	49.227		20.495		69.722
	SECTION DE RAS-EL-ECH					
Drague n° 3	En octobre et novembre 1861	»	»	»	2 030	2.030
Drague n° 4	En novembre 1861	»	»	»	185	185
Drague n° 5	En octobre et novembre 1861	»	»	»	5.986	5.986
	CUBES TOTAUX	»	»	»	8.201	8.201

II. — DÉBLAIS A SEC (CANAL MARITIME)

	Mètres cubes	Mètres cubes
Section de Ras-el-Ech :		
Rigole Asie	120.752	169.267
Chenal Afrique	48.515	
Section de Kantara, y compris 4.629 mètres cubes d'apports		302.691
Chantier du lac Ballah		177.166
Seuil d'El Guisr, y compris 7.610 mètres cubes d'apports[1].		
Chantier I (El Ferdane)	145.525*	288.766
— II	7.740	
— III	8.492	
— IV	20.688	
— V (El Guisr)	56.898**	
— VI	49.423***	
CUBE TOTAL DES DÉBLAIS A SEC		937.890

* Dont 6.635 mètres cubes de glaise, 12.711 mètres cubes de tuf et 2.174 mètres cubes de pierres ;

** Dont 4.792 mètres cubes de sable compacte, sorte de grès dur qui a fourni des matériaux pour les constructions du seuil d'El Guisr ;

*** Dont 1.796 mètres cubes de tuf et 16.665 mètres cubes de pierres.

CANAL D'EAU DOUCE

En attendant l'exécution du Canal d'eau douce ayant sa prise d'eau au Caire, et afin de pouvoir disposer le plus tôt possible d'une voie de transport par eau reliant le centre de l'Isthme au Delta, la Compagnie avait adopté, on le sait, une solution provisoire consistant :

D'une part, à utiliser, après y avoir exécuté les améliorations nécessaires, les deux canaux existants, l'un, dit de Zagazig, allant de Zagazig, à Abascé, origine de l'Ouady, puis le canal de l'Ouady faisant suite au précédent ;

D'autre part, de construire à partir de Ras-el-Ouady, ou Gassassine, extrémité du canal de l'Ouady, jusqu'au lac Timsah, un canal à section réduite qui serait, plus tard, élargi et approfondi, pour devenir la dernière section du canal définitif.

Travaux d'amélioration du canal de Zagazig à Gassassine. — Indépendamment des travaux de curage, de quelques rectifications de courbes, de l'exhaussement de digues trop basses, l'amélioration du canal de Zagazig à Gassassine, d'une longueur totale de 45 kilomètres, comprenait savoir :

1. Ces apports étaient répartis comme suit :

Chantier I, 1.262 mètres cubes ; chantier II, 419 mètres cubes ; chantier III, 670 mètres cubes ; chantier IV, 600 mètres cubes ; chantier V, 2.441 mètres cubes ; chantier VI, 2.218 mètres cubes.

A Zagazig même, construction, en remplacement du barrage à poutrelles existant, d'une écluse à sas ; et, sur le parcours du canal : d'une part, substitution de ponts-levis au pont fixe d'Abou-Ahmed et au pont-barrage de Tell-el-Kébir ; d'autre part, la démolition de deux anciens ponts, l'un à Abascé, l'autre à El Begarche.

Le Gouvernement égyptien avait consenti à prendre à sa charge la dépense de tous ces travaux qui furent exécutés sous la direction des ingénieurs de la Compagnie à l'aide d'ouvriers fournis par le Gouvernement.

Les travaux, commencés dans les premiers mois de 1861, furent terminés dans le courant de septembre de la même année.

Canal d'eau douce de Gassassine à Timsah. — (Voir au tome IV, page 315, pour tout ce qui concerne les dispositions générales du canal : tracé et profils en long et en travers ; la nature des terrains traversés et le mode d'alimentation en eau douce des chantiers.) — Les études du tracé, faites par le sous-ingénieur chef de la division du Canal d'eau douce, commencèrent dès le mois de mars et se poursuivirent ensuite au fur et à mesure de l'avancement des travaux.

Les travaux ont été entièrement exécutés par les ouvriers des contingents dans les conditions indiquées au tableau ci-après. Les prix alloués par mètre cube aux ouvriers étaient de 0 fr. 40 dans les terrains ordinaires, de 0 fr. 45 et 0 fr. 50 dans les terrains durs. Les ouvriers faisaient en moyenne $1^{mc},50$ par jour.

Au cours des travaux, un certain nombre d'ouvriers durent être périodiquement employés sur les parties de canal déjà construites et mises en eau, à des enlèvements d'apports, à des réfections de talus et de cavaliers, à des dragages de hauts fonds, à des modifications de profil, à venir en aide au passage des barques dans les endroits difficiles.

Un campement mobile, composé de maisons démontables en bois, de tentes et de gourbis se déplaçait à mesure de l'avancement des travaux. En outre, deux campements principaux furent établis, avec maisons en maçonnerie, l'un à Maxama, l'autre à Rhamsès.

Les travaux, commencés dans la deuxième quinzaine d'avril, furent terminés dans le courant de la deuxième quinzaine de janvier 1862, c'est-à-dire dans un délai de neuf mois.

L'eau a été introduite dans la dernière section du canal le 23 janvier 1862, et, à partir de cette date, le canal fut livré à la navigation.

RELEVÉ DES CUBES DE DÉBLAIS EXÉCUTÉS POUR LE CREUSEMENT DU CANAL D'EAU DOUCE DE GASSASSINE A TIMSAH

DÉSIGNATION des CORVÉES	PÉRIODES DE TRAVAIL	NOMBRES D'OUVRIERS	CUBES EXÉCUTÉS
			Mètres cubes
1re..	Du 28 avril au 14 mai	2.480	33.020
2e...	Du 18 mai au 5 juin	2.827	53.157
3e...	Du 7 au 29 juin	2.670	42.764
4e...	Du 11 au 25 juillet	2.108	39.989
5e...	Du 7 au 29 août, 2.793 hommes. Du 17 au 28 août, 2.978 — .	5.771	66.960 28.533
6e...	Du 7 au 22 septembre, 4.890 — . Du 18 au 25 septembre, 2.705 — .	7.595	102.876 25.722
7e...	Du 1er au 6 octobre, 527 — . Du 24 au 31 octobre, 990 — .	1.517	2.342 7.000
8e...	Courant de novembre	7.000	193.263
9e...	Du 8 au 26 décembre	9.819	246.307
10e...	Courant de janvier 1862	?	171.267
	CUBE TOTAL		1.013.200

La longueur totale du canal étant de 34km,855, le cube total des déblais exécutés correspond à un cube moyen d'environ 29 mètres cubes par mètre courant.

BATIMENTS ET ABRIS

A mesure du développement des travaux, le personnel dirigeant et le nombre des ouvriers d'art européens s'étaient accrus en proportion et il avait fallu multiplier les bâtiments pour logements, bureaux, cantines, etc. On s'était d'ailleurs efforcé partout, excepté bien entendu pour les camps volants, de substituer aux tentes — dont le séjour occasionnait de fréquentes indispositions et par suite des interruptions de travail plus ou moins longues — des constructions fixes où les ouvriers fussent à l'abri de la grande chaleur du jour et de la fraîcheur et de l'humidité des nuits.

On avait dû multiplier également les bâtiments pour magasins, ateliers détachés, hangars, écuries, etc.

Enfin, dans le but d'encourager les efforts faits par le commerce libre pour venir s'implanter dans l'Isthme, on avait jugé utile de mettre à sa disposition des logements et des magasins dans les centres principaux de population européenne, notamment à Port-Saïd et à El Guisr.

Port-Saïd. — Maisons d'habitation et abris divers. — Les plus grands efforts continuèrent d'être faits pendant tout le cours de l'année pour activer le plus possible la construction de logements pour les ouvriers européens. Malgré ces efforts, il y eut constamment insuffisance; d'où, — et cela au grand détriment de la santé générale, — à la fois encombrement dans les maisons existantes et nécessité pour un grand nombre d'ouvriers d'habiter sous la tente. L'Entreprise, malgré les plus pressants besoins, avait dû se résigner à ne plus faire venir d'ouvriers.

Un grand nombre de maisons à trois et à quatre chambres, sur fondations en pilotis, des deux types précédemment décrits, furent construites pendant l'année.

Huit des chalets commandés à la maison Fréret furent montés à Port-Saïd. Ils avaient les destinations suivantes :

Les chalets 1 et 2, montés l'année précédente sur le lido, étaient occupés, ainsi qu'il a été dit déjà, l'un par l'ingénieur chef de division, l'autre par le représentant de l'entrepreneur ;

Les chalets 3, 4 et 5, établis également sur le lido, au delà des précédents, étaient destinés à l'installation du service de santé : l'un des chalets pour la pharmacie et le logement du médecin et du pharmacien ; un autre pour l'hôpital ; le troisième pour le couvent des Sœurs du Bon Pasteur attachées à l'hôpital et chargées de diriger une école de petites filles.

Le chalet 6, installé au coin de la rue de l'Arsenal, destiné à servir de chapelle pour le culte catholique.

Enfin, les chalets 7 et 8, installés non loin du grand magasin central, devaient servir de logements.

Les trois chalets destinés au service de santé ayant été reconnus comme trop exigus, on se décida à les monter sur rez-de-chaussée en maçonnerie. Les escaliers d'accès au premier étage étaient à l'extérieur, adossés contre les pignons. On avait adopté cette disposition par économie et aussi pour ne pas réduire les emplacements intérieurs.

Les matériaux nécessaires en chaux et moellons pour les diverses constructions (maisons d'habitation et ateliers de l'Arsenal) venaient du Mex. En outre, des transports réguliers de briques cuites venaient de Damiette. [Ainsi qu'il a déjà été mentionné précédemment, un marché avait été passé par l'entrepreneur avec le gouverneur de Damiette pour la cession par celui-ci, au nom du Gouvernement, de plusieurs millions de briques de démolition au prix de 5 francs le mille.]

Le village arabe établi sur le lido, à l'Est du port, prit pendant l'année un grand développement.

Ateliers de Port-Saïd. — Les bâtiments destinés à l'installation des ateliers de construction et de réparations, dont la construction avait été commencée en 1860, furent achevés en 1861.

Ainsi qu'il a été dit précédemment, ces bâtiments étaient en charpente avec murs en pans de bois garnis de maçonnerie de briques et couverture en nattes de roseaux recouvertes de mortier.

L'atelier d'*ajustage* avait 40 mètres de longueur sur 20 mètres de largeur. Deux arbres de transmission, placés de chaque côté de l'atelier et supportés par la charpente du bâtiment, le traversaient dans sa longueur ; une voie de fer passait au milieu : 150 ouvriers pouvaient y être employés.

Il contenait, savoir :

A l'intérieur : deux machines à vapeur, l'une de 16, l'autre de 8 chevaux, la première pouvant suffire pour mettre les deux arbres de transmission en mouvement, 15 machines à percer, 4 machines à raboter, 3 machines à mortaiser, 4 machines à tarauder, une machine à rainer, une machine à aléser les cylindres, une double forge et son ventilateur, 9 tours, 2 meules à affuter, une machine à épointer et 40 étaux d'ajusteur.

A l'extérieur :

Une machine à aléser les cylindres, 4 poupées de tour et 3 ventilateurs.

Cet atelier était en pleine activité dans les derniers mois de l'année ; il y manquait encore cependant la grue de montage et les deux meules à meuler.

Dès le mois de juillet, on y avait fait fonctionner des tours, des machines à percer et une machine à raboter au moyen d'une locomobile.

L'atelier de *fonderie* avait 40 mètres de longueur sur 12 mètres de largeur. L'atelier de moulage y était installé. Vingt fondeurs, 20 manœuvres et 10 modeleurs pouvaient y être employés.

Il contenait, savoir :

Deux cubilots avec leurs tuyères, l'un de 900 et l'autre de 1.800 kilogrammes, un moulin à sable, 2 grues à double mouvement, une machine à vapeur de 8 chevaux, un ventilateur, un fourneau pour fonderie de cuivre et une étuve en construction.

Jusqu'à la fin de l'année, le petit cubilot avait seul fonctionné.

L'atelier des *forges* avait, comme l'atelier de fonderie, 40 mètres de longueur sur 12 mètres de largeur. Soixante ouvriers pourraient y travailler.

Il contenait, savoir :

Un marteau-pilon de 1.500 kilogrammes, une machine de 8 chevaux, un ventilateur et un four à réchauffer.

Il devait être pourvu, en outre, de 12 doubles forges.

L'atelier n'était pas encore terminé à la fin de l'année.

Un gourbi de 72 mètres de longueur sur 6 mètres de largeur servait provisoirement d'atelier de forges : on y comptait 8 forges fixes avec soufflets, 15 forges volantes, 23 enclumes, 2 tas de cloutier et 4 étaux.

L'atelier de *chaudronnerie* n'était pas encore installé.

Le bâtiment qui lui était d'abord destiné ayant dû recevoir une autre destination, on en construisait un autre ayant 50 mètres de longueur sur 8m,30 de largeur.

L'atelier devait contenir les machines suivantes, provisoirement placées en plein air, savoir :

Onze machines à percer, 2 poinçonneuses, 4 grandes cisailles, 2 grands tas pour dresser les tôles, une grande machine à cintrer, un tas avec cisailles, 3 cisailles poinçonneuses.

L'atelier de *scierie* avait 40 mètres de longueur sur 20 mètres de largeur.

Il contenait, savoir :

Une machine de 16 chevaux mettant en mouvement l'arbre de transmission placé dans un couloir en maçonnerie au-dessous du sol dans le sens de la longueur de l'atelier, 3 scies verticales, une scie à ruban, 3 scies circulaires, une machine à raboter, une machine à tenons, une machine à mortaiser.

Cet atelier était en activité dès le mois de juillet. Il ne restait plus alors à y monter que deux machines-outils.

L'atelier de *menuiserie* avait 48 mètres de longueur sur 8m,30 de largeur.

Il contenait 10 établis neufs et 20 établis provisoires. 40 menuisiers pouvaient y travailler.

L'atelier de *charpente* était en plein air.

Son matériel se composait de sonnettes, chèvres et autres engins indispensables.

Ras-el-Ech. — Le campement de Ras-el-Ech fut établi dans le courant de l'année.

Il comprenait à la fin de l'année les constructions suivantes situées, toutes, sur la rive Asie du canal, savoir :

Deux maisons mobiles du type de 12 mètres sur 5m,60, l'une pour l'agent de la Compagnie, l'autre pour l'agent de l'Entreprise;

Trois hangars pour ateliers et magasins;

Un gourbi-maison à deux compartiments à l'usage des voyageurs ;

Trois autres gourbis-maisons pour les employés, divers gourbis pour cuisines, cantines, etc.

Un village arabe comprenant 6 gourbis et des tentes était annexé au campement.

Un campement mobile était installé sur la ligne du Canal à 3.600 mètres au sud de l'île de Ras-el-Ech. Ce campement, en outre de 15 gourbis flottants, comprenait 40 tentes, dont trois grandes pour le magasin et les employés.

Kantara. — Constructions érigées pendant l'année : maison dite des administrateurs; logement pour l'employé de la Compagnie; cave devant servir de soubassement au logement du magasinier; cuisine et diverses cantines.

Le campement de Kantara, situé à l'Est du canal maritime et établi suivant une ligne normale à l'axe du canal, présentait une longueur d'environ 300 mètres; les maisons étaient érigées de chaque côté d'une rue de 20 mètres de largeur; le centre du campement se trouvait à une distance d'environ 660 mètres de l'axe du canal.

Il comprenait à la fin de l'année les constructions suivantes, dont quelques-unes n'étaient pas encore complètement achevées, savoir :

Maison dite des administrateurs;

Logements respectifs avec cantines, pour les administrateurs et les chefs de service, pour le chef du campement, pour les employés de 1re classe, pour les employés de 2e classe, pour les ouvriers;

Bureau de la Compagnie;

Cave et magasins, atelier, boulangerie;

Hôpital;

Sakieh avec abreuvoir et réservoir;

Village arabe situé près du Canal.

El Ferdane (Chantier I du seuil d'El Guisr). — L'installation du campement d'El Ferdane avait été commencée, on se le rappelle, en décembre 1859.

Pendant l'année 1860, indépendamment de l'achèvement de la maison commencée l'année précédente, on avait construit trois autres maisons.

En 1861, furent érigées les deux nouvelles constructions suivantes : un bâtiment pour l'hôpital et le logement du médecin; un autre bâtiment composé de cinq chambres pour le logement des employés célibataires. Les gros murs de ces bâtiments étaient faits avec les moellons extraits des fouilles et avec mortier de terre; les cloisons intérieures, en briques crues.

En résumé, à la fin de l'année, le campement d'El Ferdane, situé, — ainsi que les cinq autres campements du seuil d'El Guisr décrits ci-après — à l'ouest du canal maritime, et établi à une distance de 1.160 mètres de l'axe du canal, se trouvait comprendre les constructions suivantes :

Logements respectifs du chef de chantier et des employés;

Bureau de la section des études;

Magasin et écurie;

Hôpital et logement du médecin;

Cuisine.

Le village arabe situé à une distance de 230 mètres de l'axe du canal était composé de gourbis pouvant contenir 250 hommes et de 115 cases construites en terre et plaquettes de pierres que l'on trouvait à la surface du sol.

Chantier II du Seuil. — Ce campement, installé à 100 mètres de distance de l'axe du canal, fut établi dans le courant de l'année.

Il comprenait une maison contenant neuf chambres, dont huit pour logements et une pour bureau, et un magasin.

Le village arabe, situé à peu de distance du campement, était composé de gourbis, les uns en terre, les autres en branchages et roseaux, pouvant abriter 1.200 hommes. Le village contenait un puits d'eau saumâtre. Une maison fut construite près du village pour le logement du cheik.

Chantier III du Seuil. — Ce campement, installé à 240 mètres de l'axe du Canal, fut établi comme le précédent dans le courant de l'année.

Il comprenait une grande maison pour les logements et le bureau des employés et un magasin construit en branchages et roseaux.

Le village arabe, situé à une distance de 115 mètres du campement, était composé de 90 gourbis en branchages et roseaux et de 50 cases en pierres et terre pouvant, ensemble, abriter 800 hommes. Une maison fut construite près du village pour le logement de cheik.

Chantier IV du Seuil. — Ce campement, installé à 330 mètres de l'axe du canal, fut établi, comme les deux précédents, dans le courant de l'année.

Il ne comprenait qu'une grande maison pour le logement des employés.

Le village arabe, situé à une distance d'environ 140 mètres du campement, renfermait 100 cases, dont 16 avec une petite cour, et pouvait loger 800 ouvriers. Une maison fut construite près du village pour le logement du cheik. Un four à briques se trouvait près du village.

El Guisr, Chantier V (Pl. XXVIII). — L'installationdu campement d'El Guisr — comme on l'a vu précédemment — avait été commencée vers la fin d'août 1860.

On avait construit en hâte trois grands bâtiments en pans de bois brut et en pisé pour magasin et pour logements d'employés et d'ouvriers européens. Les ouvriers arabes étaient logés dans des gourbis en branchages.

Nonobstant le projet de créer une ville à Timsah, le Seuil devant, pendant plusieurs années, être le centre principal de travaux considérables, on ne devait rien négliger pour assurer le bien-être de tous ceux, employés et ouvriers, qui allaient être appelés à vivre dans le désert.

Pendant toute l'année 1861, on travailla sans relâche à ériger de nombreuses constructions à usages divers. Tous les matériaux, autres que ceux de la maçonnerie : les bois, la menuiserie, les ferrures, etc., provenaient d'Alexandrie d'où ils étaient transportés par chemin de fer jusqu'à Zagazig, puis par eau jusqu'à Gassassine, et de là, jusqu'au Seuil, en trois jours de marche, par caravanes de chameaux.

Les travaux ne purent pas toujours être poussés avec l'activité désirable : on manquait d'ouvriers d'art et surtout de matériaux, principalement de portes et fenêtres que l'on reconnut plus expéditif et économique d'acheter en fabrique à Alexandrie plutôt que de les demander aux ateliers d'El Guisr.

Par suite de l'insuffisance de logements, les employés et ouvriers, obligés de vivre sous la tente, eurent beaucoup à souffrir pendant l'été.

Pendant la première moitié de l'année, comme il fallait aller vite, on n'avait fait que des installations provisoires. Aussi, au bout de quelques mois, eut-on à reconstruire plusieurs des installations primitives. Le campement étant destiné à conserver une grande importance pendant toute la durée des travaux du canal, la solidité des travaux était une condition indispensable. On avait heureusement des matériaux à portée dans les tranchées du canal : on trouvait, en effet, des pierres en quantité plus que suffisante dans les déblais du chantier lui-même et surtout dans ceux du chantier VI. Comme la seule dépense était celle des transports, les moellons revenaient moins cher que la brique crue employée jusque-là. On se passait d'ailleurs de chaux pour la construction des murs : la terre pétrie avec une sorte de tuf crayeux ou de marne trouvés également dans les déblais donnait un mortier convenable. On réservait la chaux pour les enduits.

Le campement, établi suivant une ligne à peu près normale à l'axe du canal et, par conséquent, faisant face au nord, s'étendait sur une longueur d'environ 450 mètres et présentait deux larges rues dans le sens de cette longueur. L'habitation de l'ingénieur chef de division était à peu près au milieu de la longueur du campement et se trouvait à une distance d'environ 400 mètres de l'axe du canal.

Il comprenait, à la fin de l'année, les constructions suivantes (en marchant de l'ouest vers l'est) :

Hôpital et logements du médecin et du pharmacien (trois bâtiments) ;
Boulangerie et boucherie ;
Logement des sœurs de charité chargées de tenir une petite école et une crèche;
Chapelle (inaugurée le 1er janvier 1862) ;
Presbytère ;
Magasin central et boutique de détail ;
Logements des employés de l'Entreprise (deux bâtiments) ;
Logements des employés célibataires de la Compagnie ;
Habitation du chef de section de l'Entreprise ;
— de l'entrepreneur général ;
— de l'ingénieur chef de division, avec logement réservé aux fonctionnaires de la Compagnie ;
Bureaux de l'Entreprise ;
Bureaux de la Compagnie ;
Ateliers de menuiserie, de serrurerie, de charronnage ; scierie et tours ;
Bureau du campement ;
Logements des employés mariés de la Compagnie ;
Bazar pour le commerce libre ;
Logements d'employés de l'Entreprise (deux bâtiments) ;
Cercle et hôtel pour les voyageurs (n'a été terminé que vers le milieu de l'année 1862) ;
Service des transports : bureau, écurie et parc de chameaux ;
Cantine et deux cafés ;
Logements d'ouvriers européens (quatre bâtiments).

Village d'El Guisr. — En même temps que se construisait le campement d'El Guisr, on installa comme annexe, au sud du campement, à une distance d'environ 240 mètres, un village arabe.

En outre de 70 cases construites en terre et plaquettes de pierres, dont une trentaine avec cour, et pouvant abriter 500 ouvriers, on avait érigé dans ce village diverses constructions en maçonnerie : un lavoir, une boulangerie, plusieurs cafés et quelques boutiques.

Enfin, près du village, avait été construite une mosquée avec logement pour l'Iman. Le minaret de la mosquée fut utilisé pour l'installation d'un phare destiné à servir de point de repère et de guide aux voyageurs qui avaient à circuler à travers le Seuil pendant la nuit.

Chantier VI du Seuil. — Le campement de ce chantier fut, comme ceux des autres chantiers du Seuil, installé dans le courant de l'année.

Il comprenait une maison avec cour et deux petits pavillons en ailes pour le conducteur chef du campement, deux autres maisons pour les employés et un gourbi pour atelier.

Il y avait deux villages arabes : l'un comprenant 300 cases construites en terre et plaquettes de pierres et pouvant loger 1.500 hommes; plus un petit bâtiment pour le logement du cheik ; l'autre village contenant 38 cases et pouvant loger 150 hommes.

Le Vice-Roi, dans une visite qu'il fit au Seuil dans les premiers jours de décembre, avait témoigné le désir d'avoir une habitation au bord du lac Timsah, près de l'endroit où devait déboucher le canal maritime. Sur l'ordre du Président on se mit immédiatement à l'œuvre pour l'établissement des constructions indispensables qui furent érigées sur le plateau à l'extrémité du chantier VI. Les constructions se composaient d'un bâtiment de 30 mètres sur 14 mètres pour le Vice-Roi et de deux autres bâtiments pour les pachas ou dignitaires formant la suite de Son Altesse. Elles furent terminées dans le courant de l'année 1862.

Ancien campement de Timsah. — Il ne fut érigé dans cet ancien campement aucune construction nouvelle.

Le campement comprenait le bâtiment des employés, un magasin, des gourbis en nattes et des fours à chaux.

Ville de Timsah. — Les dispositions générales du plan de la ville de Timsah furent arrêtées dès les premiers mois de l'année.

Timsah étant au centre de l'ensemble des travaux, le point où, après l'achèvement du canal d'eau douce, aboutiraient le plus facilement et le plus économiquement la majeure partie des approvisionnements, le point, également, d'où l'on se rendrait le plus aisément et le plus rapidement sur tous les chantiers de travaux, c'était là que l'Entreprise et la Compagnie désiraient, avec une égale impatience, de pouvoir, chacune, transporter aussitôt que possible son Service central.

Dans le courant de septembre furent commencés les soubassements de deux des trois chalets formant le complément de la commande Fréret, destinés, l'un à servir de maison d'habitation, l'autre à servir d'hôtel pour les voyageurs.

Bir-Abou-Ballah. — On construisit dans ce campement, pendant l'année, une grande étable pour les bestiaux.

Le campement comprenait, en outre, deux maisons d'habitation avec dépendances diverses.

Toussoum. — Au lieu de construire un campement central pour les travaux du seuil du Sérapéum, on se contenta d'utiliser le campement de Toussoum, dont les diverses constructions furent remises en état.

Géneffé. — Aucune construction nouvelle.

Rhamsès. — Le Président traça lui-même sur les lieux, dans le courant de juin, les dispositions à adopter pour le campement principal du canal d'eau douce qui devait être établi sur l'emplacement de Tel-el-Mascouta, l'ancienne ville de Rhamsès.

Avant de commencer les constructions, on dut régaler et niveler le terrain. On trouva sous les décombres de l'ancienne ville des murs épais en briques crues et des vestiges importants de constructions en briques cuites, et le terrain fut déblayé afin de pouvoir utiliser ces matériaux. On trouva également, au milieu des décombres, un monolythe en granit rose représentant, suivant les uns, la triade adorée à Rhamsès, suivant d'autres, le Pharaon entouré de ses deux fils, tous trois revêtus des coiffures et des attributs de la divinité. La partie postérieure était recouverte de cartouches royaux et de longues lignes d'hiéroglyphes.

La première maison du campement, de 31 mètres sur 9 mètres, fut entreprise dès les derniers jours de juin. Les travaux furent très lents par suite du manque de bois de charpente et de menuiserie. La construction ne fut achevée qu'a la fin de l'année.

Dès que la partie du canal de Ras-el-Ouady à Maxama fut terminée, le campement provisoire de Tel-el-Rotab avait été transporté à Rhamsès ainsi que le magasin situé à 3 kilomètres du lac. La maison mobile de 5 mètres sur 5 mètres avait été remontée et plusieurs gourbis avaient été contruits.

Maxama. — Un second bâtiment, semblable à celui de l'année précédente, fut construit pour les logements et bureaux des employés de la Compagnie attachés au bureau central de la divison du canal d'eau douce. Par suite du manque de bois de charpente et de menuiserie, la construction, commencée dans le courant de juin, ne put être terminée qu'à la fin de l'année.

TABLEAU RÉSUMÉ DE TOUTES LES CONSTRUCTIONS ÉRIGÉES DANS L'ISTHME ET AU MEX POUR BATIMENTS ET ABRIS A LA FIN DE L'ANNÉE 1861.

DÉSIGNATION des CAMPEMENTS	MAISONS D'HABITATION		BARAQUES HANGARS GOURBIS	ATELIERS ET MAGASINS		SURFACE COUVERTE TOTALE	VILLAGES ARABES
	Nombre	Surface couverte	Surface couverte	Nombre	Surface couverte		Surface couverte
		M. carrés	M. carrés		M. carrés	M. carrés	M. carrés
Le Mex...........	6	377	255	3	239	871	»
Port-Saïd.........	107	10.086	4.116	12	5.183	19.385	2.646
Ras-el-Ech.......	2	125	358	3	151	634	»
Kantara..........	11	1.077	800	4	410	2.287	3.553
El Ferdane........	5	474	43	1	98	615	2.976
Seuil d'El Guisr :							
Chantier II......	2	249	70	»	»	319	»
Chantier III.....	1	169	70	1	63	302	275
Chantier IV.....	2	260	»	»	»	260	572
El Guisr.........	40	5.740	76	18	2.983	8.799	381
Chantier VI......	4	320	34	1	102	456	1.932
Timsah...........	1	79	»	2	58	137	»
Bir-abou-Ballah...	2	150	54	»	»	204	»
Toussoum........	13	1.217	253	»	»	1.470	»
Géneffé...........	6	690	»	»	»	690	»
Divers............	4	134	»	»	»	134	»
Rhamsès-Maxama.	3	608	72	»	»	680	»
TOTAUX......	209	21.755	6.201	45	9.287	37.243	12.335

ALIMENTATION D'EAU DOUCE DES CHANTIERS

Port-Saïd. — Les deux machines distillatoires, avec un faible supplément d'eau amené par quelques barques du lac, avaient suffi jusqu'à la fin de l'année précédente pour satisfaire aux besoins de la population; mais ces machines marchaient depuis longtemps, étaient fatiguées et exigeaient des réparations. D'un autre côté, la population avait augmenté et était appelée à se développer encore. Il fallait donc aviser à se procurer un supplément d'alimentation d'eau douce. On avait bien en magasin la troisième machine distillatoire; mais, en raison du grand développement du village arabe installé à l'Est du port, on jugea devoir affecter cette troisième machine à ses besoins; et l'on prit, en définitive, la double résolution : d'une part, d'établir un service régulier d'approvisionnement d'eau douce que l'on irait puiser à l'un des canaux dérivés du Nil qui débouchaient dans le lac Menzaleh; d'autre part, de construire à Port-Saïd un réservoir capable de contenir un approvisionnement de plusieurs jours.

Dans l'espoir de mieux assurer le service des transports des caisses à eau, l'entrepreneur général, à la fin de l'année précédente, s'était entendu avec le fermier de la pêche du lac, Enani Bey, de qui dépendaient plus ou moins tous les possesseurs de barques, pour le transport de l'eau et des denrées alimentaires [1]. Malheureusement, après maintes vaines promesses, la conviction fut

1. Le Président de la Compagnie, pendant son séjour à Port-Saïd, au commencement de décembre 1860, avait eu la visite d'Enani Bey, qui disposait à

acquise que l'on ne pouvait compter sur les engagements d'Enani Bey, et la Compagnie dut se préoccuper d'organiser directement ce service spécial de transports. Comme il importait que ce service se fît avec une grande régularité et que la navigation du lac était fréquemment difficile et fort incertaine, on prévoyait la nécessité, soit d'approfondir les boghaz, soit de faire construire pour le transport des caisses à eau un certain nombre de radeaux qui seraient manœuvrés à la perche ou remorqués par les petits bateaux à vapeur du lac ne calant pas plus de 30 centimètres. La question fut mise à l'étude.

Le réservoir de Port-Saïd fut établi, en forme de château d'eau, sur un bâti en charpente ayant sa plate-forme à 4 mètres au-dessus du niveau du terre-plein de la ville. Il était en tôle, à deux compartiments, de forme carrée de 4 mètres de côtés, et avait une hauteur de 2 mètres. Sa capacité était donc de 32 mètres cubes. En supposant une population européenne de 500 habitants, et en admettant une consommation de 10 litres par jour et par habitant, l'approvisionnement du réservoir devait suffire, en cas d'interruption simultanée de la marche des deux machines distillatoires et des arrivages d'eau par le lac, pour une alimentation de six jours. Le réservoir, établi à une petite distance au sud du phare sur le quai bordant la rigole du chenal d'accès du port, était desservi par une pompe aspirante et foulante. Il était renfermé dans un pavillon à parois en persiennes pour la circulation de l'air et protégé à sa partie supérieure par une couverture en roseaux avec enduit en mortier.

Au commencement d'avril, la population de Port-Saïd comprenait 395 Européens et 1.155 Arabes, en tout 1.550 habitants.

L'eau douce nécessaire à l'alimentation était fournie par les trois machines distillatoires; mais, à cause des interruptions occasionnées par les réparations et l'entretien, on ne pouvait compter que sur deux machines marchant d'une manière continue. Or, chaque machine marchant régulièrement pendant vingt-quatre heures fournissait 4.500 litres, soit pour les deux machines, 9.000 litres. De plus, huit barques du lac étaient affectées au transport de l'eau du Nil qu'elles allaient chercher dans le Bahr Moëz en amont du barrage de Sâné ; mais ce mode d'approvisionnement n'était pas encore bien organisé et son apport journalier n'était guère que de 3.000 litres. La quantité d'eau livrée à la consommation n'était donc que d'environ 12.000 litres, ce qui représentait un peu moins de 8 litres par habitant.

Le prix du mètre cube d'eau distillée était de 20 francs; celui de l'eau du Nil, de 16 francs. Ces prix ne comprenant pas les frais de distribution.

Dans le courant de juin, un traité fut passé par la Compagnie avec un grand propriétaire de barques du lac, Mohamed Gayar, pour tous les transports, à la tonne, sur le lac Menzaleh, y compris les transports d'eau douce. L'article du traité relatif à ces derniers transports était ainsi conçu :

« Le sieur Mohamed Gayar s'engageait à faire le service de l'eau au prix de

---

son gré de 5 à 6 mille hommes composant la population du lac et de 500 barques de pêche et de transport. Enani Bey s'était montré désireux d'aider la Compagnie et s'était mis entièrement à la disposition du Président, s'engageant à fournir à la Compagnie tout ce qui pourrait dépendre de lui. L'entrepreneur général, avec qui il fut alors mis en rapport, conclut immédiatement avec lui un accord par lequel il s'engageait à faire apporter journellement au pied du phare, dans des caisses qui lui seraient fournies par l'Entreprise, 6 mètres cubes au moins d'eau du Nil au prix de 6 francs le mètre cube. (On rappelle que le mètre cube d'eau fourni par les machines distillatoires revenait à environ 20 francs.)

30 piastres tarif courant de Damiette (environ 7 francs) par tonne sur les différents points du lac Menzaleh, notamment à Port-Saïd en face du magasin, à la Dahabieh, à Kantara, et à tous les campements et dragues situés dans le lac. L'Entreprise lui fournirait les barils et les caisses. Le nettoyage de ces récipients serait à ses frais. Il serait prévenu à la fin de chaque mois de ce qu'il aurait à fournir sur les divers points pendant le mois suivant. »

Par suite de ce marché le prix de revient de l'eau du Nil se trouva abaissé à environ 10 francs le mètre cube.

On allait chercher l'eau, suivant l'époque de l'année, soit dans l'ancienne branche Tanitique (Bahr Moëz) en amont du barrage de Sâné, soit dans l'ancienne branche Mandésienne, à Matarieh.

La consommation d'eau journalière était de 16 à 17 mille litres.

Mohamed Gayar ne pouvant pas encore, au moment de son marché, faute d'un nombre suffisant de barils ou de caisses à eau, apporter à Port-Saïd toute la quantité d'eau nécessaire, on continua pendant un certain temps à faire fonctionner les machines distillatoires. En août, une commande fut faite en France de 150 caisses à eau, pouvant contenir ensemble 200 mètres cubes, et de deux citernes flottantes.

La distribution d'eau à domicile se faisait par l'intermédiaire de *Sakas* (porteurs d'eau) que payaient les particuliers à raison de 0 fr. 85 la *guirbeh* (1/15 de mètre cube), soit sur le pied de 12 fr. 75 le mètre cube.

A partir du mois de septembre, la quantité d'eau livrée par Mohamed Gayar fut assez abondante pour permettre d'arrêter complètement la machine distillatoire n° 3 et de ne faire fonctionner qu'à intervalle les deux autres machines.

La pompe élévatoire destinée à desservir le réservoir du château d'eau ne fut installée qu'en novembre.

Chantiers du lac Menzaleh. — Pendant les premiers mois de l'année, les chantiers du lac Menzaleh (section de Ras-el-Ech) furent alimentés d'eau douce par six barques qui allaient chercher l'eau à Matarieh. Chaque barque portait environ 1.800 litres, et il en arrivait deux par jour, ce qui donnait 3.600 litres, quantité bien strictement suffisante pour une population d'environ six cents personnes. L'eau apportée par les barques était transbordée dans des chalands qui la portaient sur les différents points. Elle revenait, rendue à destination, à environ 15 francs le mètre cube.

Mohamed Gayar, en vertu de son traité avec la Compagnie, fut chargé de ce service à partir de juillet. Les abords de l'îlot de Ras-el-Ech étaient toujours difficiles à cause du manque de profondeur, et la Compagnie resta chargée du transport des caisses depuis le mouillage des barques jusqu'au campement même de Ras-el-Ech et aux divers chantiers du canal dans le lac. Le transbordement des caisses à eau qui, en septembre, n'était revenu qu'à 3 francs le mètre cube, atteignit 8 francs en novembre.

Chantiers de Kantara. — Pendant la majeure partie de l'année 1861, l'alimentation en eau douce des chantiers de Kantara se fit principalement au moyen de caravanes de trente à cinquante chameaux allant prendre l'eau dans le canal Abou l'Ardar (ancienne branche Pélusiaque) à Tell Daphné, en amont du barrage construit l'année précédente. Le mètre cube revenait à 25 francs. L'eau destinée aux animaux provenait du puits d'Abou Erouq situé à une distance un peu moindre. En août, on découvrit, dans des dunes situées à une distance de 7 kilomètres seulement, au sud du campement de Kantara, un puits d'eau potable, dit puits d'Abou Sheinon, qui remplaça très avantageusement le puits d'Abou Erouq ; le nouveau puits fut blindé et fermé ; on y puisait l'eau au moyen d'une pompe ; les troupeaux ne pouvant aller s'y abreuver, l'eau se maintenait toujours claire et fraîche.

Dans les derniers mois de l'année, l'alimentation du campement se faisait avec dix chameaux seulement allant chercher l'eau à Tell Daphné et cinquante chameaux allant puiser l'eau au puits d'Abou Sheinon. Le prix de l'eau venant de Tell Daphné, s'était abaissé à environ 17 francs; le prix de l'eau du puits d'Abou Sheinon n'était que d'environ 8 francs.

Dans les premiers mois de l'année, en présence du prix élevé auquel revenait le transport par chameaux de l'eau prise à Tell Daphné, on fit l'étude d'un projet de rigole d'alimentation d'environ 20 kilomètres de longueur, qui, partant d'un point de l'ancienne branche Pélusiaque, à quelques kilomètres en amont de Tell Daphné, aboutissait à Kantara.

On était alors à un moment où la Compagnie était vivement préoccupée de la recherche des moyens d'assurer l'alimentation en eau douce des chantiers du seuil d'El Guisr où l'on espérait pouvoir réunir à bref délai plus de 20.000 ouvriers.

D'après le projet, l'eau amenée par la rigole jusqu'à Kantara, indépendamment de la quantité nécessaire à l'alimentation du campement et des chantiers voisins, devait en outre être utilisée de la façon suivante : d'une part, l'eau arrivée à Kantara devait, au moyen de barques portant des caisses à eau, ou au moyen de barques citernes, être conduite par la rigole maritime jusqu'à El Ferdane, puis, de là, être transportée par des chameaux sur les chantiers nord du Seuil; d'autre part, on se proposait de construire à Kantara un établissement hydraulique avec une conduite d'eau allant jusqu'à Port-Saïd, en desservant sur son parcours tous les chantiers du lac Menzaleh. [On verra plus loin, au chapitre concernant l'établissement hydraulique d'Ismaïlia et la distribution d'eau d'Ismaïlia à Port-Saïd, les motifs qui ont amené la Compagnie à abandonner la rigole après un commencement d'exécution.]

Le projet comprenait la construction a Tell Daphné d'un barrage déversoir destiné à emmagasiner les eaux de la branche Pélusiaque et à en exhausser le niveau : cet ouvrage était jugé indispensable quelle que dût être la solution à intervenir au sujet de la rigole. Le barrage, construit dans le courant d'août, résista bien pendant plusieurs mois. Indépendamment de ce barrage principal, des barrages secondaires durent être construits sur différents branchements par lesquels s'échappait l'eau retenue dans la branche principale. Pendant les trois mois d'août à octobre, la construction des différents barrages exigea 3.350 mètres cubes de remblais et 413 mètres carrés de fascinages. Dans le courant de novembre, 500 journées d'ouvriers durent être employées à la consolidation du barrage principal et à des réfections des barrages secondaires. Enfin, en décembre, par suite de la rupture d'un barrage supérieur de la branche Pélusiaque, le barrage déversoir de Tell Daphné fut en partie démoli et dut être refait à deux reprises.

La construction de la rigole ne fut entreprise que dans le courant de décembre, sur une longueur de 2 kilomètres.

Chantiers du seuil d'El Guisr. — L'eau du lac Maxama fut introduite dans la rigole allant du lac à Bir-abou-Ballah au début de l'année 1861. Après quelques incidents, presque inévitables dans de pareils travaux, l'eau finit par arriver jusqu'à Bir-abou-Ballah. On la fit alors monter dans le réservoir du premier château d'eau et on l'introduisit ensuite dans la conduite forcée en tuyaux de poterie. Des fuites se produisirent dans les joints que l'on eut soin de réparer au fur et à mesure, et l'eau put s'avancer de proche en proche; à la fin de février, elle était parvenue à franchir la moitié environ de la distance totale qu'elle avait à parcourir pour arriver au bassin du pied du seuil d'El Guisr.

Malheureusement, par suite d'un abaissement prématuré des eaux du lac Maxama, la rigole cessa, à partir d'avril, d'être alimentée d'une manière suffisante pour permettre à l'eau d'arriver jusqu'à Bir-abou-Ballah. La situation était inquiétante. Grâce pourtant à d'importantes mesures récemment prises et qui vont être indiquées, on pouvait espérer qu'elle aurait un terme prochain :

Le Vice-Roi étant devenu acquéreur, après la mort d'El Hamy Pacha, du domaine de l'Ouady, avait donné l'ordre d'ouvrir le Cherkaouié afin de permettre aux eaux de s'introduire dans le canal de Zagazig, et, de là, dans le canal de l'Ouady ; on devait exécuter en même temps tous les travaux nécessaires pour assurer la libre circulation de l'eau jusqu'à l'extrémité de l'Ouady : ces travaux furent exécutés au compte du Vice-Roi par les soins de la Compagnie qui, en outre, eut à exécuter à son propre compte certains travaux pour conduire les eaux de l'Ouady jusqu'au lac Maxama sans en laisser perdre par des canaux secondaires ; notamment, une rigole spéciale fut creusée, en avril, entre l'extrémité du canal de l'Ouady et le lac : à la date du 1er août les eaux de l'Ouady n'étaient encore parvenues qu'à une distance de 3 kilomètres du lac qui était alors presque complètement à sec. Pendant que ces travaux s'exécutaient, les ouvriers des contingents égyptiens employés à la construction du canal d'eau douce, lorsqu'ils furent parvenus au lac Maxama, furent employés tout d'abord à la réparation des éboulements qui s'étaient produits dans la rigole de Maxama à Bir-abou-Ballah et à un curage général[1].

Malgré toutes les mesures prises, l'eau du lac ne commença à entrer dans la rigole que dans les premiers jours de septembre ; la rigole était alors en bon état et l'eau put arriver de nouveau jusqu'à Bir-abou-Ballah. En octobre, pendant la crue du lac, quelques avaries se produisirent dans la première partie de la rigole, faute d'une écluse de garde à son origine. Le mois suivant, une vanne régulatrice fut construite à la tête de la prise d'eau. Nonobstant la construction du canal d'eau douce, qui devait résoudre d'une manière satisfaisante la grave question de l'alimentation en eau douce des chantiers du Seuil, on comptait continuer d'utiliser la rigole pour les essais de culture à Bir-abou-Ballah.

On voit par l'exposé ci-dessus que, pendant la plus grande partie de l'année, la rigole de Maxama ne put être utilisée pour l'alimentation en eau douce des chantiers du Seuil.

On dut aller chercher l'eau à des puits plus ou moins éloignés de la ligne des travaux. L'eau était apportée à dos de chameau dans des barils : un chameau payé 2 fr. 60 portait deux barils contenant chacun 70 litres.

Le puits principal était celui d'Abou Souer, situé dans le voisinage de Makfar à 15 kilomètres environ du Seuil : c'était ce puits qui fournissait de l'eau à tous les chantiers ; le prix moyen de l'eau, compte tenu de tous les faux frais, était d'environ 20 francs le mètre cube, ce qui, par homme, en supposant une consommation de dix litres par jour, représentait une dépense de 20 centimes. Non loin du puits précédent, se trouvait l'ancien puits de Néfiche qui fournissait une eau saumâtre acceptée par les animaux et bonne pour les constructions. On construisit sur le même point un nouveau puits dont on espérait une eau meilleure. Tout près de Néfiche se trouvait le puits de Saba-Biars qui donnait une eau douceâtre. Le puits d'Abou Erouq, situé à l'Est du canal maritime, non loin du chantier 1 du Seuil, fournissait une eau saumâtre acceptée par les animaux. Il y avait un puits d'eau très saumâtre dans chacun des chantiers I, II et III. Enfin, pendant les hautes eaux du lac Maxa-

---

1. Nous rappellerons (Voir t. IV, p. 347) que les travaux du canal d'eau douce de Gassassine à Ismaïlia ont été entrepris dans le courant d'avril 1861 et que, à partir de Maxama, ce fut la rigole allant à Bir-abou-Ballah et qui courait à peu près parallèlement au canal, à peu de distance, qui servit à l'alimentation en eau douce des ouvriers employés aux travaux du canal. Pendant le long étiage du lac, la rigole dut être alimentée au moyen de nombreuses *chadoufs*.

ma, l'eau de la rigole arrivant jusqu'au bassin réservoir de Bir-abou-Ballah servait en outre à l'alimentation du campement d'El Guisr.

En présence de moyens si précaires et si coûteux d'alimentation d'eau douce, et de leur insuffisance en prévision d'une grande agglomération d'ouvriers, on avait naturellement grand désir de pouvoir utiliser la rigole de Maxama et la conduite en tuyaux de poterie. De grands efforts furent donc faits pour mettre la conduite en bon état de fonctionnement. Ces efforts restèrent malheureusement infructueux.

L'idée d'utiliser l'ancien approvisionnement de tuyaux en poterie à l'établissement de la conduite forcée destinée à l'alimentation en eau douce des chantiers du Seuil avait été malheureuse; cet ancien approvisionnement de tuyaux était devenu ainsi un très fâcheux héritage. On ne put parvenir, en effet, à rendre étanches les joints de la conduite forcée allant de Timsah au Seuil. D'ailleurs, y fut-on parvenu, que par suite de l'énorme perte de charge résultant du frottement de l'eau dans les tuyaux et dont on ne s'était pas rendu suffisamment compte, l'eau n'aurait pu arriver jusqu'au pied du Seuil. Tout au plus parvint-on à la faire arriver régulièrement jusqu'à Timsah.

Dans ces conditions, on dut finalement se résigner à abandonner complétement la conduite.

L'alimentation en eau douce des chantiers du Seuil continua donc, pendant toute l'année, de se faire de la manière indiquée ci-dessus. Le chantier du lac Ballah et le chantier d'El Ferdane (chantier I du Seuil) étaient principalement alimentés par le puits d'Abou Erouq ; l'eau revenait à 10 francs le mètre cube. Les chantiers IV, V et VI (chantiers sud du Seuil) étaient alimentés par le puits d'Abou Souer ; 40 chameaux étaient employés journellement au transport de l'eau ; l'eau revenait à environ 11 francs le mètre cube. La moyenne de consommation par homme et par jour dans les différents chantiers était de 15 litres.

Par suite des dispositions que l'on était obligé de prendre pour assurer l'alimentation d'eau douce en prévision d'un nombre annoncé d'ouvriers des contingents égyptiens, les mécomptes que l'on éprouvait chaque mois sous ce dernier rapport occasionnaient un grand surcroît de dépense dans la fourniture de l'eau douce comparée au travail exécuté.

[On songeait, depuis un certain temps déjà, à un mode d'alimentation consistant à construire à l'extrémité du canal d'eau douce, à Timsah, une pompe à vapeur qui enverrait l'eau sur le Seuil au moyen de conduites en fonte et qui, plus tard, servirait à alimenter une distribution d'eau dans la ville d'Ismaïlia. L'idée, avec des extensions successives, reçut, comme on le verra plus loin, un commencement d'exécution dès le milieu de l'année 1862.]

Dans le courant de décembre, en prévision de la prochaine arrivée d'un important contingent d'ouvriers promis par le Vice-Roi, on construisit une série de bassins réservoirs distribués sur toute l'étendue du Seuil. Le grand réservoir en tôle du Seuil qui était destiné à recevoir l'eau de la conduite en tuyaux de poterie fut démonté et transporté à El Ferdane pour y recevoir l'eau que l'on comptait amener de Kantara par la rigole maritime au moyen de radeaux chargés de caisses à eau. De là, l'eau devait être prise par des chameaux et distribuée dans les bassins réservoirs pour l'alimentation des chantiers de la moitié nord du Seuil. Les chantiers de la moitié sud devaient, de leur côté, être alimentés avec l'eau du canal d'eau douce qui serait amenée par rigole jusqu'à proximité du chantier VI.

TRANSPORTS MARITIMES

Flotte de la Compagnie. — Dès les premiers mois de 1861, la flotte créée l'année précédente ayant paru encore insuffisante, eu égard surtout au grand développement que l'on espérait pouvoir donner aux transports de pierres du Mex pendant le cours de la dite année, l'Entreprise décida l'acquisition de nouveaux navires. A la fin de l'année, la flotte, indépendamment du vapeur *le Joseph* et d'un remorqueur à vapeur, *l'Albert*, acheté en juillet pour le service du port du Mex, se composait de 18 navires à voiles présentant ensemble un tonnage de 2.368 tonneaux.

En raison de l'importance croissante des opérations maritimes de l'Entreprise, un service de contrôle de ces opérations fut créé au commencement de 1861. Ce service, installé à Alexandrie, fut confié au capitaine Philigret qui avait déjà donné à la Compagnie des preuves de capacité et de dévoûment [1]. En 1863, à la suite de la résiliation du traité Hardon, le service de contrôle fut transformé en service de la marine ou service maritime, lequel fut supprimé vers octobre 1864, après la vente de la flotte.

La possession d'une flotte — ainsi que l'observation en a déjà été faite — n'était qu'un moyen d'assurer les transports dans des cas urgents; elle permettait en même temps de peser sur le marché pour obtenir des prix de fret plus avantageux ; mais, considérée en elle-même, elle constituait par ses fortes dépenses d'exploitation une obligation très onéreuse pour l'Entreprise.

MOUVEMENT TOTAL DE LA RADE DE PORT-SAÏD PENDANT L'ANNÉE 1861

PAVILLONS	NOMBRES DE NAVIRES	TONNAGE TOTAL
Anglais	6	2.173 tonneaux
Autrichien	4	2.644 —
Français	67	8.740 —
Grec	6	1.222 —
Hollandais	1	301 —
Ottoman	169	21.293 —
Russe	2	270 —
Syrien	22	2.620 —
Tunisien	1	350 —
TOTAUX	278	39.613 tonneaux

Parmi les mouvements de la rade, on pouvait citer l'arrivée à Port-Saïd, en avril, d'un radeau parti de Galatz et comprenant 1.300 mètres cubes de bois de charpente. Ce radeau, formé de pièces de bois d'une longueur moyenne de 25 mètres et de $0^m,35$ de diamètre, était remorqué par un brick turc chargé lui-même de madriers.

D'autres arrivages de même nature étaient attendus.

Cette navigation hardie permit d'approvisionner les chantiers de pièces de bois de dimensions qu'il eût été difficile d'obtenir autrement.

1. En conformité d'un vœu exprimé par la Commission internationale de 1856, le capitaine Philigret avait, pendant l'hiver de 1857, stationné avec une corvette égyptienne sur la rade foraine du futur port de Port-Saïd. Là, malgré un temps d'une inclémence exceptionnelle, il avait pu rester mouillé sur une seule ancre, sans chasser, et avait reconnu que la plage était praticable ; il avait maintenu, presque sans interruption, la communication avec Damiette par le boghaz de Gemileh et le lac Menzaleh.

Accidents de rade. — Une violente tempête du nord-ouest régna sur toute la côte d'Égypte dans la journée du 24 février.

Quatre navires étaient sur rade à Port-Saïd : *le Saint-Louis*, appartenant à la Compagnie, sur lest et attendant au large une embellie pour gagner Alexandrie ; *le Beufa*, navire français de 209 tonneaux appartenant à un armateur de Marseille, sur lest ; *l'Annetta*, navire turc de 300 tonneaux appartenant à la Compagnie, chargé de blocs du Mex et de bois et dont le déchargement était commencé ; enfin, *l'Annette*, sous pavillon français, de 140 tonneaux, appartenant à la Compagnie et chargé de blocs du Mex et de chaux.

Le Saint-Louis ne subit aucune avarie.

Le Beufa, mouillé près de la côte et amarré court, eut ses amarres et ses chaînes brisées. Entraîné à la dérive, il dut couper son grand mât pour résister au vent et alla enfin s'échouer à la hauteur de la tour d'Oum-Fareg, à 15 kilomètres de Port-Saïd. On envoya une grande embarcation chercher à bord les hommes qui furent reçus sains et saufs dans le campement mobile par lequel on avait fait suivre parallèlement sur le rivage la marche du bâtiment en détresse qui fut définitivement perdu.

L'Annetta, dès le début de la tempête, avait perdu son gouvernail, et, bientôt, sa chaîne s'étant probablement brisée, elle se mit en dérive. Malheureusement, dans sa manœuvre pour jeter une deuxième ancre, sa chaîne s'enfourcha sur celle qui retenait *l'Annette*. Sous cet effort, les chaînes des ancres des deux bouées furent rompues et *l'Annette* et *l'Annetta* commencèrent à dériver de conserve, leurs chaînes embarrassées les unes dans les autres. Les deux navires parvinrent enfin à se dégager et à reprendre la liberté et l'indépendance de leurs manœuvres. Alors, on vit *l'Annette* descendre rapidement, en suivant à peu près la même route que *le Beufa* ; mais, arrivée au-delà d'Oum-Fareg, et le vent s'étant un peu calmé, elle mit à la voile, et, s'éloignant parallèlement à la côte, elle disparut dans l'obscurité du soir, et alla finalement se perdre sur la côte de Syrie, à 30 milles de Port-Saïd.

L'Annetta ne fut pas plus heureuse. Après avoir lutté avec la plus grande énergie contre tant de circonstances fatales, ayant 5 pieds d'eau dans sa cale, le capitaine résolut de se jeter à la côte afin de sauver son équipage. Cette résolution fut exécutée; à 400 mètres du rivage, le navire toucha et fut bientôt brisé. Sur neuf hommes dont se composait l'équipage, cinq, dont le second du navire, se sauvèrent à la nage; un sixième fut recueilli et rappelé à la vie; le capitaine, le mousse et un matelot ne furent pas retrouvés.

Ce triste événement et les divers incidents relatés ci-dessus n'infirmaient en rien les preuves déjà recueillies précédemment sur la sécurité de la rade : de mauvaises dispositions, un amarrage trop court, l'accident causé dans les manœuvres de *l'Annette* par celles de *l'Annetta*, expliquaient suffisamment les désordres et le grave accident qui s'étaient produits.

Visite du Vice-Roi à Port-Saïd. — Le 12 avril une petite escadre était en vue de Port-Saïd : c'était la frégate du Vice-Roi, suivie de plusieurs bâtiments d'escorte. Son Altesse était partie d'Alexandrie pour faire une excursion en mer et aller visiter le nouveau port. A son débarquement inattendu, un wagon de terrassement, disposé à la hâte, vint prendre Son Altesse et la conduisit, par les divers tronçons de voie ferrée se reliant entre eux, aux ateliers et aux magasins installés sur les différents points de la ville.

Régime de la plage. — La plage de l'ouest derrière l'appontement, avait continué à avancer en même temps que s'exécutaient les enrochements de consolidation de l'ouvrage. A la fin de l'année, elle avait atteint la palée n° 25. L'avancement, depuis l'origine des travaux, était donc de 96 mètres.

TRANSPORTS A L'INTÉRIEUR

Les transports entre Damiette, Port-Saïd et Ras-el-Ech étaient faits à la tâche en vertu du marché — dont il a été parlé précédemment à l'article concernant l'alimentation en eau douce des chantiers — passé avec Mohamed-Gayar, propriétaire de barques du lac Menzaleh possédant 110 barques d'un jaugeage ensemble de 500 tonnes. Le service confié au tâcheron, indépendamment de l'approvisionnement en eau douce des chantiers, avait pour objet le transport des dépêches, des voyageurs, de tout le matériel et d'une partie des contingents de la province de Mansoura que les barques allaient prendre à Matarieh. Dans les tarifs arrêtés pour le transport des voyageurs, les marchands de légumes étaient traités très favorablement.

Le marché passé avec Mohamed-Gayar permit de supprimer le service des deux petits bateaux à vapeur qui avait été organisé l'année précédente entre Damiette et Port-Saïd : on avait, du reste, reconnu que le transport par les barques arabes était plus économique et souvent plus rapide. L'existence du service avait eu l'avantage de faciliter la conclusion du marché avec Mohamed-Gayar. Les deux petits bateaux à vapeur furent remplacés sur le lac par des barques, dites dahabiehs-poste, aménagées pour les transports réguliers de la poste, des voyageurs et des marchandises; ces barques avaient une longueur de $9^{m},80$ et $2^{m},85$ de largeur. La Compagnie utilisa les deux bateaux à vapeur sur le Nil même pour un service entre Damiette et Samanoud, tête de ligne du chemin de fer sur la branche de Damiette : les deux villes n'avaient eu jusqu'alors d'autre moyen de communication que les barques à voile du fleuve. Mais les deux bateaux à vapeur, construits en vue d'une navigation sur un lac, laissèrent à désirer sur le Nil, où le courant, en certains points, était très rapide pendant la saison des hautes eaux, d'août à février. Ils ne rendirent pas moins de sérieux services pendant tout le temps du séjour à Damiette de la direction générale des travaux et du service central de l'Entreprise.

A l'intérieur de l'Isthme, les transports pendant l'année 1861, continuèrent de se faire à dos de chameau comme les deux années précédentes.

Au commencement de l'année, pour la facilité des relations entre le Delta et Timsah, avait été établie, en six semaines, sur la berge du canal de l'Ouady, entre la gare du chemin de fer de Zagazig et le pont de Tel-el-Kébir, une route carrossable rejoignant ainsi l'excellent chemin du désert praticable aux voitures.

Pendant les eaux basses du Nil, un matériel considérable, amené par le chemin de fer, et consistant principalement dans les engins et appareils des toiles sans fin destinées au seuil d'El-Guisr et dans un fort approvisionnement de bois, se trouvait en dépôt à Zagazig, attendant le retour des eaux pour pouvoir être transporté aussi loin que possible sur le canal de l'Ouady. La présence de cette énorme quantité de matériel accumulée à une grande distance des travaux montrait clairement combien il importait de porter tous les efforts sur l'amélioration et le prompt achèvement de la voie de communication par eau entre Zagazig et Timsah.

APPROVISIONNEMENTS DE DENRÉES ET DIVERS[1]

Observations générales. — Le service des approvisionnements, au début de l'année, se trouvait encore dans la période des tâtonnements.

1. Les approvisionnements de toute nature pour les travaux pouvaient

Toutefois, dès les premiers mois de l'année, sur les points principaux, l'Entreprise avait des magasins pour les vivres et tous les autres objets nécessaires à la vie. Le service des transports, quoique toujours très difficile, se perfectionnait chaque jour, et l'on était assuré que les grands chantiers, quelque populeux qu'ils devinssent, ne courraient jamais le danger d'une disette.

L'Entreprise éprouvait malheureusement des pertes considérables et de toute nature sur toutes ses marchandises et denrées. D'un autre côté, la surveillance et la comptabilité des magasins employait un nombreux personnel. Aussi, la Compagnie aspirait-elle au moment où l'on n'aurait plus à pourvoir qu'aux denrées de première nécessité : le pain, la viande et le vin pour le personnel; les fourrages pour les bêtes de transport.

Pendant un séjour à Port-Saïd, le Président avait appelé l'attention de l'entrepreneur général sur la nécessité de créer un service spécial d'approvisionnements et de transports en mettant à la tête de ce service un chef expérimenté ayant des attributions analogues à celles d'un intendant d'armée. Quelques mois plus tard, d'un commun accord entre la Compagnie et l'Entreprise, M. Angot, ancien intendant de l'armée, fut chargé de l'organisation et de la direction de ce service. Il arriva en Égypte à la fin d'août.

Le Président avait également manifesté son désir de voir s'établir le plus promptement possible, tout en évitant les secousses, la liberté du commerce sur tous les chantiers de l'Isthme; et, comme première mesure, il prescrivit la suppression du prélèvement de 7 0/0 opéré jusqu'alors sur les recettes brutes des marchands.

Plus tard, en septembre, le Président signala la nécessité de lever toute prohibition en ce qui était du commerce libre et de mettre un terme à tout monopole en ce qui concernait la fourniture des vins, de même qu'en ce qui concernait tous les vivres et approvisionnements en général, sauf, bien entendu, à adopter toutes mesures de police utiles au point de vue de l'hygiène et de la moralité. Conformément aux recommandations du Président, l'Entreprise trouva le moyen de développer le commerce libre sans compromettre le service des approvisionnements, et, sans courir le risque de laisser s'introduire dans les campements des individus mal famés qui viendraient y semer le désordre et provoquer l'inconduite.

L'organisation du nouveau service des transports et approvisionnements occasionna un certain désarroi qui rendit très difficile et très pénible la période de transition; des retards et des manquements d'approvisionnements se produisirent, provoquant de fréquentes plaintes dans les campements. Le chef du nouveau service avait une tâche très lourde; un assez long délai lui

---

se partager en trois catégories : matériel et outillage; matériaux de construction; denrées et autres objets nécessaires à la vie.

Toutes les commandes de matériel et outillage se faisaient en Europe; elles se partageaient entre la France, la Belgique, la Hollande et l'Angleterre.

Quant aux matériaux de construction, à l'exception des bois, dont la presque totalité provenait des forêts de la Moldavie et de la Caramanie, des blocs d'enrochements et des pierres à bâtir employés à Port-Saïd, qui provenaient de la carrière du Mex, enfin des ciments et des pouzzolanes, que l'on faisait venir des lieux de production en Europe, tous les autres matériaux de construction, tels que moellons, briques, chaux, plâtre, se trouvaient ou se fabriquaient sur la ligne même des travaux.

Quant aux denrées et autres objets nécessaires à la vie, la majeure partie venait de France. A l'Égypte était principalement réservée la fourniture de la farine et de la viande pour la nourriture du personnel, des biscuits et autres denrées du pays pour les ouvriers arabes, des fourrages pour les animaux.

était nécessaire pour arriver à mettre le service sur un bon pied. Il espérait y parvenir dès le début de l'année 1862.

Port-Saïd. — Pendant les premiers mois de l'année, les denrées pour l'alimentation du personnel étaient en grande partie fournies par le magasin de l'Entreprise alimenté lui-même par le magasin central de Damiette. Les légumes et certains autres vivres frais étaient apportés de Damiette par des marchands qui en tiraient bon profit, ce qui permettait d'espérer que ce genre d'approvisionnements finirait par devenir plus abondant. Une difficulté générale à cette époque de l'année pour les transports sur le lac Menzaleh et, par suite, pour le ravitaillement de Port-Saïd, était le peu de profondeur d'eau aux abords de la nouvelle ville, ce qui obligeait à un transbordement sur radeaux et à un transport à dos de chameau pour, du point où stationnaient les barques, arriver jusqu'au magasin. Cette situation devait s'améliorer par le fait seul de l'achèvement de la rigole de service ouverte, à partir du port jusqu'au droit du boghaz du Cheik Karpouty, lieu de stationnement des barques.

Les capitaines des navires de commerce qui fréquentaient Port-Saïd apportaient généralement quelques colis pour l'habillement, la toilette et l'alimentation, et ils en avaient toujours un débit assuré et avantageux, soit auprès de la population européenne, soit au magasin de l'Entreprise.

Le marché passé avec le tâcheron des transports sur le lac Menzaleh stipulait le passage gratuit sur les barques de marchandises de toutes les marchandes de fruits et de légumes. Malgré les facilités accordées à ces marchandes, les fruits, légumes et autres vivres frais restèrent longtemps trop rares, et, en même temps, extrêmement chers, deux ou trois fois les prix de Damiette. La situation, heureusement, alla sans cesse en s'améliorant. A la fin de l'année, le marché arabe était assez bien approvisionné.

Les farines venant d'Alexandrie et de Damiette étaient parfois sophistiquées ou avariées, au grand détriment de la qualité du pain. Le vin, d'une conservation difficile, donnait lieu à beaucoup de plaintes.

L'industrie privée, encouragée par la Compagnie, montrait de la tendance à se développer. Le manque d'habitations retardait malheureusement un développement si désirable. Faute de logements disponibles, la Compagnie se trouva contrainte d'imposer aux commerçants l'obligation de construire eux-mêmes leurs habitations et magasins; mais elle leur fournissait les matériaux nécessaires à ces constructions. A la fin de l'année, il y avait sept industriels établis dans ces conditions.

Il arrivait d'ailleurs fréquemment à Port-Saïd des marchands ambulants vendant, avec l'autorisation de la Compagnie, des objets confectionnés, des chaussures, des conserves, des salaisons, etc. Ces marchands devinrent de plus en plus nombreux. Leurs marchandises, d'une qualité au moins égale, étaient vendues moins cher que celles prises dans les magasins de l'Entreprise.

Campements du lac Menzaleh. — Les denrées et approvisionnements de toute nature venaient de Port-Saïd ou de Damiette directement, par les barques, mais avec nécessité de transbordement.

On relevait malheureusement des fraudes fréquentes sur les denrées, et quelques-unes de ces denrées, la farine par exemple, arrivaient souvent sophistiquées ou avariées.

Kantara. — Kantara était de même approvisionné par Damiette et Port-Saïd. Les denrées étaient transportées par eau jusqu'au campement d'El Gousnaï, sur la branche Tanitique, et, là, elles étaient reprises par des chameaux qui mettaient deux jours pour aller à Kantara. Les transports étaient coûteux et donnaient lieu à des coulages considérables.

Les vivres frais étaient rares au campement. Il n'eût pu en venir que de

Salahieh ; mais la distance était d'une journée de marche de caravane et les fellahs n'avaient pas encore pris l'habitude de faire ce commerce de denrées qui leur eût été pourtant très profitable.

A Kantara comme à Ras-el-Ech on avait à se plaindre de fraudes fréquentes ou de denrées avariées.

Dans le courant d'août, la direction d'El Gousnaï pour les transports de Damiette au désert fut abandonnée, et l'on suivit désormais la ligne de la dahabieh mouillée au sud de Ras-el-Ech pour emprunter ensuite la rigole maritime jusqu'à Kantara.

Seuil d'El Guisr. — Le complet isolement du Seuil rendait l'approvisionnement de ses chantiers difficile et coûteux. Il y avait beaucoup de pertes et de coulage dans les transports à dos de chameau.

A l'exception de la viande, qui était de bonne qualité, toutes les autres denrées donnaient lieu à des plaintes sérieuses, à la fois à cause de leur qualité inférieure, de leur prix élevé et de l'irrégularité des approvisionnements. Le vin ordinaire, qui ne pouvait se conserver, était à peine buvable. Comme à Port-Saïd, on recevait des farines sophistiquées ou avariées et le pain était mauvais. On se plaignait aussi de l'insuffisance des objets nécessaires à la vie tels que literie, vêtements, ustensiles de ménage.

Cette question des approvisionnements était très délicate et compliquée. Le plus grand développement possible du commerce libre paraissait être le meilleur remède à la situation, à la fois si peu satisfaisante pour les employés et ouvriers européens et si onéreuse en même temps pour la Régie intéressée; mais le commerce libre semblait lui-même être difficile à bien organiser : il fallait lui donner beaucoup de facilités, construire des bazars, donner gratuitement au besoin les moyens de transport, etc.

Un village arabe, établi dans les derniers mois de l'année tout près du campement d'El Guisr, commença à devenir, grâce à la protection dont on entourait les marchands, un marché sérieux d'approvisionnements.

Pendant ces derniers mois, les plaintes continuèrent sur le service des approvisionnements de vivres pour les hommes et les animaux : un grand nombre de chameaux étaient morts de faim et de fatigue. Hâtons-nous d'ajouter que le service des approvisionnements et des transports, grâce à la nouvelle organisation, allait chaque jour en s'améliorant et promettait de fonctionner bientôt d'une manière satisfaisante.

Canal d'eau douce. — Les vivres pour les ouvriers arabes étaient abondants, et même surabondants, la plupart des hommes des contingents apportant avec eux leurs provisions.

Mais le personnel européen, auquel les denrées étaient fournies par le magasin d'El Guisr, avait à se plaindre de leur mauvaise qualité. La situation finit par s'améliorer grâce à l'installation, au campement de Rhamsès, d'une boulangerie et d'une boucherie et à la construction d'une cave.

POPULATION FIXE DES PRINCIPAUX CHANTIERS EN DÉCEMBRE 1861

DÉSIGNATION DES CHANTIERS	EUROPÉENS		ARABES		POPULATION TOTALE
	HOMMES	FEMMES ET ENFANTS	HOMMES	FEMMES ET ENFANTS	
	DIVISION DE PORT-SAÏD				
Section de Port-Saïd....	1.005	103	1.049	640	2.797
— de Ras-el-Ech..	20	»	81	35	136
— de Kantara.....	34	11	330	20	395
Totaux......	1.059	114	1.460	695	
	1.173		2.155		3.328
	DIVISION DE TIMSAH				
Section d'El Guisr......	237	42	603	33	
	279		636		915

RECRUTEMENT DES OUVRIERS INDIGÈNES

Au début de l'année, il y avait à Port-Saïd, au village arabe, 600 fellahs avec leurs familles. Dès le mois de février, le chantier de Kantara, de son côté, occupait de 500 à 600 Arabes des frontières de Syrie qui étaient venus également s'installer avec leurs familles dans le village créé par la Compagnie; enfin aux six chantiers du seuil d'El Guisr, où se complétait le montage des appareils de déblais, il y avait de 200 à 250 travailleurs indigènes libres dans chaque chantier.

Dans les villages de la Basse-Égypte, à l'exception de ceux situés autour du lac Menzaleh, où les Cheiks, bien probablement à l'instigation du fermier de la pêche du lac, empêchaient les ouvriers de se rendre sur la ligne des travaux, aucun obstacle n'était apporté au départ des fellahs.

Dans le courant de février, le Président de la Compagnie arrêta les termes d'un avis appelant sur les travaux les ouvriers indigènes et destiné à être affiché dans tous les chantiers de l'Isthme et à être répandu dans les villes et dans les principaux villages de la Moyenne et de la Basse-Égypte par les agents et correspondants de la Compagnie[1].

---

1. TRADUCTION DE L'AVIS PUBLIÉ EN LANGUE ARABE

Entreprise générale des travaux

Article premier. — Des villages ont été spécialement construits pour les arabes sur tout le parcours des travaux.

Art. 2. — Ces villages ont été disposés pour permettre aux ouvriers arabes d'amener leurs familles.

Art. 3. — Chaque village possède une mosquée.

Art. 4. — Un canal a été établi pour amener dans tous les villages l'eau du Nil pendant la durée des travaux.

Art. 5. — Les ouvriers arabes travaillent à la tâche (c'est-à-dire qu'on leur

Cet avis, imprimé en langue arabe fut affiché à la porte de toutes les mosquées, dans les gares des chemins de fer, à l'entrée du divan de la police, et distribué dans les principaux villages où les correspondants de la Compagnie prirent les mesures nécessaires pour le faire bien comprendre.

Le Président attachait la plus grande importance au succès de ce mode de recrutement, estimant que, le jour où les moyens employés dans ce but, de concert, par la Compagnie et l'Entreprise, ne suffiraient pas pour accomplir le programme annoncé à la dernière assemblée générale des actionnaires, il se verrait dans l'obligation de demander au Gouvernement égyptien l'exécution de son décret sur les ouvriers, « ce décret étant légalement exécutoire en toutes circonstances, et surtout pour la phase préparatoire du canal d'essai et de petite navigation en attendant que les Puissances maritimes se fussent mises d'accord sur les questions politiques à elles déférées par la Porte Ottomane en ce qui concernait seulement l'ouverture des deux mers à la grande navigation ».

Le Président partit d'Alexandrie le 14 mars pour la province de Zagazig afin de donner lui-même l'impulsion. Il se rendit ensuite sur les chantiers du Seuil et de Kantara. On était alors au moment du Ramadan qui devait se prolonger jusqu'au 10 avril. Le Président profita du ralentissement inévitable qui s'était produit sur les travaux pour entreprendre une excursion chez les Philistins et en Palestine où il désirait s'assurer de la possibilité d'augmenter et de protéger efficacement le courant des ouvriers syriens qui paraissaient disposés à se rendre sur les chantiers de l'Isthme; son voyage, y compris un séjour de cinq jours à Jérusalem, dura quinze jours; il avait reçu partout l'accueil le plus enthousiaste; dans chaque village, à chaque groupe de tentes, il avait répandu ses proclamations pour appeler les populations aux travaux du canal; il revint de son voyage avec la certitude de pouvoir compter sur un important concours d'ouvriers syriens[1].

---

paie le travail effectué par eux suivant la convention qu'ils ont acceptée). Par ce moyen, un ouvrier ordinaire peut gagner dans sa journée de 6 à 8 piastres courantes, et il peut gagner davantage s'il est actif et intelligent.

Art. 6. — Le paiement aura lieu en argent aussitôt que la tâche sera terminée. Après quoi l'ouvrier aura la liberté de quitter les travaux ou de reprendre une nouvelle tâche.

Art. 7. — Toute liberté est laissée aux ouvriers arabes pour leur alimentation Ils pourront toujours acheter des vivres soit aux magasins de l'Entreprise, aux prix du tarif, soit à tout marchand venant dans les campements. En un mot, ils ont la plus complète liberté de s'approvisionner comme ils l'entendent.

Les villes les plus rapprochées des travaux sont : Bulbeïs, Zagazig, Mansourah et Damiette.

Art. 8. — Il est expressément défendu à tout européen, quel que soit son grade, de maltraiter les ouvriers arabes.

Caire, février 1861.

1. Le Président de la Compagnie était parti de Kantara avec quelques compagnons de voyage dans une voiture attelée de quatre dromadaires et suivie de deux dromadaires montés. Il fit son voyage, tantôt dans la voiture, tantôt à dromadaire. Son arrivée, le 24, à El Arich, sur la frontière syrienne, fut une véritable ovation ; la population, au milieu de laquelle se trouvaient plusieurs chefs chameliers qui avaient été employés par la Compagnie, se porta au devant des voyageurs, détela leur voiture, et, au milieu des acclamations, la traîna jusqu'à l'entrée de la citadelle. L'accueil du gouverneur fut extrêmement cordial. Il retint chez lui les voyageurs, les hébergea, pourvut à tous les besoins

Après le Ramadan, les engagements volontaires par la voie du recrutement reprirent avec une certaine activité; les employés de l'Entreprise organisaient les convois destinés à transporter sur les lieux des travaux les nouveaux engagés[1].

Le recrutement s'effectuait sur 2.500 villages. Les agents de l'Entreprise demandaient à chaque cheik deux hommes par village; les hommes d'une même circonscription, réunis au chef-lieu, formaient une petite escouade placée sous la conduite de l'un des cheiks de la circonscription; ce cheik commandait les hommes et dirigeait leurs travaux; l'engagement était d'un mois et était sanctionné par une avance de fonds payée par l'agent recruteur et remise directement à l'ouvrier engagé. Sur les chantiers, les travaux étaient successivement distribués aux hommes par petites tâches devant absorber cinq de leurs journées, et chaque tâche était payée dès qu'elle était terminée. (On dut plus tard renoncer à ces paiements en cours de travail qui favorisaient la désertion des ouvriers.)

On était parvenu, en juin, à réunir sur les travaux, par le mode de recrutement qui vient d'être indiqué, environ 5.000 hommes, lesquels, avec les 3.000 ouvriers indigènes déjà présents dans l'Isthme, formaient une population totale de 8.000 terrassiers occupés aux travaux.

Jusque-là, la Compagnie n'avait pas eu à invoquer auprès du Gouvernement égyptien l'application du règlement de 1856.

Mais, sur toute la ligne du canal maritime (de Port-Saïd au lac Timsah), l'organisation des chantiers se développait, et ceux-ci pouvaient maintenant recevoir un plus grand nombre d'hommes; au canal d'eau douce, dont les travaux étaient entrepris depuis le mois d'avril, on pouvait employer 6.000 hommes au lieu de 3.000 qui y étaient alors employés. On entrait dans la saison la plus favorable pour le recrutement, les travaux des champs ne retenant plus les fellahs dans leurs villages. Le Président fit signaler la situation au Vice-Roi, demandant que des ordres fussent donnés pour que les recrutements mensuels fussent doublés désormais et portés à 10.000 hommes. Le Vice-Roi fit espérer pour le mois d'août l'envoi d'un contingent de 9.000 hommes, pour le mois suivant, d'un contingent de 10.000 hommes.

Les contingents mensuels étaient fournis par les trois provinces de Tantah, Galoubieh et Mansourah. Les mudirs des trois provinces promirent à la Com-

---

de la petite caravane, et, après lui avoir donné un guide pour Gaza, escorta les voyageurs le lendemain, avec les habitants, jusqu'à une demi-heure de la ville. Avant son départ, le Président avait pris des dispositions pour faciliter le voyage à travers le désert aux ouvriers qui lui témoignaient le désir d'être admis sur les chantiers de l'Isthme et lui demandaient les moyens d'arriver jusque sur les lieux des travaux.

D'El Arich à Jérusalem le Président traversa de nombreuses tribus arabes qui lui firent, toutes, la meilleure réception.

Les manifestations dont le Président avait été l'objet à son premier passage ne furent pas moins vives à son retour. Il put de ses propres yeux acquérir la preuve que le but de son voyage avait été couronné de succès. En effet, tout le long de la route à travers la vallée habitée autrefois par les Philistins et occupée alors par des tribus arabes, puis vers Gaza et El Arich, il rencontra des groupes importants de travailleurs syriens qui se dirigeaient vers l'Isthme.

1. Quatre agents de la Compagnie avaient été mis à la disposition de l'Entreprise pour surveiller et diriger le recrutement dans les quatre provinces du Caire, de Mansourah, de Zagazig et de Tantah. En outre, des agents de recrutement avaient été nommés par le Président dans chacune des localités suivantes : Keneh, Siout, El Arich, Jérusalem, Gaza et Jaffa.

....

pagnie pour les derniers mois de l'année des contingents de 10.000 hommes.

Il y avait fréquemment des manquants dans les nombres d'hommes fournis mensuellement par les mudirs. En outre, les hommes engagés mettaient toujours beaucoup de temps à se réunir. Ces mécomptes et ces retards occasionnaient de fortes dépenses à l'Entreprise, par suite du personnel et des nombreuses bêtes de somme qu'elle était obligée d'avoir sur les lieux de réunion pour la conduite des ouvriers et pour le transport de leurs effets et de leurs vivres. Les retards dans l'arrivée des hommes avaient d'ailleurs le très grave inconvénient de réduire outre mesure le nombre effectif des journées de travail de chaque contingent sur les chantiers. Ce nombre était encore réduit par des désertions plus ou moins nombreuses en cours de travail.

TABLEAU DE L'IMPORTANCE DES CONTINGENTS MENSUELS SUR LES DIFFÉRENTS POINTS DES TRAVAUX PENDANT L'ANNÉE 1861

DÉSIGNATION DES CHANTIERS	MAI	JUIN	JUILLET	AOUT	SEPTEMBRE	OCTOBRE	NOVEMBRE	DÉCEMBRE
Kantara..........	455	496	560	720	800	1.304	955	3.747
Lacs Ballah......	»	382	644	570	458	1.304	1.745	1.131
Seuil d'El Guisr :								
Chantier I......	314	417	439	400	460	720	300	»
— II.....	»	»	»	»	»	»	»	»
— III ...	193	»	»	»	»	»	»	»
— IV....	240	240	172	»	200	»	»	»
— V.....	240	390	220	300	300	»	326	»
— VI....	300	327	229	168	200	»	236	»
Canal d'eau douce	5.307	2.670	2.108	5.771	7.595	1.517	7.000	9.819
TOTAUX MENSUELS.	7.049*	4.922	4.372	7.929	10.013	4.845	10.562	14.697

* Les chiffres renseignés en mai comprennent les deux premiers contingents.

Les ouvriers des contingents ne travaillaient guère, en moyenne, que pendant une quinzaine de jours, les autres quinze jours du mois étant pris par le temps employé à la réunion des hommes, par les voyages d'aller et de retour et par la mise en chantier des ouvriers. Il se produisait en outre chaque mois, — ainsi qu'il est dit ci-dessus, — des désertions plus ou moins nombreuses.

Au Canal d'eau douce, les déblais étaient payés par l'Entreprise à raison de 40 centimes le mètre cube, exceptionnellement, 50 centimes dans les terrains durs. Or, les ouvriers ne faisaient guère, généralement, qu'un mètre cube par jour, en sorte que, indépendamment du voyage d'aller et de retour à leurs frais, ils gagnaient à peine, pendant leur séjour sur les travaux, un salaire suffisant pour payer leur nourriture. C'était cette insuffisance de gain journalier qui était la principale cause des désertions et ce qui faisait qu'aucun ouvrier n'était tenté de rester librement sur les travaux. Le prix alloué par mètre cube de déblai était assurément un peu faible; mais l'insuffisance trop réelle du salaire journalier était due surtout à l'inexpérience et au peu d'habileté d'ouvriers incessamment renouvelés. Comme il y avait beaucoup de variété dans la nature du terrain, on chercha à améliorer les conditions du travail en faisant varier l'importance des tâches suivant le plus ou moins de dureté du terrain de manière à égaliser autant que possible la rémunération des différents groupes d'ouvriers : cette mesure eut le bon résultat de supprimer une des causes qui provoquaient du mécontentement et du découragement sur les chantiers. Plus tard, on prit cette autre mesure de mettre les ouvriers à l'œuvre avec la condition formelle que chaque tâche ne serait payée qu'après être complètement achevée, et la mesure eut également de bons résultats. Certains contingents arrivaient à faire 1^{mc},50 par jour et à toucher, par conséquent, un salaire de 60 centimes.

Au Canal maritime, le prix du mètre cube de déblai n'était que de 30 centimes ; le prix était le même pour les ouvriers libres travaillant à la brouette et qui parvenaient à faire 2^{mc},50 par jour. Les ouvriers des contingents, travaillant à la couffe, ne faisaient guère que 1 mètre cube à 1^{mc},25 ; ceux qui travaillaient aux appareils Balan, que 0^{mc},60. De là des salaires d'une telle insuffisance qu'ils provoquaient de nombreuses désertions.

Visite du Vice-Roi dans l'Isthme. — Le Vice-Roi fit dans l'Isthme, au commencement de décembre, une visite qui eut pour la Compagnie les plus heureuses conséquences par la très sérieuse impulsion que reçurent alors les travaux [1].

Son Altesse fut tellement satisfaite du canal d'eau douce, sur lequel elle avait navigué jusqu'à Makfar, qu'elle résolut de hâter son achèvement jusqu'à Timsah et de le faire ensuite prolonger immédiatement jusqu'à Suez, sans oublier, d'ailleurs, le prompt achèvement de la rigole maritime jusqu'au lac Timsah. En vue de ces travaux, le Vice-Roi donna pour la première fois des ordres écrits aux gouverneurs des provinces pour que la Compagnie eût 15.000 hommes à la fin du mois et 25.000 hommes les mois suivants, sans compter une corvée spéciale qu'il comptait faire venir de la Haute-Egypte. Les nouveaux contingents devaient être conduits et surveillés par le Ministre de la maison de Son Altesse et son homme de confiance, Orfan Pacha, qui serait secondé par les gouverneurs des trois provinces de Galoubieh, de Tantah et de Mansourah, voisines de l'Isthme.

Le régime des corvées proprement dites succéda ainsi, à partir du mois de janvier 1862 au mode précédent de recrutement. A vrai dire, depuis plusieurs mois déjà, le service de recrutement ne fonctionnait plus, les gouverneurs des

---

1. Le Vice-Roi accompagné du Président de la Compagnie, qui était venu attendre Son Altesse à Tel-el-Kébir, arriva dans la soirée du 6 décembre au chantier V du Seuil (El Guisr) où il passa la journée du 7 et la matinée du 8. Pendant ce séjour, il alla avec le Président visiter les environs : le débouché de la tranchée du Seuil dans le lac Timsah avait surtout attiré l'attention de Son Altesse qui déclara vouloir faire construire une habitation sur le plateau qui dominait ce débouché « afin de voir et d'entendre couler l'eau de la Méditerranée dans le lac Timsah ».

Le Vice-Roi quitta El Guisr avec M. de Lesseps dans la matinée du 8. Ils firent une première halte sur le plateau où devait s'élever la ville de Timsah, et d'où son Altesse put admirer l'aspect grandiose qu'offrait le futur port intérieur de l'Isthme ; seconde halte autour du puits de Néfiche ; troisième halte à la ferme de Bir-abou-Ballah, où Son Altesse se fit apporter des échantillons de tous les produits des essais de culture de la Compagnie ; vers midi, entrée à Toussoum entre deux haies d'ouvriers criant *vive Saïd!* et aux sons d'une musique militaire de la garde égyptienne. Le Président était à cheval à côté du Vice-Roi. Le cortège était composé de six dromadaires richement caparaçonnés, de la voiture de la suite de Son Altesse attelée de six mules, de la voiture de la Compagnie attelée de six dromadaires, enfin de 250 soldats de la garde montés à dromadaire. Après cette visite, le Vice-Roi partit pour rentrer au Caire.

trois provinces, en conformité des instructions du Vice-Roi, fournissant les contingents mensuels sur les simples demandes de l'Entreprise.

SERVICE DE SANTÉ DU 1er MARS 1861 AU 1er MARS 1862

(EXTRAIT DU RAPPORT DU MÉDECIN EN CHEF)

Le service de Santé pendant l'année 1861-1862 avait été fait par neuf médecins et deux pharmaciens.

Circonscription de Port-Saïd. — Au point de vue de la santé générale, un sérieux progrès avait été réalisé à Port-Saïd dans tout ce qui concernait l'hygiène et la salubrité : les habitations, chaque jour plus nombreuses, permettaient de donner à chacun plus d'espace; les tentes, qui étaient la cause déterminante d'affections bronchiques et rhumatismales, avaient presque complètement disparu; une police de salubrité organisée permettait de veiller au nettoyage des maisons et des rues; en outre, l'alimentation avait beaucoup gagné.

La population à la fin de l'année était d'environ 4.000 habitants, dont 1.100 européens. Le chiffre moyen des européens (hommes, femmes et enfants) pendant l'année avait été de 732, sur lesquels il y eut 10 morts, soit 1.37 0/0.

Ras-el-Ech. — Au cours de l'année précédente on n'avait pas été sans inquiétude en voyant apparaître dans le campement des embarras gastriques, des diarrhées et des ophtalmies; mais les craintes avaient bientôt cessé en reconnaissant que ces maladies étaient dues, non à un défaut de salubrité de la localité, mais à des privations et à une alimentation défectueuse des habitants : pendant la période des eaux basses du lac, les communications étaient très difficiles, il fallait s'approvisionner d'eau et de vivres pour plusieurs jours, alors que des aliments frais étaient de toute nécessité, surtout l'été. Dès que les eaux du lac eurent remonté, les communications étant redevenues faciles, les affections disparurent.

Le climat du lac était, en réalité, des plus salubres. Malgré les importants déblais déjà exécutés dans l'eau et dans la vase pour le creusement de la rigole maritime depuis El Sig jusqu'à Kantara, aucun cas de fièvre pernicieuse ni même de fièvre intermittente ne s'était produit parmi les travailleurs, non seulement chez les arabes, mais même chez les européens.

Circonscription de Kantara. — La santé continua d'être excellente dans les deux campements de Kantara et d'El Ferdane.

Seuil d'El Guisr. — Il n'y eut sur les chantiers du Seuil aucune maladie due aux travaux de terrassements.

Canal d'eau douce. — Parmi les nombreux ouvriers employés aux travaux du canal d'eau douce, on avait compté neuf cas de fièvre intermittente simple qui avaient facilement cédé à quelques doses de sulfate de quinine. Les ouvriers avaient contracté la maladie sur les bords du lac Maxama où la fièvre se montrait chaque année, surtout lors de la crue du Nil.

TABLEAU DE LA MORTALITÉ DANS L'ISTHME PENDANT L'ANNÉE 1861-62

	POPULATION TOTALE	MORTALITÉ	PROPORTION POUR 100
Européens	1.250	20	1,60
Arabes	10.000	23	0,23

DOMAINE DE LA COMPAGNIE

I. — Domaine de l'Ouady

La Compagnie fit l'acquisition, en mars 1861, au prix de 1.997.537 fr. 37, frais compris, du domaine de l'Ouady, provenant de la succession du prince El Hamy Pacha, fils du précédent Vice-Roi Abbas Pacha et petit-neveu de Saïd Pacha.

Ce domaine était situé à l'entrée de la vallée de Gessen dont il occupait le thalweg; il s'étendait depuis Abascé jusqu'au lac Maxama, comprenant ainsi une longueur d'environ 25 kilomètres; sa largeur, limitée au Sud par les dunes de sable faisant suite à la grande chaîne libyque était, en moyenne, de 5 kilomètres. La superficie totale du domaine était évaluée à environ 22.000 feddans, un peu moins de 10.000 hectares[1].

La direction du domaine acquis par la Compagnie fut confiée à M. Guichard qui fixa sa résidence à Tel-el-Kébir. Lorsque la Compagnie prit possession du domaine, dans le courant de 1861, il n'y avait en culture qu'environ 6.000 feddans, rapportant au plus 4.000 livres égyptiennes (environ 104.000 francs), avec une population d'environ 4.500 habitants. Moins de cinq ans plus tard, lors de la vente qui fut faite alors de la propriété au Gouvernement égyptien (en janvier 1866), M. Guichard était parvenu à ce résultat d'attirer sur le domaine une population de 14.000 habitants, dont 4.500 bédouins, et de mettre en culture plus de 12.000 feddans représentant, en baux authentiques, un revenu de plus de 650.000 francs et une moyenne de location de 70 francs (270 piastres-tarif) le feddan.

En conformité de l'article 6 de la Convention du 30 janvier 1866, la Compagnie vendit au Gouvernement égyptien la propriété de l'Ouady, telle qu'elle existait alors, avec ses bâtiments et dépendances, au prix de 10 millions de francs[2].

Le Président de la Compagnie, dans son rapport à l'assemblée générale des actionnaires du 1er mai 1862, exposa comme suit les considérations qui avaient décidé la Compagnie à faire l'acquisition du domaine.

---

1. La superficie d'un feddan est de 42 ares.

L'ne étude complète de la délimitation du domaine avait été faite en juillet 1860. D'après la superficie attribuée à la propriété, sa limite orientale devait se trouver au point dit *Tel Rotabé*, à la jonction des canaux que formait un étranglement naturel de la vallée; sa limite nord avait pour bornes le Canal qui courait de l'Ouest à l'Est.

Le détail officiel des superficies de terrains cultivés et non cultivés constituant les territoires des cinq villages de la propriété donnait une superficie totale de .... 18.734 feddans

Superficie des terrains occupés par des maisons, mosquées, cimetières, canaux, puits, ponts, chaussées, jetées, digues, monticules de sable, et de toute l'étendue des terres stériles. 3.183

Superficie totale .... 21.917 feddans

2. Après la vente de l'Ouady au Gouvernement égyptien, en février 1866, M. Guichard fut nommé chef du service du transit et des transports de la Compagnie, fonctions qu'il conserva jusqu'au 31 décembre 1871.

On rappellera, qu'en 1874, M. Guichard fut nommé membre du Conseil d'administration de la Compagnie; le 5 juillet 1887, vice-président du Conseil; le 13 février 1894, Président du Conseil, haute situation qu'il occupa jusqu'à sa mort survenue le 17 juillet 1896.

EXTRAIT DU RAPPORT DU PRÉSIDENT DE LA COMPAGNIE A L'ASSEMBLÉE GÉNÉRALE DES ACTIONNAIRES DU 1er MAI 1862

La ligne de communication de la Compagnie entre le Nil et le lac Timsah se composait d'une succession de canaux intérieurs. Ces canaux étaient au nombre de quatre : le canal de Moëz (ancienne branche Tanitique) qui aboutissait au canal de Zagazig, dont le prolongement par le canal de l'Ouady devenait la prise d'eau du canal d'eau douce. Les canaux de Moëz et de Zagazig faisaient partie du domaine public. Il n'en était pas de même du canal de l'Ouady, point intermédiaire de la ligne, qui faisait partie du domaine de ce nom et dont le propriétaire réglait naturellement le cours à son gré. La Compagnie se trouvait donc, en fait, à la merci d'un voisin dont les intérêts pouvaient être en opposition avec les siens. Le chômage du canal, son mauvais entretien, auraient enlevé à la Compagnie la jouissance continue d'une navigation devenue indispensable pour ses opérations.

Le domaine de l'Ouady, limite des terrains cultivés dans cette partie de l'Égypte, touchait enfin par plusieurs points aux terrains de la concession de la Compagnie dans la vallée de Gessen qui lui faisait suite. Une délimitation était nécessaire pour fixer les droits respectifs et elle ne se présentait pas sans avoir ses inconvénients et ses difficultés.

C'était au milieu de ces préoccupations que, par les soins de M. Ruyssenaërs, l'un de ses vice-présidents, la Compagnie avait acquis le domaine de l'Ouady, provenant de la succession du prince El Hamy Pacha, au prix de 1.907.000 fr., c'est-à-dire à raison de 200 francs l'hectare.

Cette opération mettait désormais à l'abri de toute atteinte la ligne essentielle de la communication fluviale de la Compagnie avec tous les centres d'approvisionnement.

Le Président avait d'ailleurs la satisfaction de pouvoir annoncer que cette acquisition constituait en même temps un bon placement des capitaux de la Compagnie.

Le domaine de l'Ouady était arrosé par les eaux du canal de Zagazig sur un parcours d'environ 25 kilomètres. Sa superficie était de 9.000 hectares d'excellentes terres propres à la culture de tous les produits agricoles de l'Égypte.

La Compagnie avait pris le parti de ne point cultiver elle-même et de louer toutes les terres aux indigènes. Les résultats déjà obtenus avaient dépassé les espérances : les locations des terrains avaient été portées de 80.000 francs à 150.000 francs, impôt payé ; le prix des baux avait été doublé, et ce qui n'avait pas été moins important, c'est que, par des conventions faites avec les arabes bédouins, la population de la vallée, qui était, il y avait peu de mois encore, de 5.000 habitants seulement, était aujourd'hui doublée. On pouvait compter sur une augmentation progressive, s'étendant peu à peu vers les terrains de Gessen qui étaient irrigables par le canal d'eau douce jusqu'à Timsah.

EXTRAIT D'UNE ÉTUDE PUBLIÉE EN DÉCEMBRE 1881, DANS LA *Nouvelle Revue* SOUS LE TITRE DE *Colonisation de l'Isthme de Suez (1861-1866)*

PAR M. GUICHARD, ANCIEN DIRECTEUR DU DOMAINE DE L'OUADY

L'historique de l'Ouady, le système de colonisation appliqué dans l'Isthme de Suez, de 1861 à 1866, sont intéressants à connaître ; les faits démontrent que l'arabe nomade, l'homme du désert, est capable de fertiliser la terre, de s'y fixer, de s'enrichir et d'enrichir en même temps les possesseurs du sol qui le traitent avec justice et savent lui inspirer confiance.

Le domaine ou Chiflek de l'Ouady a été créé par Méhémet-Ali. Le fondateur de la dynastie régnante d'Égypte, revenant de Syrie par la route de

Kantara et de Salahiéh, s'arrêta à Tel-el-Kébir, centre de l'Ouady (le Pitoum de la Bible). La vallée où il campait attira son attention : l'état en était déplorable; les eaux provenant des irrigations de la province de Charkiéh formaient des marais pendant la crue du Nil, mais, durant sept mois de l'année, la terre restait desséchée. Jugeant rapidement du parti qui pouvait être tiré de l'aménagement des eaux, Méhémet-Ali fit élever en amont de la vallée une grande digue courant du sud au nord; puis il fit creuser un canal principal sur une longueur de 35 kilomètres en même temps que les canaux nécessaires à la distribution et à l'écoulement des eaux. Ces travaux furent exécutés en quelques mois.

La vallée une fois assainie, le Vice-Roi y implanta une colonie agricole, par la force, suivant son habitude; il refoula dans le désert les bédouins Toumilat, les anciens occupants du sol, qui étaient toujours en guerre avec les autorités turques; puis, il fit prendre, dans les diverses parties de l'Égypte, 16.000 fellahs qui furent installés dans l'Ouady et contraints de cultiver, non seulement les produits usuels du pays, mais le coton et l'indigo dont il s'agissait d'essayer l'acclimatation.

Le château de Tel-el-Kébir fut élevé à l'endroit même ou le Vice-Roi avait campé; on construisit un village avec une mosquée, des magasins généraux, un vaste établissement pour les fonctionnaires.

Le domaine était en pleine prospérité à la mort de Méhémet-Ali; mais après, lui, sous Abbas Pacha, la plus grande partie des fellahs transportés dans l'Ouady désertèrent pour retourner dans les provinces d'où ils avaient été tirés. Au commencement du règne d'Abbas, les bédouins étaient en faveur, particulièrement les Anadis, tribu puissante qui avait aidé Méhémet-Ali dans sa lutte contre les Turcs; ils furent autorisés à occuper la vallée abandonnée; mais, bientôt, les caprices du Vice-Roi indisposèrent les nouveaux colons de l'Ouady; moins patients que les fellahs, ils se mirent en pleine révolte. Les troupes envoyées contre eux ruinèrent la contrée; la population décimée s'enfuit: 12.000 Anadis firent leur exode et se réfugièrent en Syrie.

Abbas Pacha étant décédé, le domaine échut à son fils El Hamy Pacha, gendre du Sultan. Ce prince mourut peu de temps après son père, laissant une succession fort obérée. Saïd Pacha, héritier du trône, se porta garant de toutes les dettes de son neveu et prit possession du domaine de l'Ouady.

En 1861, M. de Lesseps songea à acquérir cette propriété pour le compte de la Compagnie de Suez afin d'avoir la jouissance du canal d'eau douce qu'il était urgent d'amener jusqu'à Suez, parallèlement aux travaux du canal maritime que l'on devait exécuter en plein désert; le canal d'eau douce était destiné à l'alimentation des travailleurs ainsi qu'aux transports des matériaux. La vente fut consentie par le Vice-Roi au prix de 2 millions de francs.

La Compagnie avait à utiliser le territoire aussi riche qu'étendu qu'elle venait d'acquérir. La réorganisation du domaine offrait de grandes difficultés. Il fallait recruter une population agricole pour remplacer celle qui avait émigré sous Abbas Pacha. Les quelques milliers de fellahs disséminés sur le domaine suffisaient à peine pour cultiver le tiers des terres arables.

Des pourparlers furent engagés avec les cheiks des villages dans le but de conclure des locations. Défiants d'abord, comme tout être habitué à ne voir dans le maître qu'un despote avide, les fellahs paraissaient peu disposés à signer des contrats avec les chrétiens. Le système des locations était nouveau pour eux; ne cachait-il pas un piège?

Fort heureusement, les bédouins Anadis, qui avaient émigré en Syrie à la suite de leur rupture avec Abbas Pacha, étaient revenus planter leurs tentes sur la partie du désert qui borde l'Ouady, après avoir appris la mort de leur persécuteur. Ils avaient envoyé des émissaires au Caire pour implorer leur pardon auprès de Saïd Pacha. Ils sollicitaient en vain depuis plusieurs années d'être indemnisés de la confiscation qu'ils avaient subie.

En apprenant que la Compagnie de Suez offrait aux cheiks fellahs de louer le domaine qu'elle venait d'acquérir, quelques-uns des cheiks Anadis se proposèrent comme locataires à des conditions acceptables. Des baux de trois ans furent immédiatement signés avec eux.

L'exemple une fois donné, les cheiks fellahs s'empressèrent de le suivre. Mais les rivalités d'ancienne date entre les fellahs et les bédouins ne tardèrent pas à éclater. Les premiers voulaient reprendre les terres cédées aux bédouins ; l'usage des eaux d'irrigation était surtout une cause journalière de conflits. De plus, les bédouins Toumilat vinrent ajouter à la situation une nouvelle complication : chassés, depuis Méhémet Ali, de la vallée qu'ils avaient occupée pendant des siècles et qui avait porté leur nom « Ouady Toumilat », ils voulurent profiter de l'occasion qui s'offrait de rentrer sur leur ancien territoire, après avoir compris que les locations étaient sérieuses.

Le représentant de la Compagnie, entrevoyant la possibilité de peupler rapidement son domaine, recueillait indistinctement tous les locataires qui se présentaient.

Le contingent des Anadis était d'environ 3.000 cultivateurs ; celui des Toumilat, de 4.000 ; les fellahs restés dans les villages comptaient 4.000 âmes. Au lieu de se mettre à défricher et à ensemencer les terres qui lui étaient louées, cette population, d'origines diverses, composée d'éléments hostiles entre eux, ne cessait de se quereller. Un conflit général menaçait de faire crouler le bon effet attendu du système des locations.

Pour mettre un terme à cet état de choses, une assemblée de tous les cheiks bédouins et fellahs fut convoquée au château de Tel-el-Kébir. Une distribution nouvelle des terres, dont le plan avait été minutieusement étudié, leur fut proposée.

Le domaine de l'Ouady était partagé en cinq grandes divisions. Chaque division était subdivisée en bassins dont les canaux d'irrigation formaient les limites. Les fellahs auraient leurs bassins, les bédouins les leurs ; chacun devait être indépendant de son voisin ; les fauteurs de désordres seraient expulsés sans rémission ; enfin, ceux qui se trouveraient mécontents du lot qui leur était assigné pouvaient avoir en compensation, en dehors de l'Ouady, des terres dans la région que le canal d'eau douce, prolongé par la Compagnie à travers le désert, permettait d'irriguer et de cultiver.

Cet arrangement définitif fut accepté.

Les cheiks Anadis, dont les locations primitives étaient sensiblement modifiées, donnèrent l'exemple d'une confiance absolue dans le représentant de la Compagnie. Ils se déclarèrent publiquement ses serviteurs dévoués et tinrent fidèlement leur parole. Quelques mois après, les cultures couvraient près de 6.000 hectares dans l'Ouady, au lieu de 3.000. La bonne harmonie s'établit entre les fellahs et les bédouins, qui ne songèrent plus qu'à produire de riches récoltes.

On avait imposé aux colons la condition expresse de payer leurs fermages tous les mois, par douzième, car il était important de ne pas laisser se former d'arriéré et de se précautionner contre la facilité qu'eussent possédée des tenanciers aux habitudes nomades, de gagner le désert au moment d'acquitter leurs redevances, si elles n'avaient été exigibles qu'à la fin de l'année. Cette mesure ne souleva pas de réclamations. Grâce au régime de liberté, de justice et de protection dont les locataires comprirent vite les bienfaits, jamais les rentrées ne se firent attendre et ne nécessitèrent de poursuites.

L'organisation administrative était des plus simples.

Aucun agent du Gouvernement n'avait à intervenir dans le domaine de la Compagnie. Le fondé de pouvoirs de M. de Lesseps, assimilé à un fonctionnaire égyptien, était chargé de l'application des lois et des ordonnances vice-royales concernant les impôts, la conscription, la police. La justice, en matière civile et correctionnelle, était rendue par lui au divan de Tel-el-Kébir, avec l'assistance d'écrivains cophtes qui inscrivaient sur les registres officiels les causes, l'instruction et le jugement. Les agents d'exécution étaient : un nazir ou préfet indigène nommé et appointé par la Compagnie, deux cawas ou gendarmes turcs, les gafirs ou gardes entretenus par chaque village, et des courriers bédouins pour correspondre avec les tribus éloignées. Les cheiks de village élus par la population fellah et les cheiks héréditaires des tribus étaient responsables de la sécurité des biens et des personnes dans la limite du territoire qui leur était assigné. Les cheiks étaient réunis de temps à autre pour être consultés sur les questions litigieuses soulevées entre les villages et les tribus. Les plus âgés et les plus respectés étaient choisis comme experts; le représentant de la Compagnie décidait en dernier ressort.

Pendant cinq ans, il n'y eut pas un désordre sérieux à réprimer parmi cette population composée de 10.000 fellahs et de 20.000 bédouins de tribus ou de fractions de tribus diverses, dont le nombre continua de s'accroître jusqu'au jour de la cession de la propriété au Gouvernement égyptien.

. . . .

La prospérité du domaine avait été toujours croissante depuis 1861. L'expérience des locations avait complètement réussi. En 1865, les baux de trois ans étaient renouvelés. Le revenu était quadruplé et porté à 650.000 francs; il était destiné à augmenter encore dans la période suivante. Les impôts à payer au Gouvernement étaient à la charge des locataires. La population recensée accusait 14.000 habitants, répartis dans plus de 60 villages; elle se composait principalement de fellahs venus des provinces de l'Égypte, des bédouins Anadis et des Toumilat. . . . .

II. — Magasins de Boulac

Vers le milieu de l'année 1861, — ainsi qu'il a été mentionné précédemment — afin de pourvoir à toutes les nécessités des opérations et de grandes agglomérations prochaines d'ouvriers sur les chantiers de l'Isthme, un nouveau service d'approvisionnements et de transports fut organisé ayant à sa tête un ancien intendant de l'armée française, M. Angot.

Le Caire étant le lieu principal de fabrication des biscuits destinés aux travailleurs indigènes, un des centres les plus importants d'approvisionnement des fourrages pour les animaux, le point excentrique où, par suite de la facilité de ses communications avec le seuil d'El Guisr, il convenait le mieux d'avoir un grand dépôt d'approvisionnements de toute nature pour l'exécution des travaux, l'Intendant général y avait établi son centre administratif. Le service comprenait deux inspections, l'une pour toute la partie nord du Canal maritime, l'autre pour la partie sud et le Canal d'eau douce.

De vastes magasins étaient nécessaires au Caire, comme il en existait déjà à Damiette.

En conséquence, la Compagnie, vers la fin de 1861, fit l'acquisition de grands magasins appartenant au Gouvernement, situés sur le bord du Nil, à Boulac (faubourg du Caire), dont elle jouissait à titre gratuit depuis longtemps pour le remisage de toutes les ferrures du canal d'eau douce, et qui venaient d'être mis en vente par le Gouvernement. Le prix d'acquisition fut de 204.199 fr. 89, frais de contrat compris. Ces magasins, constituant un domaine de la Compagnie, furent mis par elle, moyennant un loyer, à la disposition de l'Entreprise générale.

Les bâtiments (ancienne Ecole Polytechnique érigée du temps de Mehemet Ali) formaient comme un grand cloître quadrangulaire dont la façade et les ailes présentaient une série de longues salles aux plafonds soutenus par des colonnes en briques.

On eut à y exécuter des travaux de réparations et d'aménagements qui entraînèrent à une dépense d'environ 25.000 francs.

Dès les derniers mois de l'année, on commença à y emmagasiner avec ordre des approvisionnements de biscuits, de riz, de lentilles, de pioches, de couffes, destinés à être expédiés vers le désert dès qu'arriveraient sur les travaux les grands contingents d'ouvriers.

A la suite des marchés passés par la Compagnie pour l'exécution à l'entreprise des travaux du canal, c'est-à-dire à partir de l'année 1864, les magasins de Boulac furent à peu près complètement abandonnés. Ils furent mis à la disposition d'un régisseur le 31 janvier 1867. Ils firent finalement retour au Gouvernement égyptien, en vertu de l'article 7 de la première Convention du 23 avril 1869, stipulant diverses cessions faites par la Compagnie au Gouvernement, parmi lesquelles la cession desdits magasins, pour une somme, ensemble, de 10 millions de francs.

Le Président de la Compagnie, dans son rapport à l'Assemblée générale des Actionnaires du 1er mai 1862, exposa ainsi qu'il suit les considérations qui avaient décidé la Compagnie à faire l'acquisition des magasins de Boulac.

EXTRAIT DU RAPPORT DU PRÉSIDENT DE LA COMPAGNIE A L'ASSEMBLÉE GÉNÉRALE DES ACTIONNAIRES DU 1er MAI 1862

L'acquisition de la Compagnie à Boulac, port du Caire, n'avait été ni moins satisfaisante ni moins opportune que celle (faite l'année précédente) des magasins de Damiette.

La Compagnie avait acheté sur ce point, au prix de 200.000 francs, des magasins d'une superficie de 10.000 mètres carrés.

Ces magasins, bordant le Nil, étaient situés dans la position la plus heureuse. Comme ceux de Damiette, ils étaient destinés à offrir une forte plus-value, en épargnant dès à présent à la Compagnie des locations onéreuses.

Des motifs tout techniques avaient, en outre, déterminé l'achat.

La pensée persévérante de la Compagnie — on le savait — était d'attaquer énergiquement, et à la fois par les deux extrémités du nord et du sud, les travaux du seuil d'El Guisr, seul obstacle sérieux à la jonction des deux mers. Pour concentrer sur cette œuvre capitale une armée de travailleurs, il fallait préalablement tout disposer pour assurer l'alimentation des chantiers. Au nord, on était prêt, grâce aux établissements de Damiette et à la rigole maritime s'avançant jusqu'à El Ferdane. Au sud, l'achèvement du Canal dérivé du Nil allait assurer jusqu'au centre de l'isthme la facilité et le bon marché des transports ; il restait à en assurer en même temps la régularité et l'abondance des approvisionnements. Dans ce but, nulle position ne pouvait être plus propice que celle des magasins de Boulac : ils étaient placés au centre même de la production, du mouvement commercial et de la batellerie de la Haute et de la Moyenne Egypte ; ils étaient au sommet du Delta, dominant en quelque sorte le cours supérieur et le cours inférieur du fleuve ; ils touchaient à une vaste cité dont les marchés étaient pourvus de toute espèce d'approvisionnements ; les barques venaient charger au pied de leurs murailles, et, après un court trajet sur le Nil, elles entraient dans une ligne non interrompue de canaux intérieurs qui les conduisaient jusqu'à Timsah.

Dès ce moment, la possibilité d'approvisionnement du désert était en quelque sorte sans limites, et cette circulation n'était plus subordonnée qu'au nombre et aux besoins des consommateurs.

Les magasins de Boulac nourrissaient à l'heure actuelle les 20.000 ouvriers employés à creuser le Seuil. Ils pourraient facilement en approvisionner le double.

TRAVAUX EXÉCUTÉS PENDANT L'ANNÉE 1862-1863

Compte rendu sommaire des travaux exécutés et des résultats obtenus pendant la période de mars 1862 à juin 1863.

(EXTRAIT DU RAPPORT DU PRÉSIDENT DE LA COMPAGNIE A L'ASSEMBLÉE GÉNÉRALE DES ACTIONNAIRES DU 15 JUILLET 1863)

Pour bien juger de l'importance des travaux exécutés depuis la dernière Assemblée générale, il suffisait de faire le rapprochement entre les résultats maintenant acquis et ceux de l'année précédente.

Canal maritime. — Au 1er mars 1862, il n'existait le long de la berge Asie, qu'un seul canal de service entre Port-Saïd et El Ferdane, sur une longueur de 62 kilomètres. C'était dans ce canal unique que travaillaient les dragues et que s'opéraient tous les transports de matériel et d'approvisionnements de Port-Saïd vers le désert. Dans le double but d'isoler le champ de travail des dragues, et de rendre ainsi complètement libre de toute entrave la voie de navigation, on avait creusé, le long de la berge Afrique, une seconde rigole ayant une largeur de 15 mètres à la ligne d'eau et une profondeur de 1 à 2 mètres. Aujourd'hui, sur toute l'étendue de cette première longueur de 62 kilomètres, le canal maritime se montrait avec sa largeur définitive, parfaitement délimitée par les digues formées au moyen des terres provenant des déblais. Il ne restait plus que quelques portions de digues à exhausser et consolider, et un déblai central à faire dans les points où le terrain naturel se trouvait plus ou moins élevé au dessus du niveau de la mer, pour que cette première partie du canal présentât une voie navigable de 58 mètres de largeur, à la fois praticable dans tous les sens aux dragues et aux embarcations de transports, complètement et sûrement isolée dans la traversée des lacs Menzaleh et Ballah.

C'était au commencement de 1862 que les travaux du seuil d'El Guisr, d'une longueur de 13 kilomètres, avaient été vigoureusement entrepris à l'aide des ouvriers des contingents. Ces travaux s'étaient continués dès lors, sans interruption, avec un nombre moyen de 18.000 travailleurs. Dans les premiers jours de novembre, l'eau de la Méditerranée coulait dans le lac Timsah, par un canal de 15 mètres de largeur et de $1^m,50$ à 2 mètres de profondeur. Dix mois avaient donc suffi pour franchir cet obstacle, soi-disant insurmontable, et pour démontrer combien les craintes exprimées au sujet de ce travail étaient chimériques. Le cube des déblais exécutés pour l'ouverture de cette première tranchée avait été de 1.350.000 mètres cubes, lequel représentait un peu plus de la moitié du cube total des terres à enlever à sec, pour l'établissement du canal dans toute sa largeur à travers le seuil d'El Guisr.

Après l'achèvement du canal de service dont il vient d'être parlé, les travailleurs avaient été répartis entre la dérivation du Canal d'eau douce, vers Suez, et la continuation du Canal maritime au-delà du lac Timsah. Cette répartition des forces avait été commandée par les conditions de l'alimentation d'eau douce qui ne permettaient pas, surtout pendant la première phase des travaux de la dérivation, d'y porter la totalité des contingents, ainsi qu'il eût été désirable de le faire, si l'on avait eu seulement en vue d'arriver à Suez dans le plus bref délai possible.

Dans la nouvelle portion entreprise du Canal maritime, entre le lac Timsah et le plateau de Toussoum, le canal fut ouvert immédiatement sur toute sa largeur de 58 mètres, et creusé jusqu'à une profondeur de 2 mètres au-dessous du niveau de la Méditerranée. Le cube des déblais, déjà exécutés sur ce point, s'élevait à 1.600.000 mètres cubes.

Les eaux fournies par la rigole maritime venant de Port-Saïd, et par les déversoirs du Canal d'eau douce avaient rempli, jusqu'à une certaine hauteur, le lac Timsah. Mais, comme il y avait un très sérieux intérêt à se réserver la possibilité de faire à sec la majeure partie des déblais à effectuer, pour l'ouverture du Canal maritime à travers le seuil du Sérapéum, on ne fit plus entrer dans le lac que la quantité d'eau nécessaire pour compenser l'évaporation.

Afin de relier immédiatement le Canal d'eau douce, qui aboutissait à Ismaïlia, avec la rigole maritime venant de Port-Saïd, on construisit, sur le bord du lac, un canal de service ayant un développement de 2.500 mètres. Ce canal, dont la dépense, peu importante, devait être promptement couverte par les économies qu'il ferait réaliser sur les transports, en permettant aux expéditions de Port-Saïd sur Ismaïlia, d'arriver à destination sans rompre charge, était d'ailleurs indispensable en vue de la prochaine exploitation des carrières de Gebel-Géneffé, pour la construction des jetées de Port-Saïd. Il était d'ailleurs destiné à supprimer toute solution de continuité dans la première voie de navigation qui devait être prochainement ouverte entre Port-Saïd et Suez.

Canal d'eau douce. — La partie du canal d'eau douce ouverte depuis l'extrémité du canal de l'Ouady jusqu'au lac Timsah, sur une longueur de 35 kilomètres, avait été, on se le rappelle, livrée à la navigation sur tout son parcours, à la fin de janvier 1862. Au mois de décembre de la même année, aussitôt après l'achèvement de la tranchée du seuil d'El Guisr, on entreprit les travaux de la dérivation de Suez, ouverte sur une largeur de 8 mètres au plafond et de $19^{m},50$ à la ligne d'eau, avec un tirant d'eau de $1^{m},95$, de manière à constituer une large voie de navigation pour les barques et les chalands.

On avait dit déjà les motifs qui avaient empêché de porter

sur ces travaux la majeure partie du contingent : c'es qu'il avait fallu tenir une juste balance entre l'intérêt d'arriver à Suez le plus rapidement possible, et les difficultés qu'aurait présentées, au point de vue de l'alimentation en eau douce et des transports d'approvisionnements de toute nature l'organisation de chantiers qui auraient dû s'étendre sur de grandes longueurs au-delà des portions de canal déjà exécutées. La nécessité de limiter l'étendue des chantiers du canal d'eau douce s'était présentée plus impérieuse encore pendant les premiers mois de l'exécution qui correspondaient à la période des eaux basses du Nil, pendant laquelle les difficultés signalées eussent été insurmontables. Actuellement (en juin), la branche de Suez était ouverte et livrée à la navigation, à partir de Néfiche, sur une longueur de 38 kilomètres et demi. Cette première partie du travail avait exigé un déblai de 1.409.000 mètres cubes. Les contingents du mois avaient entrepris et termineraient une nouvelle longueur de 8 kilomètres. On aurait alors atteint la moitié de la distance totale et l'on serait arrivé au droit des carrières de Gebel-Géneffé. Dans les conditions beaucoup meilleures où l'on se trouverait sous tous les rapports par suite du retour des hautes eaux, il ne faudrait certainement pas plus de quelques mois pour exécuter la seconde moitié de la dérivation, c'est-à-dire pour arriver jusqu'à Suez.

Conduite d'eau douce. — Au moyen de la dérivation du canal d'eau douce vers Suez, qui suivait une direction parallèle au tracé du canal maritime, on serait dégagé de tout souci en ce qui était des moyens d'alimentation en eau douce des contingents qui seraient employés au creusement du canal maritime entre le lac Timsah et Suez.

Afin d'assurer également l'alimentation en eau douce des travailleurs et de la population des campements sur toute la portion de la ligne des travaux comprise entre le lac Timsah et Port-Saïd, d'une manière moins précaire et moins coûteuse que cela n'avait eu lieu jusqu'alors, la Compagnie avait passé un traité avec un entrepreneur pour l'établissement d'une distribution d'eau ayant son origine à Ismaïlia à l'extrémité du canal d'eau douce, et longeant, à partir du Seuil, la crête du canal jusqu'à Port-Saïd. Au point de départ étaient des machines élévatoires puissantes ; la conduite de tuyaux en fonte aurait 80 kilomètres de longueur; la distribution pourrait servir 350 mètres cubes d'eau par jour. Quand les travaux du canal seraient terminés, la quantité d'eau totale servirait à l'alimentation exclusive de Port-Saïd.

Les machines étaient en activité et elles fournissaient déjà de l'eau depuis le lac Timsah jusqu'au Seuil ; la pose de la conduite marchait avec une grande activité ; la totalité des tuyaux était approvisionnée.

Port de Port-Saïd. — On avait continué les dragages pour la création des bassins de Port-Saïd ; quatre dragues desservies par des grues étaient affectées à ces travaux ; les terres extraites servaient aux remblais du terre-plein de la ville.

La construction de la jetée Ouest s'était poursuivie à l'aide des pierres provenant de la carrière du Mex ; il avait été immergé pendant la dernière campagne 17.000 mètres cubes de blocs. Ces blocs avaient été employés à former d'abord l'enrochement de consolidation des pieux de l'îlot en fer établi dans les fonds de 5 mètres ; puis à constituer le massif de la jetée en s'avançant vers la terre. L'îlot, commencé en mars 1862, avait été terminé en quelques mois et mis promptement à l'abri de toute avarie. Il était muni de puissantes grues de déchargement. Non seulement il répondait parfaitement à la destination en vue de laquelle il avait été établi, qui était de faciliter la mise en œuvre des pierres du Mex ; mais encore, il offrait une puissante ressource pour le déchargement des navires quand il y en avait en rade un trop grand nombre pour permettre de conduire simultanément à terre tous les chargements.

Port de Suez. — La division de Suez était organisée depuis plusieurs mois. On poursuivait les études définitives du port de manière à pouvoir installer à bref délai sur ce point des chantiers de travaux.

Bâtiments. — Le développement progressif des chantiers de travaux sur toute la ligne du canal, en même temps que la translation récemment opérée, de Damiette à Ismaïlia, de la direction générale et du service central des travaux, avaient motivé la construction sur les divers points d'un assez grand nombre de nouveaux bâtiments.

Dragues. — Il y avait actuellement vingt et une dragues en activité ou prêtes à fonctionner. Il en restait encore trois autres à monter.

A part les dragues qui travaillaient dans le bassin de Port-Saïd et qui étaient desservies par des grues, les dragues employées à la confection des rigoles de navigation à travers le lac Menzaleh avaient jusqu'alors déversé directement leurs produits sur les bords mêmes des fouilles, en créant ainsi tout naturellement des berges de protection. Cette première phase du travail étant sur le point d'être terminée, vingt grues de déchargement destinées à desservir les susdites dragues avaient été commandées à deux grandes usines de France; elles devaient être rendues très prochainement en Égypte. On s'occupait d'ailleurs activement de la création de tout le matériel complémentaire de caisses et de chalands.

Indépendamment de ces vingt-quatre premières dragues, dont le travail moyen était évalué pour chacune à 400 mètres cubes par jour, ou à 10.000 mètres cubes par mois, la Compagnie avait commandé en France, au commencement de 1863, vingt nouvelles dragues beaucoup plus puissantes que les premières et dont chacune devrait extraire 30.000 mètres cubes par mois. Ces dragues commençaient à arriver en Égypte.

OBSERVATIONS GÉNÉRALES

L'entreprise comprenait :

L'ouverture du canal maritime entre Port-Saïd et Suez; l'exécution des ports de Saïd et de Suez ; la création d'un canal d'eau douce entre le Caire et le lac Timsah, se bifurquant, à ce dernier point, pour se diriger sur Port-Saïd, d'une part, sur Suez, de l'autre.

La réalisation de ce programme impliquait comme disposition préalable la création de bâtiments et d'abris pour le nombreux personnel d'agents et d'ouvriers destinés à prendre part aux travaux et pour les approvisionnements de toute nature en matériaux et matières, dont il était d'autant plus indispensable de se pourvoir sur une large échelle que le pays à traverser par un grand canal et à féconder était le désert, c'est-à-dire la négation absolue de toute espèce de ressources.

Elle réclamait en outre la mise en œuvre d'un matériel considérable et par conséquent la création d'ateliers importants susceptibles de pourvoir à l'entretien et à la réparation de ce matériel.

Elle exigeait, eu égard à l'immense tonnage de matériaux et matières de toutes sortes que l'on devait tirer des côtes de l'Europe, de l'Égypte et de la Syrie, l'acquisition d'une flotte destinée à garantir la Compagnie contre les prétentions exagérées des affréteurs et à concourir avec eux dans des conditions équitables au mouvement des transports maritimes.

Elle obligeait enfin la Compagnie à organiser un service d'intendance pour les approvisionnements et les transports à l'intérieur, un service postal, un service télégraphique, un service religieux pour les cultes chrétiens et le culte musulman, un service médical, un service hospitalier de Sœurs de charité, des écoles pour les enfants des ouvriers, etc.

L'installation de la Compagnie dans le désert laissait actuellement peu de choses à désirer.

La ville d'Ismaïlia, fondée sur les bords du lac Timsah, et qui n'avait encore aucune habitation lors de la dernière Assemblée générale, possédait depuis trois mois des constructions assez multipliées pour que la Direction générale des travaux, son nombreux personnel, ses archives, le bureau central de l'ingénieur en chef, le personnel de la division, aient pu s'y installer. De larges rues bordées de trottoirs, des maisons abritées par des vérandas sur chacune de leurs façades contre les ardeurs du soleil, la place Champollion, qui se couvrait de verdure, le canal d'eau douce avec ses barques venant du Nil, donnaient déjà à ce centre de population un aspect satisfaisant.

Les ateliers de Port-Saïd étaient maintenant complètement installés et pouvaient rivaliser comme dispositions d'ensemble et de détails avec les bons établissements métallurgiques de l'Europe. La création de ces ateliers se justifiait par la nécessité impérieuse où se trouvait la Compagnie d'avoir au début, sur les lieux mêmes, des moyens puissants de réparer son matériel sous peine de le voir péricliter au grand préjudice des travaux.

L'exploitation des ateliers de Port-Saïd avait eu pour objet principal pendant le cours de l'année : 1° le maintien en bon état de travail des dragues précédemment montées; 2° le montage des dragues nouvelles, dans l'installation desquelles l'expérience du passé avait été mise à profit; la construction d'un nombreux matériel de transport; un ensemble de travaux pour les bâtiments.

D'autres ateliers moins importants que ceux de Port-Saïd avaient été organisés à Ras-el-Ech, à El Guisr et à Ismaïlia.

Quels que fussent les résultats obtenus par la vigoureuse installation des ateliers de Port-Saïd, on ne pouvait méconnaître pourtant que si leur création avait été une condition indispensable à la mise en train des travaux, maintenant que tout le matériel approvisionné dès l'origine était à peu près monté, que l'on n'avait plus d'incertitude sur la nature des appareils qu'il convenait d'employer et sur la force à donner à leurs organes, que l'œuvre du canal, mieux connue et mieux appréciée, était l'objet de sollicitations de grands établissements d'Europe désireux de prendre part aux travaux, la Compagnie devait, en raison du prix élevé de la main-d'œuvre des Européens en Égypte et des conditions onéreuses de travail qui en résultaient, tendre moins à développer qu'à restreindre la fabrication directe dans les ateliers pour faire intervenir le plus possible le concours de l'industrie privée.

C'était dans cet esprit que la Compagnie avait conclu des marchés avec la Société des Forges et Chantiers de la Méditerranée et avec la Maison Gouin et Cie de Paris, pour la fourniture de 20 dragues puissantes et de 20 grues à vapeur, destinées à compléter les dragues en leur fournissant le moyen de porter jusque sur la berge les produits des dragages ; et c'était dans le même esprit que se préparaient des projets de marchés pour la fourniture du plus grand nombre des pièces de rechange de ces machines.

Il importait de mettre la Direction générale des travaux, établie à Ismaïlia, en communication rapide avec toute la ligne des travaux, avec Alexandrie, siège social de la Compagnie, où résidait l'Agence supérieure, et avec le Caire où se trouvait l'Intendance générale. La prompte connaissance des besoins de toute nature et la non moins prompte exécution des ordres constituaient en effet un des moyens les plus efficaces et les plus puissants d'assurer la bonne marche d'un travail. Dans ce but, une ligne télégraphique avait été établie entre Ismaïlia et Zagazig, extrémité des lignes télégraphiques du Gouvernement égyptien communiquant avec le Caire et Alexandrie. Deux autres lignes télégraphiques partiraient d'Ismaïlia pour se diriger, l'une sur Port-Saïd, en suivant le Canal maritime, l'autre sur Suez, en suivant le Canal d'eau douce.

Il était pourvu au service des approvisionnements et des transports à l'intérieur par une Intendance générale à la tête de laquelle avait été placé M. Angot, ancien intendant militaire de l'armée française.

La Compagnie avait à Port-Saïd, à El Guisr et à Ismaïlia des chapelles et des mosquées consacrées aux cultes chrétiens et au culte musulman, et desservies par des prêtres latins, grecs et arabes. Les imans faisaient l'office de juges de paix pour les indigènes, faisaient les actes et contrats de mariage ou de divorce, et relevaient du grand muphti du Caire.

(Suivaient des renseignements sur le service des magasins et des transports à l'intérieur et sur le service de santé. Ces renseignements sont donnés avec plus de détails au chapitre ci-après de la description des travaux.)

Résiliation de l'Entreprise générale. — La modification suivante avait eu lieu dans les services de l'exécution des travaux :

Le personnel de l'Entreprise générale se trouvait en présence d'une seconde administration, celle des ingénieurs de la Compagnie chargés du contrôle. Ce dernier personnel qui, chaque année, prenait naturellement plus d'importance, de force et d'expérience, avait paru suffisant à la Compagnie, en le fusionnant avec une partie de celui de l'Entreprise, pour assurer la bonne marche des travaux.

La Compagnie avait voulu par là éviter les graves inconvénients d'un antagonisme de direction qui commençait à se produire et elle avait eu aussi pour objet d'opérer avec une plus grande économie de personnel.

La proposition fut faite en conséquence à M. Hardon de transformer les bases de son contrat. A cette proposition, M. Hardon répondit : « Avant tout, l'œuvre du canal à laquelle je resterai toujours dévoué ; je ne veux pas que ma personne cause des embarras à la Compagnie. »

Après avoir étudié plusieurs combinaisons qui ne purent aboutir, la Compagnie avait fini par appliquer l'article 24 du traité du 29 février 1860 (article relatif à la résiliation du traité).

La liquidation se faisait pour le classement et l'application des dépenses; car, en ce qui concernait la réalité de ces dépenses, les pièces justificatives avaient été produites à la Direction générale des travaux.

M. Alfred Feinieux (le fondé de pouvoirs de l'entrepreneur général), qui avait été un des meilleurs collaborateurs de l'œuvre aux époques de l'activité première et des grandes difficultés du travail, était à la tête de cette liquidation, à laquelle donnaient exclusivement leur temps les chefs de campement ou d'ateliers qui avaient fait les dépenses. Avant la clôture de ce travail, personne ne pouvait se prononcer sur la régularité des comptes.

Quant aux chefs et employés de M. Hardon, la Compagnie avait été heureuse, avec le concours de leur patron, de les faire passer dans ses rangs autant qu'il lui avait été possible, d'abord pour les services qu'ils pouvaient rendre dans l'avenir, ensuite, pour montrer à tous que, dans les modifications que des intérêts supérieurs lui imposaient, la Compagnie ne perdait jamais de vue le souvenir des services passés.

Organisation des services des travaux pendant l'année 1862 [1]

MODIFICATIONS A L'ORGANISATION DE L'ANNÉE PRÉCÉDENTE

8, 11 *février*. — Nomination de M. Viller, ingénieur des Ponts et Chaussées, comme ingénieur de la Compagnie en Égypte, en rempla-

1. AGENCE SUPÉRIEURE

MODIFICATIONS A L'ORGANISATION DE L'ANNÉE PRÉCÉDENTE

Le service central de l'Agence supérieure comprend les nouvelles subdivisions suivantes : économat, douane.

Le service de santé et le service des cultes sont rattachés à la Direction générale des travaux.

15 *avril*, 3 *juin*. — Nomination, à la résidence de Tel-el-Kébir, de M. le

cement de M. de Montaut, ingénieur chef de la division de Timsah, démissionnaire.

10 *avril.* — Le service de Santé et le service des Cultes sont rattachés à la Direction générale des travaux, le personnel restant néanmoins dans les attributions de l'Agence supérieure.

15 *avril.* — Nomination de M. Voisin comme directeur général des travaux.

17 *avril.* — M. Feinieux, fondé de pouvoirs de l'entrepreneur général est autorisé, sous la condition d'une délégation en due forme de M. Hardon, à prendre le titre d'entrepreneur délégué.

Marche des travaux et modes d'exécution

(ANNÉE 1862)

PORT DE PORT-SAÏD

1. — JETÉES

Exploitation de la carrière du Mex. — Les expéditions de pierres de la carrière du Mex à Port-Saïd furent à peu près complètement interrompues pendant les trois premiers mois de l'année. Reprises en avril, poussées activement à partir du mois suivant, elles subirent de nouveau un grand ralentissement pendant les derniers mois de l'année, par suite, à la fois, de la diminution des affrètements et de cette circonstance que plusieurs navires de la Compagnie étaient partis pour l'Europe, pour y faire des chargements de bois. On prit, en conséquence, le parti de supprimer toutes expéditions pendant l'hiver.

L'exploitation de la carrière était très coûteuse, non seulement à cause de la longue durée du trajet de retour des navires de Port-Saïd au Mex, et à cause de la difficulté et du prix élevé des déchargements à Port-Saïd, mais aussi par suite de la difficulté des chargements au Mex : on avait bien dans le port, le long des appontements, de 11 à 12 pieds d'eau ; mais, pour gagner la pleine mer, il fallait passer par dessus un haut-fond, à la cote de 11 pieds, en sorte que, eu égard à la levée de la houle, on ne pouvait compter que sur un tirant d'eau de 9 à 10 pieds. Un matériel spécial eut été nécessaire. Avec les navires de

---

comte Sala, comme inspecteur général chargé de la direction du domaine de l'Ouady.

13 *août.* — Nomination de M. Gérardin, administrateur adjoint à l'Agence supérieure, comme administrateur délégué, agent supérieur, en remplacement de M. Ruyssenaërs, nommé vice-président de la Compagnie en décembre 1861.

la flotte de la Compagnie, et avec ceux que l'on pouvait affréter, on était obligé de ne faire qu'une partie du chargement dans le port, et d'aller le compléter au large avec des mahonnes, ce qui constituait une manœuvre extrêmement coûteuse.

A la date du 1er novembre, où furent momentanément interrompues les expéditions de blocs à Port-Saïd, les résultats de l'exploitation se résumaient comme suit :

	mètres cubes
Cube effectif à la fin de 1861	45.849
Extractions de pierres pendant l'année 1862, expédiées presque en totalité à Port-Saïd	16.925
CUBE TOTAL EFFECTIF A LA FIN DE 1862	62.774
Déblais de découverts et déchets	30.847
CUBE TOTAL DES DÉBLAIS ET DES EXTRACTIONS DE PIERRES.	93.621

Appontement en charpente. — A la fin de l'année 1861, la longueur de l'appontement en charpente était de 184 mètres, et l'ouvrage, sur la plus grande partie de sa longueur, était consolidé sur toute sa hauteur par des enrochements.

Pendant les premiers mois de 1862, l'appontement fut prolongé, suivant le même mode de construction, et atteignit la longueur de 220 mètres. Des contrefiches moisantes furent placées sur les nouvelles palées pour relier les chapeaux aux pieux. Les premiers enrochements de consolidation des nouveaux pieux furent pris à l'origine de l'appontement où les enrochements étaient devenus inutiles par suite de l'exhaussement de la plage ouest; les enrochements de remplissage furent continués ensuite avec des pierres du Mex. Au-delà de la partie de l'appontement comblée par le sable de la plage, sur une longueur d'environ 70 mètres où les pieux extérieurs étaient rongés par les tarets, les blocs d'enrochements furent relevés et disposés en forme de perré pour soutenir la charpente de l'ouvrage.

Il s'était formé, en avant de l'appontement prolongé et rempli d'enrochements, une barre que les mahonnes ne pouvaient plus franchir que difficilement. Pour remédier à cette situation, il fut décidé (en octobre) de prolonger de nouveau l'ouvrage, jusqu'à une certaine distance au-delà de la barre, mais en le laissant à claire-voie, de manière à ne provoquer aucune nouvelle modification de la plage. Pour ce prolongement à claire-voie, on ne pouvait songer à continuer d'employer des pieux en bois. On prit donc le parti de recourir à une construction avec pilots et charpente en fer dans le genre du type de construction déjà adopté pour l'îlot en fer récemment exécuté avec plein succès; une circonstance favorable permettait d'ailleurs de faire assez économiquement la nouvelle construction, la Compagnie ayant pu acheter du Gouvernement égyptien, à très bon compte, un lot important de pilots en fer et accessoires qui s'étaient trouvés en excès lors de la construction du pont de Kafer-Zaïat sur le Nil.

Ilot en fer dans les fonds de 5 mètres. — La construction de l'îlot en fer, dont l'utilité était signalée dans le rapport du Président à l'Assemblée générale des actionnaires du 1er mai 1862, fut commencée dans le courant de mars de la dite année.

Jusqu'à la date du 17 avril, on avait travaillé presque exclusivement à l'enfoncement des pieux. A cette date, 117 pieux se trouvaient en place. Une violente tempête qui régna sur la rade les 18 et 19 avril occasionna de sérieuses avaries aux travaux : le tablier provisoire installé sur la tête des pieux, ainsi que tout le matériel qui se trouvait sur ce tablier, fut emporté par la mer; en outre, quelques pieux furent brisés et un grand nombre d'autres pieux furent couchés sur le côté avec des inclinaisons atteignant jusqu'à 45 degrés. La réparation de cette sérieuse avarie fut entreprise aussitôt après la tempête, en ayant soin maintenant de consolider les pieux, à mesure de leur redressement, par la pose de leurs entretoises et des chapeaux en bois; en même temps que se poursuivait activement ce travail, des scaphandriers retrouvaient au fond de l'eau la presque totalité du matériel disparu. La réparation de l'avarie fut terminée vers le milieu de juin. Aussitôt après, on avait repris le travail d'enfoncement des pieux, dont trente restaient encore à placer, en continuant d'avoir soin de placer au fur et à mesure les entretoises et les chapeaux. On eut à enlever 6 pieux qui, au commencement des travaux, avaient été enfoncés en dehors de l'alignement.

L'îlot était terminé, sauf la pose du tablier, le 1er septembre.

On avait ajourné la pose du tablier définitif sur chacune des parties successives de l'îlot pour permettre la mise en œuvre des blocs d'enrochements destinés au remplissage de l'ouvrage : les longrines du tablier étaient seules posées; les enrochements s'effectuaient au moyen de deux voies de fer parallèles établies sur les longrines, l'une desservie par une grue à vapeur, la seconde par une petite grue volante apportée d'Angleterre pour le montage des pièces de l'îlot : des diables ou wagons spéciaux desservaient les deux voies.

Le travail de remplissage en enrochements, commencé en juin, était complètement terminé, à son tour, à la fin d'octobre; il ne restait plus alors qu'à renforcer le talus du large par de nouveaux enrochements pour lui donner une inclinaison convenable et à le recouvrir de gros blocs.

L'abri que l'on avait voulu réaliser se trouvait donc créé ; et ainsi qu'on l'avait espéré, il rendit depuis lors les plus grands services.

Enrochements des jetées. — A la date du 1er novembre, la situation, en ce qui était des enrochements des jetées, était la suivante :

	mètres cubes
Jetée Ouest (appontement et ilot)...................	19.455
Jetée Est, comme à la fin de 1861....................	885
CUBE TOTAL DES ENROCHEMENTS AU 1er NOVEMBRE 1862..	20.340

II. — GRAND BASSIN ET BASSIN DE L'ARSENAL

Les cubes des terrassements et dragages exécutés jusqu'au 1er novembre 1862 pour l'élargissement et l'approfondissement de la rigole du pourtour ouest du grand bassin et pour le creusement du bassin de l'Arsenal sont donnés dans les tableaux ci-dessous :

DRAGAGES DU PORT DE PORT-SAÏD JUSQU'AU 1er NOVEMBRE 1862

	GRAND BASSIN		BASSIN DE L'ARSENAL	
	DRAGUES EMPLOYÉES	CUBES MENSUELS	DRAGUES EMPLOYÉES	CUBES MENSUELS
1862		mètres cubes		mètres cubes
Janvier...........	N° 2	80	Nos 2 et 15	2.180
Février...........	»	»	—	4.086
Mars	Nos 2 et 17	1.310	Nos 2, 14 et 15	2.692
Avril.	Nos 2 et 15	5.820	Nos 7, 14 et 15	2.460
Mai et juin........	—	4.709	—	4.560
Juillet............	N° 15	2.351	N° 14	2.554
Août	Nos 2 et 15	2 077	—	500
Septembre.........	—	5.727	»	»
Octobre......... ..	—	6.230	N° 14	209
TOTAUX POUR L'ANNÉE 1862		28.304	....	19.241
Rappel des cubes au 31 décre 1861.		20.514	....	28 713
CUBES TOTAUX AU 1er NOVre 1862..		48.818	....	47.954

DÉBLAIS A SEC

1862				
Septembre......................		215	....	430
Octobre.........................		»	....	209
CUBES TOTAUX AU 1er NOVre 1862..		215		639

RÉCAPITULATION

	DRAGAGES	DÉBLAIS A SEC	CUBES TOTAUX
	mètres cubes	mètres cubes	mètres cubes
Grand bassin.........	48.818	215	49.033
Bassin de l'Arsenal...	47.954	639	48.593
CUBES TOTAUX....	96.772	854	97.626

III. — Remblais de Port-Saïd

Les remblais du terre-plein de la ville continuèrent d'être faits, partie avec les produits des dragages, partie avec du sable pris sur la plage, une faible partie avec de la terre du lac.

Le cube total, à la fin de 1862, était d'environ 200.000 mètres cubes. Indépendamment des travaux de remblai des rues de la ville, le cube ci-dessus comprenait les terrassements suivants : le remblai du nouvel emplacement de l'atelier de chaudronnerie ; le revêtement en soude et terre du lac du remblai du cimetière arabe et du chemin qui l'entourait ; la construction d'une digue le long du canal maritime, rive Afrique, pour empêcher les eaux du lac d'entrer dans le canal, etc.

CANAL MARITIME

Partie du Canal de Port-Saïd à El Ferdane. — Les travaux d'ouverture de la rigole maritime à travers le seuil d'El Guisr marchèrent, dès le début de l'année et jusqu'à leur achèvement, en novembre, d'une manière très satisfaisante.

Mais, il ne suffisait pas d'ouvrir cette rigole, il fallait encore, en même temps, assurer sa future alimentation et, pour réaliser le programme arrêté depuis longtemps, créer sur la première partie du canal, de Port-Saïd à El Ferdane, une véritable rigole de navigation destinée à constituer, avec la rigole ouverte à travers le Seuil, la rigole maritime de Port-Saïd au lac Timsah.

Le programme des travaux à exécuter pour arriver à ce double résultat comprenait, savoir :

1° Indépendamment de la rigole de service de 4 mètres de largeur au plafond déjà existante, rive Asie, sur la partie de canal de Port-Saïd à El Ferdane, le creusement, rive Afrique, d'une rigole de 8 mètres de largeur au plafond et de $1^{m},50$ de profondeur, et la confection, sur la même rive, à l'aide des terres draguées, d'un fort bourrelet continu pour isoler la rigole du lac Menzaleh ;

2° L'achèvement de la rigole de service, rive Asie, qui présentait encore une lacune importante à son origine, et la confection, sur la même rive, d'un bourrelet de protection sur toute la longueur de ladite lacune [1].

---

1. Par suite de l'état encore imparfait de la rigole de service et de ruptures de digues qui s'y produisaient de temps en temps, amenant de grands abaissements du niveau de l'eau, la navigation fut très difficile sur la rigole pendant toute la période des eaux basses du lac Menzaleh.

Le premier travail auquel avait dû se livrer la Compagnie, avait été d'endiguer le canal dans toute la traversée du lac Menzaleh par des levées capables de résister aux lames du lac pendant les gros temps. Ce fut un travail très

Il importait de hâter le plus possible l'exécution de ces travaux. On s'efforça donc de faire arriver le plus grand nombre possible de dragues sur les parties du canal qui étaient constamment sous l'eau. En même temps, pour les parties qui découvraient et où, par conséquent, on pouvait travailler à sec, on prit le parti, faute d'un nombre suffisant d'ouvriers libres, d'affecter aux travaux une certaine portion des contingents mensuels.

A la fin d'août, la situation des deux rigoles, à la traversée du lac Menzaleh, sur une longueur de 15.405 mètres, était, en partant de Port-Saïd, la suivante :

RIGOLE DE NAVIGATION, RIVE EGYPTE				RIGOLE DE SERVICE, RIVE ASIE			
Parties de rigole déjà faites et protégées par un bourrelet			LACUNES	Parties de rigole déjà faites et protégées par un bourrelet			LACUNES
Longueurs	Largeur à la ligne d'eau	Profondeur	Longueurs	Longueurs	Largeur à la ligne d'eau	Profondeur	Longueurs
mètres	mètres	mètres	mètres	mètres	mètres	mètres	mètres
SECTION DE PORT-SAÏD							
2.350	15	1,25		1.800	15	1,50	
»	»	»	800	»	»	»	4.065
300	17	1,80					
915	17	1,20					
»	»	»	1.500				
SECTION DE RAS-EL-ECH							
»	»	»	1.390	2.000	18	1,50	
800	17	1,50	»	2.500	8	0,50	
1.500	17	0,45	»	1.400	20	1,50	
»	»	»	500	640	4	0,50	
1.500	17	1,50		1.200	17	1,50	
»	»	»	700	1.800	6	0,50	
150	14	1,50					
3.000	18	2,00					
10.515			4.890	11.340		.	4.065

pénible et qui ne put être amené à bonne fin qu'à force de persévérance. La Compagnie trouva heureusement dans la population du lac Menzaleh des ouvriers vigoureux, patients, acclimatés, et très habitués à travailler dans les eaux vaseuses du lac : ils recueillaient la vase dans leurs mains unies, la pressaient pour l'égoutter et la déposaient en forme de bourrelet sur le bord des rigoles. Par ce moyen, et non sans avoir eu à subir, en cours de travail, par l'action des lames, de fréquentes avaries, promptement réparées, on était parvenu à constituer des bourrelets d'une consistance suffisante derrière lesquels les dragues pouvaient déposer leurs produits : on avait soin de laisser sécher par l'action du soleil les premières couches de matières déposées avan

A l'extrémité de la dernière partie de la rigole de navigation mentionnée au tableau ci-dessus cessaient les portions qui avaient été faites à la drague. Le reste de la rigole jusqu'à El Ferdane avait été creusé et continuait d'être creusé à bras d'hommes, avec une largeur de 12 mètres à la ligne d'eau et une profondeur de $1^m,20$. Toute cette seconde partie de la rigole était à l'abri de l'envahissement des eaux du lac.

Le tableau relatif à la rigole de service montrait que certaines portions de cette rigole avaient été déjà, soit exécutées, soit élargies à la drague; que d'autres portions, ouvertes à la largeur de 4 mètres au plafond, avaient, par suite d'éboulements, subi des rétrécissements. Dès l'année précédente, la rigole, au-delà du lac Menzaleh, avait été ouverte à bras d'hommes jusqu'à El Ferdane, généralement à 4 mètres de largeur au plafond et $0^m,50$ de profondeur, certaines parties avec des largeurs de 8 à 12 mètres et des profondeurs de 1 mètre à $1^m,20$.

On voit d'ailleurs, par les indications des deux tableaux, que, pour arriver à isoler le canal sur les deux rives du lac Menzaleh, il restait encore à ouvrir à la drague des rigoles d'une douzaine de mètres de largeur moyenne et de $1^m,50$ de profondeur sur une longueur, ensemble, de 8.955 mètres, ce qui représentait un cube total à draguer d'environ 160.000 mètres cubes.

Les travaux furent poussés le plus activement possible pour arriver à ce résultat.

A la fin de l'année, les deux rigoles se trouvaient isolées du lac Menzaleh par les bourrelets de rives sur toute la longueur du canal de Port-Saïd à El Ferdane. Toutefois, le bourrelet de la rive Afrique avait besoin d'être renforcé sur un assez grand nombre de points. Il en était ainsi notamment sur la partie du canal comprise entre l'îlot du Cap et Kantara, où le bourrelet Afrique était violemment attaqué par les eaux du lac.

Il est à peine besoin de faire remarquer que la rigole de navigation, à son arrivée à El Ferdane, passait de la rive Afrique à la rive Asie.

Partie du Canal à la traversée du seuil d'El Guisr. — Les travaux d'ouverture de la rigole maritime à travers le seuil d'El Guisr, grâce à

---

d'y ajouter d'autres couches. Les berges purent être ainsi successivement exhaussées. Malheureusement, on ne parvint pas toujours à leur donner à temps une hauteur suffisante pour leur éviter d'être surmontées, pendant les gros temps de l'hiver, par les eaux gonflées du lac. De là, des ruptures fréquentes de portions de digues venant détruire le fruit d'un long et laborieux travail. Ce ne fut qu'assez tardivement, lorsque les digues, grâce aux remblais fournis par les dragues, eurent atteint la hauteur de 2 mètres à laquelle elles furent définitivement établies, avec un talus très allongé du côté du lac, qu'elles furent désormais à l'abri de nouvelles ruptures.

de nombreux contingents mensuels, furent exécutés avec une grande activité à partir du mois de février.

Le prix du mètre cube de déblai payé aux ouvriers variait de 0 fr. 35 à 0 fr. 50, suivant la dureté du terrain et la profondeur de la fouille.

La tranchée était complètement ouverte dans les derniers jours de la première quinzaine de novembre. On avait barré les eaux près d'El Ferdane, et, grâce au débouché qui était maintenant donné aux eaux d'infiltrations vers le lac Timsah, on put approfondir la rigole dans l'étendue des chantiers I et II, où la présence prématurée des eaux d'infiltrations avait empêché, précédemment, d'obtenir une profondeur suffisante. 10.000 hommes furent employés à ce travail. Bref, on fut prêt à la date du 19 novembre qu'avait fixée le Président pour l'inauguration de l'entrée des eaux de la Méditerranée dans le lac Timsah.

Des palissades de protection contre les apports de sables provoqués par les tempêtes de Khamsin avaient été établies sur presque toute la longueur du Seuil, et l'on en avait mis un double rang, avec épis transversaux à la traversée des dunes d'El Ferdane. La longueur totale de ces palissades construite pendant l'année a été de 16.675 mètres.

TABLEAUX RÉCAPITULATIFS DES TERRASSEMENTS ET DRAGAGES

EXÉCUTÉS JUSQU'AU 1er NOVEMBRE 1862 POUR LE CREUSEMENT DE LA PREMIÈRE PARTIE DU CANAL MARITIME, DE PORT-SAÏD AU LAC TIMSAH

DRAGAGES

	SECTION DE PORT-SAÏD		SECTION DE RAS-EL-ECH		SECTION DE KANTARA	
	Dragues employées	Cubes mensuels	Dragues employées	Cubes mensuels	Dragues employées	Cubes mensuels
1862	Nos	m. cubes	Nos	m. cubes	Nos	m. cubes
Janvier	»	»		5.207	»	»
Février	»	»	3 et 5	7.232	8	910
Mars	16 et 17	3.130	3, 4 et 5	7.214		208
Avril	»	5.417		»	»	»
Mai et Juin		32.883	»	83.644	»	»
Juillet	2, 6, 7, 16 et 17	18.938	»	75.986	»	»
Août	2, 6, 7, 14, 16, 17	36.473	3, 4, 5 et 9	54.299	»	»
Septembre	6, 7, 14, 16 et 17	30.576	3, 4, 9, 18, 19	63.084	»	»
Octobre		20.113	3, 4, 5, 9, 18, 19	19.712	8	1.174
Totaux pour l'année 1862		147.530		316.378		2.292
Rappel des cubes au 31 décembre 1861		20.495		8.201		»
Cubes totaux au 1er novembre 1862		168.025		324.579		2.292

DÉBLAIS A SEC

1862	Section de PORT-SAÏD	Section de RAS-EL-ECH	Section de KANTARA	LAC BALLAH	SEUIL D'EL-GUISR	CUBES TOTAUX
	m. cubes	m. cubes	m. cubes	m. cubes	m. cubes	m. cubes
Janvier	»	1.950	22.880	»	63.103	87.933
Février	»	1.076	24.074	»	293.855	319.005
Mars	»	»	12.796	»	376.091	388.887
Avril	»	8.385	19.974	»	540.308	568.667
Mai et Juin	»	26.822	144.957	»	950.252	1.122.031
Juillet	»	25.472	85.305	»	444.133	554.910
Août	»	109.804	»	»	294.093	403.897
Septembre	1.776	32.197	»	»	435.266	469.239
Octobre	»	»	19.434	»	666.522	685.956
Totaux pour l'année 1862	1.776	205.706	329.420	»	4.063.623	4.600.525
Rappel des cubes au 31 décembre 1861	»	169.267	302.691	177.166	288.766	937.890
Cubes totaux au 1er novembre 1862	1.776	374.973	632.111	177.166	4.352.389	5.538.415*

* Y compris 23.824 mètres cubes d'apports dans la section de Ras-el-Ech.
et 9.163 — dans la section de Kantara.
En totalité 32.987 mètres cubes d'apports dans les deux sections.
Les apports dans le seuil d'El-Guisr n'ont pas été constatés.

RÉCAPITULATION

	DRAGAGES	DÉBLAIS A SEC	CUBES TOTAUX
	m. cubes	m. cubes	m. cubes
Section de Port-Saïd	168.025	1.776	169.801
— Ras-el-Ech	324.579	374.973	699.552
— Kantara	2.292	632.111	634.403
Lac Ballah	»	177.166	177.166
Seuil d'El-Guisr	»	4.352.389	4.352.389
CUBES TOTAUX	494.896	5.538.415	6.033.311

TABLEAU DES NOMBRES DE DRAGUES EN ACTIVITÉ
PENDANT LE COURS DE L'ANNÉE 1862

	PORT DE PORT-SAÏD	CANAL MARITIME	TOTAUX MENSUELS
Janvier	2	2	4
Février	2	4	6
Mars	4	6	10
Avril	4	2	6
Juillet	2	9	11
Août	2	10	12
Septembre	2	10	12
Octobre	2	10	12

SITUATION DES 24 PETITES DRAGUES A LA FIN DE 1862

En activité	12
En réparation	3
En montage	6
A l'état de simples coques	3
NOMBRE TOTAL	24

CANAL D'EAU DOUCE

Branche principale. — Le canal d'eau douce de Gassassine à Timsah fut terminé — ainsi qu'il a été dit déjà — dans le courant de janvier 1862 et livré à la navigation à partir du 23 dudit mois.

Au cours de l'année 1862, on eut à exécuter au canal des travaux assez importants de réparations et d'améliorations qui vont être sommairement indiqués.

Au milieu d'avril, à la suite d'un fort coup de vent de Khamsin qui dura trois jours et qui avait fait gonfler les eaux dans le canal de $0^m,80$ au-dessus du niveau des plus hautes eaux, la berge du canal, sous le triple effort du courant, de la pression et des infiltrations, se rompit au droit des bas-fonds de Néfiche, sur une longueur d'une cinquantaine de mètres. On se mit aussitôt à l'œuvre pour la réparation de l'avarie et le travail dura plusieurs jours. Hâtons-nous de dire que l'approvisionnement en eau douce des chantiers du seuil d'El Guisr ne fut pas compromis par cet accident, toutes précautions étant prises pour parer à de telles éventualités.

Pendant l'étiage du Nil, la baisse des eaux du fleuve n'ayant pas été très prononcée, l'eau avait toujours été abondante dans le canal de l'Ouady. Toutefois, et bien qu'un pareil travail n'eût pas été prévu pour l'année courante, le Gouverneur de la province consentit à accorder 2.000 hommes pour le curage, comprenant un approfondissement de $0^m,70$ à $0^m,80$, avec élargissement au plafond à 9 mètres, de la partie du canal de l'Ouady comprise entre Zagazig et le pont d'Abou-Akdar. C'était la partie du canal dont l'amélioration était la plus urgente. On espérait, par ces travaux, garantir sûrement la continuité de la navigation sur le canal à partir de Zagazig pendant l'étiage de l'année suivante.

Le canal d'eau douce entre Gassassine et Timsah traversait, sur certains points, des terrains très mobiles et son tracé présentait des courbes nombreuses. La navigation, installée immédiatement dans le canal, avant que la cuvette fut colmatée, avait provoqué de nombreux éboulements de sable qui entravaient constamment la marche des barques et auxquels on ne remédiait que par des dragages extrêmement coûteux. Pour remédier à cet état de choses sans apporter d'entraves à la navigation, on prit le parti, sur tous les points où se produisaient des éboulements, de recouper les talus à une inclinaison de 3 et même de 4 de base pour 1 de hauteur suivant la nature plus ou moins mobile du terrain. En même temps on fit des plantations de joncs le long des rives au-dessus de la ligne de flottaison. Enfin, on établit des digues sur tous les points où le halage se faisait difficilement. Grâce à ces divers travaux le canal présenta des conditions satisfaisantes.

Les travaux furent poussés très activement pendant le mois de juillet. On avait pu y affecter 1.880 hommes des contingents, lesquels avaient été répartis en trois tâches, comme suit :

Un effectif de 500 hommes dans la partie du canal comprise entre Tell-el-Rotab et Maxama. Les recoupes de talus eurent lieu sur une longueur ensemble de 4 kilomètres et entraînèrent à un déblai de 1.890 mètres cubes; les endiguements exigèrent, de leur côté, un terrassement de 24.695 mètres cubes ;

La seconde tâche, composée de 880 hommes, était installée entre Maxama et Rhamsès. Les recoupes de talus furent faites sur les deux rives, sur une longueur de 14.220 mètres et donnèrent lieu à un déblai de 17.694 mètres cubes ;

Enfin, la troisième tâche, composée de 500 hommes, fut occupée au rechargement et aux fascinages de toutes les digues comprises dans la traversée de Makfar et de Saba-Biars, ainsi qu'à la construction de diverses portions de chemins de halage d'une longueur ensemble de 1.150 mètres. Les rechargements formaient un cube de 4.316 mètres cubes, et les chemins de halage un cube de 1.370 mètres.

Les travaux d'amélioration furent continués en août par une corvée de 560 hommes répartis entre les chantiers de Gassassine à Maxama et de Saba-Biars à Néfiche; ils furent peu importants les mois suivants et consistèrent en quelques dragages, à des rechargements de banquettes qui menaçaient d'être submergées, à la construction de digues en certains points du pourtour du lac Maxama pour empêcher la submersion des terres riveraines.

Le déversoir de Néfiche, destiné à déverser dans le lac Timsah le trop-plein des eaux du canal, fut terminé dans le courant d'octobre.

Branche de Suez. — Les travaux de la branche de Suez du canal d'eau douce, — ainsi qu'il a été mentionné — furent entrepris au commencement de décembre aussitôt après l'achèvement de la tranchée du seuil d'El Guisr.

BATIMENTS ET ABRIS

Port-Saïd. — *Maisons d'habitation et abris divers.* — Dans le courant d'avril, le village arabe fut transporté à l'ouest de la ville, et l'on construisit à l'entrée du nouveau village une mosquée en charpente garnie de nattes et une maison pour l'Iman. Le village était composé uniquement de gourbis.

La troisième machine distillatoire qui avait été montée à l'est du port, près de l'ancien village arabe, fut transportée en même temps près des deux autres machines.

Les nouvelles constructions érigées pendant l'année ont été les suivantes :

Maisons d'habitation à quatre chambres, construites, ainsi qu'il est expliqué ci-dessous, sur des soubassements en maçonnerie au lieu des pilotis employés exclusivement jusqu'alors ;

Deux grandes maisons :

De vastes caves pour l'emmagasinement des vins ;

Maison des administrateurs ;

Deux bâtiments-casernes, à sous-sol, pour le logement des ouvriers et des marins grecs. La construction de ces bâtiments permit de faire évacuer complètement le village grec qui s'était constitué à l'est de l'appontement, et où la population était installée dans de très mauvaises conditions hygiéniques ;

Enfin, appropriation d'une maison à trois pièces à usage de chapelle grecque.

Des particuliers construisirent à leurs frais, dans un des carrés de la ville destiné à l'industrie privée, quatre bâtiments de 8 mètres de longueur sur 5 mètres de largeur.

Les inconvénients des maisons à fondation sur pilotis ont été précédemment signalés. D'un autre côté, les difficultés du remblai du terre-plein de la ville augmentant chaque jour par suite de l'allongement des distances de transport, on avait dû, en présence des besoins toujours croissants d'habitations, recourir désormais, pour les nouvelles maisons, à de nouvelles dispositions. Le type des maisons à quatre chambres fut conservé ; mais, au lieu de les faire reposer sur des pilotis, on les construisit sur des fondations en béton et sur un soubassement en maçonnerie de briques cuites provenant, pour partie, des ruines de Tennis, situées dans le lac à quelques kilomètres de distance de Port-Saïd, pour l'autre partie, de Damiette. Ces fondations avaient entre autres avantages, indépendamment des meilleures conditions hygiéniques, celui d'éviter le remblai de la partie de terrain occupée par la construction et de permettre de profiter du vide pour créer des sous-sols ou caves ; ce qui, avec les pans de bois remplis maintenant de maçonnerie de briques, donnait aux constructions un caractère définitif.

Ateliers de Port-Saïd. — Les travaux exécutés pendant l'année aux bâtiments des divers ateliers ont été les suivants :

Atelier d'ajustage. — Exécution de quelques travaux pour le complet achèvement des bâtiments et des installations, et réparations successives des deux générateurs de chacune des deux machines à vapeur.

Fonderie. — Exécution, également, de quelques travaux d'achèvement grâce auxquels la fonderie fonctionna régulièrement à partir du mois de juillet.

Forges. — Construction de massifs en maçonnerie sous la chaudière, sous la grue et sous les différentes forges ; construction de la grande cheminée ; couverture, etc. Réfection de toute la maçonnerie du four à réchauffer, qui s'était affaissée par suite de l'emploi de mortier ordinaire dans la maçonnerie de briques réfractaires.

Chaudronnerie. — Construction du nouveau bâtiment de la chaudronnerie établi sur soubassement en maçonnerie. En août, en attendant l'achèvement du montage des charpentes destinées à recevoir les diverses machines et outils de cet atelier, installation de deux cisailles, deux poinçonneuses, une machine à rivets, deux marbres à dresser, quatre étaux.

Scierie. — Etablissement d'une plateforme portée par huit chevalets pour faciliter la pose des bois en grume sur le banc de la grande scie ; prolongement de la fosse de transmission de manière à pouvoir allonger l'arbre et marcher la nuit au moyen de deux locomobiles placées en dehors du bâtiment ; enfin, construction d'une soute à charbon à l'avant du générateur.

Magasin des ateliers. — Achèvement, vers le milieu de l'année, du bâtiment destiné à ce magasin.

En résumé, à la fin de l'année 1862, les ateliers de Port-Saïd étaient à peu près complètement installés et en pleine activité.

Leur exploitation avait eu principalement pour objet, pendant l'année, savoir :

En ce qui était des ateliers métallurgiques :

1° Le maintien en état de travail des dragues déjà montées, au nombre de douze; les ateliers avaient eu beaucoup de peine à satisfaire aux besoins de ces dragues qui, trop faibles pour répondre au travail qui leur était demandé, nécessitaient de fréquentes réparations ; on manquait, en outre, de pièces de rechange ;

2° Le montage de neuf dragues nouvelles, dans l'installation desquelles devaient être introduites les améliorations indiquées par l'expérience acquise;

En ce qui était des ateliers de travail des bois :

La confection des charpentes des nouveaux bâtiments et abris érigés tant à Port-Saïd, qu'à Ras-el-Ech, à Kantara et principalement à Timsah; la confection des charpentes des dragues qui restaient encore à monter; enfin la confection de matériel.

RELEVÉ DES OUVRAGES EXÉCUTÉS ET DES MATIÈRES FABRIQUÉES
DANS LES ATELIERS DE PORT-SAÏD
PENDANT L'ANNÉE DU 15 MARS 1862 AU 1er AVRIL 1863

DÉSIGNATION DES OUVRAGES	TRAVAUX EXÉCUTÉS PAR LES ATELIERS	
		QUANTITÉS fabriquées
ATELIERS MÉTALLURGIQUES		kilogrammes
Métaux fabriqués — Fonte moulée		216.654
Métaux fabriqués — Fer forgé, tôle ouvrée, etc.		314.000
Métaux fabriqués — Cuivre et divers		3.000
POIDS TOTAL		533.654
ATELIERS DES BOIS	SURFACE couverte	CUBES DE BOIS employés
Bâtiments et abris :	mètres carrés	mètres cubes
Port-Saïd. — 25 maisons du type à 4 chambres	2.400	275
2 grandes maisons	912	110
Maison des administrateurs	256	66
2 bâtiments-casernes	1.900	190
Mosquée	250	35
Eglise grecque	100	15
Atelier de la chaudronnerie	588	160
Ras-el-Ech. — 6 maisons	576	66
Magasin	300	50
Kantara. — 5 maisons	420	28
Bâtiment pour les arabes	320	25
Timsah. — 48 maisons	6.144	768
SURFACE TOTALE COUVERTE	14.166	
Matériel divers :		
6 charpentes de dragues		480
80 caisses à déblai de 3 mètres cubes		111
60 chalands de 3 mètres carrés de surface		130
30 canots à quille de 7 mètres de long		32
6 — de 4 mètres —		5
14 canots pour le service de la rade		15
Dahabieh pour le canal d'eau douce		3
Ouvrages de menuiserie		160
Ouvrages divers		636
CUBE TOTAL		3.360

Le nombre moyen mensuel des agents et ouvriers employés aux ateliers a été de 848, dont 409 Européens et 439 Arabes.

		Francs
Dépenses pendant l'année	Main d'œuvre	1.036.377
	Valeur des matières employées	451.792
	— des fournitures diverses	237.990
Dépense totale		1.726.159

Les ateliers de Port-Saïd pouvaient suffire à tous les besoins sur toute la ligne des travaux. On renonça donc à toute idée de construire de nouveaux grands ateliers à Timsah, comme on en avait eu d'abord le projet. De simples ateliers d'entretien courant au centre de chaque division et des ateliers volants sur les points principaux où s'accumulait du matériel en service furent jugés suffisants, en dehors des ateliers de Port-Saïd, pour l'exécution du canal; c'est ainsi que, pendant le cours de l'année 1862, furent établis à Ras-el-Ech, à El Guisr et à Ismaïlia des ateliers secondaires qui eurent à pourvoir, chacun dans sa sphère restreinte d'action, à des travaux de charpente dont l'ensemble représentait une valeur d'environ 450.000 francs.

Ras-el-Ech. — Le centre de la section du lac Menzaleh, précédemment à Kantara, fut transféré à Ras-el-Ech, position plus centrale pour la surveillance des importants travaux de dragages qui devaient avoir lieu dans le lac.

De nouvelles constructions furent érigées sur la rive Afrique du canal, savoir: une ambulance, quatre maisons à quatre chambres pour logements d'employés, un magasin. En attendant les maisons d'habitation, on avait construit un certain nombre de gourbis. Pour préparer l'emplacement des constructions du nouveau campement, il avait fallu faire un remblai de 13.466 mètres cubes.

[En 1865, sur les sept maisons de quatre pièces dont se composait alors le campement définitif de Ras-el-Ech sur la rive Afrique, la Compagnie en mit deux à la disposition des entrepreneurs du premier lot de dragages. Elle leur céda gratuitement, en même temps, pour logements d'ouvriers, toutes les vieilles constructions de l'ancien campement de la rive Asie, alors complètement abandonné.

En vertu du marché d'entreprise du 12 décembre 1864, la Compagnie avait d'ailleurs remis aux entrepreneurs un grand bâtiment servant précédemment de magasin (Voir tome V, page 123).]

El Guisr. — Aucune construction nouvelle. Simples travaux d'appropriation de quelques locaux pour nouveaux logements d'employés.

Le nombre des ouvriers s'était notablement accru dans les ateliers du Seuil, notamment dans ceux de tonnellerie et de menuiserie. L'atelier de menuiserie eut notamment à satisfaire à de nombreuses commandes pour la ville de Timsah.

Ville de Timsah (futur Ismaïlia). — La pose de la première pierre de la ville de Timsah, futur siège de la Direction générale des travaux et du Service central de l'entreprise, eut lieu avec une certaine solennité, le 27 avril 1862.

La construction des maisons de la ville fut immédiatement entreprise vigoureusement. Les travaux, malheureusement, ne purent être poussés avec toute l'activité désirable, tantôt par suite du manque d'ouvriers, tantôt par suite d'une insuffisance de matériaux.

On eut à exécuter de très importants mouvements de terre, au moyen d'hommes des contingents, pour les fondations des maisons d'habitation et le nivellement des rues.

Les constructions qui avaient été commencées l'année précédente pour servir de soubassements à deux des chalets Fréret furent transformées en habitations à simple rez-de-chaussée. Elles avaient été établies en maçonnerie de briques crues qui fut jugée incapable de supporter la charge des chalets.

Les constructions érigées pendant l'année 1862 ont consisté en un vaste bâtiment-caserne pour les ouvriers et en un gourbi pour magasin.

Mise en train des constructions suivantes :

Chalet d'habitation du Président, établi sur rez-de-chaussée en maçonnerie;

Maison d'habitation de l'ingénieur chef des services d'exécution et de l'ingénieur chef de division : en maçonnerie, à un étage;

Maisons à simple rez-de-chaussée pour employés mariés, établies sur le pourtour de la place, dite place Champollion, et maisons pour employés célibataires, établies sur les carrés de terrain sis au nord de la place. Ces maisons étaient à pans de bois, avec garnissage en briques crues et enduits extérieurs et intérieurs au mortier de chaux ; les constructions reposaient sur de petits soubassements en maçonnerie ; la couverture était en nattes avec mortier de chaux mêlé de paille hachée (les couvertures furent refaites, en 1869, en tuiles plates de Marseille). Les charpentes avaient été confectionnées par les ateliers de Port-Saïd, et les menuiseries commandées à Marseille. Le montage des charpentes ne put être commencé que tardivement, par suite d'une longue interruption de la navigation sur la rigole maritime ;

Maisons à un étage, en maçonnerie, dites maisons d'angle, au nombre de deux, à chacun des quatre angles de la place Champollion traversée par deux rues diagonales, pour divers chefs de service de la Compagnie.

Toutes les maisons d'habitation étaient munies de vérandas. Des terrains leur étaient annexés pour des installations de communs et la création de jardins.

Les rues de la ville étaient bordées de trottoirs.

Des palmiers furent plantés sur le pourtour de la place Champollion.

TABLEAU RÉSUMÉ DE TOUTES LES CONSTRUCTIONS ÉRIGÉES DANS L'ISTHME ET AU MEX POUR BATIMENTS ET ABRIS A LA FIN DE L'ANNÉE 1862

DÉSIGNATION des CENTRES DE POPULATION	SURFACES COUVERTES				
	MAISONS D'HABITATION	BARAQUES, HANGARS, GOURBIS	ATELIERS et MAGASINS	SURFACE TOTALE COUVERTE	VILLAGES ARABES
	m. carrés	m. carrés	m. carrés	m. carrés	m. carrés
Le Mex	669	127	310	1.106	»
Port-Saïd	14.254*	7.326	5.593	27.173	4.200
Ras-el-Ech	896	1.446	332	2.674	»
Kantara	1.469	5.381	773	7.623	3.800
El Ferdane	474	40	»	514	»
El Guisr	7.697	»	2.729	10.426	537
Timsah-Chantier VI	9.517	496	1.625	11.638	1.932
Toussoum	1.764	121	140	2.025	»
Génelfé	690	»	»	690	»
Rhamsès-Maxama	654	72	»	726	»
Campements accessoires	678	140	»	818	»
TOTAUX	38.762	15.149	11.502	65.413	10.469
A la fin de 1861	21.755	6.201	9.287	37 243	12.335
Augmentation en 1862	17.007	8.948	2.215	28.170	— 1.866

* Y compris un certain nombre de bâtiments construits par des particuliers pour industries diverses et couvrant une surface de 804 mètres carrés.

ALIMENTATION D'EAU DOUCE DES CHANTIERS

Port-Saïd. — L'alimentation en eau douce de Port-Saïd continua de se faire dans les mêmes conditions que l'année précédente.

Pendant la période des eaux basses du lac, les arrivages d'eau du Nil furent souvent difficiles et l'une des machines distillatoires dut être remise en fonctions.

Section de Ras-el-Ech. — Même mode d'alimentation que l'année précédente.

Kantara. — Une quarantaine de chameaux furent régulièrement employés pendant l'année aux transports de l'eau douce.

Les travaux de la rigole de Tell Daphné, qui étaient déjà entrepris sur une longueur de 5 kilomètres, furent suspendus en avril.

Chantiers du seuil d'El-Guisr. — L'arrivée du canal d'eau douce jusqu'à Timsah, au commencement de l'année, permit de surmonter enfin les difficultés qu'avait présentées jusque-là l'alimentation en eau douce des chantiers du Seuil.

De l'extrémité du canal on fit partir une rigole suivant le contour du lac Timsah et aboutissant à l'extrémité du chantier VI, au pied de l'escarpement du Seuil, près du débouché de la rigole maritime dans le lac. Cette rigole, établie avec une largeur de $0^{m},50$ au plafond, avait une longueur totale de 4.600 mètres. Elle débouchait dans un grand bassin-réservoir creusé tout simplement dans le terrain, capable de contenir la consommation de plusieurs jours et où les caravanes de chameaux allaient puiser l'eau pour la porter sur les chantiers. Pour assurer la régularité de l'alimentation on avait construit le long du canal 45 bassins en maçonnerie d'une capacité de 16 et de 10 mètres cubes, espacés les uns de 400 mètres, les autres de 800 mètres, suivant la hauteur variable du terrain qui devait exiger une concentration plus ou moins grande d'ouvriers.

L'eau douce arriva au commencement de février dans le bassin de l'extrémité de la rigole et ce fut désormais de ce point que partirent toutes les caravanes de chameaux chargées d'alimenter les réservoirs dans toute l'étendue du Seuil.

On citera comme exemple des conditions dans lesquelles se fit le service de l'alimentation en eau douce des chantiers du Seuil pendant la période si active de l'année 1862, le relevé suivant se rapportant au mois d'avril de la dite année : le nombre moyen des ouvriers avait été de 22.480; 510 chameaux, en moyenne, avaient été employés journellement au transport de l'eau : le prix brut de revient de l'eau sur les chantiers avait été de 7 fr. 40 le mètre cube ; chaque homme avait consommé 9 litres d'eau par jour; la dépense en eau douce par mètre cube de déblai exécuté avait été de 8 centimes non compris les faux frais.

TRANSPORTS MARITIMES

Mouvements de la rade de Port-Saïd

	NOMBRE de NAVIRES	TONNAGE TOTAL	NATURE DU CHARGEMENT			
			MATÉRIEL	APPROVISIONNEMts	MATÉRIAUX	
					Blocs du Mex	Briques de Damiette
		Tonneaux	Tonneaux	Tonneaux	Tonneaux	Milliers
DU 1er MARS 1861 AU 1er MARS 1862						
Navires de la Compagnie	155	23.715	13.902	1.545	7.658	308
Navires affrétés	105	16.065	6.953	772	7.125	1.487
TOTAUX..........	260	39.780	20.855	2.317	14.783	1 795
DU 15 MARS 1862 AU 1er AVRIL 1863						
Navires de la Compagnie	117	14.368	»	3	10.043	1.073
Navires affrétés	207	30.568	388	4.659	22.350	1.044
TOTAUX..........	324	44.936	388	4.662	32.393	2.117

Le mouvement total de la rade pendant l'année 1862 a été de 389 navires jaugeant ensemble 56.038 tonneaux.

Accidents de rade. — Les 18 et 19 avril, en même temps que régnait dans l'Isthme un violent khamsim qui occasionna quelques ruptures de digues au canal maritime et au canal d'eau douce, une tempête eut lieu sur la rade de Port-Saïd, causant quelques dégâts à l'îlot en fer : la plate-forme provisoire qui avait été établie sur l'ouvrage fut emportée et sept des pieux en fer s'infléchirent sous l'effort des lames. L'appontement ainsi que son massif d'enrochements avaient bien résisté. Deux mahonnes mouillées en rade, l'une par 7 mètres d'eau, l'autre par 9 mètres, n'ayant d'ailleurs à bord aucune marchandise, ayant rompu leurs amarres, partirent en dérive : l'une d'elles fut retrouvée échouée à une certaine distance de Port-Saïd ; l'autre avait disparu.

Nouvelle tempête à Port-Saïd les 21 et 22 octobre. Pendant toute la nuit du 19 au 20, le vent avait soufflé du Nord-Ouest et la mer était devenue très grosse. Le 20, à 5 heures du matin, une goélette égyptienne affrétée, chargée de blocs du Mex, ayant cassé ses chaînes — généralement de très mauvaise qualité à bord de ces navires — alla s'échouer sur la plage, à 200 mètres de terre, à l'Ouest de l'appontement. A 6 heures, une seconde goélette égyptienne, sur lest, ne pouvant plus tenir la mer, alla s'échouer volontairement à l'Ouest de l'appontement; elle put être halée à terre par les marins à l'aide d'un cabestan. A 7 heures, une troisième goélette, chargée de blocs, mais n'ayant aucun homme à bord, ayant cassé ses chaînes, vint se briser complètement à l'extrémité de l'appontement. Au même moment, deux mahonnes vides s'échouèrent sur la plage, côté Ouest de l'appontement : l'une put être sauvée: l'autre fut complètement brisée. A une heure de l'après-midi, le temps s'étant un peu calmé, la baleinière de sauvetage put enfin franchir la barre et porter secours à plusieurs navires au large dont les pavillons en berne signalaient le danger. Dans la journée du 21, les vents soufflant du

Nord-Ouest et la mer grosse, l'embarcation de sauvetage fut obligée de rester en rade pour assurer les mahonnes et les chalands et visiter les navires qui avaient leurs pavillons en berne. Enfin, dans la nuit, une mahonne vide, mouillée au large, sombra par 8 mètres d'eau. Toutes les avaries qui viennent d'être signalées montraient la nécessité d'avoir à Port-Saïd un petit bateau à vapeur pour pouvoir mettre à l'abri, dans des cas semblables, tout le petit matériel flottant de la Compagnie.

TRANSPORTS A L'INTÉRIEUR

Jusqu'à la fin de 1861, les transports dans le désert étaient restés difficiles et extrêmement coûteux, tout devant être transporté à dos de chameau.

A partir de l'achèvement de la rigole maritime jusqu'à El Ferdane (24 décembre 1861) et du Canal d'eau douce jusqu'à Ismaïlia (23 janvier 1862), la plus grande partie des transports purent désormais se faire par eau, et par conséquent, dans des conditions faciles et économiques.

Le service des transports sur les différentes lignes se faisait maintenant de la manière suivante :

Ainsi qu'il a été déjà mentionné précédemment, entre Damiette, où étaient installés provisoirement la Direction générale des travaux et le Service central de l'entreprise, et Samanoud, tête d'un chemin de fer en correspondance avec la ligne principale du Caire à Alexandrie, avait été organisé sur le Nil un service de deux petits bateaux à vapeur de la Compagnie pour voyageurs.

Les transports sur le lac Menzaleh, entre Damiette et Port-Saïd et Ras-el-Ech, continuèrent de se faire à la tâche en vertu du marché passé l'année précédente avec Mohamed Gayar.

Les transports sur la rigole maritime avaient été confiés d'abord à un tâcheron à la disposition duquel avait été mis tout le matériel nécessaire ; mais l'expérience n'avait pas réussi et l'on avait dû revenir à l'exploitation directe par les agents de l'entreprise. La rigole de 4 mètres de largeur au plafond, à mesure de son avancement, avait été utilisée pour les transports à l'aide d'une première flotille de petits chalands en bois construits à Port-Saïd et mis aussitôt en service pour l'approvisionnement des chantiers ; ces chalands du début avaient $12^{m},30$ de longueur et $2^{m},10$ de largeur; ils étaient chargés, suivant la saison, pour un enfoncement de 30 à 40 centimètres leur permettant de porter de 7 à 9 tonnes ; ils circulaient par trains de six à huit, halés à bras d'hommes le long des berges. Plus tard, la rigole maritime devenant plus praticable et l'importance des transports allant sans cesse en croissant, on eut recours à des chalands d'un plus grand modèle : ces nouveaux chalands avaient $17^{m},40$ de longueur et $4^{m},50$ de largeur; leur tonnage variait suivant l'état de la rigole ; avec un enfoncement de $0^{m},50$, ils transportaient environ 25 tonnes. Leur emploi permit l'organisation du halage par mules qui se faisait avec des relais tous les 20 kilomètres.

Enfin, les transports sur le canal d'eau douce et le canal de l'Ouady qui mettaient le désert en communication avec Zagazig, tête de chemin de fer, et, de là, avec le Caire et Alexandrie, se faisaient par des patrons de barques entièrement libres avec lesquels on traitait de gré à gré. Ce ne fut pas sans peine, toutefois, que l'on parvint à organiser le fonctionnement des transports dans ces conditions.

A l'origine, les reïs du Nil (patrons de barques), malgré les prix élevés qui leur étaient offerts, ne voulaient pas s'aventurer sur un canal fait au milieu du désert, dans des régions parcourues par des bédouins et d'où ils craignaient de ne pas revenir sur leur fleuve. Force fut dès lors à la Compagnie de s'adresser au gouvernement pour obtenir des barques de réquisition, ce qui permit d'assurer le service jusqu'en août. A cette date, un grand cheik de barques offrit à la Compagnie de traiter pour tous les transports de Zagazig à Timsah moyennant un rabais de 10 0/0 sur le prix du moment, en s'engageant à tenir à la disposition de la Compagnie jusqu'à 100 barques d'une capacité moyenne de 10 tonnes. Au renouvellement du contrat, en décembre, le prix fut encore réduit de 10 0/0.

Les transports effectués par la voie du canal d'eau douce en denrées alimentaires, fourrages et objets divers se sont élevés mensuellement, en moyenne, à 1.200 tonnes, et, en bagages des contingents, à 300 tonnes.

Pendant l'étiage du Nil, période en même temps des eaux basses du lac Menzaleh (d'avril à juin), la navigation, tant sur le canal d'eau douce que sur la rigole maritime, fut difficile et eut même à subir des arrêts plus ou moins prolongés. La navigation avait été particulièrement difficile sur le lac Menzaleh sur quelques kilomètres autour de Ras-el-Ech. Le Président de la Compagnie, informé de cette situation, recommanda d'employer immédiatement tous les moyens possibles pour assurer en tout temps les communications à travers le lac; et, à ce sujet, il appela l'attention sur le chenal que l'on remarquait près du cheik Karpouty et qui pourrait peut-être être aisément approfondi de manière à garantir les facilités des relations de Port-Saïd avec Damiette. [Ce chenal, croyait-on, avait été creusé par l'armée française.] En toute hypothèse, le Président insistait pour que l'on fît en sorte de rétablir promptement la sûreté et la permanence des communications de Port-Saïd, par le lac, avec Damiette et Kantara.

APPROVISIONNEMENTS DE DENRÉES ET DIVERS

Observations générales. — Le nouveau service des transports et approvisionnements, ainsi que l'avait fait espérer l'Intendant général après sa prise de possession du service, était à peu près complètement organisé dès le début de l'année 1862, et il continua de s'améliorer pendant tout le cours de l'année.

En ce qui était du service des approvisionnements en denrées alimentaires et autres objets rentrant spécialement dans les attributions de l'Intendance, il fut constamment assuré, non pourtant sans quelques à-coups résultant, soit des retards apportés dans les envois de France, soit des difficultés des transactions en Égypte.

Les services d'exécution des travaux n'avaient pu parvenir encore, jusque-là, ni à établir des prévisions générales, base indispensable des approvisionnements à réaliser, ni à fixer le stock à entretenir dans les magasins. L'absence de ces éléments avait beaucoup nui à la bonne marche du nouveau service. L'intendant général était obligé de baser ses opérations sur les prévisions locales qui, faites mensuellement pour le mois suivant, devenaient insuffisantes en ce qui concernait les objets à tirer de l'extérieur, lesquels ne parvenaient en Egypte que quatre ou cinq mois après les commandes.

Les achats en Egypte avaient lieu ou sur ordres d'achat ou par marchés. Il était souvent difficile d'obtenir des indigènes qu'ils se soumissent aux formes administratives et aux conditions pénales à insérer dans les marchés. Il en résultait qu'un grand nombre d'achats devaient être faits de la main à la main, sans obtenir toujours une facture et un acquit. Et ceci se produisait, non seulement dans les rangs inférieurs du commerce local, mais également parmi les pachas dont les denrées étaient recherchées de préférence comme étant plus soignées et plus nettes.

Le système des adjudications en Égypte n'était d'ailleurs pas sans danger. Si on l'appliquait aux denrées que produisait le pays et aux objets qui s'y fabriquaient, comme chaque corporation avait à sa tête un cheik qui la dirigeait et en disposait librement, toute concurrence était impossible. Si, d'un autre côté, on devait recourir aux négociants européens pour ces denrées et objets, on ne les obtenait que de deuxième ou de troisième main, et par conséquent à des prix plus élevés.

Les denrées principales telles que biscuits, fèves, paille, orge, faisaient l'objet de marchés; le beurre et l'huile arabes, les lentilles, etc., étaient achetés sur place au moment des arrivages de la Haute-Egypte.

L'achat sur place de beaucoup d'autres articles avait nécessairement lieu, soit par suite de demandes d'urgence, soit par suite de nouveaux besoins surgissant dans les différents services.

Magasins. — Le service général des magasins comprenait treize établissements (dont cinq d'une grande importance), savoir : Alexandrie, le Mex, le Caire, Damiette, Port-Saïd, Ras-el-Ech, Kantara, El Guisr, Timsah, Toussoum, Canal d'eau douce, Zagazig et Samanoud.

Ces magasins comptaient ensemble 66 agents. Leur stock normal était d'environ 3.500.000 francs. Leur mouvement annuel atteignait en entrée comme en sortie 8.600.000 francs.

Certains des locaux affectés aux magasins réclamaient des améliorations :

Le magasin d'Alexandrie était insuffisant pour les nombreuses réceptions qui s'y faisaient; les denrées et objets qui y étaient livrés ou débarqués restaient exposés aux intempéries :

Au Caire, le magasin de Boulac avait besoin d'importantes réparations; le mauvais état de toute une façade du bâtiment ne permettait pas de se servir de la partie correspondante, et il en résultait un encombrement fâcheux dans les autres parties;

La suppression prochaine du magasin central de Damiette devait faire refluer une grande partie des approvisionnements sur Port-Saïd, ce qui, joint à l'entretien normal du stock nécessaire, semblait devoir exiger de nouveaux agrandissements de ses magasins. Il restait aussi à pourvoir à la sécurité des approvisionnements en fers, bois et matériaux divers qui occupaient des emplacements favorisant la fraude et le vol sans qu'aucune surveillance pût s'y opposer.

A Ras-el-Ech et à Kantara, on travaillait à la translation des magasins sur la rive Afrique.

Le magasin d'El Guisr, à la fin de l'année, avait perdu presque toute son importance et demeurait par conséquent suffisant.

A Timsah, presque tout était encore à faire. A défaut d'installations suffisantes, l'Intendant général fit construire des caves, dites à la Rigot, creusées dans le sable, avec murailles et avec couverture en roseaux, pouvant contenir 50 hectolitres de vin. [Ces caves ne furent terminées qu'à la fin de mars de l'année suivante.]

Dispositions arrêtées le 1er octobre 1862 par l'Intendant général au sujet des principaux approvisionnements nécessaires pour la prochaine campagne de travaux avec des contingents de 40.000 hommes.

Conformément à l'esprit d'une décision prise par le Conseil d'administration, dans sa séance du 25 août, sur les propositions qui lui avaient été soumises pour l'exécution des travaux de la prochaine campagne, le Président de la Compagnie s'était empressé de faire présenter au Vice-Roi la demande de contingents réguliers de 40.000 hommes à partir du 1er novembre, et cette demande avait été favorablement accueillie[1].

A la date du 1er octobre, la Compagnie espérait donc obtenir, au moins pendant quelques mois, l'envoi par le Gouvernement de contingents de

---

1. Le Directeur général des travaux, dans son rapport, du commencement d'août, accompagnant l'envoi du programme de travaux proposé par lui pour

40.000 hommes pour le prompt achèvement de la coupure du seuil d'El Guisr et pour la mise en train, en même temps, des travaux, du seuil du Sérapéum et de la branche de Suez du Canal d'eau douce.

L'Intendant général eut, en conséquence, à prendre toutes mesures utiles pour assurer les approvisionnements de toute nature en prévision de l'arrivée sur les chantiers de ces importants contingents.

Nous croyons intéressant, pour permettre de juger de l'importance des opérations de l'Intendance générale, de rappeler ici, au moins en ce qui est des principaux approvisionnements, quelles mesures furent adoptées.

COUFFES [1]. — Il y en avait 20.000 en magasin à Boulac au 1er octobre. D'après le marché en cours finissant à la fin de l'année, le fournisseur devait en livrer 40.000 par mois. Un agent intelligent avait été envoyé à Rosette et à Burlos pour faire autant de commandes que possible dans cette partie du pays. A son retour, il devait être envoyé dans le Fayoum avec une lettre du Vice-Roi pour le gouverneur en vue du marché à renouveler pour des fournitures considérables. Enfin, on était en pourparlers avec un négociant d'Alexandrie pour une fourniture importante de couffes de Tunis, s'il était reconnu par l'expérience que ces couffes étaient d'un usage commode et avantageux.

---

la campagne de 1862-1863, avait évalué les besoins en ouvriers comme suit :

Rigole maritime	25.000 hommes
Branche de Suez du Canal d'eau douce	14.000 —
Rigoles d'alimentation d'eau douce	1.000 —
NOMBRE TOTAL D'OUVRIERS	40.000 hommes

1. Au sujet des couffes, nous croyons devoir donner de suite, quoiqu'il se rapporte à l'année 1863, le renseignement suivant :

Dans un rapport d'août de la dite année, adressé au Président de la Compagnie et traitant de diverses questions dont la solution devait être poursuivie auprès du Gouvernement égyptien, le Directeur général des travaux, en ce qui était de la question spéciale des couffes,

Après avoir rappelé le texte de l'article 10 du règlement sur l'emploi des ouvriers indigènes décrété par le Vice-Roi le 20 juillet 1856 ainsi conçu :

« Toutes les couffes nécessaires pour le transport des terres et des matériaux seront fournies par le Gouvernement à la Compagnie, au prix de revient, pourvu que la commande en ait été faite au moins trois mois d'avance. »

Faisait l'exposé suivant :

La Compagnie avait espéré jusqu'alors pourvoir par ses propres moyens à l'approvisionnement des couffes nécessaires à ses travaux; mais, depuis plusieurs mois, les marchés qu'elle avait contractés avec des fabricants du Fayoum et de la Haute-Egypte, sur la recommandation du Gouvernement, étaient exécutés de mauvaise foi et en quantités insuffisantes. La Compagnie se voyait dans l'obligation, pour ne pas se trouver dans l'embarras, de revenir à l'article 10 précité.

En conséquence, le Président était prié de faire connaître au Vice-Roi, qu'à partir du 1er décembre, il était nécessaire que fussent livrées à l'Intendant général, au Caire, moyennant remboursement au prix de revient, 100.000 couffes par mois jusqu'au moment où serait donné à l'avance un nouvel avis de diminution ou d'augmentation.

Le rapport du Directeur général des travaux fut communiqué à Son Altesse par le Président.

Pioches arabes. — Un marché avait été passé avec un fournisseur français pour une fourniture de 5.000 pioches, avec faculté pour la Compagnie d'augmenter ce nombre en reculant les délais de livraison. La commande allait être portée à 35.000 pioches. Au besoin, on ferait les premiers envois par bateau à vapeur.

Biscuits. — Il résultait des relevés des derniers mois que la consommation moyenne par homme dans les contingents mensuels était de 10 kilogrammes. Pour 40.000 hommes il fallait donc 400.000 kilogrammes de biscuits par mois. Les livraisons avaient lieu en vertu de trois marchés. Pour le mois d'octobre, on n'avait demandé que 240.000 kilogrammes; mais, afin d'avoir une réserve, on porterait la commande à 300.000 kilogrammes. Pour novembre et les mois suivants, on obtiendrait aisément la fourniture normale de 400.000 kilogrammes.

Tentes. — On avait commandé 190 tentes. Avec celles qui étaient encore en magasin on en aurait en tout 248 sans compter celles qui étaient déjà en service.

Tout permettait donc d'espérer que l'on n'éprouverait dans les travaux aucune entrave du fait des grands approvisionnements indispensables. Les contingents promis de 40.000 hommes pouvaient maintenant arriver : on était prêt à les employer utilement.

POPULATION FIXE DES CHANTIERS

EN SEPTEMBRE 1862

DÉSIGNATION des CHANTIERS	EUROPÉENS		ARABES		POPULATION TOTALE
	HOMMES	FEMMES et ENFANTS	HOMMES	FEMMES et ENFANTS	
Section de Port-Saïd....	990	170	1.280	490	2.930
— Ras-el-Ech...	145	4	263	108	520
— Kantara.....	32	4	263	28	327
Chantiers du Seuil......	96	8	266	10	380
El Guisr................	172	34	560	49	815
Timsah..................	143	7	580	13	743
Campements divers.....	9	6	46	»	61
Totaux.........	1.587	233	3.258	698	5.776
	1.820		3.956		

CONTINGENTS ÉGYPTIENS

Le contingent de janvier fut réparti comme suit :

Achèvement du canal d'eau douce jusqu'à Timsah et son prolongement en rigole jusqu'au Chantier VI du Seuil d'El Guisr............ 12.000 hommes.

Seuil d'El Guisr { Chantier I (El Ferdane)............... 1.640 —
Chantier VI........................ 5.000 —

Nombre total d'hommes......... 18.640 —

La corvée du chantier VI était composée d'anciens soldats envoyés successivement par le Vice-Roi, de la Haute-Egypte où se trouvait alors Son Altesse, sur ses propres bateaux à vapeur, transportés ensuite par chemin de fer à Zagazig, puis dirigés sur le chantier VI. Ces ouvriers, méconnaissant l'autorité de leurs officiers, en trop petit nombre, après avoir commis quelques méfaits sur la route, s'insurgèrent et désertèrent en grand nombre presque aussitôt après leur arrivée. Par suite de désertions successives, il ne restait à la fin du mois, sur le chantier que 840 ouvriers saïdiens qui avaient résisté à la contagion de la désertion et qui s'étaient mis sérieusement à l'œuvre. Ils enlevaient facilement $2^{mc},50$ par jour, alors que les fellahs de la Basse-Egypte ne faisaient que $1^{mc},50$.

Le Vice-Roi, informé par le Président des désertions qui s'étaient produites dans le contingent saïdien ordonna des mesures pour en prévenir le retour. Il fit expédier dans la Haute-Egypte un bateau à vapeur exprès pour prendre dans chaque province de grands cheiks chargés de surveiller leurs hommes aux lieux de départ et d'empêcher leur désertion. Le Ministre de sa maison, auquel il avait d'abord pensé, étant malade, il désigna Ismaïl Bey, avec un certain nombre de cawas sous ses ordres, pour maintenir l'ordre parmi les hommes sur les chantiers.

Ismaïl Bey arriva au Seuil au commencement de février. Le Président veilla personnellement à son installation à El Guisr et il eut une chambre dans chacun des autres campements du Seuil, car il avait ordre de ne pas perdre de vue un seul jour le travail des ouvriers des contingents et de faire enlever par ceux-ci le plus promptement possible la tâche dont ils étaient chargés.

L'arrivée et la présence sur les travaux d'un représentant officiel du Vice-Roi fut un événement des plus heureux pour la Compagnie en assurant, comme les résultats l'ont montré, la discipline sur les chantiers et la bonne marche des travaux [1].

Le Vice-Roi avait promis au Président l'envoi régulier, à partir de janvier, de contingents de 20.000 hommes pour être employés à la tranchée du Seuil

---

1. Le Président de la Compagnie, dans le courant de mars 1863, signala au Vice-Roi qu'un grand nombre d'indigènes et d'étrangers venaient se fixer dans les établissements et chantiers de la Compagnie. Ces territoires étant soumis au Gouvernement égyptien, le Président demandait à Son Altesse de vouloir bien désigner, en qualité de Moudir de l'Isthme, Ismaïl Bey, déjà investi de la surveillance des contingents de travailleurs, et d'adjoindre à celui-ci un vékil (sous-gouverneur) et deux nazirs en résidence, l'un à Ismaïlia, l'autre à Port-Saïd, ces deux villes comptant déjà plusieurs milliers d'habitants. Il en fut ainsi que le désirait le Président.

L'Isthme était devenu une province de l'Egypte.

Dans le courant de mars 1868, Mourad Pacha succéda à Ismaïl Bey comme gouverneur de l'Isthme.

Pendant les six années de séjour d'Ismaïl Bey sur les chantiers de l'Isthme (à partir de février 1862), grâce à sa présence continuelle et à l'énergie de son concours, la Compagnie avait traversé la période difficile du travail des contingents dans des conditions remarquables d'ordre, de sécurité et de rapidité d'exécution. Lorsque l'Isthme fut devenu province d'Egypte et qu'Ismaïl Bey eut échangé ses fonctions d'inspecteur des contingents contre les attributions de Gouverneur de la nouvelle province, la Direction générale des travaux n'eut jamais qu'à se louer grandement de ses excellentes relations avec lui : son amour de la justice, son impartialité, sa prudente expérience et son esprit de conciliation lui avaient conquis l'attachement en même temps que le respect de tous et avaient permis, en toutes circonstances, de résoudre les questions les plus délicates au mieux des intérêts communs.

jusqu'à son complet achèvement ; mais, comme on le verra par le tableau ci-après, par suite de manquants à l'arrivée et de désertions pendant le travail, par suite aussi de l'emploi d'une partie des contingents à des travaux divers urgents, le nombre effectif des ouvriers employés mensuellement au Seuil n'a été, en moyenne que de 17.678 hommes.

Les chantiers du Seuil présentèrent, à partir de février jusqu'à l'achèvement de la rigole maritime, un aspect des plus saisissants à la fois par la grandeur et par la simplicité du mode d'exécution. Il était difficile, en effet, de voir sans une profonde émotion cette grande agglomération d'hommes travaillant avec ordre et entrain, transportant les déblais à la couffe sur de hauts talus, accomplissant chaque jour un progrès visible dans l'œuvre du canal. Ce mode d'exécution était une excellente solution du problème du creusement du canal; mais celle-ci n'était évidemment possible que dans les conditions où elle était maintenant appliquée : non seulement il fallait avoir une véritable armée de travailleurs; mais encore, et surtout, il fallait que cette armée fût dirigée par un homme intelligent et énergique, recevant son impulsion d'une haute volonté favorable, et capable par sa position et sa légitime influence de se faire partout obéir. Telles étaient les conditions dans lesquelles on se trouvait maintenant. Aussi n'avait-on plus que de rares désertions sur les chantiers. et les hommes travaillaient-ils tous avec ardeur pour accomplir rapidement la tâche assignée à chaque contingent mensuel.

Le travail moyen par homme et par jour, en février, avait été d'environ 1 mètre cube. Il avait beaucoup varié d'un chantier à l'autre : ainsi, alors que les fellahs de la Haute-Egypte, au nombre de 7.348 au chantier VI, firent en moyenne 1m,60, les fellahs de la Basse-Egypte ne firent au chantier V, bien que les conditions de travail fussent à peu près les mêmes, que 0m,75, au chantier IV et au chantier III, 0m,90, au chantier I, 1m,20. Le travail moyen resta longtemps de 1 mètre cube ; mais, à partir de septembre, les tranchées se trouvant plus profondes, le travail moyen ne fut plus que de 0m,75.

Pendant la majeure partie de la durée des travaux de la tranchée du Seuil, les prix alloués par mètre cube ne furent que de 0 fr. 35 à 0 fr. 45, atteignant rarement de 0 fr. 50 à 0 fr. 60. Ces prix, surtout dans les derniers mois, étaient absolument insuffisants, et Ismaïl Bey avait, à diverses reprises, exprimé son mécontentement et manifesté avec vivacité son intention de demander que les hommes fussent payés à la journée, ce qui eût été extrêmement onéreux pour l'Entreprise. Pendant les deux derniers mois (octobre et novembre), les prix alloués furent de 0 fr. 40 au chantier III, où la tranchée était peu profonde, et de 0 fr. 80 aux chantiers V et VI : l'Entreprise avait profité de l'occasion du prochain achèvement de la tranchée pour donner aux ouvriers des derniers contingents un salaire qui les indemnisât vraiment de leurs peines et leur permît de retourner chez eux tout à fait contents.

L'inauguration de l'entrée des eaux de la Méditerranée dans le lac Timsah eut lieu le 18 novembre.

Dans une communication adressée au Vice-Roi dans le courant de février, le Président avait émis l'avis de ne pas faire d'engagements d'ouvriers indigènes pendant le mois de Ramadan : on n'eût gardé sur les chantiers que les ouvriers nécessaires pour exécuter certains travaux spéciaux, particulièrement la construction de palissades destinées à garantir les tranchées du Seuil des apports de sable ; on eût d'ailleurs profité du chômage du Ramadan pour approvisionner à l'avance tous les chantiers en vue d'une reprise des travaux sur une plus grande échelle encore qu'en février, à partir du 1er avril ; le Président désirait obtenir, à partir de cette date, pour pouvoir terminer en quelques mois la rigole maritime, l'envoi de contingents mensuels réguliers. Le Vice-Roi fit prévenir le Président, en réponse à sa communication, d'une part, que des ordres étaient donnés pour faire travailler au canal pendant le Ramadan, en laissant aux ouvriers le choix d'accomplir leur tâche le jour ou la nuit, et le Président avait, en conséquence, fait commander au Caire 1.000 machalahs pour éclairer la ligne des travaux pendant les nuits du Ramadan ; d'autre part, que des ordres avaient été également donnés pour que les hommes fussent changés dans les délais fixés par les instructions données tant aux moudirs des provinces qu'à Ismaïl Bey, afin que les contingents qui avaient fini leurs tâches fussent immédiatement remplacés par les nouveaux contingents.

Les chameliers de location devaient, à la fin de février, quitter les travaux du Seuil pour aller faire prendre le vert à leurs bêtes, en sorte que les chantiers se trouveraient alors privés de 400 chameaux. Il en resterait encore 400 appartenant à l'Entreprise ; mais ceux-ci devraient aller au vert à leur tour, sous peine de périr. Le Vice-Roi, informé de la situation, avait bien voulu envoyer aux Moudirs de Galoubieh (Benha) et de Dakhalieh (Mansoura) des ordres pressants de donner immédiatement en location à l'Entreprise, à des prix débattus, 400 chameaux, puis, plus tard, 400 autres chameaux, lorsque l'Entreprise en ferait la demande.

Le Président, à la fin de février, avait écrit au Vice-Roi pour demander à Son Altesse qu'à l'avenir chaque contingent fût accompagné d'un nombre suffisant de chameaux pour transporter, du lieu de départ au lieu de travail, les bagages et les vivres des contingents, pour servir ensuite, pendant la durée des travaux, au transport de l'eau douce et des autres approvisionnements des contingents auxquels ils seraient affectés, enfin, pour retourner avec ceux-ci dans les villages. Ces nouvelles dispositions commencèrent à fonctionner en mars.

Le tableau ci-après fait connaître l'ensemble des conditions dans lesquelles se sont effectués les travaux de la tranchée du Seuil.

TRANCHÉE DU SEUIL D'EL GUISR

TRAVAUX EXÉCUTÉS PAR LES OUVRIERS DES CONTINGENTS ÉGYPTIENS

(1862)

MOIS DE TRAVAIL	CUBES EXÉCUTÉS	DÉPENSES						NOMBRES D'OUVRIERS	CUBE MOYEN ENLEVÉ PAR HOMME	SALAIRES MENSUELS DES OUVRIERS			PRIX MOYENS DU MÈTRE CUBE DE DÉBLAI	
		Argent	Vivres	Couffins	Entretien et réparations d'outils	Frais généraux de 1er et 2e degré	Totales			En argent	En vivres	Salaire total	Prix payé aux ouvriers	Prix total de revient
	m. cubes	Francs	Francs	Francs	Francs	Francs	Francs		m. cubes	Francs	Francs	Francs	Francs	Francs
Février	293.855	76.047	41.431	21.700	7.813	11.321	158.312	15.122	19,50	5,83	2,74	7,77	0,40	0,54
Mars	376.001	92.994	74.224	24.640	9.079	12.299	213.236	19.687	19,10	4,72	3,26	7,98	0,42	0,57
Avril	540.308	129.174	91.672	26.075	9.290	11.127	267.338	23.318	23,17	5,54	3,94	9,48	0,41	0,49
Mai	543.492	151.896	51.354	22.260	10.019	11.509	247.038	17.785	30,55	8,54	2,89	11,43	0,37	0.45
Juin	406.760	134.477	53.663	24.490	8.726	8.084	229.440	16.337	4,80	8,23	3,28	11,51	0,46	0,56
Juillet	444.133	128.227	58.254	21.085	25.146	7.120	239.832	14.736	30,13	8,70	3,95	12,65	0,42	0,54
Août	294.093	90.056	40.414	19.110	34.237	7.282	191.099	12.138	24,23	7,42	3,33	10,75	0,44	0,51
Septembre	435.266	120.955	45.213	22.225	25.930	7.497	221.820	16.131	26,70	7,49	2,80	10,29	0,39	0,51
Octobre et Novembre	668.522	241.102	133.283	36.641	61.271	11.578	483.875	41.526	16,05	5,80	3.21	9,01	0,56	0,72
TOTAUX ET MOYENNES	(1) 4.000.520	1.164.928	589 508	(2) 218.226	191.511	(3) 87.817	(4) 2.251.990	176.780	22.63	6,59	3,33	9,92	0,44	0,56 (5)

(1) A la fin de janvier 1862, il avait été déjà exécuté dans les chantiers du Seuil, par des contingents irréguliers, les appareils Balan, etc., un cube de 351.869 mètres cubes. La tranchée du seuil d'El Guisr a donc exigé un déblai total de 4.352.389 mètres cubes.

(2) Cette dépense est résultée du nombre de couffins livrés aux travaux et comptés au prix de 0 fr. 38 (prix du magasin augmenté de 3 centimes).

(3) Cette dépense ne comprend que les frais généraux du personnel attaché à la Division et à la Section d'El Guisr.

(4) A cette somme, il faut ajouter le montant des dépenses du service de l'eau douce qui se sont élevées à un chiffre d'environ 500.000 francs. Le montant total des dépenses de la tranchée du Seuil a donc été, en nombre rond, de 2.752.000 francs.

(5) En tenant compte des dépenses du service de l'eau douce, le prix de revient du mètre cube de déblai se trouve porté à 0 fr. 69. [On rappelle que, dans le projet de la Commission internationale, le prix adopté pour le mètre cube de déblais à sec était de 0 fr. 67.]

Les travaux de la branche du canal d'eau douce dirigée vers Suez commencèrent dans la seconde quinzaine de novembre et une partie des contingents de ce mois et du mois suivant furent détachés pour ces travaux.

CARRIÈRES, FOURS A CHAUX ET A PLATRE

A l'extrémité Sud du chantier VI du seuil d'El Guisr, sur une longueur d'une centaine de mètres, se trouvait une couche de grès agglutiné par une gangue calcaire, très dur, et ne pouvant s'enlever qu'au coin ou à la mine. On ouvrit sur ce point, sur toute la largeur de la tranchée du canal maritime, une carrière destinée à fournir des moëllons pour les constructions de la ville de Timsah. L'exploitation de cette carrière fut, par suite de grève, interrompue en août. On avait heureusement sur place un approvisionnement d'environ 1.000 mètres cubes indépendamment des pierres déjà transportées à Timsah.

La carrière du chantier VI contenait également de la pierre calcaire. Un four à chaux y fut installé.

D'autres carrières furent ouvertes sur les bords et dans le lit du lac Timsah.

Il existait dans les lacs Ballah de vastes gisements de pierre à plâtre. Les essais qui furent faits de ces pierres ayant donné d'excellents résultats, on organisa vigoureusement l'exploitation des bancs pour la fabrication du plâtre destiné aux constructions de Port-Saïd et de Timsah. Le lieu fut désigné sous le nom de « La Plâtrière ». Quatre fours et des moulins à plâtre y furent installés.

BRIQUETERIES

Les briques employées aux constructions de Port-Saïd provenaient de Damiette. C'étaient des briques cuites provenant elles-mêmes de la démolition d'anciennes constructions du gouvernement et dont la cession — ainsi qu'il a été expliqué précédemment — avait été faite à la Compagnie par le gouverneur de Damiette au prix de 5 francs le mille pour une fourniture pouvant s'élever à plusieurs millions de briques.

Pour les constructions de Timsah, on installa d'importantes briqueteries dans le bassin de Rhamsès. On avait projeté d'abord d'y fabriquer des briques cuites ; mais le combustible était rare sur les lieux mêmes, et celui venu du dehors coûtait très cher. On dut donc se résigner à ne faire que des briques crues; et encore celles-ci rendues à Timsah revenaient-elles à un prix très élevé.

TRAVAUX ACCESSOIRES

Télégraphe électrique. — Dans le courant de l'année, une ligne télégraphique fut établie entre Zagazig et Timsah, avec un poste intermédiaire à Tel-el-Kébir.

La longueur de la ligne était de 85 kilomètres.

(La ligne télégraphique a été prolongée sur Port-Saïd et sur Toussoum dans le courant de l'année 1863, et sur Suez dans les premiers mois de 1864.)

SERVICE DE SANTÉ

DU 1er MARS 1862 AU 1er AVRIL 1863

(EXTRAIT DU RAPPORT DU MÉDECIN EN CHEF)

Port-Saïd. — Le service de la ville et des environs était fait par deux médecins et un pharmacien chargé de l'économat.

. . . .

L'hôpital comprenait trois pavillons (chalets montés sur rez-de-chaussée en maçonnerie) : l'un consacré aux malades ; un autre destiné aux sœurs hospitalières qui arrivèrent au commencement de 1863 ; dans le troisième se trouvaient la pharmacie et les logements du pharmacien et de l'un des médecins. L'autre médecin demeurait à proximité des chantiers. L'ambulance arabe était dans un bâtiment à part.

Douze lits avaient été installés pour les européens et dix pour les arabes, ce qui avait été suffisant : sur une population d'environ 1.200 européens, il n'avait été soigné à l'hôpital que 95 malades; et, à l'ambulance, que 30 Arabes seulement sur une population d'environ 2.500 habitants. En général, les soins se donnaient à domicile. Chacun usait d'ailleurs largement de la consultation.

Les médecins constatèrent qu'à mesure du développement des remblais du terre-plein de la ville, il y avait eu diminution dans le nombre et l'intensité des affections rhumatismales et des diarrhées.

La mortalité chez les européens avait été de 1,40 0/0.

Cette faible mortalité était surtout à noter en présence de nombreuses affections de toute nature qui avaient frappé la population grecque. Cette population, venue de divers points, s'était établie dans un village que, malgré les avis des médecins, elle avait construit sur le lido, à l'est de la jetée ; entassée dans des chambres étroites, au milieu de hardes et de débris de toute sorte, elle se trouvait dans des conditions déplorables de salubrité, et, se nourrissant mal, avait fourni le plus grand nombre de malades. Le village avait été heureusement détruit et remplacé par des habitations spacieuses, et l'effet de cette mesure s'était fait immédiatement sentir. Il en avait été des nouvelles habitations pour les Grecs comme des remblais pour toute la ville : le nombre des malades avait immédiatement diminué.

Damiette. — Le service était fait par un médecin et un aide-pharmacien. Ce service fut supprimé dans les premiers mois de 1863, lors de la translation de la Direction générale des travaux à Ismaïlia.

Ras-el-Ech. — Un médecin résidait sur place pour le service du campement et des dragues voisines. Les malades étaient soignés à domicile ou dirigés sur l'hôpital de Port-Saïd.

Kantara. — Le service était fait par un médecin européen ayant sous ses ordres un aide-pharmacien et un aide-médecin arabe (effendi). L'hôpital du campement recevait les malades qui ne pouvaient pas être traités à domicile.

Lorsque les travaux étaient éloignés, l'aide-médecin demeurait sur le chantier où des tentes d'ambulance étaient dressées.

Il y avait eu sur les chantiers jusqu'à 6.000 hommes; les travaux en avaient occupé pendant l'année près de 20.000, parmi lesquels il n'y avait eu que 19 morts, ce qui représentait 0,60 0/0 sur une population sédentaire. Aucun décès ne s'était produit parmi la population européenne composée de 60 personnes.

Seuil d'El Guisr. — La circonscription du seuil d'El Guisr, de 15 kilomètres de longueur, fut celle qui réunit pendant l'année le plus grand nombre de travailleurs et où le Service de santé avait été le plus actif. En dix mois, environ 175.000 hommes avaient passé sur les chantiers et exécuté 4 millions de mètres cubes de déblais. La petite ville d'El Guisr, centre des travaux, comptait jusqu'à 500 européens et 1.500 arabes en résidence fixe.

Le Service de santé comprenait deux médecins européens, deux médecins arabes, trois aides-médecins arabes, un pharmacien-économe et un aide-pharmacien. [De tout ce personnel, il ne resta plus à la fin de l'année — après l'achèvement de la rigole maritime (18 novembre), — qu'un médecin chargé du service de la circonscription; le reste du personnel avait été transféré à Ismaïlia, Toussoum et Géneffé.]

L'hôpital pour les européens et les arabes était installé à El Guisr; sur les chantiers, il y avait deux ambulances. Les arabes malades étaient traités dans les ambulances; on n'envoyait à l'hôpital que les arabes blessés. On disposait de 10 lits pour les européens et de 50 pour les arabes. Il n'y eut pendant l'année que 50 malades européens à l'hôpital. Parmi les arabes des contingents, il n'y eut que 1.127 malades.

Les arabes sédentaires et les européens étaient principalement traités à domicile ou à la consultation.

Pendant l'exécution de la tranchée du Seuil, un grave incident était survenu, dont les adversaires du canal avaient tenté de se servir pour élever des doutes sur la salubrité de l'Isthme et la bonne organisation du travail, tandis que cet incident avait achevé, au contraire, de démontrer l'un et l'autre.

En mai, à l'arrivée du contingent de Kéné (Haute-Egypte), un assez grand nombre d'hommes de ce contingent tombèrent subitement malades. Les médecins reconnurent promptement le caractère typhoïque de la maladie, se présentant sous une forme particulière à la race et au climat. On apprit d'ailleurs que le contingent avait laissé en route des malades et des morts; on avait été avisé, dès le mois de février précédent, qu'une épidémie de typhus ou de fièvre typhoïde régnait dans sept villages des environs de Kéné ; on avait appris, enfin, que la même maladie, avait régné à la même date de l'année, dans les mêmes villages, chacune des deux années précédentes. Or, c'étaient ces villages qui avaient fourni le contingent infecté.

La maladie avait donc, de toute évidence, été apportée du dehors sur les chantiers du Seuil. Toutes précautions furent prises pour éviter la contagion : les malades furent disséminés sous des tentes et dans des hangars ; le contingent qui avait apporté la maladie, sans être mis en quarantaine, fut isolé et distribué sur un vaste espace ; des mesures de propreté et de ventilation furent prises, et la maladie entra immédiatement en décroissance. Le contingent de Kéné comptait 1.825 hommes, les autres contingents, 20.600. Bien qu'il n'y eut pas eu séquestration, les hommes de Kéné, seuls, furent atteints : 512 d'entre eux, plus ou moins malades, entrèrent à l'ambulance; il n'y eut que 21 morts. En dehors des gens de Kéné, le Service de santé, seul, fut douloureusement frappé : un des médecins européens succomba à la maladie ; un des médecins arabes et le pharmacien furent gravement atteints ainsi que quatre arabes infirmiers servants.

En résumé, la maladie apportée au Seuil par le contingent de Kéné s'était éteinte sur le Seuil même sans pouvoir se répandre, ce qui était une preuve nouvelle et irrécusable de la salubrité du désert.

Malgré la circonstance toute particulière du grave incident du mois de mai, la mortalité parmi les contingents ne fut que de 0,43 0/0. Chez les européens la mortalité fut de 1,60 0/0.

Circonscription d'Ismaïlia. — La circonscription s'étendait jusqu'à Rhamsès, sur le canal d'eau douce, et Bir-abou-Ballah.

Le Service de santé se composait d'un médecin européen, d'un effendi aide-médecin, d'un pharmacien-économe et d'un aide-pharmacien.

Deux ambulances de 8 lits chacune, l'une pour les européens, l'autre pour les arabes, furent provisoirement établies en attendant la construction de l'hôpital.

La santé des européens habitant la ville et des arabes travaillant au canal d'eau douce fut aussi satisfaisante que possible ; il n'y eut exception que chez les nègres et les barbarins pendant les mois froids de l'hiver.

A Ismaïlia, comme au Seuil et dans tous les environs du lac Timsah, on ne connaissait pas les maladies de poitrine : les européens et les arabes, pendant les mois froids de l'hiver, en étaient quittes pour quelques rhumes, mais leur santé n'était pas ébranlée. Les nègres et les barbarins, au contraire, étaient victimes de fréquentes pneumonies. C'est que ces malheureux étaient généralement adonnés à l'alcool : le soir, ils se réunissaient autour d'un feu, buvaient de l'eau-de-vie, puis s'endormaient; bientôt le feu s'éteignait, et ils étaient saisis par le froid; le matin, ils toussaient, et sous la première influence du mal, ils restaient à la même place; ce n'était que le lendemain que l'on venait chercher le médecin, et le plus souvent il était trop tard. Des mesures furent naturellement prises pour éviter autant que possible de pareils suicides.

Circonscription de Toussoum. — Cette circonscription fut organisée à la fin de l'année, aussitôt après l'achèvement de la rigole maritime, une partie des contingents ayant été reportée sur la section du canal maritime au sud du lac Timsah, l'autre sur la dérivation de Suez du canal d'eau douce.

Le Service de santé, installé à Toussoum, était sous la direction de deux médecins européens, l'un pour le canal maritime, l'autre pour le canal d'eau douce; sur chacun des deux grands chantiers, il y avait une ambulance avec un médecin arabe; un aide-pharmacien et trois effendis aides-médecins complétaient le service. Les européens et les malades arabes gravement atteints devaient être soignés à l'hôpital où il y avait 8 lits pour les européens et 6 pour les arabes.

Circonscription de Géneffé et de Suez. — Le Service de santé de toute la ligne des travaux de Port-Saïd à Suez fut complété le 1er avril 1863, par l'installation d'une circonscription médicale ayant son centre près des carrières de Gebel-Géneffé. Un médecin européen, un médecin arabe et un aide-médecin, venant de Toussoum, furent attachés à cette circonscription. Le Service de santé fut d'abord concentré sur le canal d'eau douce, et il devait, après l'achèvement du canal, être transféré aux carrières. Des lits pour les européens et pour les arabes étaient établis sous des tentes.

La circonscription de Suez du canal maritime, qui devait s'étendre des lacs Amers à Suez, ne fut organisée que plus tard. Le personnel très restreint résidant à Suez devait, en cas de maladie, recourir au médecin du gouvernement égyptien.

Circonscription de l'Ouady. — Un médecin arabe, ayant étudié en Europe et résidant à Tel-el-Kébir, était chargé du Service de santé dans toute l'étendue de la propriété. Il surveillait la salubrité et devait donner des soins non seulement aux européens, mais à tous les habitants, fellahs et arabes. Il vaccinait les enfants. Il devait, en outre, surveiller les contingents qui se rendaient sur les travaux ou en revenaient. Son service s'étendait, d'un côté jusqu'à Maxama, de l'autre jusqu'à Zagazig où la Compagnie avait des magasins.

Alexandrie et le Caire. — Dans chacune des deux villes d'Alexandrie et du Caire, où la Compagnie n'avait que des employés, un simple service médical était organisé : un médecin de la ville, choisi par la Compagnie, était chargé de visiter les malades; un pharmacien, également choisi, délivrait les médicaments ordonnés.

En résumé, le Service de santé dans l'Isthme, pour une population de 26.200 habitants (employés et ouvriers) répartis sur de grandes distances, était fait par 17 médecins et pharmaciens, 1 commis-comptable et 32 infirmiers, en tout 50 personnes.

TABLEAU DE LA MORTALITÉ DANS L'ISTHME ET SUR LE DOMAINE DE L'OUADY PENDANT L'ANNÉE 1862-1863

	POULATION TOTALE	MORTALITÉ	PROPORTION POUR 100
Dans l'Isthme :			
Européens	2.000	29	1,46
Arabes sédentaires........	4.200	60	1,42
Arabes des contingents....	20.000	97	0,48
	26.200	186	0,71
Domaine de l'Ouady :			
Fellahs et Arabes	10.000	144	1,44

Question des approvisionnements. — Dès le début des travaux, la question des approvisionnements avait toujours été une des plus difficiles et des plus délicates, surtout dans le désert. A partir de l'ouverture du canal d'eau douce à la navigation et à la suite de l'organisation définitive de l'Intendance, les approvisionnements devinrent plus faciles, meilleurs et plus abondants, au grand profit de la santé générale.

La liberté du commerce et l'installation d'un village arabe près de chaque centre amenèrent une foule de petits marchands qui procuraient toutes sortes d'objets et de denrées. Des marchés avaient été passés pour la fourniture du pain, du vin et de la viande qui étaient d'une qualité laissant peu à envier aux villes du Caire et d'Alexandrie. En outre, les magasins de la Compagnie étaient restés approvisionnés d'une certaine quantité de denrées, telles que sucre, café, conserves, huile, etc., afin d'empêcher le commerce libre de faire à son gré une hausse exagérée ou bien fournir des marchandises de mauvaise qualité ; chaque jour, le poisson provenant, soit du canal maritime, soit du canal d'eau douce, devenait plus abondant ; les légumes frais commençaient même à arriver dans le désert, toutefois encore en quantité insuffisante, par suite de l'éloignement des lieux de production ; des hôtels, des restaurants avaient été établis, où la nourriture était bonne, mais encore à des prix elevés.

La surveillance des approvisionnements était exercée par les médecins : dans chaque circonscription, le médecin était chargé de vérifier et constater la qualite des vivres : aliments et boissons.

La liberté du commerce, la plus grande facilité des communications, à côté des précieux avantages qu'ils offraient pour l'alimentation, avaient eu en même temps ce regrettable résultat d'amener sur les chantiers une quantité de débitants d'alcool, d'absinthe, de liqueurs de toutes sortes dont l'usage, et surtout l'abus, d'après les observations des médecins, comptait pour près de moitié dans les maladies et la mortalité des européens.

TRAVAUX EXÉCUTÉS PENDANT L'ANNÉE 1863-1864

Compte rendu sommaire des travaux exécutés et des résultats obtenus pendant la période de juillet 1863 à janvier 1864.

(EXTRAIT DU RAPPORT DU PRÉSIDENT DE LA COMPAGNIE A L'ASSEMBLÉE GÉNÉRALE DES ACTIONNAIRES DU 1er MARS 1864.)

La situation des travaux à la date du 1er février 1864 était la suivante :

Canal maritime. — Les travaux de creusement du canal maritime, entre Port-Saïd et le lac Timsah, avaient été poussés avec toute l'activité que comportaient à la fois l'importance du matériel de dragage dont disposait la Compagnie et celle de la portion des contingents qui n'étaient pas employés au canal d'eau douce.

Les ouvriers des contingents avaient été occupés à enlever dans toute la largeur normale du canal (largeur de 58 mètres à la ligne d'eau), entre les deux digues formant les berges d'Afrique et d'Asie, les quelques seuils qui existaient entre le lac Menzaleh et l'extrémité sud des lacs Ballah. Ils avaient en outre creusé, à sec, le canal lui-même, partout où il avait été possible de le faire, jusqu'à 1m,20 en moyenne au-dessous du niveau moyen de la Méditerranée. Le cube total des déblais ainsi exécutés par les contingents, entre Port-Saïd et El Ferdane, avait été d'environ 1.200.000 mètres cubes.

On avait enlevé également à sec, bien que le terrain fût en contrebas du niveau de la Méditerranée, un banc de pierre à plâtre qui, dans une certaine étendue, formait le fond du lac Ballah. Le cube total de blocs de pierres de gypse fourni par ce travail avait été de 131.000 mètres cubes. Les pierres, déposées sur la berge, constituaient une réserve importante d'alimentation des fours à plâtre pour l'époque où les villes de l'Isthme prendraient leur développement inévitable.

La portion du canal maritime qui était en voie d'exécution, en juin 1863, entre le lac Timsah et le plateau de Toussoum, avait continué de recevoir, encore pendant quelques mois, une partie des contingents, après quoi tous les ouvriers avaient été reportés sur le canal d'eau douce. La longueur de cette portion du canal maritime déjà entamée était de 6.300 mètres, le cube extrait, de 2.150.000 mètres cubes.

Dès le milieu de décembre 1863, une partie des contingents avait été portée sur le seuil de Chalouf. On avait établi sur ce point des constructions et des magasins pour en faire le siège d'une section de la division de Suez. Le travail du percement de ce seuil était maintenant très vigoureusement attaqué. De Chalouf jusqu'au grand bassin des lacs Amers, le canal pourrait être creusé complètement à sec. La portion restante jusqu'à Suez devrait être creusée à la drague.

Canaux de jonction. — Deux canaux dérivés du canal maritime avaient été creusés et ouverts, l'un pour le service d'une carrière de pierres, dite du Plateau des Hyènes, à l'est du lac Timsah ; l'autre au débouché du canal dans le lac, au pied du chalet du Vice-Roi, pour faire communiquer le canal maritime avec le canal d'eau douce à Ismaïlia.

Canal d'eau douce. — L'un des résultats les plus importants de la campagne avait été l'achèvement du canal d'eau douce. Une véritable branche du Nil venait maintenant se jeter dans la mer Rouge, formant une excellente voie navigable qui mettait en communication facile le port de Suez avec Port-Saïd et l'intérieur de l'Égypte. Ce canal enlevait désormais à la Compagnie toute préoccupation sur la grave question d'alimentation d'eau douce pour les grands chantiers de travaux qui devaient être échelonnés sur la ligne du canal maritime entre Suez et le lac Timsah.

La branche de Suez présentait entre Néfiche et la mer Rouge une longueur de 89.700 mètres. Son exécution avait donné lieu à un mouvement de terres de 3.347.000 mètres cubes ; on y avait employé treize mois.

Quelques travaux d'amélioration avaient été exécutés sur la branche principale du canal d'eau douce entre l'Ouady et Néfiche, dans des endroits où existaient des sinuosités et des rétrécissements préjudiciables à la navigation aussi bien qu'au libre écoulement des eaux. On avait construit un canal de 1.400 mètres de longueur contournant le lac Maxama et destiné à remplacer la navigation difficile à travers le lac. Enfin, des travaux d'endiguement avaient été exécutés dans le bassin de Rhamsès où un lac s'était formé. L'ensemble de ces travaux secondaires avait donné lieu à un mouvement de terres de 75.000 mètres cubes.

Conduite d'eau douce. — Les travaux de la conduite d'eau douce entre Ismaïlia et Port-Saïd étaient sur le point d'être achevés. Déjà, la conduite arrivait à Ras-el-Ech, à 16 kilomètres de Port-Saïd, elle fonctionnait donc sur un parcours de 64 kilomètres; elle avait été constamment utilisée, à mesure de son avancement, pour l'alimentation des chantiers de travailleurs.

Port de Port-Saïd. — Quatre dragues et deux grues à vapeur avaient continué d'être affectées au creusement des bassins du port. Les terres extraites étaient toujours utilisées pour la confection des remblais du terre-plein de la ville.

On avait dû constituer de vastes terre-pleins pour l'installation des chantiers et ateliers de la Société des Forges et Chantiers de la Méditerranée et de la maison Ernest Gouin et Cie, destinés au montage des vingt nouvelles grandes dragues, des chalands, des caisses à déblai, des grues et autres appareils de dragage que ces Sociétés avaient à livrer à la Compagnie. Il avait fallu exhausser et étendre les emplacements des dépôts de matériel, de bois et de combustibles de la Compagnie ; enfin, élever des digues de ceinture pour mettre les terrains bas de la ville à l'abri de l'envahissement des eaux du lac Menzaleh. La surface, maintenant remblayée à 2 mètres au-dessus du niveau de la Méditerranée, était de 119.000 mètres carrés.

L'appontement sur lequel s'effectuait le déchargement des barques faisant le service de la rade avait été prolongé de 180 mètres. Cette nouvelle portion d'appontement avait été construite avec des pilots en fer afin de mettre l'ouvrage à l'abri des chances de destruction inhérentes à la présence des tarets.

Le massif d'enrochements de l'îlot en fer fondé en mer, dans la direction de la jetée Ouest, à 1.500 mètres de la plage, était destiné, comme on le savait, à permettre le déchargement direct des navires pouvant arriver dans les fonds de 5 mètres. Ce massif avait été prolongé de 51 mètres vers le large et de 47 mètres vers la terre, de sorte que la longueur de l'abri s'était trouvée portée à 163 mètres, longueur permettant de placer en même temps deux navires en déchargement. Le cube d'enrochements mis en œuvre pendant la campagne avait été de 17.500 mètres cubes.

Canal du Cheik Karpouty. — A partir de l'angle sud-ouest du grand bassin de Port-Saïd, on avait creusé un chenal d'une longueur de 630 mètres qui devait être encore prolongé de 400 mètres pour atteindre les fonds du lac Menzaleh où naviguaient en toute saison les barques de transport et de pêche. Cette communication avait un double intérêt : d'une part, elle était appelée à desservir les relations de Port-Saïd avec tout le littoral du lac, notamment avec Damiette, relations compromises par la continuité de la berge ouest du Canal maritime depuis Port-Saïd jusqu'à El Ferdane; d'autre part, elle devait produire dans le bassin de Port-Saïd, et, par suite, à l'extrémité du chenal vers la mer, des courants alternatifs favorables au maintien d'une certaine profondeur.

Bâtiments. — Tout le personnel des bureaux de la Direction générale des travaux ainsi que l'Agence principale des transports ayant été transférés à Ismaïlia, centre de l'Isthme, il avait fallu construire sur ce point de nombreux bâtiments d'habitation et d'exploitation.

Ligne télégraphique. — La ligne télégraphique qui, au commencement de 1863, ne s'étendait que de Zagazig au seuil d'El Guisr, avait rejoint Port-Saïd, d'un côté, et Toussoum, de l'autre. Des postes avaient été établis à Kantara, Ras-el-Ech et Port-Saïd. Les travaux entre Toussoum et Suez étaient en voie d'exécution. A bref délai, l'installation de la ligne serait complète et toutes les villes et chantiers du canal seraient en communication électrique entre eux, aussi bien qu'avec le Caire et Alexandrie, par conséquent avec l'Europe, un fil électrique reliant déjà l'Égypte à Malte et à la Sicile.

Observations générales. — Au commencement de 1863, le traité en vertu duquel les travaux s'exécutaient par voie de régie intéressée sous le contrôle de la Compagnie avait été, on se le rappelle, résilié dans le double but de ramener l'unité indispensable dans la direction des travaux et d'économiser un double personnel. Cette modification ne pouvait être toutefois qu'un premier pas dans une voie nouvelle. Comme situation transitoire inévitable, les travaux avaient dû continuer, pendant un certain temps, à s'exécuter en régie; mais depuis que les grandes difficultés d'une installation complète dans le désert avaient été vaincues, la Compagnie devait tendre à substituer le plus tôt possible au mode d'exécution directe, celui par voie d'entreprises spéciales à forfait devant donner toute sécurité sous le double rapport des délais et des dépenses d'exécution.

Dans ce but, les travaux du canal avaient été divisés par lots ; des projets de marchés avaient été préparés ; un appel avait été fait aux grands entrepreneurs de travaux publics en Europe. Cet appel avait été entendu. Des entrepreneurs étaient venus visiter l'Isthme ; ils avaient trouvé à Port-Saïd un port et des moyens de débarquement assurant l'arrivage de leur matériel et de leurs approvisionnements ; des ateliers où ils pourraient réparer leurs appareils ; des voies navigables dans toutes les directions et le long de la ligne des travaux[1] ; sur les points principaux, de véritables villes bien approvisionnées, où le commerce libre avait déjà pris assez de développement pour subvenir à tous les besoins de la vie ; partout, l'eau douce en abondance pour l'alimentation des hommes et même en quantité suffisante pour l'alimentation de la majeure partie des machines[2] ; partout aussi la possibilité, prouvée par l'expérience, d'une bonne installation pour les chefs comme pour les ouvriers ; un Service de santé, des hôpitaux et des Services religieux parfaitement organisés ; les travaux en pleine activité sur toute la ligne du canal et s'exécutant dans des conditions normales ; enfin, un nombreux matériel tout prêt à fonctionner immédiatement[3]. En présence de pareilles conditions d'exécution, telles qu'on pouvait les rencontrer sur les chantiers d'Europe, les entrepreneurs n'avaient pas hésité.

1. La construction de la branche de Suez du canal d'eau douce, qui avait été commencée en novembre 1862 par la Régie intéressée, puis, continuée par la Compagnie (Régie directe), avait été terminée (sauf les écluses, construites plus tard) à la fin de l'année 1863.

2. La distribution d'eau douce d'Ismaïlia à Port-Saïd, qui avait été utilisée, à mesure de son avancement, pour l'alimentation des chantiers, était arrivée à Kantara dans le courant de novembre 1863, à Ras-el-Ech, le mois de février suivant. Elle arriva à Port-Saïd le 10 avril.

3. Le matériel de dragages, indépendamment de 24 petites dragues provenant de la Régie intéressée, comprenait alors, en plus, 20 dragues plus puissantes, en cours de construction, qui avaient été commandées par le Régisseur, peu de temps avant la résiliation de son traité, ainsi qu'un important matériel de grues, chalands et caisses à déblais destiné à desservir toutes ces dragues.

Plusieurs d'entre eux avaient déjà soumissionné la majeure partie des travaux.

C'était ainsi qu'un premier marché, pour l'achèvement complet du canal maritime aux abords et à la traversée du seuil d'El Guisr avait été passé le 1er octobre 1863 avec M. Couvreux, entrepreneur expérimenté et connu en France par ses procédés de terrassements ; l'entreprise comprenait une longueur de 15 kilomètres du canal, un déblai de 9 millions de mètres cubes, et devrait être terminée en quatre années.

Un second marché avait été conclu le 20 du même mois avec MM. Dussaud frères, entrepreneurs des ports de Marseille, d'Alger et de Cherbourg, pour la construction, en blocs artificiels, des deux jetées de Port-Saïd dans le même délai de quatre années.

Un troisième marché avait été signé le 13 janvier 1864 avec M. Aiton, entrepreneur de dragages et de terrassements sur la Clyde, à Glasgow, pour l'achèvement à toute profondeur des 60 premiers kilomètres du Canal, depuis Port-Saïd jusqu'à l'origine du lot Couvreux. L'entreprise comprenait l'enlèvement de 21.700 mètres cubes et devait, comme les précédentes, être achevée en quatre années.

Enfin, plusieurs autres entrepreneurs, d'une grande notoriété au point de vue de l'expérience et de la puissance des moyens d'exécution, étaient de retour de l'Isthme, où ils avaient étudié les travaux de la portion du canal maritime comprise entre le lac Timsah et la mer Rouge ; et des soumissions sérieuses donnaient la confiance que la totalité de ces travaux pourrait être prochainement donnée à l'entreprise avec fixation du même délai d'exécution.

Le système des entreprises partielles à forfait, appliqué à la totalité des travaux, indépendamment de la sécurité et de la rapidité d'exécution, aurait encore cette conséquence heureuse de permettre à la Compagnie de réaliser d'importantes simplifications et des économies dans les services administratifs de l'Égypte, et de supprimer successivement toutes les exploitations accessoires qui, jusqu'à présent, étaient une conséquence de sa situation. En ce qui concernait les exploitations accessoires, la Compagnie était déjà entrée résolument dans la voie des réductions. La flotte de la Compagnie, par exemple, qui n'avait plus de raison d'être depuis que, grâce à la réputation acquise par la rade de Port-Saïd, on trouvait des navires à affréter à des conditions raisonnables, serait bientôt complètement supprimée : on profitait de toutes les occasions favorables pour désarmer et vendre successivement les navires.

Il se présenterait certainement des compétiteurs parmi les entrepreneurs de dragages pour l'exploitation des grands ateliers de Port-Saïd.

Grâce au développement du commerce libre dans tous les campements, la Compagnie avait pu réduire progressivement ses opérations en ce qui concernait la vente des denrées alimentaires, objets d'habillement et de ménage, mobilier, etc., et elle pourrait, dans un bref délai, sans danger pour les intérêts et pour la sécurité de la population déjà nombreuse de l'Isthme, cesser désormais toutes les opérations de cette nature.

On marchait donc à grands pas vers le moment où la Compagnie, ayant donné tous ses travaux à des entreprises, n'aurait plus à remplir que son rôle naturel de direction et de surveillance, de telle sorte, qu'en même temps que l'on obtiendrait la plus grande somme de travaux utiles, on descendrait au minimum des frais généraux. Ce résultat était l'objet des constantes préoccupations de la Compagnie.

Organisation des services de la Direction générale des travaux pendant l'année 1863 [1]

DIRECTION GÉNÉRALE DES TRAVAUX

SERVICES D'ÉGYPTE

MM. Voisin, directeur général des travaux;
Sciama, ingénieur en chef des travaux.

Service central, à Ismaïlia

Ritt, chef du secrétariat;
Magnan, chef de la comptabilité générale;
Poilpré, chef de la comptabilité centrale (liquidation de l'entreprise Hardon);
Geyler, chef des bureaux détachés.

---

1. *Décisions diverses sur l'organisation des services des travaux.* — La résiliation du traité Hardon, décidée d'un commun accord entre la Compagnie et l'entrepreneur général dès la fin de 1862, ne put être prononcée effectivement que dans le courant de février 1863, en sorte que les opérations de la liquidation de l'entreprise, ou reddition des comptes, ne commencèrent que le 1er mars. Un délai de huit mois fut accordé à l'entrepreneur pour cette reddition de comptes.

Par suite de la résiliation du traité Hardon, la Direction générale des travaux fut chargée de l'exécution des travaux.

Un certain nombre de fonctionnaires et agents de l'entreprise générale passèrent au service de la Compagnie.

Parmi les fonctionnaires figurant au cadre du personnel de la Compagnie pour l'année 1863 et venant de l'Entreprise, nous citerons notamment :

MM. Sciama, nommé ingénieur en chef des travaux, chargé, sous l'autorité du directeur général des travaux, des services ci-après : études techniques, travaux, atelier et matériel, marine, et ayant sous ses ordres les ingénieurs et agents attachés à ces divers services ;

Schmidt, confirmé dans ses précédentes fonctions d'ingénieur chef de la division des ateliers et du matériel ;

Monteil, confirmé également dans ses fonctions précédentes de chef des travaux à la division des ateliers et du matériel ;

Angot, confirmé dans ses fonctions précédentes d'Intendant général ;

Ritt, précédemment inspecteur à l'Intendance générale, nommé chef du secrétariat de la direction générale des travaux.

Gioia, ingénieur, nommé chef de la nouvelle division d'El Guisr;

Barellier, précédemment sous-directeur des travaux de l'Entreprise générale, faisant partie du personnel réservé pour la liquidation de l'entreprise ;

Poilpré, nommé chef de la comptabilité centrale pour la liquidation de l'Entreprise.

La nouvelle organisation des services de la Direction générale des travaux comprenait à son service central, indépendamment du secrétariat et de la comptabilité générale, un nouveau service, dit des bureaux détachés, com-

Services divisionnaires

Laroche, ingénieur chef de la division de Port-Saïd;
Schmidt, — — des ateliers et du matériel;
Gioia, — — d'El Guisr;
Viller, — — de Timsah;
Larousse, — — de Suez;
Cazaux, — — du Canal d'eau douce;
Philigret, — — de la marine;
Angot, intendant général (Service des approvisionnements et transports);
Cazéjus, inspecteur du recrutement;
Barellier, sous-directeur des travaux (Liquidation de l'entreprise Hardon).

Service de santé

Aubert-Roche, médecin en chef.

---

prenant lui-même un bureau central, les agences des campements, la poste et le télégraphe.

Nominations diverses. — Au commencement de l'année : M. Larousse, précédemment chef du service hydrographique, est nommé ingénieur chef de la division de Suez nouvellement créée :

M. Philigret, précédemment chef contrôleur des services maritimes, est nommé chef de la division de la marine;

M. Geyler, précédemment chef des bureaux et de la comptabilité du service central de la direction générale des travaux, est nommé chef du service des bureaux détachés;

M. Riche, ancien employé de l'entreprise, est nommé inspecteur du service de la poste et des télégraphes.

5 *janvier.* — Nomination de M. Hanet-Cléry comme ingénieur chef du service des travaux à Paris.

26 *juin.* — Nomination de M. Hanet-Cléry comme secrétaire-adjoint de la Commission consultative des travaux. M. Hanet-Cléry cessa ses fonctions d'ingénieur chef du service de Paris le 6 septembre.

26 *août.* — Nomination de M. Victor Cadiat, ingénieur du génie maritime, comme ingénieur chef du service des travaux à Paris, en remplacement de M. Hanet-Cléry.

10 *décembre.* — A l'occasion de l'arrivée du canal d'eau douce à Suez, nomination de M. Cazaux, sous-ingénieur, comme ingénieur de la Compagnie.

AGENCE SUPÉRIEURE

MODIFICATIONS A L'ORGANISATION DE L'ANNÉE PRÉCÉDENTE

Création d'un service du contentieux.

Indépendamment de la caisse principale d'Alexandrie faisant partie du service central de l'Agence supérieure, installation de caisses dans les diverses localités suivantes : le Caire, Samanoud, Damiette, Port-Saïd, Ras-el-Ech, Kantara, El Guisr, Ismaïlia, Toussoum, Suez. Service du transport des fonds.

Rétablissement de l'agence du Caire. M. J.-B. Vernoni est chargé du service de cette agence.

Acceptation, le 1er août, de la démission de M. Charles Vernoni, chef du service central de l'Agence supérieure depuis l'origine (1859). Il est remplacé par M. de Régny.

SERVICE DE PARIS

Hanet-Cléry, chef du service jusqu'à la fin d'août.
Cadiat (Victor), — à partir du 1er septembre.

Marche des travaux et modes d'exécution

(ANNÉE 1863)

A la suite de la résiliation du marché Hardon (entreprise générale des travaux par voie de régie intéressée) au commencement de 1863, les travaux furent continués directement par la Compagnie (régie directe).

La remise des services de l'Entreprise générale à la Compagnie ne fut terminée — à Damiette — qu'au commencement de mars.

Les premiers mois de l'année furent une période de transition pendant laquelle un certain ralentissement se produisit dans tous les travaux à l'exception de ceux exécutés par les contingents.

PORT DE PORT-SAID

I. — JETÉES

Portion d'appontement avec pilots en fer. — Ainsi qu'il a été mentionné dans le compte rendu des travaux exécutés en 1862, la Compagnie avait acheté du Gouvernement égyptien des pilots en fer et accessoires pour être employés à la construction d'un prolongement de 180 mètres de l'appontement, ce qui devait porter la longueur totale de l'ouvrage à 400 mètres.

Les travaux, entrepris dès le commencement de 1863 furent terminés à la fin de la même année. Toutes les ressources dont on avait pu disposer en enrochements avaient été employées, au fur à mesure, à la consolidation du pied des pilots en fer. La nouvelle portion d'appontement devait, au moins provisoirement, rester à claire-voie afin de ne pas provoquer la formation d'une nouvelle barre à son extrémité.

Ilot en fer dans les fonds de 5 mètres et enrochements. — On s'occupa pendant toute l'année à prolonger les enrochements de l'îlot en deçà et au-delà de l'ouvrage avec des blocs provenant de la carrière du Mex.

Le cube total d'enrochements mis en œuvre pendant l'année a été d'environ 17.500 mètres cubes.

La situation, au point de vue des enrochements de la jetée Ouest, à la fin de l'année 1863, était donc la suivante :

	m. cubes
Cube à la fin de 1862 (y compris 855 mètres cubes à la jetée Est)	20.340
Cube employé en 1863	17.500
CUBE TOTAL A LA FIN DE 1863	37.840

A la fin de 1863, le massif d'enrochements présentait au-dessus de l'eau une longueur de 155 mètres, savoir :

	Mètres
Longueur de l'îlot en fer	65
Jetée en enrochements au-delà de l'îlot (avec prolongement de 35 mètres sous l'eau)	15
Jetée en enrochements en deçà de l'îlot	75
LONGUEUR TOTALE	155

Le massif d'enrochements permettait d'abriter trois navires.

II. — GRAND BASSIN DU PORT

Deux dragues furent à peu près constamment employées dans le port, travaillant à l'élargissement et à l'approfondissement du chenal d'entrée et de la rigole de pourtour du grand bassin et au creusement du canal du Cheik Karpouty ; ce dernier travail donna lieu à un cube de dragages de 15.876 mètres cubes. Au milieu de l'année, pendant quelques mois, deux dragues desservies par des grues travaillèrent au creusement du grand bassin en fournissant des terres pour les remblais de Port-Saïd.

III. — REMBLAIS DE PORT-SAÏD

	m. cubes
Le cube total des remblais à la fin de 1862 était de	200.000
Cube effectué pendant l'année 1863	85.000
CUBE TOTAL A LA FIN DE 1863	285.000

Le cube exécuté en 1863 a permis de constituer une importante superficie de terre-pleins et de répondre ainsi à l'appel des constructeurs étrangers qui avaient besoin pour le montage de leurs appareils d'emplacements à l'abri des eaux du lac. La surface totale des terrains ayant cette destination n'était, à la fin de 1862, que de 118.800 mètres carrés ; à la fin de 1863, elle était de 161.300 mètres carrés.

CANAL MARITIME

Partie du canal entre Port-Saïd et le lac Timsah. — A la traversée du lac Menzaleh des dragues furent employées toute l'année au creusement des deux rigoles Afrique et Asie en même temps qu'à la confection et au renforcement des digues de rives.

Dès le commencement de mai, le canal, entre Port-Saïd et El Ferdane, était à peu près complètement isolé du lac Menzaleh par ses digues de rives. Dès lors, la rigole maritime ne s'alimentait plus guère que par son origine à Port-Saïd, et comme sa section n'était pas suffisante pour assurer son alimentation sur toute sa longueur, la navigation y était devenue très difficile, ce qui occasionnait les plus grandes entraves dans le service des transports et par contre-coup dans tous les services. En outre, par suite de l'impossibilité de faire pénétrer des dragues dans les lacs Ballah, il n'existait plus qu'un très petit nombre de points où il fût possible aux dragues de travailler avec de simples couloirs, en sorte qu'une partie des dragues était inoccupée par suite du défaut de grues de déchargement que l'on comptait, alors, employer à l'enlèvement des déblais.

Un remède radical à cette situation eût consisté à creuser la rigole sur toute sa largeur, à un mètre au moins de profondeur, en profitant des eaux basses du lac pour effectuer les travaux à sec à l'aide de la presque totalité des ouvriers des contingents. Mais l'adoption de la mesure sur une telle échelle n'eût été possible que si la conduite d'eau en cours d'établissement pouvait arriver à bref délai jusqu'à Kantara, car on ne pouvait songer à alimenter d'eau douce de grandes masses de travailleurs par les seuls moyens dont on disposait alors et qui étaient devenus difficiles, incertains et extrêmement coûteux. Or le transport des tuyaux était devenu des plus difficiles; ces tuyaux étaient accumulés en grande quantité entre Port-Saïd et le Cap et il était pour ainsi dire impossible de les transporter plus loin.

On dut donc se résigner à n'employer aux travaux, pendant les premiers mois, qu'une portion des contingents : de 4 à 5 mille hommes; l'alimentation en eau douce se faisait à l'aide de 300 chameaux allant chercher l'eau à l'extrémité de la conduite, à El Ferdane. Un peu plus tard, la conduite d'eau arriva jusqu'à Kantara et l'on put augmenter le nombre des travailleurs.

Dans le courant de juin, un marché à la tâche avait été passé pour l'extraction d'un banc de pierre à plâtre sis à la surface du sol, dans toute la largeur du canal, à la traversée d'un des lacs Ballah : 300 ouvriers grecs furent employés sur ce chantier. Le même mois, 1.000 hommes du contingent furent employés à une rectification du tracé à Kantara.

Le mois précédent avait été creusé le canal de jonction entre l'extrémité de la rigole maritime (Chantier VI du Seuil) et l'extrémité du canal d'eau douce à Ismaïlia : cube des terrassements, 158.754 mètres cubes.

Un peu plus tard, fut creusé le canal de service de la carrière du plateau des Hyènes: cube des terrassements, 96.819 mètres cubes.

Enfin, dans le courant d'octobre, un barrage avait été établi au kilomètre 56 du Canal, dans la rigole maritime, pour permettre l'achèvement, entre ce point et le chantier VI, des travaux d'élargissement et de curage entrepris dans la rigole à partir de Kantara. Ce barrage fut coupé le 31 octobre, et l'eau arriva promptement à l'extrémité de la rigole pour, de là, se répandre, d'un côté, par le canal de jonction, jusqu'à Ismaïlia, de l'autre côté, par le canal de service, jusqu'à la carrière du plateau des Hyènes.

ÉTAT DE LA RIGOLE DE NAVIGATION ENTRE LE KILOMÈTRE 30 ET LE LAC TIMSAH A LA DATE DU 1er NOVEMBRE 1863

DÉSIGNATION des PORTIONS DE RIGOLE	LONGUEURS	PROFONDEUR D'EAU AU DESSOUS DU NIVEAU de la MÉDITERRANÉE		LARGEURS au NIVEAU de L'EAU	OBSERVATIONS
		Minimum	Maximum		
Rive Afrique :	mètres	mètres	mètres	mètres	
De 30^k,0 à 33^k,5..	3.500	0,92	0,92	12	
— 33 5 - 35 3..	1.800	1,48	1,48	18	
— 35 3 - 38 0..	2.700	0,54	0,77	12	
— 38 0 - 39 0..	1.000	0,17	0,17	12	Ilot du Cap.
— 39 0 - 39 5..	500	0,53	0,75	10	
— 39 5 - 41 5..	2.000	1,22	1,48	20	
— 41 5 - 43 8..	2.300	0,83	1,13	12	
— 43 8 - 48 0..	4.200	1,28	1,68	22	Kantara au kil. 44.
— 48 0 - 56 0..	8.000	1,88	2,08	22-35	22m à la traversée des dunes. 35m — — des lacs.
— 56 0 - 60 7..	4.700	1,88	2,18	22	
Rive Asie :					
— 67 7 - 75 7..	14.800	1,18	1,98	15	Seuil d'El Guisr.
LONGUEUR TOTALE.	45.500				

Entre les points 34^k.060 et 35^k.040. la rigole de navigation est sur la rive Asie d'où elle communique avec la rigole Afrique, qui n'a, dans cette partie, que 12 mètres de largeur et une profondeur de 0^m.48 au-dessous du niveau de la Méditerranée.

Dans la traversée des lacs, la largeur indiquée est basée sur l'hypothèse du prolongement du talus Asie de la fouille jusqu'à la rencontre de l'horizontale correspondante au niveau de la mer. En fait, le lit du Canal est entièrement couvert d'eau sur toute la largeur comprise entre les deux berges Afrique et Asie.

On voit par le tableau qui précède que l'état de la rigole de navigation, au commencement de novembre, était encore exceptionnellement mauvais sur une longueur de 4.200 mètres, depuis le kilomètre 35, 3 jusqu'au kilomètre 39,5 comprenant notamment la traversée du Cap, d'une longueur de 1.000 mètres, où la profondeur au-dessous du niveau de la Méditerranée n'était que de 0^m,17 ; sur le reste de la longueur la profondeur moyenne n'était que de 0^m,65.

On ne parvenait à traverser ce passage difficile que grâce au grand afflux d'eau qui arrivait du lac Menzaleh par le pertuis du Cap et qui exhaussait l'eau dans la rigole de 30 à 40 centimètres. Des mesures furent promptement prises, profitant de la grande hauteur d'eau qui existait alors, pour faire arriver la drague n° 8, du sud de l'îlot du Cap, où elle se trouvait, jusqu'à l'extrémité nord de l'îlot, et la faire travailler sans relâche sur ce point, en lui adjoignant en outre une autre drague que l'on fit venir de Ras-el-Ech. On comptait parvenir, à l'aide de ces deux dragues, à obtenir une profondeur d'eau convenable sur la portion de canal en question avant l'époque de la baisse des eaux.

Dans le courant de décembre, indépendamment des deux dragues travaillant au Cap et à ses abords, 6.000 hommes des contingents furent dirigés sur Kantara et distribués depuis le Cap jusqu'aux lacs Ballah, pour être employés à déblayer tout ce qui pourrait être enlevé à sec sur cette partie du canal.

Dans la partie de la rigole de navigation comprise entre Port-Saïd et le kilomètre 30, tous les efforts furent employés à renforcer la digue Afrique qui était fortement battue par les eaux du lac Menzaleh. Cette digue, qu'un premier passage des dragues à travers le lac Menzaleh avait tout d'abord, et pour ainsi dire, simplement dessinée, ne formait qu'un rempart incapable, en bien des points, de résister à l'attaque des lames du lac. On avait été au plus pressé pour isoler le canal du lac; mais, ce premier résultat obtenu, on devait se hâter de renforcer la digue. La question était d'arriver à constituer une digue avec un talus extérieur assez allongé pour que les lames fussent désormais impuissantes à l'attaquer. Ce qui rendait ce travail difficile, c'est que les dragues avaient déjà fait leur passe le long de la rive, et que, pour trouver des remblais, on était obligé de faire dans le canal une reprise, et même, sur certains points, deux reprises de terres avec les dragues. Grâce à de persévérants efforts, on espérait arriver à consolider suffisamment la digue avant les tempêtes de l'hiver et éviter ainsi les ruptures qui s'y produisaient de temps en temps et qui étaient toujours si préjudiciables au régime de l'eau dans la rigole.

SITUATION DES 24 PETITES DRAGUES A DIVERSES DATES DE L'ANNÉE

	NOMBRES DE DRAGUES			
	En activité	En réparation	En montage	A l'état de coques
En janvier	9	8	4	3
En juin	13	4	4	3
En novembre	13	8	»	3

RÉPARTITION DES DRAGUES EN ACTIVITÉ

	PORT de PORT-SAÏD	CANAL MARITIME			NOMBRE TOTAL
		Section du Lac	Section de Ras-el-Ech	Abords du Cap	
En janvier...........	2	3	3	1	9
En juin..............	4	3	5	1	13
En novembre.........	2	5	5	1	13

ÉTAT RÉCAPITULATIF DES TERRASSEMENTS ET DRAGAGES
EXÉCUTÉS SUR LA PARTIE DU CANAL DE PORT-SAÏD AU LAC TIMSAH PENDANT L'ANNÉE 1863

		m. cubes.
Dragages. — En partie dans le port de Port-Saïd ; en presque totalité pour consolidation de la digue Afrique à la traversée du lac Menzaleh................		558.294
Déblais à sec. — Pour l'amélioration de la rigole maritime sur la portion du canal comprise entre le kilomètre 30 et El Ferdane.		
Déblais au-dessus du niveau de la Méditerranée.	197.173	
— au-dessous — — .	357.683	685.731
Extraction d'un banc gypseux................ ...	130.875	
CUBE TOTAL		1.244.025

Portion de canal à la traversée du seuil d'El Guisr. (Entreprise Couvreux.) — Le représentant de l'entrepreneur arriva au Seuil, vers le milieu de décembre, avec une première escouade d'ouvriers. Il s'occupa tout d'abord à remettre en bon état toutes les maisons d'habitation qui avaient été mise à la disposition de l'entreprise par la Compagnie. Il se rendit ensuite à Port-Saïd où il avait à faire des préparatifs pour le déchargement de son matériel récemment expédié de France.

Portion de canal entre le seuil d'El Guisr et les lacs Amers.— Les travaux de creusement du canal maritime sur toute la partie comprise entre le lac Timsah et Toussoum furent entrepris dès le commencement de 1863. Une portion des contingents était affectée à ces travaux qui s'exécutaient à sec. Le Canal était ouvert immédiatement à toute largeur et on comptait le creuser aussi profondément que possible.

L'alimentation en eau douce des ouvriers se faisait au moyen de rigoles ayant leur origine sur le canal d'eau douce, à Makfar. A diverses reprises, par suite de la baisse des eaux dans le canal, on eut la crainte de voir l'eau manquer complètement dans les rigoles.

En juin, la majeure partie du contingent de 14.000 hommes était concentrée sur les travaux qui continuèrent à recevoir une portion des contingents jusqu'en septembre. A cette date, tous les ouvriers ayant pu être reportés sur la branche de Suez du canal d'eau douce, les travaux de Toussoum furent momentanément abandonnés.

La longueur totale de canal entamée était de 6.300 mètres.

Le cube total de déblais exécutés jusqu'au moment de la cessation des travaux était de 2.150.000 mètres cubes.

Portion de canal entre les lacs Amers et Suez (Section de Chalouf). — Il avait été décidé qu'aussitôt après l'achèvement de la branche de Suez du canal d'eau douce, les contigents — sauf une portion qui serait détournée pendant plusieurs mois pour l'exécution de tous les déblais que l'on pourrait faire à sec entre Ras-el-Ech et El Ferdane pour l'ouverture du canal maritime à toute largeur — seraient affectés au creusement du canal entre les lacs Amers et Suez.

Toutes dispositions furent prises dès le commencement de novembre pour permettre d'employer à ces travaux 10 à 12.000 hommes. Notamment, un campement important avait été établi à Chalouf, à la fois point central entre les lacs Amers et Suez, et point culminant du terrain.

Afin de simplifier autant que possible la première mise en train des travaux, il y avait tout intérêt à ne pas trop s'éloigner du canal d'eau douce, afin de faciliter ainsi le service de l'alimentation en eau douce en même temps que le service des approvisionnements et des transports. On résolut, en conséquence d'installer les premiers chantiers à partir de Chalouf en marchant vers les lacs Amers.

Les nuits étant devenues très humides et commençant à devenir extrêmement fraîches, et la contrée où l'on allait travailler tout l'hiver étant complètement dépourvue de ces bouquets de broussailles qui avaient été jusqu'alors l'unique ressource des ouvriers pour leur chauffage dans les autres chantiers de l'Isthme, un marché fut passé avec des chameliers pour approvisionner les chantiers, pendant tout l'hiver, de bois de chauffage qui devait être pris dans la forêt dite d'El Amback, sise sur le bord de la rive nord-est du grand lac Amer.

On devait faire des distributions de bois aux hommes comme on leur faisait des distributions de vivres, et l'on avait eu d'abord l'idée de faire ces distributions à raison de 29 kilogrammes de bois par groupe de 25 hommes et par jour. L'inspecteur des contingents, Ismaïl Bey, consulté, avait estimé qu'il serait préférable de mettre de suite à la disposition des hommes la totalité de l'approvisionnement du mois, afin de leur permettre de s'en construire eux-mêmes des gourbis dont il garantissait la conservation ; que cette solution serait meilleure pour les ouvriers en même temps qu'elle serait certainement plus économique pour la Compagnie. Ce fut donc la solution adoptée et l'on activa en conséquence les approvisionnements de bois.

Dès le milieu de décembre, une portion de contingents, d'environ 4.300 hommes, fut concentrée sur le seuil de Chalouf où les travaux furent de suite très vigoureusement entrepris.

CANAL D'EAU DOUCE

Canal principal. — Dans le courant des deux mois de juin et juillet, des ouvriers empruntés aux contingents mensuels furent employés à des curages du canal d'eau douce entre Gassassine et Ismaïlia et au creusement du canal de ceinture autour de la ville d'Ismaïlia.

En novembre, vu l'achèvement prochain de la branche de Suez, il était devenu plus important que jamais d'en assurer l'alimentation. Or, l'un des obstacles à une alimentation convenable résidait dans les sinuosités nombreuses, les rétrécissements de section, les hauts fonds que présentait le canal de l'Ouady. On ne pouvait songer à entreprendre l'amélioration de ce canal dans tout son parcours à travers le domaine de l'Ouady, attendu qu'il serait nécessaire, le moment venu de donner une autre assiette au canal définitif. Mais il existait pourtant certains points tellement défectueux qu'il y avait urgence à y remédier. C'est ce qui fut fait. On exécuta notamment une rectification de 800 mètres en amont de Gassassine. En même temps sur le canal d'eau douce lui-même des rectifications furent faites à Maxama et à Rhamsès. Ces travaux, exécutés par des ouvriers des contingents, donnèrent lieu, ensemble, à un terrassement de 75.900 mètres cubes.

Branche de Suez. — Les travaux de la branche de Suez du canal d'eau douce, ainsi qu'il a été dit déjà, furent commencés en décembre 1862, aussitôt après l'achèvement de la tranchée du seuil d'El Guisr. Ils furent entrepris d'abord, à partir de Néfiche, sur une première longueur de 20 kilomètres s'étendant jusqu'aux lacs Amers : un aqueduc dut être établi sous le canal à la traversée, en remblai, de la vallée de Gessen, pour maintenir l'écoulement vers le lac Timsah, des eaux de la vallée.

Il ne fut possible d'employer, sur cette première partie du canal, qu'une portion des contigents à cause de la difficulté de l'alimentation en eau douce des travailleurs qui se faisait par chameaux allant puiser l'eau dans le canal principal. Mais, sitôt cette première partie terminée et mise en eau, comme il serait possible alors, au moyen de rigoles latérales, de conduire l'eau arrivée au kilomètre 20 aussi loin qu'on le voudrait, on espérait pouvoir employer aux parties suivantes du canal la presque totalité des contingents mensuels.

La première partie de 20 kilomètres était terminée et mise en eau à la fin de février et l'on entreprit aussitôt, cette fois encore avec une portion réduite du contingent, une longueur à la suite d'environ 7 kilomètres, où le canal traversait en remblai une grande dépression de terrain située a l'angle N. O. du grand lac Amer. On continuait à espérer de pouvoir consacrer ensuite aux travaux la presque totalité des contingents.

Des événements imprévus déjouèrent cette espérance.

. . . .

Dans le courant d'avril, alors que toutes mesures étaient prises pour entreprendre les travaux sur une nouvelle longueur de 20 kilomètres, une rupture se produisit dans la levée du canal à la traversée de la vallée de Gessen par suite de l'affaissement de terres glaiseuses dont cette levée était en partie formée. [Ces terres provenaient d'emprunts latéraux ; elles avaient été fort dures à piocher et mises en œuvre sous forme de mottes laissant entre elles des interstices par lesquels l'eau s'était introduite dans la masse et l'avait transformée en pâte fluante.] Par suite de cet accident, on avait dû reporter la majeure partie du contingent sur le canal maritime, à Toussoum, ne laissant à la branche de Suez du canal d'eau douce que le nombre d'hommes nécessaire pour rétablir la levée coupée et réparer les dégradations de talus produites par le courant rapide de l'eau dans le canal.

Le mois suivant, au moment où tous les travailleurs se dirigeaient de nouveau vers l'extrémité de la partie du canal déjà construite, on eut une nouvelle rupture de levée, produite cette fois par une succession de forts vents de Khamsin : en un endroit où la levée était construite entièrement en sable, le vent en avait balayé la crête jusqu'au-dessous du niveau de l'eau, créant ainsi une brèche par laquelle les eaux avaient fait irruption, emportant avec elles une certaine longueur de la levée; force avait donc été, encore une fois, de reporter une notable partie du contingent sur le canal maritime, ne laissant au canal d'eau douce que 7.500 hommes, dont une partie employée aux réparations, l'autre partie, à prolonger le canal. Le faible contingent conservé permit d'achever la longueur de canal de 8 kilomètres en cours d'exécution depuis deux mois et d'arriver ainsi jusqu'au kilomètre 35.

On avait pris le parti, d'ailleurs, afin d'éviter de nouveaux mécomptes semblables aux précédents, entraînant à des déplacements coûteux d'ouvriers, de continuer à n'affecter au canal d'eau douce qu'un tiers environ des hommes des contingents mensuels jusqu'à ce que l'on fût sorti de la saison des Khamsins, et que l'on fût bien assuré de la solidité de toutes les levées et digues en remblai.

C'est ainsi, qu'en juin, la portion de contingent affectée aux travaux du canal ne fut que de 6.000 hommes.

Il devait en être de même en juillet; mais l'on éprouva pendant ce mois un nouveau mécompte par suite de la baisse des eaux dans le canal de l'Ouady : dès l'arrivée des hommes sur les chantiers, on dut en détourner le tiers vers le canal maritime à Toussoum; et bientôt l'eau continuant à baisser et menaçant de manquer tout-à-fait à l'extrémité de la portion de canal déjà exécutée, on dut faire refluer successivement les 4.000 hommes restants, avant l'achèvement de leur tâche, sur la première partie du canal où ils furent employés à des travaux de curage.

Pendant la période des eaux basses, on construisit le pertuis à poutrelles établi à l'origine du canal pour y régler l'introduction de l'eau.

En août, et bien que l'eau du Nil eût commencé à monter, la branche de Suez n'en étant pas encore alimentée, on ne put reprendre les travaux de prolongement.

Ce ne fut qu'à partir de septembre que les travaux furent vigoureusement repris pour être ensuite poussés avec une grande activité jusqu'à leur achèvement.

A la date du 25 octobre, l'eau avait été mise dans une nouvelle portion de canal de 10 kilomètres de longueur et arrivait jusqu'au kil. 60. La rigole latérale était poussée sur 15 kilomètres plus loin et les hommes du contingent du mois, au nombre de 15.000, avaient entrepris le creusement du canal sur une longueur égale.

A la date du 24 novembre, le canal était à peu près terminé jusqu'au kil. 75 et les travaux étaient entrepris sur une nouvelle longueur de 10 kilomètres, c'est-à-dire jusqu'à 5 kilomètres de Suez. Il n'avait pas encore été possible, à la date indiquée, de mettre l'eau dans la dernière partie de canal ouverte, et cela par ces deux motifs, à savoir : qu'il restait encore, dans la dite partie de canal, des portions de rocher à enlever; et que le pertuis en cours de construction au kil. 61, à l'aval du barrage en terre réservé au kil. 60 pour retenir les eaux, n'était pas encore sorti de ses fondations.

[En creusant le canal au kil. 71,5 — point qui se trouvait à une faible distance en amont du campement de Chalouf — on avait rencontré, à un mètre au-dessous du sol, une masse rocheuse extrêmement dure s'étendant sur une soixantaine de mètres de longueur et dans laquelle on avait à creuser d'environ $1^{m},50$ en moyenne. On eut donc affaire à un déblai de rocher d'environ 800 mètres cubes à enlever en un nombre très limité de jours et dans des conditions assez difficiles d'extraction.

A la date du 5 décembre, la situation était la suivante :

La petite lacune qui vient d'être indiquée était la seule existante jusqu'au kil. 75 ; à partir de ce point jusqu'au kil. 78, il y avait un grand nombre de travailleurs ; au delà, jusqu'au kil. 83, le canal était terminé, sauf sur quelques points, où il ne restait, d'ailleurs, que peu de chose à faire ; enfin, de nombreux travailleurs étaient accumulés à partir du kil. 83 jusqu'à l'extrémité du Canal, kil. 89.730.

On comptait que le canal serait complètement terminé jusqu'à 2 ou 3 kilomètres de distance du Suez, pour le 10 ou le 12 décembre, et c'était à cette date que l'on se proposait de rompre le barrage du kil. 60 pour faire entrer l'eau dans la dernière partie du canal, l'arrêtant, toutefois, à une petite distance de Suez, par un nouveau barrage destiné à permettre l'achèvement des deux ou trois derniers kilomètres et qui ne serait détruit à son tour, que le jour de l'achèvement du canal. En raison des pertes d'eau considérables qui devaient se produire par infiltrations et imbibitions, et de la réduction déjà notable de la source d'approvisionnement, on estimait qu'il faudrait plusieurs jours pour remplir le canal sur la dernière partie de sa longueur; et c'était pendant ce délai que l'on comptait achever le canal jusqu'à son extrémité.

Le contingent employé au canal, pendant le mois de décembre, fut de 13.500 hommes.

[Dans les derniers temps, les ouvriers des contingents employés au canal souffraient beaucoup, par suite des nuits devenues très fraîches, et on leur fit des distributions gratuites de bois de chauffage.]

Le batardeau du kil. 60 fut enlevé le 12 décembre. Dès le lendemain, l'eau avait dépassé les parties larges du canal des Pharaons, et se trouvait en face du campement d'Arsinoé, d'où elle arriva bientôt jusqu'au nouveau barrage établi au kil. 83,7. Aussitôt après l'introduction des eaux au-delà du kil. 60, on dut rétablir, sur ce point, un nouveau barrage pour permettre l'achèvement du pertuis à poutrelles du kil. 61.

Le 14, on enleva le barrage du kil. 83,7 pour faire arriver l'eau jusqu'au kil. 86,4, où l'on avait dû établir encore un barrage pour permettre d'achever l'enlèvement d'un banc de pierre rencontré un peu plus loin dans la tranchée. Ce barrage fut coupé à son tour, et l'eau arriva, le 20, jusqu'à un dernier barrage établi au kil. 88,5 c'est-à-dire à un kilomètre seulement de Suez.

L'inauguration de l'arrivée de l'eau du Nil à Suez, eut lieu le 29 décembre, par la rupture de ce dernier barrage.

Ainsi qu'il a déjà été mentionné, la branche de Suez avait une longueur de 89.730 mètres. Environ 100.000 ouvriers avaient été employés aux travaux par contingents successifs. Le cube total des terrassements avait été d'environ 3.347.000 mètres cubes. La construction du canal, bien que ralentie pendant la période des eaux basses du Nil, n'avait pourtant duré que treize mois.

En attendant la construction, à l'extrémité du canal, à Suez, de l'écluse à sas destinée à mettre le canal en communication avec la mer, un déversoir à vannes avait dû être construit pour permettre l'écoulement régulier à la mer, du trop-plein des eaux du canal. Malgré tous les efforts déployés, il avait été impossible d'achever à temps la maçonnerie de cet ouvrage. Le matin même du jour de l'inauguration, on construisit, en toute hâte, un barrage en terre autour de la tête amont. Aussitôt après la cérémonie de l'inauguration, les eaux ayant gonflé jusqu'à une hauteur de $2^m,50$, derrière le barrage provisoire, celui-ci ne put résister et les eaux s'étant ouvert une issue se précipitèrent en cataracte à travers les pertuis dans le port de Suez. L'ouvrage résista parfaitement. Dès le lendemain, un nouveau barrage en terre fut établi pour permettre d'achever la construction du déversoir, laquelle fut effectivement terminée vers le milieu de janvier 1864. La rupture du barrage en terre avait été un événement heureux. Les eaux se trouvaient tendues dans le canal, à une hauteur inquiétante; beaucoup de portions de berges en remblai avaient subi des affaissements notables; sur plusieurs points, on était sous le coup de menaces de ruptures. On se hâta de profiter de la baisse des eaux pour réparer toutes les berges avariées.

BATIMENTS ET ABRIS

Port-Saïd. — Maisons d'habitation et abris divers. — Les maisons d'habitation continuaient à manquer, et l'on dut, pendant l'année, en construire de nouvelles.

Ateliers. — Des travaux complémentaires indispensables durent être exécutés dans les ateliers pour l'installation de chaudières et de machines à vapeur définitives.

En dehors des travaux ordinaires de réparations de tout le matériel en service, les ateliers furent principalement occupés, d'une part, à la transformation successive des anciennes dragues sur un type unique perfectionné au moyen de pièces de rechange provenant toutes de commandes faites en France; d'autre part, à la construction de mahonnes et d'embarcations que réclamait le mouvement toujours croissant du port.

La Société des Forges et Chantiers et la maison Gouin installèrent leurs grands ateliers de montage des nouvelles dragues.

Campements divers. — Quelques constructions nouvelles furent érigées dans les campements de Ras-el-Ech, Kantara, El Ferdane et El Guisr.

Ismaïlia. — Par décision du Président du commencement de mars, la nouvelle ville reçut le nom d'Ismaïlia.

Au commencement de l'année, il restait encore beaucoup à faire avant de pouvoir y transporter la Direction générale des travaux et le Service central de l'entreprise.

La translation d'une partie du personnel des bureaux de Damiette commença à la fin de mars. Le directeur général des travaux s'installa personnellement à Ismaïlia, le 20 dudit mois, et occupa provisoirement le chalet du Président. L'insuffisance des logements avait obligé à laisser momentanément à Damiette une partie du personnel de la comptabilité générale. Le bâtiment dans lequel devaient être réunis tous les bureaux de la Direction générale des travaux était à peine commencé. Il n'existait d'ailleurs encore, dans la nouvelle ville, aucun des établissements d'intérêt général indispensables tels que l'hôpital, des caves, des magasins, un abattoir avec des étables, des fours, etc. La rapide construction de ces divers établissements fut sérieusement entravée par l'insuffisance des moyens de transport; vers le milieu de l'année, surtout, où la navigation devint difficile à partir de mai, à la fois sur la rigole maritime et sur le canal d'eau douce, et où une grande quantité de chameaux étaient au bersim, les travaux subirent un ralentissement considérable. Néanmoins, à la fin de l'année, toutes les constructions nouvelles étaient, sinon achevées, du moins très avancées.

Toussoum. — Plusieurs constructions nouvelles furent nécessaires, par suite du développement des travaux du seuil du Sérapéum.

Chalouf-el-Terraba. — Dans les derniers mois de l'année, un campement assez important fut établi à Chalouf en vue de la mise en train — alors prochaine et qui eut effectivement lieu en décembre — des travaux de déblais du Seuil par les ouvriers des contingents égyptiens. Les installations couvraient une superficie de 1.170 mètres carrés.

TABLEAU RÉSUMÉ DE TOUTES LES CONSTRUCTIONS ÉRIGÉES DANS L'ISTHME ET AU MEX POUR BATIMENTS ET ABRIS A LA FIN DE L'ANNÉE 1863

DÉSIGNATION DES CENTRES DE POPULATION	SURFACES COUVERTES				
	Maisons d'habitation	Baraques, hangars, gourbis	Ateliers et magasins	Surface totale	Villages arabes
	m. carrés	m. carrés	m. carrés	m. carrés	m. carrés
Le Mex	669	127	310	1.106	»
Port-Saïd	15.962	7.326	13.238	36.526	4.715
Ras-el-Ech	1.419	960	480	2.859	»
Kantara	1.469	7.141	773	9.383	3.800
El Ferdane	572	91	»	663	»
El Guisr	7.967	703	2.815	11.485	537
Ismaïlia. Chantier VI	19.712	6.772	2.713	29.197	»
Toussoum	2.596	121	140	2.857	»
Géneffé	690	»	»	690	»
Chalouf-el-Terraba	1.169	»	744	1.913	»
Suez	137	36	»	173	»
Rhamsès-Maxama	654	72	»	726	»
Campements accessoires	678	223	»	901	»
TOTAUX	53.694	23.572	21.213	98.479	9.052
A la fin de 1862	38.762	15.149	11.502	65.413	10.469
AUGMENTATION en 1863	14.932	8.423	9.711	33.066	— 1.417

ALIMENTATION D'EAU DOUCE DES CHANTIERS

L'alimentation en eau douce de Port-Saïd et de tous les chantiers jusqu'au lac Timsah continua de se faire comme l'année précédente. Toutefois, pendant les six derniers mois de l'année, les chantiers du seuil d'El Guisr purent être alimentés par un premier tronçon de la conduite d'eau douce alors en cours d'établissement entre Ismaïlia et Port-Saïd, dont il est parlé ci-dessous.

Première conduite d'eau douce entre Ismaïlia et Port-Saïd. — (Voir plus loin, pour les détails, au chapitre spécial intitulé *Etablissement hydraulique d'Ismaïlia et distribution d'eau douce d'Ismaïlia à Port-Saïd*). — La Compagnie avait passé le 11 juillet 1862, avec M. Lasseron, ingénieur civil, un premier marché pour l'établissement d'une conduite d'eau en fonte d'Ismaïlia à Port-Saïd avec appareils de distribution le long de la conduite. et pour la construction, à Ismaïlia, d'un établissement hydraulique destiné à alimenter la susdite conduite avec l'eau puisée au canal d'eau douce.

On se contentera de mentionner ici que l'entrepreneur s'engageait :

D'une part, à établir, moyennant le prix à forfait de 2.360.000 francs, tous les ouvrages d'une distribution d'eau capable de débiter 350 mètres cubes d'eau par vingt-quatre heures, le long du canal, entre Ismaïlia et Port-Saïd ;

D'autre part, à exploiter à ses frais, risques et périls, la distribution d'eau pendant une période de trois années à partir de la date fixée pour l'achèvement des travaux (1er avril 1863), et à fournir l'eau à la Compagnie, sur un point quelconque du parcours de la conduite, aux prix suivants : 1 fr. 70 le mètre cube pour la quantité de 200 mètres cubes, débit minimum qui lui était assuré; 1 fr. 25 par mètre cube supplémentaire, jusqu'à 100 mètres cubes; enfin 1 franc par mètre cube pour les 50 mètres suivants.

L'entrepreneur avait commencé les travaux de pose de la conduite d'eau dès les premiers jours d'août, la construction de l'établissement hydraulique d'Ismaïlia en septembre, enfin la construction du réservoir du seuil d'El Guisr en novembre.

L'établissement hydraulique commença à fonctionner vers le milieu du mois de juin 1863, fournissant de l'eau en abondance aux chantiers du Seuil et au campement d'El Guisr.

Le petit canal, dit canal de ceinture, d'une largeur au plafond de $0^m,50$ avec une hauteur d'eau de $0^m,75$, ayant sa prise d'eau dans le bief supérieur du canal d'eau douce, en amont du village arabe, contournant la ville d'Ismaïlia par le nord, et destiné à amener l'eau du canal à l'établissement hydraulique en même temps qu'à fournir l'eau d'arrosage pour les cultures établies sur son parcours (Voir tome IV, *Canal d'eau douce*) fut exécuté pendant les deux mois de juillet et août. Précédemment, l'eau était amenée au puisard des pompes de l'établissement hydraulique par des tuyaux prenant l'eau dans le bief du canal compris entre les deux écluses d'Ismaïlia.

La grande activité déployée par l'entrepreneur pour la pose de la conduite fut malheureusement entravée par les très grandes difficultés des transports et par de très préjudiciables retards de la part du fournisseur des tuyaux dans l'expédition de ceux-ci à Port-Saïd. Sans ces retards, la conduite aurait pu, bien probablement, fonctionner dès le mois de juin jusqu'à Port-Saïd, et la Compagnie ne se fût pas trouvée en butte aux soucis de chaque jour et aux énormes dépenses qu'occasionnaient alors l'alimentation en eau douce des chantiers du lac Menzaleh et surtout l'alimentation de Port-Saïd; il lui eût été possible, en outre, d'affecter une notable partie des contingents, pendant la saison des eaux basses du Nil, qui était la seule favorable pour de pareils travaux, à l'amélioration de la rigole maritime entre Ras-el-Ech et El Ferdane.

A la fin de l'année, la conduite d'eau n'était encore arrivée qu'au kilomètre 34 du canal maritime.

TRANSPORTS MARITIMES

Mouvements de la rade de Port-Saïd du 1er avril au 31 décembre 1863

	NOMBRES de NAVIRES	TONNAGE TOTAL	NATURE DU CHARGEMENT		
			Matériel et approvisionts	Matériaux du Mex	Briques de Damiette
		Tonneaux	Tonneaux	Tonneaux	Milliers
Navires de la Compagnie.....	112	11.255	3.835	9.314	488
Navires affrétés.............	183	37.504	26 361	22.051	826
TOTAUX................	295	48.759	30.196	31.365	1.314

Le mouvement total de la rade, pendant l'année 1863, a été de 359 navires jaugeant ensemble 62.995 tonneaux.

Accidents de rade. — Une tempête du nord-ouest régna sur la rade les 15 et 16 décembre amenant la perte de deux navires dans les circonstances suivantes :

Une goélette de 25 tonneaux appartenant à la Compagnie, venant de Damiette, chargée de briques, était mouillée au large, par 8 mètres de fond. Le tangage fit casser ses écubiers trop faibles, et l'eau pénétra dans la cale; pour ne pas sombrer sur rade, l'équipage, d'un commun accord, fila la chaîne, hissa le foc, et le navire alla s'échouer à la côte, à 3 kilomètres dans l'est du port.

Un navire grec, de 154 tonneaux, chargé de blocs du Mex, était mouillé derrière l'îlot. A la suite d'un coup de vent survenu pendant la nuit du 14, l'équipage, croyant bien faire, largua les amarres de derrière, de sorte que le navire, rappelant sur son ancre, se trouvait en travers et exposé à tous les brisants de l'îlot; il mouilla une seconde ancre et resta toute la journée du 15 dans cette position. La nuit, le vent redoubla, les chaînes cassèrent, et le navire fut jeté à la côte à 9 kilomètres dans l'est du port.

TRANSPORTS A L'INTÉRIEUR

La rigole maritime avait été terminée jusqu'au lac Timsah et mise en eau le 18 novembre 1862, en sorte que les transports purent se faire désormais sur la rigole même jusqu'à son extrémité, c'est-à-dire depuis Port-Saïd jusqu'au lac. Il y avait un grand intérêt, au point de vue des relations de toute la région nord du canal maritime avec le Delta, à mettre la rigole maritime le plus tôt possible en communication avec le canal d'eau douce. Or, cette communication ne pouvait avoir lieu par le lac même dont le remplissage ne devait avoir lieu que plus tard. On commença, pendant le second semestre de 1863, la construction sur le bord du lac d'un canal, dit de communication, d'environ 2.500 mètres de longueur, mais qui ne fut prolongé jusqu'à l'écluse d'aval du canal d'eau douce, et par conséquent ne commença à fonctionner qu'à partir du mois de juin de l'année suivante.

Par suite de l'achèvement de la rigole maritime en novembre 1862 et de l'avancement progressif de la dérivation de Suez du canal d'eau douce, commencée immédiatement après l'achèvement de la rigole maritime, et qui fut terminée à la fin de 1863, les transports par terre pour l'alimentation en eau douce des chantiers se trouvèrent très notablement réduits pendant l'année 1863. Dans le courant de l'année précédente, ces transports spéciaux avaient exigé jusqu'à 1.000 chameaux par jour, ce qui, avec les besoins des autres services, portait à 1.600 le nombre total des chameaux entretenus, partie appartenant à la Compagnie, l'autre partie en location. Pendant l'année 1863, le service des transports par terre n'eut plus à opérer que sur de petites distances, soit pour satisfaire aux besoins des contingents, soit pour alimenter le service des travaux de tout ce qui lui était nécessaire.

A Port-Saïd, un chenal, dit chenal du Cheik Karpouty, fut creusé le long de la berge du Canal maritime pour établir une communication régulière entre le lac Menzaleh et le port et assurer ainsi les relations de Port-Saïd avec tout le littoral du lac, notamment avec Damiette. Jusqu'alors, la communication avait lieu par la rigole maritime, grâce à un boghaz qui avait été ménagé dans la digue Afrique de la rigole vis-à-vis du Cheik Karpouty, point d'arrivée et de stationnement des barques du lac, à 3 kilomètres environ de distance du port. Mais, par suite des grandes variations du niveau du lac, le boghaz n'était pas toujours praticable. Il y avait d'ailleurs grand intérêt à supprimer une ouverture qui rompait la continuité de la digue de la rigole maritime. Les dragages entrepris pour l'ouverture du chenal du Cheik Karpouty durent être interrompus par suite du besoin que l'on eut des dragues qui concouraient à ces dragages pour les travaux de la rigole maritime. A la fin de l'année, le chenal était ouvert sur une longueur de 640 mètres; il devait être prolongé d'environ 400 mètres pour arriver jusqu'aux grandes profondeurs du lac.

A Zagazig, le Gouvernement, sur la demande de la Compagnie, construisit un petit embranchement du chemin de fer, depuis la gare jusqu'à l'Ouady. Pour compléter l'œuvre, la Compagnie, des on côté, installa à l'extrémité du branchement, le long du canal, une gare destinée à remplacer l'emplacement qu'elle occupait dans la gare de Zagazig pour le dépôt de ses marchandises. Ces installations épargnèrent à la Compagnie de coûteux camionnages.

Sur une autre demande de la Compagnie, une nouvelle station, n° 17, avait été établie par le Gouvernement sur le chemin de fer du Caire à Suez[1]. Le service de cette station commença à fonctionner en septembre. Toute la portion des contingents destinée au canal d'eau douce — et c'était alors la plus importante — fut dirigée désormais par le chemin de fer jusqu'à cette station n° 17 où les ouvriers trouvaient des agents de la Compagnie pour les guider et des chameaux en nombre suffisant pour le transport de leurs bagages. On économisa ainsi beaucoup de temps et de fatigue à ces ouvriers. Quant à la partie des contingents destinée aux travaux du canal maritime vers El Guisr et vers Toussoum, ils continuèrent à suivre la voie de Zagazig.

Comme l'année précédente, les transports sur le lac Menzaleh, sur la rigole maritime et sur le canal d'eau douce présentèrent de très grandes difficultés pendant la période de l'étiage du Nil :

Sur le lac Menzaleh, le service de l'eau douce eut particulièrement à souffrir des eaux basses, l'entrepreneur des transports sur le lac étant obligé d'aller chercher l'eau douce fort loin et de traverser avec ses barques un véritable lac de boue;

La rigole maritime, complètement isolée maintenant du lac Menzaleh par la digue Afrique, n'était plus alimentée qu'à son origine, à Port-Saïd, et sa section était insuffisante pour assurer une bonne alimentation jusqu'à son extrémité; on avait essayé de remédier à la situation en établissant dans la digue, près de Kantara, un pertuis communiquant avec une anse du lac; mais par suite de la baisse des eaux, ce pertuis avait bientôt cessé de fonctionner. Indépendamment des obstacles résultant des eaux basses, la navigation sur la rigole fut en outre fréquemment entravée, tantôt par suite de ruptures des berges qui laissaient l'eau de la rigole s'écouler dans les bas-fonds voisins, tantôt par suite de l'existence de hauts fonds dans le lit même de la rigole;

Sur le canal d'eau douce, une baisse extraordinaire des eaux s'étant produite en juillet, toute navigation se trouva interrompue; les barques parties de Zagazig ne pouvaient même plus arriver jusqu'à Tel-el-Kébir. Un pareil état de choses entravait gravement les travaux; la presque totalité des chameaux étaient employés au service des contingents et l'on était obligé de leur faire faire un travail excédant leurs forces[2].

Par suite des difficultés de navigation qui viennent d'être signalées, les

1. Le Président de la Compagnie, à la fin d'une de ses tournées dans l'Isthme, en mars, avait, en quittant Gebel-Géneffé pour rentrer au Caire, reconnu une route nouvelle qui lui avait été indiquée : on franchissait la montagne par un sentier qui pouvait être rendu facilement praticable, et, en descendant de l'autre côté, on arrivait en une heure et demie, au pas, au sommet d'une courbe du chemin de fer. Le Président demanda au Vice-Roi de faire établir sur ce point une station, faisant remarquer à son Altesse que, par la nouvelle voie, pour l'arrivée sur les travaux des contingents de la Haute et de la Basse-Egypte ainsi que pour beaucoup de transports et pour les relations entre le Caire et Toussoum ou Ismaïlia, le trajet à partir du Caire pourrait se faire en une seule journée.

2. Les entraves apportées à la marche des travaux par l'insuffisance d'alimentation du canal d'eau douce furent signalées au Président de la Com-

approvisionnements et le matériel s'accumulaient, d'un côté à Kantara, de l'autre à Zagazig et à Gassassine, sans pouvoir aller plus loin, sinon par très faibles portions et au prix de dépenses excessives. A Zagazig, notamment, s'était produite une agglomération de plus de 15.000 colis, où l'on venait enlever à dos de chameau ceux de ces colis qui faisaient absolument défaut dans le désert. On se rend aisément compte du dsérordre inévitable qui régnait au milieu d'un amas aussi considérable de colis de toute espèce, forcément confié à la garde d'arabes pour la plupart peu ou point connus, et des nombreuses soustractions de colis qui se produisirent. [Le service de l'Intendance parvint, par d'énergiques efforts, au début de la crue du Nil, à enlever et transporter tous les colis en moins d'un mois.] Il est à noter encore que, pendant les périodes de navigation difficile, les Raïs partis de Zagazig avec un chargement, lorsqu'ils rencontraient un obstacle dans leur trajet, allégeaient leurs barques en jetant sur la berge, à l'endroit quelconque où ils se trouvaient, les colis de surcharge, ce qui était une nouvelle cause de pertes et de détournements.

Des circonstances semblables se produisirent dans les transports sur le lac Menzaleh et sur la rigole maritime : des colis, des madriers, etc., étaient abandonnés sur les berges et n'étaient retrouvés que trop tardivement pour éviter les pertes.

Les transports effectués pendant l'année 1863 à destination des divers magasins se sont répartis ainsi qu'il suit :

D'Alexandrie	4.000	tonneaux.
Du Mex	2.500	—
Du Caire	6.500	—
De Zagazig	200	—
De Damiette	2.500	—
De Port-Saïd	5.600	—
D'Ismaïlia	300	—
IMPORTANCE TOTALE DES TRANSPORTS EFFECTUÉS	21.600	—

Dans ces transports ne sont pas compris ceux effectués des magasins vers les chantiers.

---

pagnie, vers la fin d'août, par un rapport du directeur général des travaux que le Président porta à la connaissance du Vice-Roi.

Les intérêts de la Compagnie — disait le rapport — en ce qui était du remplissage du canal d'eau douce à mesure de la crue du Nil, avaient été méconnus et sacrifiés, on aurait dû tenir une balance égale entre les intérêts des cultivateurs et ceux de la Compagnie, et il n'en avait pas été ainsi. Malgré la crue du Nil, ce n'était que pendant les derniers jours que les eaux avaient commencé à affluer dans le canal d'eau douce assez abondamment pour y rendre la navigation possible : on avait attendu, pour fermer les barrages des canaux inférieurs au canal de l'Ouady, c'est-à-dire pour permettre aux eaux de se diriger vers le canal d'eau douce, que les eaux des dits canaux eussent atteint un niveau dangereux pour les riverains.

Ainsi, d'un côté, on regorgeait d'eau, pendant que de l'autre côté, il y avait disette. La situation qui avait été ainsi faite à la Compagnie avait entravé ses travaux et toutes les opérations de transports et d'approvisionnements et l'avait entraînée à d'énormes sacrifices pour parer au retard du rétablissement de la navigation sur le canal d'eau douce.

APPROVISIONNEMENTS DE DENRÉES

Observations générales. — Les approvisionnements confiés au service de l'Intendance générale furent assurés pendant l'année 1863 par les mêmes moyens et sur les mêmes bases que l'année précédente.

Pour un assez grand nombre d'objets supprimés dans les magasins, le personnel devait se pourvoir directement auprès du commerce libre qui avait pris un assez grand développement dans les campements.

L'épizootie qui sévit d'une manière très grave en Égypte, pendant plus de six mois, avait donné lieu à des craintes sérieuses pour l'alimentation du personnel européen, par cette raison surtout que tout déplacement de bêtes à cornes était interdit et qu'aucune des autorités auxquelles la Compagnie s'était adressée n'avait voulu donner d'autorisation pour l'envoi de bestiaux au désert de quelque lieu qu'ils provinssent. Dans cette situation critique et dont il était impossible de prévoir le terme, la prudence faisait une loi de prendre d'urgence des mesures extraordinaires, ce qui motiva l'achat d'une assez grande quantité de bœuf bouilli de Russie pour assurer l'alimentation pendant trois ou quatre mois.

L'épizootie, d'une part, et l'extension de la culture du coton en Égypte, d'autre part, avaient fait hausser les prix de toutes choses.

Le service de la boucherie, en particulier, avait eu fort à souffrir de l'existence de l'épizootie. L'adjudicataire de ce service, malgré les plus actives démarches, malgré de grands sacrifices, n'avait pu assurer qu'imparfaitement le service. La Compagnie avait dû également faire des sacrifices et s'était vue obligée quand même d'élever beaucoup le prix de la viande, mesure qui avait eu pour effet de mécontenter à la fois acheteurs et vendeurs : les acheteurs, parce que la mesure grevait leur budget plus ou moins modeste ; les vendeurs, parce que la concurrence du petit commerce libre laissait invendu le produit des abats.

La fourniture du vin avait été confiée, par un marché non limité comme durée, à un industriel, le sieur Tuaillon, qui devait en assurer le débit dans les campements. Ce ne fut pas sans difficultés que ce fournisseur parvint à remplir à peu près les conditions de son marché.

Un traité pour la fourniture et le débit dans les campements de diverses denrées était sur le point d'être conclu avec le fournisseur du vin. Du reste, même sans traité, M. Tuaillon s'emparait déjà de la clientèle, en sorte que la Compagnie pouvait, sans danger, procéder à la réduction progressive de ses propres magasins.

A la fin de l'année, des propositions pour la fabrication et la fourniture du pain dans les circonscriptions d'Ismaïlia, de Kantara et de Port-Saïd étaient à l'étude et paraissaient susceptibles de recevoir une prompte solution. Des traités à ce sujet une fois passés, la Compagnie se trouverait affranchie du soin de pourvoir aux approvisionnements de farine et n'aurait qu'à fournir les locaux à titre gratuit pendant un certain temps et à exercer un droit de contrôle et de surveillance sur les boulangers traitants.

Ainsi qu'il a été expliqué précédemment, les interruptions qui se produisirent dans la navigation, soit par insuffisance d'eau dans le canal d'eau douce, soit par une baisse extraordinaire des eaux dans le lac Menzaleh, soit par diverses autres causes étrangères au service de l'Intendance, amenèrent sur un certain nombre de points une agglomération considérable de colis, dont le contenu fit souvent défaut dans les campements et qui occasionna de nombreuses pertes et des déchets importants.

Magasins. — L'ensemble du service des magasins comprenait, comme l'année précédente, treize établissements (dont trois d'une grande importance, et deux qui furent supprimés à la fin de l'année), savoir : Alexandrie, le Mex, le Caire, Samanoud, Damiette, Port-Saïd, Ras-el-Ech, Kantara, El Guisr, Ismaïlia, Toussoum, Chalouf et Zagazig. Leur stock normal pouvait être évalué à 3 millions de francs, et leur mouvement annuel, soit en entrée, soit en sortie, à 8 millions.

Lo voie dans laquelle la Compagnie était entrée de confier à l'industrie privée la fourniture et le débit, à ses risques et périls, de tout ce qui se rattachait à l'alimentation des européens ; la suppression déjà prononcée de la fourniture par la Compagnie des objets de lingerie, d'habillement, de toilette, de ménage, etc., devait naturellement faire décroître désormais les évaluations ci-dessus.

Le magasin de Damiette, qui était précédemment le dépôt presque général de la Compagnie fut à peu près complètement supprimé dans les derniers mois de l'année. Il ne fut provisoirement conservé qu'en raison du petit nombre d'objets que l'on ne trouvait pas sur la place.

La boutique de détail de Port-Saïd et les magasins de Toussoum et de Samanoud furent supprimés à la fin de l'année.

Le magasin d'El Guisr était en voie de suppression.

Les boutiques de détail gérées par des personnes des deux sexes en dehors de la responsabilité des magasiniers furent partout supprimées : la Compagnie avait eu peu à se louer de la gestion de ces agents ; elle décida, d'ailleurs, que sur les points où un local de détail serait reconnu nécessaire, ce local demeurerait sous la responsabilité du magasinier.

A Ismaïlia, malgré toute l'activité déployée dans les constructions, on ne parvenait pas à satisfaire à tous les besoins du personnel. L'industrie privée ne commença à s'y développer que dans les derniers mois de l'année.

CONTINGENTS ÉGYPTIENS

Ainsi qu'il a été mentionné au compte rendu de la marche des travaux pendant l'année 1862, Son Altesse Saïd Pacha, à la suite de sa visite dans l'Isthme en décembre 1861, avait fixé à 20.000 hommes l'importance des contingents mensuels d'ouvriers fellahs à fournir à la Compagnie, et ce chiffre, sauf les manquants indépendants de la bonne volonté du Prince protecteur de l'œuvre, avait été maintenu pendant toute l'année 1862.

Après le décès de Saïd Pacha, survenu le 18 janvier 1863, les contingents, sous le règne de son successeur Ismaïl Pacha, continuèrent pendant les premiers mois de 1863, d'être de 20 000 hommes.

Dans le courant de juin, il fut décidé que, momentanément, on ne ferait plus de recrutement dans la province de Keneh-Esneh (Haute-Egypte) où le typhus s'était déclaré dans sept villages. Il devait résulter de cette mesure une réduction de 1.500 hommes dans le chiffre des contingents mensuels, et le Vice-Roi avait fait connaître l'impossibilité où il se trouvait de parer à cette réduction en chargeant davantage les provinces de la Basse-Egypte où les travaux de l'agriculture exigeaient un grand nombre de bras; Son Altesse avait en outre fait remarquer que l'augmentation des nombres de travailleurs à fournir par les provinces aurait pu être interprétée comme une intention d'augmenter les contingents mensuels précédemment consentis.

Le chiffre des contingents fut donc momentanément fixé à 18.500 hommes. Mais les *Moudirs* des provinces chargées de fournir ces contingents ne s'astreignaient guère à envoyer sur les travaux leurs effectifs complets, en sorte que le chiffre de 18.500 hommes présentait mensuellement d'importants déficits. C'est ainsi, notamment, que pour les deux mois de juillet et août, le contingent ne fut que d'environ 14.000 hommes.

Au commencement de septembre, le Président de la Compagnie signala la situation au Vice-Roi, sollicitant de Son Altesse la restitution à la Compagnie pendant les trois derniers mois de l'année des manquants des mois précédents, seul moyen — faisait-il observer — de rendre la campagne aussi fructueuse que la Compagnie avait été en droit de l'annoncer, comptant sur la promesse de la permanence du contingent mensuel de 20.000 hommes.

Les contingents des mois d'octobre et de novembre s'approchèrent du chiffre de 18.000 hommes; mais, en décembre, le contingent ne fut plus que d'environ 13.000 hommes [1].

Les contingents, pendant l'année, furent répartis, suivant les besoins, sur le canal d'eau douce (pour travaux d'amélioration), sur la branche de Suez et sur le canal maritime entre Port-Saïd et le lac Timsah, et entre le lac Timsah et Toussoum.

CARRIÈRES

Carrière du plateau des Hyènes. — Sur un plateau, dit plateau des Hyènes, sis sur le bord, côté Est, du lac Timsah, se trouvait une carrière extrêmement abondante (environ 100.000 mètres cubes) de pierres propres aux constructions de la ville de Timsah, à la construction des deux écluses du canal d'eau douce et aux enrochements de protection qu'il y aurait lieu d'exécuter plus tard le long des berges du canal maritime. Un commencement d'exploitation avait eu lieu dès l'année précédente. Pour faciliter cette exploitation, on construisit un canal de service entre l'extrémité de la rigole maritime et la carrière. Ce canal présentait un alignement droit de 2.200 mètres de longueur; il avait une profondeur de 2 mètres au dessous du niveau de la Méditerranée et une largeur au plafond de 10 mètres avec talus à 3 pour 1 au-dessous du niveau de l'eau. Sa construction exigea un cube de déblais de 96.819 mètres cubes.

La carrière fut exploitée en régie jusqu'au 9 avril 1866, date à laquelle un marché pour l'exploitation de la carrière pendant une durée de trois années fut passé avec M. Lasseron, entrepreneur déjà chargé de l'établissement et de l'exploitation de la distribution d'eau douce d'Ismaïlia à Port-Saïd.

Les principales conditions du marché étaient les suivantes :

La Compagnie cédait à l'entrepreneur, pour toute la durée de son exploitation, toutes les installations et le matériel existant sur la carrière;

---

1. Nous rappellerons que ce fut dans le courant de l'année 1864 qu'eurent lieu les sommations officielles faites au Gouvernement égyptien d'avoir à supprimer les contingents, savoir ; 1° (Voir t. I, p. 203.) Note de la Sublime Porte du 6 avril 1863 faisant connaître les conditions de sa ratification à l'acte de concession, conditions parmi lesquelles « l'abolition du travail forcé »; 2° (Voir t. I, p. 207.) Lettre vizirielle du 1er août 1863, invitant le Vice-Roi à s'empresser de décider promptement avec la Compagnie la rétrocession des canaux d'eau douce et « l'abolition le plus tôt possible du travail forcé ».

Nous rappellerons également (Voir t. I, p. 208) :

D'une part, que Nubar-Pacha, au nom du Gouvernement égyptien, par lettres des 12 et 28 octobre 1863, adressées au Conseil d'administration de la Compagnie, résumait comme suit les demandes formulées par le Gouvernement ;

« Réduction à 6.000 hommes des 20.000 ouvriers dont le Vice-Roi donnait le concours à la Compagnie;

« Augmentation du salaire qui serait porté à 2 francs par jour »;

D'autre part, que le Conseil d'administration de la Compagnie, dans sa séance du 29 octobre, décida, au sujet de ces demandes du Gouvernement égyptien, « qu'il n'y avait pas lieu de déroger aux stipulations du règlement du 20 juillet 1856 ».

L'entrepreneur s'engageait à livrer régulièrement à la Compagnie, suivant ses besoins, au moins 60 mètres cubes de pierres par jour pendant la première année et 100 mètres cubes pendant les années suivantes, la Compagnie restant toujours libre de ne prendre des matériaux que suivant ses besoins ;

Les fournitures à faire à la Compagnie comprendraient des moellons et des blocs de diverses dimensions, savoir : 1re catégorie, blocailles et moellons ; 2e catégorie, blocs d'enrochements pesant de 50 à 100 kilogrammes ; 3e catégorie, gros blocs d'un poids supérieur à 100 kilogrammes. La proportion de ces diverses catégories de matériaux serait celle qui résulterait des besoins de la Compagnie, sans toutefois que l'ensemble des blocs de 2e et de 3e catégorie pût dépasser la moitié de la fourniture totale ;

Le prix des pierres des diverses catégories était fixé à 10 francs le mètre cube livré et mesuré en chalands. Ce prix serait de 6 fr. 50 seulement pour les matériaux déjà extraits par la Compagnie, existant sur la carrière, et dont le cube serait constaté contradictoirement. Les premières livraisons de pierres par l'entrepreneur, quelle que fût leur provenance, seraient faites à ce prix de 6 fr. 50 jusqu'à concurrence du susdit cube constaté ;

L'entrepreneur, afin de pouvoir satisfaire aux besoins de la Compagnie, devrait avoir constamment, tant sur la carrière du plateau des Hyènes que sur la carrière, dite du Four, qu'il exploitait déjà, un approvisionnement d'au moins 1.000 mètres cubes de moellons de 1re catégorie et d'au moins 200 mètres cubes de blocs de 2e et de 3e catégorie ;

Enfin, chacune des deux parties restait libre, sous de certaines conditions, de résilier le marché à une époque quelconque en prévenant l'autre partie trois mois d'avance.

TRAVAUX ACCESSOIRES

Télégraphe électrique. — Établissement, pendant l'année, d'une ligne télégraphique entre Ismaïlia et Port-Saïd.

Longueur de la ligne, 84 kilomètres.

La création de cette ligne obligea à faire usage de câbles noyés sur environ 10 kilomètres de longueur à la traversée du lac Menzaleh. L'achèvement de la ligne entre Ras-el-Ech et Port-Saïd éprouva quelque retard par suite du vol, à deux reprises, de portions du câble immergé.

Des postes intermédiaires étaient établis à Kantara et à Ras-el-Ech.

Etablissement, également pendant l'année, d'une ligne entre Ismaïlia et Toussoum.

On rappelle que, l'année précédente, une première ligne télégraphique avait été établie entre Zagazig et Ismaïlia avec poste intermédiaire e Tel-el-Kebir.

SERVICE DE SANTÉ DU 1er JUIN 1863 AU 1er JUIN 1864

(EXTRAIT DU RAPPORT DU MÉDECIN EN CHEF)

Port-Saïd. — L'extension des remblais de la ville, des logements pour le personnel, meilleurs et mieux tenus, la propreté plus grande de la ville devenue plus facile à entretenir depuis l'exécution des remblais, enfin l'arrivée à Port-Saïd de la conduite d'eau douce (9 avril 1864) avaient très notablement amélioré la santé générale ainsi que le montre le tableau ci-dessous.

TABLEAU DE LA MORTALITÉ PENDANT L'ANNÉE 1863-1864

	POPULATION TOTALE	EMPLOYÉS ET OUVRIERS		
		Population	Mortalité	Proportion pour 100
Européens	2.030	1.785	15	0,84
Arabes	3.000	2.500	23	0,92
Totaux	5.030	4.285	38	

On voit, par ce tableau que, malgré l'abondance des pluies, malgré la cherté des vivres, malgré l'influence sur l'alimentation de l'épizootie qui avait régné en Égypte, malgré les influences épidémiques dont la ville avait reçu quelque atteinte, la mortalité sur les européens n'avait été que de 0,84 0/0, alors que l'année précédente elle avait été de 1,40 0/0.

Kantara. — La circonscription de Kantara formait un groupe intermédiaire entre le climat humide du littoral et le climat sec du désert.

La réputation de salubrité de Kantara ne s'était pas démentie pendant l'année : malgré les influences climatologiques (pluie, froid, humidité), malgré la mauvaise alimentation due à la cherté des vivres, malgré les influences épidémiques du typhus et de la petite vérole, la santé y avait été meilleure que sur tous les autres points de l'intérieur de l'Isthme.

La moyenne de la population permanente européenne avait été de 348 habitants sur laquelle il y avait eu deux morts, soit 0,57 0/0. D'autre part, le chiffre total des contingents employés pendant l'année avait été de 24.267 (moyenne mensuelle de 2.022), et la mortalité, de 10 dans l'année, soit 0,49 0/0 Cette faible mortalité paraissait devoir être attribuée aux diverses causes suivantes : à la facilité pour la population de se procurer à Kantara, par suite de sa situation, de la viande de bonne qualité, du poisson, etc. ; aux maisons en briques ; à l'abondance de bois de chauffage dans les environs. En ce qui était spécialement des arabes, leur bonne santé était due à ce qu'ils venaient directement et sans fatigue de leurs villages situés dans la province de Mansoura. La circonscription de Kantara était restée l'une de celles où, proportionnellement, il y avait toujours le moins de malades. Pendant l'année, le typhus et la petite vérole qui régnaient épidémiquement en Egypte y avaient fait, il est vrai, leur apparition : chez les arabes, 10 cas de typhus, dont 4 morts, et 8 cas de petite vérole, dont un mort ; chez les européens, un seul cas de typhus, mortel ; mais ces maladies, grâce à quelques précautions sanitaires, s'étaient éteintes naturellement, comme si la localité n'était pas favorable à leur développement.

Ismaïlia, El-Guisr, Toussoum. — Les trois circonscriptions d'Ismaïlia, El Guisr et Toussoum, par leur situation au centre de l'Isthme, sur le pourtour du lac Timsah, se trouvaient dans les mêmes conditions de climat, d'alimentation, de nature du sol ; aussi les maladies et la mortalité y étaient-elles sensiblement les mêmes.

Ismaïlia. — La circonscription médicale d'Ismaïlia fut installée au mois de mars 1863.

TABLEAU DE LA MORTALITÉ PENDANT L'ANNÉE 1863-1864

	POPULATION	MORTALITÉ	PROPORTION POUR 100
Européens..................	750	17	2,40
Arabes sédentaires.........	1.600	42	2,62
Arabes des contingents......	1.600	8	0,50

Le nombre total des ouvriers des contingents employés pendant l'année avait été de 19 à 20.000 hommes.

Un recensement du 1er mai 1864 donna pour la population sédentaire d'Ismaïlia à cette date, femmes et enfants compris, les chiffres de 885 européens et de 1.720 arabes.

La mortalité exceptionnelle d'Ismaïlia, comparée à celle des deux autres circonscriptions, tenait bien probablement à ce que, souvent, des travailleurs des chantiers voisins venaient se faire soigner à son hôpital.

El Guisr. — La circonscription du seuil d'El Guisr fut réorganisée en juillet 1863. On avait pensé d'abord pouvoir faire le service d'El Guisr conjointement avec celui d'Ismaïlia; mais l'éloignement obligea à renoncer à cette combinaison, l'entrepreneur des travaux du Seuil étant venu s'installer à El Guisr.

Les malades de la carrière du plateau des Hyènes, principalement exploitée par des grecs, étaient transportés à l'hôpital d'El-Guisr.

La population moyenne du Seuil avait été pour les européens d'environ 340 et la mortalité avait été de 6, soit 1,78 0/0. Les contingents arabes avaient fourni 3.500 hommes et la mortalité avait été nulle.

Toussoum. — La population européenne avait été en moyenne de 167 et la mortalité avait été nulle.

Les contingents employés pendant l'année avaient été de 33.000 hommes et la mortalité de 37, soit 1,30 0/0.

Cette mortalité exceptionnelle des hommes des contingents fut due aux décès qui se produisirent dans le courant de juin et juillet sur les hommes du contingent de Keneh-Esneh, auxquels on renonça immédiatement dès que furent connues les conditions dans lesquelles ils se trouvaient à leur arrivée dans l'Isthme.

En décembre, le service de Toussoum fut réuni à celui d'El Guisr.

Chalouf-Suez. — Après l'achèvement de la branche de Suez du canal d'eau douce (à la fin de 1863), les hommes des contingents furent de suite installés sur le canal maritime, à Chalouf, à 15 kilomètres de Suez; 500 hommes seulement des contingents restèrent pendant les mois de janvier et février au parachèvement du canal d'eau douce.

Le service de santé fut concentré à Chalouf.

Toutefois, un hôpital de 6 lits fut établi à Suez pour recevoir les européens employés aux travaux et atteints de maladies assez graves pour ne pouvoir être traitées sur les chantiers mêmes.

D'octobre 1863 à mai 1864, les contingents destinés au canal d'eau douce et au canal maritime furent transportés du Caire à Suez par le chemin de fer. Une ambulance avait été établie au point d'arrivée pour recevoir les malades de ces contingents, soit à leur arrivée, soit à leur retour. L'état de la santé à Chalouf pendant les cinq premiers mois de 1864 laissa beaucoup à désirer, ainsi que l'on en jugera par les chiffres suivants :

Les européens (employés et ouvriers) étaient, en moyenne, au nombre de 94, sur lesquels il y eut 4 morts, soit une proportion de 4,25 0/0. Le nombre total des hommes des contingents employés pendant ces cinq mois avait été de 47.780 sur lesquels il y eut 1.490 malades et 174 morts, soit une mortalité de 3,64 0/0.

La mortalité sur le chantier de Chalouf avait été tout à fait exceptionnelle. Jamais les contingents ne s'étaient trouvés dans des conditions aussi fâcheuses : les pluies avaient été très fréquentes; le froid avait été des plus vifs; il avait gelé. Malgré tous les efforts pour abriter et chauffer une population de 10 à 11.000 hommes, on n'y arrivait que difficilement. De mémoire d'homme, il n'avait régné à Suez un froid aussi rigoureux. Une autre cause avait surtout augmenté le chiffre des maladies : c'était le typhus apporté par les contingents de l'intérieur de l'Egypte et qui avait frappé un grand nombre de travailleurs.

Canal d'eau douce. — Pendant les sept mois de juin à décembre 1863, 55.230 ouvriers des contingents avaient été employés à la branche de Suez du canal d'eau douce; la mortalité fut de 60, soit de 1,30 0/0. Le nombre moyen des européens avait été de 49 et la mortalité nulle.

Au point de vue de la santé dans l'Isthme, l'abondance de l'eau douce avait déjà produit les meilleurs résultats. La présence de l'eau du Nil à Suez avait eu même une action heureuse sur la santé générale en Egypte. Ainsi, lors du pèlerinage de la Mecque, 25.000 pèlerins avaient pu évacuer le Caire où régnait le typhus et venir séjourner à Suez, en attendant le départ des bateaux et des caravanes, échappant ainsi à la maladie qui sévissait au Caire et dont ils ne pouvaient qu'augmenter les causes. Cette mesure n'avait été possible que grâce à l existence du canal d'eau douce. Les années précédentes, l'autorité avait grand soin de ne laisser arriver à Suez qu'un certain nombre de pèlerins en rapport avec la quantité d'eau que pouvait transporter le chemin de fer.

Domaine de l'Ouady. — Lorsque l'épizootie se déclara dans l'Ouady, le chef du service agricole secondé par le médecin chargé du service de santé, eut assez d'influence pour faire enterrer tous les animaux morts ; aussi, tandis que partout ailleurs la maladie avait enlevé la presque totalité des animaux, il en était resté environ le quart dans l'Ouady.

Malgré toutes les précautions prises, l'Ouady ne fut pas exempte de typhus et de fièvre typhoïde. La santé resta excellente chez les européens [1].

Causes exceptionnelles ayant influé sur l'état sanitaire dans l'Isthme. — En outre des causes principales et ordinaires influant sur la santé des travailleurs dans l'Isthme, on eut à lutter pendant l'année contre les causes exceptionnelles suivantes qui n'avaient pas encore complètement disparu :

Climat. — L'hiver de 1863-1864 avait été très rigoureux dans toute l'Egypte, extrêmement froid et pluvieux.

Le climat de l'Isthme semblait avoir changé : le froid et la pluie avaient

1. Un fait de maladie assez rare se produisit à Tel-el-Kebir en octobre 1863. Une levrette de la Haute-Egypte, appartenant au chef du service agricole, ayant mordu deux bédouins, une gazelle et un petit chien, l'un des bédouins mourut avec tous les symptômes de la rage, ainsi que la gazelle et le chien. Ce fait prouvait que, s'il était généralement admis que les chiens du pays, vivant en tribus et en pleine liberté, ne devenaient jamais enragés — et l'on ne citait effectivement aucun cas — les autres races de chiens pouvaient être atteintes de la rage et la communiquer aux hommes et aux animaux qu'ils mordaient. Les bédouins savaient du reste, paraît-il, que la rage se manifestait quelquefois chez leurs lévriers.

commencé dès le mois de novembre 1863 et n'avaient cessé que le mois de mai suivant. A Gebel-Mariam, le thermomètre était descendu à 3° au-dessous de zéro; à Chalouf, l'eau avait gelé dans les récipients; à Kantara, il avait neigé. Des pluies fréquentes et de longue durée eurent lieu sur différents points de l'Isthme.

Le froid, en Egypte, avait de graves conséquences : l'européen en était quitte pour des bronchites ; mais, chez le fellah, il engendrait des pneumonies, des pleurésies, et, quand l'homme était fatigué, des dysenteries. A Chalouf, la mortalité avait été causée, non seulement par le typhus, mais aussi par la dysenterie.

Epizootie. — Depuis plus d'un an régnait en Egypte sur la race bovine une épizootie qui avait enlevé au moins 600.000 têtes de bétail. Cette épizootie était dans toute son intensité lors de la crue du Nil. Les cadavres d'animaux morts, au lieu d'être enterrés, étaient jetés dans le fleuve. On pensait qu'ils seraient entraînés à la mer, ce qui eut lieu en effet pour la plus grande partie; seulement, beaucoup s'arrêtaient en route : les uns sur le bord du fleuve, là où il existait des remous; les autres pénétrant dans les canaux où ils subissaient une sorte de macération. Sur le canal de l'Ouady, par exemple, le chef du service agricole fit enterrer des centaines de cadavres d'animaux qui arrivaient par le Cherkaouieh : le médecin de la Compagnie exerçait la surveillance la plus active, car c'était par le canal de l'Ouady que s'alimentaient les canaux d'Ismaïla et de Suez.

La surveillance n'avait pas eu à s'exercer seulement sur le canal d'eau douce pour empêcher la dissolution des cadavres dans l'eau destinée à l'alimentation des chantiers de l'Isthme ; on eut encore à se garantir d'une véritable infection à Port-Saïd. Le Nil, charriant des milliers de cadavres, les avait portés à la mer ; là, ils étaient repris par le courant littoral qui rejetait chaque jour sur la plage de Port-Saïd des masses en putréfaction qu'il fallait repousser au large. Pendant plusieurs mois, le vent du large apporta de temps à autre à Port-Saïd des odeurs cadavéreuses.

En présence des graves causes d'insalubrité dues à l'épizootie, on ne devait pas s'étonner que des cas de typhus et de fièvre typhoïde se fussent manifestés sur les chantiers de l'Isthme ; mais, en même temps, on ne pouvait que se féliciter qu'une atteinte aussi profonde portée à la salubrité n'eût pas eu de résultats plus fâcheux que ceux qui avaient été constatés.

Alimentation. — La première conséquence de l'épizootie dans toute l'Egypte fut le renchérissement de la viande et, par suite, de toutes les denrées alimentaires. D'un autre côté, l'extension donnée à la culture du coton avait fait négliger la culture du maïs, principale nourriture du fellah ; enfin, l'inondation, par suite de la rupture des digues du fleuve, ayant détruit une quantité de champs de maïs, la récolte avait été peu abondante et la disette s'était fait sentir ; le prix du blé avait doublé ; il avait fallu en faire venir de l'étranger.

Dans le désert, sur toute la ligne des travaux, la viande avait quelquefois fait défaut, et l'on avait dû se nourrir de conserves. Malgré tous les efforts de la Compagnie, malgré la liberté du commerce, malgré les encouragements de toutes sortes, l'alimentation fut difficile : les denrées avaient augmenté de prix dans de notables proportions et souvent même elles avaient manqué. Toutefois, à Port-Saïd, le poisson était en abondance, et il arrivait de la viande de Jaffa ; à Kantara et Ismaïlia, on pouvait se procurer des bestiaux venant de Syrie.

En résumé, l'alimentation dans l'Isthme n'avait pas été de qualité trop inférieure à celle des années précédentes ; elle n'avait été que difficile et d'un prix élevé. Cette difficulté de l'alimentation devait être considérée comme la cause principale du typhus et des fièvres typhiques qui s'étaient déclarées sur les chantiers du canal comme dans toute l'Égypte.

....

TYPHUS. — Le typhus, qui s'était manifesté dans toute l'Egypte, avait sévi également, comme il est dit ci-dessus, sur les chantiers de l'Isthme. L'influence épidémique s'y était fait sentir dans la plupart des maladies et des indispositions. Sur le chantier de Chalouf, notamment, le typhus avait pris un caractère véritablement épidémique : il y eut 252 cas et 37 morts. Ailleurs, il n'y eut que des cas isolés, généralement peu graves.

VARIOLE. — Parmi les causes exceptionnelles qui avaient pu influer sur la santé des travailleurs, on pouvait citer encore la variole, qui avait pris naissance à Suez parmi des esclaves noirs importés de Djeddah, puis s'était manifestée au Caire et s'était ensuite répandue dans différentes localités de l'Egypte. C'était à Suez et au Caire que la maladie avait sévi avec le plus d'intensité ; elle emportait presque tous ceux qui en étaient atteints. Elle avait fait également quelques victimes sur les chantiers de l'Isthme parmi les arabes et les grecs mais ses attaques avaient été généralement assez bénignes.

TABLEAU DE LA MORTALITÉ DANS L'ISTHME ET SUR LE DOMAINE DE L'OUADY PENDANT L'ANNÉE 1863-1864

	POPULATION TOTALE	MORTALITÉ	PROPORTION POUR 100
Dans l'isthme :			
Européens..................	3.524	48	1,36
Arabes sédentaires de Port-Saïd et d'Ismaïlia........	3.900	65	1,66
Arabes des contingents.....	15.300	289	1,89
	22.724	402	1,77
Domaine de l'Ouady :			
Fellahs et arabes...........	11.000	287	2,60

COMPOSITION DU SERVICE DE SANTÉ

Le nombre des circonscriptions du Service de santé dans l'Isthme était de huit, chaque circonscription ayant son service organisé.

Le personnel était composé de la manière suivante :

Le médecin en chef et 1 comptable ;

10 docteurs en médecine et 5 aides-médecins ;

3 pharmaciens et 4 aides-pharmaciens ;

1 économe-comptable ;

10 infirmiers européens ;

4 cuisiniers ;

6 sœurs du Bon-Pasteur, dont 4 pour le service des malades ;

En tout un personnel fixe de 45 personnes.

Il y avait en plus les servants d'hôpitaux, qui étaient engagés suivant les besoins.

TRAVAUX EXÉCUTÉS PENDANT L'ANNÉE 1864-1865

Compte rendu sommaire des travaux exécutés et des résultats obtenus

1° PENDANT LA PÉRIODE DE FÉVRIER A JUIN 1864

EXTRAIT DU RAPPORT DU PRÉSIDENT A L'ASSEMBLÉE GÉNÉRALE DES ACTIONNAIRES DU 6 AOÛT 1864

Conformément aux prévisions formulées et aux vues exposées à la fin du rapport du Président de la Compagnie présenté à la réunion précédente de l'Assemblée générale des actionnaires, la situation, depuis cette réunion, s'était modifiée comme suit :

Un marché avait été passé le 1er avril (1864) avec MM. Borel, Lavalley et Cie, entrepreneurs de travaux publics à Paris, pour la continuation et l'achèvement à forfait de la partie du canal maritime comprise entre le seuil d'El Guisr et la mer Rouge, d'une longueur de 85 kilomètres, y compris la traversée des lacs Amers ;

La flotte à voiles de la Compagnie qui, en 1863, se composait de 19 bâtiments, ne comprenait plus maintenant que 7 navires, dont 2 avaient été transformés en pontons pour les besoins de la rade de Port-Saïd. Les 5 autres devaient être vendus avant la fin de l'année ;

Les grands ateliers de Port-Saïd avaient été cédés en location, au prix de 50.000 francs par an, à MM. Borel, Lavalley et Cie qui demeureraient chargés de leur exploitation et de leur entretien à partir du 1er octobre ;

La suppression complète des contingents des ouvriers indigènes allait permettre, comme conséquence naturelle, la suppression du service de l'Intendance générale créée en vue d'assurer les approvisionnements de toute nature pour cette grande agglomération de travailleurs, qui pouvait être comparée à une armée en campagne au milieu du désert. Cette importante réforme était déjà en voie de réalisation avec le concours de l'honorable intendant militaire, M. Angot, qui s'occupait de liquider toutes les opérations engagées avec le dévoûment, dont il avait fait preuve pendant qu'il était chargé de diriger les services confiés à son expérience.

Les progrès accomplis dans la marche des travaux depuis la dernière réunion de l'Assemblée générale des actionnaires avaient été les suivants :

Entreprise Dussaud frères. — Le marché pour l'exécution des jetées de Port-Saïd en blocs artificiels de chaux hydraulique du Theil et de sable avait été conclu, on se le rappelle, le 20 octobre 1863. Il comprenait la fourniture et la mise en œuvre de 250.000 mètres cubes de blocs.

La Compagnie avait mis à la disposition des entrepreneurs les terrains nécessaires à l'installation de leurs chantiers.

Les logements des ouvriers et du personnel de l'entreprise se complétaient ; un hangar de 100 mètres de longueur sur 12 mètres de largeur, destiné à recevoir la chaux était achevé ; un bassin de garage et un chenal de 30 mètres de largeur, sur 2 mètres de profondeur, en communication avec la mer, avaient été creusés par les soins de la Compagnie.

Les entrepreneurs avaient construit, en outre, un appontement avec bigues ; une voie ferrée avait été établie pour le service de leurs travaux ; une plate-forme pour installation des manèges à mortier était commencée. Leur matériel déjà rendu à Port-Saïd se composait d'un bateau remorqueur de la force de 45 chevaux, de chaloupes, de locomotives, locomobiles, manèges à mortier, panneaux pour la construction des blocs artificiels, de rails, coussinets et traverses, ainsi que du petit matériel et de l'outillage.

Travaux en régie. — Comme il était d'un intérêt capital

pour la Compagnie de créer le plus tôt possible un abri à Port-Saïd, au moins pour les navires ne calant pas plus de 5 mètres d'eau, on avait continué momentanément à faire exploiter la carrière du Mex, avec l'espoir de pouvoir joindre promptement l'îlot à l'appontement au moyen d'une jetée sous-marine en enrochements naturels que viendraient ensuite recouvrir les blocs artificiels. Il avait été ainsi envoyé du Mex à Port-Saïd, depuis le commencement de l'année, environ 15.000 mètres cubes d'enrochements. Dans le courant de juin, un marché avait été conclu avec un ancien tâcheron de la carrière, pour la fourniture et la mise en œuvre à Port-Saïd de 20.000 mètres cubes de blocs. Les enrochements déjà coulés, sous forme de digue sous-marine, en marchant de l'îlot vers la terre, étaient arrivés à 1 mètre environ au-dessous du niveau de la mer et produisaient déjà un calme tel que, dans un coup de vent du nord, qui avait eu lieu en juin, dix-sept navires qui étaient exposés en rade avaient pu trouver un abri derrière l'îlot et la digue sous-marine.

Entreprise Aiton. — Le marché passé le 13 janvier 1864 avec M. Aiton, avait pour objet, comme il a été dit déjà, le creusement du chenal et des bassins de Port-Saïd et l'achèvement des 60 premiers kilomètres de Canal. Il comportait un cube de dragages de 21.700.000 mètres cubes.

L'entrepreneur arriva à Port-Saïd dans les premiers jours d'avril, se faisant suivre de près d'une première escouade d'agents et d'ouvriers et de plusieurs navires chargés de combustible et de matériel. La Compagnie lui fournit immédiatement le logement et lui fit la remise de toutes les anciennes dragues en état de fonctionnement ; elle employa en même temps tous ses efforts à hâter, à la fois, la mise en état dans ses ateliers de celles des anciennes dragues qui avaient besoin de réparations et l'achèvement par les constructeurs de tout le matériel de dragues, grues, chalands et caisses à déblais qui avait été commandé avant la signature du marché et que la Compagnie avait également à remettre à l'entrepreneur.

M. Aiton s'était mis immédiatement à l'œuvre; mais la prise de possession du matériel à livrer par la Compagnie ne pouvait avoir lieu que successivement et être complète que dans les derniers mois de l'année ; de plus, l'entrepreneur n'ayant encore, lui-même, fait venir sur les lieux qu'une faible partie du matériel qu'il était obligé de consacrer personnellement à l'exécution des travaux, on devait le considérer comme étant encore dans la phase de première installation où il lui était impossible de déployer toute la rapidité d'exécution que la Compagnie attendait de lui.

MM. Dussaud frères avaient conclu un marché avec M. Aiton qui s'était engagé à leur fournir, au moyen des produits des dragages du bassin de Port-Saïd, les 250.000 mètres cubes de sable nécessaires à la confection des blocs artificiels.

Les dragages exécutés dans l'étendue du lot d'entreprise Aiton depuis le commencement de l'année jusqu'au 1er juillet, soit par la Compagnie, soit par l'entrepreneur se répartissaient ainsi :

BASSIN DE PORT-SAÏD ET BASSIN DE L'ARSENAL :	m. cubes	m. cubes
En régie directe................	25.307	29.933
Par M. Aiton....................	4.626	
CANAL MARITIME :		
En régie directe................	168.368	224.281
Par M. Aiton....................	55.913	
CUBE TOTAL......................		254.214

Les 29.933 mètres cubes de terres provenant des bassins de Port-Saïd avaient été employés en majeure partie à la confection ou à l'extension des terre-pleins destinés aux chantiers des divers constructeurs et entrepreneurs.

Les dragages exécutés dans le grand bassin de Port-Saïd

avaient eu pour principal objet l'ouverture d'un chenal direct entre l'entrée du port et le canal maritime pour remplacer l'ancienne rigole de service, établie dès l'origine des travaux, qui suivait le contour ouest du bassin. Cette communication directe entre le canal maritime et la rade, en même temps qu'elle facilitait notablement les transports, ce qui était son véritable but, avait complètement transformé l'aspect du port.

Entreprise Couvreux. — Le marché passé avec M. Couvreux le 1er octobre 1863 avait pour objet l'achèvement du creusement du canal à la traversée du seuil d'El Guisr, sur une longueur de 15 kilomètres, et comportait l'enlèvement de 9 millions de mètres cubes de déblais.

Les premiers ouvriers de l'entrepreneur arrivèrent au Seuil dans le courant du mois de décembre 1863. Ils durent être employés tout d'abord aux réparations des bâtiments mis par la Compagnie à la disposition de l'entrepreneur, à l'installation des ateliers de montage et de réparation des machines, enfin à l'établissement d'appareils de déchargement.

L'entrepreneur en était encore, à vrai dire, à la période d'installation. On voyait pourtant fonctionner déjà deux excavateurs desservis par 6.500 mètres de voies de fer, par quatre locomotives et trente wagons à bascule ; un troisième excavateur était en montage et trois autres devaient être montés pour le mois d'octobre. Le nombre de ces appareils spéciaux devait être porté successivement à quinze.

Au milieu des difficultés inévitables de la première installation, les excavateurs n'avaient pu encore fonctionner avec tous les avantages qu'en espérait l'entrepreneur.

	m. cubes
Le cube des déblais exécutés par M. Couvreux à la date du 30 juin 1864 était de ci	44.383
La Compagnie avait de son côté fait exécuter directement par des tâcherons certains travaux urgents de déblais destinés à empêcher les éboulements dans la rigole maritime	17.590
CUBE TOTAL	61.973

Entreprise Borel Lavalley et Cie. — Le marché passé le 1er avril 1864 avec MM. Borel Lavalley et Cie, avait pour objet, on le rappelle, le creusement du canal entre le seuil d'El Guisr et la mer Rouge, et comprenait un cube de déblais de 24.500.000 mètres cubes.

Dès la signature de leur marché, les entrepreneurs s'étaient mis activement à l'œuvre pour l'organisation de leur entreprise et pour l'étude définitive des moyens d'exécution qu'ils comptaient employer. Ils avaient déjà commandé à la maison Ernest Gouin et Cie la majeure partie de l'énorme matériel qui leur serait nécessaire. En même temps qu'ils s'occupaient en France de leurs études et de la constitution du matériel, ils avaient envoyé en Égypte des agents principaux chargés de préparer l'installation des chantiers.

Les entrepreneurs avaient d'ailleurs l'intention, en attendant l'arrivée dans l'Isthme de leur matériel, de commencer à bref délai les travaux à bras d'hommes avec des ouvriers terrassiers recrutés tant en Égypte qu'à l'étranger.

Travaux exécutés par les ouvriers des contingents égyptiens. — Pendant les trois premiers mois de 1864, le chiffre moyen des contingents mensuels fournis par le Gouvernement égyptien n'avait pas dépassé 12 à 13.000 hommes; puis, il avait continué à décroître jusque dans le courant de mai, époque à laquelle la Compagnie avait fait prévenir le Gouvernement qu'il pouvait retirer tous les ouvriers des contingents.

Les travaux exécutés par les contingents avaient été les suivants :

Dans la partie du canal maritime s'étendant de Port-Saïd au lac Timsah, les ouvriers avaient été employés, entre les kilomètres 35 et 54, à l'enlèvement des terres sises au-dessus de l'eau dans l'intérieur du canal, entre les deux berges Afrique et Asie. Cube déblayé : 661.000 mètres cubes.

Le canal de jonction, du canal maritime au canal d'eau douce, à Ismaïlia, avait été prolongé, d'une part, jusqu'à l'écluse d'aval en cours d'exécution, d'autre part, sous forme de branche latérale, jusqu'au droit de l'écluse d'amont; cette branche latérale était destinée à suppléer la portion du canal d'eau douce comprise entre les deux écluses, pendant la construction de ces ouvrages d'art, et devait servir plus tard à éviter le passage des écluses pour les transports qu'Ismaïlia aurait à diriger sur Port-Saïd et *vice versa*. Le cube total des déblais exécutés pour l'ouverture de ces canaux avait été de 38.587 mètres cubes.

D'après le marché passé avec MM. Borel, Lavalley et Cie, la Compagnie était tenue d'établir deux canaux transversaux de communication entre le canal d'eau douce et le canal maritime, l'un se dirigeant sur le seuil du Sérapéum, l'autre sur le seuil de Chalouf-el-Terraba. Ces canaux étaient destinés à permettre le transport, jusqu'à pied-d'œuvre, du matériel et des approvisionnements de toute nature nécessaires à l'exécution des parties correspondantes du canal maritime. Les travaux de creusement desdits canaux avaient été exécutés par les contingents : le canal aboutissant au Sérapéum avait exigé un déblai de 91.152 mètres cubes, celui de Chalouf, un déblai de 12.045 mètres cubes.

La plus grande partie des contingents avait été employée à la tranchée du canal maritime à travers le seuil de Chalouf; le seuil avait été dérasé, à toute largeur du canal et sur une longueur de 4.691 mètres, jusqu'à la banquette ménagée dans les talus du profil à 3 mètres au-dessus du niveau de la Méditerranée. Le cube du déblai avait été de 1.361.000 mètres cubes.

En résumé, le cube total des déblais exécutés par les contingents pendant les cinq premiers mois de 1864 avait été de 2.163.784 mètres cubes.

Canal d'eau douce. — Le canal principal d'eau douce, de Gassassine à Ismaïlia, n'exigeait plus maintenant, sauf les ouvrages d'art dont il est parlé plus loin, que de simples travaux d'entretien. Sur la branche de Suez, 21 petites maisons en maçonnerie avaient été construites pour servir de refuge aux cantonniers pendant les fortes chaleurs du jour et pendant la nuit. Des plantations faites sur les berges avaient parfaitement réussi, et l'on se proposait de leur donner une plus grande extension, en même temps que l'on ferait planter et cultiver une zone d'une certaine largeur sur les bords des canaux dans les points où ils étaient exposés à l'envahissement des sables voyageurs.

Il y avait eu chômage de la navigation pendant deux mois sur la branche de Suez par suite de la baisse des eaux du Nil; mais la navigation était maintenant reprise.

La Compagnie ne pourrait désormais, à aucun prix, rester soumise à des chômages annuels, car, indépendamment de la sécurité absolue dont elle avait besoin en ce qui concernait l'alimentation en eau douce des nombreux chantiers de travailleurs répandus dans toute l'étendue de l'Isthme, elle avait pris des engagements envers les entrepreneurs pour la permanence d'une bonne navigation sur la dérivation de Suez. La Compagnie aurait donc à renouveler les appels les plus instants à la sollicitude du Vice-Roi pour l'exécution la plus prompte possible de la prise d'eau au Caire au-dessous de l'étiage du Nil et de la portion du canal que le Gouvernement égyptien s'était engagé à construire par la convention du 18 mars 1863.

Les deux écluses en cours d'exécution destinées à racheter la différence de niveau entre le canal d'eau douce et le canal maritime de jonction, à Ismaïlia, avaient subi un retard par suite d'une modification importante dans les dispositions primitivement arrêtées. Ces écluses devaient être établies à la largeur de 6 mètres jugée suffisante pour les besoins ordinaires de la navigation fluviale. Mais, par suite des conventions faites avec MM. Borel, Lavalley et Cie, qui devaient faire monter leurs dragues à Port-Saïd et les transporter, de là, d'abord par le canal maritime jusqu'à Ismaïlia,

....

ensuite par le canal d'eau douce jusqu'à pied-d'œuvre, il avait été décidé que la largeur des écluses serait portée à $8^{m},50$. Les tâcherons chargés de l'exécution de ces ouvrages d'art avaient pris toutes leurs mesures pour les terminer le plus rapidement possible. Les portes avaient été commandées en France et devaient arriver assez à temps pour pouvoir être montées dès l'achèvement des maçonneries.

Quant à l'écluse à construire à Suez pour établir la communication entre le canal d'eau douce et le port, elle était l'objet d'une soumission de tâche avec délai d'exécution de six mois.

Conduite d'eau douce d'Ismaïlia à Port-Saïd. — Les travaux de la conduite d'eau douce avaient été achevés le 9 avril et l'eau avait été distribuée dès le lendemain dans la ville de Port-Saïd au moyen de bornes-fontaines. Indépendamment d'un premier réservoir, de la contenance de 500 mètres cubes, établi près de l'origine de la conduite, sur le point culminant du seuil d'El Guisr, un second réservoir avait été construit à Port-Saïd, d'une contenance de 700 mètres cubes, suffisante pour assurer au moins pendant une quinzaine de jours l'alimentation de la population en cas de réparation de la conduite.

En outre, des bassins avaient été établis le long de la ligne du canal, et particulièrement à Kantara[1].

Réseau télégraphique. — Le réseau télégraphique était complètement terminé et fonctionnait de la manière la plus satisfaisante. C'était une des créations accessoires les plus

---

1. L'établissement du bassin d'eau douce de Kantara, sur la route de Syrie, avait été un immense bienfait pour les nombreuses caravanes qui voyageaient entre la Palestine et l'Égypte. La facilité de s'abreuver à discrétion après plusieurs jours de marche dans des déserts privés d'eau potable, avait augmenté considérablement depuis quelque temps le transit des caravanes et avait permis à l'Égypte de remplacer une partie du bétail qui lui avait été enlevé récemment par une terrible épizootie.

Le relevé du transit de Kantara pendant le mois de juin (1864) avait fait constater le passage à Kantara, de provenance de Syrie, de 1.022 chevaux, 466 mulets, 813 bœufs, 329 moutons, 5.102 chèvres, et de 4.661 chameaux dont les deux tiers avaient un chargement de 100 kilogrammes.

utiles et qui contribuait beaucoup pour sa part à la rapidité et à la bonne exécution des travaux.

Service de santé et Service des cultes. — Les contrats de la Compagnie avec les entrepreneurs laissaient à sa charge les dépenses du Service de santé et du Service des cultes. La Compagnie avait tenu à conserver entre les mains ces Services qui se rattachaient si essentiellement à l'existence physique et à la vie morale de l'œuvre et qui ne pouvaient dépendre des calculs de l'intérêt privé.

2° PENDANT LA PÉRIODE DE JUIN 1864 A 1865

(EXTRAIT DU RAPPORT DU PRÉSIDENT DE LA COMPAGNIE A L'ASSEMBLÉE GÉNÉRALE DES ACTIONNAIRES DU 5 OCTOBRE 1865)

Entreprise Dussaud frères pour la construction des jetées de Port-Saïd en blocs artificiels. — L'installation des chantiers des entrepreneurs était complètement terminée depuis la fin de juillet. Cette installation comprenait :

1° Le chantier de fabrication du mortier, composé de 10 broyeurs mis en mouvement par une machine de 60 chevaux.

Chaque broyeur était capable de fournir 35 mètres cubes de mortier par jour, ce qui donnait pour les 10 broyeurs une fabrication journalière de 350 mètres cubes de mortier, produisant 35 blocs de 10 mètres cubes chacun, soit pour un travail minimum de vingt jours par mois, une production annuelle de 8.400 blocs.

Le chantier était établi sur une plateforme élevée, en charpente, sous laquelle venaient se placer les wagons destinés à recevoir le mortier pour le conduire ensuite sur le lieu de fabrication des blocs. Il était desservi par deux chemins de fer en rampe aboutissant au magasin de dépôt de la chaux et au quai d'approvisionnement du sable. L'ascension des wagons amenant ces matières se faisait au moyen d'un treuil puissant mis en mouvement par la machine de 60 chevaux ;

2° La plateforme de fabrication des blocs où ceux-ci étaient méthodiquement rangés par lignes parallèles.

Cette plateforme pouvait contenir 1.900 blocs. Elle était (à la date du rapport) complètement remplie. A mesure que les blocs étaient enlevés pour être conduits à la mer, ils étaient remplacés par de nouveaux blocs fabriqués, qui devaient rester sur place pendant trois mois environ pour acquérir une dureté suffisante. Ces blocs, de 10 mètres cubes et pesant 20 tonnes étaient en mortier composé de 325 kilogrammes de chaux hydraulique du Theil en poudre sèche pour 1 mètre cube de sable et fabriqué à l'eau de mer;

3° Les appareils de levage, de transport et d'embarquement des blocs.

Il fallait, pour soulever et faire mouvoir ces masses énormes, de puissants appareils mus par la vapeur. Ces appareils fonctionnaient de la manière la plus satisfaisante;

4° Enfin, les grands chalands pontés, destinés à conduire les blocs sur les points où ils devaient être immergés.

Les entrepreneurs possédaient en outre 2 remorqueurs à vapeur et 10 chalands pour le service des déchargements en rade de leur matériel et de leurs approvisionnements.

Le sable destiné à la confection des blocs était fourni par les déblais du chenal du port en vertu d'une convention passée entre MM. Dussaud et les entrepreneurs de dragages. Ce sable était amené au point de déchargement sur des chalands qui le recevaient dans des caisses à la sortie du couloir de la drague; l'enlèvement et le déchargement des caisses s'effectuaient ensuite au moyen d'une grue tournante à vapeur.

Un grand hangar capable de recevoir 5.000 mètres cubes de chaux, des maisons d'habitation pour les employés et les ouvriers, des bureaux, des magasins de vivres et de matières diverses, un atelier de réparation et d'autres constructions de moindre importance complétaient l'ensemble des installations.

L'immersion du premier bloc avait eu lieu le 9 août (1865). Le nombre des blocs immergés à la fin d'août était de 148. A bref délai, le chenal du port, dans lequel travaillaient deux dragues, devait se trouver assez large et assez profond pour permettre de conduire l'immersion de manière à marcher parallèlement avec la fabrication des blocs.

Dès l'hiver précédent, les entrepreneurs avaient déjà coulé à l'extrémité de l'appontement (partie construite avec des pilots en fer) 204 blocs de 4^{mc},50 pour former un musoir de protection, qui devait naturellement se trouver englobé dans le massif de la jetée définitive.

Résiliation du marché qui avait été passé avec M. W. Aiton pour l'exécution du 1er lot de dragages (de Port-Saïd au seuil d'El Guisr). — Le premier lot de dragages comprenait, indépendamment du chenal et des bassins de Port-Saïd, la première partie du canal maritime sur une longueur de 60 kilomètres et demi. Il comportait un déblai de 21.700.000 mètres cubes.

En vertu d'un marché passé le 13 janvier 1864, ce premier lot de dragages, — ainsi qu'il a été mentionné déjà, — avait été concédé à M. W. Aiton, entrepreneur de travaux de terrassements sur la Clyde, qui avait offert des prix inférieurs à ceux de ses concurrents, et sur les antécédents duquel les meilleurs renseignements avaient été obtenus à Glasgow. La Compagnie avait mis à sa disposition tout le matériel qu'elle possédait déjà sur les lieux et celui très considérable qu'elle avait commandé en vue de l'exécution de son lot. Ainsi que le disait le rapport à l'Assemblée générale des actionnaires du 6 août 1864, M. Aiton, à cette date, était encore dans la phase de première installation où il lui était impossible de déployer toute la rapidité d'exécution que la Compagnie attendait de son expérience et de son activité.

M. Aiton avait commencé les travaux avec les ressources que la Compagnie lui avait fournies. Vers le milieu d'octobre, après avoir sollicité diverses modifications à son traité qui lui avaient été accordées, il avait élevé la prétention d'obtenir le changement complet de son contrat.

Dans cet intervalle, une crise financière survenue dans les principales places commerciales de l'Angleterre avait resserré et fait bientôt cesser les crédits sur lesquels comptait l'entrepreneur; il avait éprouvé en conséquence des embarras financiers et s'était trouvé dans l'impossibilité de payer, non seulement les fournisseurs de machines, les frets du matériel qu'il avait commandé en exécution de ses engagements, mais encore ses propres ouvriers; ses travaux avaient subi des ralentissements que la Compagnie ne pouvait supporter. C'était dans ces circonstances que M. Aiton avait exigé, sous peine d'une interruption de ses travaux, un mode de mesurage des déblais contraire à son traité et à ceux des autres entrepreneurs. La Compagnie n'avait pu admettre de pareilles prétentions, et M. Aiton avait suspendu ses travaux, plaçant ainsi la Compagnie dans une situation qui pouvait amener de fâcheuses complications.

Après avoir constaté que M. Aiton était sous le coup d'une des clauses du contrat prononçant la résiliation pour défaut d'exécution du cube trimestriel auquel il était obligé, et armée du fait non moins grave de la suspension arbitraire de ses travaux, la Compagnie avait fait signifier légalement à l'entrepreneur la résiliation de son marché.

Mais M. Aiton était détenteur du matériel et la Compagnie ne pouvait se substituer à lui qu'après avoir repris possession de ce matériel. Dans ces conditions, la Compagnie avait dû transiger pour ne pas subir les retards d'un procès dont l'issue pourtant ne lui paraissait pas douteuse. Une demande d'indemnité formulée par M. Aiton avait été jugée exorbitante par le Président qui avait offert comme dernière transaction une somme de 200.000 francs. Cette somme avait été finalement acceptée, et la Compagnie était rentrée en possession de son matériel et de ses chantiers.

Entreprise Borel Lavalley et Cie pour l'exécution du 1er lot de dragages. — A la suite de la résiliation du marché Aiton, un nouveau marché avait été passé, le 12 décembre 1864, avec MM. Borel, Lavalley et Cie pour l'exécution des travaux compris au premier lot de dragages, avec cession du matériel précédemment remis à M. Aiton et addition de dix porteurs à vapeur du prix de 150.000 francs chacun. Le délai final de l'exécution avait été fixé au 1er juillet 1868.

MM. Borel, Lavalley et Cie n'ayant pu reprendre immédiatement la suite des travaux de M. Aiton, ces travaux avaient été provisoirement continués en régie par les Ingénieurs de la Compagnie jusqu'en avril (1865).

Le matériel remis par la Compagnie aux nouveaux entrepreneurs se composait des appareils suivants :

20 petites dragues;

20 grandes dragues;

20 grues à vapeur;

120 chalands en fer du port de 50 tonneaux;

600 caisses à déblais;

10 porteurs à vapeur pour conduire les déblais à la mer.

Les entrepreneurs avaient reconnu la nécessité de faire diverses réparations et modifications à ce matériel pour l'approprier à leur mode de travail. En même temps que s'exécutaient ces opérations de mise en état du matériel, ils avaient eu à consacrer de grands efforts à leurs installations sur toute la ligne des travaux.

En soumissionnant leur nouvelle entreprise du lot de Port-Saïd, MM. Borel, Lavalley et Cie avaient dû augmenter en conséquence les commandes qu'ils avaient d'abord faites en vue uniquement de leur lot de Suez.

L'ensemble de leurs commandes pour les deux lots comprenait notamment :

30 grandes dragues nouvelles;

30 appareils élévateurs;

15 grands porteurs à vapeur pour la conduite des déblais à la mer;

42 porteurs à vapeur pour la conduite des déblais dans les lacs;

90 chalands pour transport des caisses à déblais;

15 bateaux à vapeur pour transports de charbon et de matériel sur toute la ligne des travaux;

20 locomobiles sur roues;

4 canots à vapeur.

Une grande partie de ce matériel était déjà montée ou en voie de montage à Port-Saïd.

Les premières petites dragues remises en activité avaient été employées dans le bassin de Port-Saïd à l'élargissement et à l'approfondissement des chenaux qui sillonnaient ce bassin dans diverses directions, en vue de préparer la place pour la mise en mouvement aussi prochaine que possible de grandes dragues desservies par des porteurs.

L'une des petites dragues creusait le chenal d'accès du port en marchant de l'intérieur vers le large; elle fournissait un sable excellent, utilisé pour la fabrication des blocs artificiels de l'entreprise Dussaud frères. Le produit des autres dragues était employé à l'extension des remblais de Port-Saïd, conformément à l'un des articles du marché qui obligeait les entrepreneurs à faire ces remblais, sans augmentation de prix, jusqu'à concurrence de 200.000 mètres cubes.

Une des grandes dragues avait déjà été placée dans le chenal extérieur, entre l'appontement et l'îlot en fer, pour approfondir le chenal en marchant du large vers l'intérieur du port; elle était desservie par deux porteurs. Une seconde drague devait être affectée au même travail, de manière à obtenir sous bref délai un chenal suffisamment large et profond pour permettre, aux navires de moyen tonnage, de pénétrer dans l'intérieur du port, sans gêner la circulation des chalands employés à l'immersion des blocs, ni celle des porteurs qui conduiraient en mer les produits des dragages du bassin du port et d'une partie du canal maritime.

Entreprise Couvreux pour les déblais de la tranchée du seuil d'El Guisr. — D'après un premier marché passé avec M. Couvreux le 1er octobre 1863, cet entrepreneur avait été chargé de l'ouverture complète du canal maritime à travers le seuil d'El Guisr, sur une longueur de 15 kilomètres; l'entreprise comportait un cube total de 9 millions de mètres cubes, tant à sec qu'à la drague.

A la date du 27 mars 1865, la Compagnie avait, d'un commun accord, passé avec M. Couvreux une nouvelle convention pour limiter son entreprise au percement des grandes hauteurs du Seuil, sur une longueur d'environ 9 kilomètres, et pour retrancher du projet primitif la majeure partie des déblais à faire sous l'eau de manière à lui permettre de consacrer ses efforts à l'enlèvement des déblais à sec. Il avait été stipulé que les travaux seraient dirigés tout d'abord en vue de l'élargissement et de l'approfondissement du chenal de navigation afin de compléter le plus promptement possible entre Port-Saïd et Ismaïlia un canal permettant à la Compagnie, malgré la présence des dragues et des autres engins, de développer en toute liberté sa navigation de transit.

L'entreprise réduite de M. Couvreux comportait un cube de déblais à sec de 4 millions de mètres cubes et un cube de déblais sous l'eau de 200.000 mètres cubes.

Plusieurs excavateurs de l'invention de l'entrepreneur, qui avaient bien réussi déjà pour les déblais à sec, étaient appliqués avec succès aux déblais mouillés.

Les chantiers étaient desservis par 30 kilomètres de voies de fer, 10 locomotives, 10 excavateurs à vapeur, 400 wagons de terrassements et par d'importants ateliers de réparation du matériel : 4 nouvelles locomotives avaient été commandées.

Ouverture du canal à la traversée d'El Ferdane et dragages jusqu'au lac Timsah — La portion des travaux retranchée de l'ancien lot Couvreux avait été concédée en presque totalité à MM. Borel, Lavalley et Cie comme continuation de leur premier lot de dragages. La Compagnie s'était réservée, vu l'urgence, pour les exécuter par voie de régie directe, les travaux de déblais à faire immédiatement pour l'élargissement et l'approfondissement du chenal de navigation à la traversée des dunes d'El Ferdane sur une longueur de 6.700 mètres.

Ces travaux comprenaient 300.000 mètres cubes de déblais à sec, dont 130.000 mètres cubes à la brouette et 170.000 à la locomotive, et 200.000 mètres cubes de déblais mouillés.

Les chantiers de déblais à la brouette avaient été promptement organisés avec 600 terrassiers; les chantiers de terrassements à la locomotive et au wagon avaient commencé à fonctionner; enfin, pour les déblais mouillés, 6 excavateurs avaient été commandés en France.

Ces travaux en régie étaient dirigés par l'ingénieur chef de la division d'El Guisr.

Les dragages à exécuter par MM. Borel, Lavalley et Cie dans la percée du seuil et destinés à mettre le canal maritime à sa profondeur définitive de 8 mètres devaient être commencés dès que le niveau des eaux du lac Timsah aurait atteint le niveau de la Méditerranée. Le mode d'exécution devait consister à recevoir les produits des dragages dans des chalands porteurs qui iraient se vider dans certaines parties du lac.

Entreprise Borel Lavalley et Cie pour l'exécution des travaux de terrassements et de dragages entre le seuil d'El Guisr et la mer Rouge. — Le marché relatif à cette entreprise avait été passé le 26 mars 1864. Il comportait un cube total de 24.500.000 mètres cubes.

MM. Borel, Lavalley et Cie s'étaient mis activement à l'œuvre pour l'étude définitive des moyens à employer pour l'exécution de ces travaux.

Des agents expérimentés avaient été envoyés sur le terrain pour combiner et arrêter les divers modes d'exécution. En même temps, les entrepreneurs avaient dû consacrer leurs efforts aux installations des chantiers; ils avaient érigé un ensemble de constructions importantes au Sérapéum, principal centre de direction et de ravitaillement pour les travaux à exécuter entre le lac Timsah et les lacs Amers, et à Chalouf-el-Terraba, chef-lieu de la section des travaux de toute la partie du canal comprise entre les lacs Amers et Suez.

Le mode d'exécution arrêté par les Entrepreneurs pour la majeure partie des travaux du deuxième lot consistait à profiter du plan d'eau du canal d'eau douce placé à plusieurs mètres au-dessus du niveau de la Méditerranée, pour effectuer par voie de dragages la plus grande portion des déblais. A cet effet, on devait ouvrir dans l'emplacement même du canal maritime un premier chenal mis en communication avec le canal d'eau douce au moyen d'une dérivation déjà construite dans ce but et par laquelle on ferait pénétrer les dragues, ainsi que tout le matériel accessoire et les approvisionnements. D'un autre côté, on utiliserait les bas-fonds existant le long du canal maritime pour créer des bassins artificiels qui seraient remplis avec l'eau du canal d'eau douce et où l'on irait verser, au moyen de barques à clapets, les produits des dragages.

Afin de hâter le moment de la réalisation de ce programme, les entrepreneurs avaient, dès l'année 1864, organisé des ateliers de terrassements à la brouette. Ils comptaient pouvoir, dans un délai de quelques mois, attaquer le seuil du Sérapéum avec des dragues. Un peu plus tard, le lac Timsah, lorsqu'il serait plein, pourrait de son côté recevoir des dragues destinées à l'approfondissement des grandes tranchées déjà ouvertes à toute largeur par les anciens contingents sur un parcours de 6.000 mètres, depuis l'extrémité sud du lac jusqu'au delà de Toussoum.

Sur la portion comprise entre les lacs Amers et Suez, les entrepreneurs n'avaient pas encore commencé les travaux, mais ils prenaient leurs dispositions pour continuer vigoureusement l'attaque du seuil de Chalouf déjà entamé par les contingents égyptiens. Mais, avant de songer à employer les dragues, il fallait d'abord enlever un banc calcaire qui présentait une masse d'environ 20.000 mètres cubes et descendait jusqu'au plafond du canal. On espérait pouvoir en faire l'extraction à sec. Les pierres qui en proviendraient devaient être réservées pour servir ultérieurement à l'enrochement des berges.

Le tracé primitif du canal dans les lagunes vis-à-vis de Suez avait révélé aux sondages des bancs de roche qu'il y avait intérêt à éviter. Par une nouvelle série de sondages dans cette région, les ingénieurs de la Compagnie avaient été conduits à penser qu'en rejetant suffisamment le tracé vers l'Est, on parviendrait peut-être à éviter les bancs de roche. L'événement avait heureusement justifié ces prévisions. L'ingénieur chef de la division de Suez, M. Larousse, avait arrêté sur le terrain un nouveau tracé sur lequel des sondages très rapprochés n'avaient pas indiqué la moindre existence de rocher. Ce tracé passait à 1.100 mètres à l'est du lieu dit « La Quarantaine ». Bien qu'il présentât, par rapport au premier tracé, un excédant de cube d'environ 300.000 mètres, il offrait tant de facilité et d'économie que la Compagnie n'avait pu hésiter à lui donner la préférence.

Canal d'eau douce. — On se rappelait que le Gouvernement égyptien était chargé de la construction de la première partie du canal d'eau douce depuis le Caire jusqu'à l'Ouady, y compris la prise d'eau au Nil; et, qu'aux termes du contrat passé le 18 mars 1863 avec le Vice-Roi, ce travail aurait dû être terminé au 1er mars 1865.

Le cube total des terrassements pour cette partie du canal, de 70 kilomètres de longueur, était d'environ 7 millions de mètres cubes. Les travaux avaient été entrepris seulement dans les derniers mois de 1864, sur une longueur de 22 kilomètres. Interrompus pendant six semaines à l'époque du jeûne du Ramadan et des fêtes du Baïram, ils avaient été repris en mars (1865), puis bientôt suspendus pendant et après le choléra. Le cube de déblais déjà exécuté dépassait 2 millions de mètres cubes.

Au moment de l'étiage du Nil, le Gouvernement égyptien avait fait commencer les travaux de la prise d'eau du Caire sous la direction de M. Sciama, l'ancien ingénieur en chef de l'exécution des travaux de la Compagnie passé au service du Gouvernement en qualité de directeur général des ponts et canaux d'Égypte.

Les écluses d'Ismaïlia et de Suez sur le canal d'eau douce étaient terminées et l'ouverture de la ligne de navigation en transit, sans transbordement, entre la Méditerranée et la mer Rouge, avait été inaugurée à Ismaïlia le 15 août (1865).

Trois écluses intermédiaires étaient en construction sur la branche de Suez. Elles étaient destinées à diminuer la dépense d'eau pendant la période d'étiage du Nil. La construction en avait été confiée à MM. Borel, Lavalley et Compagnie en vertu d'un marché spécial. En attendant leur achèvement, elles étaient contournées par des dérivations provisoires qui maintenaient la navigation.

Organisation des services de la Direction générale des travaux pendant l'année 1864 [1]

MODIFICATIONS A L'ORGANISATION DE L'ANNÉE PRÉCÉDENTE

20 *janvier*. — Licenciement de M. Barellier, sous-directeur des travaux (liquidation de l'entreprise générale).

1er *février*. — Mise à la disposition de la Compagnie, par M. Feinieux, représentant de l'entrepreneur général, des agents restés provisoirement au service de l'ancienne entreprise.

---

1. AGENCE SUPÉRIEURE

MODIFICATIONS A L'ORGANISATION DE L'ANNÉE PRÉCÉDENTE

Le Service central comprend maintenant les trois seules subdivisions suivantes : secrétariat, comptabilité, caisse. La caisse d'Alexandrie a été réunie à la comptabilité.

Le service de santé et le service des cultes retournent à l'Agence supérieure.

1er *février*. — Nomination, auprès de la Direction générale des travaux, de M. Poilpré, précédemment chef de la comptabilité centrale (liquidation de l'entreprise), comme inspecteur des services administratifs.

29 *février*. — Nomination de M. Monteil, précédemment chef des travaux à la division des ateliers et du matériel, comme chef, par intérim, de la même division, en remplacement du précédent titulaire, M. Schmidt, démissionnaire.

7 *mars*. — Acceptation de la démission de M. Philigret, chef de la division de la marine, et suppression du service.

5 *octobre*. — Licenciement de M. Angot, intendant général.

Marche des travaux et modes d'exécution

(ANNÉE 1864)

Les comptes rendus ci-dessus des travaux exécutés et des résultats obtenus pendant l'année 1864-1865 donnant déjà, au sujet de ces travaux, des renseignements très détaillés, nous nous contenterons, en ce qui est des travaux exécutés à l'entreprise, de renvoyer, pour plus amples détails, savoir : en ce qui concerne les entreprises Couvreux, Dussaud, Aiton, aux chapitres du présent volume relatifs auxdites entreprises (voir plus loin); et, en ce qui concerne l'entreprise Borel Lavalley et Cie, au tome V, consacré entièrement à la description des importants travaux exécutés par cette entreprise.

Nous ajouterons d'ailleurs, aux renseignements généraux donnés par les comptes rendus sur la marche des travaux, les renseignements complémentaires suivants :

PORT DE PORT-SAÏD

Avant la prise de possession des chantiers par M. Aiton, dans le courant d'avril, la Compagnie avait continué en régie les dragages dans le port de Port-Saïd et sur la première partie du canal maritime.

Les dragages du port, exécutés dans le grand bassin, avaient eu pour principal objet l'ouverture d'un chenal direct entre l'entrée du port et le canal maritime, pour suppléer l'ancienne rigole de service établie, au début même des travaux, suivant le contour du bassin. Cette communication directe entre le canal maritime et la rade, en même temps qu'elle facilitait très notablement les transports, ce qui était son véritable but, avait complètement transformé l'aspect du port. Lorsque, après une longue mais facile navigation, à partir d'Ismaïlia, on arrivait à Port-Saïd, et que l'on apercevait, droit devant soi, les navires mouillés à l'abri de l'îlot, les mahonnes déchargeant à l'appontement, les nombreuses embarcations sillonnant le chenal, on reconnaissait qu'il y avait là un véritable port déjà créé.

Au milieu de l'année, le chenal d'accès du port entre la barre et le quai du magasin se trouvait n'avoir que peu de profondeur par suite des apports de sable qui s'y produisaient pendant la saison des eaux basses du Nil où le niveau de la mer domine celui du lac Menzaleh. Cette situation rendait les transports généraux très difficiles en même temps qu'elle créait des obstacles aux opérations de l'entrepreneur des jetées, M. Dussaud, à qui son marché avait assuré un chenal de profondeur suffisante jusqu'à ses chantiers. Pour y remédier, un marché spécial fut passé, le 28 juillet, par la Compagnie, avec M. Aiton, pour le dragage immédiat du chenal en question, comprenant un cube de 10.000 mètres, les terres devant être employées à la continuation des remblais de Port-Saïd ; le prix convenu était de 2 fr. 90 le mètre cube, ce qui faisait revenir le travail spécial des remblais à 1 fr. 55 le mètre cube. Une drague fut constamment employée à ces travaux jusqu'à la fin de l'année.

CANAL MARITIME

Rigole maritime de Port-Saïd au lac Timsah. — La navigation sur la rigole maritime fut assez bonne pendant toute l'année, bien que l'on continuât à avoir de temps en temps des ruptures de berges à la traversée des lacs Ballah. Ces ruptures, on le sait, étaient dues à ce que, sur cette partie du canal, les digues qui constituaient les berges étaient composées de terres contenant beaucoup de sel et reposant sur une couche de sulfate de chaux qui se dissolvait à la longue et finissait par provoquer des affaissements. Des chantiers de travailleurs, échelonnés sur la ligne du canal pour renforcer les digues, se trouvaient toujours prêts à réparer le plus promptement possible les avaries. Une rupture de digue qui se produisit en octobre, à la traversée des lacs Ballah, arrêta pendant huit à dix jours les transports du matériel de M. Couvreux.

Les ingénieurs veillaient avec une constante sollicitude au renforcement des digues et à leur bon entretien. Ces travaux entraînaient d'assez fortes dépenses. Malgré tous les efforts, on n'avait pu encore, à la fin de l'année, par suite des moyens limités d'exécution dont on disposait, parvenir à se mettre complètement à l'abri, pour l'avenir, de toutes craintes de nouvelles ruptures.

CANAL D'EAU DOUCE

Les deux branches du canal d'eau douce n'exigeaient plus que des travaux d'entretien.

BRANCHE PRINCIPALE :

La construction des deux écluses d'Ismaïlia fit l'objet d'un marché de tâche. Commencée en février, elle subit des retards par suite de la décision prise par la Compagnie de porter à $8^{m},50$ la largeur des écluses au lieu de la largeur primitive de 6 mètres.

Les matériaux d'abord employés à la construction des deux écluses provenaient de la carrière du plateau des Hyènes. Par suite de l'épuisement de cette carrière, qui ne fournissait plus que des pierres de médiocre qualité, il fut décidé, en août, que toute la pierre de taille et les moellons smillés seraient pris à la carrière de Gebel-Géneffé. [Cette carrière était d'ailleurs considérée comme la seule qui pût fournir les matériaux nécessaires à la construction des écluses de la branche de Suez.] L'exploitation de la carrière fut, en conséquence, organisée. Un chemin de fer de 3 kilomètres de longueur fut établi entre la carrière et le canal d'eau douce.

BRANCHE DE SUEZ :

A la date du 1er juillet, la navigation sur la branche de Suez était interrompue depuis deux mois par suite des eaux basses du Nil.

L'eau qui avait été ménagée avec le plus grand soin dans le dernier bief, près de Suez, n'étant plus renouvelée, c'est-à-dire se trouvant stagnante au milieu de terrains jadis saturés de sel, et qui n'étaient pas encore suffisamment délavés, était devenue saumâtre ; et la population de Suez, qui avait joui pendant quelques mois des bienfaits d'une grande abondance d'eau douce, se trouva de nouveau condamnée à la ration restreinte des arrivages par chemin de fer. De nouvelles démarches instantes furent renouvelées auprès du Vice-Roi pour l'exécution la plus prompte possible de la prise d'eau du Caire et de la portion de canal que le Gouvernement s'était engagé à construire par la convention du 18 mars 1863.

L'eau douce arriva enfin de nouveau à Suez dans les derniers jours de juillet ; mais elle ne se trouvait pas encore assez abondante dans le canal pour permettre une bonne navigation sur toute sa longueur. La navigation, qui avait dû être momentanément interrompue sur la branche principale pour fournir de l'eau à la branche de Suez, avait été rétablie. Comme la ville de Suez était maintenant convenablement alimentée et qu'il importait surtout alors d'assurer une bonne navigation sur la branche principale, où l'on avait à effectuer de nombreux transports pour l'évacuation d'une partie des énormes approvisionnements du magasin d'Ismaïlia, la navigation jusqu'à l'extrémité de la branche de Suez ne put être rétablie qu'un peu plus tard.

BATIMENTS ET ABRIS

Tous les bâtiments qui étaient encore en cours de construction au commencement de l'année furent terminés quelques mois plus tard. L'installation de la Compagnie se trouvait maintenant complète sur toute l'étendue de la ligne des travaux. On n'avait plus, pour le moment du moins, à entreprendre de nouvelles constructions[1]. Par suite même de la simplification des services et de la réduction du personnel de la Compagnie à la suite des marchés d'entreprises de travaux, on put mettre à la disposition des entrepreneurs un certain nombre de maisons d'habitation afin de leur éviter une partie des difficultés de la première installation et de leur faciliter ainsi la prompte mise en train de leurs travaux.

Ateliers de Port-Saïd. — Les ateliers de Port-Saïd, à la date du 27 juin 1864, furent cédés en location, au prix de 50.000 francs par an, à MM. Borel, Lavalley et Cie, chargés, par leur marché d'entreprise du 26 mars de la même année, de l'exécution des travaux du lot de Suez du canal maritime.

Quelques mois plus tard, MM. Borel, Lavalley et Cie, par l'un des articles de leur nouveau marché du 22 décembre, les chargeant également des travaux du lot de Port-Saïd, furent exonérés, à partir de leur prise de possession des ateliers (1er octobre 1864) du paiement du prix de location primitivement stipulé.

ALIMENTATION D'EAU DOUCE DES CHANTIERS

Première conduite d'eau douce entre Ismaïlia et Port-Saïd. — Ainsi qu'il a été mentionné précédemment, la conduite d'eau, à la fin de l'année 1863, n'était encore arrivée qu'au kil. 34 du canal maritime.

La pose de la dernière partie de la conduite éprouva des retards par suite de cette circonstance que certaines parties de la berge Afrique du canal maritime, sur laquelle la conduite était installée, ne se trouvaient pas encore assez tassées ni consolidées pour permettre la pose des tuyaux.

Au commencement de février, l'eau arrivait tout près de Ras-el-Ech à 16 kilomètres de Port-Saïd. La conduite avait été utilisée, à mesure de son avancement, pour l'alimentation des chantiers de travailleurs échelonnés le long du canal sur tout son parcours.

Les travaux de la conduite d'eau furent achevés le 9 avril et l'eau fut distribuée dès le lendemain dans la ville de Port-Saïd au moyen de cinq bornes-fontaines. Un réservoir d'une contenance de 500 mètres cubes se trouvait sur le point culminant du seuil d'El-Guisr et un réservoir d'une contenance de 700 mètres cubes à Port-Saïd.

Deuxième conduite d'eau douce entre Ismaïlia et l'îlot du Cap. — Dès les premiers mois de l'année, c'est-à-dire peu après l'achèvement de la première conduite d'eau, la nécessité avait été reconnue de pourvoir au moyen d'une conduite spéciale aux besoins des chantiers de terrassements du seuil

---

1. Le Président de la Compagnie, dans son rapport à l'Assemblée générale des actionnaires du 6 août 1864, donnait le renseignement suivant :

On élevait en ce moment au centre de l'isthme, à Ismaïlia, où déjà la Compagnie avait fait construire une mosquée, la principale église catholique, destinée à remplacer une chapelle provisoire. En mettant ce sanctuaire sous l'invocation de Saint François de Sales, la Compagnie avait respectueusement obéi à un désir exprimé par Sa Majesté l'Impératrice Eugénie, si bienfaisante pour elle, et dont la protection constante et éclairée avait été l'un des éléments providentiels du succès de l'entreprise.

d'El Guisr, dont les travaux avaient été donnés à l'entreprise le 1er octobre 1863 (entreprise Couvreux), afin de laisser à la conduite déjà posée toute sa puissance d'alimentation au-delà du Seuil. On reconnut un peu plus tard, pendant les études, l'avantage qu'il y aurait à prolonger cette seconde conduite jusqu'à l'îlot du Cap situé à peu près à mi-distance entre Ismaïlia et Port-Saïd.

En conséquence, un nouveau marché fut passé le 15 décembre 1864 avec M. Lasseron pour l'établissement d'une deuxième conduite d'eau entre Ismaïlia et l'îlot du Cap.

Par ce nouveau marché, l'entrepreneur s'engageait :

D'une part, moyennant le prix à forfait de 1.418.736 francs : 1° à établir entre les deux points ci-dessus désignés une seconde conduite d'eau parallèle à la première, en communication avec elle et capable de débiter par vingt-quatre heures un cube supplémentaire de 550 mètres cubes, soit, en tout, 900 mètres cubes; 2° à faire à l'établissement hydraulique d'Ismaïlia les modifications nécessaires (simple changement des pompes), pour lui permettre de satisfaire au service des deux conduites;

D'autre part, à continuer à ses frais, risques et périls, l'exploitation de la seconde conduite avec celle de la première pendant une période d'au moins trois années à partir de la date fixée pour l'achèvement des travaux (15 mars 1866), et à fournir l'eau à la Compagnie sur un point quelconque du parcours aux prix de 1 fr. 70 pour les 200 premiers mètres cubes, 1 fr. 25 pour les 100 mètres suivants jusqu'à 300 mètres, et 1 franc pour toutes les quantités excédantes. Un débit de 400 mètres cubes par jour était assuré à l'entrepreneur.

TRANSPORTS MARITIMES

Mouvements de la rade de Port-Saïd. — Le mouvement de la rade pendant l'année a été de 487 navires jaugeant ensemble 82.111 tonneaux.

Le mouvement total depuis l'origine des travaux jusqu'à la fin de 1864 s'est trouvé être ainsi de 1.601 navires jaugeant ensemble 260.116 tonneaux.

On jugera de l'amélioration annuelle des moyens de déchargement à Port-Saïd par les chiffres du tableau suivant :

TABLEAU DES NOMBRES DE JOURS PENDANT LESQUELS, CHAQUE MOIS, PENDANT CHACUNE DES ANNÉES 1861 A 1864, LA RADE A ÉTÉ CONSIGNÉE

	1861	1862	1863	1864
Janvier	22	12	5	13
Février	16	9	1	8
Mars	10	21	7	6
Avril	6	15	13	11
Mai	23	5	4	2
Juin	8	12	2	1
Juillet	10	5	2	4
Août	5	11	4	2
Septembre	2	4	3	2
Octobre	7	10	4	2
Novembre	15	10	10	4
Décembre	19	5	14	4
TOTAUX PAR ANNÉE	143	119	69	59

Accident de rade. — Le 11 janvier régna sur la rade une tempête du nord-est.

Un navire français, de 209 tonneaux, venant de Marseille, chargé de machines, était amarré à un corps mort. Pendant la nuit, un fort coup de vent de nord-est se déclara et renforça de plus en plus, avec grosse mer. Le navire fatiguait beaucoup et ne pouvait filer de sa grosse chaîne pour allonger son amarrage parce qu'il avait dû se résigner à la couler, pour éviter l'abordage d'un navire arrivé la nuit précédente et filant droit sur lui. Vers deux heures du matin, la chaîne du corps-mort cassa sur le guindeau. On mouilla les ancres de poste, mais les petites chaînes de ces ancres cassèrent à leur tour et le navire fut jeté à la côte à 5 kilomètres dans l'ouest de Port-Saïd.

Vente de la flotte de la Compagnie et suppression du service spécial de transports maritimes. — Ainsi qu'il a été expliqué précédemment, la possession d'une flotte n'avait été aux yeux de la Compagnie qu'un moyen d'assurer les transports dans des cas urgents et de permettre en même temps de peser sur le marché pour obtenir de meilleures conditions de fret; mais cette exploitation d'une flotte étant extrêmement coûteuse, la Compagnie avait la ferme intention, dès que les circonstances le permettraient, de se défaire de sa flotte et de supprimer par là même le service des transports maritimes.

Aussi, et bien qu'alors les transports de pierres du Mex fussent encore en pleine activité, tous les navires de la flotte furent-ils vendus dans le courant des mois de juillet à octobre 1864; et, comme conséquence, le service maritime fut-il peu après supprimé.

Grâce à l'abri que présentait déjà à cette époque le port de Port-Saïd pour les navires de petites dimensions et à l'amélioration des moyens de déchargement, on avait la certitude que les affrétements, devenus plus faciles, suffiraient seuls désormais pour répondre à tous les besoins[1].

TRANSPORTS A L'INTÉRIEUR

Les transports à l'intérieur continuèrent de se faire en 1864 dans les mêmes conditions que l'année précédente.

Pendant la saison des eaux basses du Nil, un service de messageries par chalands remorqués à l'aide de chameaux fut établi par les soins et au compte direct de la Compagnie entre Zagazig et Ismaïlia. Ce service était très onéreux.

Sur la branche de Suez du canal d'eau douce, la navigation fut interrompue pendant plus de deux mois. Toutes les barques de l'entrepreneur des transports, Hadgi Selim, se trouvèrent bloquées à Suez sans pouvoir rendre

---

1. Dès la fin d'août, tous les navires à voiles de la flotte avaient été vendus. La Compagnie s'était d'ailleurs également débarrassée depuis plusieurs mois, en se résignant à une forte perte, du navire à vapeur *Albert*. Elle n'avait donc plus, alors, en activité que le vapeur *Le Joseph*, qui ne rendait que de faibles services et dont l'exploitation était très onéreuse. L'Administration supérieure hésitait à autoriser le désarmement et la vente de ce dernier vapeur dans la crainte que la Compagnie ne se trouvât ensuite à la merci des armateurs pour ses communications entre Alexandrie et Port-Saïd. Le Directeur général des travaux ayant été laissé libre de se défaire du navire s'il était assuré de pouvoir le faire sans courir le danger signalé, le désarmement et la vente du *Joseph* eurent lieu dans les derniers jours d'octobre.

aucun service, la Compagnie ayant néanmoins à en payer la location. Ce ne fut qu'en août que les barques purent regagner le canal d'eau douce.

APPROVISIONNEMENTS DE DENRÉES

Par décision du 19 mars 1864, une indemnité temporaire fut allouée aux employés en raison de la cherté exceptionnelle des subsistances.

Grâce au développement du commerce libre dans l'Isthme, la Compagnie avait pu, dès l'année précédente, réduire progressivement ses opérations en ce qui était de la vente des denrées alimentaires, objets d'habillement et de ménage, mobilier, etc. Le magasin de Toussoum avait été supprimé à la fin de ladite année. Au commencement de 1864, les magasins de Ras-el-Ech et d'El Guisr furent supprimés à leur tour; plus tard, à la date du 15 août, le magasin de Chalouf. La Compagnie n'avait plus à sa charge les fournitures de vins et de viande de boucherie ; elle cessa bientôt d'exploiter directement les quelques boulangeries qu'elle avait jugé prudent de conserver.

La suppression complète des contingents égyptiens à partir du 1er juin 1864 devait avoir pour conséquence naturelle la suppression du service de l'intendance générale qui avait été créé principalement en vue d'assurer les approvisionnements de toute nature de ces grandes agglomérations d'ouvriers. La réalisation de cette importante réforme fut immédiatement commencée; elle ne pouvait évidemment être achevée qu'après la liquidation de toutes les opérations engagées.

Dans le courant d'août, le directeur général des travaux, d'accord avec l'intendant général, fit opérer la vente sur place, à moitié prix des tarifs des magasins, c'est-à-dire avec un quart de perte environ sur les prix d'achat, des denrées alimentaires, ustensiles de ménage et objets mobiliers qui existaient encore en approvisionnement dans les magasins. Cette vente fut faite d'abord en faveur des agents de la Compagnie, puis en faveur des agents des entrepreneurs. Les objets restants furent vendus aux enchères publiques.

La liquidation de l'ancien service des approvisionnements et transports fut complètement terminée dans le courant de septembre, et l'intendant général cessa ses fonctions le 5 octobre.

A la fin de l'année 1864, l'alimentation de tous les chantiers de l'Isthme se trouvait entre les mains du commerce privé. La concurrence était suffisante pour donner satisfaction à tous les besoins et pour maintenir les denrées et toutes les choses nécessaires à la vie à des prix raisonnables, compte tenu de la cherté générale de la vie en Égypte.

La Compagnie ne conservait que les deux grands magasins de Port-Saïd et d'Ismaïlia à l'usage exclusif des travaux qui s'exécutaient en régie.

CONTINGENTS ÉGYPTIENS

Les contingents égyptiens furent supprimés dans le courant de mai 1864.

Nous rappellerons en peu de mots les circonstances à la suite desquelles eut lieu cette suppression (voir, pour plus amples détails, t. I, p. 207) :

Le Président de la Compagnie, en faisant connaître à l'Assemblée générale des actionnaires dans sa réunion du 1er mars 1864, tous les faits et incidents qui s'étaient produits depuis la réunion précédente et la situation actuelle des choses, put annoncer que le Vice-Roi avait déclaré s'en remettre complètement à l'empereur pour régler amiablement et définitivement toutes les questions en litige entre le Gouvernement égyptien et la Compagnie, et que Sa Majesté avait bien voulu se charger personnellement de la suprême décision sur toutes ces questions.

La sentence impériale fut rendue le 6 juillet 1864. Elle fixait, entre autres, l'indemnité due à la Compagnie par le Gouvernement égyptien pour la suppression des contingents.

Le Président, dans son rapport à l'Assemblée générale des actionnaires du 6 août 1864 donna, au sujet de la suppression effective des contingents, les quelques explications suivantes :

Pendant les trois premiers mois de l'année, le chiffre moyen des contingents mensuels fournis par le Gouvernement n'avait pas dépassé 12 à 13.000 hommes; puis l'importance du contingent avait continué à décroître jusque dans le courant de mai, époque à laquelle la Compagnie avait fait prévenir le Gouvernement égyptien qu'il pouvait retirer tous les ouvriers des contingents.

TRAVAUX ACCESSOIRES

Télégraphe électrique. — Prolongement jusqu'à Suez de la ligne télégraphique d'Ismaïlia à Toussoum.

La longueur totale de la ligne d'Ismaïlia à Suez avec branchement sur Toussoum était de 95 kilomètres.

A la date du 1er juillet, le réseau télégraphique de Zagazig à Ismaïlia, Port-Saïd et Suez était complètement terminé et fonctionnait de la manière la plus satisfaisante. Il comprenait 10 postes télégraphiques.

SERVICE DE SANTÉ DU 1er JUIN 1864 AU 1er JUIN 1865

(EXTRAIT DU RAPPORT DU MÉDECIN EN CHEF)

Le climat de l'Egypte avait semblé reprendre son état normal ; on n'avait pas eu les variations de l'année précédente. L'été avait été plus sec sans être plus chaud et l'hiver avait été doux et tempéré; la pluie avait été peu abondante à Port-Saïd, rare dans l'Isthme, nulle à Suez; il n'y avait pas eu de vents violents; le khamsin qui avait été si persistant jusqu'en juin 1864 n'avait fait que quelques apparitions en 1865. Le climat n'eut donc pas une influence particulière sur la santé générale dans l'Isthme pendant l'année 1864-1865.

Circonscription de Port-Saïd. — Le service s'étendait sur une longueur de 30 kilomètres, de Port-Saïd au kil. 30 du Canal maritime. Deux médecins et un pharmacien étaient chargés du service à Port-Saïd; un médecin à Ras-el-Ech (kil. 15). Pour l'ensemble de la circonscription, il y avait 38 lits. La santé générale s'était améliorée.

Les principales causes qui influaient régulièrement sur la santé générale à Port-Saïd étaient les suivantes : remblais de la ville, alimentation, habitations :

Remblais. — Les remblais du terre-plein de la ville avaient continué de progresser. L'expérience avait démontré combien il importait de faire disparaître les flaques d'eau qui entouraient certaines maisons, et formaient des foyers d'infection, et de niveler les remblais pour éviter l'entassement des immondices dans les dépressions du sol. Les eaux du lac étaient restées généralement assez basses par suite du peu de hauteur de la crue du Nil, et cette circonstance avait été favorable à la santé générale.

Alimentation. — La Compagnie ne s'occupait plus des approvisionnements et le commerce libre avait suffi aux besoins.

Il y eut dans l'alimentation une amélioration sensible. La viande, cependant, fut quelquefois peu abondante par suite de l'épizootie et du manque d'arrivages pendant l'hiver. On n'eut vraiment à se plaindre que de la cherté des vivres. Cette plainte était d'ailleurs générale, non seulement dans l'Isthme, mais dans toute l'Egypte.

Il existait heureusement à Port-Saïd un excellent aliment dont les Grecs surtout faisaient grand usage : c'était le poisson du lac, très abondant et d'excellente qualité. Le vin ordinaire était de bonne qualité et d'un prix modéré. L'abus des alcools paraissait avoir diminué.

Habitations. — Les ouvriers, les marchands et les industriels arrivant à Port-Saïd plus rapidement que ne se construisaient les maisons, il y avait eu encombrement, ce qui, pour les européens, était aussi fatal que de coucher en plein air.

L'humidité, dans les rares maisons dont le sol n'était pas encore remblayé, était aussi une cause d'insalubrité.

Circonscription de Kantara. — Le service s'étendait sur une longueur de 30 kilomètres, du kil. 30 au kil. 60 ; il était fait par un médecin et un aide-pharmacien. Il y avait 15 lits.

L'alimentation fut pendant quelque temps difficile : la Compagnie, ayant admis la liberté du commerce, avait supprimé le magasin de Kantara; comme, jusque-là, la concurrence n'existait pas, vu le petit nombre d'européens en résidence fixe, les denrées étaient rares et d'un prix excessif. Le commerce privé étant venu enfin s'installer à Kantara, le campement se trouva dès lors convenablement approvisionné.

La circonscription de Kantara continua de rester une des plus salubres et où la santé générale était des meilleures.

Circonscription d'El Guisr. — Le service de santé s'étendait sur une longueur de 15 kilomètres, du kil. 60 au débouché du canal dans le lac Timsah. Il était fait par deux médecins et un pharmacien. Il y avait 21 lits.

La santé générale avait été satisfaisante.

Un fait assez curieux fut constaté : la présence sur le Seuil, bien que l'hiver n'eut pas été pluvieux, de quelques cas de fièvre intermittente et même pernicieuse qui, tous, cédèrent rapidement au sulfate de quinine.

Circonscription d'Ismaïlia. — Le service de santé comprenait, indépendamment de la ville d'Ismaïlia, le canal d'eau douce jusqu'à Maxama et la dérivation de Suez jusqu'au kil. 5. Il était fait par deux médecins, un pharmacien et un économe. Il y avait 30 lits pour européens et 12 lits pour arabes.

La ville était largement arrosée par un système de conduites qui portaient l'eau dans chaque habitation et permettaient d'y établir des jardins potagers et d'agrément.

Les denrées n'arrivant pas directement à Ismaïlia comme à Port-Saïd, leur prix était très élevé. La viande avait parfois fait défaut. Pendant l'étiage du canal d'eau douce, l'eau étant demeurée stagnante dans les puits alimentés par les conduites avait subi des altérations sensibles auxquelles on remédia en faisant curer les puits.

L'état sanitaire d'Ismaïlia resta dans des conditions normales jusqu'en janvier (1865); mais, en février, les maladies ordinaires commencèrent à prendre des formes plus graves, surtout sur les nouveaux arrivés : calabrais, dalmates, bretons et grecs. Des maladies commencées en Europe et inconnues sur les chantiers de l'Isthme se manifestèrent : on eut des cas de fièvre pernicieuse, des fièvres à type rémittent, des gastro-hépatites et des gastro-céphalites; les dysenteries et les diarrhées étaient plus rebelles ; ces affections cédaient difficilement aux traitements les plus actifs. De plus, on avait affaire à des gens nouveaux, non acclimatés, adonnés à l'ivrognerie et d'une constitution affaiblie par le climat ou par des privations antérieures. Bref, pendant les quatre premiers mois de 1865, la mortalité fut de 2,50 pour 100; elle était néanmoins peu élevée par rapport au nombre des malades.

Circonscription de Toussoum. — Le service de santé comprenait le canal maritime depuis le lac de Timsah jusqu'aux lacs Amers et la branche de

Suez du canal d'eau douce depuis le kil. 5 jusqu'au kil. 45. Il était fait par deux médecins et un pharmacien. Il y avait 12 lits pour les européens et 8 lits pour les arabes.

Le campement principal était établi au Sérapéum.

Dans les premiers temps de l'installation il y eut une insuffisance complète de logements pour les nombreux ouvriers européens et arabes qui affluaient sur les chantiers, et il en résulta un encombrement à la suite duquel se produisirent des fièvres typhoïdes. Les malades durent être évacués, ainsi, momentanément, qu'une partie du campement. A la suite de mesures d'hygiène et de salubrité qui furent prises, les maladies disparurent et l'état sanitaire du campement devint satisfaisant.

Pour les causes générales déjà indiquées, l'alimentation y laissa souvent à désirer.

Au Sérapéum, comme cela avait eu lieu à Ismaïlia pendant l'hiver 1862-1863 et pour la même cause, il se produisit un fait d'épidémie de dysenterie et de pneumonie chez les nègres et les barbarins. Ce qui prouvait le caractère épidémique, c'est que, dans les autres chantiers, la mortalité chez les nègres avait été à peu près nulle.

Pendant les quatre premiers mois de 1865, la mortalité fut de 2,65 0/0. Toutefois, comme à Ismaïlia, ce taux de mortalité était peu élevé par rapport au nombre des malades.

Précédemment, il n'y avait eu sur le chantier que des indispositions ou des maladies peu graves.

Circonscriptions de Chalouf et de Suez. — Le service de santé de Chalouf comprenait le canal maritime, depuis l'entrée du petit lac Amer, et le canal d'eau douce depuis le kil. 45, l'un et l'autre jusqu'au kil. 80 du canal d'eau douce. Il était fait par un seul médecin. Il y avait 30 lits pour les européens et 20 lits pour les arabes.

Le service de santé de Suez comprenait le canal maritime et le canal d'eau douce depuis le kil. 80 du canal d'eau douce jusqu'à la mer. Il était fait par un seul médecin. Il y avait 6 lits pour les européens.

La santé générale des travailleurs fut excellente dans les deux circonscriptions.

TABLEAU DE LA MORTALITÉ DANS L'ISTHME ET SUR LE DOMAINE DE L'OUADY PENDANT L'ANNÉE 1864-1865

	POPULATION TOTALE	MORTALITÉ	PROPORTION POUR 100
Dans l'Isthme			
Européens............	6.660	87	1.30
Arabes sédentaires.....	3.840	79 * 114 **	2.05 2,98
Dans l'Ouady			
Fellahs et bédouins....	7.800	140	1.79

* L'épidémie des noirs exceptée.
** Tout compris.

Dépenses de la Direction générale des travaux et situation générale des travaux à la fin de l'année 1864.

Nous croyons utile de faire connaître quelle était, à la fin de l'année 1864, c'est-à-dire au moment où cessait la période d'exécution des travaux, d'abord en régie intéressée jusqu'à la fin de 1862, puis en régie directe par la Compagnie, pour faire place à la période d'exécution par voie d'entreprises, la situation de la Direction générale des travaux au double point de vue des dépenses et des travaux exécutés.

I. ÉTAT RÉCAPITULATIF DES DÉPENSES DE LA DIRECTION GÉNÉRALE DES TRAVAUX AU 31 DÉCEMBRE 1864

Personnel et frais divers de la Direction générale des travaux

	Francs.
Commission consultative des travaux	44.920
Personnel (Services d'Égypte et Service de Paris)	4.858.964
Frais divers	465.484
Indemnites et secours	585.546
Service de santé	89.497
Services religieux	89.489
Services municipaux	238.700
	6.372.600
Reprise des dépenses de la Régie intéressée correspondant aux articles ci-dessus	4.034.234
Dépenses de la Compagnie pour la Régie	154.378
TOTAL	10.561.212

Magasin général

Approvisionnements :	
Bois	1.605.857
Métaux	639.248
Matériaux pour maçonneries	292.005
Combustibles	861.196
Denrées alimentaires	3.262.609
Grains et fourrages pour les animaux	730.458
Objets manufacturés et confectionnés	982.844
Outils et petit matériel	1.795.474
Matières et objets divers	1.771.493
	11.941.184
Exploitation des magasins et annexes :	
Manutention des magasins	1.558.245
Transports d'approvisionnements	29.443
Exploitations annexes	— 61.902
TOTAL	13.466.970

Gros matériel

(Acquisitions, construction, modifications)

Matériel des travaux de construction :	
Dragues, grues, machines et appareils divers	6.337.083
Matériel des transports :	
Animaux, matériel roulant sur routes ordinaires, matériel de chemins de fer, matériel de navigation	3.068.804
Matériel des ateliers :	
Machines à vapeur, gros outillage des ateliers	541.398
Matériel divers :	
Matériel des exploitations accessoires, matériel des ouvrages d'art, accessoires du gros matériel	1.603.603
Exploitation des dépôts de matériel :	
Manutention des dépôts, transports de matériel	44.369
TOTAL	11.595.257

Bâtiments et Abris

(Maisons d'habitation. bâtiments d'exploitation, hôpitaux et édifices religieux.)

Le Mex	1.133
Port-Saïd	406.173
Ras-el-Ech	11.127
Kantara	24.656
El Guisr	103.568
Ismaïlia	986.164
Toussoum	28.955
Gebel-Geneffé	425
Chalouf el Terraba	86.277
Suez	13.556
Campements divers	27.030
TOTAL	1.749.064

Transports (Exploitation)

Transports à l'intérieur :	
Transports de toute nature	4.247.809
Navigation maritime :	
Transports maritimes, mouvements des ports, dépenses diverses	3.998.271
TOTAL	8.246.080

Ateliers (Exploitation)

Ateliers métallurgiques	1.472.414
— de bois	1.907.719
— accessoires des travaux et exploitations	142 339
Equipes mobiles	161.086
Ateliers de la marine	181.101
TOTAL	3.864.659

Exploitations accessoires des travaux

Exploitations de carrières, chaufournerries, etc. :	
Carrière du Mex	315.803
— du plateau des Hyènes	321.316
Carrières diverses	30.484
Platrière du lac Ballah	69.990
Briqueteries diverses	82.384
	819.977
Exploitations diverses :	
Exploitations de bois	68.994
— commerciales	24.695
TOTAL	913.666

Travaux et dépenses accessoires de la construction

Travaux d'amélioration des propriétés de la Compagnie :	
Chounas de Damiette	11.072
Magasin de Boulac	20.713
Terrassements accessoires :	
Remblais et chaussées de Port-Saïd	373.485
Remblais de Ras-el-Ech	22.448
Terrassements et chaussées d'Ismaïlia	80.367
Routes et canaux de service	221.239
Ouvrages accessoires du port de Port-Saïd :	
Phare	19.664
Appontement	147.478
Ilot en fer	158.370
Etablissements pour l'alimentation d'eau douce :	
Machines distillatoires	11.843
Puits et rigoles, conduites d'eau, réservoirs	330.343
Distribution d'eau d'Ismaïlia à Port-Saïd	2.000.229
Etablissement de lignes télégraphiques	50.713
Plantations des berges des canaux	5.883
Kilométrage du Canal maritime	5.293
Dépenses accessoires de la construction :	
Campements mobiles	21.066
Travaux de défense contre les sables	23.880
Dépenses d'entretien général :	
Bâtiments et abris	143.936
Port de Port-Saïd et Canal maritime	398.081
Canal d'eau douce	239.361
Ouvrages accessoires	45.897
Branches accessoires des services :	
Recrutement	197.822
Alimentation d'eau douce	1.247.973
Manœuvre des bacs	21.929
Etudes et essais	393.321
Dépenses à répartir sur les comptes des travaux :	
Approvisionnements sans affectation immédiate	41.382
Frais d'outils et de matériel	81.033
Frais divers des dépôts	30.102
TOTAL	6.344.923

TRAVAUX DE CONSTRUCTION DES CANAUX ET DES PORTS

1° TRAVAUX EN RÉGIE

Terrassements et dragages

Port de Port-Saïd et Canal maritime :		
Régie intéressée	3.561.687	
Régie directe	4.097.949	
		7.659.636
Canal d'eau douce :		
Régie intéressée	800.541	
Régie directe	1.307.577	
		2.108.118

Jetées

Jetée Ouest de Port-Saïd (enrochements) :		
Régié intéressée	54.111	
Régie directe	324.852	
		378.963

Ouvrages d'art

Port d'Ismaïlia	18.374	
Canal maritime	8.394	
Canal d'eau douce (écluses)	346.941	
		373.70
TOTAL		10.520.426

2° TRAVAUX A L'ENTREPRISE

Terrassements et dragages

Port de Port-Saïd et Canal maritime :		
Entreprise Couvreux	462.899	
— Aiton	212.916	
— Borel, Lavalley et Cie	13.443	
		689.258

Jetée Ouest de Port-Saïd

Entreprise Dussaud	103.986
TOTAL	793.244

Avances sur matériel aux entrepreneurs

Entreprise Couvreux	1.659.009
— Dussaud	528.612
— Aiton	349.116
— Borel, Lavalley et Cie	1.642.311
TOTAL	4.179.048

Comptes courants

Avances au personnel et à divers		143.162
Retenues		— 19.487
Comptes courants avec l'Agence supérieure		16.196
Comptes courants anciens :		
Impayés	— 219.255	
Avances à balancer	3.027.820	
Comptes divers	108.747	
		2.917.312
TOTAL		3.057.183

RÉCAPITULATION

Personnel et frais divers de la Direction générale des travaux....	10.561.212
Magasin général....	13.466.970
Gros matériel....	11.595 257
Bâtiments et abris....	1.749.064
Transports (Exploitation)....	8.246.080
Ateliers (Exploitation)....	3.864.659
Exploitations accessoires des travaux....	913.666
Travaux et dépenses accessoires de la construction....	6.344.923
Travaux de construction des canaux et des ports....	10.520.426
Montant total des frais de personnel de la Direction générale des travaux et des dépenses de la régie intéressée et de la régie directe....	67.262.257
Travaux à l'entreprise....	793.244
Avances sur matériel aux entrepreneurs....	4.179.048
Comptes courants....	3.057.183
Montant total des dépenses de la Direction générale des travaux au 31 décembre 1864....	75.291.732

II. — SITUATION GÉNÉRALE DES TRAVAUX AU 31 DÉCEMBRE 1864

TERRASSEMENTS ET DRAGAGES

Port de Port-Saïd et Canal Maritime

1° TRAVAUX EN RÉGIE INTÉRESSÉE ET EN RÉGIE DIRECTE :

	RÉGIE INTÉRESSÉE	RÉGIE DIRECTE	CUBES TOTAUX
De Port-Saïd au seuil d'El Guisr :	mètres cubes	mètres cubes	mètres cubes
Division de Port-Saïd....	516.000	369.000	885.000
— d'El Guisr....	1.329.477	1.070.154	2.399.631
Traversée du seuil d'El Guisr....	4.352.389	»	4.352.389
Du seuil d'El Guisr aux lacs Amers.	2.421.066	1.000	2.422.066
Des lacs Amers à Suez....	1.373.300	»	1.373.300
CUBES TOTAUX EN RÉGIE....	9.992.232	1.440.154	11.432.386

2° TRAVAUX A L'ENTREPRISE :

Canal maritime :	mètres cubes	
Entreprise Aiton (Division de Port-Saïd)....	150.000	
— Couvreux (Division d'El Guisr)....	308.717	
— Borel Lavalley et Cie (Division d'Ismaïlia)....	20.635	
CUBE TOTAL A L'ENTREPRISE....		479.352
CUBE TOTAL DES TERRASSEMENTS ET DRAGAGES DU PORT DE PORT-SAÏD ET DU CANAL MARITIME.		11.911.738

Canal d'eau douce (Déblais à sec)

Canal principal de Gassassine à Ismaïlia (Régie intéressée).	1.197.606
Branche de Suez, de Néfiche à Suez (Régie directe)......	3.347.428
CUBE TOTAL DES TERRASSEMENTS DU CANAL D'EAU DOUCE.	4.545.034

JETÉE OUEST DU PORT DE PORT-SAÏD

Appontement de 400 mètres de longueur, dont 220 mètres avec pieux en bois et 180 mètres avec pilots en fer;

Ilot en fer de 66^{m},50 de longueur;

Enrochements en blocs naturels : 58.734 mètres cubes, dont 885 mètres cubes employés à la construction d'un épi sur la plage Est.

OUVRAGES D'ART DES PORTS ET CANAUX

Port de Port-Saïd : phare.

Canal maritime : pertuis d'alimentation de la rigole maritime, à l'îlot du Cap; pertuis de décharge à l'extrémité de la rigole maritime, à son débouché dans le lac Timsah.

Canal d'eau douce, branche principale : déversoir de Néfiche; écluses d'Ismaïlia en cours de construction.

Canal d'eau douce, branche de Suez : pertuis de Néfiche; aqueduc de Bir-Abou-Ballah; pertuis du kilomètre 61; déversoir de Suez.

BATIMENTS ET ABRIS

(A défaut de renseignements sur la situation exacte des bâtiments et abris à la fin de l'année 1864, voir, pour informations approximatives, savoir : page 305, le tableau résumé de toutes les constructions érigées dans l'Isthme à la fin de 1863; page 369 ci-après, le tableau de répartition des logements que comportaient les 110 maisons appartenant à la Compagnie, à Port-Saïd, pendant l'année 1865.)

ATELIERS DE PORT-SAÏD

(Se reporter, pour renseignements sur les ateliers de Port-Saïd, savoir : année 1861, page 211, description de l'installation des ateliers; année 1862, page 263, installations complémentaires des ateliers et relevé des ouvrages exécutés pendant l'année par les ateliers.)

TERRASSEMENTS ACCESSOIRES DANS LES VILLES ET CHANTIERS

Port-Saïd. —	Remblais du terre-plein de la ville................	380.000	mètres	cubes
	Trottoirs................	11.660	—	carrés
Ras-el-Ech. —	Remblais................	18.760	—	cubes
Ismaïlia. —	Terrassements...........	83.000	—	cubes
	Chaussées empierrées.....	20.400	—	carrés
	Trottoirs................	4.414	—	courants
	Route d'Ismaïlia à El Guisr.	6.143	—	linéaires

ALIMENTATION D'EAU DOUCE DES CHANTIERS

Trois machines distillatoires à Port-Saïd ;

Puits et rigoles, conduites d'eau et réservoirs sur la ligne des travaux, en dehors de l'entreprise Lasseron ;

Première conduite d'eau entre Ismaïlia et Port-Saïd, entreprise Lasseron (Voir précédemment, pages 305 et 342).

Estacade en charpente de 1.084 mètres de longueur pour soutenir a conduite Lasseron à la traversée du lac Menzaleh ;

Canal de ceinture de la ville d'Ismaïlia pour l'alimentation de l'usine Lasseron : cube des terrassements, 80.333 mètres cubes;

Distribution supplémentaire à Port-Saïd : conduites, puits et réservoirs ;

Distributions d'eau dans les campements d'El Guisr et de Kantara : 1.300 mètres de conduites, fontaines et réservoirs.

ROUTES ET CANAUX DE SERVICE

A Port-Saïd : voie de fer de 1.850 mètres de longueur de l'appontement aux ateliers; chenal du cheik Karpouty, de 1.000 mètres de longueur;

Route d'Ismaïlia à El Guisr, d'une longueur de 6.140 mètres ;

Canal de la carrière du plateau des Hyènes : longueur, 2.200 mètres; cube des terrassements, 96.820 mètres cubes;

Canal de jonction entre la rigole maritime et le canal d'eau douce à Ismaïlia : longueur, 2.550 mètres; cube des terrassements, 158.764 mètres cubes;

Prolongement du canal de jonction : longueur, 1.100 mètres; cube des terrassements, 38.587 mètres cubes;

Canal de jonction entre le canal d'eau douce, branche de Suez, et le canal maritime au Sérapéum : longueur, 1.970 mètres; cube des terrassements, 79.052 mètres cubes ;

Canal de jonction entre le canal d'eau douce, branche de Suez, et le canal maritime à Chalouf : longueur, 300 mètres; cube des terrassements, 12.045 mètres cubes.

TRAVAUX ACCESSOIRES

Établissement des lignes télégraphiques

	Kilomètres
Ligne d'Ismaïlia à Zagazig	85
— — à Port-Saïd	84
— — à Suez	95
Longueur totale	264

Avec 10 postes télégraphiques.

Plantations des berges du Canal d'eau douce

	Kilomètres.
Longueur de la branche principale du canal	35
— — de Suez	90
Longueur totale du canal	125

Soit, pour les deux berges des deux canaux, une longueur totale de plantations de 250 kilomètres.

Kilométrage des Canaux

	Kilomètres.
Première partie du canal maritime	75
Canal d'eau douce	125

CARRIÈRES. — FOURS A CHAUX ET A PLATRE

Port et carrière du Mex : cube total des découverts et des extractions de blocs, 50.824 mètres cubes ; dans le port, trois grands appontements et un petit, avec treuils ; voies de fer, bascule, pile électrique, etc. ;

Grand four à chaux à Port-Saïd ;

Fours et moulins à plâtre à la plâtrière du lac Ballah ;

Four à chaux au chantier VI ; quatre fours à chaux à Ismaïlia : quatre fours à chaux à Mourah.

TRAVAUX EXÉCUTÉS PENDANT L'ANNÉE 1865-1866

Compte rendu sommaire des travaux exécutés et des résultats obtenus

PENDANT LA PÉRIODE DE JUIN 1865 A JUIN 1866

(EXTRAIT DU RAPPORT DU PRÉSIDENT DE LA COMPAGNIE A L'ASSEMBLÉE GÉNÉRALE DES ACTIONNAIRES DU 1er AOUT 1866)

PORT DE PORT-SAID

Les plans primitifs du port avaient été modifiés comme il est indiqué ci-dessous :

D'après ces plans primitifs — on le savait — le chenal creusé à travers la plage devait être protégé par deux jetées parallèles distantes l'une de l'autre de 400 mètres. Dans les nouvelles dispositions adoptées, la jetée Ouest n'était modifiée ni comme emplacement ni comme longueur; mais la jetée Est avait son enracinement reporté à une distance de 1.400 mètres de la jetée Ouest, et, de là, se dirigeait obliquement vers ladite jetée, s'arrêtant provisoirement de façon à laisser une entrée d'une largeur de 700 mètres. Par cette disposition on constituait un vaste avant-port en forme d'éventail dans lequel les dragues continuaient à creuser le chenal d'accès du port. Ce chenal présentait déjà une ligne d'eau de 4 à 5 mètres de profondeur sur une largeur variant de 60 à 80 mètres.

D'un autre côté, au lieu du grand bassin unique primitif destiné au stationnement des navires arrivant pour traverser le canal, la surface d'eau intérieure était distribuée de manière à créer, à côté d'un bassin principal réservé aux navires en transit, des bassins latéraux pour le commerce local.

Ces changements ne devaient entraîner ni augmentation de dépense ni retard dans l'exécution.

Entreprise Dussaud frères. — Les entrepreneurs étaient arrivés à mettre en place trente blocs par jour. A la date de la dernière Assemblée des actionnaires, ils avaient à peine commencé à jeter des blocs à la jetée Ouest, à la suite de l'appontement. La jetée, élevée jusqu'au-dessus du niveau de l'eau, atteignait maintenant les fonds de 6 mètres, créant ainsi un précieux abri pour les navires ne calant pas plus de 5 mètres. Depuis quelques mois, la jetée Est marchait en même temps que l'autre jetée.

Entreprise Borel, Lavalley et Cie. — Tout en poursuivant l'approfondissement du chenal extérieur, les entrepreneurs avaient imprimé une grande activité aux travaux de creusement du grand bassin du port.

Ce grand bassin était précédé par un chenal d'entrée faisant suite au chenal longeant la jetée Ouest. Ledit chenal d'entrée avait une largeur de 50 mètres et une profondeur de 5 à 6 mètres. L'entrée même du grand bassin était ouverte sur toute sa largeur de 200 mètres avec la même profondeur de 5 à 6 mètres, et une grande partie de la superficie du bassin pouvait déjà recevoir des bâtiments de 4 à 5 mètres de tirant d'eau. La nécessité de laisser l'espace libre aux dragues et aux porteurs qui emportaient les déblais à la mer était le seul obstacle qui s'opposât encore au stationnement de tous ces navires.

C'était par Port-Saïd, maintenant, grâce à la voie navigable existant d'une mer à l'autre, que tous les chantiers recevaient leurs approvisionnements.

CANAL MARITIME DE PORT-SAÏD AU LAC TIMSAH

Les travaux de cette première partie du canal avaient été consacrés pendant toute la durée de la dernière campagne à l'élargissement et à l'approfondissement de la voie navigable entre Port-Saïd et le lac Timsah. L'objet des efforts communs avait été de créer, dans toute cette étendue, un chenal dont la section fût suffisante pour laisser passer, à destination de la partie sud du canal, les grandes dragues complètement montées. Il s'agissait, en même temps, d'assurer à la navigation la liberté de ses mouvements au milieu des dragues et des machines employées à la construction du canal. Enfin le travail en question tendait à frayer la voie au transit des marchandises que la Compagnie était en train d'organiser d'une mer à l'autre.

Ce fut d'ailleurs au courant de la campagne de travaux que furent adoptés par la Compagnie les profils à grande largeur à la traversée de tous les terrains bas du parcours du canal.

Entreprise Borel, Lavalley et Cie. — A la date de la dernière Assemblée générale des actionnaires, MM. Borel, Lavalley et Cie n'avaient pu encore employer aux travaux que le matériel mis à leur disposition par la Compagnie. La construction des logements de leur personnel, leurs installations, ne faisaient que commencer. Leurs efforts pour amener sur les chantiers de terrassements des ouvriers de tous les pays avaient été momentanément entravés par l'épidémie de choléra qui avait régné dans l'Isthme.

Au mois d'octobre (1865) les travaux avaient pu être repris avec vigueur; les ouvriers, rassurés, revenaient. Le matériel ancien fut approprié aux nouvelles méthodes de travail; le matériel nouveau, livré aux entrepreneurs. Le nombre des dragues mises en feu s'était augmenté rapidement à mesure que les chenaux, s'approfondissant, permettaient de les amener sur les chantiers.

Les installations des entrepreneurs étaient maintenant complètes. Tous les essais, les perfectionnements de leur matériel neuf, étaient terminés. Ce matériel leur était presque entièrement livré. Trente-deux dragues, tant anciennes que nouvelles, creusaient la portion de canal considérée, les unes versant leur déblais dans les bateaux à vapeur qui les portaient en mer, les autres, par de moyens et longs couloirs déposant directement les déblais sur les berges ; de ces dernières dragues, un certain nombre déblayaient les bords du canal tandis que d'autres travaillaient au milieu et creusaient à toute profondeur.

Chantier de régie d'El Ferdane et entreprise Couvreux. — Pendant que les 60 kilomètres du canal étaient ainsi vigoureusement attaqués à la drague, la tranchée du seuil d'El Guisr était élargie et approfondie, savoir : sur une longueur de 6 kilomètres, par le chantier de régie d'El Ferdane : sur la longueur restante de 9 kilomètres, par l'entreprise Couvreux.

Le chantier de régie avait terminé ses déblais à sec. Il ne lui restait plus à enlever que les déblais sous l'eau qui étaient dragués au moyen de cinq excavateurs marchant jour et nuit.

M. Couvreux, complètement organisé depuis plus d'un an, poussait de son côté très activement ses travaux.

CANAL MARITIME DU LAC TIMSAH A SUEZ

Section comprise entre le lac Timsah et les lacs Amers. — A partir de Toussoum, dans la direction des lacs Amers, le chenal creusé dans l'étage supérieur du seuil du Sérapéum et destiné à recevoir l'eau dérivée du canal d'eau douce était ouvert sur une longueur de 7 kilomètres. Il était en communication avec trois grands bassins artificiels situés sur ses bords.

Section entre les lacs Amers et Suez. — Dans cette section, il y avait à faire un travail préparatoire très important avant d'introduire l'eau dans le canal pour la mise en activité des dragues : c'était l'extraction du rocher de Chalouf.

Le tracé avait dû être maintenu à travers ce banc de rocher qui s'étendait sur une longueur de 300 mètres et allait en s'inclinant depuis la surface du terrain jusqu'au plafond du canal. Il s'agissait d'enlever sur ce point environ 90.000 mètres cubes de terres entourant le banc et 20.000 mètres cubes de rocher.

MM. Borel, Lavalley et Cie avaient été chargés d'exécuter le travail en régie au compte de la Compagnie et ils avaient employé plus d'une année à préparer leurs moyens d'exécution. Les travaux, commencés en décembre 1865, marchaient — à la date de la réunion de l'Assemblée — vers un prompt achèvement.

L'extraction du rocher primitivement reconnu fut terminée en novembre 1866; mais, en cours d'exécution des travaux, on avait constaté l'existence, en prolongement du banc, presque au niveau du plafond du canal, d'une plaquette de grès de 30 à 40 centimètres d'épaisseur s'étendant sur une longueur de 85 mètres. L'extraction de cette plaquette rocheuse exigea l'enlèvement d'environ 21.000 mètres cubes de terres et de 120 mètres cubes de pierres. Par suite de ce nouveau travail l'extraction du banc de rocher de Chalouf ne fut terminée en définitive qu'en avril 1867.

CANAL D'EAU DOUCE

La première partie du canal d'eau douce, du Caire à l'Ouady, que le Gouvernement égyptien était chargé de construire, n'avait pu encore être terminée, mais les travaux avaient fait de notables progrès pendant la dernière campagne.

Le cube total des terrassements de cette portion du canal était de 7 millions de mètres cubes sur lesquels, à la date de la dernière Assemblée générale, il avait été déjà exécuté 2 millions de mètres cubes. Depuis lors, une véritable armée d'ouvriers indigènes, environ 80.000 hommes, avait fait en un mois 3 millions de mètres cubes. Avec de pareils moyens d'action, les 2 millions de mètres cubes restants pourraient être rapidement exécutés.

Mais la difficulté était la construction de la prise d'eau du Caire, ouvrage d'art dont la fondation devait être établie à 3 mètres au-dessous du plus bas étiage du Nil.

L'année précédente, les travaux n'avaient pu être entrepris assez tôt pour qu'il fut possible d'achever les fondations avant le retour de la crue du Nil; mais, cette année, on s'était mis de nouveau à l'œuvre dès le début de la période d'étiage et les travaux étaient maintenant assez avancés pour permettre d'espérer le très prochain et heureux achèvement du massif général de fondation de l'ouvrage d'art.

Pour raccorder le nouveau bief construit par le Gouvernement avec l'ancien bief du canal d'eau douce, la Compagnie avait à creuser elle-même un canal d'environ 22 kilomètres de longueur, d'Abascé à Gassassine. [La dépense de ce travail, à la charge de la Compagnie, avait été prévue par la sentence arbitrale et comprise dans la somme de 10 millions de francs stipulée pour prix de la cession du canal d'eau douce au gouvernement égyptien.] La portion de canal considérée comportait un cube total de déblais d'environ 879.000 mètres cubes. Elle avait été à peu près achevée par la Compagnie. Il ne restait plus à faire qu'environ 50.000 mètres cubes. [Le prix de ce dernier travail et du curage général du canal d'eau douce que le gouvernement s'était engagé à achever, pour le 15 septembre, au lieu et place de la Compagnie, était d'environ 700.000 francs, qui étaient à déduire du paiement des 10 millions.]

Organisation des services de la Direction générale des travaux pendant l'année 1865[1]

MODIFICATIONS A L'ORGANISATION DE L'ANNÉE PRÉCÉDENTE

Suppression de la fonction d'inspecteur des services administratifs et nomination de l'ancien titulaire, M. Poilpré, comme chef de la

1. AGENCE SUPÉRIEURE

MODIFICATIONS A L'ORGANISATION DE L'ANNÉE PRÉCÉDENTE

Suppression du poste de chef du service central à partir du 1er août.
Le service des caisses ne comprend plus que les quatre caisses suivantes :

Division des magasins et transports remplaçant l'ancienne Intendance générale.

Nomination de M. Monteil, précédemment chargé de l'intérim du service, comme ingénieur chef de la Division du matériel.

11 *Avril.* — Acceptation de la démission de M. Sciama, ingénieur en chef des travaux, et suppression de la fonction.

[L'exécution des travaux ayant été confiée à des entrepreneurs, la Compagnie n'avait plus à utiliser les éminents services qu'avait rendus M. Sciama comme ingénieur en chef des travaux. M. Sciama, en quittant la Compagnie, entra, avec l'autorisation du Ministre des Travaux publics de France, au service du Gouvernement égyptien en qualité de Directeur des ponts et canaux d'Egypte.]

8 *Novembre.* — Licenciement, avec indemnité, de M. Viller, ingénieur chef de la Division de Timsah.

Marche des travaux et modes d'exécution

(ANNÉE 1865)

PORT DE PORT-SAID ET CANAL MARITIME

Indépendamment des renseignements donnés dans le compte-rendu ci-dessus au sujet des divers travaux exécutés à l'entreprise et des travaux du chantier de régie d'El Ferdane pendant l'année 1865, et ainsi que nous l'avons déjà fait pour les travaux de l'année précédente, nous renverrons pour plus amples détails, savoir : en ce qui concerne l'entreprise Borel Lavalley et Cie, au tome V, consacré entièrement à la description des travaux exécutés par ces entrepreneurs (Voir notamment, page 104, le chapitre intitulé : « Programme d'exécution du lot de Port-Saïd. Nature du matériel employé. »); et, en ce qui est de l'entreprise Couvreux, de l'entreprise Dussaud et du chantier de régie d'El Ferdane, aux chapitres spéciaux les concernant qui figurent au présent volume.

Nous ajouterons d'ailleurs, aux renseignements généraux donnés par le compte rendu sur la marche des travaux, les renseignements complémentaires suivants :

Jetée Ouest de Port-Saïd en blocs naturels. — Dès le mois de juin 1864, l'exploitation de la carrière du Mex, y compris le transport et la mise

---

Alexandrie, Port-Saïd, Ismaïlia et Suez. Le service des transports de fonds est adjoint à la caisse d'Ismaïlia.

Suppression de l'agence de Suez.

Le Service des cultes est rentré de nouveau (et est resté jusqu'à la fin des travaux) dans les attributions de la Direction générale des travaux.

en œuvre des blocs d'enrochements à la jetée Ouest de Port-Saïd avait fait l'objet de marchés successifs avec un tâcheron, le sieur Valette.

L'exploitation de la carrière cessa dans les derniers mois de 1865.

Les résultats de l'exploitation, depuis l'origine, se sont finalement traduits par les chiffres approximatifs suivants :

	mètres cubes
Ensemble des découverts..........................	30.000
Blocs employés à la construction du port du Mex..	36.000
— à la jetée ouest de Port-Saïd......	75.000
CUBE TOTAL DES DÉCOUVERTS ET DES EXTRACTIONS.	141.000

En outre, plusieurs milliers de mètres cubes de moellons pour les constructions de la ville de Port-Saïd.

Remblais de Port-Saïd. — Continuation des travaux de remblais du terre-plein de la ville avec du sable pris sur la plage.

Les nouveaux entrepreneurs chargés de l'exécution du lot de Port-Saïd, MM. Borel, Lavalley et Cie, étaient tenus, par l'un des articles de leur marché du 12 décembre 1864, d'employer, jusqu'à concurrence d'un cube total de 200.000 mètres cubes, une partie des produits des dragages du bassin du port de Port-Saïd à l'exécution des remblais du terre-plein de la ville. Ces travaux commencèrent en avril dès la mise en train des dragages par les entrepreneurs et furent régulièrement poursuivis pendant toute l'année.

Installation de chantiers de régie pour la continuation provisoire des travaux du lot Aiton après la résiliation de l'entreprise. — Après la résiliation du marché Aiton, l'ingénieur chef de la division, dès qu'il lui avait été possible de reprendre le matériel à l'entrepreneur, s'était occupé de l'organisation de chantiers de régie. Les nouveaux entrepreneurs, MM. Borel, Lavalley et Cie, avaient témoigné le désir de ne reprendre la suite des travaux qu'après qu'ils auraient pu arrêter complètement leurs moyens d'exécution et achever leurs installations. En fait, ils ne prirent possession du matériel et ne se mirent à l'œuvre que dans la seconde quinzaine d'avril.

L'entrepreneur de la construction des jetées en blocs artificiels, M. Dussaud, avait passé avec M. Aiton un marché par lequel ce dernier s'était engagé à fournir, à un prix déterminé, tout le sable de bonne qualité provenant des dragages nécessaire à la fabrication des blocs. La Compagnie, ayant repris provisoirement la suite des travaux Aiton, dut reprendre également l'exécution de l'engagement contracté vis-à-vis de M. Dussaud. Plus tard, MM. Borel, Lavalley et Cie, à leur tour, passèrent avec M. Dussaud un nouveau marché, sous une autre forme, pour l'exécution des engagements pris par le précédent entrepreneur.

Les travaux exécutés par la Régie sur le Canal maritime eurent principalement pour but : de refaire des portions de la digue Asie qui, faute d'un relief suffisant, avaient été, dans le voisinage de Port-Saïd, coupées en plusieurs points par les tempêtes de l'hiver; de renforcer toutes les parties faibles de la même digue; de renforcer également certaines parties de la digue Afrique qui avaient, de leur côté, beaucoup souffert des tempêtes; enfin, d'agrandir le chenal d'accès à la gare du chantier de fabrication des blocs artificiels.

Neuf petites dragues travaillaient entre Port-Saïd et le kil. 20, en déversant directement leurs produits sur les berges avec leurs longs couloirs. Quatre grandes dragues des Forges et Chantiers servaient à fournir des terres pour la réfection et l'exhaussement de la digue Asie: les matières étaient reçues sur des chalands pontés munis de rebords; ces chalands, une fois chargés, étaient amenés près des points de mise en œuvre des terres; là, celles-ci étaient reprises par des ouvriers et transportées à la brouette jusque sur la digue. Ce moyen d'exécution était assurément coûteux; mais il était le seul qu'on pût employer pour le travail urgent que l'on avait à exécuter.

La Régie expérimentait d'ailleurs les différents modes d'enlèvement des terres qu'elle avait à sa disposition : ainsi, on déchargeait les terres avec des grues mobiles sur la berge, et ce mode de travail paraissait donner des résultats satisfaisants; on déchargeait également avec une grue installée sur un appontement fixe, avec wagonnage des terres le long de la berge; enfin, on continuait sur quelques points le mode d'enlèvement, par double reprise des terres à la drague.

Les déblais que l'on exécutait ainsi revenaient sans aucun doute, à un prix plus élevé que celui qui était stipulé à l'entreprise; mais on ne devait pas perdre de vue qu'il s'agissait, pour la plupart, de travaux de sujétion; que la situation commandait; qu'il valait mieux faire un sacrifice que de ne pas marcher du tout; enfin, que ce sacrifice ne serait pas entièrement perdu puisque les entrepreneurs trouvaient dans les chantiers organisés par la Régie, un vaste champ d'expériences dont ils tireraient profit, ce qui tournerait en définitive à l'avantage des travaux, et par conséquent de la Compagnie. A un autre point de vue, il importait que les travaux de dragages n'eussent pas l'air d'être en chômage, au moment même de la visite des délégués des Chambres de commerce. Tout justifiait donc la mesure prise par la Compagnie, après la résiliation du marché Aiton, de continuer en régie les travaux jusqu'au moment où les nouveaux entrepreneurs se trouveraient en mesure de prendre possession des chantiers et de mettre la main à l'œuvre.

Les deux dragues n°s 7 et 8, situées près du Cap et destinées à l'amélioration de la rigole maritime étaient en chômage. La drague n° 8, seule, fut remise en activité par la Régie pour faire immédiatement, sur ce point, le travail d'amélioration, rigoureusement indispensable.

Le dit travail était sans profit au point de vue du creusement du canal, attendu que les terres étaient forcément rejetées à l'intérieur même du profil.

CANAL D'EAU DOUCE

Alimentation du canal— Au début de l'année, le Gouvernement avait promis d'installer des locomobiles à l'origine du Cherkaouié afin d'assurer l'alimentation de ce canal et, par suite, l'alimentation du canal d'eau douce pendant l'étiage du Nil.

Une seule locomobile fut installée.

Un jaugeage opéré le 30 mars par les ingénieurs du Gouvernement à l'origine du Cherkaouié fit reconnaître qu'il passait alors dans ce canal plus de 7 mètres cubes d'eau par seconde, ce qui correspondait à un débit de plus de 600.000 mètres cubes par vingt-quatre heures. On était donc, pour le moment, à l'abri du manque d'eau. Grâce à la mesure qui fut prise alors et exécutée, de relever tous les barrages par lesquels se déversait dans des canaux secondaires la plus grande partie de l'eau fournie par le Cherkaouié, le canal d'eau douce se trouva abondamment alimenté.

Dragues d'entretien. — Trois petites dragues à vapeur avaient été commandées pour l'entretien du canal d'eau douce. Deux de ces dragues furent montées et commencèrent à fonctionner vers la fin de l'année, l'une dans la branche principale du canal, l'autre dans la branche de Suez.

Plantations. — Un traité fut passé le 11 juillet avec un sieur Bregante pour l'exécution à forfait de plantations de protection sur les bords du canal d'eau douce. Le sieur Bregante resta chargé de la surveillance des semis et plantations jusqu'à la fin de novembre 1866.

Branche principale du canal. — Ainsi qu'il a été expliqué précédemment (description des travaux exécutés en 1864), la construction des deux écluses d'Ismaïlia, commencée en février 1864, après avoir subi un certain retard par suite d'une modification du projet, avait dû être provisoirement arrêtée en août, par suite de la nécessité où se trouvèrent les tâcherons chargés du travail de recourir à la carrière de Gebel-Géneffé pour se procurer les pierres de taille et les moellons smillés, que ne pouvait plus fournir la carrière du plateau des Hyènes.

Les travaux ne furent repris qu'au commencement de 1865 et marchèrent alors avec activité. Ils furent de nouveau interrompus, par suite de la désertion des ouvriers pendant l'épidémie de choléra qui régna à Ismaïlia, du 22 juin au 25 juillet. Repris ausssitôt après la disparition du fléau, ils purent être terminés pour le 15 août, date à laquelle fut inauguré le transit d'une mer à l'autre par une voie de navigation ininterrompue.

En même temps que se construisaient et s'achevaient les deux écluses, s'achevait également le creusement du bief entre les deux écluses, d'une longueur de 1255 mètres. L'exécution de cette dernière partie du canal d'eau douce avait été confiée à un tâcheron. Celui-ci, au commencement de mars, avait cédé la suite des travaux à MM. Borel, Lavalley et Cie, qui installèrent, sur le chantier 200 ouvriers bretons recrutés par eux et récemment arrivés.

D'importants apports de sable eurent lieu dans le canal, surtout pendant les tempêtes de l'hiver. On dut y entretenir en permanence des brigades d'entretien. On développa d'ailleurs le plus possible les semis, plantations et haies sèches.

Branche de Suez. — La construction de l'écluse de Suez avait fait l'objet d'un marché de tâche. Commencée dans les premiers jours d'août 1864, elle fût achevée le 15 août 1865 sauf en ce qui était du pont tournant, qui ne fut monté qu'à la fin de l'année.

Indépendamment de l'écluse d'extrémité, trois écluses, dites intermédiaires, se trouvaient échelonnées sur la branche de Suez. La construction de ces écluses avait été confiée à MM. Borel, Lavalley et Cie. Les deux écluses d'amont, aux kil. 16 et 42, commencées en mai 1865, furent achevées à la fin de l'année; la troisième écluse, au kil. 68, commencée en octobre, ne fut terminée qu'à la fin de février 1866. Pendant la construction de ces écluses, la navigation se faisait par des dérivations latérales.

A l'aval de l'écluse de Suez, un chenal de débouché, de 300 mètres de longueur, dut être creusé pour établir la communication entre le canal et la mer. Le travail fut difficile. On était obligé de faire les déblais par portions du chenal que l'on entourait de batardeaux et où l'on épuisait. On rencontra, sur une longueur de 42 mètres, un banc de rocher que l'on dut faire sauter à la mine ; les pierres extraites servirent à faire des musoirs à l'extrémité des digues en terre qui bordaient le chenal.

Comme sur la branche principale, les tempêtes de l'hiver occasionnèrent des apports considérables sur certaines parties de la branche de Suez. Ces apports étaient principalement concentrés sur une longueur d'un kilomètre à l'aval de Néfiche et sur la partie du canal, de 8 kilomètres de longueur, qui traversait le seuil du Sérapéum, en tout 9 kilomètres, la dixième partie de la longueur du canal.

La première écluse de la branche de Suez, projetée d'abord à l'origine du canal avait été, on le sait, sur la demande de MM. Borel, Lavalley et Cie, et dans l'intérêt de leur mode d'exécution des travaux du Seuil, reportée au kil. 16. Ce nouvel emplacement de l'écluse se trouvait fournir à la Compagnie un moyen naturel de se protéger à l'avenir contre la plus grande partie des apports sus-mentionnés. On pourrait, en effet, après avoir, au besoin, renforcé les digues du canal à la traversée de la large vallée de Gessen, tendre les eaux de manière à inonder les terrains du Sérapéum dans une zone d'une certaine largeur le long du canal, et cela, non seulement à l'ouest, mais encore dans toute la zone comprise entre le canal d'eau douce et le canal maritime, de manière à protéger également celui-ci et à permettre de développer à peu de frais les plantations. En attendant, on fit des haies sèches sur les points les plus menacés.

La situation, au commencement de mars, était fort mauvaise. De sérieux efforts furent faits pour y remédier. Malheureusement, les ouvriers manquaient. Le mal, au point de vue de la navigation, ne tenait pas seulement aux rétrécissements et aux hauts fonds créés par les apports; il tenait surtout à la baisse considérable des eaux. (On a vu précédemment que, sous ce dernier rapport, la situation s'améliora beaucoup en avril.) L'entrepreneur des écluses d'Ismaïlia avait 15 chalands chargés de pierres bloqués au kil. 15; en outre, d'importants approvisionnements existaient à la carrière. Pour se rendre aussi complètement que possible maître de la situation, on construisit au kil. 20 un barrage à poutrelles qui permit de faire gonfler les eaux en amont et de dégager les chalands arrêtés.

Comme sur la branche principale, indépendamment des escouades d'ouvriers employés à l'enlèvement des apports, on développa le plus possible sur la première partie de la branche de Suez les semis, les plantations et les haies sèches.

Rigoles du Sérapéum et de Chalouf. — Les deux rigoles dérivées de la branche de Suez du canal d'eau douce, l'une sur le seuil du Sérapéum, l'autre sur le seuil de Chalouf, prévues par l'un des articles du cahier des charges annexé à la soumission de MM. Borel, Lavalley et Cie du 26 mars 1864 pour l'exécution des travaux du canal maritime entre le seuil d'El Guisr et la mer Rouge, ont été exécutées par les entrepreneurs pendant l'année 1865, la première dès les premiers mois de l'année, la seconde pendant les derniers mois.

Partie du canal d'eau douce d'Abascé à Gassassine. — La longueur de cette partie du canal d'eau douce était de 22.626 mètres et le cube des terrassements à exécuter de 879.482 mètres cubes. Les travaux de creusement commencèrent dans les premiers jours d'octobre 1865. Lors de la remise du canal au Gouvernement égyptien, le 12 juillet 1866, il restait encore à exécuter 54.374 mètres cubes.

Dès la mise en train des travaux, il y eut sur les chantiers environ 600 ouvriers; le mois suivant, le nombre d'ouvriers était d'environ 1.800, et ce nombre resta sensiblement le même jusqu'à la fin des travaux, sauf pendant le mois de Ramadan (février 1866) où le nombre des ouvriers se trouva réduit à environ 900. Dans les nombres normaux d'ouvriers, il y avait environ 2/5 d'ouvriers européens (grecs et italiens).

Les terrassements étaient payés à raison d'un franc le mètre cube. Avec les frais accessoires, le prix de revient du mètre cube était d'environ 1 fr. 50.

Canal du Caire à l'Ouady. — Les terrassements du canal du Caire à l'Ouady furent entrepris dès le début de l'année 1865, sur une première longueur de 22 kilomètres. 20.000 hommes y étaient employés, formant quatre divisions échelonnées entre Kasr-el-Nil et Kafr-Hama. Les déblais étaient descendus jusqu'au niveau des infiltrations.

En même temps, le Gouvernement faisait réparer dans les ateliers du barrage du Nil le matériel nécessaire à l'installation du chantier de l'ouvrage de prise d'eau de Kasr-el-Nil.

Les travaux du canal furent suspendus dans les derniers jours de janvier pour n'être repris qu'en mars, après le mois de Ramadan. Le cube avait été d'environ 510.000 mètres cubes. Chaque homme avait donc produit environ 25 mètres cubes, environ un mètre cube par jour.

Les travaux furent repris le 6 mars, de nouveau interrompus pendant la durée de l'épidémie de choléra, puis, après une nouvelle reprise, provisoirement suspendus à partir de septembre. La partie attaquée, de 22 kilomètres de longueur, était alors sous l'eau par suite des infiltrations. Le cube déjà exécuté était de 2.435.000 mètres cubes, et il restait encore à exécuter, pour terminer cette première partie du canal, 2.487.000 mètres cubes.

Sur la partie non encore entamée, de 53.800 mètres de longueur, en supposant le plafond établi partout à la largeur de 13 mètres, le cube des déblais à exécuter était évalué à 6.332.000 mètres cubes.

BATIMENTS ET ABRIS

Port-Saïd. — La Compagnie possédait à Port-Saïd, en 1865, 110 maisons auxquelles étaient annexés un certain nombre de gourbis habitables.

Les logements que renfermaient ces maisons et gourbis étaient répartis comme l'indique le tableau suivant :

DÉSIGNATION DES OCCUPANTS	NOMBRES DE PIÈCES	SURFACE COUVERTE
		mètres carrés
Compagnie { Services divers	63	2.300
Compagnie { Logements	154	3.414
Entreprise Borel, Lavalley et Cie	84	1.789
Maison Gouin et Cie	83	1.903
Forges et Chantiers	24	545
Entreprise Lasseron	3	60
Maison Touchard	5	100
Entreprise Dussaud	28	565
Service des déchargements	58	1.116
Gouvernement égyptien	22	450
Industrie privée et tâcherons	112	2.755
TOTAUX	636	14.997

L'entreprise Borel, Lavalley et Cie ayant, au commencement de l'année, confié le service de son économat à la maison Bazin et Cie, la Compagnie, après s'être libéré de son fournisseur de vins, M. Tuaillon, livra aux entrepreneurs les caves de Port-Saïd.

(Elle leur livra également les caves d'Ismaïlia et des autres campements.)

Campement du Sérapéum. (Voir pl. xxx.) — MM. Borel, Lavalley et Cie ayant, en vue de leurs travaux du seuil de Sérapéum, installé sur le Seuil même le campement de la section de ces travaux, la Compagnie dut, de son côté, construire sur le même point un campement comprenant un hôpital et ses dépendances, des logements pour tout le personnel du service de santé, des logements et des bureaux pour le personnel du service de contrôle.

ALIMENTATION D'EAU DOUCE DES CHANTIERS

Deuxième conduite d'eau douce entre l'îlot du Cap et Port-Saïd. — Lorsque la Compagnie, l'année précédente, avait décidé l'établissement d'une deuxième conduite d'eau entre Ismaïlia et l'îlot du Cap, elle prévoyait déjà la nécessité plus ou moins prochaine du prolongement de cette seconde conduite jusqu'à Port-Saïd.

Cette nécessité, en effet, ne tarda pas à s'imposer par suite des besoins croissants dus au rapide développement des chantiers de travaux et à l'accroissement de la population de Port-Saïd.

La Compagnie fut ainsi amenée à passer avec M. Lasseron, à la date du 27 mars 1865, c'est-à-dire sans attendre l'achèvement de la pose de la seconde conduite d'eau douce en cours d'établissement, un troisième marché pour le prolongement de cette seconde conduite d'eau jusqu'à Port-Saïd.

Par ce troisième marché, l'entrepreneur s'engageait :

D'une part, moyennant le prix à forfait de 1.479.758 francs : 1° à prolonger la seconde conduite jusqu'à Port-Saïd; 2° à faire à l'établissement hydraulique d'Ismaïlia toutes les installations nécessaires pour pouvoir fournir avec les deux conduites une quantité d'eau maximum de 1.500 mètres cubes par vingt-quatre heures, lesdites installations comprenant notamment une nouvelle machine à vapeur hydraulique plus forte que chacune des deux existantes, deux chaudières de chacune 12 mètres carrés de surface de chauffe et un bâtiment annexe destiné à l'installation de ces appareils ;

D'autre part, à continuer l'exploitation de la nouvelle conduite aux conditions déjà fixées par le marché du 15 décembre 1864, mais le débit maximum étant fixé à 1.200 mètres cubes, le débit minimum garanti à 1.000 mètres cubes par vingt-quatre heures, chaque mètre cube au-delà de la consommation de 900 mètres cubes devant être payé au prix de 0 fr. 80, et chaque mètre cube au-delà du maximum de 1.200 mètres cubes à des prix à débattre ne pouvant toutefois dépasser 1 fr. 50 pour les fournitures de 1.200 à 1.300 mètres cubes et 2 francs pour les fournitures de 1.300 à 1.500 mètres cubes.

La durée de l'exploitation des deux conduites devait être la durée même des travaux de creusement du canal maritime.

(La double conduite d'eau fonctionna régulièrement à partir de la fin de juillet 1866.)

TRANSPORTS MARITIMES

Mouvement maritime de Port-Saïd, depuis l'origine des travaux jusqu'au 1er juillet 1865

PAVILLONS	NOMBRES DE NAVIRES	TONNAGE TOTAL
		Tonneaux
Américain	2	630
Anglais	70	25.637
Autrichien	144	46.892
Belge	3	795
Brésilien	2	1.073
Français	389	81.519
Grec	227	36.286
Hollandais	5	1.925
Italien	34	9.152
Jérusalem	91	16.735
Prussien	6	1.302
Russe	30	7.371
Suédois et Norvégien	6	2.522
Turc et Égyptien	1.027	127.208
Valaque	1	311
TOTAUX	2.037	359.358

Sur le mouvement total, le premier semestre de 1865 comptait à lui seul pour 436 navires jaugeant ensemble 99.442 tonneaux.

MM. Borel, Lavalley et Cie établirent, à partir du 26 février, sans subvention, un service régulier de transports entre Alexandrie et Port-Saïd, à l'aide d'un bateau à vapeur faisant chaque mois quatre voyages d'aller et retour.

MM. Bazin, de Marseille, organisèrent de leur côté un service de bateaux à vapeur entre Marseille et Port-Saïd.

Au commencement de décembre, un steamer calant 4 mètres, venant de la mer, est entré directement dans le bassin intérieur de Port-Saïd.

Service des déchargements. — Pendant l'épidémie de choléra qui régna à Ismaïlia dans le courant de juillet, et dont il est rendu compte plus loin, de grands embarras furent éprouvés à Port-Saïd pour les déchargements des navires en rade par suite de nombreuses désertions des ouvriers et marins grecs habituellement employés à ces déchargements. Les difficultés ne se traduisirent en définitive que par le paiement de surestaries : tous les navires purent finalement être déchargés. Le malaise dura quelque temps encore après la disparition du choléra.

Marché Savon frères et Cie (Entreprise de déchargements). — A la date du 16 juillet une convention fut passée par la Compagnie avec MM. Savon frères et Cie, entrepreneurs de transports maritimes à Marseille et Port-Saïd, pour les débarquements et embarquements de voyageurs et de marchandises, pour toutes manipulations de marchandises en rade et dans le port de Port-Saïd, enfin pour la fourniture du lest aux navires ayant apporté lesdites marchandises.

Les principales dispositions de la convention étaient les suivantes :

Les Entrepreneurs s'engageaient à faire toutes les opérations faisant l'objet de la convention aux prix établis dans un tarif annexé [1].

La Compagnie ne garantissait aucun minimum de tonnage pendant la durée de l'entreprise. Toutefois, elle renseignerait autant que possible les entrepreneurs, trois mois à l'avance, mais sans garantie, sur l'importance probable du tonnage des marchandises qu'ils auraient à recevoir pendant chaque période de six mois.

---

1. TARIF ANNEXÉ A LA CONVENTION DU 16 JUILLET 1865

DÉSIGNATION DES OPÉRATIONS ET NATURE DES MARCHANDISES	PRIX PAR PASSAGER ET PAR TONNE DE MARCHANDISES		
	Pour les navires en rade	Pour les navires à l'abri derrière la jetée	Pour les navires dans le port
I. *Voyageurs* (*a*).	Francs	Francs	Francs
1° Passagers avec leurs bagages (jusqu'à concurrence du poids accordé par les services du bateau)	2 »	1 »	0,50
II. *Blocs d'enrochements* (*b*).			
2° Blocs à prendre sous palan, à transporter à l'appontement et à débarquer ou immerger	4,50	»	»
3° Blocs à prendre sous palan, à transporter au fond du port et à immerger	6,50	5,25	»
III. *Marchandises.*			
4° Marchandises diverses (autres que machines et accessoires de machines) à recevoir sous palan, conduire dans le port et débarquer sur quai ou transborder dans les chalands du canal.	5 »	3,75	2,75
5° Pour les mêmes marchandises à prendre à bord	5,75	4,50	3,50
6° Machines et accessoires de machines, à prendre sous palan, y compris les grandes pièces au-dessus de 1.500 kilog. dont le déchargement du bord au moyen de grues est à la charge de l'affréteur au-dessous de 8 tonnes (*c*)	7,25	6,75	»
7° Pour les mêmes machines et accessoires à prendre dans la cale	8 »	7,50	»
8° Embarquement et transbordement de marchandises de toutes espèces autres que machines, soit d'un chaland dans un autre, ou du quai dans des chalands	»	»	1,75
IV. *Lest*			
9° Lest pris sous le déversoir des dragues et rendu à bord	3,25	2,50	»
10° Lest pris à terre et rendu à bord	4 »	3,25	»

(*a*) Les bagages en excédent seront assimilés aux marchandises ordinaires.

(*b*) Si les pierres, pour être immergées, doivent être transportées à une certaine distance des points où peuvent aller les chalands, il sera alloué, en sus des prix indiqués, un franc par distance de 50 mètres.

(*c*) Pour les machines et pièces de machines dont le poids excédera 8 tonnes, les prix seront établis de gré à gré.

Les entrepreneurs s'engageaient, pour chaque navire, quelque fût le nombre des arrivages, à débarquer, le temps le permettant, 30 tonnes par jour ouvrable et par panneau. Pour le déchargement des bateaux à vapeur, ils devraient fournir le matériel et le personnel nécessaires pour recevoir les marchandises aussi promptement que le permettraient les moyens du bord.

La Compagnie concédait gratuitement aux entrepreneurs, pour un temps indéterminé, tout au moins pour la durée de leur entreprise, un certain terrain désigné, avec faculté d'élever sur ledit terrain les constructions nécessaires à leur logement et à celui de leur représentant et de leurs principaux employés, à leurs bureaux et au dépôt des menus appareils et ustensiles. La Compagnie se réservait le droit de reprendre possession du terrain, soit à l'expiration de l'entreprise, soit à une époque postérieure quelconque en prévenant une année d'avance, mais à charge de reprendre également aux entrepreneurs toutes les constructions existantes sur ledit terrain au prix qui en serait fixé à l'amiable ou à dire d'experts. Les entrepreneurs, de leur côté, se réservaient également le droit de restituer le terrain à la fin de leur entreprise et d'exiger alors la reprise par la Compagnie, dans les conditions ci-dessus indiquées, de toutes les constructions érigées sur ledit terrain. Si, avec l'assentiment de la Compagnie, ils conservaient le terrain après la fin de leur entreprise, ils perdraient pour l'avenir le droit d'exiger de la Compagnie la reprise de leurs constructions.

En outre, et dans la mesure qui lui serait possible, la Compagnie mettrait à la disposition des entrepreneurs, dans le bassin de Port-Saïd, les emplacements nécessaires pour le remisage de leur matériel flottant. Le long des emplacements qui leur seraient désignés, et sous réserve d'une entente préalable avec la Compagnie, les entrepreneurs pourraient établir à leurs frais les cales de halage et chantiers de construction et d'entretien nécessaires à leur entreprise. Les terrains nécessaires leur seraient concédés au même titre et dans les mêmes conditions que le terrain spécifié à l'article précédent, pour la construction d'habitations pour leurs ouvriers.

Enfin, la Compagnie cédait à loyer aux entrepreneurs, pour toute la durée de leur entreprise, moyennant un prix de location de 6.000 francs par an, le grand bâtiment dit « caserne des marins grecs ».

La Compagnie cédait aux entrepreneurs, qui acceptaient, tout le matériel qu'elle possédait à usage des déchargements. Cette cession était faite aux prix suivants : le matériel neuf, consistant en deux remorqueurs dits « navettes » et les vingt mahonnes construites par la maison Touchard et Cie, aux prix exacts de revient, sans frais généraux [1] ; le vieux matériel à des prix consentis à l'amiable ou fixés à dire d'experts. (Le vieux matériel comprenait : 29 chalands pontés ou non pontés; 8 mahonnes; 8 canots; 2 grues à vapeur; 1 grue à chariot; 1 bigue; 18 ancres; 9 grappins et 13.900 kilogrammes de chaînes. Il fut évalué à la somme de 110.000 francs.)

Les entrepreneurs seraient tenus de maintenir toujours en activité un matériel d'une valeur au moins égale à celle du matériel qui leur était cédé par la Compagnie.

La convention devait commencer à recevoir son exécution à partir du

---

1. Les deux remorqueurs dits *Navettes*, destinés au remorquage des mahonnes dans la rade, étaient en fer, avec propulseurs à roues. Leurs dimensions étaient les suivantes : longueur à la flottaison, 21 mètres ; largeur, 4^{m},10 ; creux sur quille, 2^{m},45 ; tirant d'eau en charge, 1^{m},50. Le poids total du bateau était de 71.700 kilogrammes.

Les mahonnes, construites en bois et doublées en zinc, avaient les dimensions suivantes : longueur, 16^{m},25 ; largeur au fort, 4^{m},60 ; creux sur quille, 1^{m},90. Elles portaient un chargement de 50 tonnes.

16 octobre: elle serait valable pour une période de trois années; sa durée pourrait être prolongée de six mois en six mois au gré des parties.

[Jusqu'à la date de la mise à exécution de la convention, MM. Savon frères et Cie firent les déchargements en qualité de tâcherons de la Compagnie. — La convention fut prorogée à l'expiration de la première période de trois années.]

TRANSPORTS A L'INTÉRIEUR

La Compagnie, dans les derniers mois de 1864, après la suppression de l'Intendance générale, n'avait plus à sa charge que le service des transports sur ses canaux.

L'installation d'entreprises de travaux sur la ligne du canal amenait dans l'Isthme un grand nombre d'employés et d'ouvriers auxquels il importait de faciliter l'accès des chantiers; d'autre part, la Compagnie, qui ,avait été obligée, pendant les premières années, de fournir à ses agents et ouvriers des vivres et tous objets nécessaires à la vie qu'elle tirait de ses magasins, désirant s'exonérer de ces charges, avait fait appel au commerce pour le déve loppement de l'industrie libre dans l'Isthme, et il importait également, à ce point de vue, d'assurer des moyens de communication faciles entre les différents centres de population. La Compagnie résolut, en conséquence, d'établir des services réguliers pour le transport des voyageurs et des messageries, tant sur le canal maritime que sur le canal d'eau douce.

Un service régulier de chalands-coches (indépendamment des trains de chalands), desservant toutes les stations de l'Isthme, commença effectivement à fonctionner à partir du 1er janvier 1865 pour le transport des voyageurs et des marchandises sur les trois lignes partant d'Ismaïlia vers Zagazig, Port-Saïd et Suez.

On affecta à ce service mixte de voyageurs et de marchandises des chalands munis d'un rouf pouvant contenir environ 16 voyageurs. Ces chalands-coches, que halaient des mules relayées tous les 20 kilomètres, avaient une longueur de $12^m,25$ et une largeur de $2^m,50$; ils marchaient à la vitesse de 4 kilomètres à l'heure. La lenteur de leur marche empêcha la Compagnie de leur confier le service de la poste, fait jusqu'alors par des piétons sur les berges et à l'aide de dromadaires dans le désert.

Une première communication par eau se trouvait donc ouverte entre la Méditerranée et la mer Rouge.

Le Président de la Compagnie, par une lettre circulaire du 31 janvier porta le fait à la connaissance des présidents et membres des Chambres de commerce des principales villes de l'Europe et de l'Amérique, les invitant, en attendant l'ouverture du canal maritime à la grande navigation, à désigner des délégués chargés de se rendre en Egypte pour étudier avec la Compagnie « les moyens de tirer parti d'un batelage qui pouvait déjà effectuer des transports entre les deux mers sur une ligne d'eau continue, offrant au minimum une profondeur d'eau de $1^m,20$ et une largeur de 15 mètres à la ligne d'eau ». Dans sa lettre, le Président donnait ce renseignement que, sur une grande barque portant 25 à 30 personnes et remorquée par un bateau à vapeur, il avait parcouru en vingt-quatre heures la distance entre les deux mers; il annonçait, d'ailleurs, qu'en vue de développer et d'améliorer le nouveau service de batelage, dont l'exploitation était encore rudimentaire, la Compagnie avait commandé 10 petits remorqueurs à vapeur.

Spécialement pour la ligne de Port-Saïd à Suez, un horaire fut publié indiquant pour chaque station de la ligne les heures de départ et d'arrivée ainsi que le prix de transport. Le voyage d'une mer à l'autre se faisait en deux jours [1]

1. Les stations desservies sur la ligne de Port-Saïd à Suez étaient les suivantes:

Les écluses d'Ismaïlia et l'écluse de Suez n'ayant été achevées qu'à la fin de la première quinzaine d'août, il y eut nécessairement, jusqu'à cette date, transbordement au passage à Ismaïlia et arrêt des barques, à Suez, dans le canal d'eau douce, pour les opérations d'embarquement et de débarquement.

La nécessité de moyens de transport plus rapides se fit bientôt sentir par la grande impulsion imprimée aux travaux. Aussi, la Compagnie établit-elle à partir du 5 août sur les trois lignes d'Ismaïlia à Port-Saïd, Zagazig et Suez, en desservant toutes les stations intermédiaires, un nouveau service, dit express, pour le transport de la poste et des voyageurs de 1re classe. Ce service se faisait à l'aide de petites dahabiehs qui continuèrent, provisoirement, d'être halées par des mules, à la vitesse de 8 kilomètres à l'heure.

Sur le canal maritime : Port-Saïd ;
Kil. 14 : Ras-el-Ech ;
Kil. 20.............(Relai) ;
Kil. 44 : Kantara ....(—) ;
Kil. 56 : Platrière....(—) ;
Kil. 71 : El Guisr ;

Sur le canal d'eau douce : Kil. 78 : Ismaïlia ;
Kil 9 : Toussoum ;
Kil. 14 : Sérapéum...(Relài) ;
Kil. 31 ....(—) ;
Kil. 53 : Géneffé.....(—) ;
Kil. 73 : Chalouf.....(—) ;
Kil. 90 : Suez.

L'horaire se résumait comme suit en ne mentionnant ici que les trois villes de Port-Saïd, Ismaïlia et Suez.

PRIX DE TRANSPORT

	DISTANCES	PRIX DES PLACES	
		1re CLASSE	2e CLASSE
	Kilomètres	Francs	Francs
De Port-Saïd à Ismaïlia et *vice versa*.	78	12,20	8,00
D'Ismaïlia à Suez et *vice versa*.......	94	14,20	9,40
TOTAUX............	172	26.40	17,40

HEURES DE DÉPART ET D'ARRIVÉE

DE PORT-SAÏD A SUEZ			DE SUEZ A PORT-SAÏD		
LOCALITÉS	ARRIVÉE	DÉPART	LOCALITÉS	ARRIVÉE	DÉPART
Port-Saïd......	»	midi	Suez	»	midi
Ismaïlia......	7h,55 m.	1h,5	Ismaïlia......	7h,36 m.	1h,5
Suez	8 ,36 m.	»	Port-Saïd.....	8 ,55 m.	»

Chaque voyageur avait droit au transport gratuit de ses bagages jusqu'à concurrence de 50 kilogrammes. Il était perçu pour l'excédent une taxe de 2 francs par chaque 20 kilogrammes et par distance de 100 kilomètres. Les articles de messagerie payaient comme les excédents de bagages.

Ces dahabiehs avaient une longueur de $9^{m},80$ et une largeur de $1^{m},85$, avec un rouf de $2^{m},80$ de longueur.

Le prix des places était fixé à raison de 0 fr. 25 par kilomètre[1].

Le service des voyageurs de 2e et 3e classe et des messageries continua à se faire régulièrement chaque jour par le coche à une vitesse moyenne de 4 kilomètres à l'heure entre Zagazig, Ismaïlia, Port-Saïd et Suez.

La Compagnie avait, en outre, sur toutes les lignes un service régulier de trains de marchandises.

Les tournées fréquentes des fonctionnaires et des ingénieurs de la Compagnie exigeaient pour eux des moyens de transport particuliers. La nécessité des temps d'arrêt dans leurs tournées ne leur permettait pas de faire usage de la dahabieh-poste réservée aux voyageurs payants et dont le service devait être fait avec la plus grande régularité. Deux petites dahabiehs avaient été, en conséquence, construites à leur usage, à Ismaïlia. Ces dahabiehs, *Eugénie* et *Marie*, avaient une longueur de $14^{m},95$ et une largeur de $2^{m},70$ avec un rouf de $5^{m},70$ de longueur.

Une dahabieh avait été construite antérieurement pour le Président. Cette dahabieh avait une longueur de $14^{m},35$ et une largeur de $3^{m},05$. Le rouf

---

1. Les stations intermédiaires desservies étaient les suivantes :

Sur la ligne de Zagazig à Ismaïlia : Abou-Ahmed, Tel-el-Kébir, Gassassine, Rhamsès ;

Sur la ligne d'Ismaïlia à Port-Saïd : El Guisr, kil. 59 ; Kantara, kil. 20, Ras-el-Ech.

L'horaire du service se résumait comme suit en ne mentionnant ici que les trois villes de Zagazig, Ismaïlia et Port-Saïd.

PRIX DE TRANSPORT

	DISTANCES	PRIX DES PLACES
	Kilomètres	Francs
De Zagazig à Ismaïlia et *vice versa*...	85	21,20
D'Ismaïlia à Port-Saïd — ...	78	19,40
TOTAUX..................	163	40,60

HEURES DE DÉPART ET D'ARRIVÉE

DE ZAGAZIG A PORT-SAÏD			DE PORT-SAÏD A ZAGAZIG		
LOCALITÉS	ARRIVÉE	DÉPART	LOCALITÉS	ARRIVÉE	DÉPART
Zagazig.........	»	6 h. s.	Port-Saïd.......	»	4 h. s.
Ismaïlia........	8 h. m.	4 h. s.	Ismaïlia........	5 h. 45 m.	3 h. s.
Port-Saïd.......	6 h. 30 m.	»	Zagazig.........	6 h. m.	»

Les voyageurs n'avaient droit qu'au transport de petits colis jusqu'à concurrence d'un poids de 30 kilogrammes, les excédents de bagages étant expédiés par le train-coche précédent ou suivant au prix du tarif ordinaire des articles de messagerie.

occupait, immédiatement à partir de l'arrière, une longueur de $8^m,06$ se répartissait ainsi en allant de l'avant à l'arrière : salon, $3^m,50$; chambre à coucher, $1^m,93$; cabinet de toilette, $1^m,73$; water-closet, $0^m,90$. C'est sur cette embarcation que prirent place toutes les notabilités qui visitèrent le Canal pendant les premières années après l'achèvement du canal d'eau douce et de la rigole maritime.

Dès la fin de l'année 1863, avait été mise à l'étude la question d'une installation de canots à vapeur pour le transport rapide et régulier des administrateurs, des ingénieurs et du personnel de la Compagnie sur la rigole maritime et sur les canaux d'eau douce.

A la suite de cette étude, un marché fut passé, le 25 avril 1864, avec la maison Gouin pour la fourniture de deux canots à vapeur semblables : l'un destiné à naviguer régulièrement sur le canal d'eau douce, entre Ismaïlia et Suez (exceptionnellement sur la ligne de Zagazig) ; l'autre, à faire de même un service régulier sur le canal maritime entre Port-Saïd et Ismaïlia.

Les embarcations, telles qu'elles avaient été projetées et qu'elles ont été exécutées présentaient les principales dimensions suivantes : longueur, 18 mètres ; largeur au maître-couple, $3^m,25$; creux, $1^m,20$; tirant d'eau en pleine charge, $0^m,60$.

La coque était en tôle. Le propulseur consistait en deux hélices commandées par deux machines-pilons indépendantes. La vitesse de marche était de 10 kilomètres à l'heure.

La machinerie était installée à peu près au milieu de l'embarcation où elle occupait une longueur de 4 mètres ; elle était flanquée de deux roufs réunis, au-dessus des machines, par une passerelle ; à l'extrémité de chaque rouf était une petite échelle pour permettre la circulation au-dessus. Le rouf d'avant avait une longueur de 4 mètres et était aménagé en salon ; le rouf d'arrière avait une longueur de $3^m,50$ et contenait une cabine avec couchette pour le mécanicien, une cuisine et un double water-closet. Les espaces libres du pont, au-delà des roufs, de $4^m,20$ de longueur à l'avant, de $2^m,30$ à l'aval, étaient abrités par des tentes.

Les deux embarcations reçurent les noms de la *Jeanne* et de la *Mathilde*. Elles étaient très confortables, parfaitement installées, et elles firent un excellent service.

Elles devaient, d'après le marché, être livrées à Port-Saïd, prêtes à subir les épreuves, au plus tard avant le 30 septembre 1864. En fait, et par suite de circonstances diverses, la réception provisoire n'en put être prononcée qu'un an plus tard, le 15 septembre 1865.

Le 15 août, la fête de l'Empereur fut célébrée à Ismaïlia par l'ouverture des écluses du Canal d'eau douce et le passage d'une cargaison de 300 tonnes de houille transitant directement de la Méditerranée dans la mer Rouge [1].

Le Président de la Compagnie s'était rendu à Port-Saïd pour surveiller par lui-même le départ du convoi de chalands portant la cargaison.

Le départ eut lieu le 13 à sept heures du matin. Tous les habitants de Port-Saïd avaient été conviés à se réunir sur le quai du phare pour y assister.

---

1. Le même jour, 15 août, le Président adressa à l'Empereur le télégramme suivant :

« Sa Majesté a été fêtée dans l'Isthme par la première cargaison de houille transitant directement de la Méditerranée dans la mer Rouge. »

L'Empereur répondit aussitôt par la dépêche suivante datée du camp de Châlons à $2^h25'$.

« Je vous félicite du succès obtenu et vous remercie de me donner cette bonne nouvelle pour ma fête. »

Six petits bateaux à vapeur, ayant chacun à la remorque deux chalands en fer chargés de charbon et pavoisés de pavillons de toutes les nations, se mirent en route. A partir du kilomètre 20 du canal, des mules et des chameaux halèrent le convoi jusqu'à Ismaïlia où il arriva le 14 dans la soirée. A la suite du convoi de charbon se trouvait un long radeau formé de bois provenant d'un chargement reçu par un négociant de Port-Saïd à destination de Suez.

Les chalands avaient 20 mètres de longueur et 4 mètres de largeur. Deux des remorqueurs, provenant de la maison Gouin, avaient parfaitement fonctionné : aux essais, ils avaient fait, sans la remorque, 14 kilomètres à l'heure. Les quatre autres remorqueurs étaient la *Jeanne* et la *Mathilde* appartenant à la Compagnie et deux bateaux appartenant à MM. Borel, Lavalley et Cie.

Dans la matinée du 15, le barrage qui retenait les eaux du canal d'eau douce en amont du bief d'Ismaïlia ayant été rompu sur le signal du Président, l'eau se précipita, à travers les vannes et aqueducs de l'écluse d'amont, dans le bief qui fut rapidement rempli. Le convoi franchit alors les écluses et pénétra dans le canal d'eau douce pour continuer sa route vers Suez. Un accident fortuit retarda son départ d'Ismaïlia; on avait appris qu'une rupture de berge s'était produite sur le canal non loin de Suez, au kil. 83 ; cet accident put, heureusement, être promptement réparé.

Le convoi put reprendre sa marche le 24. Il présentait, sans compter les intervalles, une longueur de 264 mètres. Il était remorqué en tête par 12 chameaux, — 6 sur chacun des deux chemins de halage, — et était escorté par la dahabieh sur laquelle le Président était parti de Port-Saïd accompagné des chefs de service de la Compagnie. Des relais eurent lieu aux kil. 14, 32, 52 et 72. Le convoi faisait 3 kilomètres à l'heure. La dahabieh du Président et le convoi franchirent l'écluse de Suez et entrèrent dans la mer Rouge dans la journée du 26 août[1].

Le passage du convoi d'une mer à l'autre fut successivement l'objet de grandes fêtes à Port-Saïd, à Ismaïlia et à Suez.

Une partie du convoi, au retour, emporta à Port-Saïd, pour être dirigées sur Marseille, diverses marchandises acquises par la maison Bazin sur la côte d'Arabie.

Le transit d'une mer à l'autre sans solution de continuité était donc un fait accompli[2]. Toutefois, — ainsi, d'ailleurs, que l'annonça le Président de la Compagnie dans son rapport à l'Assemblée générale des actionnaires du 5 octobre 1865, — le fonctionnement régulier de ce premier passage ne put avoir lieu qu'à partir du commencement de l'année 1866.

---

1. L'écluse de Suez avait été terminée, comme les écluses d'Ismaïlia, exactement à la date du 15 août fixée par le Président pour le passage du convoi de charbon d'une mer à l'autre. On profita du retard du départ d'Ismaïlia pour parachever l'écluse où il restait encore quelques travaux à exécuter.

Des trois écluses intermédiaires situées sur la branche de Suez aux points kilométriques 16, 42 et 68, les deux premières ne furent terminées qu'à la fin de 1865, la troisième à la fin de février 1866. Pendant la construction de ces écluses, la navigation sur le canal était assurée par des rigoles latérales.

2. Dans le courant de décembre, une petite goëlette, l'*Eugénie* (construite dans les chantiers d'Ismaïlia et lancée sur le canal d'eau douce), venant de la Méditerranée et portant 30 voyageurs arriva en 27 heures à Suez où elle fut amarrée dans le port vis-à-vis de l'hôtel anglais.

APPROVISIONNEMENTS DE DENRÉES

Ainsi qu'il a été déjà mentionné précédemment, MM. Borel, Lavalley et Cie, en février 1865, traitèrent avec la maison Bazin, de Port-Saïd, pour le service des approvisionnements de denrées sur leurs chantiers de travaux; et la Compagnie, dès qu'elle fut libérée avec l'industriel avec qui elle avait traité pour la fourniture, aux risques et périls de celui-ci, des vins et denrées diverses dans les campements, leur fit remise de tous ses magasins à l'exception des deux grands magasins de Port-Saïd et d'Ismaïlia nécessaires à ses propres travaux.

Le Président de la Compagnie, dans son rapport à l'Assemblée générale des actionnaires du 5 octobre 1865, put signaler que l'alimentation de tous les chantiers de l'Isthme était alors exclusivement entre les mains du commerce privé.

Le Président renouvela cette information à l'Assemblée générale des Actionnaires de l'année suivante (1er août 1866) dans les termes ci-dessous :

« Quant à la vente des denrées de toute espèce, la Compagnie ne s'en occupait plus. C'était la liberté qui y pourvoyait abondamment au moyen de 1.490 commerçants, dont 792 européens et 698 indigènes qui avaient établi des hôtels, des cantines, des magasins et des boutiques où chacun allait s'approvisionner. A Port-Saïd notamment, il y avait entre autres deux magasins qui débitaient, chacun de 2 à 3.000 francs de marchandises par jour. »

Bien que le service des magasins de la Compagnie eût été réduit à ce qui concernait exclusivement les besoins des travaux et opérations en régie, il formait encore un rouage très important de la Direction générale des travaux, ainsi que l'on peut en juger par les chiffres suivants relatifs aux onze premiers mois de l'année 1886.

Inventaire au 1er janvier 1866	1.739.529 fr. 05
Entrées du 1er janvier au 30 novembre	1.760.305 »
	3.499.834 05
Sorties du 1er janvier au 30 novembre	1.824.744 08
STOCK AU 30 NOVEMBRE 1866	1.675.089 fr. 97

ÉPIDÉMIE DE CHOLÉRA DANS L'ISTHME

DU 16 JUIN AU 31 JUILLET 1865

(EXTRAIT DU RAPPORT DU MÉDECIN EN CHEF)

Invasion du choléra en Egypte. — Une épidémie de choléra avait été constatée, en mai 1865, à Djedda et à la Mecque où 150.000 pèlerins étaient réunis. Les cadavres restaient sans sépulture dans les rues.

Le 16 mai, arriva à Suez le premier navire venant de Djedda, vapeur anglais chargé de 1.500 pèlerins et ayant, pendant la traversée, jeté des morts à la mer. Deux jours après, des cas de choléra furent constatés sur le capitaine du navire et sa femme qui furent traités par le médecin de la Compagnie.

Le 22 mai, un cas de choléra fut reconnu à Damanhour, près d'Alexandrie, dans un convoi de pèlerins venant de Suez.

Du 22 mai au 1er juin, plusieurs milliers de pèlerins, débarqués également à Suez, étaient venus camper à Alexandrie près du canal Mahmoudieh. Pendant les premiers jours qui suivirent, quelques cas de choléra se produisirent dans Alexandrie et allèrent en augmentant. Le 12 juin, l'invasion était complète; le fléau, remontant alors vers l'intérieur, se déclara à Tantah, au Caire, à Zagazig, puis dans les chantiers de l'Isthme.

Marche du choléra dans l'Isthme. — KIL. 42 DU CANAL D'EAU DOUCE (BRANCHE DE SUEZ) ET SÉRAPÉUM. — Le premier cas de choléra dans l'Isthme eut lieu, le 16 juin, sur un ouvrier employé aux terrassements de l'écluse du kil. 42 du canal d'eau douce, c'est-à-dire en plein désert. A cette date, le choléra ne régnait encore ni au Caire, ni à Zagazig, ni à Suez ; il était concentré à Alexandrie, à une distance d'environ 250 kilomètres. Le 18, 2 nouvelles attaques eurent lieu, et le fléau continua, s'étendant au Sérapéum. Du 16 juin au 4 juillet, il y eut, parmi les européens des deux campements, 28 attaques et 16 morts sur une population d'environ 200 personnes. Malgré l'attaque imprévue de la maladie, les deux médecins de la circonscription de Toussoum avaient fait courageusement face et avaient suffi à tout, aidés par plusieurs employés et par des ouvriers qui montrèrent les uns et les autres un grand dévouement. L'épidémie était presque terminée lorsque l'un des deux médecins, le Dr Zuridi, en fut victime. En présence de l'effet moral produit par cette mort, les deux campements furent momentanément évacués.

ISMAÏLIA. — Le premier cas de choléra à Ismaïlia eut lieu le 24 juin. L'épidémie était alors en pleine croissance à Zagazig; des fuyards (grecs et italiens) étaient venus se réfugier à Ismaïlia ; d'autres avaient traversé la ville, se rendant à Port-Saïd pour s'y embarquer ; enfin, comme il est dit plus haut, le choléra, depuis le 16, régnait au kil. 42 du canal d'eau douce.

Le choléra s'abattit sur Ismaïlia comme une trombe, enlevant, au plus fort de l'épidémie, 176 personnes en sept jours. L'épidémie dura vingt-huit jours. Sur une population totale d'environ 4.000 âmes, il y eut 228 décès répartis ainsi : chez les européens, au nombre d'environ 2.500; il y eut 182 attaqués et 108 décès ; chez les arabes, au nombre d'environ 1.500, 120 décès.

Il était à remarquer que les émigrants de Zagazig avaient séjourné dans l'Ouady, qu'ils avaient demeuré à Tel-el-Kébir et que, même, des individus y étaient morts du choléra, et que, cependant, toute cette contrée de l'Ouady, qui séparait Ismaïlia de Zagazig, avait été exempte de la maladie.

[Ismaïlia possédait un hôpital européen, un hôpital arabe, et, entre eux, une annexe en planches qui avait été de suite transformée en ambulance. Ces locaux devinrent promptement insuffisants. Le 30 juin, l'ancienne maison Sciama, destinée à la future habitation du Gouverneur de l'Isthme, fut mise à la disposition du Service de santé pour l'installation de vingt lits qui furent aussitôt occupés. D'autres salles reçurent également des lits qui furent à leur tour successivement occupés.]

EL GUISR. — L'épidémie d'Ismaïlia s'étendit jusqu'à El Guisr (situé à 6 kilomètres) mais ne dépassa pas ce campement.

Le premier cas de choléra eut lieu le 26 juin sur un arabe, mais ce fut un cas isolé. Le 1er juillet, 2 cas se manifestèrent sur des individus arrivant d'Ismaïlia. Le 3, la maladie était déclarée dans le campement. Les arabes furent surtout frappés; ils eurent 20 décès. Parmi les européens, il n'y eut que 5 décès sur 14 personnes attaquées.

KANTARA. — Le campement de Kantara, bien que se trouvant peut-être plus exposé que tout autre à l'importation de la maladie, en fut complètement exempt. On sait que ce campement, bâti sur la route d'Egypte en Syrie, voyait passer une quantité de caravanes et de voyageurs qui, tous, s'y arrêtaient parce qu'ils y trouvaient l'eau douce. De plus, Kantara était la station naturelle des voyageurs qui se rendaient d'Ismaïlia ou d'El Guisr à Port-Saïd ; or, lorsque l'épidémie s'était déclarée, la peur s'était mise parmi les grecs et beaucoup s'étaient sauvés vers Port-Saïd afin de s'y embarquer; il y eut ainsi sur les chantiers de l'Isthme une émigration d'au moins 2.000 ouvriers, les uns à pied, les autres en barque. Ce double courant avait laissé à Kantara 12 morts dont 6 fournis par les caravanes et 6 venant d'Ismaïlia, parmi lesquels 4 européens. Tous ces individus avaient été apportés à l'ambulance morts ou mourants.

Port-Saïd. — La marche de la maladie à Port-Saïd — ainsi que l'on en jugera par les détails ci-dessous — revêtit un caractère tel que les médecins se sont demandé si l'on avait eu vraiment affaire à une épidémie ou si tout s'était borné à des cas isolés et à des importations.

Le 28 juin, arriva d'Ismaïlia un grec qui tomba malade ayant tous les symptômes du choléra, mais qui guérit. Le même jour, une jeune fille grecque habitant Port-Saïd et atteinte de diarrhée depuis dix jours fut prise du choléra et mourut dans la nuit.

Le 30, fut apporté un grec, mort du choléra, dans un canot venant d'Ismaïlia. L'émigration avait commencé sur toute la ligne des travaux;

Le 2 juillet, 5 décès parmi les émigrants d'Ismaïlia;

Le 3, 4 morts, dont 3 émigrants d'Ismaïlia et un habitant de Port-Saïd;

Le 4, 3 morts venant d'Ismaïlia;

Le 5, 2 morts dont un émigrant et un habitant de Port-Saïd (le second atteint), demeurant près du campement des émigrants;

Le 6, 6 morts, dont un émigrant et un habitant de Port-Saïd demeurant, comme le précédent, près du campement des émigrants.

A ce moment, environ 2.000 grecs étaient campés près du phare attendant la possibilité de s'embarquer : un coup de vent d'Ouest régnait depuis deux jours et empêchait toute communication avec les navires. La situation eût été des plus inquiétantes si le choléra fût venu, comme à Ismaïlia, fondre sur cette population campée, ramassée sur elle-même, en proie à la terreur.

Parmi la population de Port-Saïd, la maladie ne se manifesta que par des cas isolés : chaque jour, un ou deux décès seulement; la mortalité la plus élevée eut lieu le 19 où cinq décès furent constatés.

Pendant les huit jours qui avaient précédé, il n'y avait eu en tout que 3 décès.

Le dernier cas de choléra eut lieu le 31 juillet.

En résumé, sur une population d'environ 4.500 européens habitant Port-Saïd, il n'y eut que 63 attaques de la maladie et 23 décès. Parmi les émigrants, 44 attaques et 33 décès. Au village arabe, qui comptait au moins 1.500 habitants, il n'y eut que 2 décès; 2 morts arabes y furent en outre apportés, venant du lac.

Chalouf. — Le campement de Chalouf, malgré son voisinage du kil. 42 du canal d'eau douce et du Sérapéum, et malgré sa proximité de Suez, n'eut pas un seul cas de choléra.

Ce fait était à noter, surtout en présence de ce qui s'était passé à Kantara et à Tel-el-Kébir, qui, eux aussi, avaient été exempts de la maladie bien qu'ils fussent cernés par elle et eussent hospitalisé morts et malades.

Suez. — Ainsi qu'il a été mentionné précédemment, le choléra fut introduit en Egypte par Suez avec les pèlerins; et l'on a vu que le 20 mai, deux jours après l'arrivée du premier navire, le capitaine et sa femme avaient été atteints de la maladie.

Après le passage des pèlerins, il y eut quelques cas de choléra, mais peu graves.

Ce ne fut que le 22 juin, c'est-à-dire plus d'un mois après le premier arrivage, qu'eut lieu le premier cas mortel. Dans l'intervalle, il était débarqué à Suez près de 20.000 pèlerins que l'on s'était empressé de diriger au fur et à mesure sur Alexandrie.

Malgré cette infection réitérée, l'épidémie avait eu de la peine à se constituer à Suez. Sur le chantier de l'écluse d'extrémité du canal d'eau douce, il n'y eut pendant longtemps que des cholérines. Ce ne fut que vers la fin de l'épidémie que l'on eut tout à coup parmi les travailleurs grecs une série de cas graves et mortels.

La circonscription de Suez comptait environ 200 personnes (employés et ouvriers). Il y eut 22 attaques de la maladie et 14 morts.

. . . .

RELEVÉ GÉNÉRAL DE LA MORTALITÉ CAUSÉE PAR LE CHOLÉRA SUR LA POPULATION EUROPÉENNE DE L'ISTHME

(En ce qui était des Arabes, il était très difficile de connaître le nombre des personnes attaquées et même le nombre des décès.)

CIRCONSCRIPTIONS ET LOCALITÉS	DATES de l'invasion de la maladie	NOMBRES de personnes attaquées	MORTALITÉ	DATES de la fin de la maladie
	JUIN			JUILLET
Kil. 42 du Canal d'eau douce..	16	8	5	4
Sérapéum	22	20	11	4
Suez	22	22	14	30
Ismaïlia (*a*)................	24	182	108	22
El Guisr.....................	26	14	5	21
Port-Saïd (*b*)...............	28	107	56	31
Kantara (*c*).................	29	4	4	17
TOTAUX........................		357	203	

(*a*) Les 108 décès d'Ismaïlia comprenaient 99 hommes (dont 25 français), 6 femmes et 3 enfants.

(*b*) Les attaques de la maladie et la mortalité de Port-Saïd se répartissaient ainsi :
Population de la ville........................ 63 attaques, 23 morts.
Emigrants venus de l'intérieur de l'isthme..... 44 attaques, 33 morts.

(*c*) Les personnes attaquées de la maladie venaient du dehors.

INFLUENCE EXERCÉE PAR L'INVASION DU CHOLÉRA DANS L'ISTHME SUR LA MARCHE GÉNÉRALE DES TRAVAUX

Les travaux étaient, sur toute la ligne du canal, en pleine activité lorsque le fléau est venu s'abattre violemment sur Ismaïlia, dont la population fut cruellement décimée. Malgré la calme et courageuse attitude de tout le personnel, malgré le bon exemple des chefs de chantiers, la population ouvrière de la ville, qui était presque tout entière occupée au travail d'achèvement des deux écluses du canal d'eau douce, se laissa envahir par la plus irrésistible panique, et la désertion se propagea rapidement parmi elle. Tout le monde fuyait vers Port-Saïd, entraînant dans sa fuite les ouvriers des chantiers échelonnés sur toute l'étendue du seuil d'El Guisr. Les chantiers du Sérapéum furent également abandonnés. Tout ce monde des fuyards, de toutes nationalités, trouva finalement à s'embarquer successivement à Port-Saïd pour rentrer en Europe. Malheureusement, une si grande agglomération de gens affolés, dont quelques-uns apportaient avec eux les germes de la maladie, devait avoir ce triste résultat de faire apparaître le fléau à Port-Saïd et d'y propager parmi la population ouvrière le si funeste sentiment de la peur. De là, et malgré le peu d'intensité de la maladie, de nombreuses désertions parmi les ouvriers employés dans les ateliers métallurgiques à l'amélioration et à la construction du matériel.

Peu de jours après la disparition du fléau, les chantiers des écluses d'Ismaïlia se peuplèrent de nouveau et reprirent bientôt leur précédente activité. L'écluse de Suez et les écluses intermédiaires du canal d'eau douce, dont les chantiers n'avaient pas été complètement abandonnés, retrouvèrent, de leur côté, un nombre suffisant d'ouvriers; les chantiers du seuil d'El Guisr (Entreprise Couvreux et chantier de régie d'El Ferdane) se repeuplèrent de même assez rapidement; de même, enfin, pour les autres chantiers du canal maritime et les chantiers d'entretien du canal d'eau douce.

En définitive, dans le désert, l'apparition du fléau avait fait perdre à peu près un mois. A Port-Saïd, la crise, bien que s'atténuant chaque jour, se fit sentir un peu plus longtemps, à cause, à la fois, du départ en masse des ouvriers grecs qui étaient occupés presque exclusivement à la manœuvre des dragues et aux déchargements des navires en rade, et du départ des ouvriers spéciaux des ateliers, dont le remplacement ne put, en majeure partie, se faire que par un recrutement en France.

SERVICE DE SANTÉ

DU 1er AOUT 1865 AU 1er JUIN 1866

(EXTRAIT DU RAPPORT DU MÉDECIN EN CHEF)

Au point de vue des travaux, l'épidémie de choléra qui avait sévi dans l'Isthme pendant les mois de juin et juillet produisit ce singulier résultat que, loin de devenir une cause de diminution dans le nombre des ouvriers, elle avait été favorable à l'augmentation de la population. Le départ des travailleurs avait été un mode de propagande, ou plutôt de recrutement : la plupart de ceux qui avaient quitté les chantiers étaient revenus et avaient amené avec eux une quantité d'autres ouvriers. Cette cause, réunie à divers appels, avait porté le chiffre des travailleurs presque au double de l'année précédente : la population de l'Isthme était montée de 10.000 à 18.000 habitants.

La cause qui eut le plus d'action sur la santé générale fut la suite de l'épidémie de choléra. On sait que, quand une localité a été ravagée par une épidémie, cette localité est souvent dangereuse pour les hommes nouveaux, qui y subissent l'influence de l'épidémie passée. Il était donc à craindre que les nouveaux arrivants dans l'Isthme ne fussent soumis à cette loi, et cela était d'autant plus à redouter que le plus grand nombre, venant d'un climat différent, une nouvelle épidémie pouvait éclater. Heureusement, il n'en fut rien. Toutefois, on devait attribuer aux influences épidémiques récentes les cas assez nombreux de fièvre algide qui se produisirent pendant l'année parmi les travailleurs.

Quelques cas isolés de choléra se manifestèrent, vers la fin de mai 1866, à Suez et sur les bâtiments en rade. A ce moment, une recrudescence épidémique avait lieu à Djedda et sur divers points de la mer Rouge; c'était la fin du pèlerinage; un courant cholérique venant de la mer Rouge semblait menaçant. L'Isthme et l'Egypte, bien probablement, n'échappèrent au danger d'une épidémie nouvelle qu'en empêchant le débarquement des derniers pèlerins et la formation de foyers d'infection.

Comme l'année précédente, le Service de santé était divisé en sept circonscriptions :

Circonscription de Port-Saïd. — Cette circonscription comprenait le port de Port-Saïd et le canal maritime jusqu'au kil. 30. Le service y était fait par trois docteurs en médecine : l'un affecté à l'hôpital et à la direction du service général; un autre, au service des malades en ville; le troisième résidant à Ras-el-Ech (kil. 15). L'hôpital contenait 40 lits; il y avait des chambres particulières pour les employés; en cas de besoin, on avait un matériel suffisant pour pouvoir installer 10 lits en plus. Un pharmacien et des Sœurs hospitalières complétaient l'organisation.

Circonscription de Kantara. — La circonscription s'étendait du kil. 30 du canal maritime au kil. 60 (Kantara se trouvait au kil. 44). Le service y était fait par un docteur, un aide-médecin arabe et un pharmacien. L'hôpital, qui venait d'être réorganisé, contenait 20 lits et devait, avec les annexes, en contenir 10 de plus.

Circonscription d'El Guisr. — La circonscription s'étendait du kil. 60 du canal maritime jusqu'au débouché du canal dans le lac Timsah, kil. 75,5. (El Guisr se trouvait au kil. 71,5). Le service était fait par deux docteurs et un pharmacien. L'hôpital avait été réparé et agrandi, et le matériel renouvelé. Il contenait 30 lits ; au besoin, 40.

Circonscription d'Ismaïlia. — Cette circonscription comprenait la ville d'Ismaïlia, le pourtour du lac Timsah, le canal d'eau douce jusqu'à Rhamsès et la branche de Suez jusqu'au kil. 7. Bien que la circonscription fut une des moins étendues, son service était des plus importants : Ismaïlia étant le chef-lieu de l'Isthme, les malades étrangers y affluaient. Le service était fait par un docteur, chef du service, deux médecins, dont l'un européen et l'autre arabe, un pharmacien et un économe. Le nouvel hôpital, récemment terminé, devait contenir 34 lits pour européens, au besoin 10 lits en plus; l'hôpital arabe contenait 12 lits. Un économat central pour le matériel avait été organisé.

Circonscription du Sérapéum. — La circonscription s'étendait depuis Gebel Mariam (kil. 80 du canal maritime) jusqu'au débouché du canal dans le grand lac Amer (kil. 99), et comprenait, en outre, la branche de Suez du canal d'eau douce depuis le kil. 7 jusqu'à l'écluse du kil. 42. (Le campement du Sérapéum se trouvait au kil. 90,5). L'hôpital contenait 30 lits ; au besoin, 40.

Circonscription de Chalouf. — La circonscription s'étendait depuis le kil. 114 du canal maritime (origine du petit lac Amer) jusqu'au kil. 150, et comprenait, en outre, la branche de Suez du canal d'eau douce depuis l'écluse du kil. 42 jusqu'au kil. 83. (Le campement de Chalouf se trouvait au kil. 139 du canal maritime.) Le service était fait par deux docteurs en médecine et un pharmacien. L'hôpital contenait 30 lits ; au besoin, 40.

Circonscription de Suez. — La circonscription s'étendait depuis le kil. 150 du canal maritime jusqu'à la mer et comprenait le port de Suez.

Le service de santé fut définitivement constitué par la prise de possession d'une partie de l'hôpital européen de Suez, où furent installés 14 lits et où l'on pouvait, au besoin, en mettre 20. Sur les travaux, près du canal, devait être établie une ambulance de 4 lits. Le service était fait par un docteur, un aide-médecin résidant déjà à l'ambulance provisoire, et un pharmacien.

Comme on vient de le voir par l'exposé ci-dessus, chaque circonscription avait son hôpital, ses médecins et son pharmacien. Le Service de santé de l'Isthme, sur une étendue de 160 kilomètres, était fait par 12 docteurs en médecine, 4 aides-médecins et 7 pharmaciens. Il avait, dans ses hôpitaux et ambulances, 220 lits installés et pouvait porter ce nombre à 280. Il pouvait, même en temps d'épidémie, faire face à tous les besoins. De même que pendant la récente épidémie de choléra, et bien que l'organisation ne fût pas alors aussi complète, le Service était prêt sur tous les points.

Une amélioration importante fut apportée cette année dans l'organisation du Service, consistant dans la création d'un économat central au point de vue du matériel. Jusqu'alors, chaque circonscription avait son approvisionnement distinct en matériel. Ce matériel était plus ou moins complet, plus ou moins usé, selon le nombre des malades. Les réparations étaient souvent difficiles. Certaines circonscriptions avaient du matériel en abondance, tandis que d'autres en manquaient et éprouvaient parfois de la difficulté à s'en procurer. Un économat central fut organisé à Ismaïlia, où tout le matériel neuf et vieux devait être emmagasiné, réparé et distribué suivant les besoins. Avec le télégraphe et les moyens faciles de transport par les canaux, une circonscription qui manquait de matériel pouvait aisément se le procurer ou le changer à l'économat.

TABLEAU DE LA MORTALITÉ DANS L'ISTHME
DU 1er AOUT 1865 AU 1er JUIN 1866

	POPULATION	MORTALITÉ	PROPORTION POUR 100
Race blanche			
Hommes	10.500	201	2,29
Femmes et enfants compris	11.800	239	2,43
Race arabe			
Hommes	4.700	87	2,22
Femmes et enfants compris	6.200	124	2,40
Population totale sédentaire	18.000	363	2,42

MORTALITÉ PARMI LA POPULATION EUROPÉENNE PENDANT L'ANNÉE ENTIÈRE
COMPRENANT LA PÉRIODE DU CHOLÉRA DU 1er JUIN 1865 AU 1er JUIN 1866

Race blanche	11.800	442	3,74

VISITE DES TRAVAUX DU CANAL
PAR LES DÉLÉGUÉS DES CHAMBRES DE COMMERCE DES PRINCIPALES VILLES D'EUROPE ET D'AMÉRIQUE
(AVRIL 1865)

Le 31 janvier 1865 — ainsi qu'il a déjà été mentionné précédemment — une circulaire avait été envoyée par le Président de la Compagnie aux principales Chambres de commerce d'Europe et d'Amérique pour les prier d'envoyer des délégués chargés de visiter les travaux du canal. Cette invitation, qui avait pour but de combattre les doutes répandus partout au sujet de la réussite de l'entreprise, était ainsi conçue :

« Une première communication est ouverte entre la Méditerranée et la mer Rouge.

« Depuis le 1er janvier, un service journalier de batelage est établi de Port-Saïd à Suez et d'Ismaïlia à Zagazig. Il dessert en même temps toutes les stations intermédiaires de l'Isthme. Le moment est venu où le commerce doit se préparer pour l'ouverture du canal maritime à la grande navigation et, dès à présent, la Compagnie de Suez l'appelle à étudier avec elle les moyens de tirer parti d'un batelage qui peut déjà effectuer des transports entre les deux mers, sur une ligne d'eau continue.

« J'espère que cette situation éveillera la sollicitude de la Chambre de Commerce de ..., et si elle veut bien nous prêter le concours que nous lui demandons, il conviendrait que le délégué de son choix fût rendu à Alexandrie le 6 du mois d'avril prochain. Je serai en Egypte pour recevoir MM. les délégués ; je m'empresserai de leur faciliter tous les moyens d'inspecter les travaux de l'Isthme et de mettre à leur disposition les renseignements qu'ils jugeront nécessaires pour l'accomplissement de leur mission. »

Les délégués se trouvèrent effectivement réunis le 6 avril à Alexandrie où attendait, pour les recevoir, le Président de la Compagnie.

LISTE DES CHAMBRES DE COMMERCE ET SOCIÉTÉS DIVERSES QUI AVAIENT RÉPONDU A L'APPEL DU PRÉSIDENT DE LA COMPAGNIE

Angleterre. — Chambres de Commerce de Birmingham, Falmouth, Malte, Plymouth, Sheffield 6
Autriche. — Consulat général. — Chambres de Commerce de Vienne, Trieste, Venise. — Lloyd autrichien 8
Belgique. — Consulat général. — Chambre de Commerce d'Anvers 2
Brésil. — Consulat général 1
Danemark. — Chambre de Commerce de Copenhague 1
Espagne. — Chambres de Commerce de Barcelone et de Cadix 1
Etats-Unis. — Chambres de Commerce de New-York et de San-Francisco. 2
France. — Chambres de Commerce d'Alger, Angoulême, Le Havre, Limoges, Lyon, Marseille, Mayotte, Montpellier, Moulins, Mulhouse, Nantes, Rodez. — Société des Ingénieurs civils, Société de Ste-Marie-aux-Mines, Société d'agriculture de Seine-et-Oise 24
Grèce. — Consulat général 1
Hollande. — Consulat général. — Chambre de Commerce d'Amsterdam.. 2
Italie. — Consulat général. — Chambres de Commerce d'Alexandrie, Ancône, Bologne, Cagliari et Ministère des Travaux publics, Caltanisetta, Catane et Reggio, Como, Florence, Gênes, Lecce et ministère de l'Agriculture et du Commerce, Lecco, Livourne et Pise, Messine et Syracuse, Milan, Naples, Palerme, Plaisance, Turin, Trapani, Varese 31
Perse. — Consulat général; Ambassade persane à Constantinople 2
Russie. — Consulat général. — Compagnie russe de Navigation et de Commerce; Compagnie des paquebots russes 3
Suède et Norwège. — Consulat général 1
Villes hanséatiques. — Consulat général 1

NOMBRE TOTAL DES DÉLÉGUÉS 86

DÉCLARATION REMISE LE 17 AVRIL (1865) AU PRÉSIDENT DE LA COMPAGNIE, AU CAIRE, PAR LA DÉLÉGATION DES CHAMBRES DE COMMERCE APRÈS SA VISITE DES TRAVAUX

« Nous soussignés, membres délégués des Chambres de Commerce au Canal de Suez, après avoir examiné les travaux faits jusqu'à ce jour et nous être rendu compte de la possibilité de l'entreprise,

Déclarons ce qui suit :

Le 7 courant (avril), nous sommes partis d'Alexandrie, par chemin de fer, pour le Caire, où nous sommes restés jusqu'au 9 au matin; nous sommes alors allés par chemin de fer jusqu'à Zagazig, où nous nous sommes embarqués sur le canal d'eau douce fait par Mehemet-Ali, sur des barques remorquées par mules et chameaux, et sommes arrivés le même jour à Tel-el-Kébir, propriété de la Compagnie.

Le 10 au matin, nous avons continué notre voyage de la même façon ; à midi, nous sommes entrés dans le canal d'eau douce fait par la Compagnie, et à 5 heures, nous sommes arrivés à Ismaïlia, station centrale sur le Canal des deux mers.

Le 11, nous sommes restés à Ismaïlia, pour visiter les travaux faits ainsi que ceux du Sérapéum, l'un des deux points les plus élevés de l'Isthme.

Le 12, nous sommes partis d'Ismaïlia par le canal maritime sur des barques d'un petit tirant d'eau remorquées par des mules et des chameaux, et sommes arrivés à Kantara à 4 heures, après avoir visité les importants travaux d'El Guisr et passé à El Ferdane. De ce point, le Canal est déjà creusé en divers endroits et, sur une longueur de 60 kilomètres, à sa largeur définitive; les parties précédemment parcourues avaient seulement un tiers environ de la largeur arrêtée.

Le 13, nous avons quitté Kantara de la même façon qu'Ismaïlia, et à 20 kilomètres de ce point, nous avons trouvé cinq petits vapeurs qui nous ont conduits à la Méditerranée ; là, nous avons pu voir les jetées déjà en construction.

Notre passage de la Méditerranée à la mer Rouge s'est effectué en vingt-sept heures, savoir : onze heures de Port-Saïd à Ismaïlia, et seize heures d'Ismaïlia à Suez.

Tout le long du canal est établie une ligne électrique communiquant avec celles du Caire, d'Alexandrie et de Suez.

Pendant le cours de notre voyage, nous avons pu remarquer, le long du canal maritime des dragues et d'autres machines servant à creuser et à endiguer le canal. Tous les établissements appartenant à la Compagnie nous ont paru construits et installés d'une manière solide et durable. Dans notre opinion, le percement de l'Isthme n'est plus aujourd'hui qu'une question de temps et d'argent.

Nous avons appris également que, suivant les contrats avec divers entrepreneurs, la Compagnie espère voir le travail achevé d'ici au 1er juillet 1868, sans outrepasser, du reste, le capital actuel, y compris toutefois l'indemnité qui doit être payée par le Gouvernement égyptien en vertu de la sentence de l'Empereur Napoléon III.

Pendant tout le cours de notre voyage, nous avons reçu de M. de Lesseps et des agents de la Compagnie la plus gracieuse hospitalité et ces messieurs ont répondu franchement à toutes les questions que nous leur avons adressées. »

Questions posées par les délégués dans une séance générale tenue à Port-Saïd le 14 avril. — CANAL D'EAU DOUCE. — Direction du canal et nature des terrains traversés; dimensions ; portion déjà exécutée; modes d'exécution et dépenses; importance, mode et conditions du trafic actuel; volume d'eau débité en 24 heures.

CANAL MARITIME. — Description du projet; description de la partie du canal déjà creusée avec indication du temps employé, du nombre d'ouvriers, des difficultés rencontrées, de la dépense, des règlements adoptés dans l'exécution ; description de la partie restant à creuser et évaluation de la dépense.

LAC TIMSAH. — Superficie et profondeur d'eau du lac; ouvrages projetés pour la création d'un port ; établissements à ériger sur les bords du lac ; mode d'exécution du creusement du lac.

ENTRÉE DU CANAL PAR LA MER ROUGE. — Ouvrages projetés; quelles difficultés pour l'entrée et la sortie? quels sont les dangers de la navigation dans la mer Rouge?

ENTRÉE DU CANAL DANS LA MÉDITERRANÉE. — Ouvrages projetés : Durée et dépense des travaux.

QUESTIONS GÉNÉRALES. — Situation financière actuelle de la Compagnie; nombre d'actions souscrit par le Gouvernement égyptien ; versements déjà effectués sur les actions ; la rencontre de rochers dans la tranchée entre les lacs Amers et Suez exigera-t-elle ou non une déviation du tracé et n'entraînera-t-elle pas, en tout cas, des retards et un surcroît de dépense? Les sables voyageurs ne seront-ils pas un obstacle à la confection et à la conservation des canaux ? Époque de la mise en activité et tarifs du service de batelage entre Port-Saïd et Suez ; la Compagnie se chargera-t-elle elle-même de ce service? Quelle quantité de marchandises pourra être transportée d'une mer à l'autre.

Document relatant les réponses faites aux questions des délégués. — Dans la séance générale des délégués, tenue le 14 avril à Port-Saïd, le Directeur général des travaux avait rédigé au fur et à mesure toutes les réponses faites aux questions posées par les délégués.

Le compte rendu détaillé des questions et des réponses fit l'objet d'un document en date du 25 avril signé par le Président de la Compagnie et destiné à être adressé à tous les délégués.

Ce document se terminait ainsi :

« MM. les délégués ont été chargés de recueillir dans l'Isthme les éléments de leur rapport sur l'état actuel des travaux, sur les perspectives qu'offrira à la grande navigation leur achèvement prochain, et, plus spécialement, sur les ressources que peut fournir actuellement au commerce de leur pays l'établissement d'un batelage d'une mer à l'autre, pour le transport des personnes et des marchandises.

« Nous espérons que l'inspection, aujourd'hui terminée, de toute la ligne de nos opérations dans l'Isthme, que les documents fournis, que les explications données sur les lieux par les ingénieurs, les entrepreneurs et tous les agents des travaux, auront permis à MM. les délégués d'éclairer leurs commettants sur les trois points signalés à leur attention, et que les Chambres de Commerce, dont ils sont les dignes représentants, voudront bien faire connaître à la Compagnie le résultat de leur importante mission. »

TRAVAUX EXÉCUTÉS PENDANT L'ANNÉE 1866-1867

Compte rendu sommaire des travaux exécutés et des résultats obtenus pendant la période de juin 1866 à juin 1867.

(EXTRAIT DU RAPPORT DU PRÉSIDENT DE LA COMPAGNIE A L'ASSEMBLÉE GÉNÉRALE DES ACTIONNAIRES DU 1er AOUT 1867)

OBSERVATIONS GÉNÉRALES

Les chantiers de travaux, déjà organisés, lors de la précédente réunion de l'Assemblée générale des actionnaires, sur toute la ligne du canal maritime, n'avaient pas tardé à sortir partout de la phase des installations préparatoires.

Dès le mois de décembre (1866), le canal d'eau douce, curé par les soins du Gouvernement égyptien, laissait passer les grandes dragues destinées à achever le creusement du canal maritime entre le lac Timsah et la mer Rouge. Parmi ces dragues, les unes, quittant le canal d'eau douce en face de leurs divers chantiers, gagnaient par des branchements creusés *ad hoc* leur emplacement définitif ; les autres, franchissant l'écluse du canal d'eau douce à Suez, s'échelonnaient entre l'embouchure du canal maritime et la rade.

Toutes ces opérations s'étaient effectuées avec le plus complet succès.

La plus importante de ces opérations avait été la transformation du plateau ondulé du Sérapéum en une série de bassins d'eau douce, au milieu desquels les dragues devaient s'installer sur le tracé du canal maritime pour creuser celui-ci jusqu'en contrebas du niveau de la mer. On pouvait craindre, dans la saison où l'on était, que le canal d'eau douce n'amenât pas assez d'eau pour remplir rapidement les grandes superficies des bassins ; que, même, le terrain sablonneux, laissant échapper l'eau dans les lacs Amers et dans le lac Timsah, ne vint rendre impossible le mode d'exécution arrêté par les entrepreneurs. Grâce aux mesures bienveillantes prises par le Gouvernement égyptien, ces craintes ne s'étaient pas réalisées : les bassins avaient été remplis en moins d'un mois par l'eau du Nil.

A la date du 1er janvier, les dragues du Sérapéum étaient en place.

Depuis lors, les appareils de toutes sortes s'établissaient plus nombreux, de mois en mois, sur toute la ligne du canal.

A Suez, où la nature avait fait un port excellent que devaient améliorer encore les grands travaux commencés par le Gouvernement égyptien, la Compagnie n'avait qu'un chenal à creuser ; le dragage y était facile.

Un banc de sable, qui s'étendait jusqu'en face de l'embouchure du canal, sur un parcours de 2 kilomètres au sud de la ville de Suez, était à chaque marée recouvert par la mer ; la partie de ce banc comprise dans le lot de terrain concédé à la Compagnie se remblayait rapidement. Sur la portion déjà remblayée de ce terre-plein, qui surgissait comme un îlot en tête de la rade, les entrepreneurs avaient élevé les constructions nécessaires à leurs travaux ; sur une autre partie du terrain, ils avaient creusé un bassin pour remiser le matériel flottant.

PORD-SAÏD

Jetées. — L'exécution des jetées au moyen de blocs artificiels avait continué à marcher avec une parfaite régularité.

La jetée Ouest, qui devait avoir une longueur totale de 2.500 mètres, était déjà construite sur une longueur de 2.200 mètres, dont 1.900 mètres au-dessus de l'eau et 300 mètres à fleur d'eau ; son extrémité atteignait les fonds de 8m,50. La jetée Est, qui devait avoir une longueur de 1.800 mètres, était construite sur une longueur de 950 mètres, et elle atteignait les fonds de 5m,50.

MM. Dussaud, suivant leur contrat, avaient à exécuter

250.000 mètres cubes de blocs ; ils en avaient déjà fabriqué 133.150, en sorte qu'il ne leur en restait plus que 116.850 à faire; ils en avaient jeté à la mer 115.000, et par conséquent il leur en restait encore 135.000 à immerger.

La plate-forme de fabrication pouvait contenir 2.000 blocs, qui devaient sécher pendant deux mois au moins. Afin de maintenir la rapidité acquise dans le travail d'immersion, les entrepreneurs venaient d'installer une nouvelle plate-forme pouvant contenir 400 blocs.

L'immersion marchant régulièrement à raison de 30 à 40 blocs par jour, la construction des jetées devait se trouver complètement terminée pour la fin de 1868.

Chenal de l'avant-port. — Le chenal de l'avant-port offrait, à la date de la dernière Assemblée générale des actionnaires, depuis l'origine du grand bassin jusqu'à la hauteur de l'îlot, des fonds de 4 à 5 mètres avec une largeur de 70 mètres au plafond. Depuis lors, des dragages importants avaient été exécutés en vue d'approfondir et d'élargir ce chenal : dès la fin d'octobre 1866, il avait une largeur au plafond de 100 mètres avec des fonds de 5 mètres. Il était maintenant complètement ouvert entre la rade et les bassins à une profondeur de $6^m,50$.

Bassins du port. — La superficie draguée des bassins du port, avec des fonds moyens de 5 mètres, était actuellement de 25 hectares. Il ne restait plus à draguer qu'une superficie de 11 hectares pour avoir partout la même profondeur.

Le bassin du Commerce, notamment, était utilisé depuis le commencement de l'année. Il offrait une surface de 4 hectares avec une profondeur minimum de $5^m,70$ qui serait bientôt portée à 6 mètres.

CANAL MARITIME DE PORT-SAÏD AU LAC TIMSAH

Sur les 60 premiers kilomètres du canal, de Port-Saïd au seuil d'El Guisr, les entrepreneurs avaient déjà, l'année précédente, installé leurs premières grandes dragues à longs couloirs.

Sur toute cette partie du canal, le chiffre des cubes extraits s'était accru régulièrement à mesure que les grandes dragues étaient venues remplacer les petites.

Dans la section de Ras-el-Ech, embrassant les 20 premiers kilomètres, la progression avait été rapide, ainsi que l'on pouvait en juger par les chiffres suivants : pendant la première année de l'entreprise Borel, Lavalley et Cie, le cube des dragages exécutés avait été de 374.000 mètres cubes ; pendant la seconde année, du 15 mai 1866 au 15 mai 1867, le cube extrait avait été de 1.440.000 mètres cubes ; dans les six premiers mois de cette seconde année, le cube moyen mensuel avait été de 80.000 mètres ; dans les six derniers mois, il fut de 160.000 mètres.

Dans les deux sections du Cap et des lacs Ballah, le cube total des déblais exécutés était de 1.202.000 mètres cubes.

Les travaux de déblais à sec et d'amélioration du chenal navigable à la traversée d'El Ferdane et du seuil d'El Guisr avaient été poussés avec la plus grande activité par le chantier de régie d'El Ferdane, embrassant une longueur de 6 kilomètres, et par l'entreprise Couvreux pour les grandes hauteurs du Seuil, sur une longueur de 9 kilomètres. Dès le mois d'octobre 1866, les travaux d'amélioration du chenal s'étaient trouvés assez avancés pour permettre le passage du gros matériel des dragues, porteurs et gabares que MM. Borel, Lavalley et Cie expédiaient vers le Sérapéum et Suez.

Le chantier de régie avait terminé ses déblais à sec.

L'entreprise Couvreux avait à exécuter, d'après son marché, un cube total de 4.137.000 mètres cubes. A la date du 1er juin 1867, le cube exécuté était de 3.472.000 mètres cubes, en sorte qu'il ne restait plus à exécuter que 665.000 mètres. Le travail mensuel étant de 120 à 130 mille mètres cubes, M. Couvreux aurait terminé son entreprise pour la fin de l'année.

On rappelait que c'était l'entreprise Borel, Lavalley et Cie

qui était chargée d'achever à la drague le canal à la traversée d'El Ferdane et du Seuil, et que ce travail comportait un cube de dragages de 4.200.000 mètres cubes. Les entrepreneurs étaient en train d'y amener leurs dragues.

CANAL MARITIME DU LAC TIMSAH A SUEZ

Cette seconde moitié du canal maritime comprenait deux parties distinctes : l'une s'étendant du lac Timsah aux lacs Amers en traversant le seuil du Sérapéum ; l'autre, des lacs Amers à Suez en traversant le seuil de Chalouf.

Le lac Timsah était maintenant rempli au niveau des deux mers. L'eau, qui lui avait été fournie par la Méditerranée, avait pénétré jusqu'à l'extrémité de l'ancienne tranchée de Toussoum, ouverte à toute largeur jusqu'à 3 mètres audessous du niveau de la mer par les contingents égyptiens.

Le canal devait se terminer depuis le seuil d'El Guisr jusqu'au Sérapéum au moyen de dragues dont les déblais seraient portés dans le lac Timsah. Une première drague avait déjà pénétré dans le lac et les autres allaient se mettre en ligne.

Le plateau ou seuil du Sérapéum avait été attaqué par 8 grandes dragues, dont 2 à long couloir, les 6 autres desservies par 30 gabares à clapets. Ces dragues avaient commencé à fonctionner dans les premiers jours de janvier (1867). Elles flottaient, comme on l'a dit déjà, à 6 mètres audessus du niveau de la mer. Elles devaient d'abord creuser le canal jusqu'à 3 mètres en contrebas de ce même niveau, c'est-à-dire jusqu'au point où, vers le sud, le terrain commençait à s'abaisser pour former le bassin des lacs Amers. Lorsque ce premier travail serait terminé, on fermerait le branchement qui faisait communiquer le canal d'eau douce avec le Seuil et l'on couperait les barrages qui empêchaient l'eau des bassins de se précipiter dans la tranchée de Toussoum au nord et dans les lacs Amers au sud. Le niveau de l'eau douce s'abaisserait alors jusqu'au niveau de la mer. Les dragues, descendant en même temps, continueraient le travail d'approfondissement et leurs porteurs iraient se décharger dans le lac Timsah. Le canal serait alors ouvert à la Méditerranée sur une longueur de 98 kilomètres; et à partir de ce moment, l'eau de la Méditerranée commencerait à se déverser dans les lacs Amers.

Au sud du grand bassin des lacs Amers, le terrain remontait par une pente très douce jusqu'au seuil de Chalouf. Ce Seuil, on se le rappelait, avait été attaqué l'année précédente par des chantiers au wagon qui, après avoir enlevé le banc de roche, creusèrent une tranchée à 2 mètres en contrebas du niveau de la mer et devaient ensuite céder la place à des dragues destinées à achever le canal.

La Compagnie avait cru devoir tirer parti, jusqu'à la fin, de ses premières installations de travaux à la main qui marchaient d'une manière tout à fait satisfaisante, et elle avait décidé en conséquence de faire exécuter à sec toute la partie du canal comprise entre le commencement du petit bassin des lacs Amers et la plaine de Suez, sur une longueur de 28 kilomètres ; de ces 28 kilomètres, 18 se trouvaient dans le petit lac dont le fond était de 3 à 5 mètres au-dessous du niveau de la mer.

Par l'adoption de cette solution, on atteignait un double but :

D'un côté, on écartait le danger signalé par les sondages de rencontrer quelques rognons de roches qui auraient pu, sous l'eau, faire obstacle à la marche des dragues et entraîner à des retards et à des dépenses difficiles à apprécier à l'avance; l'enlèvement à sec de ces terrains s'effectuerait au moyen d'une dépense prévue et ne présenterait aucun retard dans l'exécution;

En outre, en conservant les chantiers de wagons, on reporterait sur les autres parties du canal un matériel de dragages qui servirait à en avancer l'achèvement [1].

1. L'exécution à sec de la portion du canal de 28 kilomètres de longueur, s'étendant de l'origine du petit lac Amer (kil. 114) à la plaine de Suez

Dans la plaine de Suez, sur les 20 kilomètres qui séparaient le plateau de Chalouf de la mer Rouge, les travaux préparatoires à l'introduction des dragues avaient été terminés à la fin de l'année 1866 ; et, en janvier 1867, les dragues avaient été amenées sur leurs chantiers.

Les entrepreneurs comptaient terminer le canal à travers la terre ferme jusqu'à la laisse de haute mer avant d'ouvrir la tranchée à l'introduction de la mer Rouge. L'eau empruntée au canal d'eau douce, les infiltrations de l'eau de mer, remplissaient les fouilles jusqu'au niveau moyen de la mer. Cette opération facilitait le travail des dragues en les mettant à l'abri des variations de hauteur de la marée et des courants de flot et de jusant.

RADE DE SUEZ

Quatre grandes dragues travaillaient depuis plusieurs mois dans la mer Rouge : les unes étaient desservies par des porteurs; les autres, munies de couloirs, après avoir remblayé le terrain sur l'emplacement concédé à la Compagnie, creusèrent la darse destinée à remiser le matériel d'exploitation.

Les entrepreneurs se proposaient d'amener sur place, à bref délai, une cinquième drague.

REMARQUE FINALE

Au début de ses opérations, la Compagnie avait à enlever 75 millions de mètres cubes de déblais au milieu d'un désert, et dans des conditions de difficultés matérielles aggravées par les circonstances que l'on connaissait.

A la date du 15 mai 1867, il lui restait en tout à extraire, pour livrer le canal à la grande navigation, 48 millions de mètres cubes.

(extrémité du seuil de Chalouf, kil. 142), fit l'objet du 3e acte additionnel passé le 13 avril 1867 avec MM. Borel, Lavalley et Cie (Voir t. V, p. 64).

Organisation des services de la Direction générale des travaux pendant l'année 1866 [1]

MODIFICATIONS A L'ORGANISATION DE L'ANNÉE PRÉCÉDENTE

Janvier. — Suppression de la fonction de chef de la division des magasins et transports; un sous-chef de service est placé à la tête de chacune des deux sections constituant la division.

Rétablissement de la fonction d'inspecteur des services administratifs; M. Poilpré, précédemment chef de la division des magasins et transports, en redevient titulaire. A la fin de 1866, licenciement, avec indemnité, de M. Poilpré et suppression définitive de la fonction d'inspecteur des services administratifs.

Nomination de M. Bettès, conducteur principal des Ponts et Chaussées, engagé le 11 août 1865, en qualité de chef de section, comme sous-ingénieur chef de la division d'Ismaïlia.

2 *Août.* — Détachement, de la division des magasins et transports, du service des transports qui devient un service distinct indépendant de la Direction générale des travaux sous le titre : *Transit et transports*, et nomination de M. Guichard, précédemment chef du service agricole, comme chef du nouveau service. L'ancienne division des magasins et transports est réduite à une division dite des magasins.

26 *Septembre.* — Licenciement de M. Cazaux, ingénieur chef de la division du Canal d'eau douce et suppression de la division.

22 *Novembre.* — Nomination de M. Berthault, ingénieur civil, comme sous-ingénieur chef de la division d'Ismaïlia en remplacement de M. Bettès, décédé.

[M. Berthault a été nommé ingénieur de la Compagnie à partir de l'année 1868.]

Marche des travaux et modes d'exécution

(ANNÉE 1866)

PORT DE PORT-SAÏD ET CANAL MARITIME

Indépendamment des renseignements donnés dans le compte-rendu ci-dessus au sujet des divers travaux exécutés à l'entreprise et des

---

1. AGENCE SUPÉRIEURE

MODIFICATIONS A L'ORGANISATION DE L'ANNÉE PRÉCÉDENTE

Janvier. — Création d'un service du transit à Alexandrie.

6 *février.* — Suppression du service agricole à la suite de la vente du domaine de l'Ouady au Gouvernement égyptien.

travaux du chantier de régie d'El Ferdane, pendant l'année 1866, et ainsi que nous l'avons déjà fait à l'égard des travaux des deux années précédentes, nous renverrons pour détails circonstanciés sur la marche des travaux et les modes d'exécution, savoir : en ce qui concerne l'entreprise Borel, Lavalley et Cie, au tome V; et, en ce qui est de l'entreprise Couvreux, de l'entreprise Dussaud et du chantier de régie d'El Ferdane, aux chapitres spéciaux les concernant qui figurent au présent volume (Voir plus loin).

Nous ajouterons d'ailleurs, aux renseignements généraux donnés par le compte rendu sur la marche des travaux, les renseignements complémentaires suivants.

REMBLAIS DE PORT-SAÏD

Les travaux de remblais de la ville de Port-Saïd furent continués pendant toute l'année : pour une faible partie avec du sable pris sur la plage; pour la majeure partie, par MM. Borel, Lavalley et Cie avec les produits des dragages. La tâche de 200.000 mètres cubes qu'avaient à accomplir ces entrepreneurs était à peu près complètement terminée à la fin de l'année.

TRAVAUX DIVERS EXÉCUTÉS DIRECTEMENT EN RÉGIE PAR LA COMPAGNIE

(Voir pour les détails concernant ces travaux, tome V, de la page 148 à la page 152.)

A Port-Saïd : Enrochements des quais du port et de l'avant-port et enracinement de la jetée Est en blocs naturels de la carrière du plateau des Hyènes;

Démolition de l'appontement en charpente;

Raccordement de la rampe du débarcadère du quai Eugénie avec le niveau du quai abaissé en cet endroit de $0^{m},45$;

Régalage du terre-plein à l'est du grand bassin pour nouveau dépôt de charbon ;

Construction d'une cale de halage pour les canots de la Compagnie;

Battage de pieux d'amarrage le long des quais;

Déplacement de la première conduite d'eau établie sur pilotis sur une longueur de 800 mètres.

Sur le canal maritime. Enrochement des berges du canal à Ras-el-Ech ;

Renforcement des berges à la traversée des lacs Ballah ;

Ripage de la première conduite d'eau entre les kil. 42 et 58 et sur divers points de la traversée du seuil d'El Guisr.

CANAL D'EAU DOUCE

On se rappelle que, par la convention du 22 février 1866, qui précéda le firman de concession rendu le 19 mars suivant, la Compagnie avait rétrocédé au Gouvernement égyptien la partie du canal d'eau douce construite par elle, d'Abascé à Ismaïlia et Suez, comme elle lui avait déjà concédé précédemment la première partie, du Caire à Abascé; et que, par l'un des articles de ladite convention, la Compagnie était tenue de terminer les travaux restant à faire pour mettre le canal dans les dimensions convenues et en état de réception.

De grands efforts furent faits par la Compagnie pour activer le plus possible les travaux de la portion du canal d'Abascé à Gassassine et les curages nécessaires sur toute la longueur du canal.

Les trois dragues à vapeur d'entretien étaient en activité, deux sur la branche principale de Gassassine à Ismaïlia et une sur la branche de Suez. On avait, en outre, en service, plusieurs dragues à treuil manœuvrées à bras d'homme et environ 800 ouvriers répartis sur les deux canaux.

En même temps, des haies sèches étaient construites sur les points les plus menacés de chaque canal : par exemple, sur la branche principale, au kil. 2, près de Gassassine, et entre Néfiche et le canal de ceinture d'Ismaïlia, sur une longueur de 3.000 mètres; sur plusieurs points de la branche de Suez, une longueur ensemble de 2.250 mètres. D'autre part, on développait les plantations le long des canaux : c'est ainsi, notamment, que l'on avait fait sur la branche principale, près du kil. 34, des plantations de boutures de saules sur une longueur de 1.000 mètres ; que les terrains bordant la branche de Suez à la traversée du Sérapéum avaient été plantés sur plusieurs kilomètres de largeur; enfin, que, pendant le seul mois d'avril, 25.740 boutures de tamarix avaient été plantées sur les berges de la branche de Suez.

Les travaux étaient partout en pleine activité, mais loin encore d'être achevés, lorsque, sur la demande du Gouvernement, la remise du canal lui fut faite par la Compagnie le 12 juillet 1866. Le procès-verbal de remise constata (Voir t. IV, p. 372), qu'à la dite date, le Gouvernement aurait à exécuter au lieu et place de la Compagnie pour la mise du canal en état de réception, savoir :

54.374 mètres cubes de terrassements pour achever le canal d'Abascé à Gassassine ;

394.705 mètres cubes sur la branche principale de Gassassine à Ismaïlia pour les curages du canal et l'exhaussement des banquettes ;

221.000 mètres cubes pour les curages de la branche de Suez.

La dépense de ces travaux fut évaluée d'un commun accord à 802.240 francs, somme dont la Compagnie avait à tenir compte au Gouvernement par une réduction égale sur le prix de cession du canal.

La Compagnie restait chargée de terminer les curages qui restaient à exécuter entre les kil. 11 et 23 de la branche de Suez, représentant un cube total de terrassements de 124.600 mètres cubes.

A partir de la remise au Gouvernement égyptien, le canal d'eau douce prit le nom de canal Ismaïlieh.

Le Gouvernement était désormais chargé de l'entretien du canal. Il retarda l'envoi d'ouvriers pour les curages qu'il avait tout d'abord à exécuter, par crainte pour la santé publique. Le Conseil de santé, au commencement d'août, s'était opposé à la réunion, à ce moment, de grandes agglomérations d'ouvriers.

Nota. — A partir de la remise du canal d'eau douce au Gouvernement égyptien, le 12 juillet 1866, le Gouvernement, ainsi qu'il est dit ci-dessus, resta seul chargé de son entretien.

Nous renvoyons une fois pour toutes, pour tout ce qui concerne le régime ultérieur du canal d'eau douce jusqu'à la fin des travaux du canal maritime, au chapitre du tome V intitulé *Régime du canal d'eau douce pendant la durée des travaux du lot de Suez*, de la page 210 à la page 232.

CANAL DU CAIRE A L'OUADY

Les travaux de creusement du canal avaient repris dans le courant de décembre 1865. Interrompus pendant le mois de Ramadan suivant, ils avaient été repris en mars avec un contingent de 10.000 hommes. Ils furent suspendus le mois suivant par suite de la crainte d'un retour du choléra.

[Les travaux ne furent repris qu'en 1870 en vertu d'un contrat d'entreprise à forfait.]

Pendant le mois d'avril (1866), il n'y avait eu au canal que 600 hommes de contingent occupés, dans la colline d'Abou Zabel, à l'enlèvement d'une couche de grès en formation rencontrée à une faible profondeur.

Pendant ce même mois d'avril, 4.000 hommes furent employés à déblayer le limon qui avait été apporté par la crue du Nil dans la fouille de l'ouvrage de prise d'eau exécutée l'année précédente. Il fut procédé ensuite à l'achèvement de la fouille qui fut terminée au commencement de juillet et l'on commença alors le coulage du béton de fondation, travail qui fut bientôt abandonné par suite d'un changement dans la direction des travaux. (L'ouvrage de prise d'eau fut exécuté un peu plus tard sur de nouveaux plans, mais il n'a jamais fonctionné et on l'a isolé du Nil par un barrage en terre.)

BATIMENTS ET ABRIS

Port-Saïd. — Construction, pendant l'année, de 146 tombes en maçonnerie dans les divers cimetières (catholique, grec, protestant, arabe).

Installation du dépôt des travaux exécutés directement par la Compagnie, consistant dans la construction d'un magasin pour remiser les outils, la chaux, etc., d'un appentis pour atelier et d'un gourbi pour le logement du gardien.

El Guisr. — Construction d'un marché.

Campement de Chalouf (Pl. xxx). — MM. Borel, Lavalley et Cie établirent au seuil de Chalouf le centre principal des travaux qu'ils avaient à exécuter entre les lacs Amers et Suez et firent. en conséquence, sur ce point, tout près du campement rudimentaire construit à la fin de 1863 par la Compagnie, une très importante installation. La Compagnie compléta alors, de son côté, son installation primitive par la construction d'un hôpital européen et d'un hôpital arabe avec leurs annexes, de logements pour le personnel du service de santé, d'une chapelle et d'un presbytère et d'une grande baraque à usage de cercle.

Campement de la Quarantaine. — Construction d'une ambulance avec annexes et d'une maison pour logement des employés.

Suez. — Construction d'une maison pour l'Agence des transports.

TRANSPORTS MARITIMES

Mouvement maritime de Port-Saïd depuis l'origine des travaux jusqu'au 15 juin 1866. — 1° Mouvement maritime du port pendant l'année du 1er juillet 1865 au 15 juin 1866 : 595 navires jaugeant ensemble 108.539 tonneaux, correspondant à un mouvement moyen de 300 tonneaux par jour ;

2° Mouvement total depuis l'origine des travaux : 2.631 navires jaugeant ensemble 468.087 tonneaux.

La France, l'Autriche, la Grèce, la Turquie et l'Égypte ont été représentées dans ce mouvement total par le plus grand nombre de navires, la France en tête, par un mouvement de 500 navires jaugeant 100.000 tonneaux.

La Compagnie Fraissinet père et fils établit, au commencement de l'année 1866, un service régulier de bateaux à vapeur entre Marseille et Port-Saïd, faisant deux voyages par mois dans un sens et dans l'autre. Ce service fut inauguré par l'arrivée à Port-Saïd, le 27 janvier, d'un premier vapeur de la Compagnie.

Le 15 décembre, un vapeur de la Compagnie, *le Gyptis*, jaugeant plus de 600 tonneaux, et d'un fort tirant d'eau, pénétra dans le bassin de Port-Saïd et vint mouiller en face du quai des magasins.

La Compagnie russe de navigation à vapeur allant d'Alexandrie à Jaffa, commença également, dès le début de l'année, un service d'escale à Port-Saïd, touchant le port deux fois par mois à l'aller et au retour. La première escale eut lieu le 28 janvier.

Malgré l'important mouvement maritime pendant l'année 1865-1866, il n'y eut pas en rade un seul sinistre.

TRANSPORTS A L'INTÉRIEUR

Le service des transports sur la rigole maritime et sur le canal d'eau douce, pendant les premiers mois de 1866, continua de se faire dans les mêmes conditions que l'année précédente.

La traction par mules était extrêmement coûteuse, la surveillance très difficile, la mortalité des animaux très grande. Aussi, dès l'installation même du service régulier avec relais de mules du commencement de l'année 1865, avait-on mis à l'étude la suppression du halage par mules et son remplacement par un service de bateaux à vapeur [1].

1. Le prince Napoléon Bonaparte, lors de sa visite des travaux du Canal, en 1863, avait fait don à la Compagnie du petit canot à vapeur la *Mouche* qui l'avait conduit, du bord de son yacht *Jérôme-Napoléon*, en rade de Port-Saïd, jusqu'à Ras-el-Ech. Ce canot pesait 2.275 kilogrammes et se plaçait en portemanteau sur le yacht ; la coque était en tôle d'acier et pesait 1.200 kilogrammes. Les principales dimensions du canot étaient les suivantes : lon-

Sur la rigole maritime :

Le nouveau service devait être fait au moyen de 10 canots à vapeur, à hélice. Cinq de ces canots furent commandés, le 31 janvier 1865, à la maison Gouin et furent finalement affectés au remorquage des chalands ; les cinq autres canots furent commandés à la Société des Forges et Chantiers et furent affectés au service de la poste et au transport des voyageurs : les uns et les autres devaient être livrés dans la première quinzaine de juin.

Le nouveau service, par suite, à la fois, de retards dans la livraison des canots à vapeur et de l'état de la rigole maritime, ne put commencer à fonctionner que dans le courant de 1866. Il fut d'abord organisé de Port-Saïd au kil. 20 ; puis, l'état de la rigole allant chaque jour en s'améliorant, le service, à partir du 1er août, s'étendit jusqu'à El Ferdane ; finalement, à partir du 1er septembre, jusqu'à Ismaïlia.

La coque des canots remorqueurs était en tôle et avait les dimensions suivantes : longueur, 12 mètres ; largeur, 2m,80 ; tirant d'eau, 0m,85. Ces canots conduisaient 7 chalands, longs de 20 mètres et d'une largeur de 3m,66 avec un chargement de 40 tonnes par chaland, soit 280 tonnes par train, à une vitesse de 3 kilomètres et demi à 4 kilomètres par heure. La durée du voyage de Port-Saïd à Ismaïlia était de vingt heures.

La coque des canots-poste était en bois de chêne et de teck avec doublage en cuivre ; ses dimensions étaient les suivantes : longueur, 12 mètres ; largeur, 2m,90 ; tirant d'eau sous quille, à l'arrière, 0m,85 ; un rouf existait à l'avant pour les voyageurs de 1re classe, et un abri à l'arrière pour les voyageurs de 2e classe. La vitesse moyenne de ces canots était de 10 kilomètres. Ils pouvaient transporter 16 voyageurs de 1re classe et 20 de 2e classe.

Sur le canal d'eau douce :

L'embarcation à vapeur destinée à remplacer la dahabieh-poste remorquée par des mules devait satisfaire aux conditions suivantes : ne pas caler plus de 40 à 50 centimètres, avoir une vitesse de 8 kilomètres à l'heure et être dépourvue d'aubes qui en eussent rendu l'emploi impraticable vu la petite largeur du canal, les fréquents croisements des barques et des trains de chalands, enfin l'effet destructif des aubes sur les berges ; l'hélice eût, de son côté, présenté de graves inconvénients. L'ingénieur chef du matériel s'inspira pour le moteur à adopter, à titre d'essai, du type connu sous le nom de propulseur Salmon. L'installation du nouveau type de canot-poste eut lieu sur une dahabieh qui fut allongée de manière à pouvoir loger la machine et la chaudière. Les dimensions de l'embarcation étaient les suivantes : longueur, 14m,65 ; largeur, 2m,45 ; tirant d'eau, 0m,45. La vitesse était de 8 à 10 kilomètres dans les parties étroites et atteignait 11 à 12 kilomètres dans les parties larges.

Il n'a été exécuté de ce type qu'un seul canot qui a fait un bon service jusqu'au jour où le chemin de fer de Zagazig à Ismaïlia a été mis en exploitation.

Au commencement d'août, l'Administration décida la création d'un service spécial des transports et du transit indépendant de la Direction générale des travaux. Des détails sur l'organisation de ce nouveau service sont donnés plus loin.

---

gueur à la flottaison, 8m,50 ; largeur au maître-bau, 2 mètres ; creux, 1 mètre ; tirant d'eau en charge, 0m,65. La vitesse de marche était de 7 nœuds et demi.

Ce petit canot à vapeur fut de la part des ingénieurs de la Compagnie l'objet d'études très attentives qui eurent une réelle influence sur le choix du matériel commandé plus tard pour le transport du personnel et des voyageurs.

CARRIÈRES

Un marché fut passé le 9 avril avec M. Lasseron pour l'exploitation de la carrière du plateau des Hyènes exploitée jusqu'alors en régie. Les conditions de cette exploitation ont été mentionnées précédemment, p. 312.

SERVICE DE SANTÉ

DU 1er JUIN 1866 AU 1er JUIN 1867

(EXTRAIT DU RAPPORT DU MÉDECIN EN CHEF)

La santé de l'Isthme était revenue à son état normal.

L'année précédente, par suite de l'épidémie de choléra et de la constitution médicale qui en avait été la conséquence, la santé générale avait été fortement atteinte; la fièvre algide, résultat du choléra, frappait çà et là sur les chantiers. Aujourd'hui l'état sanitaire de l'Isthme était le même qu'avant l'épidémie.

Certains faits se produisirent méritant d'être signalés au point de vue de la santé générale :

Sur quelques chantiers, entre autres à El Guisr, il y eut des fièvres intermittentes simples et quelques cas de fièvres pernicieuses. L'Isthme jusqu'alors, avait été exempt de cette maladie; mais, cette année, les fièvres avaient été assez fréquentes et avaient revêtu le caractère paludéen sans être d'ailleurs ni dangereuses ni tenaces; elles cédaient facilement. Il y avait eu comme une influence générale paludéenne. Il semblait d'ailleurs difficile d'attribuer cette influence, soit aux localités, soit aux terrains qui n'avaient pas changé; et, quant aux travaux, ils étaient les mêmes depuis l'origine et n'avaient jamais causé de fièvres intermittentes, même dans de plus mauvaises conditions. C'était donc ailleurs qu'il fallait chercher la cause génératrice de ces fièvres.

Une autre question qui intéressait grandement la santé de l'Isthme avait été soulevée par suite de cas assez nombreux de petite vérole qui avaient eu lieu d'abord à Suez, puis dans l'Isthme et surtout au Sérapéum et à Ismaïlia. Cette maladie, qui avait maintenant cessé, avait été importée à Suez par des esclaves venant de Djedda et des côtes d'Afrique. Malgré les ordres les plus sévères du Gouvernement égyptien, le commerce des esclaves se faisait toujours clandestinement. Les malheureux esclaves étaient amenés sur des bateaux arabes infects. N'étant pas vaccinés et venant de pays où la variole était en permanence, ils transportaient la maladie à Suez, et, de là, en Égypte.

Malgré les atteintes venues du dehors, et qui avaient maintenant disparu, l'état sanitaire général de l'Isthme, ainsi qu'on en jugera par le tableau ci-dessous, avait été satisfaisant; et la santé allait toujours en s'améliorant.

POPULATION DE L'ISTHME (EMPLOYÉS, OUVRIERS, MARCHANDS) EN 1866-1867

	HOMMES	FEMMES et ENFANTS	POPULATION FLOTTANTE	POPULATION TOTALE
Européens, turcs, grecs, rayas.	10.690	1.438	1.026	13.154
Egyptiens, arabes, barbarins, nègres	8.338	3.747	531	12.616
POPULATION TOTALE ...	19.028	5.185	1.557	25.770

TABLEAU DE LA MORTALITÉ DANS L'ISTHME
DU 1er JUIN 1866 AU 1er JUIN 1867

	POPULATION	MORTALITÉ	PROPORTION pour 100
Population sédentaire			
Hommes — Race blanche	10.690	197	1,85
Hommes — Race arabe et nègre	8.338	119	1,42
Hommes — Races réunies	19.028	316	1,66
Population totale sédentaire	24.213	447	1,85
Population totale européenne	13.154	245	1,86

ORGANISATION D'UN SERVICE SPÉCIAL DES TRANSPORTS ET DU TRANSIT

(EXTRAIT DU RAPPORT DU PRÉSIDENT DE LA COMPAGNIE A L'ASSEMBLÉE GÉNÉRALE DES ACTIONNAIRES DU 1er AOUT 1866)

Le Conseil d'administration de la Compagnie avait décidé que le régime des transports dans l'Isthme serait l'objet d'une organisation nouvelle devant permettre de donner satisfaction aux besoins les plus urgents du commerce, en attendant la livraison définitive des travaux du canal maritime.

Au moyen des écluses qui mettaient en communication le canal maritime de Port-Saïd à Ismaïlia avec le canal d'eau douce débouchant dans la mer Rouge, les marchandises pouvaient transiter d'une mer à l'autre à des conditions plus avantageuses pour les expéditeurs que par tout autre mode de transit, en promettant à la Compagnie un bénéfice légitime.

En vue du nouveau service, un matériel de traction à vapeur avait été commandé, ainsi qu'un certain nombre de chalands, sur lesquels seraient transbordées les marchandises à leur arrivée dans les ports de Suez et de Port-Saïd [1].

---

1. DÉTAIL DES COMMANDES DE MATÉRIEL POUR L'INSTALLATION ET LE FONCTIONNEMENT DU NOUVEAU SERVICE

Il avait été décidé d'abord que des essais de touage seraient faits sur le canal maritime en même temps que le touage serait établi sur le canal d'eau douce (branche de Suez), et l'on avait commandé, pour lesdits essais, 15 kilomètres de chaîne qui devait être posée entre Port-Saïd et Ras-el-Ech; mais, sur les observations de MM. Borel, Lavalley et Cie, signalant les embarras que pourrait leur causer la chaîne de touage en se prenant dans les chaînes d'avancement et de papillonnage des dragues, on renonça à appliquer le touage sur le canal maritime pour s'en tenir au système du remorquage.

Remorqueurs pour les transports sur le canal maritime. — Les canots remorqueurs précédemment construits par la maison Gouin ayant été reconnus insuffisants pour le nouveau service, 6 grands remorqueurs à deux hélices, de la force de 30 chevaux de 225 kilogrammètres, furent commandés à la Société des Chantiers et Ateliers de l'Océan. Ces remorqueurs, en route libre, sans remorque, avaient une vitesse de 7 à 8 nœuds. En service ordinaire, on les attelait à 14 chalands du type Gouin, de 20 mètres de longueur et 3m,66 de largeur, chargés d'environ 560 tonnes. La vitesse était alors de 4 kilomètres à l'heure. La durée moyenne du voyage de Port-Saïd à Ismaïlia et retour

Pour le matériel de traction affecté au canal d'eau douce, on avait adopté le système de touage, qui était reconnu par la science et par l'expérience comme donnant le plus de force utile, le plus de régularité dans la marche, le plus d'économie dans son application.

Cent kilomètres de chaîne seraient noyés dans le canal d'eau douce avant la fin de l'année, et cinq toueurs, dont chacun pourrait remorquer 1.000 tonnes de marchandises, à la vitesse de 3 kilomètres à l'heure, seraient en fonctionnement à la même époque.

Dans le canal maritime, 14 kilomètres de chaîne, avec un seul toueur, étaient

---

était de quarante heures. Le prix de revient du remorquage de la tonne kilométrique était de 0 fr. 015.

Matériel de touage sur le canal d'eau douce (branche de Suez). — Le système de touage adopté fut celui connu sous le nom de l'inventeur, M. Bouquié. Six toueurs à vapeur de la force de 18 chevaux de 75 kilogrammètres furent commandés à M. Bouquié et furent exécutés dans les ateliers de MM. Claparède et Cie, à Saint-Ouen. Ils devaient remorquer 1.000 tonnes chargées sur 12 chalands de $30^m,50$ de longueur et 4 mètres de largeur à une vitesse de 3 kilomètres à l'heure. Leurs dimensions étaient les suivantes : longueur, $22^m,20$; largeur, $3^m,60$; creux, $2^m,20$; tirant d'eau en pleine charge, $0^m,75$.

Cent kilomètres de chaîne furent commandés pour la ligne d'Ismaïlia à Suez. La chaîne pesait $6^{kg},8$ par mètre courant; elle était calibrée de manière à engrener avec la roue à empreintes du treuil.

La moyenne du tonnage remorqué était de 870 tonnes; la durée moyenne du voyage, aller et retour, était de cinq jours, avec quarante heures seulement de marche effective; le retour se faisait généralement à vide. Les toueurs faisaient de quatre à cinq voyages par mois. La tonne kilométrique revenait à 0 fr. 02, non compris les frais généraux, ni l'amortissement, ni l'entretien. Le service prit naturellement fin le jour de l'ouverture du canal maritime à la navigation.

Chalands en fer. — En vue du nouveau service, la Compagnie fit la commande de 70 chalands en fer, dont 35 à MM. Forrester et Cie, constructeurs à Liverpool, et 35 à la Société des Chantiers et Ateliers de l'Océan.

Chaque commande comprenait 10 grands chalands et 25 petits.

Les grands chalands, dont 2 étaient couverts de panneaux mobiles pour abriter les marchandises de valeur et les matières altérables, avaient les dimensions suivantes : longueur, $30^m,50$; largeur, $4^m,05$; creux, $1^m,80$; largeur de la partie plate du fond, 3 mètres.

Les petits chalands, dont 2 également étaient couverts de panneaux mobiles, avaient, de leur côté, les dimensions suivantes : longueur, 25 mètres ; largeur, $2^m,65$; creux, $1^m,30$; largeur de la partie plate du fond, $1^m,90$.

Tous les chalands étaient divisés par des cloisons étanches en un certain nombre de compartiments; les gaillards d'avant et d'arrière servaient au logement des matelots et à l'emmagasinement des cordages, etc.

La question de la navigation par canots à vapeur sur le canal d'eau douce pour le service postal et le service d'inspection sur les deux lignes d'Ismaïlia à Zagazig et à Suez fut reprise par le service du transit. On essaya, sur la ligne de Zagazig, un canot à vapeur à hélice, système Oriolle, auquel on dut bientôt renoncer : ses arrêts étaient fréquents et son entretien difficile. Sur la ligne de Suez, on essaya un autre type, qui ne donna pas de meilleurs résultats. La question de la navigation par canots à vapeur sur chacune des deux branches du canal d'eau douce fut alors abandonnée. On comptait sur la construction prochaine du chemin de fer de Zagazig à Ismaïlia et à Suez.

destinés à faire l'essai des mêmes moyens de traction sur le parcours de Port-Saïd à Ras-el-Ech.

Comme il importait de concilier la plus grande facilité pour le transit avec la meilleure marche possible des travaux, on attendrait le résultat de cet essai avant d'appliquer le système de touage sur tout le parcours actuel du canal maritime. Jusqu'à l'issue de cette épreuve, des remorqueurs à hélice feraient le service de la traction entre Ras-el-Ech et Ismaïlia.

Les chalands qui étaient en construction, ajoutés à ceux que possédait déjà la Compagnie, suffiraient pour transporter, dès le début de l'exploitation, 500 tonnes de marchandises par jour de Port-Saïd à Suez, soit 1.000 tonnes à l'aller et au retour.

Il serait facile d'augmenter progressivement le nombre de ces chalands, suivant le développement qu'exigerait le trafic.

Quant aux moyens de traction, ils étaient assez puissants pour remorquer, s'il y avait lieu, des trains de 1.000 tonnes. Un train partant de Port-Saïd, un autre de Suez, pourraient suffire à un transit journalier de 2.000 tonnes.

En vue de ce résultat possible, la Compagnie n'avait pas hésité à transformer son service des transports dans l'Isthme et à exploiter provisoirement le transit, qui servirait de prélude et de préparation définitive à l'exploitation du canal maritime.

Aussitôt que la livraison des travaux permettrait d'organiser le transit par la grande navigation sans transbordement, le matériel construit pour la phase provisoire dans laquelle on entrait trouverait son emploi immédiat. Les toueurs seraient appliqués au remorquage des navires de mer, les remorqueurs au service des ports et des rades, et les chalands transporteraient les marchandises de l'intérieur de l'Égypte, par les canaux du Nil, jusqu'au canal maritime.

On n'avait pas à craindre que le commerce tardât à profiter de la nouvelle voie qui lui était ouverte. Les Compagnies françaises et anglaises avaient déjà fait des propositions à la Compagnie pour le transport des charbons destinés à la consommation du port de Suez, pour le transit des produits manufacturés de l'Europe à destination de l'Indo-Chine, ainsi que pour des retours de cotons et autres matières premières.

Le transbordement des marchandises n'offrait à Suez aucune difficulté, grâce à la sécurité constante du port et de la rade. A Port-Saïd, les déchargements s'opéraient avec des facilités de plus en plus grandes à mesure de l'avancement de la jetée d'abri et de l'approfondissement du chenal d'entrée et des bassins intérieurs du port.

Au moyen de la traction à vapeur, la distance d'une mer à l'autre serait franchie en deux jours et demi par la grande vitesse, et en quatre jours par la petite vitesse.

Ces éléments de succès, préparés par les progrès successifs de l'entreprise, avaient déterminé l'Administration à décider l'exploitation provisoire du transit. Cette exploitation commencerait dès que le matériel aurait été livré par les fournisseurs, c'est-à-dire avant la fin de l'année [1].

---

1. On rappelle qu'un service rudimentaire de transit entre les deux mers avait été organisé dès le commencement de 1865; qu'avant l'achèvement des écluses d'Ismaïlia et de Suez, un transbordement avait été nécessaire à Ismaïlia et un autre à Suez; mais qu'à partir de l'achèvement des écluses (2e quinzaine d'août), le transit put se faire d'une mer à l'autre sans transbordement, et dans des conditions déjà satisfaisantes de rapidité.

A la suite de la communication du Président à l'Assemblée générale des actionnaires du 1er août 1866 faisant connaître les dispositions arrêtées par la

Compagnie pour assurer le fonctionnement régulier du transit provisoire, MM. Bazin et Cie, de Marseille, qui, dès le début de l'année, s'occupaient de l'organisation d'un service de transports et d'escales dans la mer Rouge, prenant l'initiative parmi les maisons de transports maritimes, firent publier dans les journaux l'avis maritime suivant :

« MM. C. et A. Bazin et Cie ont l'honneur de prévenir le commerce qu'un service régulier de transit par les canaux de l'isthme de Suez devant être prochainement établi, leurs maisons de Marseille, Alexandrie, Port-Saïd, Suez et Zagazig recevront les marchandises destinées à prendre cette nouvelle voie.

« Ils se chargeront de soigner les opérations d'embarquement, de débarquement et de transit, et de réexpédier lesdites marchandises sur telles destinations qui leur seront désignées. »

TRAVAUX EXÉCUTÉS PENDANT L'ANNÉE 1867-1868

Compte rendu sommaire des travaux exécutés et des résultats obtenus pendant la période de juin 1867 à juin 1868.

(EXTRAIT DU RAPPORT DU PRÉSIDENT DE LA COMPAGNIE A L'ASSEMBLÉE GÉNÉRALE DES ACTIONNAIRES DU 2 JUIN 1868)

PORT DE PORT-SAÏD

Jetées. — L'exécution des jetées en blocs artificiels avait continué de marcher avec toute la régularité déjà signalée dans les précédents rapports.

La jetée Ouest, qui devait avoir une longueur totale de 2.500 mètres, était déjà complètement exécutée sur une longueur de 2.200 mètres ; les blocs s'étendaient au delà, à fleur d'eau, sur une longueur de 100 mètres, puis, sous l'eau, jusqu'à l'extrémité même de la jetée qui se trouvait dans les fonds de 8^{m},50.

La jetée Est, qui devait avoir une longueur totale de 1.900 mètres, était déjà construite sur une longueur de 1.800 mètres. L'enracinement de cette jetée, sur les 260 premiers mètres, où le défaut de profondeur ne permettait pas de faire arriver les gros blocs, avait été exécuté en régie au moyen d'enrochements naturels provenant de la carrière du plateau des Hyènes située sur le bord du lac Timsah.

Sur le cube total de 250.000 mètres cubes de blocs que comportait l'entreprise de MM. Dussaud frères, il ne restait plus, à la date du 15 avril, à fabriquer que 33.000 mètres cubes et à immerger que 57.880 mètres cubes. D'après la moyenne constante du travail mensuel, la fabrication serait certainement terminée dans un délai de quatre mois et demi, l'immersion dans un délai de huit mois.

Chenal et bassins. — Dès le mois de juin 1867, un grand paquebot des Messageries Impériales, faisant le service des côtes de Syrie, avait pu entrer dans le port et venir jeter l'ancre dans le grand bassin. Depuis lors, tous les bateaux des Compagnies de navigation à vapeur à destination de Port-Saïd ou y faisant seulement escale, entraient invariablement dans le port intérieur où ils trouvaient un excellent mouillage, des bassins chaque jour plus vastes et plus profonds pour leurs évolutions, enfin, un grand développement de quais pour leurs opérations de chargement et de déchargement.

Ces simples faits suffiraient seuls pour donner une idée de la situation déjà réalisée à Port-Saïd. Les chiffres suivants permettaient d'ailleurs de juger des progrès accomplis dans les travaux de dragages.

	mètres cubes
Le cube total des dragages à exécuter par l'entreprise Borel Lavalley et Cie était de	4.669.943
Le cube exécuté au 15 avril (1868) était de	3.487.002
Il ne restait donc plus à draguer pour le complet achèvement du port que	1.182.941

Or sept dragues desservies par des porteurs étaient affectées à ces dragages ; elles avaient produit le dernier mois 100.000 mètres cubes; mais leur fonctionnement s'améliorait chaque jour, et leur travail mensuel, maintenant surtout qu'elles pouvaient, grâce à l'étendue draguée des bassins, fonctionner sans aucune gêne pour elles ni pour leurs porteurs, atteindrait bien certainement 120.000 mètres cubes. Le port serait donc bien probablement terminé dans le délai d'environ une année, et les dragues qui y étaient employées pourraient alors être reportées sur le canal maritime.

CANAL MARITIME DE PORT-SAÏD AU LAC TIMSAH

Sur toute cette première moitié du canal maritime, il ne restait plus à faire que des dragages proprement dits.

L'entreprise Couvreux, qui était chargée des déblais à sec et de l'amélioration du chenal navigable à la traversée du seuil d'El Guisr, sur une longueur de 9 kilomètres, avait pu, grâce à de sérieux efforts, terminer ses travaux, comportant un cube total de déblais de 4.418.000 mètres cubes, à la fin de janvier, devançant ainsi de six mois le terme fixé par son traité avec la Compagnie.

Les travaux semblables exécutés en régie à la traversée d'El Ferdane, sur une longueur de 6 kilomètres, étaient également terminés. Le cube total des déblais à sec et sous l'eau avait été de 964.000 mètres cubes.

Ces résultats avaient été d'une extrême importance en ce qu'ils avaient permis à MM. Borel, Lavalley et Cie d'entreprendre vigoureusement les dragages du Seuil par l'ouverture immédiate de la cuvette du canal à toute largeur.

	mètres cubes.
Le cube total des dragages à exécuter par l'entreprise Borel, Lavalley et Cie entre Port-Saïd et le lac Timsah, sur une longueur de 75km,5, était de	26.396.000
A la date du 15 avril, le cube déjà fait s'élevait au chiffre de....	8.673.762
Et il restait un conséquence à exécuter	17.722.238

Pour terminer cette portion du canal dans le délai assigné (1er octobre 1869); il fallait arriver à un travail moyen mensuel d'un million de mètres cubes. On espérait que ce résultat serait promptement acquis :

En janvier, le cube fait sur la portion de canal considérée n'avait été que de 434.000 mètres cubes ; en avril, bien que l'on fût dans la période des mauvais temps du désert, la production avait déjà atteint 668.000 mètres cubes. Or, les entrepreneurs étaient en train d'organiser le travail de nuit sur toutes les dragues à long couloir; déjà, quelques-unes de ces dragues marchant nuit et jour donnaient les résultats les plus satisfaisants ; on entrait d'ailleurs dans la période des longs jours et des belles nuits qui allait permettre d'augmenter également le travail des dragues à gabares et à élévateurs; enfin il restait encore à installer 3 dragues dans le seuil d'El Guisr. Tout permettait donc d'espérer que le travail mensuel atteindrait bientôt le chiffre indiqué d'un million de mètres cubes.

Il importait de rappeler, d'ailleurs, que, dans un an, les 7 dragues employées à Port-Saïd viendraient en aide aux dragues du canal pour hâter le complet achèvement des travaux.

Trente et une dragues, dont 3 restaient encore à mettre en activité, étaient réparties sur toute la longueur de la portion de canal de Port-Saïd au lac Timsah, savoir : 16 dragues à long couloir, 6 dragues à élévateurs dans la région du lac Ballah et 9 dragues à gabares dans le seuil d'El Guisr.

A l'exception des dragues du Seuil occupées à ouvrir d'abord la cuvette du canal à toute largeur sur 3 mètres de profondeur, toutes les dragues travaillaient maintenant à l'approfondissement du canal. Sur plusieurs points, notamment dans les parages de Ras-el-Ech, le canal se trouvait déjà ouvert à sa profondeur de 8 mètres.

CANAL MARITIME DU LAC TIMSAH AUX LACS AMERS

Cette portion du canal se divisait, quant aux modes d'exécution des travaux, en trois parties distinctes, savoir :

La traversée du lac Timsah et des hauteurs de Toussoum, d'une longueur de 11.375 mètres et comportant un cube total de déblais de 3.103.554 mètres cubes. Sur cette partie du canal, les déblais étaient faits à l'aide de dragues desservies par des porteurs allant décharger les terres dans le lac Timsah ;

La traversée du seuil du Sérapéum, d'une longueur de 7.075 mètres et comportant un cube total de déblais de 5.325.437 mètres cubes, où les dragues travaillaient dans l'eau douce, les porteurs allant se décharger à de très courtes distances dans des bassins artificiels ; les élindes des dragues avaient été allongées de manière à pouvoir draguer à 12 mètres, c'est-à-dire jusqu'à 6 mètres en contrebas du niveau de la Méditerranée ;

Enfin, une partie à la suite formant le débouché du canal dans les lacs Amers, d'une longueur de 5.250 mètres, comptée jusqu'aux grands fonds des lacs, et comportant un cube total de déblais de 1.292.848 mètres cubes. Les déblais se faisaient à la brouette.

	mètres cubes.
L'ensemble des déblais des deux premières parties formait un cube total de	8.428 991
A la date du 15 avril, le cube déjà exécuté était de	4.530.567
Il ne restait donc plus à exécuter à ladite date que	3.898.424

Pour achever cette portion du canal dans le délai fixé, il fallait donc pouvoir compter sur une production mensuelle de 210.000 mètres cubes. Or, les travaux étaient exécutés au moyen de 11 dragues, dont 9 à gabares et 2 à long couloir. Le cube total mensuel exigé correspondait ainsi à une moyenne de travail mensuel par drague de 20.000 mètres cubes.

Sur le cube total des déblais à sec, il ne restait plus à exécuter à la date du 15 avril que 600.336 mètres cubes. 1.500 ouvriers étaient occupés à ces travaux et le nombre pouvait au besoin en être augmenté. On comptait que ces déblais à sec pourraient être terminés pour la fin de l'année.

CANAL MARITIME A LA TRAVERSÉE DU GRAND LAC AMER

La traversée du grand lac Amer dans l'étendue du banc de sel, — et, comme on le savait, ce banc se trouvait précisément à 8 mètres en contrebas du niveau de la Méditerranée, — avait, suivant le tracé du canal, un développement de 15 kilomètres. La surface générale du banc de sel présentant sur la ligne même du canal quelques aspérités d'un relief de 40 à 50 centimètres, il avait été d'une extrême importance de s'assurer s'il était ou non indispensable d'ouvrir immédiatement de larges chenaux à travers de futurs écueils sous-marins. Dans ce but, des expériences avaient été faites en vue de constater le degré de solubilité des différentes couches du banc de sel dans l'eau de mer. Ces expériences avaient heureusement démontré avec la dernière évidence, ainsi, du reste, que les ingénieurs de la Compagnie l'avaient toujours pensé, que, lors de l'introduction de l'eau de la Méditerranée dans les lacs Amers, non seulement toutes les aspérités du banc de sel disparaîtraient, mais encore que ce banc fondrait, sinon complètement, tout au moins sur une profondeur de 2 ou 3 mètres. Les navires auraient donc à leur disposition pour la traversée du grand lac Amer, un véritable bras de mer d'une profondeur d'une dizaine de mètres et d'une largeur de plus d'un kilomètre; et, dans de pareilles conditions, la navigation jouirait de la plus complète sécurité.

Par suite des travaux à sec qui s'exécutaient au nord et au sud des lacs Amers et qui, ainsi qu'il sera expliqué plus loin, devaient durer encore environ une année, l'introduction de la Méditerranée dans les lacs se trouverait retardée jusque vers le mois d'avril 1869; on n'aurait donc plus que cinq à six mois pour le remplissage; mais on devait se hâter d'ajouter que ce délai serait plus que suffisant avec la section d'écoulement que présenterait le canal maritime à l'époque où commencerait le remplissage, attendu que l'on pourrait alors, sans forcer les vitesses, obtenir un débit journalier de 10 millions de mètres cubes.

CANAL MARITIME DU GRAND LAC AMER A LA RADE DE SUEZ

Le rapport présenté à la précédente Assemblée générale des actionnaires avait signalé l'intérêt qu'avait trouvé la Compagnie à faire faire à sec toute la partie du canal comprise entre le grand lac Amer et l'extrémité sud du seuil de

Chalouf. Les mêmes motifs qui avaient décidé alors la Compagnie, l'avaient engagée, depuis, à étendre, d'accord avec les entrepreneurs, ce mode d'exécution sur une nouvelle portion du canal dans la plaine de Suez. Une pareille résolution se justifiait d'autant mieux qu'elle permettait de profiter, au grand avantage de la marche rapide des travaux, de l'affluence toujours croissante d'ouvriers terrassiers venant chercher du travail sur les chantiers du canal[1].

	mètres cubes.
On avait déjà entrepris l'exécution à sec de toute la portion du canal s'étendant du grand lac au branchement de la plaine de Suez (kil. 148,5) d'une longueur de 34^{km},5 et comportant un cube total de	10.100.000
Et on n'avait plus à exécuter à la drague que la portion restante du canal pour gagner la rade de Suez, d'une longueur de 14 kilomètres et comportant un cube total de	7.019.000
ENSEMBLE	17.119.000

1. L'exécution à sec de deux portions du canal dans la plaine de Suez, l'une du kil. 143,7 au kil. 145,1, l'autre du kil. 146,1 au kil. 148,5, d'une longueur ensemble de 3^{km},8, avait fait l'objet du 4e Acte additionnel passé le 15 janvier 1868 avec MM. Borel, Lavalley et Cie (Voir t. V, p. 75).

Plus tard, par convention du 16 septembre 1868 (Voir t. V, p. 81), fut également décidée l'exécution à sec des deux lacunes ci-dessous du canal dans la plaine de Suez, savoir : l'une du kil. 142, extrémité du seuil de Chalouf, au kil. 143,7 ; l'autre, du kil. 145,1 au kil. 146,1. Toute la première partie du canal dans la plaine de Suez, d'une longueur de 6^{km},5, s'étendant de l'extrémité du seuil de Chalouf au kil. 148.5, où aboutissait le branchement du canal d'eau douce destiné à desservir les chantiers de la Plaine, devait donc être faite à sec.

Plus tard encore, par l'un des articles du 5e Acte additionnel passé le 30 octobre 1868 avec MM. Borel, Lavalley et Cie (Voir t. V, p. 84), fut finalement décidée l'exécution à sec du canal dans la dernière partie de la plaine de Suez, de 2.800 mètres de longueur, s'étendant du kil. 148,5 au kil. 151,3, origine de la section de la Quarantaine.

En définitive, à l'exception de quelques dragages qui furent exécutés pendant les premiers temps des travaux sur la portion de canal considérée, le canal fut fait à sec depuis l'origine du petit lac, kil. 114, jusqu'à l'extrémité de la plaine de Suez, kil. 151,3, soit sur une longueur de 37^{km},3.

Cette constatation semblait devoir provoquer les réflexions suivantes :

Au point de vue des dépenses d'exécution de la portion de canal comprise entre les lacs Amers et Suez, on pouvait regretter que la Compagnie, au moment où elle avait donné les travaux de cette portion de canal à l'entreprise (26 mars 1864), ne se fût pas trouvée en situation de décider de suite que les dits travaux seraient faits à sec en presque totalité, depuis et y compris le petit lac jusque tout près du débouché du canal dans le chenal du port de Suez, et d'établir en conséquence les conditions et les prix d'exécution.

C'eût été là, en effet, la véritable solution : d'une part, le grand lac offrait

Les travaux à sec étaient exécutés par 6.000 ouvriers travaillant à la brouette et par 22 plans inclinés desservis par 2.000 hommes et produisant, chacun, un cube de 250 à 300 mètres par jour. A la date du 15 avril, il ne restait plus à faire que 5.814.300 mètres cubes. Or, le mois précédent, sans le concours de 7 des plans inclinés encore en montage, le cube exécuté avait été de 416.000 mètres cubes. Avec l'adjonction des 7 plans inclinés supplémentaires, on atteindrait bien probablement un chiffre moyen mensuel de 450.000 mètres cubes que l'on pourrait encore augmenter au besoin en développant les chantiers à la brouette. Dans de pareilles conditions d'exécution, qui ne laissaient aucune

---

un réceptacle indéfini pour l'écoulement naturel des eaux des tranchées, et, en marchant de proche en proche, en commençant par le petit lac, on eût pu éviter de recourir à de coûteux épuisements en même temps que l'on aurait eu toutes facilités pour la meilleure organisation possible des chantiers et l'emploi des méthodes les plus économiques d'exécution ; d'autre part, avec un pareil programme, la rencontre de terrains durs et même de roches dans les fouilles, n'aurait plus présenté que des difficultés ordinaires d'exécution. Malheureusement, au moment de la passation de ses marchés pour l'exécution des travaux à l'entreprise, la Compagnie se trouvait précisément sous la menace, qui s'est réalisée très peu de temps après, du retrait des ouvriers des contingents égyptiens ; et ce n'était évidemment pas dans de telles circonstances qu'elle pouvait adopter, et imposer à des entrepreneurs, un programme d'exécution qui devait nécessiter l'emploi permanent d'un très grand nombre d'ouvriers. Plus tard, les travaux étant alors en cours d'exécution sur la portion de canal considérée, et les ouvriers libres ayant d'ailleurs fini par affluer peu à peu en nombre suffisant sur les chantiers, la Compagnie s'était trouvée amenée par la force des choses, c'est-à-dire par suite de la rencontre, sur de notables longueurs de ladite portion de canal, de terrains inattaquables ou difficilement attaquables à la drague, à réaliser successivement le programme complet d'exécution à sec des travaux depuis et y compris le petit lac jusqu'à une distance de quelques kilomètres seulement du débouché du canal dans le chenal du port de Suez. Mais, par cela même que ce mode d'exécution n'avait été appliqué d'abord que successivement à certaines longueurs limitées de la portion de canal considérée, à mesure que de nouveaux sondages, des puits d'essai, ou même le travail direct des dragues, révélaient la présence de terrains difficiles à draguer, pour n'être étendu ensuite que plus tard à la longueur totale, on avait perdu tous les avantages qui seraient résultés de l'application, dès le début des travaux, d'un plan de campagne d'ensemble pour la réalisation du programme complet d'exécution à sec.

C'était par suite de ces circonstances que la Compagnie, voulant par-dessus tout et à tout prix se dégager de toute préoccupation relativement à la date de l'achèvement du canal, avait eu à s'imposer de lourds sacrifices pour changer les conditions de son premier marché avec les entrepreneurs quant au mode d'exécution des travaux.

part à l'imprévu, on était fondé à espérer que cette partie de canal, de 34 kilomètres de longueur, l'une de celles qui pouvaient causer le plus de préoccupations, serait terminée dans un délai d'au plus une année, c'est-à-dire pour la fin d'avril 1869.

Les travaux de dragages étaient exécutés à l'aide de cinq dragues desservies par des porteurs, de deux dragues à élévateurs et de quatre dragues à long couloir. A la date du 15 avril, le cube restant à draguer n'était plus que de 5.300.000 mètres cubes. Or, le mois précédent, sans le secours de trois des dragues à long couloir encore dans la période d'essais, et malgré une succession de mauvais temps, le cube dragué avait été de 186.500 mètres. Avec la mise en travail régulier des trois nouvelles dragues à long couloir, on espérait atteindre à bref délai un chiffre moyen mensuel de 300.000 mètres cubes, ce qui correspondait à un délai de 16 à 17 mois pour le complet achèvement du cube total restant à exécuter, soit avant la date fixée du 1er février 1869.

Digues et enrochements du port de Suez. — Les travaux à exécuter au port de Suez consistaient dans la construction d'un brise-lame pour défendre le port contre les vents du sud et dans l'exécution de digues et enrochements pour la protection du terre-plein de la Compagnie.

L'ensemble de ces travaux, confiés à MM. Borel, Lavalley et Cie, comportait un cube total d'enrochements de......	64.000	mètres	cubes
A la date du 15 avril, le cube déjà exécuté était de..	49.000	—	—
Il ne restait donc plus à exécuter que...	15.000	—	—

Ce cube restant à exécuter comprenait les enrochements à employer à la construction du musoir du brise-lame, maintenant en voie d'achèvement, et à l'exécution des perrés supérieurs des digues qui ne pouvaient être entrepris qu'au fur et à mesure de la confection des terre-pleins formés avec les terres provenant des dragages.

Organisation des services de la Direction générale des travaux à partir de l'anné 1867 jusqu'à la fin des travaux [1]

MM. Voisin Bey, agent supérieur, directeur général des travaux.

DIVISION DU SECRÉTARIAT

Ritt, chef du secrétariat.
Moll, sous-chef —
Cadiat (Ernest), ingénieur chef du bureau technique.

DIVISION DE LA COMPTABILITÉ GÉNÉRALE

MM. Magnan, chef de la comptabilité générale.
Jardin, sous-chef —
Castel, chef de bureau.

DIVISION DES BUREAUX DÉTACHÉS

Geyler, chef des bureaux détachés.
Coulet, sous-chef —
Riche, inspecteur de la poste et du télégraphe.

DIVISION DES MAGASINS

Hollebeck, chef des magasins.

DIVISION DU MATÉRIEL

Monteil, ingénieur du matériel.

DIVISION DE PORT-SAÏD

Laroche, ingénieur chef de division.
Béringer, chef du bureau divisionnaire.
Thouzet, chef de la section de Port-Saïd.
de Kerhor, — des jetées.
Heidegger, — de Ras-el-Ech.

1. L'organisation des services de la Direction générale des travaux est restée la même jusqu'à la fin des travaux, sauf la seule modification suivante :
Au commencement de 1868, la division des magasins a été supprimée et le service des magasins a été réuni à la division du secrétariat. M. Hollebeck, précédemment chef des magasins, a alors été attaché au secrétariat avec le titre de sous-inspecteur des services administratifs. Puis, cette fonction a été supprimée au commencement de 1869, et M. Hollebeck a été attaché au service du domaine récemment créé.

AGENCE SUPÉRIEURE

8 *avril.* — Décès de M. le comte Sala. Suppression du poste d'inspecteur général.
21 *juin.* — Acceptation de la démission de M. Gérardin (8 mai 1867) de ses

DIVISION D'EL GUISR

MM. Gioia, ingénieur chef de division.
Dubois, chef du bureau divisionnaire.
Paponot, chef de la section de Kantara.
Fulter, — d'El Guisr.

DIVISION D'ISMAÏLIA

Berthault, ingénieur chef de division.
Lalheugue, chef du bureau divisionnaire.
Guiter, chef de la section d'Ismaïlia.
Gouget, — du lac Timsah.
Saint-Vanne, — du Sérapéum.

---

doubles fonctions d'administrateur et d'agent supérieur de la Compagnie en Égypte. — L'Agence supérieure est réunie à la Direction générale des travaux. Son siège est, en conséquence, transporté à Ismaïlia.

ORGANISATION DE L'AGENCE SUPÉRIEURE

1° PENDANT LES SIX PREMIERS MOIS DE L'ANNÉE

(Même organisation que l'année précédente)

MM. Gérardin, administrateur délégué, agent supérieur à Alexandrie.
Comte Sala, inspecteur général.

Agence et caisse d'Alexandrie

Daubrée, chef du secrétariat.
Lamare, chef de la comptabilité.
Nicoullaud, chef du contentieux.

Agence du Caire

Vernoni (J. B.), agent.

Caisses

Fiorentino, caissier à Port-Saïd.
Moczanski, caissier à Ismaïlia.
Lesieur, caissier à Suez.

Service de santé

. . . .

2° PENDANT LA SECONDE MOITIÉ DE L'ANNÉE

(L'organisation du premier semestre fut modifiée comme suit et la nouvelle organisation persista ensuite sans changement jusqu'à la fin de 1869.)

MM. Voisin Bey, directeur général des travaux, agent supérieur à Ismaïlia.

Agence et caisse d'Alexandrie

Daubrée, agent.
Lamare, caissier principal.

Le service de santé est devenu et est resté jusqu'à la fin des travaux un service indépendant.

ORGANISATION DES DEUX SERVICES INDÉPENDANTS : SANTÉ, TRANSIT ET TRANSPORTS

Pour ce qui concerne le personnel du service de santé et du service du transit et des transports, voir, à la fin du tome I, l'annexe II intitulée *Tableau du personnel de la Compagnie à la date de l'inauguration du Canal.*

DIVISION DE SUEZ

MM. Larousse, ingénieur chef de division.
Palaà, chef du bureau divisionnaire.
Verjus, chef de la section des lacs Amers.
Henry, — de Chalouf.
Fabre, — de la Plaine de Suez.
Aumos, — de Suez.

SERVICE DE PARIS

Cadiat (Victor), ingénieur chef du service.
Gaget, chef de bureau.
Saint-Aude, agent à Marseille.

Marche des travaux et modes d'exécution

(ANNÉE 1867)

PORT DE PORT-SAID ET CANAL MARITIME

Indépendamment des renseignements donnés dans le compte rendu ci-dessus au sujet des divers travaux exécutés à l'entreprise et des travaux du chantier de régie d'El Ferdane pendant l'année 1867, et, ainsi que nous l'avons déjà fait à l'égard des travaux des trois années précédentes, nous renverrons, pour détails circonstanciés sur la marche des travaux et les modes d'exécution, savoir : en ce qui concerne l'entreprise Borel Lavalley et Cie, au tome V ; et, en ce qui est de l'entreprise Couvreux, de l'entreprise Dussaud et du chantier de régie d'El Ferdane, aux chapitres spéciaux les concernant qui figurent au présent volume (Voir plus loin).

Nous ajouterons d'ailleurs aux renseignements généraux donnés par le compte rendu sur la marche des travaux, les renseignements complémentaires suivants :

Remblais de Port-Saïd. — A la date du 1er juin, le cube total des remblais du terre-plein de la ville était de 530.800 mètres cubes.

En conformité d'instructions du Président recommandant de prendre toutes mesures utiles pour hâter l'achèvement des remblais dans toute la partie bâtie de la ville, un marché fut passé dans le courant de juillet avec un tâcheron pour l'exécution de 40.000 mètres cubes de remblais au prix de 2 fr.50 le mètre cube : le sable était pris sur la plage et transporté au moyen de couffes chargées sur des baudets au nombre de 120. Le tâcheron s'était engagé à exécuter 4.000 mètres cubes par mois.

A la fin de l'année, les remblais de la partie bâtie de la ville étaient terminés. Le sable fut dès lors porté dans la partie du lac située à l'ouest de la rue de l'Arsenal.

Travaux divers exécutés directement en régie par la Compagnie, à Port-Saïd. — Enrochements des quais du port et enracinement de la jetée Est en blocs naturels. (Voir, pour les détails concernant ces travaux, t. V, p. 164.)

Remplissage du lac Timsah. — L'inauguration de l'entrée des eaux de la Méditerranée dans le lac Timsah avait eu lieu le 18 novembre 1862, mais le barrage de retenue des eaux situé à l'extrémité de la rigole maritime, et qui avait été momentanément ouvert, avait été rétabli immédiatement après la cérémonie d'inauguration.

Un premier pertuis-déversoir avait été établi à côté du barrage pour permettre de profiter de toutes les circonstances favorables d'une grande hauteur d'eau dans la rigole pour alimenter le lac de manière à y compenser les pertes produites par l'évaporation.

Ce ne fut que plus tard, le 12 décembre 1866, que commença la véritable opération de remplissage du lac au moyen d'un grand pertuis à poutrelles construit en régie par MM. Borel, Lavalley et Cie. A la date du 20 juin 1867, le niveau de l'eau du lac était à la cote 17[m],93 ; et, le barrage de retenue ayant alors été détruit, une première drague venant de Port-Saïd avait pu pénétrer dans le lac. Ce ne fut toutefois que le 15 août que le niveau du lac atteignit la cote 18[m],20 du niveau moyen de la Méditerranée.

(Voir, pour les détails de l'opération de remplissage, t. V, p. 197.)

CANAL D'EAU DOUCE

(Pour tout ce qui concerne le régime du canal d'eau douce pendant l'année 1867, voir t. V, p. 221.)

BATIMENTS ET ABRIS

Port-Saïd. — Construction de tombes en maçonnerie dans les différents cimetières.

TRANSPORTS MARITIMES

Mouvement maritime de Port-Saïd depuis l'origine des travaux jusqu'au 1er juin 1867. — 1° Mouvement maritime du port pendant l'année du 15 juin 1866 au 1er juin 1867 : 880 navires jaugeant ensemble 146-107 tonneaux, correspondant à un mouvement moyen d'environ 400 tonneaux par jour au lieu des 300 tonneaux de l'année précédente.

2° Mouvement total depuis l'origine des travaux : 3.614 navires jaugeant ensemble 542.819 tonneaux.

Ce mouvement total se répartissait entre les divers pavillons comme il est indiqué au tableau ci-après :

PAVILLONS	NOMBRES DE NAVIRES	TONNAGE TOTAL
Anglais	129	47.850
Autrichien	381	122 556
Français	573	114.317
Grec	527	59.399
Italien	75	15.992
Jerusalem	86	9.093
Russe	86	42.714
Turc et Égyptien	1.687	117.471
Divers*	70	13 427
TOTAUX	3.614	542.819

* Américain, Belge, Brésilien, Hollandais, Prussien, Suédois et Norwégien, Valaque, Samiote, Hambourgeois, Mecklembourgeois, Moldave.

L'entreprise des déchargements, confiée depuis le 16 octobre 1865 à MM. Savon frères, continuait à bien fonctionner.

Port-Saïd avait reçu pendant l'année des bâtiments de la Marine impériale de France et de la Marine royale d'Angleterre et s'était trouvé constamment en communication avec Alexandrie et avec l'Europe.

Chaque mois, vingt paquebots à vapeur touchaient régulièrement à Port-Saïd : c'étaient les vapeurs de MM. Borel, Lavalley et Cie, qui avaient inauguré, dès l'année 1865, un service régulier entre Port-Saïd et Alexandrie; ceux de MM. Fraissinet et Cie de Marseille, qui, depuis le commencement de 1866, touchaient le port trois fois par mois; ceux de la Compagnie impériale Russe qui avaient, à la même époque, donné l'exemple d'un service d'escale à Port-Saïd ; ceux des Messageries Impériales de France qui, à leur tour, commencèrent un service d'escale le 18 juin 1867. En outre, les bateaux à vapeur de la Compagnie égyptienne Azizié et ceux de la Compagnie générale des transports maritimes de Marseille venaient de temps en temps apporter des marchandises à Port-Saïd.

Un service gratuit de pilotage fut établi, à titre provisoire, à Port-Saïd, à partir du commencement de septembre.

Accidents de rade. — Une violente tempête de vent d'ouest, qui régna pendant quatre jours, au commencement de janvier, causa de sérieux dégats à Port-Saïd et sur la première partie du canal maritime.

A Port-Saïd, la mer envahit la plage à l'enracinement de la jetée Ouest, dépassa le quai et alla inonder la partie non encore remblayée de la ville, au nord.

Sur le canal, un boghaz se déclara dans la rive Afrique au kil. 6.

En outre, un certain nombre de poteaux de la ligne télégraphique furent déracinés entraînant une interruption des communications avec Suez.

SERVICE DE SANTÉ
DU 1er JUIN 1867 AU 1er JUIN 1868
(EXTRAIT DU RAPPORT DU MÉDECIN EN CHEF)

La santé générale dans l'Isthme — comme le montre le tableau ci-après de la mortalité pendant l'année 1867-1868 — fut des plus satisfaisantes.

L'excellente santé de l'Isthme ne semblait pas devoir être attribuée à certaines causes spéciales, mais bien à un ensemble de causes :

La certitude de l'accomplissement de l'œuvre procurait à tout le personnel, employes et ouvriers, une satisfaction qui réagissait sur le moral et la santé. La facilité des communications, l'abondance de l'argent, le développement du commerce, avaient ajouté leur contingent au bien-être des travailleurs, par conséquent à la santé. Seize paquebots, français, russes, autrichiens et égyptiens, indépendamment d'une quantité de navires de commerce, entraient chaque mois dans le port de Port-Saïd, mettant ainsi la population du canal en communication rapide avec le bassin de la Méditerranée et lui permettant de faire arriver toute espèce d'approvisionnements. Un commerce très actif s'était développé, non seulement pour la consommation de l'Isthme, mais encore pour les objets et les denrées qui approvisionnaient Suez, la mer Rouge et même l'Égypte. Le commerce de cabotage avec la Syrie et la Grèce avait pris une grande extension, surtout au point de vue des denrées alimentaires. L'alimentation était donc devenue meilleure; les viandes fraîches et sur pied, des fruits, des légumes, du gibier, arrivaient de la Grèce et de la Syrie, sans compter ce qui venait d'Europe, d'Alexandrie et de l'intérieur de l'Egypte. On vivait comme en Europe, seulement à des prix très élevés, presque le double des prix de France.

Il y avait à signaler, en outre, une notable amélioration dans les habitations. Chacun avait su s'organiser et se créer un certain confortable. Les logements d'ouvriers, ceux des marchands, même sur les points isolés des centres de population, étaient mieux entendus, plus propres et mieux aérés. L'expérience et la nécessité avaient fait connaître les meilleures dispositions à prendre. On savait s'abriter contre l'abaissement de la température pendant la nuit et contre la chaleur pendant le jour. Aussi, les ophtalmies, les diarrhées et les dysenteries étaient-elles devenues plus rares, moins intenses, et, dans certaines classes de la population, avaient-elles entièrement disparu.

Enfin, la population avait généralement reconnu que les soins personnels et hygiéniques étaient des plus nécessaires dans les pays chauds et qu'il fallait surtout bien faire attention à l'alimentation et aux boissons et modifier le régime alimentaire de l'Europe. Les ouvriers buvaient moins de liqueurs alcooliques. Les excès étaient plus rares.

POPULATION DE L'ISTHME (EMPLOYÉS, OUVRIERS, MARCHANDS) EN 1867-1868

	HOMMES	FEMMES	ENFANTS	POPULATION TOTALE
Race blanche	14.118	1.417	575	16.110
Race indigène	13.627	2.229	2.285	18.141
TOTAUX	27.745	3.646	2.860	34.251

TABLEAU DE LA MORTALITÉ DANS L'ISTHME DU 1er JUIN 1867 AU 1er JUIN 1868

		POPULATION	MORTALITÉ	PROPORTION pour 100
Race blanche	Hommes	14.118	199	1,52
	Femmes	1.417	12	0,91
	Hommes et femmes.	15.535	211	1,41
Race indigène	Hommes	13 627	231	1,84
	Femmes	2.229	9	0,45
	Hommes et femmes.	15.856	240	1,64
Race blanche et race indigène	Hommes et femmes.	31.391	451	1,44
	Hommes, femmes et enfants	34.251	563	1,78

SERVICE DU TRANSIT ET DES TRANSPORTS

(EXTRAIT DU RAPPORT DU PRÉSIDENT DE LA COMPAGNIE A L'ASSEMBLÉE GÉNÉRALE DES ACTIONNAIRES DU 1er AOUT 1867)

Le Service du transit et des transports se trouvait maintenant complètement organisé. La livraison du matériel de ce service (toueurs, remorqueurs et chalands) était terminée [1].

Le touage, pour lequel la Compagnie se félicitait d'avoir adopté le système Bouquié, fonctionnait régulièrement d'Ismaïlia à Suez et dans des conditions telles que la rapidité des transports équivalait à une augmentation d'un tiers sur le matériel disponible qui avait été préparé.

Les recettes pendant les six premiers mois de 1867, s'étaient élevées à la somme brute de 521.381 francs ; le nombre des tonnes transportées avait été de 9.506, et celui des voyageurs, de 20.

Les opérations du transit, à peine commencées, tendaient à se développer sur une importante échelle.

L'installation à Port-Saïd des services réguliers des Messageries impériales, de la Compagnie russe, de la Compagnie Fraissinet, liait désormais les intérêts de ces Compagnies aux progrès du transit par le canal.

La Société maritime anglaise *Bombay and Bengal steam Navigation* était en pourparlers avec la Compagnie afin d'adopter la voie du canal pour ses transports dans l'Inde. Des négociations étaient également entamées avec le Lloyd autrichien et avec la Compagnie égyptienne *Azizié* pour des escales régulières à Port-Saïd, avec la Compagnie *Péninsulaire et Orientale* pour le transport de ses charbons à Suez.

La Marine impériale de France avait été la première à apprécier les avantages du transit à travers l'isthme : des chaloupes à vapeur de dimensions trop grandes pour être transportées par les chemins de fer égyptiens avaient été remorquées de Port-Saïd à la mer Rouge en quarante-huit heures ; le transport de l'Etat, le *Bucéphale*, était venu prendre à Port-Saïd les colis de Siam et de la Cochinchine destinés à l'Exposition universelle ; le 8 juin, la frégate française l'*Eldorado* apportait à Port-Saïd un chargement de 5.000 colis pour le ravitaillement des troupes et de la marine en Cochinchine : ce chargement, débarqué le 8, en cinq heures, partait de Port-Saïd le 9, sur les chalands du transit et était embarqué le 12 sur la frégate française la *Sarthe*, dans la rade de Suez.

Les fournisseurs de la Marine impériale à Suez avaient également employé les transports de la Compagnie pour leurs approvisionnements. La Société soufrière de la mer Rouge avait déjà fait transiter un brick, le *Primo*, de

---

1. Le 1er mai 1867, la Compagnie publia, au sujet du transit entre la Méditerranée et la mer Rouge, un « avis au commerce » ainsi conçu :

« La Compagnie du Canal de Suez se charge de transporter directement les marchandises de Port-Saïd (Méditerranée) à Suez (mer Rouge) et *vice-versa*, aux conditions suivantes :

« La tonne :

« Pour toutes marchandises, excepté les charbons, 25 francs ;

« Pour les charbons, 21 francs (20 francs pour les chargements de 300 tonnes). »

Cet avis fut en même temps, par lettre circulaire, adressé aux présidents et membres des principales Chambres de commerce des Etats dont les noms suivent : Allemagne, Autriche, Belgique, Brésil, Danemark, Espagne, Etats américains du Sud, Etats-Unis, France et Algérie, Grande-Bretagne, Grèce, Italie, Indes anglaises, Pays-Bas, Portugal, Russie, Suède et Norvège, Suisse.

80 tonneaux, un remorqueur à vapeur, le *Prince Ibrahim*, de 50 tonneaux, un cutter, le *Stromboli*, également de 50 tonneaux.

Tous ces faits affirmaient d'une manière péremptoire que l'exploitation provisoire du transit répondait à des besoins multiples. La voie était désormais ouverte au commerce, et la Compagnie avait confiance dans les résultats qu'elle devait en obtenir [1].

---

1. Au commencement d'octobre arriva à Port-Saïd, pour transiter par le canal, le steamer *Prompt*, destiné au service de l'Amirauté anglaise dans la mer Rouge. Ce bateau, construit à Glasgow, d'un tonnage de registre de 58 tonneaux et d'une force de 40 chevaux, avait une longueur de 28m,60, une largeur de 5m,27 et un tirant d'eau à la mer de 1m,50.

Toutes dispositions furent prises pour réduire son tirant d'eau en eau douce à 1m,20. Le bateau, parti de Port-Saïd le 10 octobre, arriva à Ismaïlia le 13, sans avoir éprouvé aucun accident ni avarie, ayant simplement été entravé dans sa marche par la rencontre de nombreux grands appareils de l'entreprise Borel Lavalley et Cie, partis avant lui pour aller prendre position dans le lac Timsah. Le bateau repartit d'Ismaïlia le 17, et arriva le lendemain dans la mer Rouge, après un trajet de trente-deux heures.

Egalement dans les premiers jours d'octobre, arriva à Port-Saïd un navire à voiles porteur de 572 tonnes de charbon Cardiff devant transiter par le canal à destination de la *Bombay and Bengal Company* dont les paquebots desservaient la ligne de Suez à Bombay. Ces 572 tonnes de charbon furent distribuées sur neuf chalands du service du Transit réunis en un seul convoi, qui, parti de Port-Saïd le 20 octobre, arriva à Suez le 24.

TRAVAUX EXÉCUTÉS PENDANT L'ANNÉE 1868-1869

Compte rendu sommaire des travaux exécutés et des résultats obtenus pendant la période de juin 1868 à juillet 1869.

(EXTRAIT DU RAPPORT DU PRÉSIDENT DE LA COMPAGNIE A L'ASSEMBLÉE GÉNÉRALE DES ACTIONNAIRES DU 2 AOUT 1869.)

Le cube total de terre à déblayer pour creuser le canal maritime avait été prévu à 75 millions de mètres cubes. A la date du 15 juillet, le cube restant à déblayer était d'environ 6 millions de mètres. La marche des travaux donnant l'assurance que ce travail pourrait être exécuté pour le mois d'octobre, le Président n'avait pas hésité à fixer au 17 novembre l'inauguration du canal et sa mise en exploitation.

A Port-Saïd, les jetées étaient terminées depuis le commencement de l'année et donnaient au port toute sécurité.

Le chenal d'entrée entre les deux jetées avait été creusé l'année précédente à 6^{m},50 et 7 mètres et avait permis l'entrée à tous les navires à vapeur qui, en grand nombre, étaient venus mouiller dans le port. Les dragues terminaient maintenant le chenal à la profondeur de 8^{m},50.

De Port-Saïd aux lacs Amers, sur une longueur d'une centaine de kilomètres, le canal présentait depuis plusieurs mois déjà l'aspect qu'il aurait à son complet achèvement ; il avait partout toute sa largeur ; ses berges au-dessus de l'eau étaient réglées; plus de la moitié de la longueur achevée et creusée à toute profondeur, avait été remise par les entrepreneurs, et tous les jours de nouvelles longueurs étaient présentées à la réception des ingénieurs de la Compagnie. Dans le parcours de cette première partie du canal,

49 dragues, étaient occupées à enlever les dernières couches du fond sur les parties non encore terminées.

Des grands lacs Amers à la mer Rouge, sur la longueur totale d'environ 40 kilomètres de cette partie de canal, 35 kilomètres avaient été faits entièrement à sec, au wagon ou à la brouette. Ces travaux à sec étaient en voie d'achèvement, et à bref délai les eaux de la mer Rouge pourraient être introduites dans cette longue tranchée pour contribuer, avec les eaux de la Méditerranée, au remplissage des lacs Amers.

Les 5 kilomètres du canal qui avoisinaient la mer Rouge se creusaient à la drague. 11 dragues y étaient employées.

Le chenal depuis le débouché du canal maritime jusqu'à la rade était à peu près terminé.

Ce chenal, aboutissant à l'extrémité du golfe de Suez où il n'y avait pas de courant parallèle au rivage, où le fond était de gravier et d'argile et où la lame n'était jamais forte, n'avait pas eu besoin d'être protégé comme à Port-Saïd par des jetées latérales. Le brise-lame en enrochements construit sur le banc du sud bordant l'entrée du chenal et le terre-plein créé sur le banc du nord suffisaient à la protection du chenal même et de l'entrée du canal maritime. Ces travaux étaient terminés.

L'opération du remplissage des lacs Amers avait été confiée à MM. Borel, Lavalley et Cie. Au mois de mars dernier, l'ouvrage établi au débouché de la partie nord du canal dans les lacs pour permettre et régler l'entrée de l'eau de la Méditerranée avait été ouvert en présence du Khédive et du prince et de la princesse de Galles. Dès les premiers jours, le fond du bassin avait été rapidement couvert et l'on avait pu s'assurer que la quantité d'eau absorbée par le sol et par l'évoporation était inférieure à ce que l'on avait calculé. Depuis plusieurs semaines la montée de l'eau dans le lac était de 3 à 4 centimètres par vingt-quatre heures.

La Compagnie se proposait de fêter le 15 août dans l'Isthme par l'ouverture du déversoir de la mer Rouge qui ferait plus que doubler la rapidité du remplissage des lacs. [Ainsi se trouverait réalisé un événement que prévoyaient les vieilles légendes orientales : l'union des eaux de la mer des Perles, (mer Rouge et golfe Persique) et de la mer du Corail (Méditerranée).]

C'était au mois d'avril 1867 que le Président avait fixé la date du mois d'octobre 1869 pour l'achèvement du canal (3me acte additionnel du 13 avril 1867). Il restait alors plus de 50 millions de mètres cubes à extraire, le matériel des entrepreneurs à compléter, les bassins des lacs Timsah et des lacs Amers à remplir, une grande marge à l'imprévu. Des difficultés nombreuses et inattendues s'étaient en effet présentées : les terrains, sur beaucoup de points, s'étaient trouvés beaucoup plus durs que les sondages ne l'avaient fait prévoir; dans la plaine de Suez, notamment, 10 kilomètres du canal avaient dû être faits à sec après que tout avait été disposé pour qu'ils fussent creusés à la drague, après même que quelques portions avaient été ainsi attaquées sous l'eau; il avait fallu changer brusquement l'organisation des chantiers, faire des épuisements difficiles, commander des milliers de wagons, des kilomètres de rails, de nombreuses locomobiles, des pompes puissantes, rassembler des ouvriers terrassiers et installer des chantiers dont le travail quotidien s'était élevé à 15.000 mètres cubes de terre ou de rochers exigeant plus de 1.000 kilogrammes de poudre. Malgré tous ces obstacles, les entrepreneurs finiraient presque à jour fixe.

Éclairage du canal maritime et des ports. — La Compagnie avait eu à s'occuper dans le courant de cette année de la question fort importante du système d'éclairage et de balisage sur le canal maritime et dans les ports, et des conditions nautiques à prévoir pour donner toute sécurité à la navigation. Cette question, après avoir été l'objet d'études très sérieuses de la part des ingénieurs de la Compagnie, avait été soumise à l'examen d'une Commission composée d'ingénieurs des ponts et chaussées et d'ingénieurs des constructions navales, d'officiers généraux et supérieurs de la Marine impériale.

En même temps, la Compagnie des Messageries impériales, consultée, faisait connaître l'opinion collective de ceux de ses habiles commandants qui avaient pu étudier la question sur les lieux.

Le rapport de la Commission avait été publié.

Le système d'éclairage et de balisage définitivement adopté par la Compagnie, après de longues études et des expériences multipliées, ne pouvait manquer d'être satisfaisant. Les appareils avaient été commandés. On s'occupait activement des installations. Ils seraient en place avant l'ouverture du canal.

A la même date, on aurait placé les poteaux d'amarrage, les bouées et tous autres ouvrages accessoires destinés à faciliter la navigation. Enfin, la Compagnie aurait fait publier une excellente carte hydrographique pour la navigation du canal maritime avec ses deux bassins intérieurs et ses deux ports : cette carte avait été dressée par l'ingénieur hydrographe de la compagnie, M. Larousse, sous la direction du directeur général des travaux.

Éclairage de la côte d'Égypte entre Alexandrie et Port-Saïd. — En prévision du mouvement maritime qui devait avoir lieu par le canal de Suez, il était indispensable que la côte basse de l'Égypte fût parfaitement éclairée entre Alexandrie et Port-Saïd. Les études faites par les ingénieurs de la Compagnie d'un système complet d'éclairage de la côte, après avoir été soumises à une enquête locale, avaient été examinées par le directeur général des phares de France, M. Reynaud, et par les ingénieurs de la Commission permanente des phares. Conformément à l'avis de cette Commission, le Khédive avait décidé l'érection de quatre nouveaux phares de premier ordre sur le littoral de l'Égypte et avait chargé la Compagnie d'en diriger l'exécution.

Trois de ces phares, qui devaient être établis aux pointes de Rosette, de Burlos et de Damiette, seraient en fer et avaient été commandés à la Société des Forges et Chantiers de la Méditerranée ; le quatrième phare, érigé à Port-Saïd avait été commandé à la Société des bétons Coignet.

La construction des quatre phares était en bonne voie d'exécution et tout permettait d'espérer que leurs feux pourraient être allumés pour l'inauguration du canal maritime. (Le phare de Port-Saïd a commencé à fonctionner le jour même de l'inauguration du canal.)

Marche des travaux et modes d'exécution

(ANNÉE 1868)

PORTS DE PORT-SAÏD ET DE SUEZ ET CANAL MARITIME

Indépendamment des renseignements donnés dans le compte rendu ci-dessus au sujet des divers travaux exécutés à l'entreprise et des travaux du chantier de régie d'El Ferdane pendant l'année 1868, et ainsi que nous l'avons déjà fait à l'égard des travaux des quatre années précédentes, nous renverrons, pour détails circonstanciés sur la marche des travaux et les modes d'exécution, savoir : en ce qui concerne l'entreprise Borel Lavalley et Cie, au tome V; et, en ce qui est de l'entreprise Couvreux, de l'entreprise Dussaud et du chantier de régie d'El Ferdane aux chapitres spéciaux les concernant qui figurent au présent volume (Voir plus loin).

Nous ajouterons d'ailleurs aux renseignements généraux donnés par le compte rendu sur la marche des travaux les renseignements complémentaires suivants :

Remblais de Port-Saïd. — Construction de 24 chevalets à l'angle S. O. du bassin Chérif pour la pose de la deuxième conduite d'eau douce et remblai de protection de cette conduite. Remblais de protection de la première conduite au nord du réservoir, rue de l'Arsenal. Achèvement des remblais du chemin du cimetière.

Le marché de tâche des remblais du terre-plein fut terminé en février.

A la date de la fin d'avril les remblais de Port-Saïd pouvaient être

.. ..

considérés comme complètement terminés. Le cube total exécuté était de 628.300 mètres cubes.

Travaux divers exécutés directement en régie par la Compagnie. — A PORT-SAÏD : Achèvement de l'enrochement de la berge sud du grand bassin :

Construction d'un appontement.

SUR LE CANAL MARITIME : Déplacement de la maison du relai du kil. 20;

Travaux d'enrochements des berges dans la section de Ras-el-Ech.

Fermeture de la brèche qui s'était ouverte en 1866 dans la berge Afrique au kil. 52.

Installation définitive des bacs de Kantara (un pour les piétons, l'autre pour les caravanes) et de leurs appontements d'accès.

(Voir pour les détails concernant les travaux ci-dessus, t. V, p. 174.)

Dans la partie du canal à la traversée du seuil d'El Guisr, commencement des travaux d'abaissement de la banquette de 3 mètres de largeur du talus supérieur de la tranchée, établie à 3 mètres au-dessus du même niveau.

DATES D'ACHÈVEMENT DES TRAVAUX DE L'ENTREPRISE COUVREUX, DE L'ENTREPRISE DUSSAUD FRÈRES ET DES TRAVAUX DU CHANTIER DE RÉGIE D'EL FERDANE

ENTREPRISE COUVREUX (CREUSEMENT DU CANAL SUR UNE PARTIE DE LA TRAVERSÉE DU SEUIL D'EL GUISR)

Les travaux, commencés en janvier 1864, ont été terminés le 31 janvier 1868, avec une avance de six mois sur la date fixée par le marché.

En raison de cette avance, l'entrepreneur a touché une prime d'achèvement de 300.000 francs.

Cubes exécutés :	Mètres cubes
Déblais à sec	4.271.707
Déblais sous l'eau	326.953
CUBE TOTAL	4.598.660

ENTREPRISE DUSSAUD FRÈRES (CONSTRUCTION DES JETÉES DE PORT-SAÏD EN BLOCS ARTIFICIELS)

		m. cubes
Jetée Ouest. —	Premiers blocs coulés le 9 août 1865.	
	Achèvement des travaux à la fin de 1868.	
	Cube total des blocs employés à la jetée	178.205
Jetée Est. —	Premiers blocs coulés en janvier 1866.	
	Achèvement des travaux le 31 janvier 1869.	
	Cube total des blocs employés à la jetée	71.199
	CUBE TOTAL PORTÉ AU DÉCOMPTE DE L'ENTREPRISE.	249.404

Le marché comprenait la fourniture de 250.000 mètres cubes de blocs. En fait, le cube total fabriqué a été de 249.919 mètres cubes. La différence de 515 mètres cubes provient de ce qu'une certaine quantité de blocs ont été employés dans les installations du chantier de fabrication des blocs où ils sont restés englobés.

PARTIES DES JETÉES EN BLOCS NATURELS EXÉCUTÉES DIRECTEMENT PAR LA COMPAGNIE

	m. cubes
Jetée Ouest. — Il a été déjà rendu compte de l'emploi à la jetée Ouest de blocs naturels provenant de la carrière du Mex et dont le cube total a été de....................................	75.000
Jetée Est. — L'enracinement de la jetée Est a été construit en blocs naturels provenant de la carrière du plateau des Hyènes.	
Les travaux, commencés en septembre 1866, ont été terminés en avril 1868. Cube employé............................	7.500
CUBE TOTAL des blocs naturels employés à la construction des jetées...............................	82.500

CHANTIER DE RÉGIE D'EL FERDANE

Les travaux commencés en septembre 1865 ont été terminés à la fin de 1868.

Cubes exécutés :	m. cubes
Déblais à sec..................................	604.975
Déblais sous l'eau	382.980
CUBE TOTAL........................	987.955

CANAL D'EAU DOUCE

(Pour tout ce qui concerne le régime du canal d'eau douce pendant l'année 1868, voir t. V, p. 225.)

OUVERTURE DU CHEMIN DE FER DE ZAGAZIG A ISMAÏLIA ET A SUEZ

La ligne du chemin de Zagazig à Ismaïlia a été ouverte en juin 1868.
La ligne d'Ismaïlia à Suez, le 14 août suivant.

BATIMENTS ET ABRIS

Port-Saïd. — Construction d'une maison, d'un bazar aux légumes, de tombes en maçonnerie dans les différents cimetières.

TRANSPORTS MARITIMES

MOUVEMENT MARITIME DE PORT-SAÏD DU 1er JUIN 1867 AU 15 AVRIL 1868

PAVILLONS	NOMBRES DE NAVIRES	TONNAGE TOTAL
		tonneaux
Anglais	66	25.024
Autrichien	104	43.328
Français	139	89.417
Grec	120	9.384
Italien	36	5.997
Norvégien	8	2.997
Russe	52	28.552
Samiote	10	695
Turc et égyptien	435	24.448
Divers *	10	2.230
TOTAUX	1.000	232.072

* Américains, Brémois, Jérusalem, Mecklembourgeois, Portugais, Suédois.

Comme on le voit, par le tableau ci-dessus, le mouvement maritime de Port-Saïd pendant les dix mois écoulés, du 1er juin 1867 au 15 avril 1868, avait été de 1.000 navires de 16 pavillons différents représentant un tonnage total de 232.072 tonneaux dans lequel le pavillon français figurait pour un chiffre de 89.417 tonneaux, c'est-à-dire pour plus du tiers. Le tonnage moyen par jour avait donc été de 725 tonneaux, bien que les arrivages de matériel eussent à peu près cessé pendant cette période. On rappelle que, l'année précédente, le mouvement n'avait été que de 880 navires jaugeant ensemble 146.107 tonneaux, soit une moyenne de 406 tonneaux par jour. L'augmentation était due à la fois au développement toujours croissant des travaux et aux arrivages des marchandises destinées à transiter par le canal.

Port-Saïd continuait d'être en communication régulière avec Alexandrie et l'Europe par les bateaux des Messageries impériales de France, de la Compagnie des Messageries impériales russes, de la Compagnie égyptienne Azizié et de la Compagnie Fraissinet de Marseille. Les bateaux du Lloyd autrichien commençaient à y faire régulièrement escale ; déjà deux bateaux de cette Société y avaient déchargé 2.000 balles de foin qui avaient transité par le canal à destination d'Abyssinie.

Le tonnage des navires qui venaient jeter l'ancre dans Port-Saïd avait pris une telle importance que la Compagnie avait dû commander un remorqueur pour faire entrer dans les bassins du port des bâtiments de 2.500 tonnes.

Le marché Savon frères, pour les déchargements, avait été prorogé le 5 novembre.

SERVICE DE SANTÉ

DU 1er JUIN 1868 AU 1er JUIN 1869

(EXTRAIT DU RAPPORT DU MÉDECIN EN CHEF)

La santé générale avait continué de progresser dans l'Isthme, ainsi que l'on en pouvait juger par le tableau ci-dessous de la mortalité.

On voyait en effet par ce tableau, que le chiffre de la mortalité avait été seulement :

De 1,01 0/0 pour la race blanche, au lieu de 1,41 de l'année précédente ;

De 1,39 0/0 pour la race indigène ;

De 1,15 0/0 pour les deux races réunies ;

Et l'on rappelle à ce sujet que la mortalité moyenne en France est de 2,40 0/0.

POPULATION DE L'ISTHME

A LA DATE DU 1er MAI 1869

	HOMMES	FEMMES	ENFANTS	POPULATION TOTALE
Race blanche.........	19.823	2.001	1.019	22.843
Race indigène........	15.820	2.184	1.553	19.557
	35.643	4.185	2.572	42.400

TABLEAU DE LA MORTALITÉ DANS L'ISTHME

DU 1er JUIN 1868 AU 1er JUIN 1869

		POPULATION	MORTALITÉ	PROPORTION POUR 100
Race blanche	Hommes..................	19.823	159	0,80
	Femmes..................	2.001	19	0,94
	Hommes et femmes........	21.824	178	0,81
	Enfants.................	1.019	54	5,31
	Hommes, femmes et enfants.	22.843	232	1,01
Race indigène	Hommes..................	9.540	80	0,85
	Femmes..................	2.050	12	0,58
	Hommes et femmes........	11.590	92	0,79
	Enfants.................	1.371	88	6,42
	Hommes, femmes et enfants.	12.961	180	1,39
POPULATION TOTALE............		35.804	412	1,15

On remarquera dans les tableaux ci-dessus la différence qui existe entre le chiffre 42.400 de la population totale et le chiffre 35.804 sur lequel a été établie la proportion de la mortalité. C'est que l'on avait cru devoir retrancher du chiffre de la population indigène, 6.596 ouvriers du chantier de Chalouf chez lesquels avait sévi pendant trois mois une épidémie de dysenterie due à des circonstances atmosphériques particulières, alors que les ouvriers de race blanche du même chantier avaient joui au contraire d'une excellente santé. Sur les 6.596 indigènes de Chalouf, il y avait eu 449 morts, soit une proportion de 6,80 0/0, tandis que chez les européens, au nombre de 6.128, il n'y avait eu que 44 morts, soit une proportion de 0,71 0/0. On eut évidemment commis une erreur dans l'appréciation de la santé générale de l'Isthme, en admettant le fait exceptionnel de Chalouf dans le tableau de la mortalité[1].

Ce tableau montre que la mortalité chez les enfants de race blanche avait été de 5,31 0/0, à peu près le même chiffre que pour l'Europe.

Dans les rapports précédents sur le service de santé, — et bien que cette question fût une de celles qui préoccupaient le plus les médecins, surtout par rapport à l'avenir du canal, — il avait été très peu parlé de ce qui concernait la santé des enfants européens dans l'Isthme. C'est que les documents manquaient et que les observations n'étaient pas assez nombreuses pour permettre d'en tirer quelques conclusions. La lumière commençait maintenant à se faire, et il était devenu possible de donner quelques indications :

La mortalité qui avait frappé les enfants dans les premières années, avait été causée surtout par l'insuffisance des soins hygiéniques de l'habitation, de l'alimentation, etc., en même temps que par les influences atmosphériques ; mais on avait pu constater qu'à mesure que le bien-être devenait plus grand, que l'habitation et l'alimentation devenaient meilleures, la santé générale des enfants s'améliorait, et que, parmi eux, diminuait la mortalité. On avait reconnu, en outre, qu'il existait, au point de vue de la santé, une différence entre les enfants issus de parents déjà plus ou moins acclimatés ou venant du midi de l'Europe, et ceux de parents venant des climats tempérés et du

1. Le chiffre élevé de la mortalité parmi les indigènes fut dû, — ainsi qu'il est dit ci-dessus, — à une épidémie de dysenterie qui régna sur eux seuls, tandis que les européens jouissaient de la meilleure santé.

C'était la seconde fois que semblable fait se produisait dans la même localité, sous les mêmes influences et par les mêmes causes.

Sur les travaux, les indigènes refusaient de coucher dans les baraques, préférant rester en plein air en se mettant seulement à l'abri du vent. D'un autre côté, voulant ménager leurs salaires, ils se nourrissaient mal et étaient insuffisamment vêtus.

En hiver, c'est-à-dire lorsque la température baissait à 8 ou 10 degrés, que le temps était variable, qu'il y avait quelques pluies, les maladies ne tardaient pas à apparaître. Cette époque était la mauvaise saison pour les indigènes, tandis que c'était pour les européens comme une saison de printemps. Il en résultait pour les premiers des diarrhées, des dysenteries, et si le thermomètre descendait près de zéro, des pneumonies et des pleurésies; pour les seconds, au contraire, la santé était excellente. L'effet inverse se produisait pendant l'été : c'étaient alors les indigènes qui se portaient le mieux.

Le fait climatérique d'un hiver rigoureux s'était produit cette année dans la plaine de Suez et à Chalouf ; il y avait même eu de la glace; d'où, la grande mortalité parmi les indigènes, et, par contre, une très belle santé chez les européens.

En 1864, pendant que l'on avait encore des ouvriers des contingents égyptiens sur le plateau de Chalouf, l'hiver avait été à peu près semblable, et la même épidémie s'était manifestée. Seulement la mortalité n'avait été que de 4 au lieu de 6,8 0/0. C'est qu'alors le travail ne durait qu'un mois pour chaque individu, et que l'on pouvait forcer les travailleurs à demeurer dans les gourbis qui avaient été préparés pour eux et qu'on leur fournissait du bois de chauffage.

Nord. C'est ainsi que les enfants des grecs, et surtout des maltais, avaient la santé la meilleure et que chez eux la mortalité était la moindre. C'était ensuite les enfants de parents venus d'Italie ou du midi de la France qui supportaient bien l'influence du climat et avaient besoin de moins de précautions hygiéniques que les enfants de parents venus du centre et du nord de l'Europe. Il semblait d'ailleurs à peu près certain, qu'en surveillant la nourriture et en ayant des habitations convenables, on arriverait à éviter l'influence des fortes chaleurs sur les enfants des climats tempérés et à les placer dans les mêmes conditions de santé que les enfants venant des climats chauds de l'Europe.

EXPLOITATION PENDANT L'ANNÉE 1867-1868

(EXTRAITS DU RAPPORT DU PRÉSIDENT DE LA COMPAGNIE
A L'ASSEMBLÉE GÉNÉRALE DES ACTIONNAIRES DU 2 JUIN 1868)

C'était la première fois qu'un chapitre signifiant *produit* figurait dans le rapport annuel présenté à l'Assemblée générale des actionnaires. Ce chapitre était divisé comme suit : Service du transit et des transports, Service du télégraphe et de la poste, Service du domaine.

SERVICE DU TRANSIT ET DES TRANSPORTS

TABLEAU DES RECETTES TRIMESTRIELLES DU SERVICE DU TRANSIT

	Francs
1867-1er trimestre	255.150
2e —	262.754
3e —	300.322
4e —	474.597
1868-1er —	544.962

Les chiffres ci-dessus des recettes comprenaient à la fois les recettes d'ordre et les recettes commerciales.

Les deux espèces de recettes bénéficiaient à la fois à la Compagnie, puisque les premières constituaient un service qui lui était rendu par le transit et représentaient dans ses dépenses nécessaires une économie équivalente. Il y avait toutefois entre elles cette différence que l'une exprimait exclusivement un mouvement éphémère limité aux besoins et à la durée même des travaux, tandis que l'autre dépendait uniquement du développement du trafic.

Le tableau ci-dessous donnait à ce sujet des indications intéressantes.

RECETTES COMPARÉES DES DEUX PREMIERS TRIMESTRES DE 1867 ET 1868

	RECETTES D'ORDRE	RECETTES COMMERCIALES	RECETTES TOTALES
	Francs	Francs	Francs
1er Trimestre de 1867	145.429	109.721	255.150
1er Trimestre de 1868	80.858	464.104	544.962
Augmenton des recettes commerciales	»	354.383	
Diminution des recettes d'ordre	64.571	»	

Les chiffres comparatifs de ce tableau s'expliquaient comme suit :

Dans le courant de 1867, le gigantesque matériel de l'entreprise Borel Lavalley et Cie était loin d'être distribué sur la ligne des travaux, et le service du transit était encore peu connu du commerce. Aussi voyait-on les recettes d'ordre du 1er trimestre de ladite année s'élever au chiffre rond de 145.000 francs, tandis que les recettes commerciales atteignaient seulement le chiffre de 109.000 francs.

Pendant le 1er trimestre de 1868, les conditions étaient complètement changées : d'une part, le matériel était en place sur les différents chantiers, et il n'y avait plus à faire passer, pour les comptes d'ordre, que les charbons et objets divers nécessaires à la consommation de la Compagnie et des entrepreneurs ; d'autre part, le transit à travers l'Isthme avait pris de plus en plus faveur parmi les négociants et les exportateurs de marchandises d'une mer à l'autre. Aussi, les recettes d'ordre pour le trimestre tombaient-elles au chiffre de 80.000 francs, tandis que les recettes commerciales avaient plus que quadruplé, par rapport à celles du trimestre correspondant de l'année précédente.

Le nombre de tonnes transportées avait été, pendant le premier semestre de 1867, de 9.417 ; pendant le deuxième semestre, de 21.864 ; et pendant les quatre premiers mois de 1868, de 29.420.

Le nombre de voyageurs transportés par les services postaux de la Compagnie avait été, du 1er janvier 1867 au 30 avril 1868, de 62.250, dont 40.814 en 1867 et 15.436 pendant les quatre premiers mois de 1868.

Pendant cette même période de quatre mois, 12.000 tonnes de charbon avaient transité de Port-Saïd à Suez, pour le compte des Compagnies françaises et anglaises de navigation à vapeur dans la mer Rouge. La houille qui, l'année précédente, valait à Suez de 85 à 100 francs la tonne, y coûtait maintenant de 60 à 70 francs. Le minimum de la consommation étant de 60.000 tonnes, c'était une économie d'environ 2 millions de francs dont le transit du canal faisait déjà profiter le commerce.

Les communications journalières qui existaient entre Alexandrie et Port-Saïd au moyen des paquebots à vapeur des diverses Compagnies de navigation avaient permis de changer l'itinéraire fixé pour les voyageurs et pour les marchandises à destination de l'intérieur de l'Isthme et pour la consommation de la ville de Suez.

La ligne de transports de la Compagnie sur le canal de l'Ouady, entre Zagazig et Ismaïlia, dont les avantages n'étaient plus en rapport avec les dépenses, avait pu être supprimée le 15 avril (1868). On n'avait pas eu besoin d'attendre l'achèvement prochain du chemin de fer entre Zagazig et Ismaïlia pour réaliser cette économie. (L'ouverture du chemin de fer eut lieu dans le courant de juin.) Port-Saïd suffisait largement au ravitaillement de toute la population, qui s'était groupée tant sur les établissements de la Compagnie qu'à Suez même. Les marchandises importées dans la province de Zagazig ou qui en provenaient étaient transportées sur le canal de l'Ouady par le batelage indigène et transbordées sur les chalands du transit pour le parcours du canal maritime. Dans les mois de janvier et février, des exportations de blé et de graines de coton provenant du marché de Zagazig avaient suivi cette voie et commencé les premiers chargements de retour des navires affrétés à Port-Saïd.

Au moment du pèlerinage de la Mecque, les paquebots de la côte de l'Asie mineure et de la Syrie avaient débarqué à Port-Saïd des pèlerins qui préféraient abréger leur voyage en se rendant directement à Suez. En outre, de nombreux voyageurs, à leur retour de la Haute-Egypte, avaient visité les travaux du canal de Suez à Port-Saïd, où ils avaient trouvé toutes les facilités d'embarquement pour se rendre en quelques heures à Jaffa et, de là, à Jérusalem.

La Compagnie, en organisant l'année précédente un service spécial pour un premier transit d'une mer à l'autre, avait eu pour but de préparer le commerce à l'usage de la nouvelle voie maritime en même temps qu'elle organisait son service des transports dans les meilleures conditions d'économie pour l'approvisionnement des chantiers des travaux. Ce double résultat avait été obtenu, et ce qui était une charge devenait un élément de recettes.

Les toueurs du canal d'eau douce continuaient à bien fonctionner. Tout en faisant la traction du transit, ils avaient permis de transporter sur la ligne des travaux les grandes dragues et autres appareils des entrepreneurs.

SERVICE DU TÉLÉGRAPHE ET DES POSTES

Pendant la première phase des travaux, la Compagnie, en même temps qu'elle amenait l'eau douce sur les chantiers, avait, sur la ligne de tous ses établissements, installé le télégraphe électrique et la poste journalière. L'organisation et le fonctionnemen de ce double service avaient peu coûté en comparaison des avantages qu'ils avaient procurés; mais, jusqu'à ces derniers temps, ce double service étant uniquement destiné aux besoins de la Compagnie ne donnait aucun produit effectif.

La Compagnie avait pensé qu'en mettant ses lignes télégraphiques et postales au service du public, sans nuire au but principal pour lequel elles avaient été créées, elle assurerait au commerce des facilités nouvelles en même temps qu'à elle-même un élément de recettes.

La télégraphie du canal, mise en communication avec l'Europe, permettait d'échanger en quelques heures des dépêches entre l'Administration centrale à Paris et tous les chantiers de l'Isthme.

En prenant pour base les conditions d'exploitation du télégraphe et de la poste en France, toutes dispositions utiles avaient été prises pour que les stations télégraphiques et postales du canal fussent mises à la disposition du public.

Cette transformation du service privé en service public n'était opérée que depuis quelques mois [1]. Les résultats en étaient tels que la Compagnie serait exonérée de ses dépenses.

Pendant les quatre premiers mois de l'année, les fils télégraphiques de la Compagnie avaient transmis pour le public 3.127 télégrammes.

La ligne télégraphique de Zagazig à Ismaïlia fut supprimée en juin 1868 à la suite de l'ouverture de la ligne du chemin de fer.

SERVICE DU DOMAINE

Les terrains dépendant du canal maritime, — on le savait, — formaient une contenance de 10.270 hectares qui avaient été délimités par une Commission internationale et dont la jouissance exclusive était assurée à la Compagnie par la convention du 22 février 1866; l'article 12 de cette convention donnait d'ailleurs à la Compagnie la faculté de faire délivrer un titre de propriété aux tiers qui viendraient s'établir sur ses terrains, à charge par les bénéficiaires de rembourser à la Compagnie les sommes dépensées pour la création et l'appropriation des emplacements que les ingénieurs de la Compagnie reconnaîtraient n'être pas nécessaires au service de l'exploitation.

---

1. Le nouveau service fut définitivement organisé le 18 avril 1868. Il était placé sous le contrôle de l'Agence supérieure.

M. Riche, précédemment inspecteur de la poste et du télégraphe à la division des bureaux détachés, fut nommé chef du nouveau service.

Le Président de la Compagnie, dans son rapport à l'Assemblée générale des actionnaires rappelait d'abord, à peu près dans les termes suivants, la communication qu'il avait déjà faite à ce sujet, l'année précédente, à l'assemblée;

« En envisageant la grande valeur des terrains dans l'Isthme, la Compagnie avait observé avec regret que ni le Gouvernement égyptien ni la Compagnie ne profiteraient des immenses bénéfices que devaient procurer les terrains du canal maritime. Elle s'était alors adressée à la justice, aux lumières et à la sollicitude du Vice-Roi (Ismaïl Pacha) et lui avait fait une proposition à laquelle il avait promis toute sa bienveillance. »

Le Président reproduisait ensuite l'analyse ci-dessous d'une note qui avait été remise à l'Empereur pour expliquer la nature de la proposition faite alors au Vice-Roi :

« La sentence impériale et la convention du 22 février 1866 ne donnaient pas le droit à la Compagnie de vendre avec bénéfice les terrains bâtis ou à bâtir qui lui avaient été dévolus en jouissance pendant quatre-vingt-dix-neuf ans ; mais elles lui permettaient de concéder cette jouissance et même de faire accorder le droit de propriété à ses cessionnaires en se faisant rembourser ses frais d'appropriation desdits terrains.

« La Compagnie proposait au Vice-Roi de profiter en commun de la valeur immense qu'allaient acquérir les terrains à Port-Saïd, à Ismaïlia et aux centres de population autour du canal maritime. On obtiendrait dans un certain espace de temps des centaines de millions par la vente de ces terrains, auxquels on adjoindrait successivement d'autres lotissements du désert appartenant au domaine public et destinés à acquérir une valeur après l'aliénation des lots les plus rapprochés du canal.

« Si l'on se maintenait dans la situation actuelle, il n'y avait profit pour personne.

« En autorisant les ventes avec bénéfice pour la Compagnie et en partageant les produits avec elle, le Gouvernement égyptien trouverait là une richesse dont il ne pouvait profiter sans l'association avec la Compagnie. »

La proposition, approuvée et recommandée par l'Empereur, qui la regardait comme la conséquence et le complément de sa décision arbitrale, avait été agréée par le Vice-Roi ainsi que le montrait la lettre suivante adressée par Son Altesse, après la précédente Assemblée générale des actionnaires, au Président de la Compagnie :

« Les propositions que vous m'avez faites relativement à une vente en commun des terrains à bâtir sur les emplacements où se formeront les villes aux abords du canal maritime ont été l'objet de ma plus sérieuse attention. Je les ai considérées avantageuses en principe et ce qui me retient de vous donner définitivement mon autorisation, c'est que je désire, dans l'intérêt de ceux qui voudront s'établir tout autant que dans celui de mes sujets et de mon gouvernement, que la condition des sujets étrangers établis en Égypte, à *l'égard du pays*, soit déterminée de manière à ce que mon gouvernement et les indigènes n'aient plus à en souffrir. Je vais bientôt entrer en négociations à ce sujet avec les Puissances. Dès que mes négociations, comme je l'espère, auront abouti, je me ferai un plaisir de vous donner l'autorisation que vous me demandez. »

En attendant qu'une solution pût intervenir, le Conseil d'administration de la Compagnie avait décidé que les aliénations de terrains seraient tout à fait exceptionnelles, en faveur seulement des Sociétés de navigation ou des Administrations maritimes qui avaient besoin d'avoir des dépôts de charbon. D'un autre côté, comme il ne convenait plus à la Compagnie de faire des avances de fonds pour les constructions de ses villes, elle consentait à céder temporairement des terrains pour les besoins de ses approvisionnements ou pour des établissements qui contribuaient à la prospérité de l'entreprise, soit pendant la durée des travaux, soit pendant l'exploitation. Les occupants des terrains cédés dans ces conditions à Port-Saïd s'engageaient à payer à la Compagnie, pendant un temps limité au maximum de 10 ans, une redevance annuelle de 3 francs par mètre carré, et à lui restituer terrains et constructions, sans aucune espèce d'indemnité, à l'expiration de leur contrat[1].

---

1. Un service spécial du Domaine, placé sous le contrôle de l'Agence supérieure, fut créé et organisé comme suit :

MM. Poilpré, ancien inspecteur des services administratifs, licencié avec indemnité à la fin de 1866 et ayant servi la Compagnie comme employé non classé pendant les deux années 1867 et 1868, chef du nouveau service ;

Hollebeck, précédemment sous-inspecteur des services administratifs, sous-chef ;

De Gavoty, agent technique.

Les concessions de terrains accordées à Port-Saïd, dans l'intérêt du commerce et de l'industrie, en conformité de différentes réglementations en vigueur, étaient, à la fin d'avril 1868, au nombre de 104 se répartissant comme suit :

Concessions temporaires à délai indéterminé	78
— — à délai déterminé (10, 20 et 30 ans)	18
Concessions définitives avec hodgets	8
Nombre total	104

Les demandes en occupations de terrains étaient devenues plus rares dans les derniers temps par suite sans doute de la diminution des loyers provoquée par le départ des ouvriers de la maison Gouin et de la Société des Forges et Chantiers.

Par acte du 12 janvier 1868, cession fut faite au Gouvernement égyptien, à Ismaïlia, des terrains nécessaires à l'établissement de la voie et de la gare du chemin de fer dans l'intérieur de la ville.

Le 5 novembre 1868 une concession de terrain fut faite à la Compagnie des Messageries Impériales.

TRAVAUX EXÉCUTÉS PENDANT LE SECOND SEMESTRE DE 1869

Compte rendu sommaire des travaux exécutés et des résultats obtenus pendant la période de juillet à décembre 1869.

(EXTRAIT DU RAPPORT DU PRÉSIDENT DE LA COMPAGNIE A L'ASSEMBLÉE GÉNÉRALE DES ACTIONNAIRES DU 30 MARS 1870.)

Ainsi que le Président l'avait annoncé à la précédente réunion de l'Assemblée générale des actionnaires (2 août 1869), le canal avait été ouvert à la grande navigation le 17 novembre.

La principale préoccupation de la Compagnie, après l'inauguration du canal, avait été de régler la situation de l'entreprise Borel Lavalley et Cie.

La Compagnie avait d'abord à se rendre compte de ce que l'entreprise avait fait depuis la dernière Assemblée générale et de ce qui lui restait encore à faire le 17 novembre.

A l'époque de la réunion du 2 août, l'entreprise avait environ 6 millions de mètres cubes de terre à enlever. La plus grande partie se trouvait dans le seuil d'El Guisr, au Sérapéum et sur les 4 kilomètres avoisinant la mer Rouge. Il restait aussi à compléter le remplissage des lacs Amers.

De grands chantiers de terrassements à sec existaient encore ; ils achevaient le canal à quelques kilomètres de Suez, dans des terrains où la présence de rocher de moyenne dureté avait rendu le travail des dragues trop long et trop dispendieux. Cependant l'eau continuait à arriver de la Méditerranée dans les lacs Amers ; un barrage en terre établi en travers du canal à son débouché dans les lacs empêchait l'eau d'inonder les chantiers du Sud.

Sur tout le reste du canal, les 60 dragues de l'entreprise continuaient à travailler.

Le 15 août, grâce à une accumulation d'hommes, de wagons, de machines, de bêtes de somme, grâce surtout à une activité que ne parvenait pas à ralentir la température du mois d'août, si élevée dans le Sud de l'Isthme, on voyait se terminer le creusement à sec des 36 kilomètres du canal s'étendant des lacs Amers jusqu'à 4 kilomètres de la mer Rouge. Ce jour-là, en présence du Ministre des Travaux publics du Gouvernement égyptien, délégué pour présider la cérémonie, le barrage déversoir qui séparait cette portion du canal de la portion qui s'achevait à la drague, vers la mer Rouge, avait été coupé ; et l'eau de la mer Rouge, prenant possession du canal, allait, dans les lacs Amers, se réunir à celle de la Méditerranée.

Les terrains que traversait le canal étant fermes et résistants, le courant rapide qui se produisit fut sans inconvénient et la quantité d'eau introduite journellement dans les lacs fut considérable : jusqu'alors, l'eau qui venait de la Méditerranée élevait le niveau de 3 à 4 centimètres par jour; à partir du 15 août, la montée fut de 7 à 8 centimètres; et, dans les premiers jours d'octobre, un bateau à vapeur de 250 tonneaux, la *Louise-et-Marie*, passait de Suez à Port-Saïd.

Ainsi s'accomplissait la dernière grande opération du percement de l'Isthme, faisant évanouir la dernière des nombreuses objections soulevées contre la réalisation de l'entreprise.

A Port-Saïd, les jetées étaient terminées depuis le commencement de l'année. Quatre dragues avaient, dans le courant de septembre, achevé le chenal qui se prolongeait jusqu'aux fonds de $8^m,50$.

A partir de Port-Saïd, le canal, au mois d'août, était fini sur une quarantaine de kilomètres; il s'achevait de même journellement sur d'autres portions détachées, et les dragues se massaient successivement sur les points moins avancés.

Les trois points sur lesquels les efforts de l'entreprise avaient dû se concentrer de plus en plus, à mesure que le temps s'écoulait et que l'on approchait de la date fixée pour l'ouverture, avaient été le seuil d'El Guisr, le Sérapéum, et les 4 kilomètres aboutissant à la mer Rouge.

Dans cette dernière partie, le terrain se composait d'argile et de grès en formation. Le grès se présentait en bancs, d'épaisseur variable, que les dragues devaient attaquer par dessous ; il offrait une grande résistance à l'extraction : les chaînes de godets se brisaient souvent et les godets se déformaient ; mais les débris, péniblement détachés, se versaient facilement. Les argiles, au contraire, presque aussi tenaces devant les godets, y adhéraient ensuite au point qu'il fallait presque d'heure en heure, débourrer les godets à la pioche.

Les entrepreneurs, inquiets de la lenteur du travail, avaient amené sur cette petite longueur du canal, un nombre toujours croissant d'appareils. On y avait placé jusqu'à 12 dragues, les unes à long couloir, les autres desservies, soit par des élévateurs amoncelant les déblais sur les rives, soit par des porteurs à vapeur qui allaient vider leurs déblais à une douzaine de kilomètres dans la mer Rouge au sud et au loin dans la rade.

Au Sérapéum, la proportion du terrain présentant une certaine résistance avait augmenté à mesure que les dragages approchaient du fond du canal. Mais rien ne pouvait faire supposer qu'au dernier moment il se rencontrerait sur une longueur de 150 mètres, et à environ 4 mètres au-dessus du plafond du canal, un banc tellement dur qu'il devait être tout à fait inattaquable à la drague et que l'on ne pourrait détruire qu'en l'attaquant à la poudre.

La nature des terrains du Sérapéum avait été reconnue au moyen de puits creusés jusqu'au-dessous du plafond du Canal et à des distances variant de 175 à 200 mètres. C'était entre deux de ces puits qu'une drague avait rencontré, dans les derniers jours d'octobre, une couche de roche gypseuse que les godets ne pouvaient entamer. Presque au même moment, une seconde drague, marchant à la rencontre de la première, et n'en étant plus qu'à 150 mètres, s'était arrêtée devant une roche de même nature. Des sondages furent faits aussitôt entre les deux dragues et montrèrent que la roche s'étendait sans discontinuité, sur la distance qui séparait les deux appareils ; que le dessus du banc se trouvait à une profondeur variant de 4^{m},20 à 6 mètres au-dessous du niveau de la mer, et que son épaisseur était telle que le dessous dépassait par places le niveau du plafond du canal.

On n'avait jamais été obligé dans les travaux du canal d'attaquer des rochers à la mine, sous l'eau ; les appareils pour faire un travail de cette nature manquaient. Il fallut en improviser qui furent nécessairement imparfaits. Cependant, grâce à des efforts considérables, à un travail qui ne s'arrêtait ni le jour ni la nuit, on était parvenu, pour l'inauguration du canal, à réaliser dans toute l'étendue du banc une profondeur d'eau de 5 mètres.

Le jour de l'inauguration, l'état du canal pouvait se résumer ainsi :

Longueur totale d'une mer à l'autre	164	kilomètres
Traversée du grand lac Amer sur laquelle il n'y avait pas eu à creuser	16	—
Longueur sur laquelle l'Entreprise avait eu à travailler	148	—

Cette longueur pouvait se diviser ainsi :

1° Parties terminées (profondeur de 8 mètres)	91	—
2° Parties dans lesquelles il y avait plus de 7^{m},50 et moins de 8 mètres	34	—
3° Parties dans lesquelles il y avait plus de 7 mètres et moins de 7^{m},50	19	—
4° Parties dans lesquelles il y avait moins de 7 mètres	4	—
TOTAL ÉGAL	148	—

Les quatre derniers kilomètres étaient répartis sur un grand nombre de points ou hauts fonds très courts. Ils comprenaient une assez grande longueur du chantier de la Quarantaine où les bâtiments trouvaient, à la mer moyenne, plus de 6^{m},50 et où, en passant à mer haute, ils trouveraient plus de 7 mètres.

A la date de la cessation de leurs travaux (20 décembre 1869), MM. Borel, Lavalley et Cie avaient enlevé 56.436.892 mètres cubes ; il restait encore à faire, pour le complet achèvement du canal, environ 2.800.000 mètres cubes [1].

Les marchés de la Compagnie avec MM. Borel, Lavalley et Cie lui donnaient le droit d'exiger de ceux-ci l'achèvement du canal avant l'inauguration.

Après l'inauguration, la double question suivante s'était posée pour la Compagnie :

Fallait-il obliger les entrepreneurs à exécuter immédiatement le cube qui restait encore à faire, en leur laissant employer, comme ils en avaient le droit pour terminer le plus promptement possible, un nombre de dragues qui aurait suspendu la navigation pendant un certain temps?

Ou bien était-il préférable de confier directement, pour compte de la Compagnie, à M. Lavalley, ingénieur en chef de l'exécution, l'organisation du service d'entretien, de manière à ne pas interrrompre un seul jour le transit des navires et à permettre d'effectuer, en janvier, le licenciement des services de construction pour entrer dans la période d'exploitation.

On était dans la légalité en choisissant l'un ou l'autre des deux partis ; mais le second avait été considéré comme étant

---

1. Quelques jours avant l'achèvement du canal dans la plaine de Suez, avant l'ouverture du barrage qui devait livrer passage aux eaux de la mer Rouge, le chef de la section, M. Guillaumet, avait été emporté par un accès de fièvre cérébrale. A quelques semaines de là, M. Edmond Lavalley, attaché à l'entreprise, avait été embarqué presque mourant pour être ramené en France. Enfin, le 17 octobre, l'entreprise perdait un de ses deux chefs, M. Borel, qui avait puissamment contribué au succès des travaux.

le plus favorable aux intérêts de la Compagnie et il avait été adopté sous réserve de l'examen et, s'il y avait lieu, du jugement de toutes les questions contentieuses restant à régler avec les entrepreneurs. En conséquence, le Président, sans donner aucun quitus et en maintenant toutes les clauses des contrats, avait pris, le 14 décembre, d'accord avec M. Lavalley, la décision suivante, qui avait été approuvée par le Conseil d'administration :

« Article premier. — Tous les chantiers de MM. Borel, Lavalley et Cie sur l'Isthme seront fermés le 20 décembre courant, et l'entreprise de leurs travaux prendra fin à partir de cette époque.

« Art. 2. — La Direction générale des travaux s'occupera de régler, d'accord avec les entrepreneurs, tous les comptes de leur entreprise.

« Art. 3. — Le Conseil d'administration statuera sur les questions litigieuses pendantes entre la Direction générale des travaux et l'Entreprise, et sur toutes celles qui pourront surgir de part et d'autre d'ici à l'établissement définitif des comptes. Dans le cas où un accord amiable ne pourrait s'établir, toute question contentieuse sera jugée dans les conditions stipulées au marché. »

Cette question réglée, la Compagnie avait eu un pénible devoir à remplir, qui était d'opérer le licenciement de la plus grande partie de ses fidèles et dévoués compagnons de travail. La situation des nombreux agents que devait atteindre la mesure méritait le plus grand intérêt. A la suite d'un rapport de leur chef, M. Voisin Bey, et conformément à sa proposition, le Conseil d'administration avait décidé d'allouer à tous les agents de la Compagnie licenciés des indemnités basées sur le taux d'un quantum de 20 0/0 du chiffre du dernier traitement pour chaque année de service.

Le Président, en portant cette décision à la connaissance de l'Assemblée des actionnaires, s'était déclaré certain qu'elle approuverait « la dépense de 1.521.000 francs, montant des frais de licenciement et de rapatriement de chefs et d'employés méritants qui avaient donné à la Compagnie tant de preuves de leur honnêteté, de leur intelligence et de leur courageux dévouement ».

Les nouveaux Services de l'entretien et de l'exploitation avaient commencé à fonctionner le 1er janvier 1870. Quant aux Services accessoires de la santé publique et des municipalités, qui avaient été pour la Compagnie des instruments de travail, ils avaient été remis au Khédive comme étant désormais des instruments de gouvernement.

Nous croyons intéressant — à titre de simple document historique — d'accompagner le compte rendu ci-dessus, d'un extrait de l'*Avis aux navigateurs* qui fut publié par ordre de l'Amirauté anglaise le 10 décembre 1869.

(Les profondeurs du canal et autres mesures mentionnées dans ce document sont naturellement indiquées en pieds anglais. Nous les avons traduites en mètres en arrondissant les chiffres décimaux.)

AVIS AUX NAVIGATEURS

PUBLIÉ PAR ORDRE DE L'AMIRAUTÉ ANGLAISE LE 10 DÉCEMBRE 1869

LE CANAL DE SUEZ

Les renseignements suivants ont été fournis par le capitaine G. S. Nares, commandant le navire de Sa Majesté Britannique le *Newport*, ce navire ayant traversé le Canal en novembre 1869.

Courant littoral sur la côte de Port-Saïd. — Le courant sur la côte est très irrégulier. Généralement, il suit la marche du vent, faisant à l'heure un demi-nœud à un nœud et demi et se dirigeant ordinairement vers l'est.

Rade de Port-Saïd. — Le meilleur mouillage est par les fonds de 11 mètres à une distance d'environ un demi-mille de l'extrémité de la jetée Ouest.

Il existe un banc recouvert de 3m,70 d'eau dans l'est de la rade, et un autre banc est en voie de formation en dehors de l'extrémité de la jetée Ouest.

Chenal d'entrée du port. — Le chenal d'entrée du port, creusé parallèlement à la jetée Ouest, a une largeur de 91 mètres et une profondeur de 8 mètres.

Grand bassin du port. — Le grand bassin du port a également une profondeur de 8 mètres.

Entrée du canal. — L'entrée du canal, placée au fond du grand bassin du port, est indiquée par deux grands obélisques en charpente n'ayant qu'un caractère provisoire.

Canal maritime de Port-Saïd à Kantara, 24 *milles* 1/6. — La profondeur ordinaire du canal varie de 8 mètres à 8^m,80 ; immédiatement au sud du campement du Cap existe un banc de peu de longueur où la profondeur n'est que de 7^m,30 ; à un mille au nord de Kantara, en face du kil. 43, un banc avec une profondeur de 7 mètres.

De Kantara à l'extrémité nord du lac Ballah, 3 *milles* 1/3. — Le canal passe à travers des dunes de 6 à 9 mètres de hauteur ; sa profondeur varie de 8 mètres à 8^m,50.

Lac Ballah, 7 *milles*. — Le canal traverse une lagune où la profondeur varie de 5^m,80 à 7^m,30. Les dragues y travaillent encore.

Du lac Ballah au lac Timsah, 8 *milles*. — Dans cette section, les collines de sable atteignent une hauteur d'environ 12 mètres. La profondeur du canal varie de 6^m,70 à 7^m,30. Les dragues y travaillent encore.

Lac Timsah. — La profondeur est seulement de 6^m,70 au milieu du lac. Les dragues y travaillent encore.

A travers le lac Timsah, allant à Toussoum. — La profondeur varie de 6^m,70 à 8^m,20, sauf, dans la lagune, un banc où la profondeur n'est que de 6^m,10.

De Toussoum jusqu'à l'entrée des lacs Amers. — Dans cette section, le canal traverse une couche de grès avec une profondeur de 6^m,70 à 7^m,30, sauf en un point, situé à un mille au sud du Sérapéum, où existe un banc de peu de longueur sur lequel il n'y a que 5^m,50 d'eau au-dessus de la roche vive. Une forte escouade d'ouvriers travaille activement sur ce point. A l'extrémité sud de la section, le chenal est étroit et incomplet.

Du phare nord du grand lac Amer au phare sud, 9 *milles* 1/2. — Le chenal creusé à l'entrée du lac pour conduire aux eaux profondes a une profondeur de 7^m,30 à 8^m,80.

On peut suivre la ligne droite entre les deux phares (distance de 8 milles) sans trouver moins de 6^m,70 d'eau : en longeant plus près la côte ouest, on aura jusqu'à 8 mètres.

Du phare sud à l'extrémité sud des lacs Amers, 10 *milles* 1/3. — La profondeur varie de 8 mètres à 8^m,20.

Des lacs Amers jusqu'à la lagune de Suez. — La profondeur varie de 8 mètres à 9 mètres, en eaux basses.

De la lagune de Suez jusqu'aux deux feux rouges de l'entrée. — Cette portion du canal est inachevée. La profondeur en eaux basses varie de 6^m,40 à 8 mètres. De nombreux ouvriers sont encore employés dans la section.

Des feux rouges de l'entrée jusqu'au golfe de Suez, 1 *mille* 3/4. — L'extrémité sud du canal s'étend jusqu'à 1 mille 3/4 au-delà des deux feux rouges, traversant la crique de Suez, le nouveau dock et les travaux de la rade, et se prolongeant dans le golfe de Suez sans avoir moins de 8^m,20 d'eau à marée basse.

Courant dans la partie nord du Canal. — Le courant dépend des variations du niveau des eaux dans la Méditerranée. Les rives montrent que le canal est sujet à une crue ou à une baisse de 0^m,30, le courant et la hauteur de l'eau diminuant à mesure qu'on s'éloigne de l'entrée.

Il n'y a pas de marée ni de courant dans le lac Timsah, non plus que dans le grand lac Amer.

Marée dans la partie sud du Canal. — L'influence de la marée se fait sentir depuis Suez jusqu'à 4 milles au nord de l'extrémité sud des lacs Amers.

Le courant commence deux ou trois heures après la marée basse à Suez.

Une marée de printemps s'élève à 1m,80 à Suez, à 0m,60 à Madama, à 0m,45 à Chalouf, à 0m,15 à l'entrée du petit lac Amer.

A Kabret, il n'y a ni crue ni baisse. L'immense réservoir d'eau des lacs Amers avec son reflux, et le golfe de Suez avec ses vagues, empêcheront toujours la marée de s'étendre sur une plus grande échelle.

Par un fort vent du sud dans le golfe de Suez, l'eau s'élève de 2m,40 à 2m,70 à la tête du golfe et peut, jusqu'à un certain point, avoir une action sur l'eau du canal.

Deux ou trois heures avant la haute mer à Suez, le flux, par une marée de printemps, marche à une vitesse de 1 nœud 1/2 à Chalouf, vitesse qui va en augmentant jusqu'à 2 nœuds et 2 nœuds 1/2 à Madama, la couleur de l'eau se trouvant fortement altérée.

En partant de Suez une heure avant la basse mer, un navire arrivera dans les lacs Amers avant que le flux de la marée l'ait rejoint, et il aura de la sorte une mer presque égale durant sa traversée.

Etat présent du Canal (*Résumé*). — Sur un parcours de 86 milles 1/2, 65 milles peuvent être considérés comme complètement achevés; sur les autres 21 milles 1/2, les dragages continuent.

Dans la section de Sérapéum, il y a un banc de rocher de peu de longueur qui n'est couvert que de 5m,50 d'eau; mais cet obstacle sera bientôt détruit.

A l'exception d'environ 10 milles, il existe sur tout le parcours 7m,30 d'eau. Les navires d'un tirant d'eau de 5m,20 peuvent donc passer facilement; et quand on aura supprimé l'obstacle du Sérapéum, le Canal sera ouvert aux navires calant 6m,10.

Le navire du plus fort tonnage qui ait traversé le Canal lors de l'ouverture a été le *Péluse*, yacht d'un tirant d'eau de 4m,90 et d'une longueur de 76 mètres. Plusieurs navires se sont ensablés, mais tous ont pu se remettre à flot avec un faible retard. Les échouages ont été causés plus par le désir des 40 à 50 navires de se hâter de traverser que par suite de défectuosités dans le canal.

Marche des travaux et modes d'exécution

(ANNÉE 1869)

PORTS DE PORT-SAÏD ET DE SUEZ ET CANAL MARITIME

Indépendamment des renseignements donnés dans le compte rendu ci-dessus et dans le compte rendu précédent du 2 août 1869 sur les travaux exécutés par l'entreprise Borel Lavalley et Cie, nous renverrons, pour détails circonstanciés sur la marche desdits travaux et leur mode d'exécution, au tome V.

Nous ajouterons d'ailleurs aux renseignements généraux donnés par les deux comptes rendus sus-mentionnés les renseignements complémentaires suivants :

....

Travaux exécutés en régie par la Compagnie. — Achèvement des travaux d'abaissement de la banquette de 3 mètres du talus Afrique dans la tranchée du seuil d'El Guisr.

Installation de l'éclairage et du balisage du Canal.

(Voir, pour les détails de ces travaux, t. IV, p. 378.)

Remplissage des lacs Amers. — L'introduction des eaux de la Méditerranée dans les lacs Amers a été inaugurée le 18 mars 1869 en présence de S. A. le Khédive. L'introduction des eaux de la mer Rouge eut lieu le 15 août suivant. A cette date, l'eau dans les lacs était à la cote 13m,30. Le 24 octobre 1869, le niveau se trouvait établi entre les deux mers, à la cote 18m,20.

(Voir, pour tous les détails de l'opération de remplissage, t. V, p.383.)

Éclairage de la côte d'Égypte, d'Alexandrie à Port-Saïd. — Le Gouvernement égyptien, sur la proposition de la Compagnie, avait, en janvier 1869, décidé la construction sur la partie de la côte d'Égypte, d'Alexandrie à Port-Saïd, de quatre phares, savoir : trois phares en fer aux pointes de Rosette, Burlos et Damiette, et un phare en béton Coignet à Port-Saïd. La Compagnie avait été chargée, agissant par ordre, au nom et pour le compte du Gouvernement, de procéder à la passation des marchés et de surveiller les travaux.

En conséquence, un marché pour la construction des trois phares en fer fut passé, par la Compagnie, le 18 février 1869, avec la Société des Forges et Chantiers de la Méditerranée; un autre marché, passé le lendemain, 19 février, avec la Société des bétons agglomérés (système Coignet) pour la construction du phare de Port-Saïd.

Le délai d'exécution fixé par les marchés était de 9 mois.

Les trois phares en fer auraient donc dû être livrés, prêts à entrer en service, le 18 novembre 1869. En fait, ils n'ont été terminés qu'aux dates suivantes : le phare de Damiette, le 4 mars 1870; le phare de Burlos, le 26 avril; le phare de Rosette, le 28 du même mois. Les feux des trois phares ont été allumés à partir du 1er mai.

Le phare de Port-Saïd aurait dû être livré le 19 novembre 1869. Il n'a été terminé que le 20 mars 1870. Toutefois, dès le 14 novembre, c'est-à-dire trois jours avant la date fixée pour l'ouverture du canal à la navigation, la construction de la tour se trouva suffisamment avancée, avec tous les aménagements nécessaires, pour permettre l'éclairage immédiat du phare, qui continua ensuite de fonctionner sans interruption.

(Pour tous les détails concernant les dispositions et la construction des phares, voir plus loin, au présent volume, le chapitre intitulé : *Éclairage de la côte méditerranéenne d'Égypte, d'Alexandrie à Port-Saïd.*)

ÉTAT RÉSUMÉ DES TRAVAUX EXÉCUTÉS PAR L'ENTREPRISE BOREL LAVALLEY ET Cie

I. — TERRASSEMENTS ET DRAGAGES

	CUBES EXÉCUTÉS			CUBES
	D'APRÈS LES PROFILS	APPORTS	CUBES TOTAUX	RÉCAPITULATIFS
Port de Port-Saïd	mètres cubes	mètres carrés	mètres cubes	mètres cubes
Avant-port..................	1.700.000 »	981.963,75	2.681.963,75	5.602.344,56
Bassins.....................	2.500.000 »	420.380,81	2.920.380,81	
Canal maritime				
1° De Port-Saïd au seuil d'El Guisr :				
De 0^{km},8 à 30 kilomètres..	10.742.189,86	9.000 »	10.751.189,86	21.715.759,40
De 30 kilomètres à 60^{km},5.	10.954.569,54	10.000 »	10.964.569,54	
2° Traversée du seuil d'El Guisr:				
De 60^{km},5 à 75^{km},5.........	3.518.621,23	123.113,70		3.641.734,93
3° Du seuil d'El Guisr aux lacs Amers :				
De 75^{km},5 à 86^{km},7 (lac Timsah)..	2.751.937,14	166.534,98	2.918.472,12	10.014.355,17
De 86^{km},7 à 100 km. (Sérapéum).	6.135.969,53	959.913,52	7.095.883,05	
4° Des lacs Amers à Suez :				
De 114 km. à 158^{km},7.....	13.901.588,58	»		13.901.588,58
Port de Suez				
De 158^{km},7 à 162^{km},1.......	1.561.109,10	»		1.561.109,10
TOTAUX..............	53.765.984,98	2.670.906,76		56.436.891,74

Adoucissement de talus dans la tranchée du seuil de Chalouf........	180.946,21
Apports supplémentaires accordés par la sentence arbitrale du 16 août 1870..	176.202,39
CUBE TOTAL des terrassements et dragages exécutés par l'entreprise................................	56.794.040,34

Au moment de la liquidation de l'entreprise, le 20 décembre 1869, il restait encore à exécuter, d'après les marchés, 2.803.108 mètres cubes.

II. — ENTREPRISES ACCESSOIRES (PORT DE SUEZ)

	mètres cubes
Remblais du terre-plein..........................	278.084,09
Digues et enrochements............................	63.189,53
Murettes sur le pourtour de la darse................	375, »

ÉTAT RÉCAPITULATIF DES TERRASSEMENTS ET DRAGAGES EXÉCUTÉS POUR LE CREUSEMENT DU CANAL MARITIME ET DES PORTS

De Port-Saïd au seuil d'El Guisr	mètres cubes	mètres cubes
Régie intéressée.. Division de Port-Saïd..	516.000	
— — d'El Guisr....	1.329.477	
Régie directe..... Division de Port-Saïd..	369.000	
— — d'El Guisr....	1.070.154	
Entreprise Aiton........................	150.000	
— Borel Lavalley et Cie...........	27.466.824	
		30.901.455
Seuil d'El Guisr		
Régie intéressée..........................	4.352.389	
Chantier de régie d'El Ferdane...........	987.955	
Entreprise Couvreux.....................	4.598.660	
— Borel Lavalley et Cie...........	3.641.735	
		13.580.739
Du seuil d'El Guisr aux lacs Amers		
Régie intéressée..........................	2.421.066	
Régie directe.............................	1.000	
Entreprise Borel Lavalley et Cie...........	10.022.461	
		12.444.527
Des lacs Amers à Suez		
Régie intéressée..........................	1.373.300	
Régie directe.............................	178.851	
Entreprise Borel Lavalley et Cie...........	15.663.020	
		17.215.171
CUBE TOTAL............................		74.141.892

BATIMENTS ET ABRIS

Par l'article 7 de la première convention du 23 avril 1869 passée entre la Compagnie et le Gouvernement égyptien, la Compagnie fit au Gouvernement, pour une somme de 10 millions de francs, les diverses cessions suivantes :

1° Tous les hôpitaux construits dans l'Isthme avec leur matériel;

2° Toutes les maisons et constructions appartenant à la Compagnie, à Ras-el-Ech, au kil. 34, à Kantara, au lac Ballah; à El Ferdane, à El Guisr, au chantier VI, à Gebel Mariam, à Toussoum, au Sérapéum, à Généffé, à Chalouf, au kil. 84 de la plaine de Suez ;

3° La carrière et le port du Mex, avec le matériel d'exploitation ;

4° Les magasins et établissements de Boulac et de Damiette.

Par l'article 9 de la même convention, il était stipulé que, parmi les constructions cédées au Gouvernement dans l'Isthme, la Compagnie pourrait occuper les logements nécessaires à son exploitation, sous la condition du paiement d'un loyer annuel calculé sur le taux de 5 0/0 de la valeur des constructions occupées.

Les cessions mentionnées aux articles 1°, 2° et 3° étaient faites aux prix des inventaires de la Compagnie, c'est-à-dire contre remboursement de ses dépenses. La carrière du Mex, notamment, figurait dans le chiffre total de 10 millions pour une somme de 833.142 francs.

La cession des magasins de Boulac et de Damiette, qui avaient coûté d'acquisition, ensemble, 255.460 francs, mais qui avaient acquis depuis l'acquisition une notable plus-value, figurait de son côté pour une somme d'un million.

TRANSPORTS MARITIMES

Le mouvement maritime de Port-Saïd pendant la période du 15 avril 1868 au 30 juin 1869 avait été de 1.362 navires jaugeant ensemble 637.441 tonneaux, ce qui correspondait à un tonnage moyen par jour de 1.445 tonneaux.

On rappelle que le tonnage moyen par jour n'avait été, en 1866-1867, que de 406 tonneaux, en 1867-1868, de 725 tonneaux.

Les 637.441 tonneaux entrés en 1868-1869 se divisaient comme suit : voiliers, 334.716 tonneaux; vapeurs, 302.725 tonneaux.

Port-Saïd avait reçu régulièrement dans ses bassins les paquebots des Messageries impériales, de la Compagnie marseillaise Fraissinet, de la Compagnie russe de navigation et de commerce, du Lloyd autrichien et de la Compagnie égyptienne Azizié. Les steamers-transports de la Marine impériale et un paquebot de la Compagnie anglaise Péninsulaire et Orientale étaient également venus jeter l'ancre dans le port.

SUPPRESSION DU SERVICE DE SANTÉ

(EXTRAIT DU RAPPORT DU PRÉSIDENT A L'ASSEMBLÉE GÉNÉRALE DES ACTIONNAIRES DU 2 AOUT 1869)

Le corps médical de l'Isthme organisé par le Dr Aubert-Roche, médecin en chef, n'avait jamais cessé de faire ses preuves d'habileté, de vigilance et de dévouement. En préservant la santé publique, il avait largement contribué au bon ordre et à la marche des travaux. Aussi l'Assemblée générale des actionnaires avait-elle constamment donné son entière approbation aux dépenses du Service de santé.

Ces dépenses avaient atteint le chiffre de 500.000 francs par an.

La Compagnie devait supprimer le service après l'achèvement des travaux.

Toutefois la suppression d'un service aussi important était douloureuse et pouvait devenir inquiétante pour l'exploitation.

Plusieurs des membres du corps médical avaient vaillamment succombé sur le champ de bataille [1]. Il était pénible de licencier et de voir se disperser un corps d'élite éprouvé, précieux par sa connaissance des localités, par sa longue expérience des maladies qui leur étaient spéciales. Il était fâcheux, en outre, de laisser successivement se dégrader les établissements sanitaires de l'Isthme qui étaient des modèles de bonne installation.

Le Khédive n'avait pas voulu qu'il en fût ainsi. Il avait senti tout le prix qu'avait pour l'Égypte la conservation des établissements sanitaires de la Compagnie. Son Altesse décida en conséquence de prendre à son service le personnel du Service de santé, de se charger des frais d'entretien des hôpitaux, et de rembourser à la Compagnie (art. 7, § 1° de la première convention du 23 avril 1869) les dépenses faites pour la construction des édifices et pour l'acquisition du matériel.

La cession des hôpitaux de la Compagnie, dans ces termes, serait certainement considérée par l'Assemblée des actionnaires comme un acte de bonne administration.

---

1. Cette année même (1869), quatre médecins avaient succombé : trois sur le champ de bataille, le quatrième, après huit ans de service, était allé mourir dans son pays. Sur les onze médecins qui, les premiers, avaient participé à l'œuvre, il n'en restait plus que cinq. Le Service de santé avait perdu la moitié de son effectif en chefs de service. Heureusement il avait été le seul dont le dévouement à l'œuvre eût coûté tant de sacrifices.

TABLEAUX RÉSUMÉS DU MOUVEMENT DE LA POPULATION SÉDENTAIRE DE L'ISTHME ET DE LA MORTALITÉ PARMI LES EUROPÉENS

PENDANT LA DURÉE DES TRAVAUX DE PREMIER ÉTABLISSEMENT DU CANAL (DE 1859 A 1869)

I. — *Mouvement de la population*

DATES	EUROPÉENS	INDIGÈNES	POPULATION TOTALE
25 avril 1859	25	125	150
Avril 1860	220	464	684
— 1861	550	1.700	2.250
— 1862	1.250	2.400	3 650
— 1863	2.000	4.200	6.200
Mai 1864	3.524	3.900	7.424
— 1865	6.660	3.840	10.500
— 1866	11.800	7.065	18.865
— 1867	13.154	12.616	25.770
— 1868	16.110	18.141	34.251
— 1869	22.843	19.557	42.400

II. — *Tableau de la mortalité parmi les Européens*

ANNÉES	POPULATION EUROPÉENNE	MORTALITÉ	PROPORTION pour 100
1859-1861	»	»	1,04
1861-1862	1.250	20	1,60
1862-1863	2.000	29	1,46
1863-1864	3.524	48	1,36
1864-1865	6.660	87	1,30
1865*-1866	11.800	442	3,74
1866-1867	13.154	245	1,86
1867-1868	16.110	211	1,41
1868-1869	22.843	232	1,01

* Epidémie de choléra en 1865.
Mortalité moyenne en France : 2.40 pour 100.

EXPLOITATION PENDANT L'ANNÉE 1868-1869

(EXTRAITS DU RAPPORT DU PRÉSIDENT DE LA COMPAGNIE A L'ASSEMBLÉE GÉNÉRALE DES ACTIONNAIRES DU 2 AOUT 1869)

SERVICE DU TRANSIT ET DES TRANSPORTS

Le nombre de tonnes transportées en 1868 avait été de 92.742, contre 31.281 en 1867.

Dans le chiffre du transit total de 1868, le charbon figurait pour 26.000 tonnes, plus du double qu'en 1867.

Au début de l'année 1869, des négociants étaient venus dans l'Isthme étudier l'intérêt qu'il y aurait pour les marchandises de l'intérieur de l'Égypte à s'écouler vers l'Europe par Port-Saïd. Ce mouvement n'avait pas tardé à se produire, à s'accentuer, et plus de 7.000 tonnes de coton, pour ne citer que ce produit, avaient été embarquées à Port-Saïd pour Marseille et Liverpool. Sans l'organisation facile et économique du transit de la Compagnie, ce produit important d'Égypte n'aurait pas pu, cette année, arriver aux marchés européens.

Les chalands du transit avaient transporté de Suez à Port-Saïd des cafés de Djeddah, des potasses, des graines oléagineuses, de provenance de la mer Rouge ; au retour du pèlerinage de la Mecque, 4.000 pèlerins.

Des expéditions de produits français, à destination de Singapour, de Hong-Kong et de la Réunion étaient en train de transiter par le canal.

SERVICE DE LA POSTE ET DU TÉLÉGRAPHE

La Compagnie avait déjà remis au Gouvernement le Service de la poste et elle lui remettrait, dès que l'Administration égyptienne lui en ferait la demande, le Service télégraphique qui commençait à payer ses frais [1].

En vertu de l'article 3 de la première convention du 23 avril 1869, le Gouvernement s'était chargé de faire exclusivement le Service de la poste et du télégraphe dans l'Isthme pour la Compagnie comme pour le public, la Compagnie conservant toutefois la faculté d'avoir son télégraphe spécial pour ses services des travaux et du transit des navires dans le canal maritime.

SERVICE DU DOMAINE

Le Président de la Compagnie, dans son rapport à la précédente Assemblée générale des actionnaires avait fait connaître les dispositions favorables manifestées par S. A. le Khédive, au sujet de la proposition qui lui était faite par la Compagnie de la vente en commun des terrains à bâtir sur les emplacements où se formeraient des villes aux abords du canal maritime.

Les dispositions bienveillantes de Son Altesse se traduisirent finalement par la deuxième convention du 23 avril passée entre la Compagnie et le Gouvernement égyptien et dont les principales dispositions étaient les suivantes :

« ARTICLE PREMIER. — Pourront être mis en vente les terrains à bâtir réservés à la Compagnie le long du canal maritime par la convention de février 1866 propres à la construction des villes, stations et établissements privés, et autres que ceux qui seront jugés nécessaires à l'exploitation du canal maritime.

« A ces terrains seront adjoints 300 hectares à Port-Saïd et 200 hectares à Ismaïlia, qui seront déterminés par le Gouvernement de manière à ne porter aucun préjudice aux nécessités de la défense et du service militaire.

« Lesdites ventes seront autorisées dès que les négociations pendantes avec les Puissances auront déterminé le mode de juridiction à établir en Égypte entre étrangers et indigènes.

« ART. 2. — Ces terrains réunis formeront un fonds commun et seront

---

1. Le Service de la Poste avait été remis au Gouvernement au commencement d'octobre 1868. Les négociations engagées au sujet de cette remise avaient eu pour résultat la signature d'un traité par lequel la Compagnie s'était engagée à faire le service du transport des dépêches entre Port-Saïd et Suez, moyennant une subvention annuelle de 4.000 francs.

successivement mis en vente en raison des demandes et des besoins des populations.

« Art. 3. — Les produits nets de ces ventes seront également partagés entre le Khédive et la Compagnie.

« Article additionnel. — Il est entendu que les terrains, que la Compagnie est autorisée à vendre conformément aux dispositions de la présente convention, doivent embrasser successivement tous ceux qui sont susceptibles de devenir des centres de population. En conséquence, partout où, d'un bout à l'autre du canal maritime, pourra s'établir un centre de population, les terrains dont la Compagnie a la jouissance et les terrains appartenant au Gouvernement seront mis en commun et vendus au bénéfice commun. »

La Compagnie avait été parfaitement d'accord avec le Khédive pour que la réserve stipulée au troisième paragraphe de l'article 1er fut insérée dans la convention. Elle avait précédemment signalé les inconvénients qu'il y aurait pour elle à faire des concessions de terrains en l'absence d'une juridiction uniforme et protectrice de ses légitimes intérêts.

La Compagnie espérait que la solution de cette importante question ne tarderait pas à être proclamée. Dans l'intérêt commun elle le désirait avec une vive sollicitude. En attendant, elle devait se maintenir dans le programme soumis par elle à l'Assemblée générale des actionnaires dans sa précédente réunion[1].

Ouverture du Canal maritime à la grande navigation

(17 novembre 1869)

L'inauguration de l'ouverture du canal maritime à la grande navigation, ainsi que l'avait annoncé le Président de la Compagnie à l'Assemblée générale des actionnaires du 2 août précédent, a eu lieu le 17 novembre 1869.

Cette date avait été fixée par le Président, d'accord avec le Vice-Roi qui, depuis longtemps, avait témoigné son désir de donner à l'inauguration du canal le plus d'éclat et la plus grande solennité possibles.

Pendant le mois d'août précédent, des expériences avaient été faites, nuit et jour, sous la direction du chef du transit, M. Guichard, avec une frégate à vapeur mise par le Vice-Roi à la disposition de la Compagnie, sur une partie déjà terminée du canal (une trentaine de kilomètres à par-

1. Parmi les concessions de terrain faites à Port-Saïd, dans le courant de l'année 1869, nous citerons notamment une concession faite le 2 juillet à MM. Bazin et Cie, et une concession faite le 5 novembre à la maison Worms.

tir de Port-Saïd) pour juger de son bon état de navigabilité, et ces expériences avaient parfaitement réussi.

A la date fixée pour l'inauguration, les travaux de creusement du canal n'étaient pas encore complètement terminés; mais la cérémonie d'inauguration à laquelle avaient été invités par Son Altesse des souverains, des princes, des représentants de plusieurs nations ne pouvait être retardée; elle eut donc lieu quand même, la Compagnie ayant, en temps voulu, imposé comme unique condition que le tirant d'eau des navires qui viendraient prendre part à l'inauguration ne dépasserait pas 5 mètres.

(Voir pour tous les détails concernant l'inauguration du canal, t. I, 299.)

Nous rappellerons seulement ici que, parmi les invités du Vice-Roi qui assistèrent à l'inauguration, se trouvaient notamment :

S. M. l'Impératrice Eugénie;
S. M. l'Empereur d'Autriche;
Le Prince royal de Prusse;
Le Prince et la Princesse des Pays-Bas;
Deux des ministres du Gouvernement autrichien;
L'Ambassadeur de Russie à Constantinople;
L'Ambassadeur d'Angleterre.

81 navires avaient assisté à l'inauguration du Canal, se répartissant ainsi :

	BATIMENTS D'ÉTAT	NAVIRES DU COMMERCE	NOMBRES TOTAUX de navires
Navires ayant traversé le canal......	26	29	55
Navires restés à Port-Saïd...........	20	6	26
NOMBRE TOTAUX DES NAVIRES....	46	35	81

Les diverses nations représentées par des navires à l'inauguration étaient les suivantes : Angleterre, Autriche, confédération du nord de l'Allemagne, Danemark, Égypte, Espagne, France, Hollande, Italie, Russie, Suède et Norvège.

(La flotte italienne, qui s'était rendue à Alexandrie, sous les ordres du duc d'Aoste, pour assister à l'inauguration du Canal, avait dû renoncer à son projet et rentrer en Italie par suite des inquiétudes causées par une maladie du roi Victor-Emmanuel. L'Italie était néanmoins représentée à l'inauguration par 6 navires de commerce.)

FIN DU TOME VI-1

TABLE DES MATIÈRES

HISTORIQUE DE L'EXÉCUTION DES TRAVAUX

Exécution des travaux

ERRATA SUPPLÉMENTAIRES DES TOMES PRÉCÉDENTS

PAGES	ENDROITS DES ERRATA	AU LIEU DE	LIRE
		TOME I	
60	4ᵉ ligne	§ 2. — Concession	§ 2. — Concessions.
236	4ᵉ ligne	Convention du 30 juillet 1866	— du 30 janvier 1866
335	3ᵉ ligne du tableau, dernière colonne	août 1862	août 1863.
		TOME IV	
359	8ᵉ ligne à partir du bas de la page	est de 80.730 mètres	— de 89.730 mètres
362	5ᵉ ligne — —	Le tube total	Le cube total.
	4ᵉ ligne — —	3.447.000 mètres cubes	3.347.000 —
		TOME V	
158	1ʳᵉ ligne du 5ᵉ alinéa	Cette profondeur de 25 mètres	Cette largeur —
259	4ᵉ ligne de l'avant-dernier alinéa	depuis le kilomètre 7	— le kilomètre 87.
284	4ᵉ ligne	du service de la santé	du service de santé.
476	12ᵉ ligne à partir du bas de la page	de 93 millimètres d'épaisseur	de $9^{mm},3$ —
	4ᵉ ligne — —	que 6 centimètres	que 6 millimètres
477	2ᵉ ligne de la note	que de 6 centimètres	que de 6 millimètres.

Voir ci-après l'Errata du Tome VI-1.

ERRATA DU TOME VI-1

PAGES	ENDROITS DES ERRATA	AU LIEU DE	LIRE
93	15e ligne	avaient été embarquée	avait été —
130	1re ligne	février 1869	février 1859
308	3e ligne du 2e alinéa	à fouctionner	à fonctionner
311	1re ligne du 1er alinéa	Lo voie dans laquelle	La voie —
313	8e ligne à partir du bas de la page	avec poste intermédiaire e Tel-el-Kebir	— à Tel-el-Kébir
324	2e ligne	avec MM. Borel Lavalley et Cie, avait	avec MM. Borel, Lavalley et Cie avait
355	6e ligne de l'article *Alimentation d'eau douce des chantiers*	pour soutenir a conduite	— la conduite.
379	Dernière ligne du 5e alinéa	de l'année 1886	— 1866

TOURS

IMPRIMERIE DESLIS FRÈRES

6, rue Gambetta, 6

Tours, imprimerie Deslis Frères, 6, rue Gambetta.

www.ingramcontent.com/pod-product-compliance
Lightning Source LLC
LaVergne TN
LVHW010125230826
846091LV00001BA/142

* 9 7 8 2 0 1 3 4 3 3 0 1 3 *